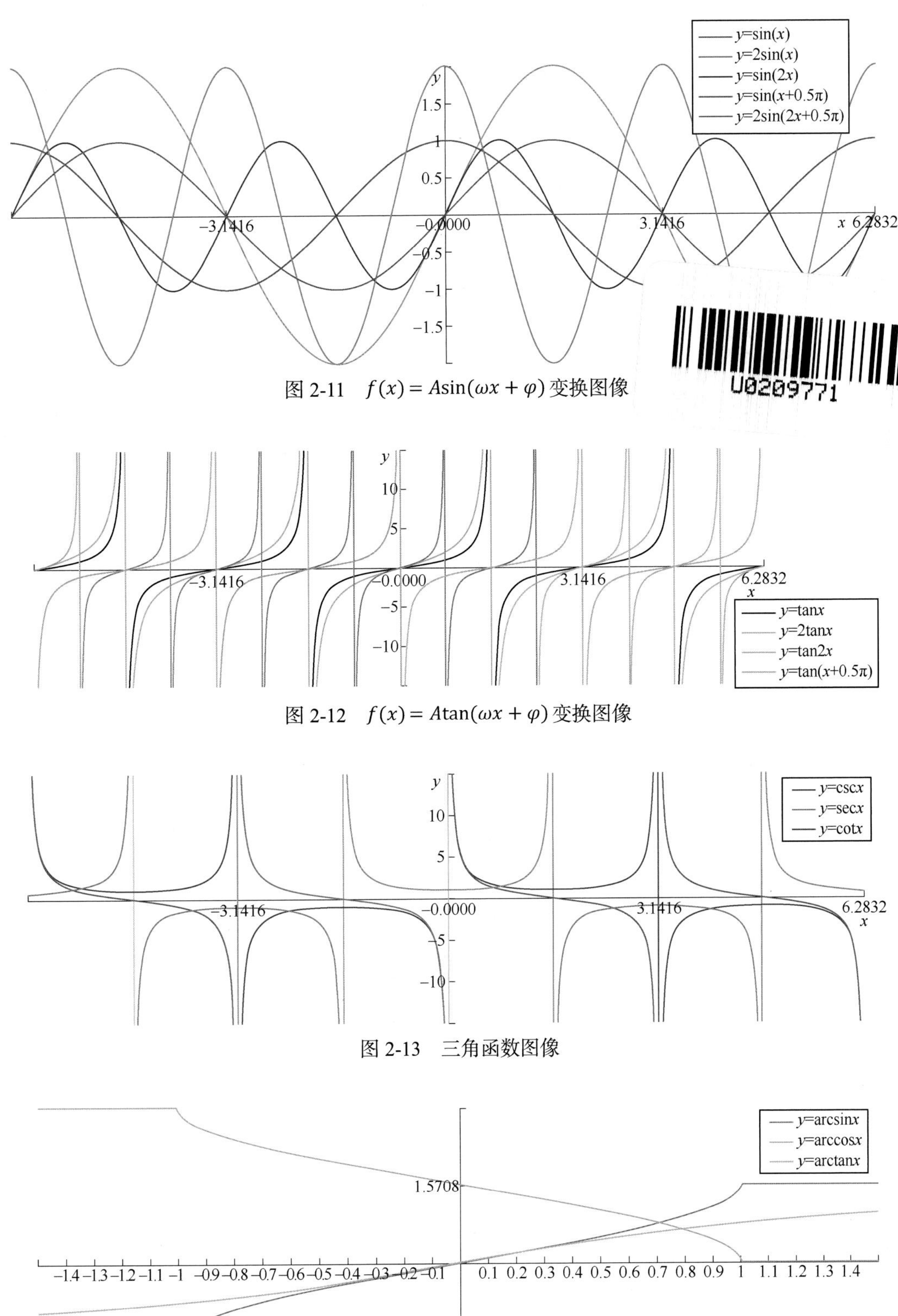

图 2-11　$f(x) = A\sin(\omega x + \varphi)$ 变换图像

图 2-12　$f(x) = A\tan(\omega x + \varphi)$ 变换图像

图 2-13　三角函数图像

图 2-14　反三角函数图像（已忽略虚部）（一）

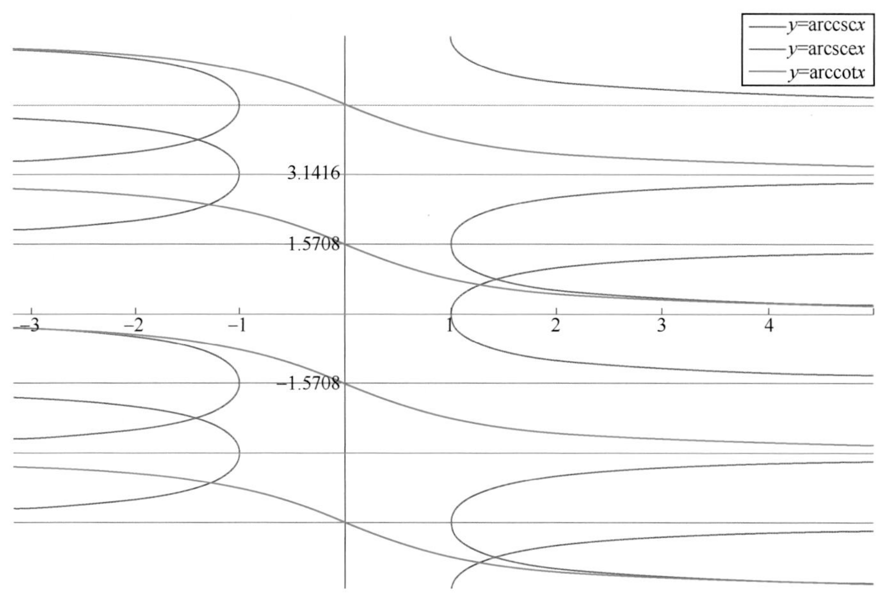

图 2-15　反三角函数图像（二）

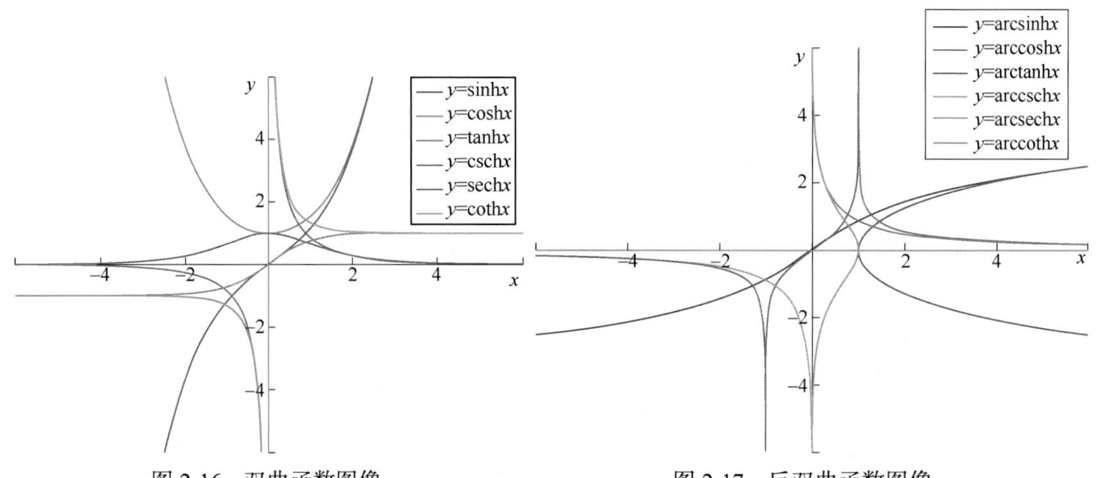

图 2-16　双曲函数图像

图 2-17　反双曲函数图像

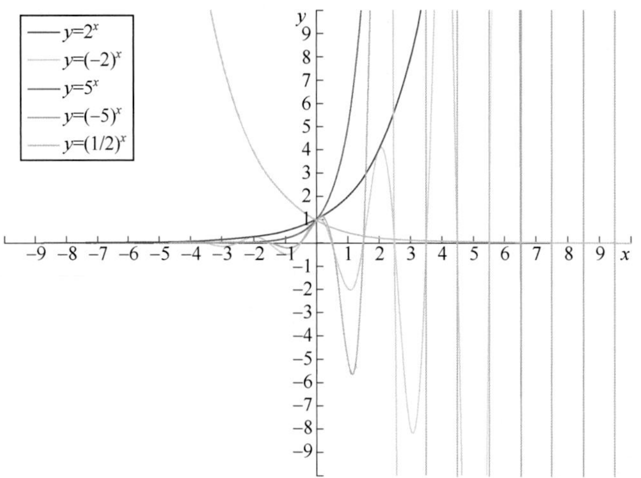

图 2-18　指数函数变换图像

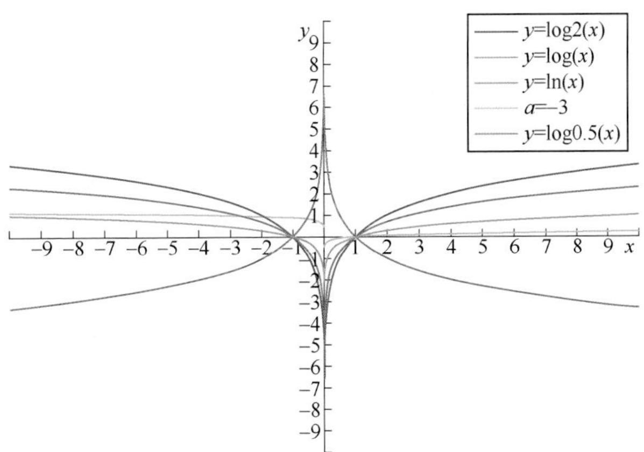

图 2-19　对数函数变换图像

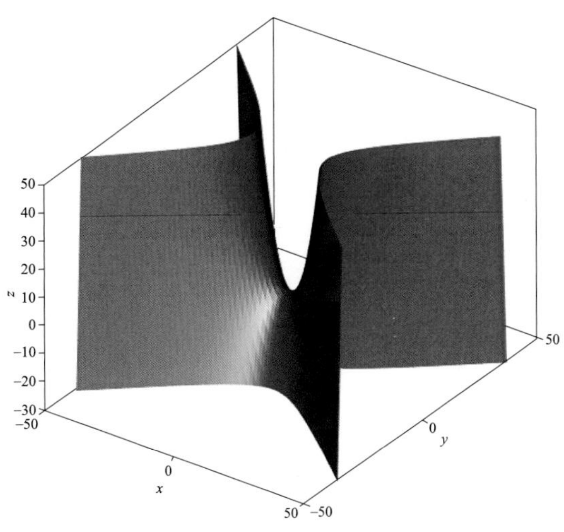

图 3-33　双曲抛物面 $\frac{x^2}{4}-\frac{y^2}{2}=z$ 的图形

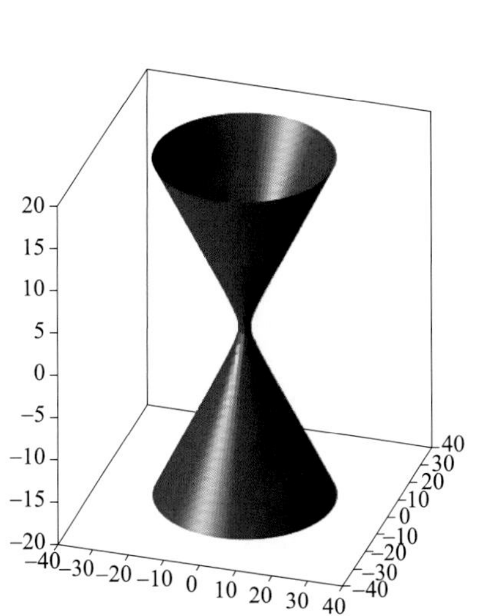

图 3-34　旋转单叶双曲面 $\frac{x^2+y^2}{3}-\frac{z^2}{2}=1$ 的图形

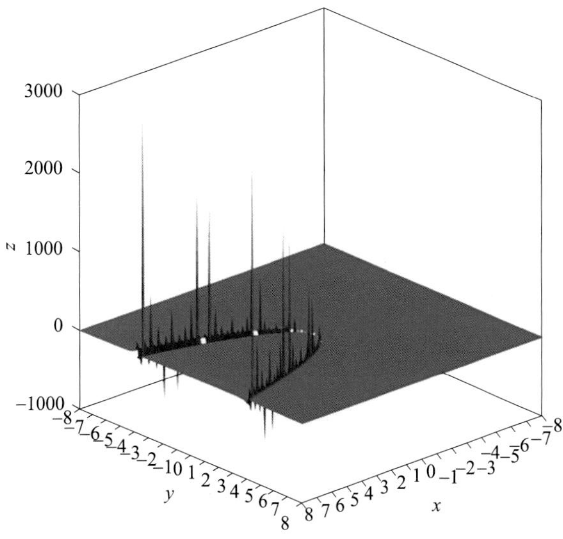

图 3-35　$z=\frac{y^2+2x}{y^2-2x}$ 输出图像

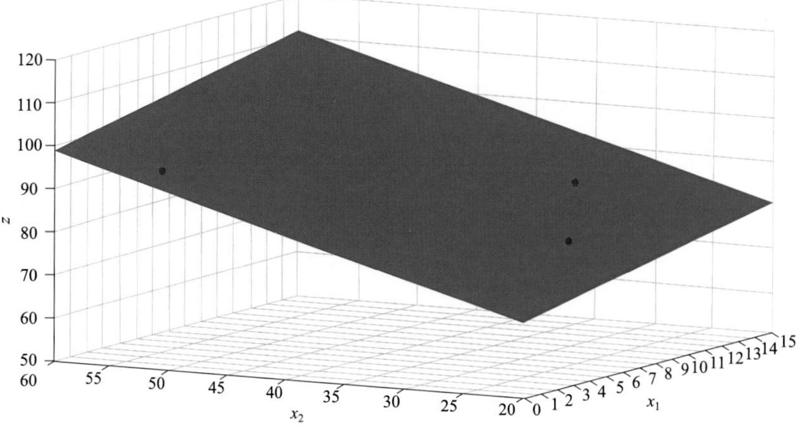

图 5-11　x_1、x_2、z 的回归平面

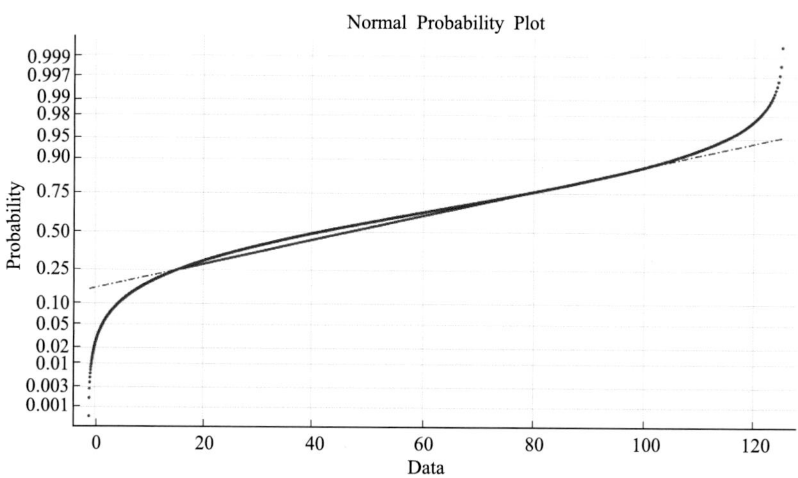

图 5-14　$f(x) = x^2 + 3x - 5$的正态分布概率图

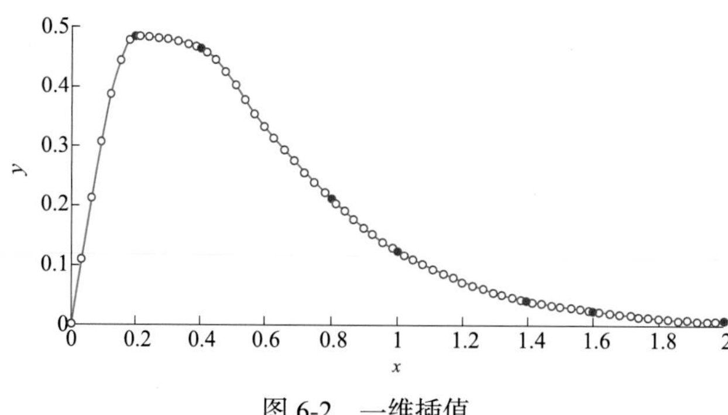

图 6-2　一维插值

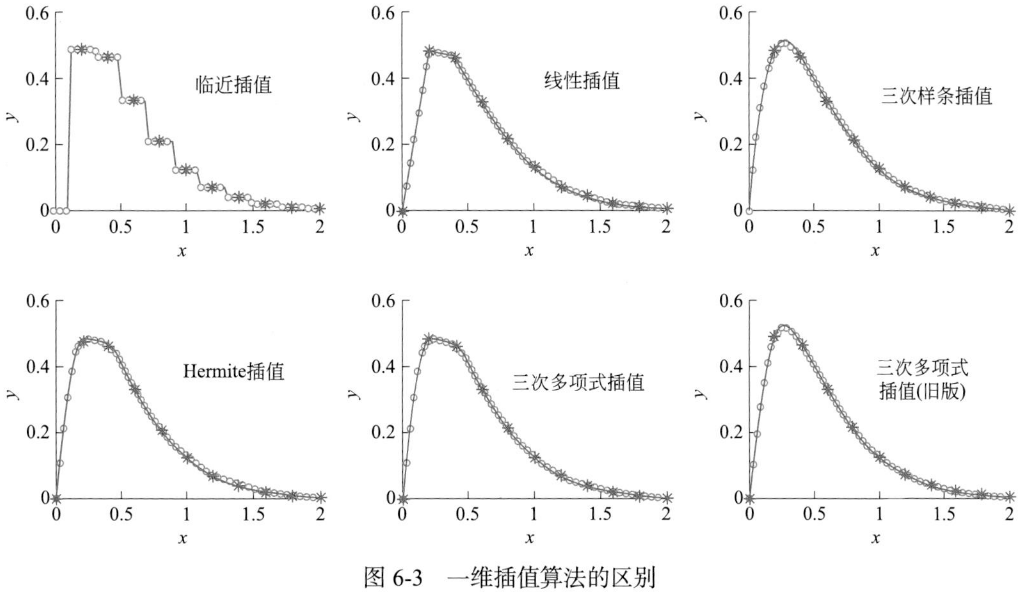

图 6-3　一维插值算法的区别

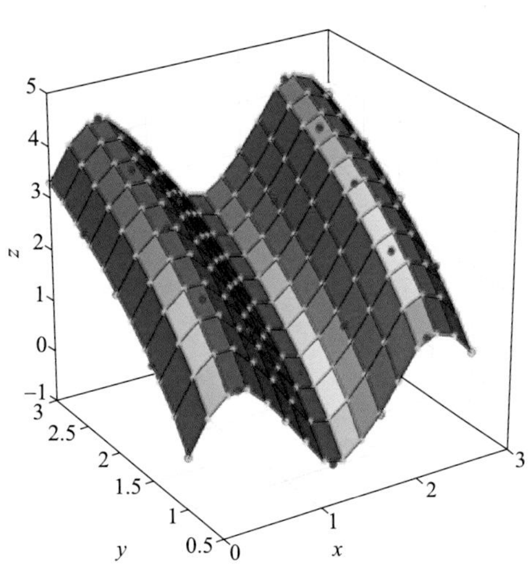

图 6-5　网格二维插值图

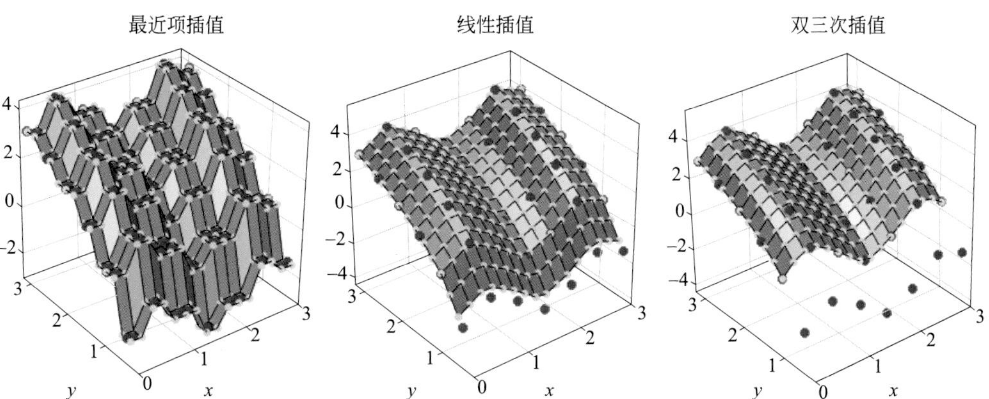

图 6-6　二维插值算法的区别

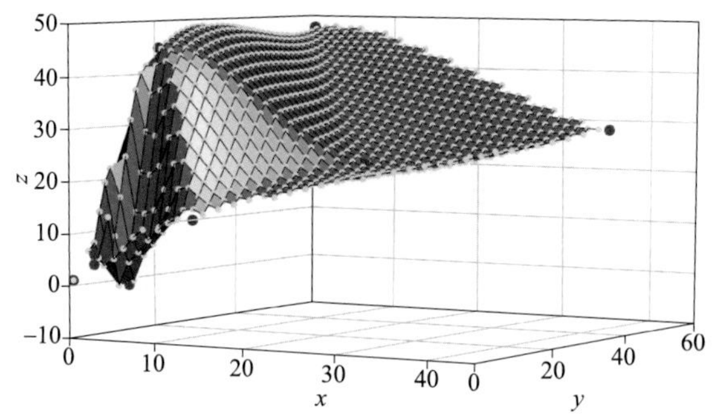

图 6-7　三个物理量的关系曲面

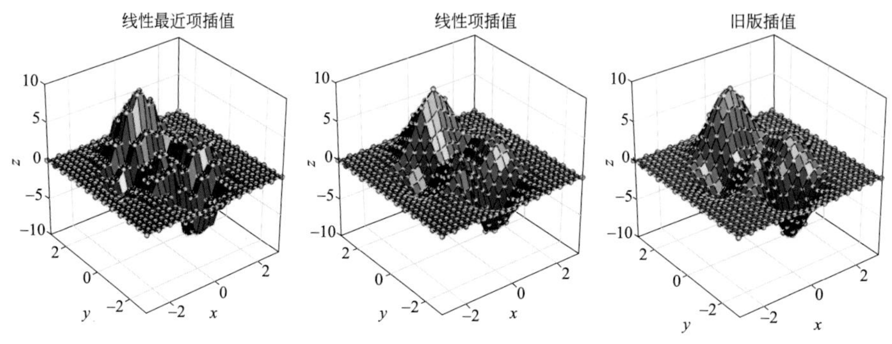

图 6-8　随机点二维插值各种算法的区别

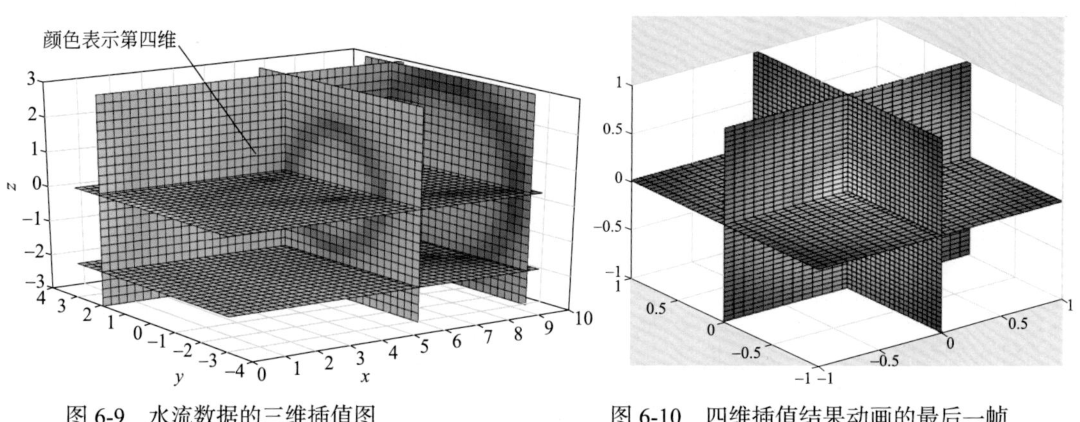

图 6-9　水流数据的三维插值图

图 6-10　四维插值结果动画的最后一帧

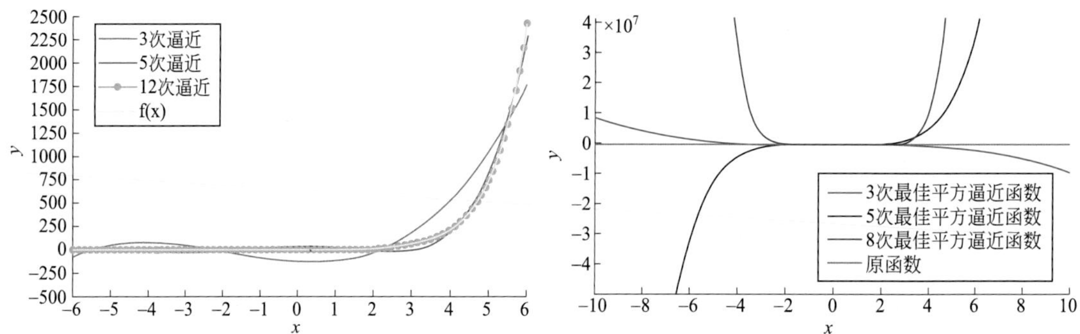

图 6-16　$f(x)=xe^x$ 以及 3、5、12 次 Chebyshev 逼近图像

图 6-17　3、5、8 次最佳平方逼近多项式函数图

像

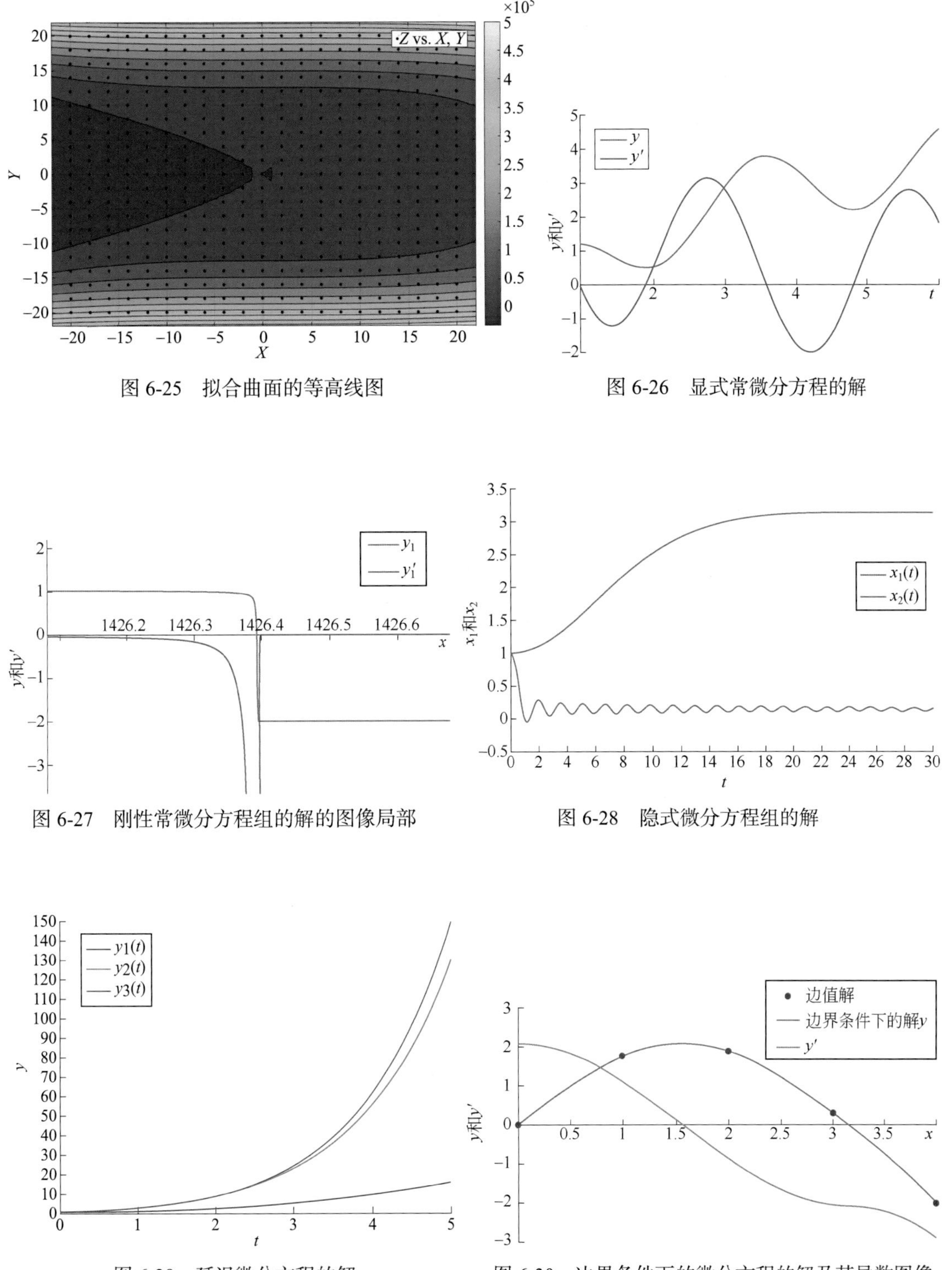

图 6-25　拟合曲面的等高线图

图 6-26　显式常微分方程的解

图 6-27　刚性常微分方程组的解的图像局部

图 6-28　隐式微分方程组的解

图 6-29　延迟微分方程的解

图 6-30　边界条件下的微分方程的解及其导数图像

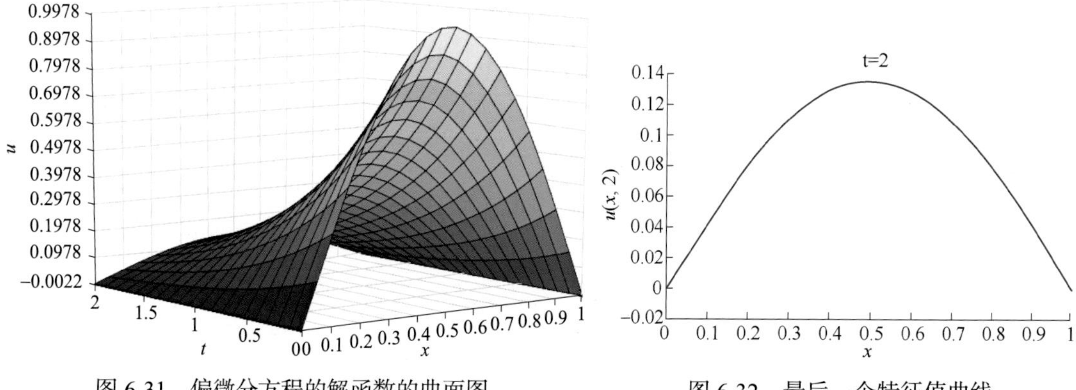

图 6-31　偏微分方程的解函数的曲面图

图 6-32　最后一个特征值曲线

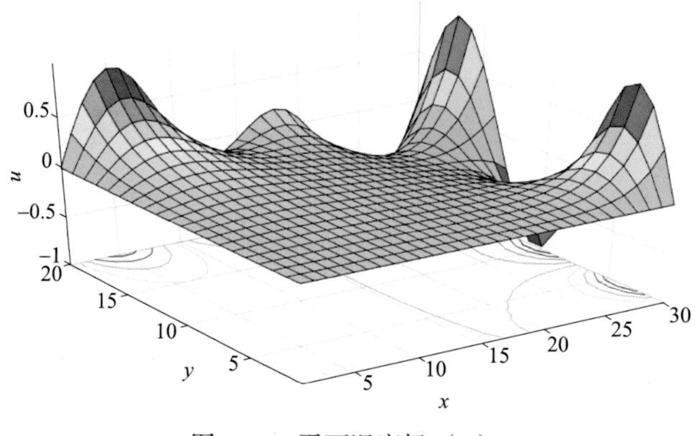

图 6-33　平面温度场（a）

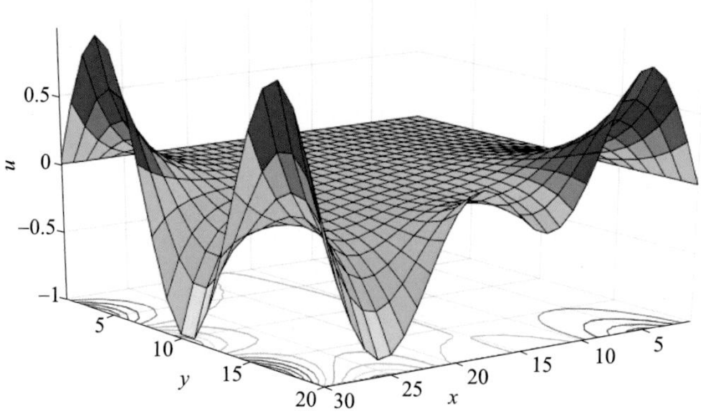

图 6-34　平面温度场（b）

数学基本问题的MATLAB解法

王元昊　曾 红　编著

化学工业出版社

·北京·

本书面向数学与工程计算，主要讲解了 MATLAB 2017a 软件基础、初等数学专题概要、高等数学基本问题、线性代数与矩阵论基本问题、概率论与数理统计基本问题、数值分析基本问题、CASIO fx—991CN X（中文版）函数科学计算器简介七方面的内容。本书适合大中专院校理工科学生学习使用，也可供广大科研人员、学者、工程技术人员及 MATLAB 专业人员参考。

图书在版编目（CIP）数据

数学基本问题的 MATLAB 解法/王元昊，曾红编著.
—北京：化学工业出版社，2019.8（2023.2 重印）
ISBN 978-7-122-34406-9

Ⅰ.①数… Ⅱ.①王… ②曾… Ⅲ.①数学物理方程
Ⅳ.①O175.24

中国版本图书馆 CIP 数据核字（2019）第 082388 号

责任编辑：王　烨　　　　文字编辑：陈　喆
责任校对：王　静　　　　装帧设计：刘丽华

出版发行：化学工业出版社(北京市东城区青年湖南街 13 号 邮政编码 100011)
印　　装：北京科印技术咨询服务有限公司数码印刷分部
787mm×1092mm 1/16 印张 24 彩插 4 字数 588 千字 2023 年 2 月北京第 1 版第 2 次印刷

购书咨询：010-64518888　　　　售后服务：010-64518899
网　　址：http://www.cip.com.cn
凡购买本书，如有缺损质量问题，本社销售中心负责调换。

定　　价：99.00 元

前言

FOREWORD

MATLAB 是一个用于设计人工智能模型和人工智能驱动的数学系统。这个强有力的数学工具，受到万千数学家、工程师的信赖，其程序代码简单易懂，可以胜任初等数学、高等数学、线性代数、矩阵论、概率论与数理统计、数理方程、数值分析等众多数学学科的复杂计算工作。其强大的绘图功能可以输出 2 维、3 维图像，并可以用颜色表示第 4 维、用时间表示第 5 维，可以适用于各类科学学科的绘图任务。除基础数学计算外，该系统还可胜任深度学习、计算机视觉、信号处理、金融分析、机器人科学和控制系统等领域的研发设计。MATLAB 的工具箱经过系统地开发、严格地测试，并有全面的帮助文档，可以给用户提供人性化的 GUI，方便操作，且输出信息的丰富。

通过对 MATLAB 数学软件的研究，可以使数学专业人员和各工程领域的专业人士进行高效的数学计算、分析、设计，甚至迈向生产，在很大程度上淘汰笔算，为科学研究和工程计算提供强大动力。对于学校教育，MATLAB 软件有望使学生深入理解数学问题、培养数学学习兴趣，开启一种数学学习新方法，甚至开启数学教育新方法。

最后，函数科学计算器和图形编程计算器相当于一台手持式计算机，可以实现专业的数学计算，某些特定的型号也可以实现某些行业要求的特定计算，适合数学工作者和专业技术人员在没有电子计算机的场合使用。

本书第 1 章讲解 MATLAB2017a 的软件基础知识，该章可能略微枯燥，理论多、实例少，但是却是读者顺利学习本书的前提。第 2 章讲初等数学重要专题，顺带对数学史和物理量进行简要地科普，本章是作者认为一个完备的数学教育应该具有的内容。第 3 章到第 6 章为高等数学及以上部分，理论结合实例详细讲解大学本科和硕士阶段可能会接触的每一种题型的计算机辅助求解方法，在较大程度上淘汰繁琐难懂的笔算，开启一种数学学习新方法。第 7 章以一款真正的科学计算器，卡西欧某型号函数科学中文计算器为主，介绍了当今手持计算器的发展、分类。

本书由王元昊、曾红编著。

由于时间有限，书中难免有一些不足之处，恳请广大读者给以批评指正。如有需要与作者探讨的问题，可发邮件至 273389314@qq.com。

编著者

目录

CONTENTS

第 3 章 高等数学基本问题 / 54

第 4 章 线性代数与矩阵论基本问题 / 186

第 5 章 概率论与数理统计基本问题 / 262

第6章 数值分析基本问题 / 295

第 1 章 MATLAB R2017a 软件基础

1.1 MATLAB 概述

提到 MATLAB，就也要同时提到它的“孪生兄弟”Simulink，每次发布 MATLAB 新版本时，会同时发布新版本的仿真工具 Simulink。

1.1.1 MATLAB 与 Simulink 简介

MATLAB 是矩阵实验室（Matrix Laboratory）的简称，是一种用于算法开发、数据可视化、数据分析及数值计算的高级技术计算语言和交互式环境。MATLAB 的应用范围非常广，包括信号和图像处理、通信、控制系统设计、测试和测量、财务建模和分析以及计算生物学等众多应用领域。软件中的各种工具箱以 MATLAB 语言为基础，扩展了 MATLAB 的使用环境，以解决这些应用领域内特定类型的问题。

Simulink 是一个用于对动态系统进行多域建模和模型设计的平台。它提供了一个交互式图形环境以及一个自定义模块库，并可针对特定应用加以扩展，可应用于控制系统设计、信号处理和通信及图像处理等众多领域。

本书中的所有方法和程序代码是 MATLAB R2017a 运行在 MS-Windows®10 RS4 X64 专业版操作系统上的效果。

1.1.2 MathWorks 公司官方网站对 MATLAB 软件的描述

数学、图形、编程，无论是分析数据、开发算法还是创建模型，MATLAB 都是针对用户的思维方式和工作内容而设计的。

数百万工程师和科学家信赖 MATLAB。它将适合迭代分析和设计过程的桌面环境与直接表达矩阵和数组运算的编程语言相结合。内置工具箱经过专业开发、严格测试并拥有完善的帮助文档。MATLAB 应用程序让用户看到不同的算法如何处理用户的数据，在用户获得所需结果之前反复迭代，然后自动生成 MATLAB 程序，以便对用户的工作进行重现或自动处理。只需更改少量代码就能扩展用户的分析在群集、GPU 和云上运行，无需重写代码或学习大数据编程和内存溢出技术。图 1-1 是 MathWorks 公司官方网站上“MATLAB 功能概述”部分的插图。

MATLAB 让用户的创意从研究迈向生产。MATLAB 代码可直接用于生产，因此用户可以直接部署到云和企业系统，并与数据源和业务系统集成。该软件可以自动将 MATLAB 算法转换为 C/C++和 HDL 代码，从而在嵌入式设备上运行。MATLAB 与 Simulink 配合以支持基于模型的设计，用于多域仿真、自动生成代码以及嵌入式系统的测试和验证。图 1-2 是 MathWorks 公司官方网站上“MATLAB 功能概述”部分关于“从设计迈向生产”的插图。

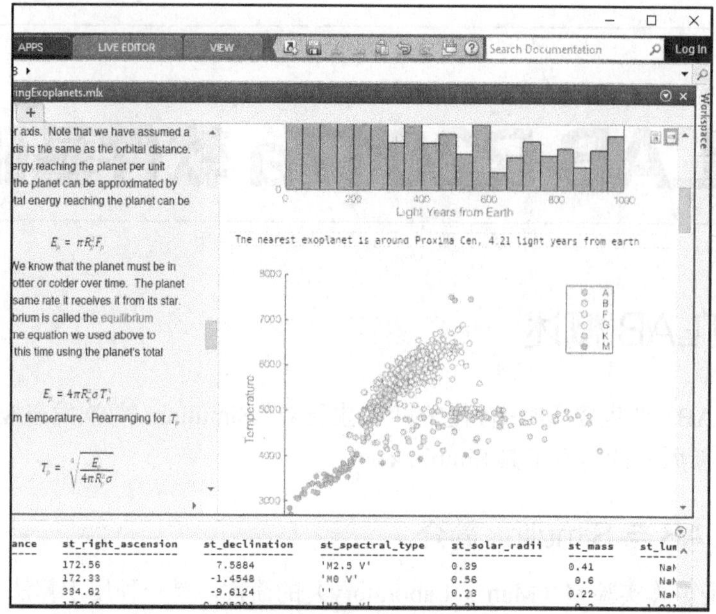

图 1-1 MathWorks 官方网站上的插图（一）

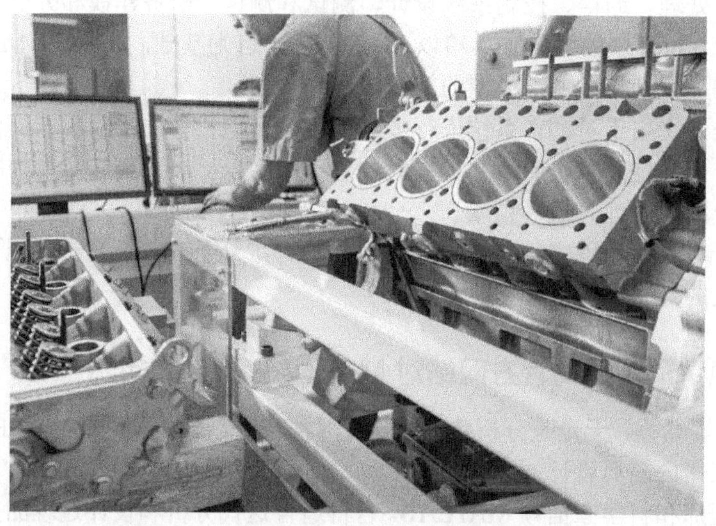

图 1-2 MathWorks 官方网站上的插图（二）

MATLAB 的语法通俗易懂，使用户可以像在草稿纸上做演算一样编写程序，其语言面对科学家和工程师而不是计算机科学家，有数学基础即可学习 MATLAB（建议高等数学及以上基础），如果学习之前可以掌握一种其他算法语言则效果更佳。

1.1.3 MATLAB 的系统组成

1.1.3.1 集成开发环境

MATLAB 开发环境是一套方便用户使用 MATLAB 函数和文件的工具集，其中许多工具是图形化用户接口。它是一个集成化的工作区，可以让用户输入、输出数据，并提供了 M 文件的集成编译和调试环境。它包括 MATLAB 桌面、命令行窗口、M 文件编辑调试器、MATLAB 工作区和在线帮助文档等。

1.1.3.2　丰富的数学函数库

MATLAB 数学函数库包括了大量的计算算法，从基本运算（如加减法）到复杂算法（如矩阵求逆、贝济埃函数、快速傅里叶变换等）体现了其强大的数学计算功能。

1.1.3.3　MATLAB 语言

MATLAB 语言是一个高级的基于矩阵/数组的语言，包括程序流控制、函数、脚本、数据结构、输入/输出、工具箱和面向对象编程等特色。用户既可以用它来快速编写简单的程序，也可以用它来编写庞大复杂的应用程序。

1.1.3.4　图形处理系统

图形处理系统使得 MATLAB 能方便地图形化显示向量和矩阵，而且能对图形添加标注和打印。它包括强力的二维及三维图形函数、图像处理和动画显示等函数。

1.1.3.5　MATLAB API

MATLAB API 接口可以使 MATLAB 方便地调用 C 和 Fortran 程序，以及在 MATLAB 与其他应用程序间建立客户/服务器关系。

1.2　MATLAB 基础知识

现在开始，进入 MATLAB 的数学世界，图 1-3 所示为 R2017a 版本的启动界面。接下来，在讲解语法结构的过程中，凡是楷体加下划线的内容是用户可根据自己的计算需求进行替换的。

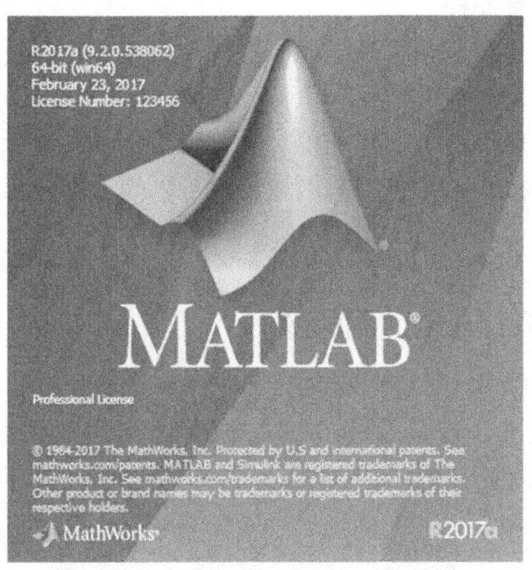

图 1-3　MATLAB R2017a 启动界面

1.2.1　MATLAB R2017a 的主界面

如图 1-4 所示的工具栏选项卡中包含 3 个标签，分别为主页、绘图和应用程序（APP）。其中，绘图标签下提供数据的绘图功能，而应用程序标签则提供了各应用程序的入口。主页标签提供了其他常用主要功能。

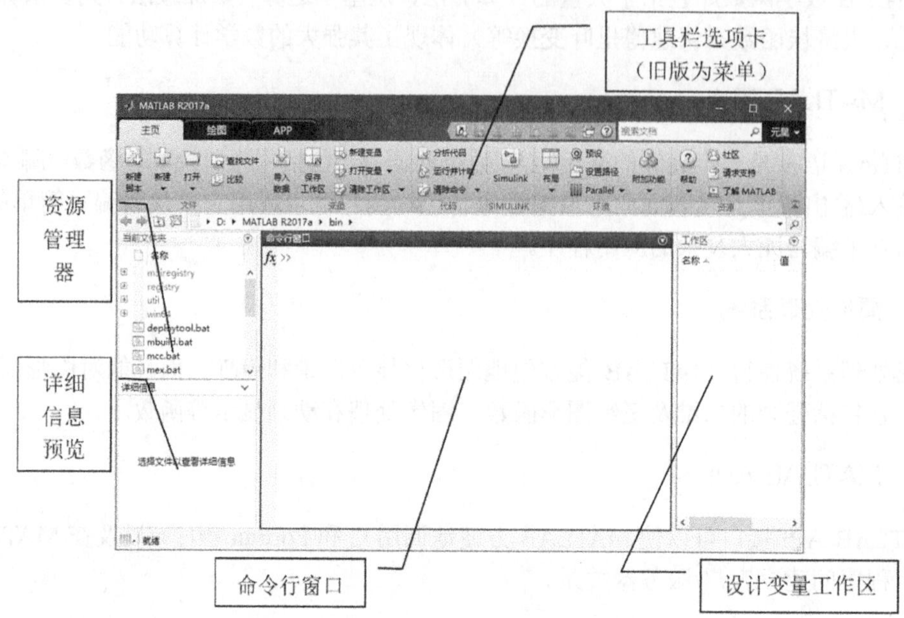

图 1-4　MATLAB R2017a 的主界面布局

命令行窗口是 MATLAB 最重要的窗口。用户输入各种指令、函数、表达式等，都是在命令行窗口内完成的，其工作效果详见 1.3.1。

设计变量工作区窗口显示当前内存中所有的 MATLAB 变量的变量名、数据结构、字节数及数据类型等信息。不同的变量类型分别对应不同的变量名图标。用户可以选中已有变量，单击鼠标右键对其进行各种操作。

资源管理器显示的是目前正在编辑的*.m 文件的所在路径以及路径下的文件，资源管理器中必须显示正在编辑的*.m 文件的所在目录才能保证*.m 文件的正常调试和运行。

当点击资源管理器中的文件时，详细信息预览窗格中会显示所点击的*.m 文件的注释文字，作为对该文件功能的提示。预览信息区域甚至可以显示其他第三方文件的基本信息，如图片等。

1.2.2　MATLAB R2017a 的通用命令

1.2.2.1　主要常用命令

主要常用命令与功能见表 1-1。

1.2.2.2　标点符号

标点符号被赋予了特殊意义或代表一定的运算，如表 1-2 所示。

表 1-1　主要常用命令与功能

命令	功能	命令	功能
cd	显示或改变当前工作文件夹	clear	清理内存变量
clc	清除工作窗中的所有显示内容	disp	显示变量或文字内容
home	光标移动到最左上角	exit 或 quit	退出 MATLAB
clf	清除图形窗口	hold	图形保持开关

表 1-2　半角标点符号的意义

符号（半角字符）	名称	意义
:	冒号	多功能
;	分号	不显示运行结果
,	逗号	参数分隔符
()	小括号	改变运算符优先级
[]	中括号	定义矩阵
{}	大括号	构造单元数组
%	百分号	面向对象注释，不执行其后面的语句
!	感叹号	调用操作系统运算
=	等号	赋值标记
‘’	单引号	字符串两端的标识符
.	小数点	小数点及对象域访问
...	三连点	续行符号

1.2.2.3　“纯文本帮助”的加载

在 MATLAB 中，可以使用“help”命令查看软件当中对这一函数的解释，解释的形式为纯文本，显示在命令行窗口中。

纯文本帮助的语法格式为：

help 函数名

【例 1-1】 在命令行窗口写入：

```
help sin
```

命令行窗口返回的信息如图 1-5 所示。

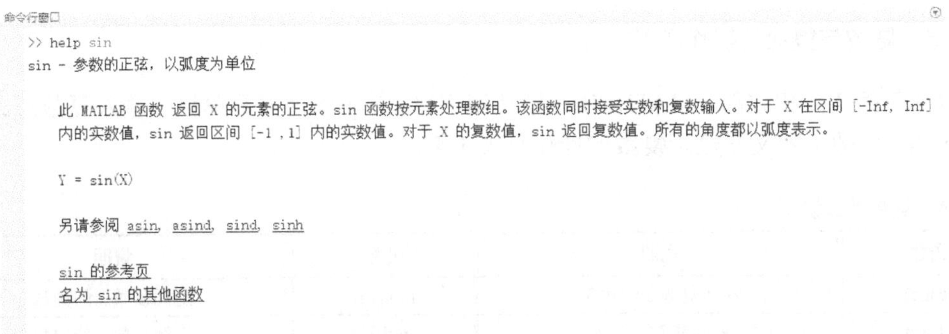

```
命令行窗口
>> help sin
sin - 参数的正弦，以弧度为单位

    此 MATLAB 函数 返回 X 的元素的正弦。sin 函数按元素处理数组。该函数同时接受实数和复数输入。对于 X 在区间 [-Inf, Inf]
    内的实数值，sin 返回区间 [-1 , 1] 内的实数值。对于 X 的复数值，sin 返回复数值。所有的角度都以弧度表示。

    Y = sin(X)

    另请参阅 asin, asind, sind, sinh

    sin 的参考页
    名为 sin 的其他函数
```

图 1-5　命令行窗口返回的信息

通用命令是常用的命令，使软件中文件、变量、命令等的管理更加方便，甚至是软件使用的必经之路。

1.2.3 数据类型

1.2.3.1 整数类型与取整函数

MATLAB 中的整数分有符号整数和无符号整数，有符号整数类型为 int8、int16、int32、int64；无符号整数类型为 uint8、uint16、uint32、uint64。

取整函数用于将浮点数转换成整数，其功能见表 1-3。

表 1-3 取整函数及其功能

函数	运算法则	示例
floor(x)	向下取整	floor(-2.5)=-3
ceil(x)	向上取整	ceil(-2.5)=-2
round(x)	取最接近的整数	round(1.2)=1
fix(x)	向绝对值小取整	fix(2.5)=2

1.2.3.2 浮点数类型

MATLAB 中的浮点数分为单精度浮点数和双精度浮点数，单精度浮点数由 single 函数来实现，双精度浮点数由 double 函数来实现。在 MATLAB 中，单精度浮点数不能与整数进行算术运算。

由于计算机只用有限位存储指数部分和小数部分，所以浮点数能够表示的实际数值是有限个且离散的。eps 函数可以求得与一个数最接近的浮点数和它本身之间的间隙。

【例 1-2】 求与 6 最接近的浮点数和 6 之间的间隙。

在命令行窗口输入：

```
eps(6)
```

命令行窗口输出：

ans =

    8.8818e-16

系统默认用 ans 表示上一个未定义的变量。当未明确定义数值类型时，MATLAB 将默认按照双精度浮点型进行计算，以保证计算精度。

1.2.3.3 复数与复数的操作函数

复数包括实部和虚部，MATLAB 中默认用字母 i 或 j 作为虚数单位。输入复数形式或利用 complex 函数可定义复数。复数的操作见表 1-4。

表 1-4 复数函数说明

函数	说明	函数	说明
real(z)	返回复数 z 的实部	imag(z)	返回复数 z 的虚部
abs(z)	返回复数 z 的模	angle(z)	返回复数 z 的辐角
conj(z)	返回复数 z 的共轭复数	complex(a,b)	以 a 为实部、b 为虚部创建复数

1.2.3.4　无穷量与非数值量的表示

MATLAB 中，用 Inf 表示正无穷，用–Inf 表示负无穷，用 NaN 表示非数值量。正负无穷量的产生一般是由于运算溢出，产生了超出双精度浮点数数值范围的结果。非数值量则是由于 0/0 或 Inf/Inf 类型的非正常运算而产生的，因此，两个 NaN 彼此不一定相等。

1.2.3.5　逻辑关系运算符与逻辑判断

逻辑类型是布尔类型数据及数据之间的关系。逻辑运算用于判断命题的真假，输出 1 为真；输出 0 为假。MATLAB 中提供的关系运算符见表 1-5。

表 1-5　关系运算符的意义

关系运算符	说明	关系运算符	说明
<	小于	<=	大于等于
<=	小于等于	==	等于
>	大于	~=	不等于

【例 1-3】 比较 10–1 和 2 是否相等。

```
a=10-1;
b=2;
judge=(a==b) %判断 a 是否等于 b
```

命令行输出：

judge =

logical　　% judge 为逻辑型

0　　　%判断不相等

逻辑运算符可以规定运算变量的与、或、非关系。MATLAB 中的逻辑运算符的意义见表 1-6。

表 1-6　MATLAB 中的逻辑运算符

逻辑运算符	意义
&	与
		或
~	非

此外，MATLAB 中提供了 xor(*x*,*y*)进行异或计算，当 *x*、*y* 同真或同假时返回 0，只要不同即返回 1。any(*x*)指令判断矩阵是否为零矩阵，零矩阵返回 1，非零矩阵返回 0。Matlab 还提供 13 种“is”配合其他英语单词组合成的测试函数。如：isletter 表示元素为字母则返回真值；isreal 表示变量为纯实数则返回真值。

1.2.3.6　字符和字符串操作

在 MATLAB 中，文本以字符串的形式被输入、输出，以矩阵的形式被储存。实际上，元素存放的是字符内部的 ASCII 码。字符串用单引号来定义：

string='文字'

字符串内如果需要包括单引号，用两个连续的单引号“''”表示，则输出为文字中含有单引号的效果。

【例 1-4】 用 size 函数检查字符串“apple is red”的大小：

```
size('apple is red.')
```

返回变量：

ans =

    1   13   %原字符串 1 行 13 列（字母+标点+空格共 13 个）

绝对值函数 abs 可以求字符串中每一个元素的 ASCII 值。字符串本质上是一个由 ASCII 值构成的数组，所以它可以被所有的数组操作工具操作。如输入：

```
a='Every good boy.';
u=a(2:6)
```

输出结果为：

u =

    'very '   %注意 y 的后面有一个空格，字符串 *u* 共 5 个元素

如果需要连接字符串，可以使用将两个字符串并列的数组，即行向量。

1.2.3.7 函数句柄简介

一个 MATLAB 程序文件就是一个广义的“大函数”，同一个文件中只能有一个主函数，程序中被调用的函数为子函数，这称为“直接调用法”。使用“函数句柄”的间接调用法为使用函数提供了一个新的思路。使用句柄操作符“@”可实现通过函数句柄对这些函数的间接调用。函数句柄的语法格式为：

自定义函数名称=@MATLAB *函数名称*

【例 1-5】 函数改名。

输入：

```
myFx=@sin;
myFx(0)
```

命令行输出：

ans =

    0   %输出了 sin 0 的值

函数句柄在 GUI 设计中应用较多，开发人员需要定义句柄来获得对每个控件的“使用权”，然后才能编写界面中各控件的行为。

1.2.3.8 结构体简介

结构体类似一个元素的属性定义，可以通过字段存储多个不同类型的数据。因此可以把结构体想象成一个把多个相关联但不同类型的数据封装在一起的容器。MATLAB 可以通过赋值来创建结构体，也可以利用专用的 struct 函数来创建。

【例 1-6】 通过赋值创建结构体。

输入：

```
me.name='yuanhao';  %name 属性为字符串
me.birth=1995;      %birth 属性为数值
```

```
me.major={'mechanical' 'CG' 'unreal'};  %major 属性为元胞数组
me.num=[12 34 56];  %num 属性为数值矩阵
me
```

输出结果为：

me =

包含以下字段的 struct:

name: 'yuanhao'

birth: 1995

major: {'mechanical' 'CG' 'unreal'}

num: [12 34 56]

可见，系统读取了“me”的所有属性值。

用 struct 函数创建结构体的语法格式为：

变量名=struct(‘属性 1’,值 1,‘属性 2’,值 2,‘属性 3’,值 3,…)

【例 1-7】 用 struct 函数创建结构体，并读取属性。

输入：

```
new=struct('day',{'thursday','friday'},'time',{'15','9'},…
'num',{18,6})
```

计算 new(1)，结果为：

ans =

包含以下字段的 struct:

day: 'thursday'

time: '15'

num: 18

计算 new(3)，则会报错：“索引超出矩阵维度。”因为定义的结构体中不含第三个列。

1.2.3.9 map 容器简介

map 的本意是映射，就是可以将一个量映射到另一个量。比如将一个字符串映射为一个数值，那个字符串就是 map 的键（key），那个值就是 map 的数据（value）。因此，可以将 map 容器理解为一种快速查找数据结构的键。

创建 map 的语法格式为：

变量名= containers.Map ({属性 1,属性 2,…}，{值 1,值 2,…})

【例 1-8】 创建和读取 map 容器。

输入：

```
map=containers.Map({'a','b','c','d'},{'pi','2*pi',2,3});
                                                  %创建 map 容器
keys(map),values(map)                             %读取属性和值
```

输出结果为：

ans =

1×4 cell 数组

'a'   'b'   'c'   'd'

```
ans =
  1×4 cell 数组
    'pi'    '2*pi'    [2]    [3]
```

1.2.3.10 数据类型的检测（whos）

MATLAB 中提供 whos 来检测所有变量的数据类型，直接键入 whos 即可。

【例 1-9】 在一些运算后检测各结果的数据类型。

先做一些运算，输入：

```
a=uint32(120);b=single(22.809);c=73.226;
ac=a*c;bc=b*c;
string='hello';
newstr=string-44.3;
whos
```

输出结果中提供了以上所有变量的数值信息：

Name	Size	Bytes	Class	Attributes
a	1×1	4	uint32	
ac	1×1	4	uint32	
ans	1×4	476	cell	
b	1×1	4	single	
bc	1×1	4	single	
c	1×1	8	double	
map	4×1	8	containers.Map	
me	1×1	1122	struct	
new	1×2	914	struct	
newstr	1×5	40	double	
string	1×5	10	char	

1.2.4 运算符

MATLAB 中的运算符分为算术运算符、关系运算符和逻辑运算符。这三种运算符可以分别使用，也可以在同一运算式中出现。当在同一运算式中同时出现两种或两种以上运算符时，运算的优先级排列如下：算术运算符优先级最高，其次是关系运算符，最低级别是逻辑运算符。

1.2.4.1 算术运算符

算术运算符分为加、减、乘、除，对于多元素时，有“点乘”和“点除”。当 ***A***、***B*** 为数组或矩阵时，算术运算符的规定见表 1-7。

表 1-7 算术运算符

算术运算符	功能	算术运算符	功能
+	***A*** 与 ***B*** 相加	-	***A*** 与 ***B*** 相减
*	***A*** 与 ***B*** 相乘	.*（点乘）	***A*** 与 ***B*** 相应元素相乘

续表

算术运算符	功能	算术运算符	功能
/	***A*** 与 ***B*** 相除	./（点除）	***A*** 与 ***B*** 相应元素相除
^	***A*** 的 ***B*** 次幂	.^（点指数）	***A*** 的每个元素的 ***B*** 次幂

“*”和“/”带不带“.”的区别主要体现在矩阵运算。当直接使用“*”和“/”时，按照矩阵的数学运算规则进行运算，如：

【例 1-10】 矩阵$\boldsymbol{A}=\begin{bmatrix}1 & 2\\2 & 1\end{bmatrix}$，$\boldsymbol{B}=\begin{bmatrix}1 & 2\\0 & 3\end{bmatrix}$的乘法运算。

输入：

```
a=[1 2;2 1];
b=[1 2;0 3];
m=a*b
```

计算结果为：

m =

　　1　　8

　　2　　7

结果为$\mathrm{m}=\begin{bmatrix}1 & 8\\2 & 7\end{bmatrix}$，即按照矩阵乘法规则进行计算。如果使用“.*”，则是矩阵内对应元素的单纯相乘，与矩阵运算无关，如下例所示。

【例 1-11】 矩阵 ***A*** 和 ***B*** 的点乘运算。

继续输入：

```
p=a.*b
```

则有：

p =

　　1　　4

　　0　　3

即$\boldsymbol{p}=\begin{bmatrix}1 & 4\\0 & 3\end{bmatrix}$，忽略了矩阵乘法法则，“/”和“./”道理相同。其他算术运算符规则与正常数学运算的规则一致。

1.2.4.2　MATLAB 中与函数书写体不一致的内置函数

表 1-8 列举了 MATLAB 中与数学写法不一致的简单函数，需特别记忆。

表 1-8　特殊写法的简单函数

函数	数学写法	函数	数学写法
exp(x)	e^x	asin(x)	$\arcsin x$
log10(x)	$\log_{10}x$	acos(x)	$\arccos x$
sqrt(x)	$\sqrt{x}$	atan(x)	$\arctan x$
mean(x)	$\bar{x}$	mod(a,b)	R÷（计算器写法）

其他基本初等函数与数学写法一致（基本初等函数分为：幂函数、指数函数、对数函数、三角函数、反三角函数、常数函数）。关系运算符和逻辑运算符已在 1.2.3.5 节做过介绍，不再赘述。

1.2.4.3 运算符的优先级

在一个表达式中，算术运算符优先级最高，其次是关系运算符，最后是逻辑运算符。需要时，可以通过加括号来改变运算顺序。MATLAB 中具体的运算优先级排列如表 1-9 所示。

表 1-9 运算符的优先级

<table>
<tr><th>优先级</th><th>1</th><th>2</th><th>3</th><th>4</th><th>5</th><th>6</th><th>7</th><th>8</th><th>9</th><th>10</th></tr>
<tr><td>运算符</td><td>()</td><td>‘ ^ .^</td><td>+ - ~</td><td>* .* / ./</td><td>:</td><td>> >= < <= == ~=</td><td>&</td><td>|</td><td>&&</td><td>||</td></tr>
</table>

在表达式的书写中，建议采用括号分级的方式明确运算的先后顺序，避免因优先级混乱产生错误。

1.2.5 软件层面的数组与矩阵

20 世纪 70 年代，美国新墨西哥大学计算机科学系主任 Cleve Moler 为了减轻学生用线性代数方法解方程组的负担，用 Fortran 编出了一个用于矩阵运算的小程序，这个小程序就是 MATLAB 的雏形，由此可见 MATLAB 与矩阵运算有很深的渊源。

1.2.5.1 MATLAB 中数组与元胞数组的概念

在 MATLAB 中进行运算的所有数据类型,都是按照数组及矩阵的形式进行存储和运算的，而两者在 MATLAB 中的基本运算性质不同，阵列强调元素对元素的运算，而矩阵则采用线性代数的运算方式。MATLAB 平台上，数组的定义是广义的，数组的元素可以是任意的数据类型，例如可以是数值、字符串、指针等。

元胞数组（也称为“单元数组”）是一种无所不包的广义矩阵，其中的每一个元素称为一个“单元”，而每一个单元又可以包括一个任意类型的数组。使用单元数组的目的在于可以把不同类型的数据归到一个数组中。

1.2.5.2 数组的表达

表达普通数组的语法为：

变量名=[元素 1 元素 2 元素 3]，或变量名=[元素 1,元素 2,元素 3]

如果是矩阵，行与行用分号隔开，即：

变量名=[元素 1 元素 2;元素 3 元素 4]，或在每个分号后面加续行符“...”后换行。此外，

变量名=初值:步长:终值

可表示按规律变化的等差连续数组。

函数 linspace(首项,尾项,分割份数)可生成一个等差数列。

变量名=[ ]表示空数组。

表达元胞数组的语法为：

变量名={元素 1 元素 2 元素 3}，或变量名={元素 1,元素 2,元素 3}，里面的元素可以是

任意类型。

利用 cell(行数，列数)可创建空单元数组。

【例 1-12】 创建数组。

输入：

```
a=[1 2 3;4 5 6]
b=1:1:10
c=linspace(1,10,10)
d={'矩阵' 12;[1;2] 2*pi}
```

输出结果分别为：

```
a =
     1     2     3
     4     5     6
b =
     1     2     3     4     5     6     7     8     9    10
c =
     1     2     3     4     5     6     7     8     9    10
d =
  2×2 cell 数组
    '矩阵'            [     12]
    [2×1 double]    [6.2832]
```

1.2.5.3　数组内元素的搜索

对于任意数组 ***C***，***C***(第 *m* 行,第 *n* 列)可以搜寻数组内的元素。

1.2.5.4　矩阵和数组的区别与联系

矩阵最早来自方程组的系数及常数所构成的方阵。数组是在程序设计中，为了处理方便，把具有相同类型的若干变量按有序的形式组合起来的一种形式，这些按序排列的同类数据元素的集合称为数组。

矩阵是数学上的概念，而数组是计算机程序设计领域的概念。作为一种变换或者映射算符的体现，矩阵运算有着明确而严格的数学规则。而数组运算是 MATLAB 软件定义的规则，其目的是为了使数据管理方便、操作简单、命令形式自然且执行计算有效。

两者间的联系主要体现在：在 MATLAB 中，矩阵是以数组的形式存在的，因此数组相当于向量，二维数组相当于矩阵，所以矩阵是数组的子集。

究其根本，矩阵和数组什么关系？矩阵只有以数组的形式表达出来，才能被计算机所操作，实现高效率计算，数组必须具有矩阵的数学功能才能为数学和工程实际问题服务。数组的功能大于矩阵，矩阵的意义比数组更加现实。矩阵刚刚诞生之日未必符合今天计算机的规则，但计算机中的数组必须具有矩阵的数学功能。

像 ***A***=[1 2 3;4 5 6;0 1 0]是矩阵，同时也是方阵；***B***=[0 1 0 1 2 6]称为行向量（矢量），同时也是数组；***C***=pi 是标量，即常量。多个标量组成多维度就是向量，多维向量就是矩阵，如果矩阵内没有任何元素，就是空矩阵。易混淆的是：[]≠[0]=**0**。

1.2.5.5 矩阵内元素的“搜索引擎”

在 MATLAB 中，普通二维数组元素的数字索引分为双下标索引和单下标索引。双下标索引是通过一个二元数组对应元素在矩阵中的行列位置。例如 **A**(2,3)表示矩阵 **A** 中第 2 行第 3 列的元素。单下标索引的方式是采用列元素优先的原则，对 *m* 行 *n* 列的矩阵按列排序进行重组，成为一维数组，再取新的一维数组中的元素位置对应的值作为元素在原矩阵中的单下标。例如对于 4×4 的矩阵，**A**(7)表示矩阵 **A** 中第 3 行第 2 列的元素，而 **A**(13)表示矩阵 **A** 中第 1 行第 4 列的元素。

例如：矩阵 $\boldsymbol{A}=\begin{bmatrix}1 & 0 & 3\\4 & 8 & 6\end{bmatrix}$，**A**(2,3)=6，**A**(4)=8。此外，(:,*j*)表示第 *j* 列所有行，(*i*,:)表示第 *i* 行所有列。

1.2.5.6 矩阵信息的查询

矩阵的信息主要包括矩阵结构、矩阵大小、矩阵维度、矩阵的数据类型及内存占用等。

矩阵结构是指矩阵各元素的排列方式。各种测试函数见表 1-10。

表 1-10 矩阵结构测试函数

函数	功能
isempty(**A**)	检测矩阵是否为空
isscalar(**A**)	检测矩阵是否为标量
isvector(**A**)	检测是否是一维向量
issparse(**A**)	检测数组是否是稀疏矩阵

上述返回值都是逻辑型数据。

矩阵的形状信息反映了矩阵的大小，包括矩阵的维数、各维长度和矩阵元素个数信息。矩阵形状信息查询函数见表 1-11。

表 1-11 矩阵形状查询函数

函数的调用格式	功能
维数=ndims(**X**)	获取矩阵的维数
[行数,列数]=size(**X**)	获取矩阵各维长度
长度=length(**X**)	获取矩阵最长维长度
个数=numel(**X**)	矩阵中元素个数

矩阵作为 MATLAB 的内部数据存储和运算结构，其元素可以是各种各样的数据类型，对应不同数据类型的元素，可以是数值、字符串、元胞、结构体等。MATLAB 中提供了一系列关于数据类型的测试函数，其形式均为“is”加上一个类型的英语单词。将 is 加这些单词就是一个函数名，如 isnumeric 用于检测矩阵中的元素是否为数值型。下面列举这些单词：

numeric：数值型；real：纯实数；float：浮点数；integer：整型；logical：逻辑型；char：字符型；struct：结构体；cell：元胞数组；cellstr：结构体元胞型。这些单词与“is”构成的函数，返回值是逻辑型数据。

此外，了解矩阵占用内存情况对于优化性能是十分重要的，可以通过 whos 命令查看当前工作区中变量的内存占用情况。

1.3 MATLAB R2017a 编程基础

为了使计算机能够理解人的意图，人类就必须将需解决的问题的思路、方法和手段通过计算机能够理解的形式告诉计算机，使得计算机能够根据人的指令一步一步去工作，完成某种特定的任务。这种人和计算体系之间交流的过程就是编程。

在 MATLAB 中，简单的和一些中等层次的数学问题可通过单一函数计算，复杂问题要通过程序编写来解决。

1.3.1 命令行窗口与脚本编辑器

命令行窗口常用于运行简单的运算，执行基本命令，其特点为输入命令按下回车键后立即执行，遇到错误输出报错和其他提示信息。命令行窗口运行命令一次性，不能调试程序。图 1-6 展示了命令行窗口的工作方式。

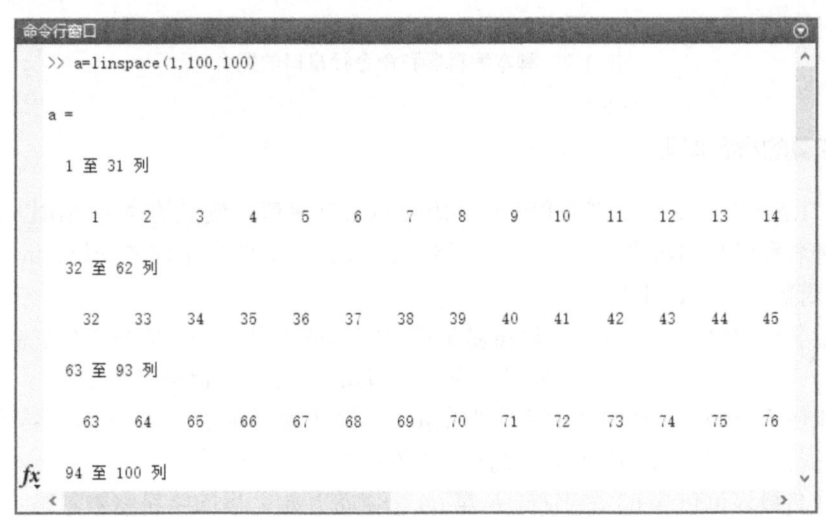

图 1-6　命令行窗口

为了代替在命令行窗口中输入 MATLAB 指令语句，MATLAB 平台上提供了一个文本文件编辑器，用来创建一个 M 文本文件来写入这些指令。M 文件的扩展名为*.m。一个 M 文件包含许多连续的 MATLAB 指令，这些指令完成的操作可以是引用其他的 M 文件，也可以是引用自身文件，还可以进行循环和递归等。图 1-7 所示为脚本编辑器的工作状态。编程过程中，软件可以同时显示命令行窗口作为辅助。

1.3.2 变量

在程序中会经常定义一些变量来保存和处理数据。从本质上看，变量代表了一段可操作的内存，也可以认为变量是内存的符号化表示。当程序中需要使用内存时，可以定义某种类型的变量。此时编译器根据变量的数据类型分配一定大小的内存空间，程序就可以通过变量名称访问对应的内存。

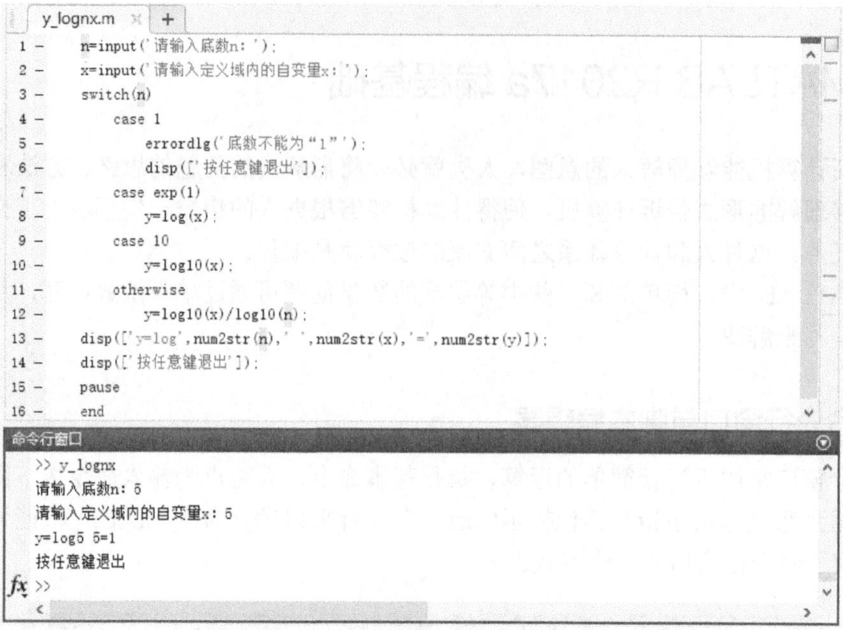

y_lognx.m

```
n=input('请输入底数n: ');
x=input('请输入定义域内的自变量x: ');
switch(n)
    case 1
        errordlg('底数不能为"1"');
        disp(['按任意键退出']);
    case exp(1)
        y=log(x);
    case 10
        y=log10(x);
    otherwise
        y=log10(x)/log10(n);
disp(['y=log',num2str(n),' ',num2str(x),'=',num2str(y)]);
disp(['按任意键退出']);
pause
end
```

命令行窗口

```
>> y_lognx
请输入底数n: 5
请输入定义域内的自变量x: 5
y=log5 5=1
按任意键退出
>>
```

图 1-7　脚本编辑器和命令行窗口的配合

1.3.2.1　变量的命名规则

在 MATLAB 中，变量不需要预先声明就可以进行赋值。变量的命名遵循以下规则：

① 变量名和函数名对字母的大小写敏感，因此 a 和 A 是两个不同的变量；sin 是 MATLAB 定义的正弦函数，而 SIN 不是。

② 变量名必须以字母开头，其后可以是任意字母或下划线，但是不能有空格、中文或标点。例如_xy、a.b 均为不合法的变量名，而 classNum_x 是一个合法的变量名。

③ 不能使用 MATLAB 的关键字作为变量名。避免使用函数名作为变量名。如果变量采用函数名，则该函数失效。例如不得设置变量名为“if”“end”等。

④ 变量名最多可包含 63 个字符，从第 64 个字符开始之后的字符将被忽略。为了程序可读性及维护方便，变量名一般代表一定的含义。

通过调用 isvarname 函数，用户可以验证变量名是否合法，返回值为 1 时合法，否则不合法。验证的过程中注意变量名以字符串的形式输入。

1.3.2.2　变量的类型

① 全局变量。全局变量在定义该变量的全部工作区中有效。当在一个工作区内改变该变量的值时，该变量在其余工作区内的值也将改变。通常全局变量的变量名用大写字母来表示，并在函数体的开头位置进行定义，语法格式为：

global 变量名

使用全局变量的目的是减少数据传递的次数。然而，使用全局变量有一定的风险，容易造成错误。

② 局部变量。MATLAB 中的每一个函数都有自己的局部变量，这些变量存储在该函数独立的工作区中，与其他函数的变量及主工作区中的变量分开存储。当该函数调用结束后，

这些变量随之被删除，不会保存在内存中。

③ 永久变量。永久变量用 persistent 声明，只能在 M 文件函数中定义和使用，只允许声明它的函数进行存取。当声明它的函数退出时，MATLAB 不会从内存中清除它。声明永久变量的语法格式为：

persistent 变量名

1.3.2.3 预定义的特殊变量

预定义的特殊变量名相当于 MATLAB 的潜规则，是一些常用量的固定表示法。表 1-12 所示是 MATLAB 中的特殊变量。

表 1-12 MATLAB 中的特殊变量

特殊变量	值
ans	前一个未定义的变量默认名称
pi	π
eps	MATLAB 中的最小数
inf	∞
NaN	不定数
i 或 j	$\sqrt{-1}$
beep	使计算机发出“嘟嘟嘟”声音

1.3.2.4 关键字

关键字是 MATLAB 程序设计中常用到的流程控制变量，共 20 个，不可作为自定义变量名。在命令行窗口输入命令 inkeyword 可以查看所有关键字：

```
iskeyword
ans =
  20×1 cell 数组
  'break' 'case' 'catch' 'classdef' 'continue' 'else' 'elseif' 'end' 'for' 'function' 'global' 'if' 'otherwise'
'parfor' 'persistent' 'return' 'spmd' 'switch' 'try' 'while' %已转置
```

大部分关键字的意义将在以后章节陆续介绍。

1.3.3 MATLAB 的控制流

MATLAB 程序控制结构和另外一种浅显易懂的算法语言——Microsoft VisualBasic 较为相似。

1.3.3.1 顺序结构

顺序结构是 MATLAB 程序中最基本的结构，表示程序中的各操作是按照它们出现的先后顺序执行的。顺序结构可以独立使用构成一个简单的完整程序，常见的输入、计算、输出三部曲的程序就是顺序结构。在大多数情况下，顺序结构作为程序的一部分，与其他结构一起构成一个复杂的程序，例如分支结构中的复合语句、循环结构中的循环体等。

【例 1-13】 已知圆的半径为 10，面积公式$S=\pi r^2$，计算圆的面积。

在 M 文件编辑器中输入：

```
r=10;                      %半径赋值
s=pi*r^2;                  %计算面积
disp({'圆的面积为' s})     %输出面积值
```

输出结果为：

'圆的面积为'　　[314.1593]

虽然看上去“机器格式”有些明显，但不影响正常阅读数据。

1.3.3.2 if-else-end 分支结构

if-else-end 指令为程序流提供了一种分支结构，该结构的形式根据实际情况的不同而不同，主要有以下几种。

① 若判决条件为真，则执行命令组，否则跳过该命令组。具体的语法格式如下：

```
if 判断条件
   命令组
end
```

② 若可供选择的执行命令组有两组，则采用的语法结构如下：

```
if 判断条件
   命令组 1
else
   命令组 2
end
```

③ 若可供选择的执行命令组多于两组，则采用的语法结构为：

```
if 判断条件 1
   命令组 1
elseif 判断条件 2
      命令组 2
else
最后的命令组     %如果前面的判断均不成立，则执行此命令组
end
```

只要任意一个判断条件为真，就执行其后的命令组，然后结束该结构。

【例 1-14】 求分段函数$y=\mathrm{sgn}x=\begin{cases}1 & x>0\\ 0 & x=0\\ -1 & x<0\end{cases}$的分段函数值。

在 M 文件编辑器输入：

```
x=input('输入 x:');  %输入权交给用户，显示提示语：“输入 x:”。
if x>0
    y=1;
elseif x==0
    y=0;
```

```
else
    y=-1;
end
disp(y)                %显示 y 值
```

输出的结果为：

输入 x:6

1

1.3.3.3 switch-case 条件结构

switch 语句执行基于变量或表达式值的语句组，关键字 case 和 otherwise 用于描述语句组。用到 switch 则必须用 end 与之搭配。switch-case 具体的语法结构如下：

switch 一个变量
　　case 值 1
　　　　命令组 1
　　case 值 2
　　　　命令组 2
　　case 值 *n*
　　　　命令组 *n*
otherwise
　　　　最后的命令组　%如果不等于前面的值，则执行此命令组
end

switch-case 结构的语法结构保证了至少有一组指令组将会被执行。switch 指令之后的表达式 value 应为一个标量或一个字符串。当表达式为标量时，比较命令为表达式==检测值 i；而当表达式为字符串时，MATLAB 将会调用字符串函数 strcmp 来进行比较，其用法为：strcmp(表达式，检测值 i)。

case 指令之后的检测值不仅可以是一个标量或一个字符串，还可以是一个元胞数组。如果检测时是一个元胞数组，则 MATLAB 将会把表达式的值与元胞数组中的所有元素进行比较。如果元胞数组中有某个元素与表达式的值相等，MATLAB 则认为此次比较的结果为真，从而执行与该次检测相对应的命令组。

【例 1-15】 求任意底数的对数函数值$y = \log_n x$。

在 M 文件编辑器输入：

```
n= input('输入底数');          %让用户输入底数
x= input('输入真数');          %让用户输入自变量值
switch n                       %开启对底数的“判断开关”
    case 1                     %如果真数为 1
    errordlg('出错');          %不符合数学规则，显示报错对话框
    case 2                     %如果真数为 2
    y=log2(x);                 %用内置函数正常求值
    case exp(1)                %如果真数为 e
    y=log(x);                  %用内置函数正常求值
```

```
    case 10                          %如果真数为 10
    y=log10(x);                      %用内置函数正常求值
    otherwise                        %如果不是上述情况
    y=log10(x)/log10(n);             %用换底公式求对数值
end                                  %结束结构
disp(y)                              %显示 y
```

1.3.3.4 try-catch 让步结构

try-catch 结构的句法如下：

try
　　<u>命令组 1</u>　　%“尝试”执行命令组 1
catch
　　<u>命令组 2</u>　　%如果发生错误则“抓住”命令组 2，如果再错误即终值
end

try-catch 结构只有两个可选择的命令组。当执行命令组 1 发生错误时，可调用 laster 函数查询出错的原因。如果函数 laster 的运行结果为空字符串，则表示命令组 1 被成功执行了。

【例 1-16】 提取矩阵的某一行。

在 M 文件编辑器中输入：

```
num=4;
m=magic(3);                          %定义 3×3 的魔方矩阵
m                                    %先输出一下 m 矩阵
try
   v1=m(num,:)                       %尝试输出第 4 行
catch
   v2=m(end,:)                       %如果没有第 4 行，就输出最后一行
end
err=lasterr                          %查看最后一个错误的原因
```

命令行窗口的输出为：

```
m =
     8     1     6
     3     5     7
     4     9     2
v2 =
     4     9     2
err =
    '索引超出矩阵维度。'
```

1.3.3.5 for 循环结构

for 循环是针对大型运算相当有效的方法，循环执行一组语句一个预先给定的次数，其语法格式为：

for 循环变量=有序数组

　　含有该循环变量的命令组

end

【例 1-17】 求 1～1024 所有整数的和，即 $\sum_{i=1}^{1024} i$。

在 M 文件编辑器中输入：

```
sum=0;
for i=1:1:1024       %参与求和的数，每次加 1，直到 1024
    sum=sum+i;       %结果在原来基础上加 i
end
disp(sum)
```

计算结果为：524800

【例 1-18】 求函数$F(n,k)=\sin\frac{nk\pi}{180}$，$n\in[1:5],k\in[1:4]$中的每一个值。

在 M 文件编辑器中输入：

```
Fnk=[];
for n=1:1:5                           %外循环
    for k=1:1:4                       %内循环
    Fnk(n,k)=sin((n*k*pi)/360);       %循环体，创造数组
    end
end
Fnk
```

计算结果是得到矩阵：

```
Fnk =
    0.0087    0.0175    0.0262    0.0349
    0.0175    0.0349    0.0523    0.0698
    0.0262    0.0523    0.0785    0.1045
    0.0349    0.0698    0.1045    0.1392
    0.0436    0.0872    0.1305    0.1736
```

1.3.3.6　while 循环结构

while 循环在一个逻辑条件的控制下重复执行一组语句一个不定的次数，匹配的 end 描述该语句。while 循环具体的语法格式如下：

while 循环条件

　　命令组（含有循环条件）

end

程序首先检测循环条件变量的值，若其逻辑值为真，则执行命令组；命令组第一次执行完毕后，继续检测循环条件变量的逻辑值，若其逻辑值仍为真，则循环执行命令组，直到表达式的逻辑值为假时，结束 while 循环。

【例 1-19】 求 1～1024 所有整数的和，即$\sum_{i=1}^{1024} i$。在 M 文件编辑器中输入：

```
i=1;                               %i 的初值
```

```
sum=0;                          %和从 0 开始计
while i<1025                    %当且仅当加数小于 1025，即最多 1024 时
    sum=sum+i;                  %执行求和，更新和
    i=i+1;                      %加数每次加 1
end
sum
```

计算结果必然与【例 1-17】相同：524800。

1.3.3.7 其他常用指令

① return 指令。通常，当被调用函数执行完成后，MATLAB 会自动将控制权转回主函数或 Commands 窗口。但是如果在被调用函数中插入 return 指令，可以强制 MATLAB 结束执行该函数并把控制权转出。

② input 和 keyboard 指令。input 指令将 MATLAB 的“控制权”暂时交给用户，用户通过键盘输入数值、字符串或表达式等，并按 Enter 键将输入内容传递到工作区，同时把“控制权”交还给 MATLAB。其常用的句法格式如下：

变量名=input(‘提示语字符串’)：输入各种形式的数据。

变量名=input(‘提示语字符串’,’s’)：输入的所有数据转化成字符串。

当执行遇到 keyboard 指令时， MATLAB 将“控制权”暂时交给键盘，用户可以由键盘输入各种合法的 MATLAB 指令。只有当用户输入完成，并输入 return 指令后，“控制权”才交还给 MATLAB。

input 指令和 keyboard 指令的不同之处在于：keyboard 指令允许输入任意多个指令，而 input 指令只允许用户输入赋值给变量的“值”，即数组、字符串或元胞数组等。

③ pause 指令。pause 指令的功能是控制执行文件的暂停与恢复，句法格式如下。

pause：暂停执行文件，待用户按任意键继续。

pause(n)：在继续执行文件之前，暂停 *n* 秒。

④ continue 语句。continue 语句把控制传给下一个在其中出现的 if 或 while 循环的迭代，忽略任何循环体中保留的语句。在嵌套循环中，continue 把控制传给下一个 for 或 while 循环所嵌套的迭代，比如可以用于文件代码中计算行数，跳过所有空行和注释。在此问题中，continue 语句用于前进到 M 文件的下一行。

⑤ break 指令。break 指令可进行对 for 循环或 while 循环结构的终止，通过使用 break 指令，可以不必等待循环的预定结束时刻，而是根据循环内部设置的终止项来判断。若终止项满足，则可以使用 break 指令退出循环；若终止项始终未满足，则照常运行至循环的预定结束时刻。

⑥ error 报错系列指令可以显示报错信息（message）并请求用户判断，出现报错提示意味着程序的设计出现原则性错误。其语法格式如下。

error(‘提示语’)：显示出错信息提示语，终止程序。

errortrap：错误发生后，控制程序继续执行与否的开关。

lasterr：显示 MATLAB 系统判断的最新出错原因，并终止程序。

⑦ warning 警告系列指令可以提示警告信息（message）并继续运行。出现警告信息有可能因为程序的执行不够理想。其语法格式如下。

warning('提示语')：显示警告信息，继续运行程序。

lastwarn：显示 MATLAB 系统给出的最新警告程序，并继续运行。

1.3.4 文件的结构

M 文件编辑器可以编辑出普通脚本文件和函数文件，两种文件结构大体相同，但用法又有本质的不同。

1.3.4.1 M 文件的一般结构

典型规范的 M 文件函数的结构总结如下。

函数声明行：位于函数文件的首行，以 MATLAB 关键字 function 开头，定义函数名及函数的输入/输出变量。

H1 行：紧随函数声明行之后的以"%"开头的第一注释行。H1 行包括大写的函数文件名和运用关键词简要描述的函数功能。该行将提供 lookfor 命令作为关键词查询和 help 在线帮助使用。

在线帮助文本区：H1 行及其后的连续以"%"开头的注释行，通常包括函数输入/输出变量的含义调用说明。

编写和修改记录：与在线帮助文本区应以一个"空"行相隔。该行以"%"开头，记录了编写及修改 M 文件的所有作者、日期及版本号，以方便以后的使用者查询、修改和使用。

函数主体：规范化的写法应与编写和修改记录以一个"空"行相隔；这部分内容包括所有实现该 M 函数文件功能的 MATLAB 指令、输入变量、程序流控制等。

1.3.4.2 脚本文件的结构

从结构上来看，脚本文件只是比函数文件少了一个"函数声明行"，除此之外，两者的语法及构架等均相同。脚本文件无须编写函数声明行。

1.3.4.3 函数文件的结构

函数文件的第一句可执行指令必须从 function 开始。每一个函数文件都定义一个函数。事实上，MATLAB 提供的函数命令大部分都是由函数文件定义的，这足以说明函数文件的重要性。

从使用的角度看，函数是一个"黑箱"，把一些数据送进去，经加工处理后再把结果送出来。从形式上看，函数文件区别于脚本文件之处在于脚本文件的变量为命令工作空间变量，在文件执行完成后保留在命令工作空间中；而函数文件内定义的变量为局部变量，只在函数文件内部起作用。当函数文件执行完后，这些内部变量将被清除。

相比于函数文件，内联函数要容易创建得多，可使用 inline 函数创建内联函数，语法结构是：

inline('字符串表达式',变量 1,变量 2,...)。其功能为把字符串表达式转换为由多个输入变量作为自变量的内联函数。本语句创建的内联函数是其所有创建方法中最为可靠的，输入变量的字符串可以由用户随意改变，但是由于输入变量已经规定，因此生成的内联函数不会出现辨识失误等错误。

1.3.4.4 eval 和 feval 函数

eval 函数可以与文本变量一起使用，是神奇的文本宏工具。该指令的功能为使用 MATLAB 的注释器求表达式的值或执行字符串中的代码。其具体句法形式如下：

eval(字符串)

【例 1-20】“破解”字符串'x^3+4*y^6'。

```
x=5;y=8;
s='x^3+4*y^6';
output=eval(s);                    %执行“s”字符串中的内容
disp(output)
```

计算结果为：1048701。

feval 函数的语法格式如下：

[值 1,值 2,...]=feval('函数名',变量 1,变量 2,...)

该指令的功能为用变量来执行上述“函数名”定义的运算，主要用来构造泛函型 M 函数文件。feval 只接受函数名，不接受表达式。

1.3.4.5 输入和输出参数

MATLAB 的函数可以具有多个输入或输出参数。可以通过 nargin 和 nargout 函数，确定函数调用时实际传递的输入和输出参数个数。结合条件分支语句，就可以处理函数调用中指定不同数目的输入、输出参数的情况。

【例 1-21】输入、输出参数数目的灵活处理。

在 M 文件编辑器中定义函数：

```
function [n1,n2]=nargin_nargout(m1,m2)  %两个输入、两个输出
if nargin==1                       %输入 1 个变量
   n1=m1;
   if nargout==2                   %输入 1 个且输出 2 个变量
      n2=m1;
   end
elseif nargout==1                  %输出 1 个变量
   n1=m1+m2;
   else                            %其余情况，即输入、输出都为 2 个
      n1=m1;
      n2=m2;
end
```

测试结果为：

nargin_nargout(2)=2

[a,b]=nargin_nargout(4,6)，a=4，b=6

1.3.4.6　向量化和预分配简介

向量化有利于让 MATLAB 高速地工作，要让变量尽可能以向量方式表达，如：

x=0.01:0.01:100

对于更复杂的代码，矩阵化就变得不明显，但是可以有效提高运算效率。

若一条代码不能被向量化，则可以通过预分配任何输出结果已保存其中的向量或数组以加快 for 循环。例如，下面的代码用 zeros 函数把 for 循环产生的向量预分配，类似于把结果文件需要的空间预先打出一个框架，以便让结果的存放灵活自如，这使得 for 循环的执行速度显著加快。

【例 1-22】 预分配。

在 M 文件编辑器输入：

```
r=zeros(64,1);                          %用零空间预分配结果
for n=1:64
    r(n)=rank(magic(n));
end
```

本例的计算结果不重要，重要的是若没有使用预分配，MATLAB 的注释器将会利用每次循环扩大 ***r*** 向量。向量预分配排除了该步骤以使执行加快。

1.3.4.7　函数的函数简介

一种以标量为变量的非线性函数称为“函数的函数”，即以函数名为自变量的函数。这类函数包括求零点、最优化、求积分和常微分方程等。

1.3.5　程序调试

对于程序设计人员而言，程序试运行的过程中出现各种各样的问题(bug)都是不可避免的，特别是对于那些规模较大、多组人员共同开发完成的大型应用程序更是如此。因此，熟练掌握程序的调试方法是一个合格的程序设计者必备的基本素质。

1.3.5.1　错误与异常

① 语法错误。语法错误是代码层面的错误，指变量名的命名不符合 MATLAB 的规则、函数名的误写、函数的调用格式发生错误、标点符号的缺漏、循环中遗漏了“end”等情况。

② 逻辑错误。逻辑错误是任务层面的错误，主要表现在程序运行后，得到的结果与预期设想得不一致，这就有可能是出现了逻辑错误。通常出现逻辑错误的程序都能正常运行，系统不会给出提示信息，所以很难发现。

③ 异常。异常是一种突发事件，是指程序执行过程中由于不满足前置条件或后置条件而造成的程序执行错误。例如等待读取的数据文件不在当前的搜索路径内等。

综上所述，程序调试就是将编制的程序投入实际运行前，用手工或编译程序等方法进行测试、修正语法错误和逻辑错误、解决异常状况的过程，这是保证计算机信息系统正确性的必不可少的步骤。有时调试工作所占用的时间甚至超过程序设计、代码编写所用的时间总和。

调试的目的在于发现其中的错误并及时纠正。但是，即使调试通过也不能证明系统绝对

无误。程序在交付最终用户使用以后，在系统的维护阶段仍有可能发现少量错误，这也是正常的。

1.3.5.2 直接利用 GUI 调试法

程序的运行，就是一种调试的方法。在工具栏中展开“编辑器 编辑器 ”选项卡，在“运行”面板中单击“运行 ”（需要预先保存），如图 1-8 所示，程序开始在 MATLAB 系统中运行。

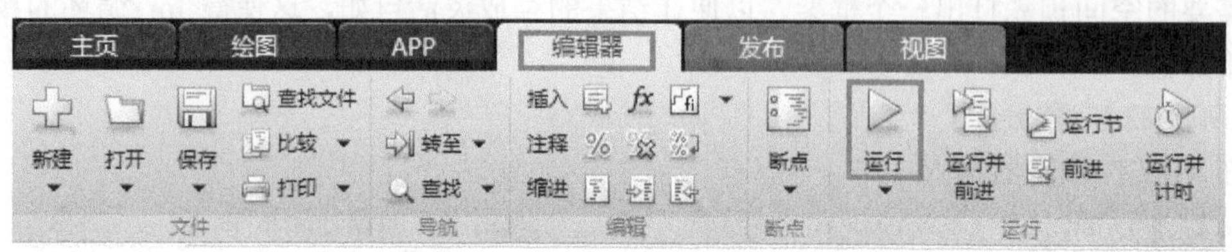

图 1-8 “编辑器”选项卡

如果程序运行完全正确，用户可以在命令行窗口中看到计算结果，编辑的过程中右侧会显示绿色的“状态灯”。如果有语法错误，编辑过程中会出现红色“状态灯”，运行将会无法进行，命令行窗口会显示错误信息。如有编写不恰当或可能不利于用户的编写方式，编辑过程中会出现黄色“状态灯”，但不影响程序正常运行。

1.3.5.3 程序的性能优化思想

性能优化分为算法优化和内存优化两方面。要想提高程序运行效率，改进算法是最关键的。算法是影响程序运行效率的主要因素，在编写不同程序时要选择适当的算法。此外，为了节约且更加有效地使用内存，用户在程序设计时应该注意以下几点。

① 尽可能在函数开始处创建变量。

② 避免生成大的中间变量，并删除不再需要的临时变量。

③ 当使用大的矩阵变量时，预先指定维数并分配好内存，避免每次临时扩充维数。

④ 当程序需要生成大量变量数据时，可以考虑将变量写到磁盘，然后清除这些变量。当需要这些变量时，重新从磁盘加载。

⑤ 当矩阵中数据极少时，将全矩阵转换为稀疏矩阵。

1.4 可执行程序 exe 文件的编译

MATLAB 可设计 VisualBasic 形式的对话框程序，也可设计 Visual C 语言生成的命令提示符形式的程序，两者都可以直接生成小程序，也可以生成安装包。

mcc 编译命令是 MATLAB Compiler 提供给用户进行应用程序发布的一组命令行工具，是生成可执行程序 exe 文件的最简单方法。在 MATLAB 命令行窗口中输入命令：

mcc –m M 文件全名

输入后需等待一段时间，之后可以在 M 文件所在的文件夹里看到其对应的*.exe。mcc 的命令行开关选项对大小写敏感，所以用户在使用时要注意各字母大小写代表的不同含义，避免用错。如图 1-9 所示，在命令提示符中按提示操作，即可使用程序。

图 1-9　命令提示符形式的小程序

1.5　其他数学软件简介

除 MATLAB 外，其他广泛应用的数学软件很多，著名的有 Mathematica 和 Maple。

1.5.1　Mathematica 简介

Mathematica 是 Wolfram Research 开发的一个综合的数学软件环境，具有数值计算、符号推导、数据可视化和编程等多种功能，在符号计算领域有很高的知名度。整个 Mathematica 软件分为两大部分——Kemel 和 Frontend。Kemel 是软件的计算中心，而 Frontend 负责与用户交流，两者有一定的独立性。Mathematica 的表达式含义十分丰富，几乎包含了一切要处理的对象。

1.5.2　Maple 简介

Maple 是当今世界上较优秀的几款数学软件之一。它以友善的使用环境、强大的符号处理、精确的数值计算、灵活的图形显示、高效的编程功能为越来越多的教师、学生和科研人员所喜爱，并成为他们进行数学处理的首选工具。由于 Maple 软件原是为符号计算而设计的，因此在数值计算与绘图方面的运算速度要比 MATLAB 慢。Maple 的帮助系统是用英语写的，这给英文差的人们带来了不便。

到此为止，MATLAB 软件基础就概括完毕，涉及了大量的必备技能和学科素养，MATLAB 的其他基础知识将会在接下来解决数学问题的过程中陆续涉及。下一章起，将会从数的起源开始研究数学问题以及研究用 MATLAB 解决数学问题的方法。

第 2 章
初等数学专题概要

2.1 数学的起源与发展

2.1.1 从未开化到文明

对“数”的感知是有标准的。

首先产生的问题是，除了人类以外是否真有动物了解数？就像经济学家亚当·斯密说的那样：“数是人类在精神上制造出来的最抽象的概念。”确实，即使像 1、2 这样最简单的数，要是和其他语言相比较，也是很抽象的。除了人之外，其他动物好像还没有知道“数”的。判断人或动物是否知道“数”有以下 2 条标准。

① 一一对应。像把“一个一个的鸡蛋”和“一棵一棵的树”联系起来就称为“对应”。即使一一对应起来，数量还是不变的。我们利用对应而数不变的这件事，就想出一种用容易数的东西来替换不容易数的东西的方法。

② 分割而不变。把某个集合分成两个部分或更多时，其总数仍不变，这是知道数的第二个条件。

2.1.2 数制简介

2.1.2.1 原始的“二进制”

在发掘古代印度河流域的繁荣都市时，据说从宝石商店的遗址和类似的地方发现了以 1、2、4、8、16、32、64 为重量比例的砝码，这些也都清楚地说明了古人曾经使用过二进制。

今天，二进制的主要应用是在电子计算机中。自然界很难找到一种物质有 10 种稳定的状态，所以，在由物质构成且不像人类这样具有意识的电子计算机中直接应用 10 进制是不现实的。而半导体元件的导通与截止、电路的通和断是两种稳定的状态，所以在电子计算机中使用二进制是一种必然。我们所有的面向对象的应用程序的后台，全都是面向机器的二进制语言，机器会有一个编码和解码的过程。

2.1.2.2 随身计数器——“手指”进制

早在二进制出现以前，人们在反复实践的过程中就发现了三个手指结成一束、一只手不算拇指或加上另一个拇指、单手单脚甚至双手双脚并用的计数方法。这些就是三进制、四进制、六进制、十进制甚至二十进制的来源。把手指和脚趾作为永远带在身上的计数器来使用，是数的发展史上一个重要的阶段。今天，商品和货币上还会留有“手指进制”的习惯。

2.1.2.3 “六指巨人”的杰作——十二进制

传说中是“六指巨人”双手并用创造了十二进制，但与十进制相比，十二进制有它独特的优势——约数很多。10 的约数有 4 个：1，2，5，10。与此相比较，12 的约数是 1，2，3，4，6，12，有 6 个。尤其是 10 不能用 3 除尽，而 12 却能用 3 除尽，这就是它的长处。时至今日，各种计时器大量运用着 12 进制，这使得 12 进制成为人类社会不可或缺的一部分。

2.1.2.4 古巴比伦王国度量衡的统一——六十进制

把六十进制付诸实践的是古巴比伦王国。至于其原因，有一种说法是：古巴比伦王国是由许多小的部落逐渐扩大形成的一个国家，那时有必要把各地方纷杂的度量衡统一起来，所以有很多约数的六十进制就很方便。如十进制的国家和十二进制的国家一起组成新的国家时，用以 10 或 12 都能除尽的数则对两国都合适。

2.1.2.5 节约数字——“0”的诞生

数的世界里原本没有“0”。“0”的发明隐含着重要的想法，这个想法就是把尽量少的数字组合在一起来表示尽可能大的数。节约数字的想法逐渐发展，发明了“0”，诞生出计算用的数字，成了今天人类的共同财富。正是这些计算用的数字，按照排列组合的原理，仅用 10 个数字 0、1、2、3、4、5、6、7、8、9 的排列，就能够表示所有的数。

2.1.2.6 MATLAB 进制换算与进制混合运算

各种进制有自己的符号代码，如二进制：bin（英语 binary）；十六进制：hex（英语 hexadecimal）；十进制：dec（英语 decimalism）；八进制：oct（英语 octonary）。MATLAB 用“2”表示发音类似的“to”，创造了各种进制转换函数。

二进制转十进制：bin2dec(‘二进制数’);

十进制转二进制：dec2bin(十进制数);

十六进制转十进制：hex2dec(‘十六进制数’);

十进制转十六进制：dec2hex(十进制数);

任意进制转十进制：base2dec(‘非十进制数’,原进制基数);

十进制转任意进制：dec2base(十进制数,目标进制基数);

需要注意的是，非十进制数必须以字符串形式输入，十进制数直接输入。MATLAB 支持二进制到三十六进制换算，被转换的数必须为整型。

【例 2-1】 进制混合运算：用十六进制代码表示 10101B+12AC0FH+256D+17O 的计算结果。

在 M 文件编辑器中输入：

```
%将所有数据统一成 10 进制数
B=bin2dec('10101');
H=hex2dec('12AC0F');
D=256;
O=base2dec('17',8);
Sum16=dec2hex(B+H+D+O); %计算 10 进制数的和，再转换成 16 进制数
```

```
disp(Sum16)
```

计算结果为：原式= 12AD33H。进制换算在电子信息工程中经常使用。

2.1.3 数与量纲的发展简史

2.1.3.1 简单计数——自然数登场

很久以前，居住在岩洞里的原始人就有了数的概念。在为数不多的事物中间增加或取出几个同样的事物，他们能分辨出多和少。本来，对食物的需求出自人类的生存本能。慢慢地，人类通过感知食物的多少就有了明确的数的概念：1，2，3，…。

部落的头领需要知道他手下有多少成员，牧羊人也需要知道他拥有多少只羊。在有文字记载以前，计数和简单的算术就发展起来了，人类在原始生产、生活中自然总结出来的数字，就称为“自然数”。从集合论的角度看，自然数就是正整数，自然数是否含“0”，在数学教育史上一直是一个有争议的话题。

2.1.3.2 原始的单位

可以数的量称为“离散量”，不可数的连续变化的量称为“连续量”。两个离散量的大小可以直接进行比较，并排在一起看其中一者多出来多少就可以。但是很多东西是不能直接“并排”在一起进行比较的。在测量不便测量的长度时，必须找到一个间接的比较方法。可以选择一根小棍，看看目标长度是它的多少倍，这也是一种比较。如果一者是小棍长的 5 倍，另一者是小棍长的 3 倍，我们就可以断定是比小棍长 5 倍的那个比较长。这根小棍就是用来作间接比较的中间一方。在此过程中，这根小棍的长度就成了原始的长度单位。

2.1.3.3 不可数名词的计量——分数登场

人们测量长度，将连续量分割成离散量时，产生一个困难，就是存在零头。解决问题的一个方法就是制作更小的单位，再用此单位量剩下的零头。比如，测量长度比 1m 略大时，用零头来分割 1m，就得到了 1m 的几分之几。分子为 1 的分数称为单位分数，用单位分数作为基础计算的是古埃及人，分数的意义也被认为是单位分数的集合。

2.1.3.4 对立量表达神器——负数登场

在语言中把具有相反意思的一对词称作反义词，例如“上”和“下”、“右”和“左”、“外”和“内”等。在数的世界中当然也需要反义词，正数和负数即正和负就是这样诞生的，可以说就是数的反义词。

若将向右前进 1m 表示为“正 1m”，则向左前进 1m 就是“负 1m”；而将赚了 1 万元表示为“+1 万元”，则赔了 1 万元当然就是“−1 万元”。这样的考虑由来已久，哲学家康德（1724—1804）就曾把正和负当作是善和恶、爱和憎这种反义词的扩展。负数，就是这样一种表达对立量的神器。

2.1.3.5 计量仪器读数难题——小数登场

分数可以说是由于采用没有计量仪器的测量方法而出现的，但小数可以说是由于用了计量仪器这种测量方法而产生的。因此可以这样说，发展小数理论的不是轻视劳动的希腊贵族阶级，而是那些使用尺和秤的工匠和商人。

今天的十进制小数，是在 16 世纪的欧洲创造出来的。荷兰新教徒国王拿骚的莫里斯所雇用的技师史蒂文创建了小数理论，他因此被称为“不是数学家而使用数学”的实践家。史蒂文给小数做出了定义：“小数是根据十进制的考虑，使用普通阿拉伯数字的算术的一种。使用小数后，不管什么数都可以写出来，在实际事务中出现的计算可以完全不用分数而只用整数来进行。”

2.1.3.6　正方形对角线长度之争——无理数登场

公元前 500 年，毕达哥拉斯学派的弟子希伯索斯（Hippasus）发现了一个惊人的事实，一个正方形的对角线与其一边的长度是“不可公度的”，这一“不可公度性”与毕氏学派的“万物皆为（有理）数”的哲理大相径庭。希伯索斯被迫流亡他乡，不幸的是，他在一条海船上还是遇到毕氏门徒，被毕氏门徒残忍地投入了水中杀害。

无理数是什么？在古代欧洲长期以来得不到准确的解释，由无理数引发的数学危机一直延续到 19 世纪下半叶。1872 年，德国数学家戴德金从连续性的要求出发，从理论角度证明了实数的存在，也证明了无理数的存在，从而结束了无理数被认为“无理”的时代，也结束了持续 2000 多年的数学史上的第一次大危机。毕氏学派抹杀真理才是真正“无理”，后人们为了纪念希伯索斯这位为真理而献身的可敬学者，就把不可通约的量取名“无理数”，这就是无理数的由来。

2.1.3.7　一元二次方程无解之谜——复数登场

早期，一个方程只能解出一个根。后来人们在生产生活实践中逐步列出了一元二次方程。数学家司汤达在解决市场上的鸡蛋买卖问题时，曾列出这样的一元二次方程：$x^2+160x-8000=0$。用莱布尼茨的求根公式求得：x=40 或 x=−200（舍去）。日本德川时代的数学家对于方程有超过一个根不能接受，并将这样的方程称为“精神病方程”。而二次方程的“精神病”程度还远不止于此，它引来了一种让人始料未及的全新的数。解方程$x^2+2x+2=0$，变换形式得“$(x+1)^2=-1$”，到这一步就走不通了，人们曾大骂其为“疯狂方程”。

无法摒弃的念头，在很长时间里支配着数学家。莱布尼茨提出，负数的平方根，是不存在的数，但它有用，不能忽视。后来直到 18 世纪末，数学家高斯和测量工程师维塞尔承认了复数（虚数）的存在，定义$\sqrt{-1}=\mathrm{i}$，称这样的“i”为“虚数单位”。事实上，用卡尔达诺公式解三次方程时，如果不承认$\sqrt{-1}$的存在，就连实根也无法求出。所以，如果没有虚数，代数将不完整。

2.1.3.8　国际单位制（SI）简介

国际单位制（法语：Système International d'Unités；符号：SI），源自公制或米制，旧称“万国公制”，是现时世界上最普遍采用的标准度量衡单位系统。它采用十进制进位系统，最早于 18 世纪末法国大革命时期的 1799 年被法国作为度量衡单位。国际单位制是在公制基础上发展起来的单位制，于 1960 年第十一届国际计量大会通过，推荐各国采用，其国际简称为 SI。

表 2-1 列举了国际单位制的 7 个基本单位及其说明。

表 2-1 国际单位制基本单位

物理量名称	物理量符号	基本单位名称	基本单位符号	单位定义
长度	L	米	m	1m 是 1 光年的 299792458 分之 1
质量	m	千克	kg	1kg 是国际千克原器的质量
时间	t	秒	s	1s 是 ^{133}Cs 原子基态两个超精细能级之间跃迁所对应的辐射的 9192631770 周期
电流	I	安培	A	1A 是真空中相距 1m 的两无限长而圆截面可忽略的平面直导线内通以相等的恒定电流，当每米导线上所受作用力为 2×10^{-7}N 时，各导线上的电流
热力学温度	T	开尔文	K	1K 是水的三相点热力学温度的 1/273.16
物质的量	n	摩尔	mol	1mol 是系统中单位的数目，系统中所包含的基本单位与 0.012kg^{12}C 的原子数目相等
发光强度	Iv	坎德拉	cd	1cd 是一光源在给定方向的发光强度，光源发出频率为 540×10^{12}Hz 的单色辐射，且在此方向上的辐射强度为 1/683W/sr

2.2 常数与常数运算

2.2.1 四则运算及其混合运算

四则运算包括加（+）、减（−）、乘（×）、除（÷），加减为第一级运算，乘除为第二级运算，要先算第二级运算，再算第一级运算。

加减和乘除最大的区别是，×和÷可以产生新的量，可以在不同类的量之间进行，而＋和－只能在同类数间进行，不产生新的量。＋和－不产生新物理量，而×和÷可定义新物理量，×和÷比＋和－功能要强大，这就是四则混合运算要先算乘除再算加减的原因。另外，先乘除的规则也是基于实践中要先做乘除后做加减的大量实践而得出的。计算规则若能一次完全确定的话，就可按照逻辑关系推演下去，在确定计算规则时，必须使之能真实地反映实践中某方面的关系。

当同一个数连乘自己本身时，这个运算被定义成“乘方”，连乘的次数写在右上角表示，这个数被称为“指数”或“次数”，在高等数学里有时也称“阶数”。如：2^{10}读作“2 的 10 次方”或“2 的 10 次幂”。乘方被称为“第三级运算”。

2.2.2 用 MATLAB 进行常数运算

MATLAB 的常数运算只需输入键盘上的“+”“−”“*”“/”和“^”来连接数字，甚至可以没有变量名。

【例 2-2】 计算 $128\times5^{0.5}-\pi\left(56.23+\frac{\pi}{2}\right)+\sqrt{e\sqrt[3]{5}}\div66\%$

输入：

```
128*5^0.5-pi*(56.23+pi/2)+(sqrt(exp(1)*5^(1/3)))*0.66
```

计算结果为：106.0531

计算时间为 0.00028s。这就是计算机的意义的冰山一角。

2.3 代数式与代数运算

2.3.1 MATLAB 符号数学计算基础

MATLAB 符号计算是通过符号数学工具箱来实现的，与常数计算和矩阵计算不同，符号计算可使字母参与，且不一定有常数。该工具箱的内核是最擅长符号计算的数学软件——Maple，计算指令与 MATLAB 几乎相同，计算结果由 Maple 来输出到 MATLAB。

2.3.1.1 符号对象的创建

符号数学工具箱定义了一种新的数据类型，称为 sym 类，即符号对象。创建符号对象的语法格式为：

变量名=sym('A')。A 可以是数字、矩阵或表达式，也可以是字符串。

或者当有多个变量时，其语法格式为：

syms a b c…;

变量名=sym('A')

2.3.1.2 变量的确定

findsym 函数可以查询一个符号表达式中的变量，其语法格式如下：

findsym(符号表达式名)

2.3.1.3 符号计算精度设置

符号计算的一个非常显著的特点是，由于计算过程中不会出现舍入误差，因此可以得到任意精度的数值解。如果希望计算结果精确，那么就可以牺牲计算时间和存储空间，用符号计算来获得足够高的计算精度。要从精确解中获得任意精度的解，并改变默认精度，需要把任意精度符号解变成“真正的”数值解。

vpa 命令的语法格式如下：

vpa(符号解变量名,有效数字位数)

2.3.1.4 专业数学输出

编程过程中的代码是线性输入的，不是专业的数学显示格式，如果想让计算机用系统内支持的各种符号把表达式近似地写成数学格式来输出，以方便阅读，可以使用 pretty 函数。其调用格式非常简单：

pretty(符号表达式名)

输出的效果远达不到 Microsoft 公式编辑器 3.0 和 Mythtype 的专业程度，全部用 Windows 中支持的符号拼凑而成，但是有效增加了表达式的高低错落感，增加了可读性。

2.3.2 用 MATLAB 进行合并同类项

MATLAB 提供 collect 函数来实现代数式的合并同类项，其语法格式如下：

变量名=collect(表达式名,要合并的变量（可选）)

【例 2-3】 将代数式$2a^3b^2+3a^3b^2-a+2b-4a-3b^3$合并同类项。

输入：

```
syms a b;                                  %建立变量
y=sym('2*a^3*b^2+3*a^3*b^2-a+2*b-4*a-3*b^3');    %符号表达式
r=collect(y)                               %合并同类项
pretty(r)                                  %数学输出
```

计算结果为：r=5*a^3*b^2 - 5*a - 3*b^3 + 2*b

即原式=$5a^3b^2-5a-3b^3+2b$。

2.3.3 用 MATLAB 去括号

去括号函数 expand 的语法格式如下：

变量名=expand(*表达式名*)

如果表达式中包含函数，则利用恒等变形将其写成相应的和的形式。

【例 2-4】 将代数式$(x-2)^2+(y-1)^3$去括号。

在 M 文件编辑器中输入：

```
syms x y;                          %建立变量
y=sym('(x-2)^2+(y-1)^3');          %符号表达式
r=expand(y)                        %合并同类项
pretty(r)                          %数学输出
```

计算结果为：r=x^2 - 4*x + y^3 - 3*y^2 + 3*y + 3

计算时间约为 0.1s。

原式=$x^2-4x+y^3-3y^2+3y+3$。

2.3.4 用 MATLAB 进行高次多项式嵌套

MATLAB 提供函数实现将符号表达式转换成嵌套形式的功能，其语法格式如下：

变量名=horner('*表达式变量名*')

【例 2-5】 对下列函数进行配方：

① $f(x)=x^2+2x-1$

② $f(x)=5x^6-3x^4+2x^2-4x-4$

在 M 文件编辑器中输入：

```
fx1=sym('x^2+2*x-1');
fx2=sym('5*x^6-3*x^4+2*x^2-4*x-4');
r=horner([fx1;fx2])              %两个结果同时求出
```

计算结果为：

r=

x*(x+2)-1

x*(x*(x^2*(5*x^2 - 3) + 2) -4) -4

即$\begin{cases} x(x+2)-1 \\ x[x(x^2(5x^2-3)+2]-4-4 \end{cases}$。该列向量中两元素即等于原式。

2.3.5 用 MATLAB 进行因式分解

符号表达式因式分解功能由 factor 函数提供，其语法格式如下：

变量名=factor(多项式变量名)

如果该代数式不能分解，则返回它本身。

【例 2-6】 将多项式$2x^2-7xy-22y^2-5x+35y-3$因式分解。

```
syms x y;
f=sym('2*x^2-7*x*y-22*y^2-5*x+35*y-3');
factor(f)                    %因式分解
```

分解结果为：[2*x - 11*y + 1, x + 2*y - 3]

计算时间约为 0.07s。

即原式=$(2x-11y+1)(x+2y-3)$。

2.3.6 用 MATLAB 进行代数式化简

代数式化简函数 simplify 是一个强有力的具有普遍意义的工具。它应用于包含和式、方根、分数的乘方、指数函数、对数函数、三角函数、Bessel 函数及超越函数等的表达式，并利用 Maple 化简规则对表达式进行简化。自变量可以输入符号表达式矩阵。其语法格式如下：

变量名=simplify(表达式名)

【例 2-7】 化简代数式：

$$\frac{\sin(A+B)\cos(A-B)}{\sin A\cos B}$$

```
syms x y;
f=sym('(sin(x+y)*cos(x-y))/sin(x)*cos(y)');
r=simplify(f)                    %化简求值
```

化简结果为：r =(cos(y)*(sin(2*x) + sin(2*y)))/(2*sin(x))

消耗时间约为 0.21s。

即原式=$\frac{\cos B(\sin 2A+\sin 2B)}{2\sin A}$。

2.3.7 函数求值和换元

符号表达式替换，主要要解决两类问题：一类是符号表达式的代数求值；另一类是在处理一些结构较为复杂、变量较多的数学模型时，引入一些新的变量进行代换，以简化其结构，从而达到解决问题的目的，这种方法称为变量代换法。

subs 函数用于以指定符号来替换符号表达式中的特定符号，其语法结构为：

变量名=subs(表达式变量名,旧变量,新变量)

【例 2-8】 将被积函数$f(t)=\frac{1}{t(t^7+2)}$的积分变量 t 用$\frac{1}{x}$代换，并求$f(5)$的值。

在 M 文件编辑器中输入：

```
ft=sym('1/(t*(t^7+2))');          %定义符号表达式
fx=subs(ft,t,1/x)                 %用 1/x 替换 t，输出变量替换后的结果
f5=subs(fx,x,5)                   %用 5 替换 x，输出 f(5)
```

输出结果为：fx =x/(1/x^7 + 2)；f5= 390625/156251

即变量代换的结果为：

$$f(x)=\frac{x}{\frac{1}{x^7}+2}$$

且$f(5)=\frac{390625}{156251}$。由此易得符号替换的结果也为符号表达式。

2.3.8 用 MATLAB 进行有理多项式展开

在许多应用中，会出现两个多项式之比。在 MATLAB 中，有理多项式由它们的分子多项式和分母多项式表示，residue 函数可以进行部分分式展开的运算，它的语法格式为：

分子多项式=[…2 次项系数 1 次项系数 常数项];

分母多项式=[…2 次项系数 1 次项系数 常数项];

[展开式分子系数组,展开分母系数组,展开常数项]=residue(分子多项式,分母多项式)

展开后各系数组中有多少个数取决于有理多项式的最高次。

【例 2-9】 求有理多项式$\frac{6x^3+4x^2-x+3}{-4x^3+12x+5}$的展开式。

在 M 文件编辑器输入：

```
fz=[6 4 -1 3];                    %建立分子多项式
fm=[-4 0 12 5];                   %建立分母多项式
[nfz,nfm,nc]=residue(fz,fm)       %展开式参数计算
```

计算结果为（已分栏处理）：

```
nfz =
   -1.8090
    0.4230
    0.3860
nfm =
    1.9115
   -1.4652
   -0.4463
nc =
   -1.5000
```

可以表示成：

原式=$\frac{-1.809}{x-1.9115}+\frac{0.423}{x-(-1.4652)}+\frac{0.386}{x-(-0.4463)}-1.5$

【例 2-10】 由$\frac{-2}{x-1}+\frac{-1}{x-2}-3$反求有理多项式。

在 M 文件编辑器输入：

```
fz=[-2,-1];                       %分子数组
fm=[1,2];                         %分母数组
c=-3;                             %常数项
[nfz,nfm]=residue(fz,fm,c)        %求有理多项式分子分母各项系数
```

输出结果为：

```
nfz =
    -3     6    -1
```

nfm =

      1   -3   2

所以，该有理多项式$=\frac{-3x^2+6x-1}{x^2-3x+2}$。

2.3.9　用 MATLAB 解简单代数方程

一般的代数方程包括线性、非线性和超越方程等，求解指令是 solve（意思：解）。当方程组不存在符号解，又无其他自由参数时，solve 将给出数值解。该指令的语法格式如下：

[未知量 1,未知量 2,…]=solve(方程 1,方程 2,…,未知量 1,未知量 2,…)

可以输入符号多项式或符号代数方程，如果输入符号多项式 $F(x)$，则解 $F(x)=0$。如果不输入未知量，则按照默认的未知量来求解。

【例 2-11】 求下列代数方程（组）的解。

① $5x+2\mathrm{e}=0$

② $36x^2-18\sqrt{2}x+6\pi=0$

③ 用计算机推导一元二次方程$ax^2+bx+c=0$的求根公式

④ $\begin{cases}2x+\sqrt{3}y=-6\\ \sqrt[3]{5}x-9.8y=1\end{cases}$

⑤ $\begin{cases}x^2+y-12z=5\\ 2x^2+\mathrm{e}y=3\\ y^2+\frac{\sqrt{2}\pi}{2}z=4\end{cases}$

① 在 M 文件编辑器中输入：

```
eq=sym('5*x+2*exp(1)');
x=solve(eq);
x
```

输出：x =-(2*exp(1))/5

即解得：$x=-\frac{2\mathrm{e}}{5}$。

② 在 M 文件编辑器中输入：

```
eq=sym('36*x^2-18*sqrt(2)*x+6*pi');
x=solve(eq)
```

输出结果：

x =

2^(1/2)/4 - (6^(1/2)*(3 - 4*pi)^(1/2))/12

(6^(1/2)*(3 - 4*pi)^(1/2))/12 + 2^(1/2)/4

即解得：$\begin{cases}x_1=\frac{\sqrt{2}}{4}-\frac{\sqrt{6}\times\sqrt{3-4\pi}}{12}\\ x_2=\frac{\sqrt{6}\times\sqrt{3-4\pi}}{12}+\frac{\sqrt{2}}{4}\end{cases}$

③ 在 M 文件编辑器中输入：

```
eq=sym('a*x^2+b*x+c');
x=solve(eq)
```

输出结果：

```
x =
 -(b + (b^2 - 4*a*c)^(1/2))/(2*a)
 -(b - (b^2 - 4*a*c)^(1/2))/(2*a)
```

就是公认的一元二次方程$ax^2+bx+c=0$的求根公式：

$$x=\frac{-b\pm\sqrt{b^2-4ac}}{2a}$$

④ 在 M 文件编辑器中输入：

```
syms x y;
eq1=sym('2*x+sqrt(3)*y=-6');          %方程 1
eq2=sym('5^(1/3)*x-9.8*y=1');         %方程 2
[x,y]=solve(eq1,eq2,x,y)              %解二元一次方程
```

输出结果：

```
x =-2.5294097619387418081693035899312
y =-0.54339080124535497838962916812555
```

⑤ 在 M 文件编辑器中输入：

```
syms x y z;
eq1=sym('x^2+y-12*z=5');                  %第一个方程
eq2=sym('2*x^2+exp(1)*y=3');              %第二个方程
eq3=sym('y^2+(sqrt(2)*pi)*z/2=4');        %第二个方程
[x,y,z]=solve(eq1,eq2,eq3,x,y,z);         %解三元非线性方程组
```

直接求得的根式解过于复杂，不宜列出，以下为二次计算后的近似解：

$$\begin{cases}x_1=2.0941\\y_1=-2.1229,\\z_1=-0.2281\end{cases}\begin{cases}x_2=1.2148\mathrm{i}\\y_2=2.1894\ ,\\z_2=-0.3572\end{cases}\begin{cases}x_3=-2.0941\\y_3=-2.1229,\\z_3=-0.2281\end{cases}\begin{cases}x_4=-1.2148\mathrm{i}\\y_4=2.1894\\z_4=-0.3572\end{cases}$$

共 4 组根，计算时间约为 2.2s。

2.4 坐标系与简单坐标变换

在 1736 年出版的《流数术和无穷级数（Method of Fluxions)》一书中，艾萨克·牛顿第一个将极坐标系应用于表示平面上的任何一点。牛顿在书中验证了极坐标和其他九种坐标系的转换关系。在 1691 年出版的《博学通报》(Acta eruditorum）一书中，雅各布·伯努利正式使用定点和从定点引出的一条射线，定点称为极点，射线称为极轴。平面内任何一点的坐标都通过该点与定点的距离和与极轴的夹角来表示。

直角坐标元素和极坐标元素的互化在工程上很常见，直角坐标系的创始人笛卡儿的英文名简写为“cart”，极坐标的英语是 Polar，简写为“pol”，MATLAB 提供的转化函数就是这两个英文组合成的，其语法格式如下：

[极角θ,极径ρ]=cart2pol(横坐标 x,纵坐标 y)：直角坐标化为极坐标

[横坐标x,纵坐标y]=pol2cart(极角θ,极径ρ)：极坐标化为直角坐标

以上两函数中，如果两边都带有竖坐标 z 值，则为空间直角坐标与柱坐标的互化，如果

输入的是符号表达式，则可以将横纵坐标用角度来表达。

2.4.1 直角坐标与极坐标的互化

【例 2-12】 将直角坐标 A（23.56，−45.82）化为极坐标。

输入：

```
[t,r]=cart2pol(23.56,-45.82)    %t 为θ，r 为 ρ
```

计算结果为：

t =-1.0959；r = 51.5223

即极坐标为 A（−1.0959（rad），51.5223）。

【例 2-13】 将极坐标 B（$\sqrt{3}\pi$，25）转化为直角坐标。

输入：

```
[x,y]=pol2cart(sqrt(3)*pi,25)
```

输出结果为：

x =16.6533；y = -18.6459

即直角坐标为 B（16.6533，−18.6459）。

2.4.2 函数表达式的直角坐标与极坐标互化

【例 2-14】 将函数$f(x) = x^2 + 2x$化为极坐标形式。

在 M 文件编辑器输入：

```
syms x y th r;                  %建立符号变量
fx=sym('y=x^2+2*x');            %建立函数表达式，要带因变量
a=subs(fx,x,r*cos(th));         %将 x 用θ表示，替换
b=subs(a,y,r*sin(th));          %上一步基础上将 y 用θ表示，替换
R=solve(b,r)                    %在含有ρ和θ的方程中解出ρ
```

结果是：

R= -(2*cos(th) - sin(th))/cos(th)^2

所以极坐标形式为：$\rho(\theta) = \frac{2\cos\theta - \sin\theta}{\cos^2\theta}$。

【例 2-15】 将方程$\rho(\theta) = \frac{2\tan\theta}{\cos\theta}$转化为多段直角坐标函数形式。

在 M 文件编辑器输入：

```
syms th r x y;                          %建立符号变量
rth=sym('r=2*tan(th)/cos(th)');         %建立函数表达式，要带因变量
a=subs(rth,th,atan(y/x));               %将θ用 x 和 y 表示
b=subs(a,r,x^2+y^2);                    %上一步基础上将 r 用 x 和 y 表示，替换
fx=solve(b,y)                           %在含有 x 和 y 的方程中解出 y
```

输出结果为：

fx =

-x*1i

x*1i

(x^3*(-(x^2 - 2)*(x^2 + 2))^(1/2))/(x^4 - 4)
-(x^3*(-(x^2 - 2)*(x^2 + 2))^(1/2))/(x^4 - 4)

即$f_1(x)=-\mathrm{i}x$，$f_2(x)=\mathrm{i}x$，

$$f_3(x)=\frac{x^3\sqrt{-(x^2-2)(x^2+2)}}{x^4-4}, f_4(x)=-\frac{x^3\sqrt{-(x^2-2)(x^2+2)}}{x^4-4}。$$

2.5 基本初等函数与函数运算

2.5.1 基本初等函数的范畴

人类对数学的研究来源于对生产生活实践的总结。从来源角度来说，基本初等函数是指自然界能自然形成的函数，如光在密度均一的介质内沿直线传播，一次函数的图像——直线，就属于基本初等函数，二次函数同理，是抛体运动的轨迹线。从数学角度看，《数学分析》将基本初等函数归为六类：幂函数、指数函数、对数函数、三角函数、反三角函数、常数函数。由基本初等函数经过有限次的四则运算和复合运算所得到的函数称为初等函数，它们在其定义区间内均为连续函数。不是初等函数的函数，称为非初等函数。

2.5.2 基本初等函数值的 MATLAB 计算

函数数值运算的方法有两种，一是直接代数计算，二是设置符号表达式，用常数替换自变量进行求值，这样可以设置要保留的有效数字数。

【例 2-16】 已知函数$f(x)=\frac{\sqrt{x+\sin(x)}}{x-1}+\log_3 x-\mathrm{e}^{(x+1)}\ln x$，求$f(2\pi)$，并保留 8 位有效数字。

在 M 文件编辑器中输入：

```
syms x f;
f=sym('sqrt(x+sin(x))/(x-1)+log(x)/log(3)-exp(1)...
^(x+1)*log(x)');                %输入原函数
y=subs(f,x,2*pi);               %代入数值
final=vpa(y,8)                  %取 8 位有效数字
```

输出结果为：-2673.0982

计算时间约为：0.086s。

不建议把有效数字取到 1000 位以上，那时显示器将难以输出过于多的数字，计算成本也将大幅增加。

2.5.3 用 MATLAB 生成复合函数

在 MATLAB 中，符号表达式的复合函数主要通过 compose 函数来实现，其语法结构如下：

<u>变量名</u>=compose(<u>外层函数名</u>,<u>内层函数名</u>,<u>外层自变量</u>,<u>新自变量</u>)

当两个函数自变量一致时，可以省略两个“自变量”，直接简化为：

<u>变量名</u>=compose(<u>外层函数名</u>,<u>内层函数名</u>)

【例 2-17】 已知函数$f(x)=\frac{1}{x^2+1}$，$g(x)=\sin x+\ln\frac{1}{x}$，求$f(g(x))$和$g(f(t))$。

在 M 文件编辑器中输入：

```
fx=sym('1/(x^2+1)');
gx=sym('sin(x)+log(1/x)');
fgx=compose(fx,gx)                %求f(g(x))
gft=compose(gx,fx,'x','t')        %求g(f(t))
```

计算结果为：

fgx =1/((log(1/x) + sin(x))^2 + 1)

gft =sin(1/(t^2 + 1)) + log(t^2 + 1)

即$f\big(g(x)\big)=\frac{1}{(\ln\frac{1}{2}+\sin x)^2+1}$，$g\big(f(t)\big)=\sin\frac{1}{t^2+1}+\ln t^2+1$。

2.5.4 用 MATLAB 生成反函数

符号表达式的反函数通过函数 finverse 来实现，其语法结构如下：

<u>变量名</u>=finvers(<u>函数名</u>，<u>欲处理的自变量（可选）</u>)

【例 2-18】 求函数$f(x)=\frac{1}{\sin x+\cos x}$的反函数。

在 M 文件编辑器中输入：

```
f=sym('1/(sin(x)+cos(x))');
nf=finverse(f)
```

输出结果为：$f(x)=-\mathrm{i}\ln\frac{\sqrt{2}\sqrt{-2\mathrm{i}x^2+\mathrm{i}}+1+\mathrm{i}}{2x}$

2.5.5 用 MATLAB 观察一次函数

一般地，形如$f(x)=kx+b$的函数称为一次函数，如$f(x)=2x+1$。在一次函数中，每个 x 对应一个 y。一次函数的极坐标形式为：

$$\rho(\theta)=\frac{b}{\sin\theta-k\cos\theta}$$

式中，k 是斜率；b 是 y 轴上的截距。

斜率$k=\arctan\frac{f(x)}{x}$。

一次函数的定义域是 $\boldsymbol{R}$，值域是 $\boldsymbol{R}$，图像是直线。

接下来观察下列一次函数图像，如图 2-1～图 2-6 所示。

$f_1(x)=2x+10$，$f_2(x)=-2x+10$，$f_3(x)=-2x-10$，$f_4(x)=2x-10$，$f_5(x)=3x$，$f_6(x)=x$。

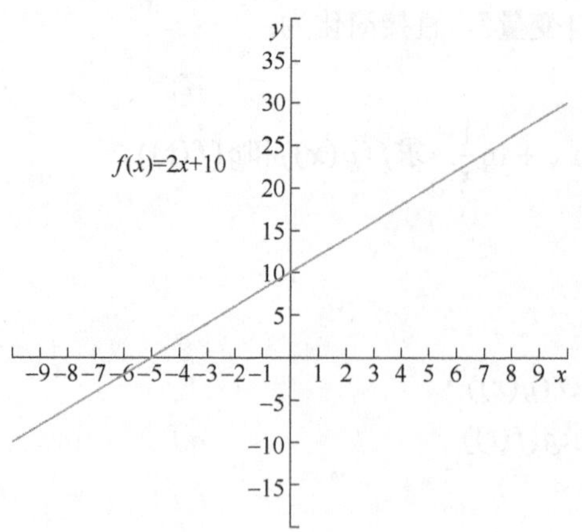

图 2-1 $f_1(x) = 2x + 10$图像

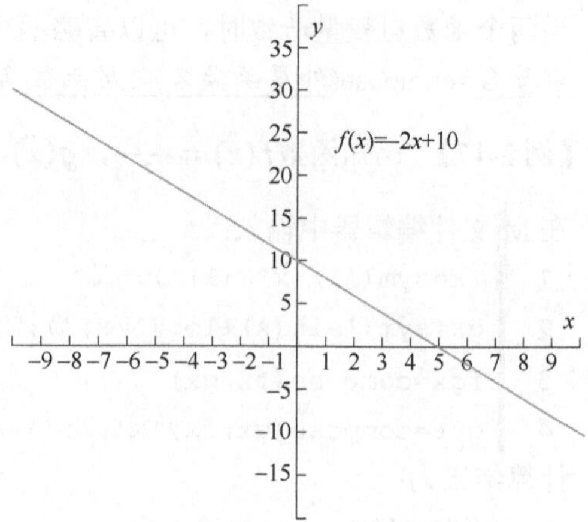

图 2-2 $f_2(x) = -2x + 10$图像

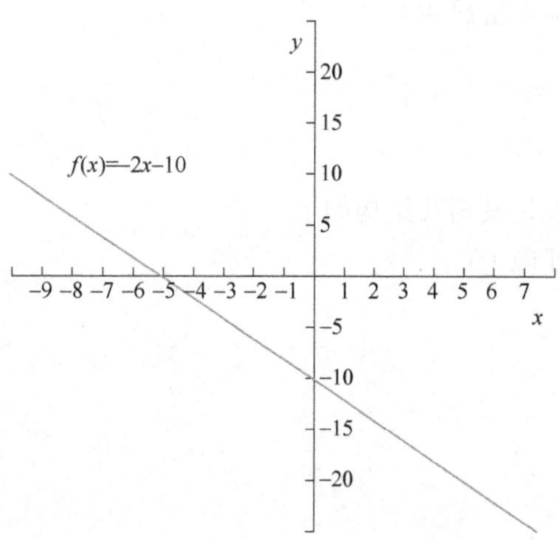

图 2-3 $f_3(x) = -2x - 10$图像

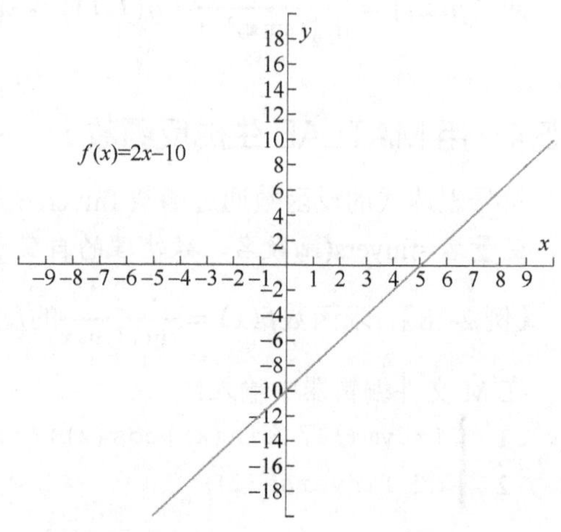

图 2-4 $f_4(x) = 2x - 10$图像

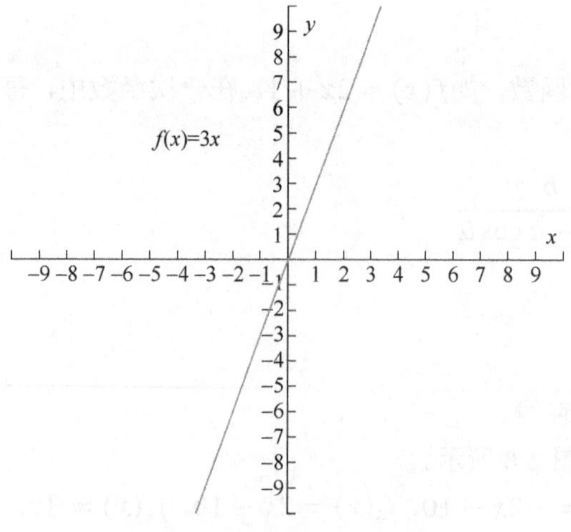

图 2-5 $f_5(x) = 3x$图像

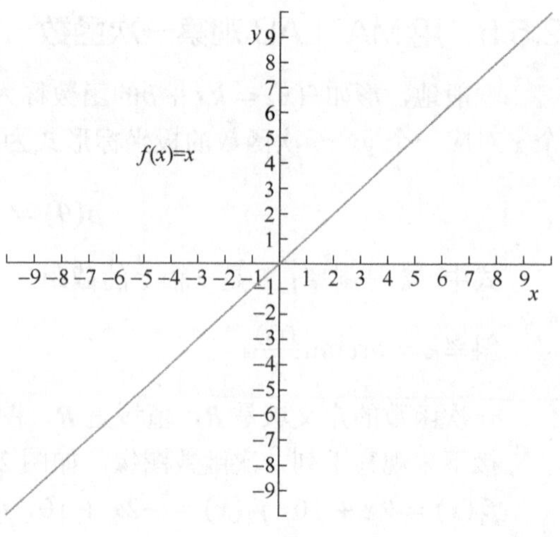

图 2-6 $f_6(x) = x$图像

由图像易得：当 $k>0$ 时，函数在实数域上单调递增；当 $k<0$ 时，函数在实数域上单调递减。当 $b>0$ 时，图像与 y 轴正半轴相交于（0，b）；当 $b<0$ 时，图像与 y 轴负半轴相交于（0，b）。当 $b=0$ 时，图像如图 2-5 所示，直线过原点，此时也称为“正比例函数”，因为 y 和 x 成正比。当 $k=1$ 且 $b=0$ 时，图像恰好是Ⅰ、Ⅲ象限的角平分线。当 $x=0$ 时，一次函数的图像是一条平行于 x 轴的直线；当 $y=0$ 时，图像是一条平行于 y 轴的直线。

一次函数与二元一次方程组的关系是：二元一次方程组的解是两函数图像（直线方程）的交点，使用 solve(f,x)函数解方程组即可得出两直线交点。如：

求$g_1(x)=x+1$和$g_2(x)=-x+2$的交点，可以解方程组：

$$\begin{cases} x+1-y=0 \\ -x+2-y=0 \end{cases}$$

2.5.6　用 MATLAB 观察二次函数

一般地，形如$f(x)=ax^2+bx+c$的函数称为二次函数，每个 y 值对应 2 个 x 值，每个 x 值对应 1 个 y 值。二次函数的图像是一条抛物线。

由图像易得：图 2-8 与图 2-7 相比，$a>0$ 时，图像开口向上，反之相反；图 2-9 与图 2-7 相比，b 影响的是抛物线的对称轴位置。图 2-7～图 2-10 共同说明，c 是抛物线与 y 轴的交点。

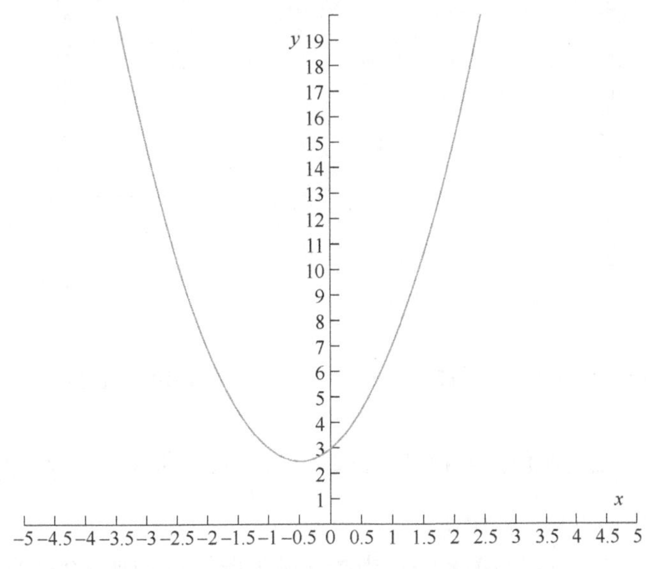

图 2-7　$f_1(x)=2x^2+2x+3$图像

抛物线顶点的坐标为（$-\frac{b}{2a}$，$\frac{4ac-b^2}{4a}$），易得对称轴为$x=-\frac{b}{2a}$。

二次函数的定义域是$\boldsymbol{R}$，当 $a>0$ 时，值域为$\left[\frac{4ac-b^2}{4a},+\infty\right]$；当 $a<0$ 时，值域为$\left(-\infty，\frac{4ac-b^2}{4a}\right]$。

当 $a>0$ 时，二次函数在$\left(-\infty，-\frac{b}{2a}\right]$上单调递减，在$\left(-\frac{b}{2a},+\infty\right)$上单调递增；$a<0$ 时相反。

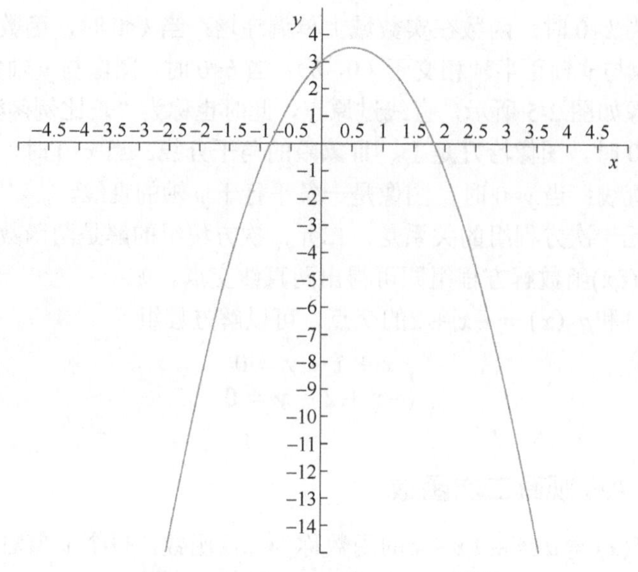

图 2-8　$f_2(x)=-2x^2+2x+3$图像

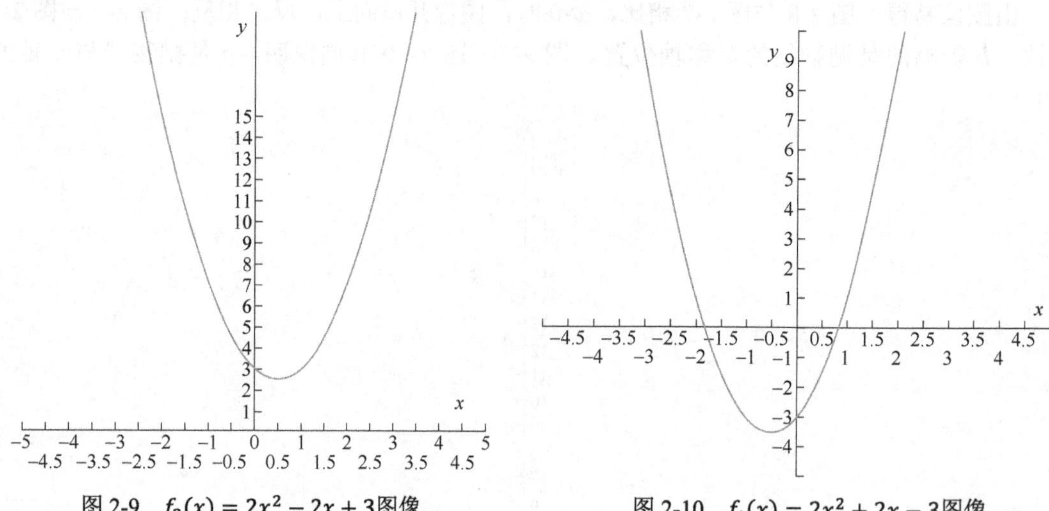

图 2-9　$f_3(x)=2x^2-2x+3$图像

图 2-10　$f_4(x)=2x^2+2x-3$图像

当$-\frac{b}{2a}=0$时，y 轴是图像的对称轴，此时二次函数为偶函数。当 c=0 时，图像过原点；当 b=c=0 时，抛物线顶点与 x 轴相切。

二次函数与一元二次方程的关系是：当二次函数图像与 x 轴有 2 个交点时，一元二次方程有 2 个不同的根；当二次函数图像与 x 轴有 1 个交点时，一元二次方程有 2 个相同的根；当二次函数图像与 x 轴不相交时，一元二次方程有 2 个复数根，无实根。

二次函数的极坐标形式为：

$$\rho_1(\theta)=\frac{\sin\theta+\sqrt{\sin^2\theta+-4ac\cos^2\theta-2b\sin\theta\cos\theta}-b\cos\theta}{2a\cos^2\theta}$$

$$\rho_2(\theta)=-\frac{\sqrt{\sin^2\theta+-4ac\cos^2\theta-2b\sin\theta\cos\theta}-\sin\theta+b\cos\theta}{2a\cos^2\theta}$$

2.5.7　用 MATLAB 观察三角函数

三角函数包括$\sin x$、$\cos x$、$\tan x$、$\csc x$、$\sec x$、$\cot x$，反三角函数包括$\arcsin x$、$\arccos x$、$\arctan x$、$\mathrm{arccsc}\, x$、$\mathrm{arcsec}\, x$、$\mathrm{arccot}\, x$，双曲函数分为$\sinh x$、$\cosh x$、$\tanh x$、$\mathrm{csch}\, x$、$\mathrm{sech}\, x$、$\coth x$，反双曲函数包括$\mathrm{arcsinh}\, x$、$\mathrm{arccosh}\, x$、 $\mathrm{arctanh}\, x$、$\mathrm{arccsch}\, x$、$\mathrm{arcsech}\, x$、$\mathrm{arccoth}\, x$。

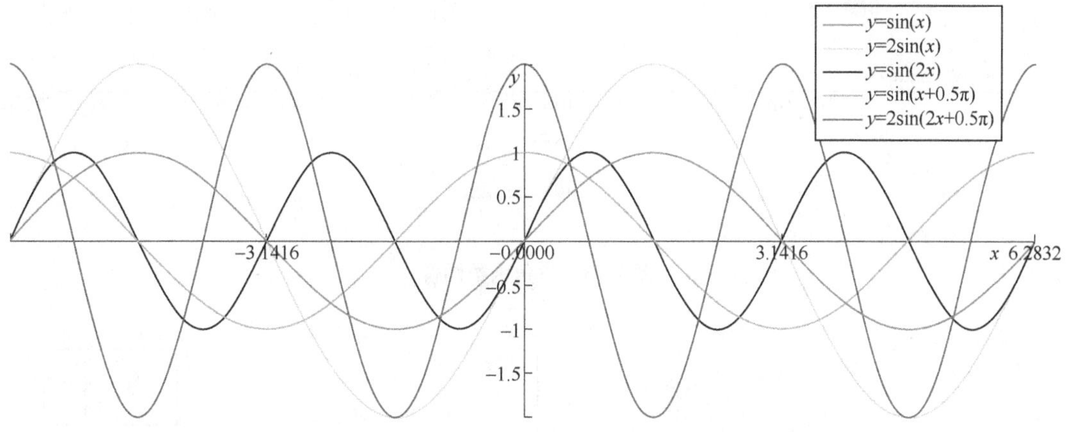

图 2-11　$f(x) = A\sin(\omega x + \varphi)$变换图像

研究$f(x) = A\sin(\omega x)$。A 是振幅，ω是角速度，$\omega x + \varphi$是相位，x=0 时的相位是初相。完整正弦函数的定义域为 $\boldsymbol{R}$，值域为$[-A,A]$。

周期为$T = \frac{2\pi}{\omega}$，$f = \frac{1}{T} = \frac{\omega}{2\pi}$。

其零点是$\frac{k\pi}{\omega}$，波峰、波谷是$\frac{(2k+1)\pi}{2\omega}$，$k \in \boldsymbol{Z}$。

由图 2-11 易得，当$\varphi = \frac{\pi}{2}$时，变成余弦函数。当 A 增加或减小时，波峰和波谷的高度发生变化。ω控制频率，变为 2 倍时，图像振动更加剧烈。

$f(x) = A\cos(\omega x + \varphi)$性质和图像同理。

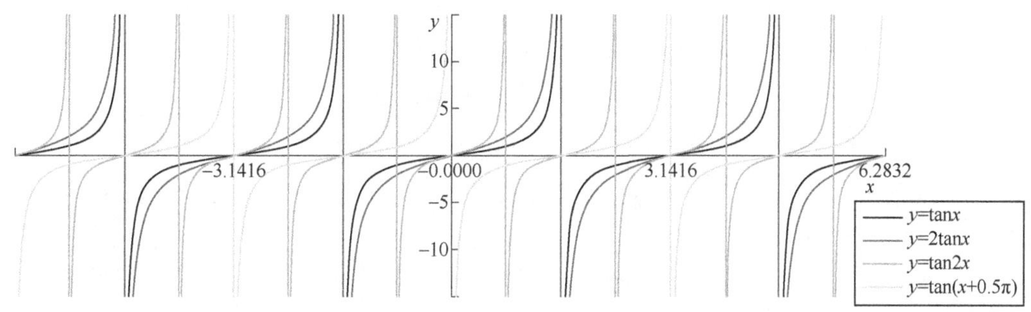

图 2-12　$f(x) = A\tan(\omega x + \varphi)$变换图像

研究$f(x) = A\tan(\omega x + \varphi)$。由图 2-12 易得，$A$ 控制图像的纵向缩放。ω控制图像的横向缩放。φ变大时，图像向左偏移，反之相反。

$f(x) = \tan x$的定义域是$x \neq \frac{\pi}{2} + k\pi$，$k \in \boldsymbol{Z}$，值域是 $\boldsymbol{R}$，$\tan\frac{\pi}{2} = +\infty$或$-\infty$，无法求出。

图 2-13～图 2-17 是其他三角函数、反三角函数及双曲函数、反双曲函数图像，中学教育不要求。

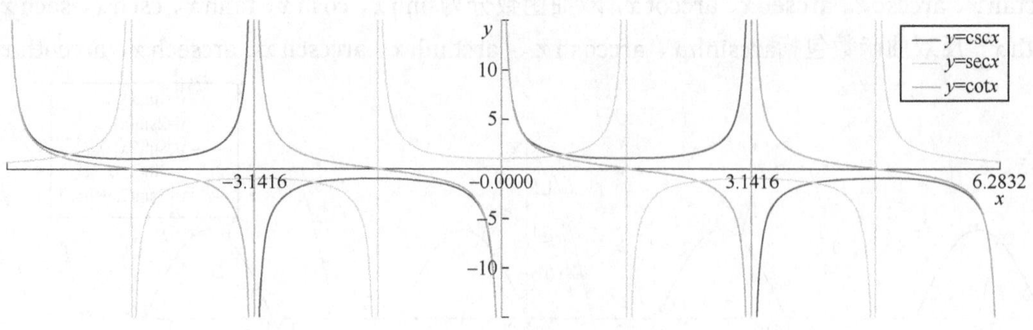

图 2-13　三角函数图像

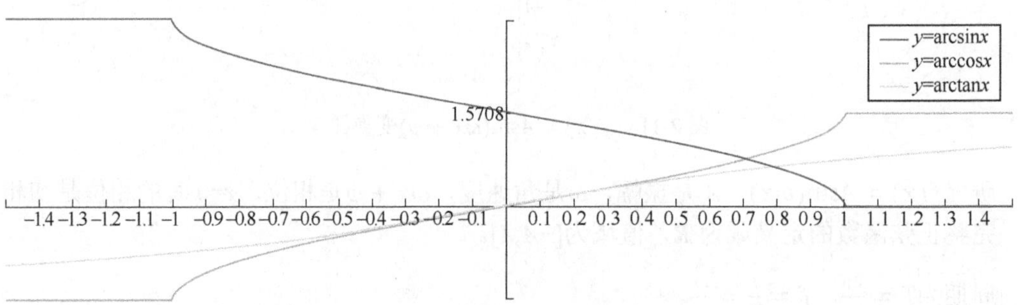

图 2-14　反三角函数图像（已忽略虚部）（一）

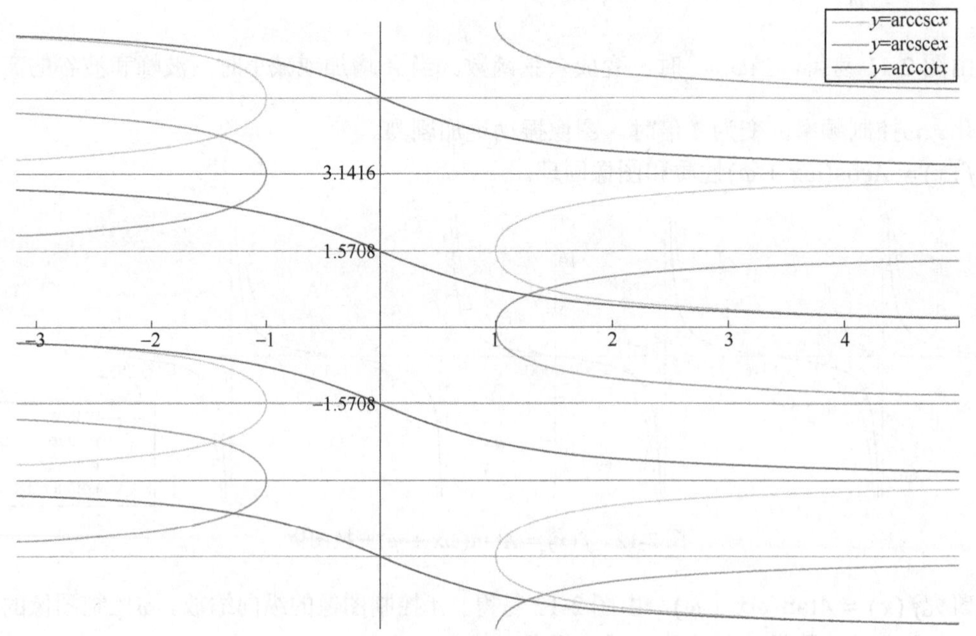

图 2-15　反三角函数图像（二）

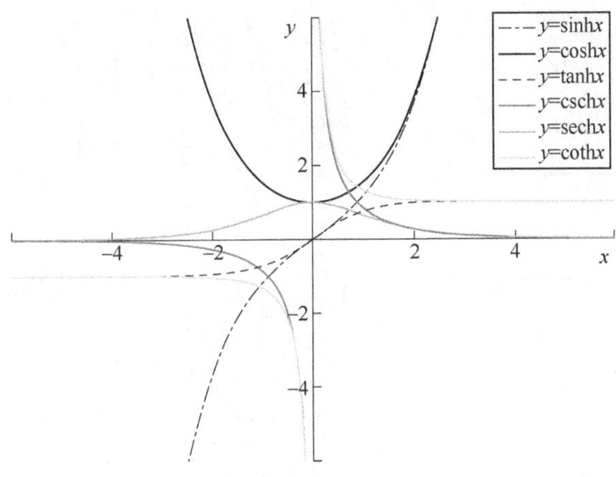

图 2-16　双曲函数图像

由图 2-16 的图像可知，双曲函数图像类似反比例函数图像，也很像圆锥曲线中的双曲线旋转一个角度，但不是所有的双曲函数图像都是双曲线。

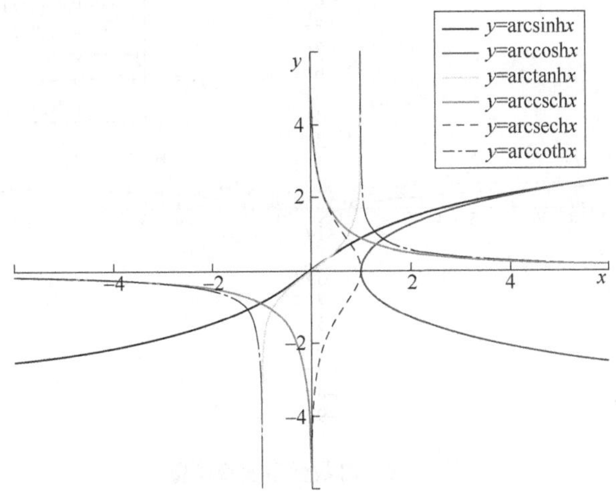

图 2-17　反双曲函数图像

三角学中的诱导公式、和角公式、倍角公式、半角公式、积化和差与和差化积、正弦定理、余弦定理等内容，用 MATLAB 符号数学计算可以解决，不再列举。

2.5.8　用 MATLAB 观察指数和对数函数

一般地，形如$f(x)=a^x$，$a>0$ 且 $a\neq1$，这样的函数称为指数函数。图 2-18 列举了 5 个指数函数图像。

指数函数的定义域是 $\boldsymbol{R}$，满足指数函数条件下，值域为$(0,+\infty)$。

当 $a>1$ 时，指数函数在 $\boldsymbol{R}$ 上单调递增；当 $0<a<1$ 时，指数函数在 $\boldsymbol{R}$ 上单调递减。

观察图 2-18 的函数图像易得：当 $a<0$ 时，发生振荡；当 $a=0$ 时，图像定为直线，所以原则上规定 $a>0$ 且 $a\neq1$。图 2-18 很好地见证了“任何数的 0 次幂都得 1”。

形如$f(x)=\log_a x$，$a>0$ 且 $a\neq1$ 的函数称为对数函数，是指数函数的反函数。A 称为底数，x 称为真数。

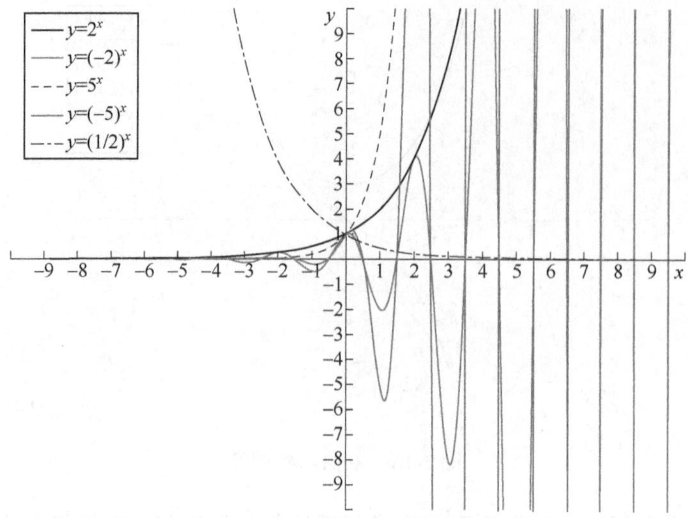

图 2-18 指数函数变换图像

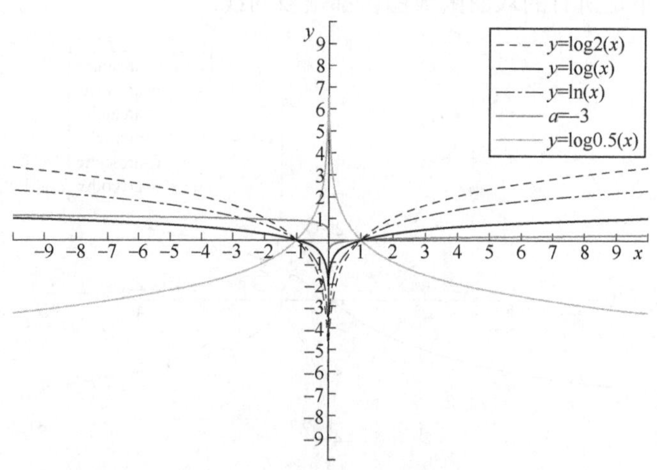

图 2-19 对数函数变换图像

观察图 2-19 的函数图像易得：

对数函数的定义域为(0,+∞)，值域为 ***R***。但是当 $x<0$ 时，软件会取结果的实部作为计算结果。

当 $a<0$ 时，得到的图像不是对数函数图像；当 $0<a<1$ 时，图像是以 a 的倒数为底的对数函数图像以 x 轴为对称轴对称后的结果。

当 $a>1$ 时，对数函数在(0,+∞)上单调递增；当 $a<1$ 时，对数函数在(0,+∞)上单调递减。

幂函数与指数函数和高次多项式函数类似，不再提及。

2.5.9 MATLAB 任意一元函数图像发生器

MATLAB 的符号数学工具箱为符号函数可视化提供了一个简单易用的工具——funtool。funtool 分析界面如图 2-20 所示，是由两个图形窗口（f 和 g）与一个函数运算控制窗口（funtool）组成的。在任何时候，两个图形窗口只有一个处于激活状态。函数运算控制窗口上的任何操作都只能对被激活的函数图形窗口起作用，即被激活的函数图像可随运算控制窗口的操作而做相应的变化。

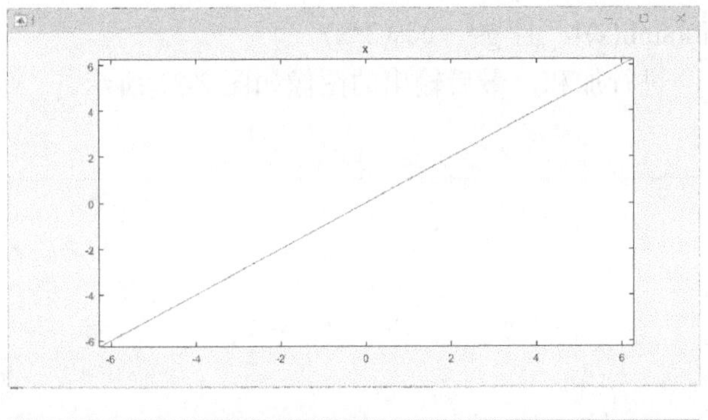

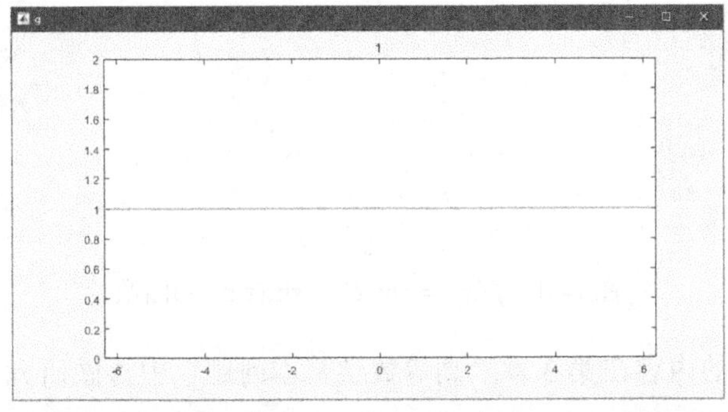

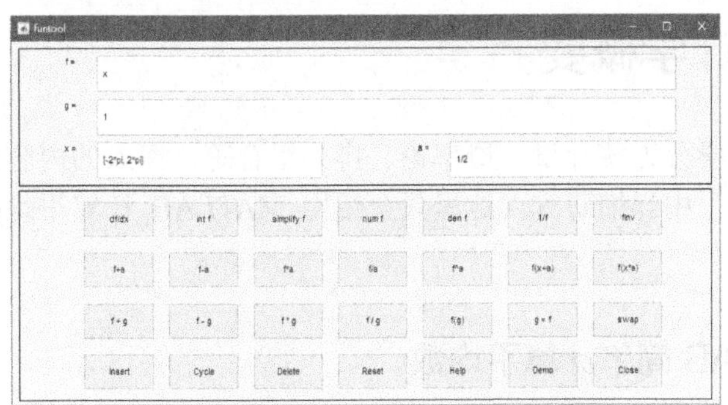

图 2-20　funtool 一元函数图像发生器

操作界面上包括运算功能键和特殊功能键，部分功能键的作用见表 2-2。

表 2-2　funtool 一元函数图像发生器的功能键的作用

功能键	作用	功能键	作用
df/dx	对 f 求导	swap	f 和 g 互换
int f	对 f 积分	insert	把当前激活窗的函数写入列表
simplify f	对 f 化简	cycle	依次循环显示 exist 中的函数
num f	提取 f 的分子	delete	从 fist 列表中删除激活窗的函数
den f	提取 f 的分母	reset	恢复到初始调用状态
1/f	计算 $1/f$	help	获得关于界面的在线提示说明
finv	求 f 的反函数	demo	自动演示

【例 2-19】 用 funtool 生成 $f(x)=\cos 2x+\sin(\sinh x)$ 的波形图。

方法有多种，比如，在 funtool 中输入：

f= cos(2*x) + sin(sinh(x))，且 g= cos(2*x)

点击“f+g” f+g 进行加和，最后输出的图像如图 2-21 所示。

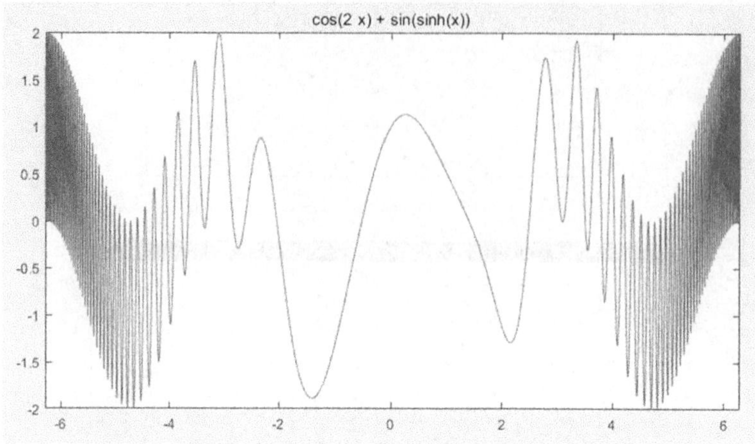

图 2-21 $f(x) = \cos 2x + \sin(\sinh x)$图像

函数部分更深入的内容在第 3 章“高等数学基本问题”中再做研究。

2.6 初等统计学概要

初等教育的统计学分为统计量、概率论、排列组合等，深入的内容会在第 5 章“概率论与数理统计基本问题”中详细研究，这里只介绍用 MATLAB 计算平均数的方法和排列组合函数。

2.6.1 用 MATLAB 简单计算平均数

情况一：数据量较小、个数已知。这种情况可以直接用算术方法利用平均数的概念进行计算。

【例 2-20】 求 26、33、45、25.25、12.36、3.14、2.17、145 这 8 个数的平均数。

输入：

```
(26+33+45+25.25+12.36+3.14+2.17+145)/8
```

输出结果为 36.4900，即为这组数的平均数。

情况二：数据量大，不易数清。这种情况可以单独进行数组求和和元素个数计算，再把两结果相除。

【例 2-21】 求 34、12、5.6、8.14、45.3、69.5、14.22、98 这 8 个数的平均数。

在 M 文件编辑器中输入：

```
a=[34 12 5.6 8.14 45.3 69.5 14.22 98];     %待求数组
average=sum(a)/numel(a)                     %元素加和/元素个数
```

计算结果为 average =35.8450，即为这组数的平均数。

情况三：专业平均值函数 mean。mean(数组)函数用于求一组数的平均值。

【例 2-22】 求 67、89、92、65、78、88、68、64、95、75 这组数的平均数。

在 M 文件编辑器输入：

```
a=[67 89 92 65 78 88 68 64 95 75];
average=mean(a)                     %直接计算平均数
```

计算平均数得：78.1000。

2.6.2 计数原理

2.6.2.1 基本计数原理

分类加法计数原理：如果一个目标可以在 n 种不同情况下完成，第 k 种情况又有 m_k 种不同方式来实现(k=1,2,…,n)，那么实现这个目标总共有：

$$N=\sum_{i=1}^{n} m_k = m_1+m_2+m_3+\cdots+m_n$$

种方法。加法计数原理的特点是，每种方式都能实现目标，不依赖于其他条件；每种情况内任两种方式都不同时存在；不同情况之间没有相同方式存在。

分步乘法计数原理：如果实现一个目标必须经过 n 个步骤，第 k 步又可以有 m_k 种不同方式来实现，那么实现这个目标总共有：

$$N=\prod_{i=1}^{n} m_k = m_1 m_2\cdots m_n$$

种方法。乘法计数原理的特点是，步骤可以分出先后顺序，每一步骤对实现目标是必不可少的；每步的方式具有独立性，不受其他步骤影响；每步所取的方式不同，不会得出（整体的）相同方式。

2.6.2.2 排列与组合

定义 n 的阶乘 $n!=n(n-1)(n-2)\cdots 1$，规定 $0!=1$。

排列的定义：从 n 个不同元素中，任取 $m(m\leqslant n,\ m\in \mathbf{Z}^+, n\in \mathbf{Z}^+)$ 个元素按照一定的顺序排成一列，称为从 n 个不同元素中取出 m 个元素的一个排列；从 n 个不同元素中取出 $m(m\leqslant n)$ 个元素的所有排列的个数，称为从 n 个不同元素中取出 m 个元素的排列数，用符号 A_n^m 表示。

$$A_n^m = n(n-1)(n-2)\cdots(n-m+1)=\frac{n!}{(n-m)!}$$

组合的定义：从 n 个不同元素中，任取 $m(m\leqslant n)$ 个元素并成一组，称为从 n 个不同元素中取出 m 个元素的一个组合；从 n 个不同元素中取出 $m(m\leqslant n)$ 个元素的所有组合的个数，称为从 n 个不同元素中取出 m 个元素的组合数，用符号 C_n^m 表示。

$$C_n^m=\frac{A_n^m}{m!}=\frac{n!}{m!\,(n-m)!}$$

2.6.2.3 MATLAB 中的排列组合函数

factorial(n)函数用于求 $n!$，在计算排列时，需要用到阶乘函数。

perms(集合)函数用于列举数组的所有排列，即全排列。如果需要计算排列数，则需要运用公式$A_n^m = C_n^m m!$

nchoosek(个数 n（或集合），取出个数 m)组合函数有两种用法。当第一个自变量为个数时，计算C_n^m，当第一个自变量为一个集合（数组）时，MATLAB 将列举出所有组合形式。

【例 2-23】 某单位安排 6 位员工在 14 日到 16 日之间值班，每天安排 2 人，每人值班一天。若 6 位员工中甲不值 14 日，乙不值 16 日，则不同的安排方法有多少种？

解排列组合式$C_4^2 + C_4^1 C_3^1 (A_2^2 + 1)$。

在 M 文件编辑器中输入：

```
nchoosek(4,2)+nchoosek(4,1)*nchoosek(3,1)*…
(nchoosek(2,2)*factorial(2)+1)       %排列用组合×阶乘的形式
```

计算结果为 42，即共有 42 种方法。

2.7 数域的扩充与复数

2.7.1 无解的一元二次方程与虚数的引入

考察一元二次方程$x^2 - 6x + 25 = 0$的解。使用求根公式得：

$$x_1 = \frac{-b + \sqrt{b^2 - 4ac}}{2a} = \frac{-(-6) + \sqrt{(-6)^2 - 4 \times 1 \times 25}}{2 \times 1} = \frac{6 + \sqrt{-64}}{2}$$

$$x_2 = \frac{-b - \sqrt{b^2 - 4ac}}{2a} = \frac{-(-6) - \sqrt{(-6)^2 - 4 \times 1 \times 25}}{2 \times 1} = \frac{6 - \sqrt{-64}}{2}$$

式中出现了$\sqrt{-64}$，是一个不存在的数，所以该方程无解。将方程转化为二次函数，抛物线与 x 轴不相交。

为了数学上的统一，即实现“几次方程就有几个根”，现规定：

$$\mathrm{i} = \sqrt{-1}$$

由于这个“数”在实轴上找不到，所以称为“虚数”，$\sqrt{-1}$称为“虚数单位”，用 i 或 j 来表示。使用虚数单位，上面一元二次方程的根为：

$$x_1 = \frac{6 + \sqrt{64} \times \sqrt{-1}}{2} = 3 + 4\mathrm{i}$$

$$x_2 = \frac{6 - \sqrt{64} \times \sqrt{-1}}{2} = 3 - 4\mathrm{i}$$

像“$3 + 4\mathrm{i}$”这样形式的数，由实数和虚数共同构成，称为“复数”，通用表达式为$a + b\mathrm{i}$，a 称为实部，b 称为虚部。定义了复数后，上述一元二次方程有两个不存在的根——复数根。

如果在坐标轴上表示复数，y 轴变为虚轴，则复数可以表示为一个向量。如果两复数以实轴为对称轴，则两复数共轭。与向量类似，$|x| = \sqrt{a^2 + b^2}$称为复数的模。

2.7.2 用 MATLAB 进行复数基本运算

MATLAB 中关于复数操作的函数见表 2-3，其他运算规则与实数和符号运算大体相同。

表 2-3　MATLAB 中的复数函数

函数	作用
real(z)	求复数 z 的实部
imag(z)	求复数 z 的虚部
abs(z)	求复数 z 的模
angle(z)	求复数 z 辐角
conj(z)	求复数 z 的共轭复数
complex(a,b)	以 a 为实部、b 为虚部创建复数

【例 2-24】 将复数$z=\frac{(1+2i)(3-4i)i+2+i}{-3+i}$化为模和辐角的形式，并求共轭复数。

在 M 文件编辑器中输入：

```
z=((1+2*i)*(3-4*i)*i+2+i)/(-3+i);
m=abs(z)                          %求 z 的模
a=rad2deg(angle(z))               %求 z 的辐角,并写成角度形式
r=conj(z)                         %求 z 的共轭复数
```

计算结果为：

m =3.7947，a = -71.5651，r = 1.2000 + 3.6000i

所以，$z=3.7947\angle-76.5651°$ ，$z'=1.2+3.6i$。

第3章 高等数学基本问题

通常认为，高等数学是由微积分学，较深入的代数学、几何学，以及它们之间的交叉内容所形成的一门基础学科。相对于初等数学而言，高等数学是数学的对象及方法较为繁杂的一部分，主要内容包括：极限、微积分、空间解析几何与线性代数、级数、常微分方程。很多在“初等数学专题概要”一章中没有进行严格说明的内容，会在本章及后续章节有详细的阐述。

3.1 函数与极限

3.1.1 数列与函数极限的概念

3.1.1.1 函数的概念

设数集 $D \in \boldsymbol{R}$，则称映射 f：$D \to \boldsymbol{R}$ 为定义在 D 上的函数，通常简记为：

$$y = f(x)，x \in D$$

式中，x 为自变量；y 为因变量；D 为定义域，记作D_{f}，即$D_{\mathrm{f}} = D$。

函数的定义中，对每个 $x \in D$，按对应法则 f，总有唯一确定的值 y 与之对应，这个值称为函数 f 在 x 处的函数值，记作$f(x)$，即 $y = f(x)$。因变量 y 与自变量 x 之间的这种依赖关系，通常称为函数关系。函数值 $f(x)$的全体所构成的集合称为函数 f 的值域，记作R_{f}或$f(D)$，即：

$$R_{\mathrm{f}} = f(D) = \{y|y = f(x), x \in D\}$$

3.1.1.2 函数的有界性

设函数$f(x)$的定义域为 D，数集 $X \in D$。如果存在数K_1，使得

$$f(x) \leqslant K_1$$

对任一 $x \in X$ 都成立，那么称函数$f(x)$在 X 上有上界，而K_1称为函数$f(x)$在 X 上的一个上界。如果存在数K_2，使得

$$f(x) \geqslant K_2$$

对任一 $x \in X$ 都成立，那么称函数$f(x)$在 X 上有下界，而K_2称为函数$f(x)$在 X 上的一个下界。如果存在正数 M，使得

$$|f(x)| \leqslant M$$

对任一 $x \in X$ 都成立，那么称函数$f(x)$在 X 上有界。如果这样的 M 不存在，就称函数$f(x)$在 X 上无界。

3.1.1.3 函数的单调性

设函数$f(x)$的定义域为 D，区间 $I\in D$。如果对于区间 I 上任意两点x_1及x_2，当$x_1 < x_2$时，恒有

$$f(x_1) < f(x_2)$$

那么称函数$f(x)$在区间 I 上是单调增加的；如果对于区间 I 上任意两点x_1及x_2，当$x_1 < x_2$时，恒有

$$f(x_1) > f(x_2)$$

那么称函数$f(x)$在区间 I 上是单调减少的。单调增加和单调减少的函数统称为单调函数。

3.1.1.4 函数的奇偶性

设函数$f(x)$的定义域 D 关于原点对称。如果对于任一 $x\in D$，

$$f(-x) = f(x)$$

恒成立，那么称$f(x)$为偶函数。如果对于任一 $x\in D$，

$$f(-x) = -f(x)$$

恒成立，那么称$f(x)$为奇函数。

3.1.1.5 函数的周期性

设函数$f(x)$的定义域为 D。如果存在一个正数l，使得对于任一 $x\in D$ 有$(x\pm l)\in D$，且

$$f(x + l) = f(x)$$

恒成立，那么称$f(x)$为周期函数，称l为$f(x)$的周期，通常我们说周期函数的周期是指最小正周期。

3.1.1.6 反函数

设函数f：$D\rightarrow f(D)$是单射，则它存在逆映射f^{-1}：$f(D)\rightarrow D$，称此映射f^{-1}为函数f的反函数。按此定义，对每个 $y\in f(D)$，有唯一的 $x\in D$，使得$f(x) = y$，于是有

$$f^{-1}(y) = x$$

这就是说，反函数f^{-1}的对应法则是完全由函数f的对应法则所确定的。

3.1.1.7 数列的极限

如果按照某一法则，对每个 $n\in N^{+}$，对应着一个确定的实数x_n，这些实数x_n按照下标 n 从小到大排列得到的一个序列

$$x_1, x_2, x_3, \cdots, x_n$$

就称为数列，简记为数列$\{x_n\}$。数列中的每一个数称为数列的项，第 n 项x_n称为数列的一般项（或通项）。

设$\{x_n\}$为一数列，如果存在常数 a，对于任意给定的正数ε，总存在正整数 N，使得当 $n>N$ 时，不等式

$$|x_n - a| < \varepsilon$$

都成立，那么就称常数 a 是数列$\{x_n\}$的极限，或者说数列$\{x_n\}$收敛于 a，记为

$$\lim_{n\to\infty} x_n = a$$

3.1.1.8 函数的极限

设函数$f(x)$在点x_0的某一去心邻域内有定义。如果存在常数 A，对于任意给定的正数ε，总存在正数δ，使得当 x 满足不等式$0<|x-x_0|<\delta$时，对应的函数值$f(x)$都满足不等式

$$|f(x)-A|<\varepsilon$$

那么常数 A 就称为函数$f(x)$当$x\to x_0$时的极限，记作

$$\lim_{x\to x_0} f(x)=A \text{或} f(x)\to A(\text{当}x\to x_0)$$

设函数$f(x)$当$|x|$大于某一正数时有定义。如果存在常数 A，对于任意给定的正数ε，总存在着正数 X，使得当 x 满足不等式$|x|>X$时，对应的函数值$f(x)$都满足不等式

$$|f(x)-A|<\varepsilon$$

那么常数 A 就称为函数$f(x)$当$x\to\infty$时的极限，记作

$$\lim_{x\to\infty} f(x)=A \text{或} f(x)\to A(\text{当}x\to\infty)$$

3.1.2 函数极限的笔算方法简介

对于有理多项式函数，求$x\to x_0$时直接将x_0代入x即可，个别情况下需要运用规律对分式进行特殊处理。

$$\lim_{x\to 2}\frac{x^3-1}{x^2-5x+3}=\frac{2^3-1}{2^2-10+3}=-\frac{7}{3}$$

在求$\lim\limits_{x\to 1}\frac{2x-3}{x^2-5x+4}$时，由于$\lim\limits_{x\to 1} x^2-5x+4=0$，所以倒数极限$\lim\limits_{x\to 1}\frac{x^2-5x+4}{2x-3}=0$，求得原极限为$\infty$。

高次多项式有理分式求极限的一般方法是：

$$\lim_{x\to\infty}\frac{a_0x^m+a_1x^{m-1}+\cdots+a_n}{b_0x^n+b_1x^{n-1}+\cdots+b_n}=\begin{cases}0, n>m\\ \dfrac{a_0}{b_0}, n=m\\ \infty, n<m\end{cases}$$

如果运用两个重要极限$\lim\limits_{x\to 0}\frac{\sin x}{x}=1$和$\lim\limits_{x\to\infty}\left(1+\frac{1}{x}\right)^x=\mathrm{e}$则可以求类似下面的极限：

$$\lim_{x\to 0}\frac{\tan x}{x}=\lim_{x\to 0}\left(\frac{\sin x}{x}\times\frac{x}{\cos x}\right)=\lim_{x\to 0}\frac{\sin x}{x}\lim_{x\to 0}\frac{1}{\cos x}=1$$

又如：

$$\lim_{x\to\infty}\left(\cos\frac{1}{x}\right)^{x^2}=\lim_{x\to\infty}\left\{\left[1+\left(\cos\frac{1}{x}-1\right)\right]^{\frac{1}{\cos\frac{1}{x}-1}}\right\}^{x^2\left(\cos\frac{1}{x}-1\right)}$$

$$= e^{\lim\limits_{x\to\infty} x^2\left(\cos\frac{1}{x}-1\right)} \overset{\frac{1}{x}=t}{\Longrightarrow} e^{\lim\limits_{t\to 0}\frac{\cos t-1}{t^2}} = e^{-\frac{1}{2}}$$

如果运用无穷小的比较，即等价无穷小代换，则可计算

$$\lim_{x\to 0}\frac{e^{x^2}-\cos x}{x\ln(1+2x)} = \lim_{x\to 0}\frac{e^{x^2}-\cos x}{2x^2} = \lim_{x\to 0}\frac{(e^{x^2}-1)+(1-\cos x)}{2x^2} = \lim_{x\to 0}\frac{x^2+\frac{1}{2}x^2}{2x^2} = \frac{3}{4}$$

当遇到$\frac{0}{0}$、1^∞、$\frac{\infty}{\infty}$、$0\times\infty$、$\infty-\infty$、∞^0、0^0型函数时，此类函数称为“不定型”函数，用洛必达（L'Hopital）法则求极限。

如果满足当$x\to a$时，函数$f(x)$及$F(x)$都趋于零；在点 a 的某去心邻域内，$f'(x)$及$F'(x)$都存在且$F'(x)\neq 0$；$\lim\limits_{x\to a}\frac{f'(x)}{F'(x)}$存在或为无穷大，则有：

$$\lim_{x\to a}\frac{f(x)}{F(x)} = \lim_{x\to a}\frac{f'(x)}{F'(x)}$$

3.1.3　函数极限的 MATLAB 计算

MATLAB 中运用 limit 函数进行符号表达式的极限计算，其语法结构如下：

变量名=limit(函数名,自变量,趋近值,'left'或'right')

【例 3-1】 求下列极限：

① $\lim\limits_{x\to 0}\frac{x\tan x}{\sqrt{1-x^2}-1}$　　② $\lim\limits_{x\to -\infty}\frac{x+2+\sqrt{4x^2+2x-1}}{\sqrt{x^2-2x+4}}$

③ $\lim\limits_{x\to 0}\frac{e^{x^2}-e^{\sin^2 x}}{x^4}$　　④ $\lim\limits_{x\to k}\frac{\ln x-\ln a}{x-a}$

在 M 文件编辑器中输入：

```
syms x a k;
y1=sym('(x*tan(x))/(sqrt(1-x^2)-1)');
l1=limit(y1,x,0)                                    %求①
y2=sym('(x+2+sqrt(4*x^2+2*x-1))/(sqrt(x^2-2*x+4))') ;
l2=limit(y2,x,-inf)                                 %求②
y3=sym('(e^(x^2)-e^(sin(x)^2))/(x^4)');
l3=limit(y3,x,0)                                    %求③
y4=sym('(log(x)-log(a))/(x-a)');
l4=limit(y4,x,k)                                    %求④
```

解得：l1 =-2，l2 =1，l3 =log(e)/3，l4 =(log(a) - log(k))/(a - k)

即

$$\lim_{x\to 0}\frac{x\tan x}{\sqrt{1-x^2}-1} = -2,\quad \lim_{x\to -\infty}\frac{x+2+\sqrt{4x^2+2x-1}}{\sqrt{x^2-2x+4}} = 1,\quad \lim_{x\to 0}\frac{e^{x^2}-e^{\sin^2 x}}{x^4} = \frac{1}{3},\quad \lim_{x\to k}\frac{\ln x-\ln a}{x-a} = \frac{\ln a-\ln k}{a-k}$$

计算时间约为 0.235s。

3.1.4 连续性与间断点的概念

3.1.4.1 连续性的概念

设函数$y=f(x)$在点x_0的某一邻域内有定义，如果

$$\lim_{\Delta x\to 0}\Delta y=\lim_{\Delta x\to 0}[f(x_0+\Delta x)-f(x_0)]=0$$

那么就称函数$y=f(x)$在点x_0处连续。

如果$\lim\limits_{x\to x_0^-}f(x)=f(x_0^-)$存在且等于$f(x_0)$，即

$$f(x_0^-)=f(x_0)$$

那么就说函数$f(x)$在点x_0左连续。如果$\lim\limits_{x\to x_0^+}f(x)=f(x_0^+)$存在且等于$f(x_0)$，即

$$f(x_0^+)=f(x_0)$$

那么就说函数$f(x)$在点x_0右连续。在区间上每一点都连续的函数，称为在该区间上的连续函数，或者说函数在该区间处连续。

3.1.4.2 间断点的分类

① 无穷间断点。正切函数$f(x)=\tan x$在$x=\frac{\pi}{2}$处没有定义，所以点$x=\frac{\pi}{2}$是函数$\tan x$的间断点。因

$$\lim_{x\to\frac{\pi}{2}}\tan x=\infty$$

我们称$x=\frac{\pi}{2}$为函数$\tan x$的无穷间断点。

② 振荡间断点。函数$f(x)=\sin\frac{1}{x}$在点 x=0 处没有定义；当 $x\to 0$ 时，函数值在－1 与+1 之间变动无限多次，所以点 x=0 称为函数$\sin\frac{1}{x}$的振荡间断点。

③ 可去间断点。函数$f(x)=\frac{x^2-1}{x-1}$在点 x=1 没有定义，所以函数在点 x=1 处不连续。但这里

$$\lim_{x\to 1}\frac{x^2-1}{x-1}=\lim_{x\to 1}(x+1)=2$$

如果补充定义令 x=1 时 y=2，那么所给函数在 x=1 处成为连续。所以 x=1 称为该函数的可去间断点。

④ 跳跃间断点。对于函数$f(x)=\begin{cases}x-1,x<0\\ \ \ 0\ \ \ ,x=0\\ x+1,x>0\end{cases}$，当 $x\to 0$ 时，

$$\lim_{x\to 0^-}f(x)=\lim_{x\to 0^-}(x-1)=-1,\quad \lim_{x\to 0^+}f(x)=\lim_{x\to 0^+}(x+1)=1$$

左极限与右极限虽都存在，但不相等，故极限$\lim\limits_{x\to 0} f(x)$不存在，所以点 $x=0$ 是函数$f(x)$的间断点。因为$y=f(x)$的图形在 $x=0$ 处产生“跳跃”现象，我们称 $x=0$ 为函数$f(x)$的跳跃间断点。

可去间断点和跳跃间断点称为“第一类间断点”，无穷间断点和振荡间断点称为“第二类间断点”。产生以上各类间断点的图像如图 3-1 所示统一描述。

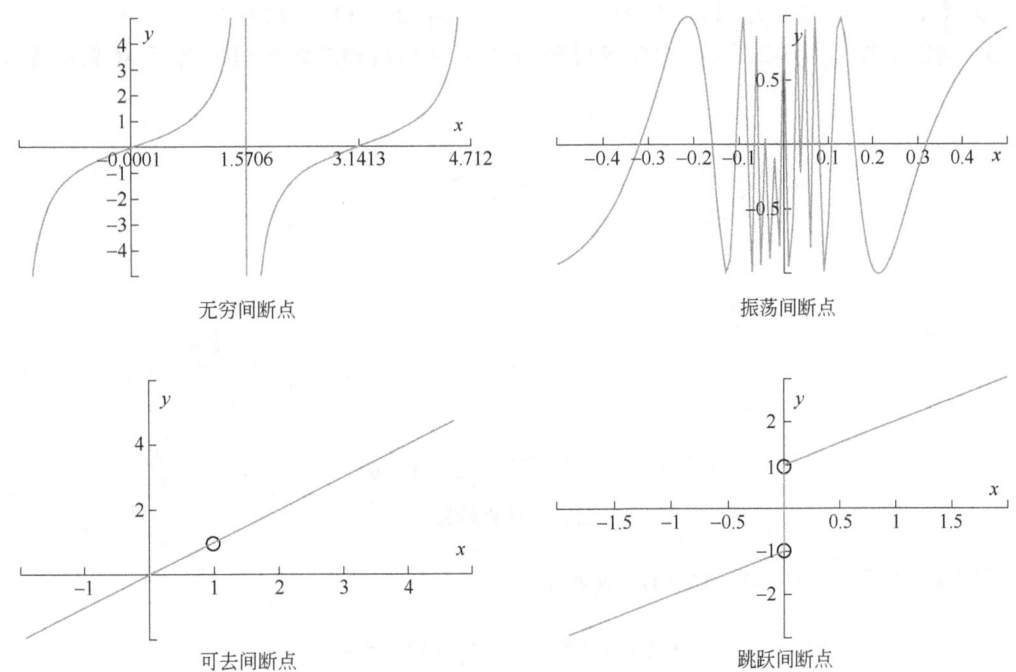

图 3-1　间断点的分类

3.1.5　用 MATLAB 观察函数的连续性和间断点

首先介绍分段函数表达方法：

<u>函数名</u>=<u>第 1 段函数</u>.*(<u>第 1 段定义域</u>)+<u>第 2 段函数</u>.*(<u>第 2 段定义域</u>)+…+<u>第 *n* 段函数</u>.*(<u>第 *n* 段定义域</u>)

用图像浏览器 Figure 观察函数图像，需介绍一下 plot 二维图形显示函数的简单用法：

<u>变量名</u>=plot(<u>自变量</u>，<u>因变量</u>)

关于图形显示的具体方法会在后续章节中陆续涉及。

【例 3-2】 讨论以下函数的连续性，如果不连续，指出间断点及其种类。

① $f(x)=\begin{cases}\dfrac{2^{\frac{1}{x}}-1}{2^{\frac{2}{x}}+1}, & x\neq 0\\ 1, & x=0\end{cases}$　　② $f(x)=\begin{cases}\dfrac{\ln(1+x)}{x}, & x>0\\ 0, & x=0\\ \dfrac{\sqrt{1+x}-\sqrt{1-x}}{x}, & -1\leq x<0\end{cases}$

在 M 文件编辑器中输入：

```
x1=-10:0.01:10;
y1=((2.^(1./x1)-1)./(2.^(2./x1)+1)).*(x1~=0)+1*(x1==0); %分段
p1=plot(x1,y1);                         %输出图形
```

```
%%%%%%%%%%%%%%%%%%%%%%%%%%%%%%%%%%%%%%%%%%%%%%%%%%%%%%%%%%%%%%%%
syms x2;
y21=sym('log(1+x2)/x2');                    %设置
l1=limit(y21,x2,0,'Right')                  %输出x → 0⁺的f(0)
y22=sym('((sqrt(1+x2)-sqrt(1-x2))/x2)');
l2=limit(y22,x2,0,'Left')                   %输出x → 0⁻的f(0)
```

① 输出结果如图 3-2 所示，由图像可知，x=0 是函数$f(x)$的跳跃间断点，该函数不连续。

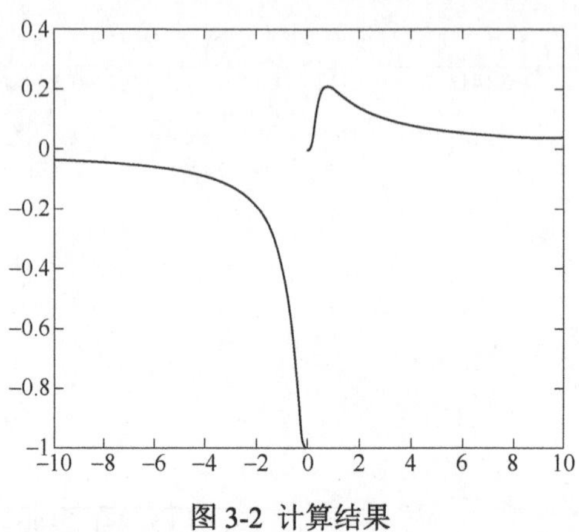

图 3-2 计算结果

② 输出结果为：l1 = 1，l2 = 1。或者说

$$\lim_{x\to 0^-} f(x) = 1, \quad \lim_{x\to 0^+} f(x) = 1$$

而$f(0) = 0$，所以 x=0 为函数的可去间断点，函数不连续。

3.1.6 闭区间上的连续函数

3.1.6.1 有界函数的最值

在闭区间上连续的函数在该区间上有界且一定能取得它的最大值和最小值。

这就是说，如果函数$f(x)$在闭区间$[a,b]$上连续，那么存在常数M>0，使得对任一$x\in[a,b]$，满足$|f(x)| \le M$；且至少有一点ξ_1，使$f(\xi_1)$是$f(x)$在$[a,b]$上的最大值；又至少有一点ξ_2，使$f(\xi_2)$是$f(x)$在$[a,b]$上的最小值，如图 3-3 所示。

3.1.6.2 零点定理

如果x_0使$f(x_0) = 0$，那么x_0称为函数$f(x)$的零点（图 3-4）。设函数$f(x)$在闭区间$[a,b]$上连续，且$f(a)$与$f(b)$异号，则在开区间(a,b)内至少有一点ξ，使$f(\xi) = 0$。

3.1.6.3 介值定理

设函数$f(x)$在闭区间$[a,b]$上连续，且在这区间的端点取不同的函数值

$$f(a) = A \text{ 及 } f(b) = B$$

则对于 A 与 B 之间的任意一个数 C，在开区间(a,b)内至少有一点ξ，使得

$$f(\xi) = C \ (a < \xi < b)$$

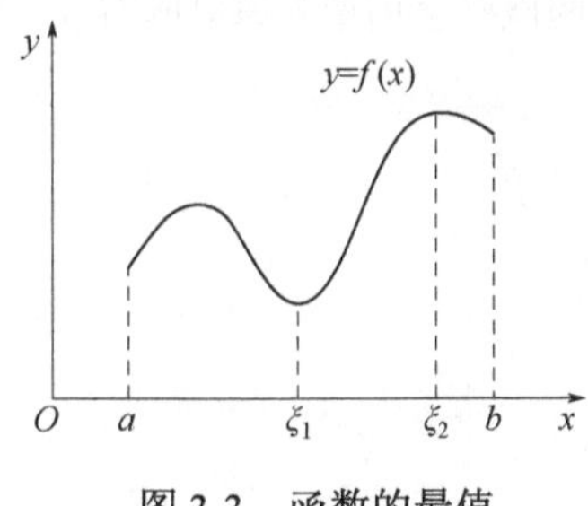

图 3-3　函数的最值

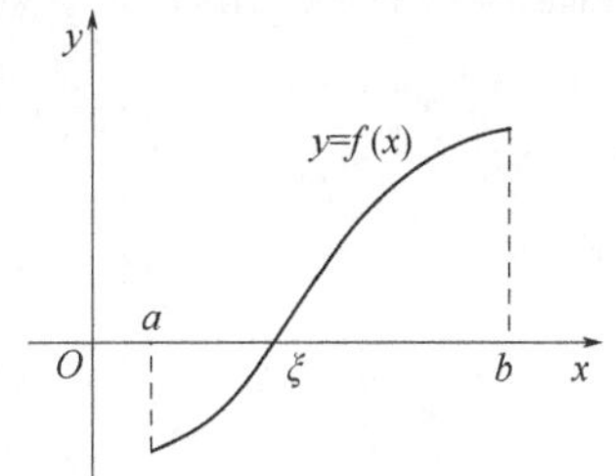

图 3-4　函数的零点

3.1.6.4　一致连续性

设函数$f(x)$在区间 I 上有定义。如果对于任意给定的正数ε，总存在正数δ，使得对于区间 I 上的任意两点x_1、x_2，当$|x_1 - x_2| < \delta$时，有

$$|f(x_1) - f(x_2)| < \varepsilon$$

那么称函数$f(x)$在区间 I 上一致连续。如果函数$f(x)$在闭区间$[a,b]$上连续，那么它在该区间上一致连续。

一致连续性表示，在区间 I 的任何部分，只要自变量的两个数值接近到一定程度，就可使对应的函数值达到所指定的接近程度。

3.1.7　用 MATLAB 计算函数的极值和最值

极值和最值，是做优化设计时常用的方法。MATLAB 优化设计工具箱里，有这样一个函数——fminbnd，它能找到固定区间内一元函数的最小值。fminbnd 完整的语法结构很复杂，一般常用的结构如下：

自变量名=fminbnd(*函数*,*开区间左端点*,*开区间右端点*)

该函数返回的是开区间上标量函数的最小值所对应的自变量。要求最大值，则可以运用求数组最大值的函数：

[*最大值*,*最大值对应的自变量*]=max(*数组*)

数组需通过对数值函数代入一定步长精度的自变量数组来求得。求最小值也可以运用此类方法，最小值函数为 min。

【例 3-3】　研究函数$f(x) = \sin(\cos x^2) + \tan x$在区间(2,4)内有几个极值，并求出最大值和最小值点，从而得出最大值、最小值以及取得最值时的 x。

在 funtool 中的 f 文本框输入“sin(cos(x^2))+tan(x)”，得出$f(x)$在默认区间内的图像如图 3-5 所示。

观察图像得：函数在区间(2,4)内有 4 个极值点。在 M 文件编辑器中输入：

```
y=@(x) sin(cos(x^2))+tan(x)'; %使用句柄定义函数，以便代值
xmin=fminbnd(y,2,4)            %求在指定区间上 x 的最小值
ymin=y(xmin)                   %代入 x，得 y 的最小值
x=2:0.0001:4;                  %求最大值前定义 x 的取值区间
y2=sin(cos(x.^2))+tan(x);      %重新定义 y
```

```
[ymax,xmax_any]=max(y2)           %输出 y 的最大值和对应的任意 x 值
xmax=x(xmax_any)        %在要求的 x 取值区间内取 y 的最大值对应的 x
```

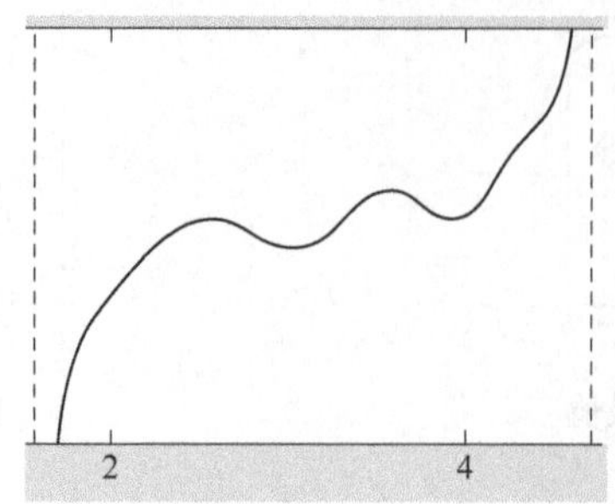

图 3-5　$f(x) = \sin(\cos x^2) + \tan x$图像局部

计算结果为：

xmin =3.0215，ymin =-0.9380，xmax =3.5871，ymax =1.2939

即函数$f(x)$的最大值点是（3.5871，1.2939），最小值点是（3.0215，−0.9380）。

3.1.8 用 MATLAB 求函数零点

求函数的零点，可以转化为解一元方程的问题，方程的解即为函数图像与 x 轴的交点的横坐标。用这种方法，如果函数有多个零点，则求出绝对值最小的零点。当求指定区域内的零点时，需要使用零点函数，函数依然必须使用句柄来表达，具体语法格式如下：

[零点,零点对应的“近 0” y 值]=fzero（函数句柄,[两端异号区间]）

该函数中输入的区间必须只有 1 个零点，多个零点可多次求值。

【例 3-4】求函数$f(x) = \ln x^2 + \sin 4x^2 - 1$在区间[1.4,2.1]上的零点，并取 4 位有效数字。

在 funtool 中的 f 文本框输入：log(x^2)+sin(4*x^2)–1。由图 3-6 得出$f(x)$在区间[1.4,2.1]内有 3 个零点，分别大约在区间[1.4,1.6]、[1.7,1.8]和[1.9,2.1]中。

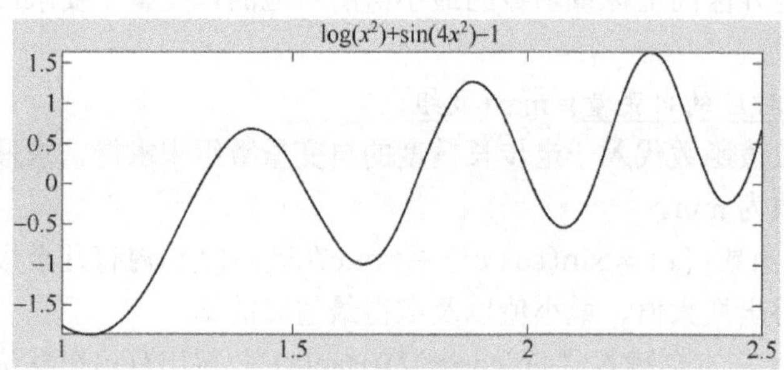

图 3-6　$f(x) = \ln x^2 + \sin 4x^2 - 1$图像局部

在 M 文件编辑器中输入：

```
y=@(x) log(x^2)+sin(4*x^2)-1;        %定义函数
z1=fzero(y,[1.4,1.6]);               %求第一个零点
z_1=vpa(z1,4)
z2=fzero(y,[1.7,1.8]);               %求第二个零点
```

```
z_2=vpa(z2,4)
z3=fzero(y,[1.9,2.1]);                    %求第三个零点
z_3=vpa(z3,4)
```

解得：

z_1 =1.522，z_2 =1.763，z_3 =2.007

即函数的零点约为 1.522、1.763 和 2.007。

3.2 导数与微分

大约在 1629 年，法国数学家费马研究了作曲线的切线和求函数极值的方法；1637 年前后，他写了一篇手稿《求最大值与最小值的方法》。在作切线时，他构造了差分$f(A+E)-f(A)$，发现的因子 E 就是我们所说的导数$f'(A)$。17 世纪生产力的发展推动了自然科学和技术的发展，在前人创造性研究的基础上，大数学家牛顿、莱布尼茨等从不同的角度开始系统地研究微积分。

3.2.1 导数的定义与几何意义

3.2.1.1 点导数与导函数

设函数$y=f(x)$在点x_0的某个邻域内有定义，当自变量x在x_0处取得增量Δx，且点$x_0+\Delta x$仍在该邻域内时，相应地，因变量取得增量$\Delta y=f(x_0+\Delta x)-f(x_0)$；如果在$\Delta x\to 0$时，$\Delta y$与$\Delta x$之比的极限存在，那么称函数$y=f(x)$在点$x_0$处可导，并称这个极限为函数$y=f(x)$在点$x_0$处的导数，记为$f'(x_0)$，即

$$f'(x_0)=\lim_{\Delta x\to 0}\frac{\Delta y}{\Delta x}=\lim_{\Delta x\to 0}\frac{f(x_0+\Delta x)-f(x_0)}{\Delta x}$$

或记作

$$y'|_{x=x_0} \text{ 或 } \left.\frac{\mathrm{d}y}{\mathrm{d}x}\right|_{x=x_0} \text{ 或 } \left.\frac{\mathrm{d}f(x)}{\mathrm{d}x}\right|_{x=x_0}$$

上面的定义是说函数在一点处可导称为点导数。如果函数$y=f(x)$在开区间 I 内的每点处都可导，那么就称函数$f(x)$在开区间 I 内可导。这时，对于任一 $x\in I$，都对应着$f(x)$的一个确定的导数值。这样就构成了一个新的函数，这个函数称原来函数$y=f(x)$的导函数，记作y'，$f'(x)$，或$\frac{\mathrm{d}f(x)}{\mathrm{d}x}$。将点导数定义中的$x_0$换成$x$，即可得导函数的定义式：

$$y'=\lim_{\Delta x\to 0}\frac{f(x+\Delta x)-f(x)}{\Delta x}$$

或

$$f'(x)=\lim_{h\to 0}\frac{f(x+h)-f(x)}{h}$$

一般地，函数$y=f(x)$的导数$y'=f'(x)$仍然是x的函数。我们把$y'=f'(x)$的导数称为函数$y=f(x)$的二阶导数，记作y''或$\frac{\mathrm{d}^2y}{\mathrm{d}x^2}$，即

$$y''=(y')' \text{ 或 } \frac{\mathrm{d}^2y}{\mathrm{d}x^2}=\frac{\mathrm{d}\left(\frac{\mathrm{d}y}{\mathrm{d}x}\right)}{\mathrm{d}x}$$

类似地，二阶导数的导数称为三阶导数，三阶导数的导数称为四阶导数……一般地，$(n-1)$阶导数的导数称为 n 阶导数，记作$y^{(n)}$或

$$\frac{\mathrm{d}^ny}{\mathrm{d}x^n}$$

二阶及二阶以上的导数统称高阶导数。

3.2.1.2 单侧导数与可导性

根据函数$f(x)$在点x_0处的导数$f'(x_0)$的定义，导数

$$f'(x_0)=\lim_{h\to 0}\frac{f(x_0+h)-f(x_0)}{h}$$

是一个极限，而极限存在的充分必要条件是左、右极限都存在且相等，因此$f'(x_0)$存在即$f(x)$在点x_0处可导的充分必要条件是左、右极限都存在且相等。这两个极限分别称为函数$f(x)$在点x_0处的左导数和右导数，记作：$f'_-(x_0)$和$f'_+(x_0)$。即

$$f'_-(x_0)=\lim_{h\to 0^-}\frac{f(x_0+h)-f(x_0)}{h}$$

$$f'_+(x_0)=\lim_{h\to 0^+}\frac{f(x_0+h)-f(x_0)}{h}$$

现在可以说，函数$f(x)$在点x_0处可导的充分必要条件是左导数$f'_-(x_0)$和右导数$f'_+(x_0)$都存在且相等。

3.2.1.3 导数的几何意义

函数$y=f(x)$在点x_0处的导数$f'(x_0)$在几何上表示曲线$y=f(x)$在点$M(x_0,f(x_0))$处的切线的斜率，即

$$f'(x_0)=\tan\alpha$$

式中，α是切线的倾角。

根据导数的几何意义并应用直线的点斜式方程，可知曲线$y=f(x)$在点$M(x_0,y_0)$处的切线方程为：

$$y-y_0=f'(x_0)(x-x_0)$$

过切点$M(x_0,y_0)$且与切线垂直的直线称为曲线$y=f(x)$在点 M 处的法线。如果$f'(x_0)\neq 0$，法线的斜率为：

$$-\frac{1}{f'(x_0)}$$

从而法线方程为：

$$y - y_0 = -\frac{1}{f'(x_0)}(x - x_0)$$

3.2.1.4 可导性与连续性的关系

如果函数$y = f(x)$在点x处可导，那么函数在该点处必连续。另一方面，一个函数在某点连续却不一定在该点可导。

3.2.2 笔算求导法则与常用公式

3.2.2.1 四则运算求导法则

如果函数$u = u(x)$及$v = v(x)$都在点x处具有导数，那么它们的和、差、积、商(除分母为零的点外)都在点x处具有导数，且

$$[u(x) \pm v(x)]' = u'(x) \pm v'(x)$$

$$[u(x)v(x)]' = u'(x)v(x) + u(x)v'(x)$$

$$\left[\frac{u(x)}{v(x)}\right]' = \frac{u'(x)v(x) - u(x)v'(x)}{v^2(x)}，[v(x) \neq 0]$$

3.2.2.2 反函数求导法则

如果函数$x = f(y)$在区间I_{y}内单调、可导且$f'(y) \neq 0$，那么它的反函数$y = f^{-1}(x)$在区间$I_{\mathrm{x}} = \{x | x = f(y), y \in I_{\mathrm{y}}\}$内也可导，且

$$[f^{-1}(x)]' = \frac{1}{f'(y)} \text{ 或 } \frac{\mathrm{d}y}{\mathrm{d}x} = \frac{1}{\frac{\mathrm{d}x}{\mathrm{d}y}}$$

3.2.2.3 复合函数求导法则

如果$u = g(x)$在点x处可导，而$y = f(u)$在点$u = g(x)$处可导，那么函数$y = f[g(x)]$在点x可导，且其导数为：

$$\frac{\mathrm{d}y}{\mathrm{d}x} = f'(u)g'(x) \text{ 或 } \frac{\mathrm{d}y}{\mathrm{d}x} = \frac{\mathrm{d}y}{\mathrm{d}u} \times \frac{\mathrm{d}u}{\mathrm{d}x}$$

3.2.3 显函数导数的 MATLAB 求法

MATLAB 提供的函数可以完成一元及多元符号表达式函数的各阶微分（或导数），diff 函数的语法格式如下：

导数名=diff(符号表达式,'求导变量',阶数)

【例 3-5】 求下列函数的导函数或在给定点处的点导数：

① $y = \mathrm{e}^{\sin\frac{1}{x}} + \frac{1+x}{1-x}\mathrm{e}^{\sqrt{x}}$

② $\rho=\theta\sin\theta+\frac{1}{2}\cos\theta$，求$\left.\frac{\mathrm{d}\rho}{\mathrm{d}\theta}\right|\theta=\frac{\pi}{4}$

③ $y=x^2\sin 2x$，求$\left.y^{(10)}\right|_{x}=\frac{3\pi}{2}$

④ $y=\ln\cosh x+\frac{k}{a\cosh^n x}$

① 在 M 文件编辑器中输入：

```
syms x;
y=sym('exp(1)^(sin(1/x))+(1+x/1-x)*exp(1)^sqrt(x)');
dy=diff(y,'x')
```

计算结果为：dy =exp(x^(1/2))/(2*x^(1/2)) - (cos(1/x)*exp(sin(1/x)))/x^2。计算时间约为 0.1s。即

$$\frac{\mathrm{d}y}{\mathrm{d}x}=\frac{\mathrm{e}^{\sqrt{x}}}{2\sqrt{x}}-\frac{\mathrm{e}^{\sin\frac{1}{x}}\cos\frac{1}{x}}{x^2}$$

② 在 M 文件编辑器中输入：

```
syms th;
r=sym('th*sin(th)+cos(th)/2');
dy=diff(r,'th')
rs=subs(dy,th,pi/2)                    %将求值点代入导函数
```

计算结果为：dy =sin(th)/2 + th*cos(th), rs =(pi*2^(1/2))/8 + 2^(1/2)/4。计算时间约为 0.130s。即

$$\left.\frac{\mathrm{d}\rho}{\mathrm{d}\theta}\right|\theta=\frac{\pi}{4}=\left.\left(\frac{\sin\theta}{2}+\theta\cos\theta\right)\right|\theta=\frac{\pi}{4}=\frac{\sqrt{2}\pi}{8}+\frac{\sqrt{2}}{4}\approx 0.9089$$

③ 在 M 文件编辑器中输入：

```
syms x;
y=sym('x^2*sin(2*x)');
dy=diff(y,'x',10)          %求十阶导数
dys=subs(dy,x,3*pi/2)      %将数值代入十阶导数
```

计算结果为：

dy =23040*sin(2*x) + 10240*x*cos(2*x) - 1024*x^2*sin(2*x)

dys =-15360*pi

计算时间约为 0.1s。

即

$$\left.y^{(10)}\right|_{x}=\frac{3}{2}\pi=\left.(23040\sin 2x+10240x\cos 2x-1024x^2\sin 2x)\right|_{x}=\frac{3}{2}\pi=-15360\pi$$

④ 在 M 文件编辑器中输入：

```
syms a k x;
y=sym('log(cosh(x))+k/a*(cosh(x)^2)');
dy=diff(y,'x')
```

计算结果是：

dy =sinh(x)/cosh(x) + (k*n*cosh(x)^(n - 1)*sinh(x))/a。计算时间约为 0.122s。

即

$$\frac{\mathrm{d}y}{\mathrm{d}x}=\frac{\sinh x}{\cosh x}+\frac{kn\cosh^{(n-1)}x\sinh x}{a}$$

3.2.4　隐函数求导的笔算方法简介

函数$y=f(x)$表示两个变量y与x之间的对应关系，这种对应关系可以用各种不同方式表达。等号左端是因变量的符号，而右端是含有自变量的式子。当自变量取定义域内任一值时，由这式子能确定对应的函数值。用这种方式表达的函数称为显函数。有些函数的表达方式却不是这样。一般地，如果变量x和y满足一个方程$F(x,y)=0$，在一定条件下，当x取某区间内的任一值时，相应地总有满足这方程的唯一的y值存在，那么就说方程$F(x,y)=0$在该区间内确定了一个隐函数。

把一个隐函数化成显函数，称为隐函数的显化。隐函数的显化有时是有困难的，甚至是不可能的，但在实际问题中，有时需要计算隐函数的导数，因此，有必要了解一下隐函数求导的通用方法。

比如，求方程$F(x,y)=\mathrm{e}^y+xy-\mathrm{e}=0$所确定的隐函数导数$y'$，注意$y$的本质是$y(x)$，原式左边=$\mathrm{e}^{y(x)}+xy(x)-\mathrm{e}$。方程左边对$x$求导得：

$$\frac{\mathrm{d}(\mathrm{e}^y+xy-\mathrm{e})}{\mathrm{d}x}=\mathrm{e}^y\frac{\mathrm{d}y}{\mathrm{d}x}+y+x\frac{\mathrm{d}y}{\mathrm{d}x}$$

方程右边对x求导得：

$$(0)'=0$$

等号两边相等，所以有：

$$\mathrm{e}^y\frac{\mathrm{d}y}{\mathrm{d}x}+y+x\frac{\mathrm{d}y}{\mathrm{d}x}=0$$

解得：

$$\frac{\mathrm{d}y}{\mathrm{d}x}=-\frac{y}{x+\mathrm{e}^y}\quad(x+\mathrm{e}^y\neq 0)$$

即为原隐函数的导函数，分式中的y就是隐函数本身。将x代入原函数可以求y，将x和y全部代入导函数即可求出该点的点导数。

求形如$y=x^{\sin x}$的导数时，可以将两边同时取对数，得：

$$\ln y=\sin x\ln x$$

再将y看作$y(x)$，按照隐函数通用求导法则对x求导，得：

$$\frac{1}{y}y' = \cos x \ln x + \sin x \frac{1}{x}$$

于是有：

$$y' = y\left(\cos x \ln x + \frac{\sin x}{x}\right) = x^{\sin x}\left(\cos x \ln x + \frac{\sin x}{x}\right)$$

对于一般形式的幂指函数$y = u^v (u > 0)$，如果$u = u(x)$、$v = v(x)$都可导，则可把幂指函数表示为：

$$y = \mathrm{e}^{v \ln u}$$

可直接用显函数求导方法求得：

$$y' = u^v\left(v' \ln u + \frac{vu'}{u}\right)$$

3.2.5 隐函数导数的 MATLAB 求法

隐函数求导有一点与显函数不同，变量“y”必须写作“y(x)”，否则将不输出 diff 的形式，diff 中间量则是提取 dydx 的基础。

【例 3-6】 求下列函数的导函数或在指定点的点导数：

① $\ln\sqrt{x^2 + y^2} = \tan^{-1}\frac{y}{x}$

② $y = \sqrt[5]{\frac{x-5}{\sqrt[5]{x^2+2}}}$，求$\left.\frac{\mathrm{d}y}{\mathrm{d}x}\right|_{x=3}$

③ $b^2x^2 + a^2y^2 = a^2b^2$，求$\left.\frac{\mathrm{d}^3y}{\mathrm{d}x^3}\right|_{x=k}$

① 在 M 文件编辑器中输入：

```
syms x dydx y(x);
F=sym('log(sqrt(x^2+y(x)^2))=atan(y(x)/x)'); %定义隐函数方程
dFdx=diff(F,'x');                    %两侧对 x 求导数
Fsub=subs(dFdx,'diff(y(x), x)','dydx');
                                     %将所有的 diff 替换为 dydx
dydx=solve(Fsub,dydx)
                                     %在替换后的含 dydx 的方程中解出 dydx
```

计算结果为：dydx =(x + y(x))/(x - y(x))

计算时间约为 0.21s。

即求出：

$$\frac{\mathrm{d}y}{\mathrm{d}x} = \frac{x + y}{x - y}$$

② 在 M 文件编辑器中输入：

```
syms x;
y=sym('((x-5)/((x^2+2)^(1/5)))^(1/5)');
```

```
dydx=diff(y,x)                              %求 y 的导数
point_dydx=subs(dydx,x,3)                   %将 x=3 代入导函数
```

计算结果为：

dydx =

(1/(x^2 + 2)^(1/5) - (2*x*(x - 5))/(5*(x^2 + 2)^(6/5)))/(5*((x - 5)/(x^2 +2)^(1/5))^(4/5))

point_dydx =(67*11^(4/5))/(3025*(-(2*11^(4/5))/11)^(4/5))

计算时间约为 0.090s。

即结果为：

$$\left.\frac{\mathrm{d}y}{\mathrm{d}x}\right|_{x=3}=\left.\frac{\dfrac{1}{\sqrt[5]{x^2+2}}-\dfrac{2x(x-5)}{5\sqrt[5]{(x^2+2)^6}}}{5\sqrt[5]{\left(\dfrac{x-5}{\sqrt[5]{x^2+2}}\right)^4}}\right|_{x=3}=\frac{67\times\sqrt[5]{11^4}}{3025\sqrt[5]{\left(-\dfrac{2\times\sqrt[5]{11^4}}{11}\right)^4}}\approx -0.1-0.07i$$

③ 在 M 文件编辑器中输入：

```
syms x y(x) dydx dybdx2 k;                           %定义变量
F=sym('b^2*x^2+a^2*y(x)^2=a^2*b^2');                 %定义含 y(x) 的方程
dFdx=diff(F,x);                                      %两侧对 x 求导
Fsub=subs(dFdx,diff(y(x),x),dydx); %用“dydx”符号代替“diff”
dybdx=solve(Fsub,dydx);                              %解方程，求出一阶导数
dFdx2=diff(dybdx,x);                                 %求二阶导数
dybdx2=subs(dFdx2,diff(y(x),x),dybdx);               %用一阶导数结果代入 diff
dFdx3=diff(dybdx2,x);                                %求三阶导数
dybdx3=subs(dFdx3,diff(y(x),x),dybdx)                %用一阶导数结果代入 diff
%下面求点数%%%%%%%%%%%%%%%%%%%%%%%%%%%%%%%%%%%%%%%%%%%%%%%
nF=sym('b^2*x^2+a^2*y^2=a^2*b^2'); %新定义方程，将“y(x)”写成“y”
F_x=subs(nF,x,k);                                    %代入 k 值
y_2=solve(F_x,'y')                                   %求出 x=k 时的 y 值
point_dydx=subs(dybdx3,{'x','y(x)'},{k,y_2}) %将 x 和 y 代入 3 阶导数
```

计算结果为：

dybdx3 = - (3*b^6*x^3)/(a^6*y(x)^5) - (3*b^4*x)/(a^4*y(x)^3)

y_2 =(b*(a + k)^(1/2)*(a - k)^(1/2))/a; -(b*(a + k)^(1/2)*(a - k)^(1/2))/a

point_dydx =

- (3*b*k)/(a*(a + k)^(3/2)*(a - k)^(3/2)) - (3*b*k^3)/(a*(a + k)^(5/2)*(a - k)^(5/2))

(3*b*k)/(a*(a + k)^(3/2)*(a - k)^(3/2)) + (3*b*k^3)/(a*(a + k)^(5/2)*(a - k)^(5/2))

计算时间约为 0.389s。

即

当$y_1=\frac{b\sqrt{a+k}\sqrt{a-k}}{a}$时，

$$\left.\frac{\mathrm{d}^3y}{\mathrm{d}x^3}\right|_{x=k}=\left.\left(-\frac{3b^6x^3}{a^6y^5}-\frac{3b^4x}{a^4y^3}\right)\right|_{x=k}=-\frac{3bk}{a\sqrt{(a+k)^3}\sqrt{(a-k)^3}}-\frac{3bk^3}{a\sqrt{(a+k)^5}\sqrt{(a-k)^5}}$$

当$y_2=-\frac{b\sqrt{a+k}\sqrt{a-k}}{a}$时，

$$\left.\frac{\mathrm{d}^3y}{\mathrm{d}x^3}\right|_{x=k}=\left.\left(-\frac{3b^6x^3}{a^6y^5}-\frac{3b^4x}{a^4y^3}\right)\right|_{x=k}=\frac{3bk}{a\sqrt{(a+k)^3}\sqrt{(a-k)^3}}+\frac{3bk^3}{a\sqrt{(a+k)^5}\sqrt{(a-k)^5}}$$

3.2.6 参数方程所确定的函数的导数

一般地，若参数方程

$$\begin{cases}x=\varphi(t)\\ y=\psi(t)\end{cases}$$

确定y与x间的函数关系，则称此函数关系所表达的函数为由参数方程所确定的函数。在实际问题中，需要计算由参数方程所确定的函数的导数。但从参数方程中消去参数t有时会很困难，所以，需要一种参数方程所确定的函数的专用求导方法。

根据复合函数的求导法则与反函数的求导法则，有

$$\frac{\mathrm{d}y}{\mathrm{d}x}=\frac{\mathrm{d}y}{\mathrm{d}t}\times\frac{\mathrm{d}t}{\mathrm{d}x}=\frac{\mathrm{d}y}{\mathrm{d}t}\times\frac{1}{\frac{\mathrm{d}x}{\mathrm{d}t}}=\frac{\psi'(t)}{\varphi'(t)}$$

所以，参数方程所确定的函数的求导公式为：

$$\frac{\mathrm{d}y}{\mathrm{d}x}=\frac{\psi'(t)}{\varphi'(t)}$$

或者

$$\frac{\mathrm{d}y}{\mathrm{d}x}=\frac{\frac{\mathrm{d}y}{\mathrm{d}t}}{\frac{\mathrm{d}x}{\mathrm{d}t}}$$

如果$x=\varphi(t)$和$y=\psi(t)$还是二阶可导函数，则又可以求出函数的二阶导数公式：

$$\frac{\mathrm{d}^2y}{\mathrm{d}x^2}=\frac{\mathrm{d}\left(\frac{\mathrm{d}y}{\mathrm{d}x}\right)}{\mathrm{d}x}=\frac{\frac{\mathrm{d}\left(\frac{\psi'(t)}{\varphi'(t)}\right)}{\mathrm{d}t}}{\frac{\mathrm{d}x}{\mathrm{d}t}}=\frac{\psi''(t)\varphi'(t)-\psi'(t)\varphi''(t)}{\varphi'^2(t)}\times\frac{1}{\varphi'(t)}$$

即

$$\frac{\mathrm{d}^2y}{\mathrm{d}x^2}=\frac{\psi''(t)\varphi'(t)-\psi'(t)\varphi''(t)}{\varphi'^3(t)}$$

3.2.7 用 MATLAB 求参数方程所确定的函数导数

目前，MATLAB 中很难找到参数方程求导的专用方法，可以使用 diff 函数先求出两个参数方程的导数$\psi'(t)$和$\varphi'(t)$，再进行其他运算，从而求出其一阶导数和二阶导数。

【例 3-7】 求参数方程确定的函数的导函数。

① $\begin{cases} x = \ln(1+t^2) \\ y = t - \tan^{-1} t \end{cases}$，求$\frac{d^2y}{dx^2}$

② $\begin{cases} x = te^t \\ e^{ty} = y + t^2 + 1 \end{cases}$，求$\frac{dy}{dx}$

① 在 M 文件编辑器中输入：

```
syms t;
x=sym('log(1+t^2)');                %定义 x(t)
y=sym('t-atan(t)');                 %定义 y(t)
dxdt1=diff(x,t);                    %求 x 的一阶导数
dxdt2=diff(x,t,2);                  %求 x 的二阶导数
dydt1=diff(y,t);                    %求 y 的一阶导数
dydt2=diff(y,t,2);                  %求 y 的二阶导数
dydx2=(dydt2*dxdt1-dydt1*dxdt2)/dxdt1^3          %计算二阶导数
dydx2=simplify(dydx2)               %化简结果分式
```

计算结果为：dydx2 =(t^2 + 1)/(4*t)

计算时间约为 0.137s。

即

$$\frac{d^2y}{dx^2} = \frac{t^2+1}{4t}$$

② 在 M 文件编辑器中输入：

```
syms t x y(t) dydt;                      %定义变量
x=sym('t*exp(t)');                       %定义 x(t)显函数
F=sym('exp(t*y(t))=y(t)+t^2+1');         %定义 F(y,t)隐函数
dxdt=diff(x,t);                          %求 x 的一阶导数
dFdt=diff(F,t);                          %求 F(y,t)的一阶导数
Fsub=subs(dFdt,diff(y(t),t),dydt);       %用"dydt"替换"diff"形式
dydt=solve(Fsub,dydt);                   %解出 y 的一阶导数
dydx=simplify(dydt/dxdt)                 %化简求值
```

计算结果为：dydx =(exp(-t)*(2*t - exp(t*y(t))*y(t)))/((t*exp(t*y(t)) - 1)*(t + 1))

时间约为 0.248s。

即

$$\frac{dy}{dx} = \frac{2t - ye^{ty}}{e^t(te^{ty}-1)(t+1)}$$

3.2.8 微分简介

设函数$y = f(x)$在某区间内有定义，x_0及$x_0 + \Delta x$在这区间内，如果函数的增量：

$$\Delta y = f(x_0 + \Delta x) - f(x_0)$$

可表示为：

$$\Delta y = A\Delta x + o(\Delta x)$$

式中，A是不依赖于Δx的常数。那么称函数$y = f(x)$在点x_0处是可微的，而$A\Delta x$称为函数$y = f(x)$在点x_0处相应于自变量增量Δx的微分，记作 dy，即

$$\mathrm{d}y = A\Delta x$$

函数$f(x)$在点x_0处可微的充分必要条件是函数$f(x)$在点x_0处可导，且当$f(x)$在点x_0处可微时，其微分一定是：

$$\mathrm{d}y = f'(x_0)\Delta x$$

当$\Delta x \to 0$时，Δy与$\mathrm{d}y$是等价无穷小，有

$$\Delta y = \mathrm{d}y + o(\mathrm{d}y)$$

$\mathrm{d}y$称为Δy的线性主部，当$|\Delta x|$很小时，有近似等式：

$$\Delta y \approx \mathrm{d}y$$

3.3 微分中值定理与导数的应用

3.3.1 微分中值定理简介

3.3.1.1 费马引理

设函数$f(x)$在点x_0的某邻域$U(x_0)$内有定义，并且在x_0处可导，如果对任意的$x \in U(x_0)$，有

$$f(x) \le f(x_0) \quad (\text{或} f(x) \ge f(x_0))$$

那么$f'(x_0) = 0$。通常称导数为 0 的点为函数的驻点、稳定点或临界点。

3.3.1.2 罗尔定理

如图 3-7 所示，如果函数$f(x)$满足：

① 在闭区间$[a,b]$上连续；

② 在开区间(a,b)内可导；

③ 在区间端点处的函数值相等，即$f(a) = f(b)$。

那么在(a,b)内至少有一点$\xi(a < \xi < b)$，使得$f'(\xi) = 0$。

3.3.1.3 拉格朗日中值定理

如图 3-8 所示，如果函数$f(x)$满足：

① 在闭区间$[a,b]$上连续；

② 在开区间(a,b)内可导。

那么在(a,b)内至少有一点$\xi(a < \xi < b)$，使等式

$$f(b) - f(a) = f'(\xi)(b - a)$$

成立。

3.3.1.4 柯西中值定理

① 在闭区间$[a,b]$上连续；

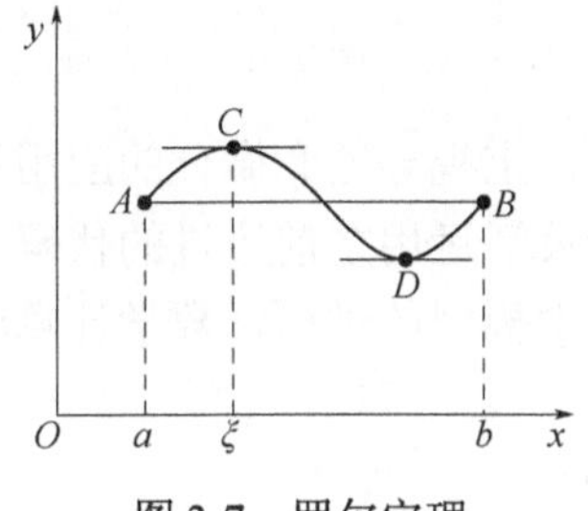

图 3-7　罗尔定理

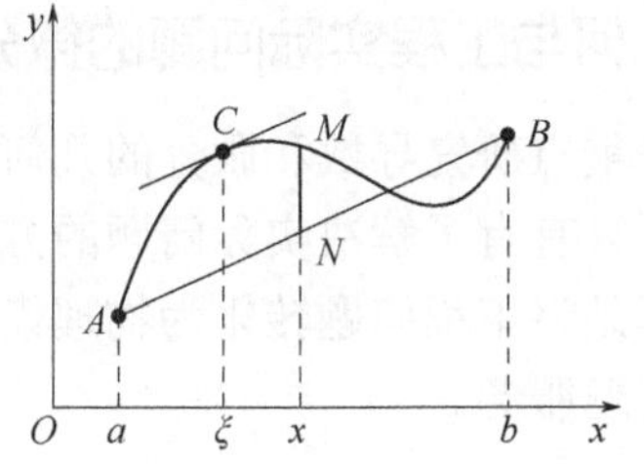

图 3-8　拉格朗日中值定理

② 在开区间(a,b)内可导；

③ 对任一 $x\in(a,b)$，$F'(x)\neq 0$。

那么在(a,b)内至少有一点ξ，使等式

$$\frac{f(b)-f(a)}{F(b)-F(a)}=\frac{f'(\xi)}{F'(\xi)}$$

成立。

3.3.1.5　微分中值定理的简单应用

微分中值定理反映了导数的局部性与函数的整体性之间的关系，主要应用在不等式证明当中，下面举一典型的例子。

求证：当$x>0$时，下面不等式成立。

$$\frac{x}{1+x}<\ln(1+x)<x$$

证明：

设$f(t)=\ln(1+t)$，显然$f(t)$在区间[0,x]上满足拉格朗日中值定理的条件，根据定理，应有

$$f(x)-f(0)=f'(\xi)(x-0)，0<\xi<x$$

因为$f(0)=0$，$f'(t)=\frac{1}{1+t}$

所以上式即为：

$$\ln(1+x)=\frac{x}{1+\xi}$$

又因为 $0<\xi<x$

所以有

$$\frac{x}{1+x}<\frac{x}{1+\xi}<x$$

即

$$\frac{x}{1+x}<\ln(1+x)<x\ \ (x>0)$$

3.3.2 几何与工程实际问题的微分学原理

本部分重点研究导数和微分的几何应用与工程应用，重视导数和微分的应用思路而省略程序设计。只有有了解决实际问题的方法和思路，才能灵活运用之前讲过的代码。解决实际问题的过程是将工程问题转化为物理模型，再转化为数学模型的过程，数学计算结果最终为工程实际问题服务。

3.3.2.1 几何应用

微分学的几何应用主要是求切线和法线方程。

【例 3-8】 如图 3-9 所示，求曲线$y = x^{\frac{3}{2}}$的通过点（0，−4）的切线方程。

解：设切点为(x_0, y_0)，则切线斜率为

$$f'(x_0) = \frac{3}{2}\sqrt{x}\bigg|_{x = x_0} = \frac{3}{2}\sqrt{x_0}$$

于是所求切线方程设为

$$y - y_0 = \frac{3}{2}\sqrt{x_0}(x - x_0)$$

因切点(x_0, y_0)在曲线$y = x^{\frac{3}{2}}$上，故有

$$y_0 = {x_0}^{\frac{3}{2}}$$

由已知切线通过点$(0, -4)$，故有

$$-4 - y_0 = \frac{3}{2}\sqrt{x_0}(0 - x_0)$$

求得含x_0、y_0的二元方程组的解为

$$x_0 = 4, y_0 = 8$$

代入预设好切线方程，则有

$$y - 8 = \frac{3}{2}\sqrt{4}(x - 4)$$

化简整理得，切线方程为

$$3x - y - 4 = 0$$

【例 3-9】 如图 3-10 所示，已知椭圆$\frac{x^2}{a^2} + \frac{y^2}{b^2} = 1$的参数方程为

$$\begin{cases} x = a\cos t \\ y = b\sin t \end{cases}$$

求椭圆在$t = \frac{\pi}{4}$相应的点处的切线方程。

当$t = \frac{\pi}{4}$时，有

$$x_0 = a\cos\frac{\pi}{4} = \frac{\sqrt{2}}{2}a$$

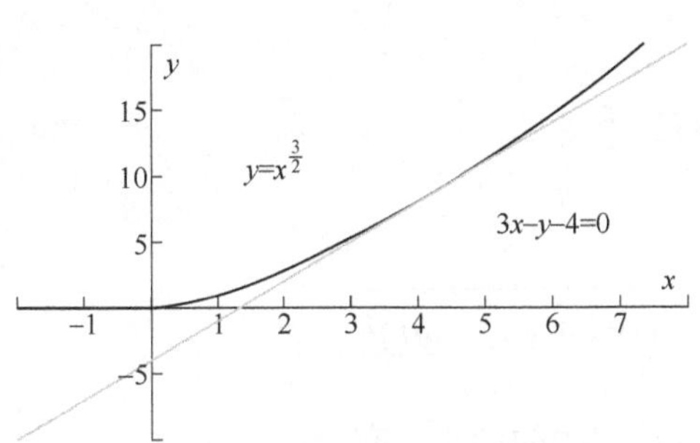

图 3-9　曲线及其切线

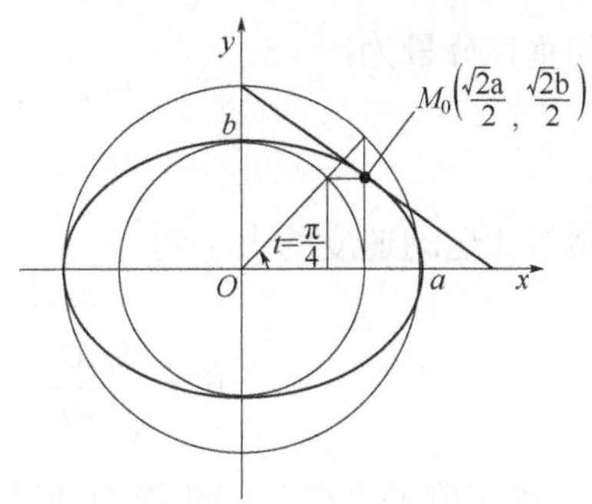

图 3-10　椭圆及其切线

$$y_0 = b\sin\frac{\pi}{4} = \frac{\sqrt{2}}{2}b$$

所以切点M_0的坐标为$\left(\frac{\sqrt{2}}{2}a,\ \frac{\sqrt{2}}{2}b\right)$。

设切线的点斜式方程为：

$$y - y_0 = k(x - x_0)$$

曲线在点M_0的切线斜率是：

$$\left.\frac{\mathrm{d}y}{\mathrm{d}x}\right|_{t=\frac{\pi}{4}} = \left.\frac{(b\sin t)'}{(a\cos t)'}\right|_{t=\frac{\pi}{4}} = \left.\frac{b\cos t}{-a\sin t}\right|_{t=\frac{\pi}{4}} = -\frac{b}{a}$$

代入点斜式方程，即得椭圆在点M_0处的切线方程：

$$y - \frac{\sqrt{2}}{2}b = -\frac{b}{a}\left(x - \frac{\sqrt{2}}{2}a\right)$$

化简后得：

$$bx + ay - \sqrt{2}ab = 0$$

3.3.2.2　工程应用

接下来是质点运动学和工程测量方面的两个案例。

【例 3-10】 已知抛射体可视为质点，其运动轨迹的参数方程为

$$\begin{cases} x = v_1 t \\ y = v_2 t - \frac{1}{2}gt^2 \end{cases}$$

g为重力加速度。求：

① 抛射体在时刻t的运动速度的大小；

② 以弧度制表示抛射体在时刻t的速度方向，并计算初始时刻和最高点两个特殊点的速度方向。

解：

① 求速度的大小。速度的水平分量为：

$$\frac{\mathrm{d}x}{\mathrm{d}t} = v_1$$

速度的垂直分量为：

$$\frac{\mathrm{d}y}{\mathrm{d}t}=v_2-gt$$

所以抛射体运动速度的大小为：

$$v=\sqrt{\left(\frac{\mathrm{d}x}{\mathrm{d}t}\right)^2+\left(\frac{\mathrm{d}y}{\mathrm{d}t}\right)^2}=\sqrt{v_1^2+(v_2-gt)^2}$$

② 求速度的方向，即轨迹的切线方向。设α是切线的倾角，有

$$\tan\alpha=\frac{\mathrm{d}y}{\mathrm{d}x}=\frac{\frac{\mathrm{d}y}{\mathrm{d}t}}{\frac{\mathrm{d}x}{\mathrm{d}t}}=\frac{v_2-gt}{v_1}$$

所以速度方向倾角与时间的函数为：

$$R(t)=\arctan\frac{v_2-gt}{v_1}$$

特殊点 1：当$t=0$时，物体刚刚抛出，速度的角度为：

$$R(0)=\arctan\frac{v_2}{v_1}$$

特殊点 2：当物体到达最高点时，竖直方向的速度$v_{2_t}=v_{2_0}-gt=0$，

$$t=\frac{v_2}{g}$$

这时，运动方向是水平的，即抛射体达到最高点，速度的角度为：

$$R(t)=\arctan\frac{v_2-v_2}{v_1}=\arctan 0=0$$

设$x=x(t)$及$y=y(t)$都是可导函数，而变量x与y之间存在某种关系，从而变化率$\frac{\mathrm{d}x}{\mathrm{d}t}$与$\frac{\mathrm{d}y}{\mathrm{d}t}$间也存在一定关系，这两个相互依赖的变化率称为相关变化率。相关变化率问题就是研究这两个变化率之间的关系，以便从其中一个变化率求出另一个变化率。

【例 3-11】 一气球从距离观察员 500m 处的地面开始离开地面铅直上升，当气球高度为 500m 时，其速率为 140m/min。求此时观察员视线的仰角增加的速率是多少？

解：设气球上升时间 t (单位 s)后，其高度为 h，观察员视线的仰角为α，则

$$\tan\alpha=\frac{h}{500}$$

其中α及h都与 t 存在可导的函数关系。上式两边对 t 求导，得：

$$\sec^2\alpha\frac{\mathrm{d}\alpha}{\mathrm{d}t}=\frac{1}{500}\times\frac{\mathrm{d}h}{\mathrm{d}t}$$

由已知条件，$\exists t_0$，使$h|_{t=t_0}=500\mathrm{m}$，$\left.\frac{\mathrm{d}h}{\mathrm{d}t}\right|_{t=t_0}$=140m/min。

$$\tan\alpha|_{t=t_0}=\left.\frac{h}{500}\right|_{t=t_0}=\frac{500}{500}=1$$

所以$\sec\alpha|_{t=t_0}=\sqrt{2}$，将$t_0$时刻的所有数据代入微分方程，得：

$$2\left.\frac{\mathrm{d}\alpha}{\mathrm{d}t}\right|_{t=t_0}=\frac{1}{500}\times 140$$

所以

$$\left.\frac{\mathrm{d}\alpha}{\mathrm{d}t}\right|_{t=t_0}=0.14\,\mathrm{rad/min}$$

即此时刻观察员视线的仰角的瞬时增加速率是 0.14rad/min。

3.3.3 函数的单调性和凹凸性

3.3.3.1 函数的单调性

设函数$y=f(x)$在[a,b]上连续，在(a,b)内可导。

① 如果在(a,b)内$f'(x)\geq 0$，且等号仅在有限多个点处成立，那么函数$y=f(x)$在[a,b]上单调增加；

② 如果在(a,b)内$f'(x)\leq 0$，且等号仅在有限多个点处成立，那么函数$y=f(x)$在[a,b]上单调减少。

例如∀$y=\sqrt[3]{x^2}$，函数定义域为 $\boldsymbol{R}$，$y'=\frac{2}{3\sqrt[3]{x}}$。当 x=0 时，函数不可导；在(−∞，0)内，$y'<0$，因此函数$y=\sqrt[3]{x^2}$在(−∞，0]上单调减少；在(0，+∞)内，$y'>0$，因此函数$y=\sqrt[3]{x^2}$在[0，+∞)上单调增加。

3.3.3.2 函数的凹凸性与拐点

设$f(x)$在区间 I 上连续，如果对 I 上任意两点x_1、x_2恒有

$$f\left(\frac{x_1+x_2}{2}\right)<\frac{f(x_1)+f(x_2)}{2}$$

那么称$f(x)$在 I 上的图形是凹弧；如果恒有

$$f\left(\frac{x_1+x_2}{2}\right)>\frac{f(x_1)+f(x_2)}{2}$$

那么称$f(x)$在 I 上的图形是凸弧（图 3-11）。

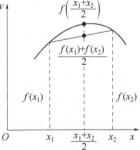

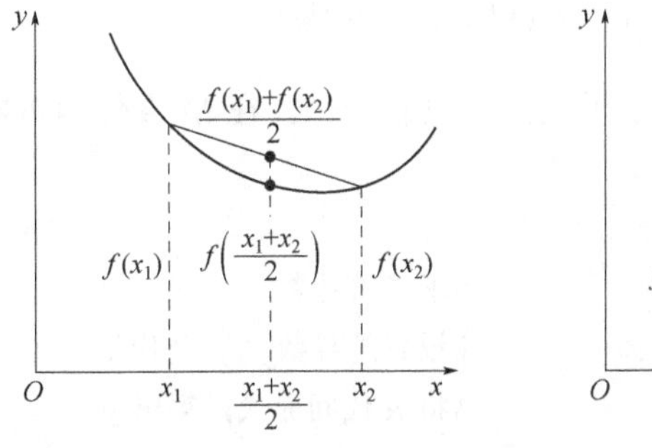

图 3-11 凹弧与凸弧

如果函数$f(x)$在I内具有二阶导数，那么可以利用二阶导数的符号来判定曲线的凹凸性，这就是下面的曲线凹凸性的判定定理。

设$f(x)$在$[a，b]$上连续，在$(a，b)$内具有一阶和二阶导数，那么

① 若在$(a，b)$内$f''(x)>0$，则$f(x)$在$[a，b]$上的图形是凹的；

② 若在$(a，b)$内$f''(x)<0$，则$f(x)$在$[a，b]$上的图形是凸的。

一般地，设$y=f(x)$在区间I上连续，x_0是I内的点。如果曲线$y=f(x)$在经过点$(x_0，f(x_0))$时，曲线的凹凸性改变了，那么就称点$(x_0，f(x_0))$为这曲线的拐点。

如函数$y=2x^3+3x^2-12x+14$，$y''=12x+6$。解方程$y''=0$，得$x=-\frac{1}{2}$。当$x<-\frac{1}{2}$时，$y''<0$；当$x>-\frac{1}{2}$时，$y''>0$。因此，点$\left(-\frac{1}{2}，20\frac{1}{2}\right)$是这曲线的拐点。

3.3.4 用 MATLAB 找曲线的拐点

在 MATLAB 中找曲线的拐点、判断凹凸性，也是利用凹凸性判定定理，求出二阶导数。如果二阶导数等于 0 时，方程的解为有限个，则可直接求出拐点横坐标。如果方程有无穷多解，则需要运用 fzero 函数在欲研究的区间内找二阶导数等于 0 的方程的零点，零点即为函数图像拐点的横坐标。

【例 3-12】 找出函数$y=x^4(12\ln x-7)$的拐点和凹凸区间。

首先分析函数图像，确定拐点大体数量。在 M 文件编辑器中输入：

```
x=0:0.001:2;                    %合适的 x 取值范围可能需要反复试探得出
y=x.^4.*(12.*log(x)-7);
plot(x,y)                       %输出图像
```

$y=x^4(12\ln x-7)$ 的局部图像如图 3-12 所示。

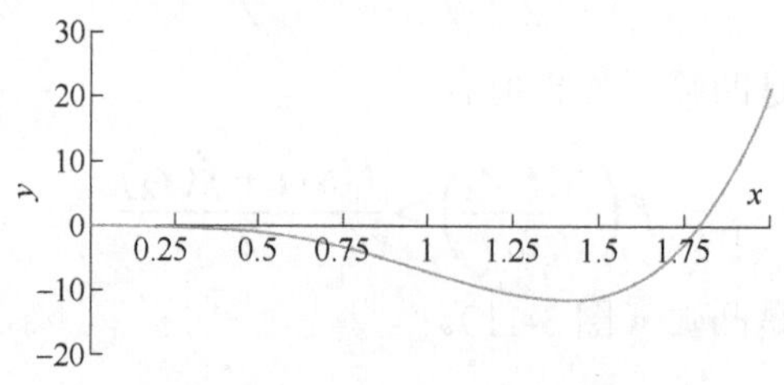

图 3-12 $y=x^4(12\ln x-7)$图像局部

由图像可知，函数拐点横坐标在 1 附近，且只有一个。在 M 文件编辑器中输入：

```
syms x;
y=sym('x^4*(12*log(x)-7)');
dydx2=diff(y,x,2)               %求二阶导数
x_num=solve(dydx2,x)            %设二阶导数=0，解出 x
y_num=subs(y,x,x_num)           %将 x 代回原式，得出 y
```

得出结论是：

x_num =1；y_num = -7；dydx2 =84*x^2 + 12*x^2*(12*log(x) - 7)

即函数图像的拐点为（1，−7），$y'' = 84x^2 + 12x^2(12\ln x - 7)$。简单代数或观察原函数图像易得，原函数在(0，1]内是凸的，在[1，+∞)内是凹的。

如果y''有无穷多个零点（y''=0 有无穷多个解），要用“找给定区间（0.75，1.25）中y''的零点”的方法，代码的输入改为：

```
syms x;
y=sym('x^4*(12*log(x)-7)');
dydx2=diff(y,x,2)                    %求二阶导数
dydx2c=@(x) eval(dydx2);             %下一步的 fzero 函数必须输入函数句柄。
%将 dydx 二阶导符号表达式定义为函数句柄形式，用 eval 提取字符串中的内容
x_num=fzero(dydx2c,[0.75,1.25])      %求二阶导函数句柄在指定区间的零点
y_num=subs(y,x,x_num)                %将 x 代回原式，得出 y
```

求出的结果与前一方法相同。

3.3.5　渐近线

① 水平渐近线。若$\lim\limits_{x\to\infty} f(x) = A$，称$y = A$为$L: y = f(x)$的水平渐近线。

② 铅直渐近线。若$\lim\limits_{x\to a} f(x) = \infty$，称$x = a$为$L: y = f(x)$的铅直渐近线。

③ 斜渐近线。若$\lim\limits_{x\to\infty} \frac{f(x)}{x} = a \neq 0 \neq \infty$，$\lim\limits_{x\to\infty}[f(x) - ax] = b$，称$y = ax + b$为$L: y = f(x)$的斜渐近线。

3.3.6　曲率的概念

3.3.6.1　弧微分与曲率公式

设函数$f(x)$在区间$(a，b)$内具有连续导数。在曲线$y = f(x)$上取固定点$M_0(x_0, y_0)$作为度量弧长的基点，并规定依x增大的方向作为曲线的正向。如图 3-13 所示，对曲线上任一点$M(x, y)$，规定有向弧段$\overset{\frown}{M_0M}$的值 s。经过复杂的推导过程，有

$$\mathrm{d}s = \sqrt{1 + y'^2}\mathrm{d}x$$

这个对 x 的微分称为弧微分。在弧微分的基础上经过复杂的代数和几何推导，得出$K = \frac{\frac{y''}{1+y'^2}\mathrm{d}x}{\mathrm{d}s}$，$K$ 称为曲率，曲率公式为：

$$K = \frac{|y''|}{\sqrt{(1 + y'^2)^3}}$$

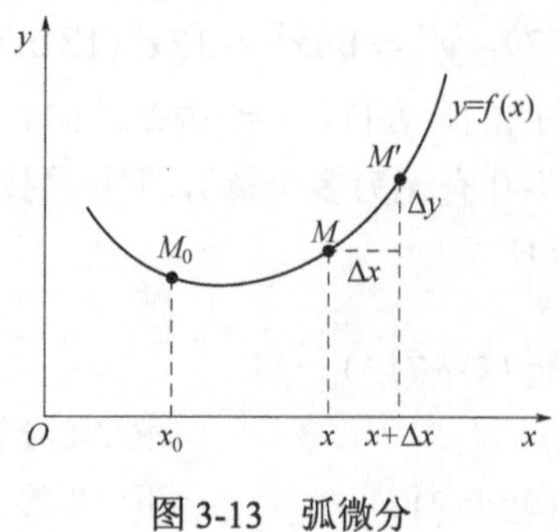

图 3-13 弧微分

如果曲线由参数方程得出，如

$$\begin{cases} x = \varphi(t) \\ y = \psi(t) \end{cases}$$

则可利用由参数方程所确定的函数的求导法，求出y'_x和y''_x，代入曲率公式可以得出参数方程曲线的曲率公式为：

$$K = \frac{|\varphi'(t)\psi''(t) - \varphi''(t)\psi'(t)|}{\sqrt{\left(\varphi'^2(t) + \psi'^2(t)\right)^3}}$$

3.3.6.2 曲率圆与曲率半径

设曲线$y = f(x)$在点$M(x, y)$处的曲率为 $K(K\neq 0)$。在点 M 处的曲线的法线上，在凹的一侧取一点 D，使$|DM| = 1/K = \rho$。以 D 为圆心、ρ为半径作圆，如图 3-14 所示，这个圆称为曲线在点 M 处的曲率圆，曲率圆的圆心 D 称为曲线在点 M 处的曲率中心，曲率圆的半径ρ称为曲线在点 M 处的曲率半径。

曲率圆与曲线在点 M 处有相同的切线和曲率，且在点 M 邻近有相同的凹向。因此，在实际问题中，常用曲率圆在点 M 邻近的一段圆弧来近似代替曲线弧，以使问题简化。

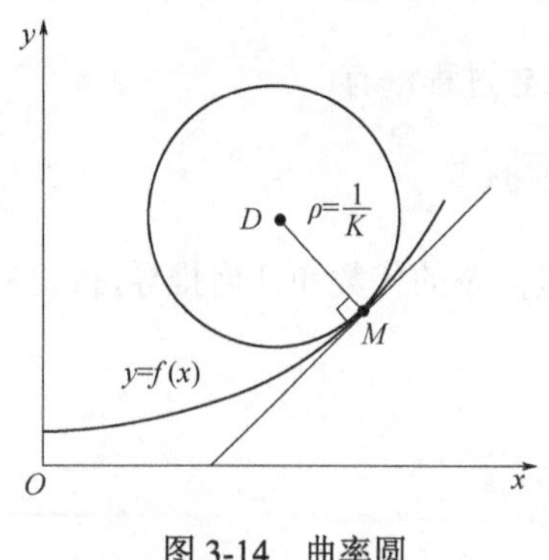

图 3-14 曲率圆

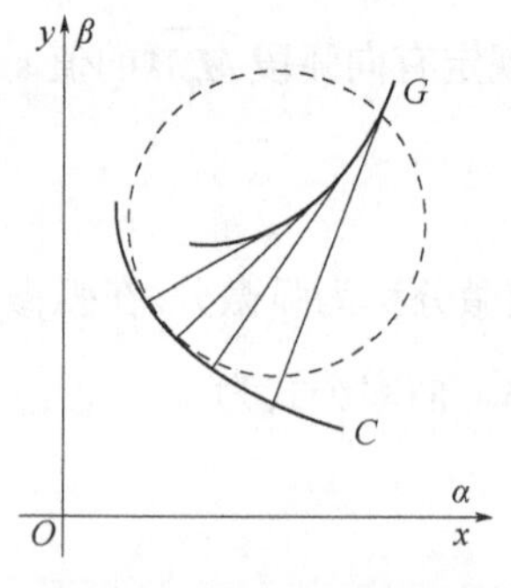

图 3-15 渐屈线与渐伸线

3.3.6.3 曲率中心、渐屈线与渐伸线

设已知曲线的方程是$y = f(x)$，且其二阶导数y''在点x处不为零，则曲线在对应点$M(x, y)$

的曲率中心$D(\alpha,\beta)$的坐标为：

$$D\left(x-\frac{y'(1+y'^2)}{y''},y+\frac{1+y'^2}{y''}\right)$$

当点$(x,f(x))$沿$y=f(x)$图像曲线 C 移动时，相应的曲率中心 D 的轨迹曲线 G 称为曲线 C 的渐屈线，而曲线 C 称为曲线 G 的渐伸线，如图 3-15 所示。所以曲线$y=f(x)$的渐屈线的参数方程为：

$$\begin{cases}\alpha=x-\dfrac{y'(1+y'^2)}{y''}\\ \beta=y+\dfrac{1+y'^2}{y''}\end{cases}$$

其中x为参数；直角坐标系$\alpha O\beta$与xOy坐标系重合。

3.4　不定积分

3.4.1　不定积分的概念

3.4.1.1　原函数、微分与不定积分

如果在区间 I 上，可导函数$F(x)$的导函数为$f(x)$，即对任一 $x\in I$，都有

$$F'(x)=f(x)\text{ 或 }\mathrm{d}F(x)=f(x)\mathrm{d}x$$

那么函数$F(x)$就称为$f(x)$在区间 I 上的一个原函数。

连续函数一定有原函数，这称为原函数存在定理。

3.4.1.2　不定积分

在区间 I 上，函数$f(x)$的带有任意常数项的原函数称为$f(x)$在区间 I 上的不定积分，记作：

$$\int f(x)\mathrm{d}x$$

其中记号$\int$称为积分号；$f(x)$称为被积函数；$f(x)\mathrm{d}x$称为被积表达式；x称为积分变量。由此定义及原函数的概念可知，如果$F(x)$是$f(x)$在区间 I 上的一个原函数，那么$F(x)+C$就是$f(x)$的不定积分，即

$$\int f(x)\mathrm{d}x=F(x)+C$$

因而不定积分$\int f(x)\mathrm{d}x$可以表示$f(x)$的任意一个原函数。

3.4.2　不定积分的笔算求法简介

一般地，求不定积分可以运用积分的性质和求导经验直接进行。

$$\int\frac{(x-1)^3}{x^2}\mathrm{d}x=\int\frac{x^3-3x^2+3x-1}{x^2}\mathrm{d}x=\int\left(x-3+\frac{3}{x}-\frac{1}{x^2}\right)\mathrm{d}x$$

$$=\int x\mathrm{d}x-3\int\mathrm{d}x+3\int\frac{1}{x}\mathrm{d}x-\int\frac{1}{x^2}\mathrm{d}x=\frac{x^2}{2}-3x+3\ln|x|+\frac{1}{x}+C$$

部分三角函数需要借助三角恒等变形，然后逐项求积分。

$$\int\sin^2\frac{x}{2}\mathrm{d}x=\int\frac{1}{2}(1-\cos x)\mathrm{d}x=\frac{1}{2}\int(1-\cos x)\mathrm{d}x=\frac{1}{2}\left(\int 1\mathrm{d}x-\int\cos x\,\mathrm{d}x\right)$$

$$=\frac{1}{2}(x-\sin x)+C$$

设$f(u)$具有原函数，$u=\varphi(x)$可导，则有换元积分公式：

$$\int f[\varphi(x)]\varphi'(x)\mathrm{d}x=\left[\int f(u)\mathrm{d}u\right]_{u=\varphi(x)}$$

一般地，对于积分$\int f(ax+b)\mathrm{d}x\ (a\neq 0)$，总可作变换$u=ax+b$，化为：

$$\int f(ax+b)\mathrm{d}x=\int\frac{1}{a}f(ax+b)\mathrm{d}(ax+b)=\frac{1}{a}\left[\int f(u)\mathrm{d}u\right]_{u=ax+b}$$

$$\int\frac{1}{x^2-a^2}\mathrm{d}x=\int\frac{1}{2a}\left(\frac{1}{x-a}-\frac{1}{x+a}\right)\mathrm{d}x=\frac{1}{2a}\int\left(\frac{1}{x-a}-\frac{1}{x+a}\right)\mathrm{d}x$$

$$=\frac{1}{2a}\left(\int\frac{1}{x-a}\mathrm{d}x-\int\frac{1}{x+a}\mathrm{d}x\right)=\frac{1}{2a}\left[\int\frac{1}{x-a}\mathrm{d}(x-a)-\int\frac{1}{x+a}\mathrm{d}(x+a)\right]$$

$$=\frac{1}{2a}(\ln|x-a|-\ln|x+a|)+C=\frac{1}{2a}\ln\left|\frac{x-a}{x+a}\right|+C$$

同样，当含有三角函数时，需要用到三角恒等式来辅助构型。

$$\int\sin^2 x\cos^5 x\,\mathrm{d}x=\int\sin^2 x\cos^4 x\cos x\,\mathrm{d}x=\int\sin^2 x\,(1-\sin^2 x)^2\mathrm{d}(\sin x)$$

$$=\int(\sin^2 x-2\sin^4 x+\sin^6 x)\mathrm{d}(\sin x)=\frac{1}{3}\sin^3 x-\frac{2}{5}\sin^5 x+\frac{1}{7}\sin^7 x+C$$

设$x=\psi(t)$是单调的可导函数，并且$\psi'(t)\neq 0$。又设$f[\psi(t)]\psi'(t)$具有原函数，则有换元公式：

$$\int f(x)\mathrm{d}x=\left[\int f[\psi(t)]\psi'(t)\mathrm{d}t\right]_{t=\psi^{-1}(x)}$$

其中$\psi^{-1}(x)$是$x=\psi(t)$的反函数。

求$\int\frac{1}{\sqrt{x^2+a^2}}\mathrm{d}x\ (a>0)$时，困难在于根式，可以利用三角公式$1+\tan^2 t=\sec^2 t$来化去根式。

设$x=a\tan t\ \left(-\frac{\pi}{2}<t<\frac{\pi}{2}\right)$，则有

$$\sqrt{x^2+a^2}=\sqrt{a^2\tan^2 t+a^2}=a\sqrt{\tan^2 t+1}=a\sec t\,,\ \mathrm{d}x=a\sec^2 t\,\mathrm{d}t$$

所以

$$\int \frac{1}{\sqrt{x^2+a^2}}\mathrm{d}x = \int \frac{a\sec^2 t}{a\sec t}\mathrm{d}t = \int \sec t\,\mathrm{d}t = \ln|\sec t + \tan t| + C$$

为了把$\sec t$和$\tan t$换成x的函数，可以根据$\tan t = \frac{x}{a}$作辅助三角形，有

$$\sec t = \frac{\sqrt{x^2+a^2}}{a}$$

且$\sec t + \tan t > 0$，因此有

$$\int \frac{1}{\sqrt{x^2+a^2}}\mathrm{d}x = \ln\left(\frac{x}{a} + \frac{\sqrt{x^2+a^2}}{a}\right) + C = \ln(x + \sqrt{x^2+a^2}) + C_1$$

其中$C_1 = C - \ln a$。

设函数$u = u(x)$和$v = v(x)$具有连续导数，则两函数乘积的求导公式为：

$$(uv)' = u'v + uv'$$

两侧求不定积分得：

$$\int u\mathrm{d}v = uv - \int v\mathrm{d}u$$

这称作分部积分公式，如果求$\int uv'\mathrm{d}x$较困难，而$\int u'v\mathrm{d}x$容易，可以用分部积分法。

$$\begin{aligned}\int \sec^3 x\,\mathrm{d}x &= \int \sec x\,\mathrm{d}(\tan x) = \sec x\tan x - \int \tan x\,\mathrm{d}(\sec x)\\ &= \sec x\tan x - \int \sec x\tan^2 x\,\mathrm{d}x = \sec x\tan x - \int \sec x\,(\sec^2 x - 1)\mathrm{d}x\\ &= \sec x\tan x - \left(\int \sec^3 x\,\mathrm{d}x - \int \sec x\,\mathrm{d}x\right)\\ &= \sec x\tan x - \int \sec^3 x\,\mathrm{d}x + \int \sec x\,\mathrm{d}x\\ &= \sec x\tan x + \ln|\sec x + \tan x| - \int \sec^3 x\,\mathrm{d}x\end{aligned}$$

等式两端含有相同项$\int \sec^3 x\,\mathrm{d}x$，移项整理得：

$$\int \sec^3 x\,\mathrm{d}x = \frac{1}{2}(\sec x\tan x + \ln|\sec x + \tan x|) + C$$

有理分式需要展开成多个分式的和，再进行求积分。

$$\int \frac{x+2}{(2x+1)(x^2+x+1)}\mathrm{d}x = \int \frac{A}{2x+1} + \frac{Bx+D}{x^2+x+1}\mathrm{d}x$$

展开式通分得$x + 2 = A(x^2+x+1) + (Bx+D)(2x+1)$，整理得：

$$x + 2 = (A+2B)x^2 + (A+B+2D)x + A + D$$

对应项系数相等，有

$$\begin{cases} A + 2B = 0 \\ A + B + 2D = 1 \\ A + D = 2 \end{cases}$$

解得

$$\begin{cases} A=2 \\ B=-1 \\ D=0 \end{cases}$$

所以

$$\begin{aligned}
\int \frac{x+2}{(2x+1)(x^2+x+1)}\mathrm{d}x &= \int \left(\frac{2}{2x+1} - \frac{x}{x^2+x+1}\right)\mathrm{d}x \\
&= \ln|2x+1| - \frac{1}{2}\int \frac{(2x+1)-1}{x^2+x+1}\mathrm{d}x \\
&= \ln|2x+1| - \frac{1}{2}\left(\int \frac{2x+1}{x^2+x+1}\mathrm{d}x - \int \frac{1}{x^2+x+1}\mathrm{d}x\right) \\
&= \ln|2x+1| - \frac{1}{2}\left[\int \frac{1}{x^2+x+1}\mathrm{d}(x^2+x+1) - \int \frac{1}{\left(x+\frac{1}{2}\right)^2+\frac{3}{4}}\mathrm{d}x\right] \\
&= \ln|2x+1| - \frac{1}{2}\ln(x^2+x+1) + \frac{1}{\sqrt{3}}\arctan\frac{2x+1}{\sqrt{3}} + C
\end{aligned}$$

3.4.3 用 MATLAB 求函数的不定积分

MATLAB 符号数学工具箱提供了 int 函数求函数的积分，这里只介绍一元函数不定积分的求法，其语法格式如下：

积分名=int(被积函数符号表达式,积分变量)

【例 3-13】 求下列函数的不定积分：

① $\int \frac{x^2 \arctan x}{1+x^2}\mathrm{d}x$

② $\int \mathrm{e}^{\sin x}\frac{x\cos^3 x - \sin x}{\cos^2 x}\mathrm{d}x$

③ $\int \frac{\mathrm{e}^{3x}+\mathrm{e}^{x}}{\mathrm{e}^{4x}-\mathrm{e}^{2x}+1}\mathrm{d}x$

① 在 M 文件编辑器中输入：

```
syms x;
f=sym('(x^2*atan(x))/(1+x^2)');
intf=simplify(int(f,x))               %对 x 求积分后化简
```

计算结果为：intf =x*atan(x) - atan(x)^2/2 - log(x^2 + 1)/2

求解时间约为 0.100s。

即

$$\int \frac{x^2 \arctan x}{1+x^2}\mathrm{d}x = x\arctan x - \frac{1}{2}\arctan^2 x - \frac{1}{2}\ln(x^2+1) + C$$

② 在 M 文件编辑器中输入：

```
syms x;
f=sym('exp(sin(x))*(x*cos(x)^3-sin(x))/(cos(x)^2)');
intf=simplify(int(f,x))               %对 x 求积分后化简
```

计算结果为：intf =(exp(sin(x))*(x*cos(x) - 1))/cos(x)

求解时间约为 0.299s。

即

$$\int e^{\sin x}\frac{x\cos^3 x-\sin x}{\cos^2 x}dx=\frac{e^{\sin x}(x\cos x-1)}{\cos x}+C$$

③ 在 M 文件编辑器中输入：

```
syms x;
f=sym('(exp(3*x)+exp(x))/(exp(4*x)-exp(2*x)+1)');
intf=simplify(int(f,x))                    %对 x 求积分后化简
```

计算结果为：intf =atan(exp(x)) + atan(exp(3*x))

求解时间约为 0.088s。

即

$$\int \frac{e^{3x}+e^{x}}{e^{4x}-e^{2x}+1}dx=\arctan e^{x}+\arctan e^{3x}+C$$

3.5 定积分

3.5.1 定积分的概念与性质

3.5.1.1 定积分的定义

设函数$f(x)$在$[a，b]$上有界，在$[a，b]$中任意插入若干个分点

$$a=x_0<x_1<x_2\cdots<x_{n-1}<x_n=b$$

把区间$[a，b]$分成 n 个小区间

$$[x_0,x_1],[x_1,x_2],\cdots,[x_{n-1},x_n]$$

各个小区间的长度依次为：

$\Delta x_1=x_1-x_0$，$\Delta x_2=x_2-x_1$，…，$\Delta x_n=x_n-x_{n-1}$

在每个小区间$[x_{i-1},x_i]$上任取一点$\xi_i(x_{i-1}\le\xi_i\le x_i)$，作函数值$f(\xi_i)$与小区间长度$\Delta x_i$的乘积$f(\xi_i)\Delta x_i$（$i=1,2,\cdots,n$），并求和

$$S=\sum_{i=1}^{n}f(\xi_i)\,\Delta x_i$$

记$\lambda=\max\{\Delta x_1,\Delta x_2,\cdots,\Delta x_n\}$，如果当$\lambda\to 0$时，这和的极限总存在，且与闭区间$[a，b]$的分法及点$\xi_i$的取法无关，那么称这个极限 I 为函数$f(x)$在区间$[a，b]$上的定积分（简称积分），记作$\int_a^b f(x)dx$，即

$$\int_a^b f(x)dx=\lim_{\lambda\to 0}\sum_{i=1}^{n}f(\xi_i)\,\Delta x_i=I$$

式中，$f(x)$为被积函数；$f(x)dx$为被积表达式；x为积分变量；a为积分下限；b为积分上

限。$[a, b]$称为积分区间。

设$f(x)$在区间$[a, b]$上连续，则$f(x)$在$[a, b]$上可积。如果$f(x)$在区间$[a, b]$上有界，且只有有限个间断点，则$f(x)$在$[a, b]$上可积。

3.5.1.2 定积分的几何意义

在$[a, b]$上$f(x) \geq 0$时，定积分$\int_a^b f(x)\mathrm{d}x$表示由曲线$y = f(x)$及两条直线 $x=a$、$x=b$ 与 x 轴所围成的曲边梯形的面积；在$[a, b]$上$f(x) \leq 0$时，由曲线$y = f(x)$及两条直线 $x=a$、$x=b$ 与 x 轴所围成的曲边梯形位于 x 轴的下方，定积分$\int_a^b f(x)\mathrm{d}x$表示上述曲边梯形面积的负值；在$[a, b]$上$f(x)$既取得正值又取得负值时，函数$f(x)$的图形某些部分在 x 轴的上方，而其他部分在 x 轴下方，如图 3-16 所示。此时定积分$\int_a^b f(x)\mathrm{d}x$表示 x 轴上方图形面积减去 x 轴下方图形面积所得之差。

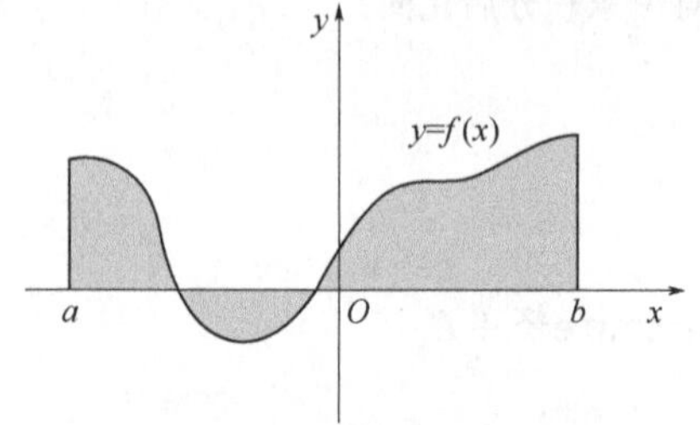

图 3-16 定积分的几何意义

3.5.1.3 定积分的特色性质

当$b = a$时，$\int_a^a f(x)\mathrm{d}x = 0$。

当$a > b$时，$\int_a^b f(x)\mathrm{d}x = -\int_b^a f(x)\mathrm{d}x$。

如果在区间$[a,b]$上$f(x) \equiv 1$，那么

$$\int_a^b 1\mathrm{d}x = \int_a^b \mathrm{d}x = b - a。$$

设 M 和 m 分别是函数$f(x)$在区间$[a,b]$上的最大值及最小值，则

$$m(b-a) \leq \int_a^b f(x)\mathrm{d}x \leq M(b-a) \ (a < b)$$

定积分中值定理：如果函数$f(x)$在积分区间$[a, b]$上连续，那么在$[a, b]$上至少存在一个点ξ，使下式成立。

$$\int_a^b f(x)\mathrm{d}x = f(\xi)(b-a) \ (a \leq \xi \leq b)$$

3.5.1.4 广义积分的概念

在一些实际问题中，常会遇到积分区间为无穷区间，或者被积函数为无界函数的积分，它们已经不属于前面所说的定积分了。因此，我们对定积分作如下两种推广，从而形成广义积分的概念。

设函数$f(x)$在区间$[a, +\infty)$上连续，任取 $t>a$，作定积分$\int_a^t f(x)\mathrm{d}x$，再求极限：

$$\lim_{t\to+\infty}\int_a^t f(x)\mathrm{d}x$$

这个对变上限定积分的算式称为函数$f(x)$在无穷区间$[a, +\infty)$上的广义积分，记为$\int_a^{+\infty} f(x)\mathrm{d}x$，即

$$\int_a^{+\infty} f(x)\mathrm{d}x = \lim_{t\to+\infty}\int_a^t f(x)\mathrm{d}x$$

定积分也可以推广到被积函数为无界函数的情形。如果函数$f(x)$在点 a 的任一邻域内都无界，那么点 a 称为函数$f(x)$的瑕点（也称为无界间断点）。无界函数的广义积分又称为瑕积分。

设函数$f(x)$在区间$(a, b]$上连续，点 a 为$f(x)$的瑕点。任取 $t>a$，作定积分$\int_t^b f(x)\mathrm{d}x$，再求极限：

$$\lim_{t\to a^+}\int_t^b f(x)\mathrm{d}x$$

这个对变下限的定积分求极限的算式称为函数$f(x)$在区间$(a, b]$上的反常积分，仍然记为$\int_a^b f(x)\mathrm{d}x$，即

$$\int_a^b f(x)\mathrm{d}x = \lim_{t\to a^+}\int_t^b f(x)\mathrm{d}x$$

3.5.2　积分上限函数

设函数$f(x)$在区间$[a, b]$上连续，并且设x为$[a, b]$上的一点。我们来考察$f(x)$在部分区间$[a, x]$上的定积分：

$$\int_a^x f(x)\mathrm{d}x$$

首先，由于$f(x)$在$[a, x]$上仍旧连续，因此这个定积分存在。这里，x既表示定积分的上限，又表示积分变量。因为定积分与积分变量的记法无关，所以，为了明确起见，可以把积分变量改用其他符号，例如用 t 表示，则上面的定积分可以写成：

$$\int_a^x f(t)\mathrm{d}t$$

如果上限x在区间$[a,b]$上任意变动，那么对于每一个取定的x值，定积分有一个对应值，所以它在$[a,b]$上定义了一个函数，记作$\Phi(x)$：

$$\Phi(x) = \int_a^x f(t)\mathrm{d}t\ \ (a \le x \le b)$$

这样的函数称为积分上限函数。

如果函数$f(x)$在区间$[a, b]$上连续，那么积分上限函数

$$\Phi(x) = \int_a^x f(t)\mathrm{d}t\ \ (a \le x \le b)$$

在$[a,b]$上可导，并且它的导数

$$\Phi'(x)=\frac{\mathrm{d}\int_a^x f(t)\mathrm{d}t}{\mathrm{d}x}=f(x)\ (a\le x\le b)$$

就是说$\Phi(x)$是$f(x)$在$[a,b]$上的一个原函数。

3.5.3 用 MATLAB 对积分上限函数求导

在 MATLAB 中求积分上限函数导数，只需正常定义含参数 t 的符号函数、定义积分上限为 x 的函数，然后该带 t 函数正常对 x 求导（差分）即可。当涉及复合函数时，MATLAB 会按照复合函数求导法则进行计算。

【例 3-14】 求积分上限函数$\Phi(x)$的导数。

$$\Phi(x)=\int_{\pi}^{3x^2-6}(\sin t^2+\mathrm{e}t)\mathrm{d}t$$

注意，积分上限也是一个函数，整个积分上限函数为复合函数，所以计算结果将不会是单纯的代入“x”。在 M 文件编辑器中输入：

```
syms x t;
f=sym('sin(t^2)+e*t');                %定义函数
fint=int(f,pi, 3*x^2-6);              %定义积分上限函数
dfidx=diff(fint,x)                    %求导
```

求导结果为：dfidx =6*x*sin((3*x^2 - 6)^2) + 6*e*x*(3*x^2 - 6)

计算时间约为 0.478s。

即

$$\Phi'(x)=\frac{\mathrm{d}\int_{\pi}^{3x^2-6}(\sin t^2+\mathrm{e}t)\mathrm{d}t}{\mathrm{d}x}=6x\sin(3x^2-6)^2+6\mathrm{e}x(3x^2-6)$$

3.5.4 函数定积分的笔算方法简介

牛顿（Newton）-莱布尼茨（Leibniz）公式：如果函数$F(x)$是连续函数$f(x)$在区间$[a,\ b]$上的一个原函数，那么

$$\int_a^b f(x)\mathrm{d}x=F(b)-F(a)$$

上式也称为微积分基本公式，这个公式进一步揭示了定积分与被积函数的原函数或不定积分之间的联系。它表明：一个连续函数在区间$[a,\ b]$上的定积分等于它的任一个原函数在区间$[a,\ b]$上的增量。这就给定积分提供了一个有效而简便的计算方法，大大简化了定积分的计算过程。

如$\int_0^{\pi}\sin x\mathrm{d}x=-\cos x|_0^{\pi}=-(-1)-(-1)=2$

假设函数$f(x)$在区间$[a,\ b]$上连续，函数$x=\varphi(t)$满足条件：

① $\varphi(\alpha)=a$，$\varphi(\beta)=b$；

② $\varphi(t)$在$[\alpha,\beta]$（或$[\beta,\alpha]$）上具有连续导数，且其值域$R_{\varphi}=[a,b]$，则有

$$\int_a^b f(x)\mathrm{d}x=\int_\alpha^\beta f[\varphi(t)]\varphi'(t)\mathrm{d}t$$

上式称为定积分的换元公式。

$$\int_0^{\frac{\pi}{2}}\cos^5 x\sin x\,\mathrm{d}x=-\int_0^{\frac{\pi}{2}}\cos^5 x\,\mathrm{d}(\cos x)=-\left(\frac{\cos^6 x}{6}\bigg|_0^{\frac{\pi}{2}}\right)=-\left(0-\frac{1}{6}\right)=\frac{1}{6}$$

根据不定积分的分部积分法可得定积分的分部积分公式：

$$\int_a^b u\mathrm{d}v=uv|_a^b-\int_a^b v\mathrm{d}u$$

公式表明，原函数已经积出的部分可以先用上下限代入。

$$\int_0^{\frac{1}{2}}\arcsin x\mathrm{d}x=x\arcsin x|_0^{\frac{1}{2}}-\int_0^{\frac{1}{2}}x\mathrm{d}\arcsin x=x\arcsin x|_0^{\frac{1}{2}}-\int_0^{\frac{1}{2}}\frac{x}{\sqrt{1-x^2}}\mathrm{d}x$$

$$=\frac{1}{2}\times\frac{\pi}{6}+\sqrt{1-x^2}\Big|_0^{\frac{1}{2}}=\frac{\pi}{12}+\frac{\sqrt{3}}{2}-1$$

设函数$f(x)$在区间$[a,+\infty)$上连续，如果$\lim\limits_{t\to+\infty}\int_a^t f(x)\mathrm{d}x$存在，那么称广义积分$\int_a^{+\infty}f(x)\mathrm{d}x$收敛，并称此极限为该反常积分的值；如果该极限不存在，那么称广义积分$\int_a^{+\infty}f(x)\mathrm{d}x$发散。

$$\int_a^{+\infty}f(x)\mathrm{d}x=\lim_{x\to+\infty}F(x)-F(a)$$

函数$f(x)$在区间$(-\infty，b]$上连续，如果$\lim\limits_{t\to-\infty}\int_t^b f(x)\mathrm{d}x$存在，那么称广义积分$\int_{-\infty}^b f(x)\mathrm{d}x$收敛，并称此极限为该广义积分的值；如果该极限不存在，那么称广义积分$\int_{-\infty}^b f(x)\mathrm{d}x$发散。

$$\int_{-\infty}^b f(x)\mathrm{d}x=F(b)-\lim_{x\to-\infty}F(x)$$

设函数$f(x)$在区间$(-\infty,+\infty)$上连续，如果广义积分$\int_{-\infty}^0 f(x)\mathrm{d}x$与广义积分$\int_0^{+\infty}f(x)\mathrm{d}x$均收敛，那么称广义积分$\int_{-\infty}^{+\infty}f(x)\mathrm{d}x$收敛，并称广义积分$\int_{-\infty}^0 f(x)\mathrm{d}x$的值与广义积分$\int_0^{+\infty}f(x)\mathrm{d}x$的值之和为广义积分$\int_{-\infty}^{+\infty}f(x)\mathrm{d}x$的值，否则就称广义积分$\int_{-\infty}^{+\infty}f(x)\mathrm{d}x$发散。

$$\int_{-\infty}^{+\infty}f(x)\mathrm{d}x=\lim_{x\to+\infty}F(x)-\lim_{x\to-\infty}F(x)$$

设函数$f(x)$在区间$(a, b]$上连续，点 a 为$f(x)$的瑕点，如果$\lim\limits_{t\to a^+}\int_t^b f(x)\mathrm{d}x$存在，那么称广义积分$\int_a^b f(x)\mathrm{d}x$收敛，并称此极限为该广义积分的值；如果该极限不存在，那么称广义积分$\int_a^b f(x)\mathrm{d}x$发散。

$$\int_a^b f(x)\mathrm{d}x = F(b) - \lim_{x\to a^+} F(x)$$

设函数$f(x)$在区间$[a, b)$上连续，点 b 为$f(x)$的瑕点，如果$\lim\limits_{t\to b^-}\int_a^t f(x)\mathrm{d}x$存在，那么称广义积分$\int_a^b f(x)\mathrm{d}x$收敛，并称此极限为该广义积分的值；如果该极限不存在，那么称广义积分$\int_a^b f(x)\mathrm{d}x$发散。

$$\int_a^b f(x)\mathrm{d}x = \lim_{x\to b^-} F(x) - F(a)$$

设函数$f(x)$在区间$[a, c)$及区间$(c, b]$上连续，点 c 为$f(x)$的瑕点。如果广义积分$\int_a^c f(x)\mathrm{d}x$与广义积分$\int_c^b f(x)\mathrm{d}x$均收敛，那么称广义积分$\int_a^b f(x)\mathrm{d}x$收敛，并称广义积分$\int_a^c f(x)\mathrm{d}x$的值与广义积分$\int_c^b f(x)\mathrm{d}x$的值之和为广义积分$\int_a^b f(x)\mathrm{d}x$的值；否则就称广义积分$\int_a^b f(x)\mathrm{d}x$发散。

$$\int_a^b f(x)\mathrm{d}x = \lim_{x\to c^-} F(x) - F(a) + F(b) - \lim_{x\to c^+} F(x)$$

$$\begin{aligned}\int_0^{+\infty} t\mathrm{e}^{-pt}\mathrm{d}t &= -\frac{1}{p}\int_0^{+\infty} t\mathrm{d}(\mathrm{e}^{-pt}) = -\frac{t}{p}\mathrm{e}^{-pt}\Big|_0^{+\infty} + \frac{1}{p}\int_0^{+\infty}\mathrm{e}^{-pt}\mathrm{d}t = -\frac{t}{p}\mathrm{e}^{-pt}\Big|_0^{+\infty} - \left(\frac{1}{p^2}\mathrm{e}^{-pt}\right)\Big|_0^{+\infty}\\ &= -\frac{1}{p}\lim_{t\to+\infty} t\mathrm{e}^{-pt} - 0 - \left(0 - \frac{1}{p^2}\right) = \frac{1}{p^2}\end{aligned}$$

$$\int_0^a \frac{1}{\sqrt{a^2 - x^2}}\mathrm{d}x\ (a > 0) = \arcsin\frac{x}{a}\Big|_0^a = \lim_{x\to a^-}\arcsin\frac{x}{a} - 0 = \frac{\pi}{2}$$

3.5.5 函数定积分与广义积分的 MATLAB 计算

数学计算的解分为解析解和数值解，对于解析解，这里继续介绍符号数学工具箱中的 int 函数的定积分功能，求得结果为精确解。int 函数计算定积分的语法结构为：

<u>积分名</u>=int (<u>被积函数符号表达式</u>,<u>积分变量</u>,<u>积分下限</u>,<u>积分上限</u>)

但是，当被积函数的表达式复杂时，原函数不易或者根本无法求出，需要用数值积分函数 integral，该方法采用全局自适应积分和默认误差，适合在计算机上实现。数值定积分函数

integral 的语法格式为：

积分名=integral(被积函数句柄,积分下限,积分上限)

【例 3-15】 求下列函数的定积分（数值计算结果保留 3 位有效数字）：

① $\int_0^{\frac{\pi}{2}} \frac{e^{\sin x}-e^{\cos x}+\sin^5 x}{8} dx$

② $\int_0^1 \frac{1}{(1+x)(2+x)\sqrt{x(1-x)}} dx$（含瑕点）

③ $\int_{-\infty}^1 \frac{1}{x^2+2x+5} dx$

① 在 M 文件编辑器中输入：

```
y=@(x) (exp(sin(x))-exp(cos(x))+sin(5)^5)/8; %建立函数句柄
inty=integral(y,0,pi/2);                     %数值积分
inty=vpa(inty,3)                             %有效数字
```

数值计算结果为：inty = -0.159

计算时间约为 0.002s。

即：

$$\int_0^{\frac{\pi}{2}} \frac{e^{\sin x} - e^{\cos x} + \sin^5 x}{8} dx \approx -0.159$$

② 在 M 文件编辑器中输入：

```
y=@(x) 1./((1+x).*(2+x).*sqrt(x.*(1-x)));
inty=integral(y,0,1);
inty=vpa(inty,3)
```

数值计算结果为：inty =0.939

计算时间约为 0.05s。

即该无界函数的广义积分结果为：

$$\int_0^1 \frac{1}{(1+x)(2+x)\sqrt{x(1-x)}} dx \approx 0.939$$

③ 在 M 文件编辑器中输入：

```
syms x;
y=sym('1/(x^2+2*x+5)');
inty=int(y,x,-inf,1)
```

计算结果为：inty =(3*pi)/8

计算时间约为 0.053s。

即该无穷限广义积分结果为：

$$\int_{-\infty}^1 \frac{1}{x^2 + 2x + 5} dx = \frac{3}{8}\pi$$

3.5.6 广义积分的 MATLAB 审敛

运用广义积分的收敛和发散的定义，用 int 函数或 integral 函数求广义积分值，如果

MATLAB 输出结果为“NaN”或“inf”甚至给出“计算超范围”的提示语，则极限不存在，广义积分发散。反之如果输出结果为数值量，广义积分收敛。

【例 3-16】 判断下列广义积分的收敛性：

① $\int_1^2 \frac{1}{\ln^3 x}\mathrm{d}x$

② $\int_0^{+\infty} \frac{1}{1+x|\sin x|}\mathrm{d}x$

① 在 M 文件编辑器中输入：

```
y=@(x) 1./(log(x).^3);
integral(y,1,2)                          %求数值解判断收敛性
```

输出结果为 1.3726e+30，是数值量，但是最小步长大小已快达到 $x=1$，该值可能具有奇异性，所以可以大致判断该广义积分发散。

② 在 M 文件编辑器中输入：

```
y=@(x) 1./(log(x).^3);
integral(y,0,inf)                        %求数值解判断收敛性
```

系统输出警告语：最小步长大小已快达到 $x=1$，可能具有奇异性。这说明可以大体判断该广义积分发散。

如果系统输出为正常数值量而没有警告语，则可认为该广义积分收敛。MATLAB 中还有数值积分函数 quadl，但是该函数在未来版本中可能会淘汰，且不擅长无穷限的广义积分审敛，所以仅作介绍。

3.5.7 Γ 函数简介

Γ 函数在理论上和应用上都有重要意义，其定义式为：

$$\Gamma(\mathrm{s}) = \int_0^{+\infty} \mathrm{e}^{-x}x^{s-1}\mathrm{d}x \quad (s>0)$$

该广义积分对$s>0$均收敛。

Γ函数的特性是：

$$\Gamma(s+1) = s\Gamma(s) \quad (s>0)$$

$$\lim_{s\to 0^+}\Gamma(\mathrm{s}) = +\infty$$

$$\Gamma(\mathrm{s})\Gamma(1-s) = \frac{\pi}{\sin \pi x} \quad (0<s<1)$$

当令$x=u^2$，$s=\frac{1+t}{2}$时，有：

$$\int_0^{+\infty} \mathrm{e}^{-u^2}u^t\mathrm{d}u = \frac{1}{2}\Gamma\left(\frac{1+t}{2}\right) \quad (t>-1)$$

如果令$s=\frac{1}{2}$，得：

$$\int_0^{+\infty} \mathrm{e}^{-u^2} \mathrm{d}u = \frac{\sqrt{\pi}}{2}$$

上式左端的积分是概率论中常用的。

3.6 定积分的应用

像之前导数的应用一样，本部分重点研究微分和积分的几何应用与工程应用、重微积分的应用思路而省略程序设计。有了解决实际问题的方法和思路，才能灵活运用代码为工程应用服务。定积分的应用主要体现在求初等数学无法求出的面积、体积、弧长和能量问题方面。

3.6.1 定积分的元素法简介

一般地，如图 3-17 所示，如果某一实际问题中的所求量 U 符合下列条件：

① U 是与一个变量 x 的变化区间$[a, b]$有关的量。

② U 对于区间$[a, b]$具有可加性，就是说，如果把区间$[a, b]$分成许多部分区间，则 U 相应地分成许多部分量，而 U 等于所有部分量之和。

③ 部分量ΔU_i的近似值可表示为$f(\xi_i)\Delta x_i$，那么就可考虑用定积分来表达这个量 U。通常写出这个量 U 的积分表达式的步骤是：

根据问题的具体情况，选取一个积分变量例如 x，并确定它的变化区间$[a, b]$；设想把区间$[a, b]$分成 n 个小区间，取其中任一小区间并记作$[x, x+\mathrm{d}x]$，求出相应于这个小区间的部分量ΔU的近似值。如果ΔU能近似地表示为$[a, b]$上的一个连续函数在 x 处的值$f(x)$与 $\mathrm{d}x$ 的乘积，就把$f(x)\mathrm{d}x$称为量 U 的元素且记作 $\mathrm{d}U$，即

$$\mathrm{d}U = f(x)\mathrm{d}x$$

以所求量 U 的元素$f(x)\mathrm{d}x$为被积表达式，在区间$[a, b]$上作定积分，得：

$$U = \int_a^b f(x)\mathrm{d}x$$

这就是所求量 U 的积分表达式。这个方法通常称为元素法，可以解决几何和工程实际问题。

3.6.2 几何问题的微积分原理

3.6.2.1 平面图形的面积

【例 3-17】 计算抛物线$y^2 = 2x$与直线$y = x - 4$所围成的图形面积，如图 3-18 所示。

解：为了定出这图形所在的范围，先求出所给抛物线和直线的交点，解方程组

$$\begin{cases} y^2 = 2x \\ y = x - 4 \end{cases}$$

得交点(2，−2)和(8，4)，从而知道这图形在直线 $y=-2$ 及 $y=4$ 之间。

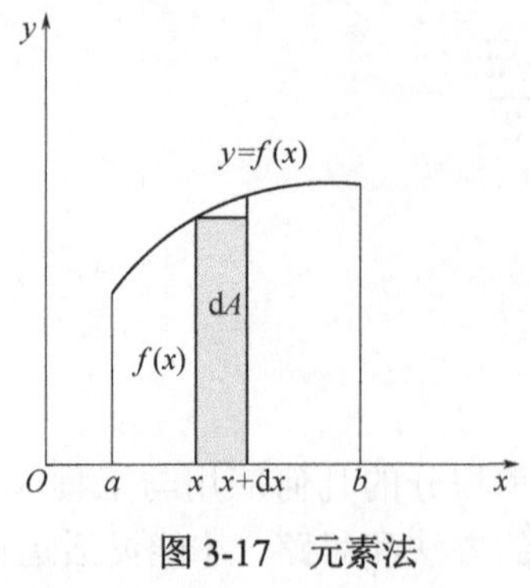

图 3-17 元素法

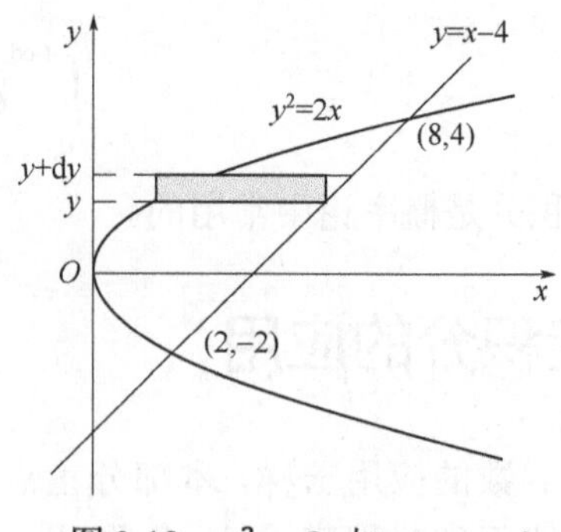

图 3-18 $y^2 = 2x$与$y = x - 4$

现在，为简化计算，选取纵坐标 y 为积分变量，它的变化区间为[−2，4]。相应于[−2，4]上任一小区间$[y, y+\mathrm{d}y]$的窄条面积近似于高为 dy、底为$(y+4)-\frac{1}{2}y^2$的窄矩形的面积，从而得到面积元素

$$\mathrm{d}A = \left(y + 4 - \frac{1}{2}y^2\right)\mathrm{d}y$$

以$\left(y + 4 - \frac{1}{2}y^2\right)\mathrm{d}y$为被积表达式，在闭区间[−2，4]上作定积分，便得所求的面积为：

$$A = \int_{-2}^{4}\left(y + 4 - \frac{1}{2}y^2\right)\mathrm{d}y = \left(\frac{y^2}{2} + 4y - \frac{y^3}{6}\right)\Bigg|_{-2}^{4} = 18$$

【例 3-18】 计算心形线$\rho = a(1+\cos\theta)$ $(a > 0)$所围成的图形面积，如图 3-19 所示。

解：心形线所围成的这个图形对称于极轴，因此所求图形的面积 A 是极轴以上部分图形面积 A_1 的 2 倍。对于极轴以上部分的图形，θ的变化区间为$[0,\pi]$。相应于$[0,\pi]$上任一小区间$[\theta, \theta+\mathrm{d}\theta]$的窄曲边扇形的面积近似于半径为$a(1+\cos\theta)$、中心角为$\mathrm{d}\theta$的扇形的面积。从而得到面积元素：

$$\mathrm{d}A = \pi a^2(1+\cos\theta)^2\frac{\mathrm{d}\theta}{2\pi} = \frac{1}{2}a^2(1+\cos\theta)^2\mathrm{d}\theta$$

于是

$$\begin{aligned}A_1 &= \int_0^{\pi}\frac{1}{2}a^2(1+\cos\theta)^2\mathrm{d}\theta = \frac{a^2}{2}\int_0^{\pi}(1+2\cos\theta+\cos^2\theta)\mathrm{d}\theta \\ &= \frac{a^2}{2}\int_0^{\pi}\left(\frac{3}{2}+2\cos\theta+\frac{1}{2}\cos 2\theta\right)\mathrm{d}\theta = \frac{a^2}{2}\left[\left(\frac{3}{2}\theta+2\sin\theta+\frac{1}{4}\sin 2\theta\right)\Bigg|_0^{\pi}\right] \\ &= \frac{3}{4}\pi a^2\end{aligned}$$

3.6.2.2 体积

【例 3-19】 已知椭圆的方程为：

$$\frac{x^2}{a^2}+\frac{y^2}{b^2}=1$$

其所围成的图形绕 x 轴旋转一周，形成图 3-20 中所示的旋转椭球体。推导椭球的体积公式与球的体积公式。

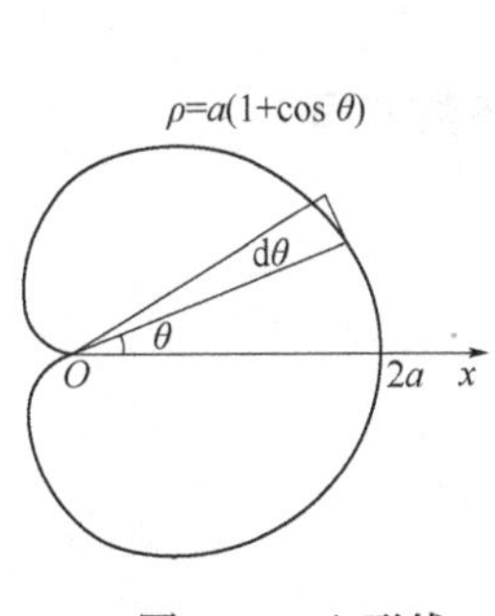

图 3-19　心形线

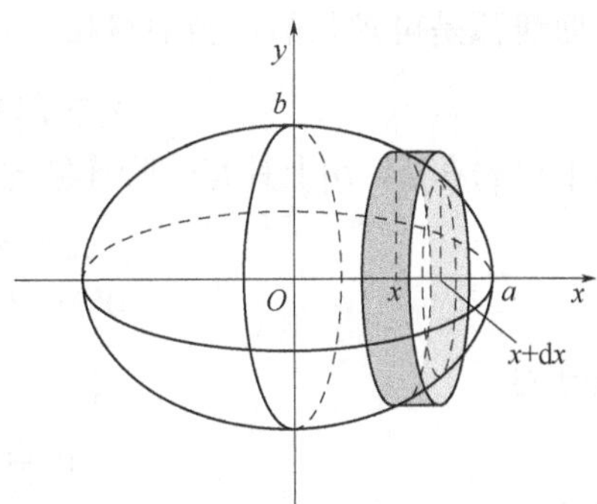

图 3-20　旋转椭球$\frac{x^2}{a^2}+\frac{y^2}{b^2}=1$

解：将旋转椭球体看作是由半个椭圆

$$y=\frac{b}{a}\sqrt{a^2-x^2}$$

及 x 轴围成的图形绕 x 轴旋转一周而成的立体。

取 x 为积分变量，它的变化区间为$[-a,a]$。旋转椭球体中相应于$[-a,a]$上任一小区间$[x,x+\mathrm{d}x]$的薄片的体积，近似于底半径为$\frac{b}{a}\sqrt{a^2-x^2}$高为 $\mathrm{d}x$ 的扁圆柱体的体积，即体积元素：

$$\mathrm{d}V=\frac{\pi b^2}{a^2}(a^2-x^2)\mathrm{d}x$$

于是所求旋转椭球体的体积为：

$$V=\int_{-a}^{a}\frac{\pi b^2}{a^2}(a^2-x^2)\mathrm{d}x=\frac{\pi b^2}{a^2}\int_{0}^{a}(a^2-x^2)\mathrm{d}x=\frac{\pi b^2}{a^2}\left(a^2x-\frac{x^3}{3}\bigg|\right)_0^a=\frac{4}{3}\pi ab^2$$

上式为椭球体积公式，由公式可感性认知，当绕长轴旋转时，椭圆的短轴对体积影响最大。当 a=b 时，该公式成为初等数学中的球体体积公式。

【例 3-20】 一平面经过半径为 R 的圆柱体的底圆中心，并与底面交成角α，如图 3-21 所示。计算这平面截圆柱体所得立体的体积。

解：取这平面与圆柱体的底面的交线为 x 轴，底面上过圆中心、且垂直于 x 轴的直线为 y 轴。那么底圆的方程为$x^2+y^2=R^2$。立体中过 x 轴上的点 x 且垂直于 x 轴的截面是一个直角三角形。它的两条直角边长分别为 y 及$y\tan\alpha$，即$\sqrt{R^2-x^2}$及$\sqrt{R^2-x^2}\tan\alpha$。因而截面积元素为：

$$\mathrm{d}A(x)=\frac{1}{2}(R^2-x^2)\tan\alpha\,\mathrm{d}x$$

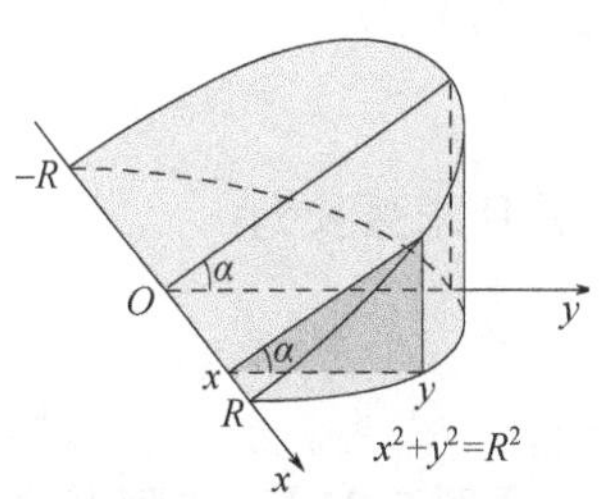

图 3-21　平面截圆柱

于是所求立体体积为：

$$V=\int_{-R}^{R}\frac{1}{2}(R^2-x^2)\tan\alpha\,\mathrm{d}x=\int_{0}^{R}(R^2-x^2)\tan\alpha\,\mathrm{d}x=\tan\alpha\left(R^2x-\frac{1}{3}x^3\right)\Big|_0^R=\frac{2}{3}R^3\tan\alpha$$

3.6.2.3 平面曲线的弧长

光滑曲线弧是可求长的。当曲线弧由直角坐标方程

$$y=f(x)\ (a\le x\le b)$$

给出，其中$f(x)$在$[a，b]$上具有一阶连续导数，这时曲线弧有参数方程

$$\begin{cases}x=x\\y=f(x)\end{cases}(a\le x\le b)$$

从而弧微分为：

$$\mathrm{d}s=\sqrt{1+y'^2}\mathrm{d}x$$

所求的弧长为：

$$s=\int_a^b\sqrt{1+y'^2}\mathrm{d}x$$

当曲线弧由极坐标方程

$$\rho=\rho(\theta)\ (\alpha\le\theta\le\beta)$$

给出，其中$\rho(\theta)$在$[\alpha,\beta]$上其有连续导数，则由直角坐标与极坐标的关系可得

$$\begin{cases}x=x(\theta)=\rho(\theta)\cos\theta\\y=y(\theta)=\rho(\theta)\sin\theta\end{cases}(\alpha\le\theta\le\beta)$$

这就是以极角θ为参数的曲线弧的参数方程。于是，弧长元素为：

$$\mathrm{d}s=\sqrt{\rho^2(\theta)+\rho'^2(\theta)}\mathrm{d}\theta$$

从而所求弧长为：

$$s=\int_\alpha^\beta\sqrt{\rho^2(\theta)+\rho'^2(\theta)}\mathrm{d}\theta$$

如果曲线弧由参数方程

$$\begin{cases}x=\varphi(t)\\y=\psi(t)\end{cases}(\alpha\le t\le\beta)$$

给出，其中$\varphi(t)$、$\psi(t)$在$[\alpha，\beta]$上具有连续导数，且$\varphi'(t)$和$\psi'(t)$不同时为0，则弧微分（弧长元素）为：

$$\mathrm{d}s=\sqrt{\varphi'^2(t)+\psi'^2(t)}\mathrm{d}t$$

于是所求弧长为：

$$s=\int_\alpha^\beta\sqrt{\varphi'^2(t)+\psi'^2(t)}\mathrm{d}t$$

【例 3-21】 求阿基米德螺线$\rho=a\theta\ (a>0)$相应于$0\le\theta\le2\pi$一段的弧长，如图 3-22 所示。

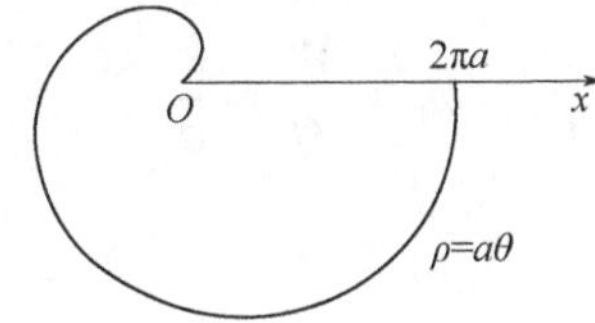

图3-22　阿基米德螺线

解：弧长元素为

$$ds = \sqrt{a^2\theta^2 + a^2}d\theta = a\sqrt{1+\theta^2}d\theta$$

所以所求弧长为

$$s = a\int_0^{2\pi}\sqrt{1+\theta^2}d\theta = \frac{a}{2}\left[2\pi\sqrt{1+4\pi^2} + \ln(2\pi + \sqrt{1+4\pi^2})\right]$$

3.6.3　工程实际问题的微积分原理

3.6.3.1　变力沿直线做功

【例3-22】 把一个带电荷量$+q$的点电荷放在r轴上坐标原点O处，它产生一个电场。这个电场对周围的电荷有作用力。由物理学知道，如果有一个单位正电荷放在这个电场中距离原点O为r的地方，那么电场对它的作用力的大小为：

$$F = k\frac{q}{r^2}\quad k \in \mathbf{R}$$

如图3-23所示，当这个单位正电荷在电场中从$r=a$处沿r轴移动到$r=b$（$a<b$）处时，计算：

① 电场力F对它所做的功；

② a点的电势。

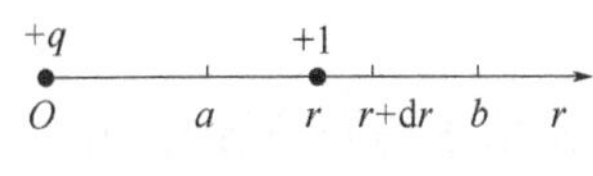

图3-23　静电场

解：在上述移动过程中，电场对这单位正电荷的作用力是变的。取r为积分变量，它的变化区间为$[a, b]$。设$[r, r+dr]$为$[a, b]$上的任一小区间。当单位正电荷从r移动到$r+dr$时，电场力对它所作的功近似于$\frac{kq}{r^2}dr$，即功元素为：

$$dW = \frac{kq}{r^2}dr$$

① 于是这个单位正电荷在电场中从a处沿r轴移动到b处，电场力做功为：

$$W = \int_a^b \frac{kq}{r^2}dr = kq\left(-\frac{1}{r}\bigg|_a^b\right) = kq\left(\frac{1}{a} - \frac{1}{b}\right)$$

② 在计算静电场中某点的电位时，要考虑将单位正电荷从该点处（$r=a$）移到无穷远处时电场力所做的功W。此时，电场力对单位正电荷所做的功就是广义积分：

$$W = \int_a^{+\infty}\frac{kq}{r^2}dr = \left(-\frac{kq}{r}\right)\bigg|_0^{+\infty} = \frac{kq}{a}$$

所以a点电势为：

$$\varphi_a = \frac{W}{Q} = \frac{k}{a}$$

3.6.3.2 液压力

一个横放着的圆柱形桶，桶内盛有半桶化工液体。设桶的底面半径为 R，液体的密度为 ρ，如图 3-24 所示。计算桶的一个端面上所受的压力。

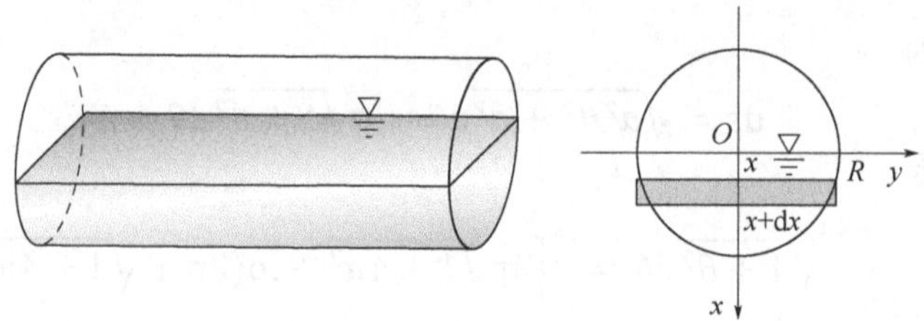

图 3-24 液压桶

解：桶的一个端面是圆片，所以现在要计算的是当水平面通过圆心时，铅直放置的一个半圆片的一侧所受到的水压力。

如图 3-24 所示，在这个圆片上取过圆心且铅直向下的直线为 x 轴，过圆心的水平线为 y 轴。对这个坐标系来讲，所讨论的半圆的方程为$x^2+y^2=R^2(0\leqslant x\leqslant R)$。取 x 为积分变量，它的变化区间为$[0, R]$。设$[x, x+\mathrm{d}x]$为$[0, R]$上的任一小区间，半圆片上相应于$[x, x+\mathrm{d}x]$的窄条上各点处的压强近似于$\rho g x$，这窄条的面积近似于$2\sqrt{R^2-x^2}\mathrm{d}x$。因此，这窄条一侧所受液体压力的近似值，即压力元素为：

$$\mathrm{d}F = P\mathrm{d}A = \rho g x 2\sqrt{R^2-x^2}\mathrm{d}x$$

于是所求端面液压力为：

$$\begin{aligned} F &= \int_0^R 2\rho g x\sqrt{R^2-x^2}\mathrm{d}x = -\rho g\int_0^R \sqrt{R^2-x^2}\mathrm{d}(R^2-x^2) \\ &= -\rho g\left(\frac{2}{3}\sqrt{(R^2-x^2)^3}\Big|_0^R\right) = \frac{2}{3}\rho g R^3 \end{aligned}$$

3.6.3.3 刚体万有引力

【例 3-23】 如图 3-25 所示，一质量为 M 长为 l 的均匀细杆 AB，在 AB 的延长线上且与 B 的距离为 r 处有一质量为 m 的质点。

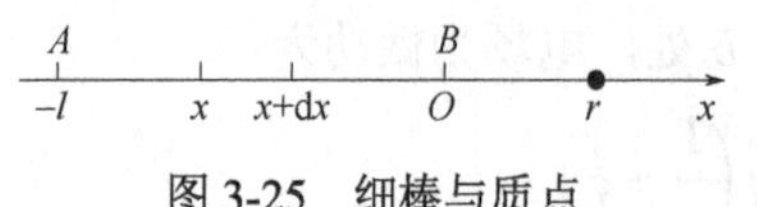

图 3-25 细棒与质点

① 求杆 AB 对质点的引力；

② 当质点在 AB 的延长线上从距 B 端为 r_1 运动到距 B 端 r_2 时，求该质点克服引力所做的功。

解：

① 取 B 为坐标原点，AB 方向为 x 轴正向，则细杆 AB 对应的区间为$[-l,0]$，任取小区间$[x,x+\mathrm{d}x]\subset[-l,0]$，则此小区间对应的一小段细杆对位于坐标为 r 处的质点的引力元素为：

$$dF=-\frac{km\frac{M}{l}}{(r-x)^2}dx\ (k\text{为引力常数，}dF\text{方向为}-x)$$

于是，杆 AB 对质点的引力为：

$$F=\int_{-l}^{0}-\frac{km\frac{M}{l}}{(r-x)^2}dx=\frac{kmM}{l}\int_{-l}^{0}\frac{1}{(r-x)^2}d(r-x)=\frac{kmM}{l}\left(-\frac{1}{r-x}\bigg|_{-l}^{0}\right)=-\frac{kmM}{r(r+l)}$$

② 将 r 的位置看成新的变量 x，则质点在 AB 的延长线上从与 B 端距离为 r_1 运动到 r_2 处时，x 的变化区间为$[r_1, r_2]$。任取小区间$[x,x+dx]\subset[r_1,r_2]$，则克服引力所需做功的微元为：

$$dW=-F(x)dx=\frac{kmM}{x(x+l)}dx$$

所以，将质点从 r_1 运动到 r_2 处时克服引力所需做的功为：

$$W=\int_{r_1}^{r_2}dW=\int_{r_1}^{r_2}\frac{kmM}{x(x+l)}dx=\frac{kmM}{l}\ln\frac{r_2(r_1+l)}{r_1(r_2+l)}$$

3.7 常微分方程

函数是客观事物的内部联系在数量方面的反映，利用函数关系又可以对客观事物的规律性进行研究。因此寻求函数关系，在实践中具有重要意义。在许多问题中，往往不能直接找出所需要的函数关系，但是根据问题所提供的情况，有时可以列出含有要找的函数及其导数的关系式，这样的关系式就是微分方程。微分方程建立以后，对它进行研究，找出未知函数来，这就是解微分方程。

3.7.1 常微分方程的概念

一般地，凡表示未知函数、未知函数的导数与自变量之间的关系的方程，称为微分方程，有时也简称方程。微分方程中所出现的未知函数的最高阶导数的阶数，称为微分方程的阶。一般 n 阶微分方程的形式是：

$$F\left(x,y,y',y'',\cdots,y^{(n)}\right)=0$$

式中的$y^{(n)}$是必须出现的。

建立微分方程，然后找出满足微分方程的函数（解微分方程），就是说，找出这样的函数，把这函数代入微分方程能使该方程成为恒等式，这个函数就称为该微分方程的解。确切地说，设函数$y=\varphi(x)$在区间 I 上有 n 阶连续导数，如果在区间 I 上

$$F[x,\varphi(x),\varphi'(x),\cdots,\varphi^{(n)}(x)]\equiv 0$$

那么函数$y=\varphi(x)$就称为微分方程在区间 I 上的解。

如果微分方程的解中含有任意常数，且任意常数的个数与微分方程的阶数相同，这样的解称为微分方程的通解。由于通解中含有任意常数，所以它还不能完全确定地反映某一客观事物的规律性，要完全确定地反映客观事物的规律性，必须确定这些常数的值。为此，要根据问题的实际情况，提出确定这些常数的条件。

设微分方程中的未知函数为$y=\varphi(x)$，如果微分方程是一阶的，通常用来确定任意常数的条件是

$$x=x_0\text{时}，y=y_0$$

或写成

$$y|_{x=x_0}=y_0$$

其中x_0，y_0都是给定的值；如果微分方程是二阶的，通常用来确定任意常数的条件是

$$x=x_0\text{时}，y=y_0，y'=y_0'$$

或写成

$$y|_{x=x_0}=y_0，y'|_{x=x_0}=y'_0$$

其中x_0、y_0和y_0'都是给定的值。上述这种条件称为初值条件。

确定了通解中的任意常数以后，就得到微分方程的特解。求微分方程$y'=f(x,y)$满足初值条件$y|_{x=x_0}=y_0$的特解这样一个问题，称为一阶微分方程的初值问题，记作

$$\begin{cases}y'=f(x,y)\\ y|_{x=x_0}=y_0\end{cases}$$

微分方程的解的图形是一条曲线，称为微分方程的积分曲线。一阶初值问题的几何意义，就是求微分方程的通过点(x_0,y_0)的那条积分曲线。二阶微分方程的初值问题

$$\begin{cases}y''=f(x,y,y')\\ y|_{x=x_0}=y_0,y'|_{x=x_0}=y'_0\end{cases}$$

的几何意义，是求微分方程通过点(x_0,y_0)且在该点处的切线斜率为y_0'的那条积分曲线。

3.7.2 微分方程的分类与笔算解法简介

3.7.2.1 可分离变量的微分方程

一般地，如果一个一阶微分方程能写成

$$g(y)\mathrm{d}y=f(x)\mathrm{d}x$$

的形式，就是说，能把微分方程写成一端只含y的函数和$\mathrm{d}y$，另一端只含x的函数和$\mathrm{d}x$，那么原方程就称为可分离变量的微分方程。

例如微分方程$\frac{\mathrm{d}y}{\mathrm{d}x}=2xy$是可分离变量的，分离变量后得$\frac{\mathrm{d}y}{y}=2x\mathrm{d}x$，两端积分得$\int\frac{\mathrm{d}y}{y}=\int 2x\mathrm{d}x$，即$\ln|y|=x^2+C_1$，从而$y=\pm\mathrm{e}^{x^2+C_1}=\pm\mathrm{e}^{C_1}\mathrm{e}^{x^2}$。所以微分方程的通解为$y=C\mathrm{e}^{x^2}$。

3.7.2.2 齐次方程

如果一阶微分方程可化为

$$\frac{\mathrm{d}y}{\mathrm{d}x}=\varphi\left(\frac{y}{x}\right)$$

的形式，那么就称这方程为齐次方程，例如

$$(xy-y^2)\mathrm{d}x-(x^2-2xy)\mathrm{d}y=0$$

解方程$y^2+x^2\frac{\mathrm{d}y}{\mathrm{d}x}=xy\frac{\mathrm{d}y}{\mathrm{d}x}$。可以将原方程写成$\frac{\mathrm{d}y}{\mathrm{d}x}=\frac{y^2}{xy-x^2}=\frac{\left(\frac{y}{x}\right)^2}{\frac{y}{x}-1}$，因此是齐次方程。令$\frac{y}{x}=u$，则$\frac{\mathrm{d}y}{\mathrm{d}x}=u+x\frac{\mathrm{d}u}{\mathrm{d}x}$，于是原方程变为$x\frac{\mathrm{d}u}{\mathrm{d}x}=\frac{u}{u-1}$。分离变量得$\left(1-\frac{1}{u}\right)\mathrm{d}u=\frac{\mathrm{d}x}{x}$，两端积分得$u-\ln|u|+C_1=\ln|x|$。将$\frac{y}{x}=u$代回式中，便得所给方程的通解为$\ln|y|=\frac{y}{x}+C_1$。

3.7.2.3 一阶线性微分方程

方程

$$\frac{\mathrm{d}y}{\mathrm{d}x}+P(x)y=Q(x)$$

称为一阶线性微分方程，因为它对于未知函数 y 及其导数是一次方程。如果$Q(x)\equiv 0$，那么方程称为齐次的；如果$Q(x)\not\equiv 0$，那么方程称为非齐次的。非齐次线性常微分方程用常数易变法来求解，作变换$y=ue^{-\int P(x)\mathrm{d}x}$，得一阶非齐次线性常微分方程的通解公式为：

$$y=C\mathrm{e}^{-\int P(x)\mathrm{d}x}+\mathrm{e}^{-\int P(x)\mathrm{d}x}\int Q(x)\mathrm{e}^{\int P(x)\mathrm{d}x}\mathrm{d}x$$

3.7.2.4 伯努利方程

方程

$$\frac{\mathrm{d}y}{\mathrm{d}x}+P(x)y=Q(x)y^n\ (n\neq 0,1)$$

称为伯努利（Bernoulli）方程。当 n=0 或 n=1 时，这是线性微分方程。当 $n\neq 0$，$n\neq 1$ 时,这方程不是线性的，但是通过变量的代换，便可把它化为线性的。

解伯努利方程，方程两端乘y^{-n}，得

$$y^{-n}\frac{\mathrm{d}y}{\mathrm{d}x}+P(x)y^{1-n}=Q(x)$$

引入新的因变量$z=y^{1-n}$，那么

$$\frac{\mathrm{d}z}{\mathrm{d}x}=(1-n)y^{-n}\frac{\mathrm{d}y}{\mathrm{d}x}$$

方程$y^{-n}\frac{\mathrm{d}y}{\mathrm{d}x}+P(x)y^{1-n}=Q(x)$两端同时乘$(1-n)$，再代入上式中提出的$\frac{\mathrm{d}y}{\mathrm{d}x}$，便得线性方程：

$$\frac{\mathrm{d}z}{\mathrm{d}x}+(1-n)P(x)z=(1-n)Q(x)$$

求出这方程的通解后，以y^{1-n}代z便得到伯努利方程的通解。

3.7.2.5 可降阶的高阶微分方程

二阶及二阶以上的微分方程称为高阶微分方程。对于形如$y^{(n)}=f(x)$的高阶微分方程，连续积分 n 次即可求解。

对于形如 $y''=f(x,y')$的微分方程，设$y'=p$，那么 $y''=p'$，方程化为$p'=f(x,p)$。这是一个关于变量x、p的一阶微分方程，设其通解为$p=\varphi(x,C_1)$，因$p=\frac{\mathrm{d}y}{\mathrm{d}x}$，所以有$\frac{\mathrm{d}y}{\mathrm{d}x}=\varphi(x,C_1)$，是一个一阶微分方程，对其进行积分，得方程通解为：

$$y=\int\varphi(x,C_1)\mathrm{d}x+C_2$$

如果遇到 $y''=f(y,y')$，如求微分方程$yy''-y'^2=0$，先设$y'=p$，则 $y''=p\frac{\mathrm{d}p}{\mathrm{d}y}$，代入方程后得$yp\frac{\mathrm{d}p}{\mathrm{d}y}-p^2=0$。如果$y\neq 0$，$p\neq 0$，约去$p$并分离变量得$\frac{\mathrm{d}p}{p}=\frac{\mathrm{d}y}{y}$，两端积分得$\ln|p|=\ln|y|+C$，化简得$p=C_1y$，或$y'=C_1y(C_1=\pm\mathrm{e}^C)$，分离变量并两端积分得方程的通解为$\ln|y|=C_1x+C_2'$或$y=C_2\mathrm{e}^{C_1x}(C_2=\pm\mathrm{e}^{C_2'})$。

3.7.2.6 高阶线性微分方程

对于二阶齐次线性方程

$$y''+P(x)y'+Q(x)y=0$$

如果函数$y_1(x)$与$y_2(x)$是方程的两个解，那么

$$y=C_1y_1(x)+C_2y_2(x)$$

也是该方程的解，其中C_1、C_2是任意常数。

如果$y_1(x)$与$y_2(x)$是该方程的两个线性无关的特解，那么

$$y=C_1y_1(x)+C_2y_2(x)\text{（}C_1\text{、}C_2\text{是任意常数）}$$

就是该方程的通解。

设$y^*(x)$是二阶非齐次线性方程

$$y''+P(x)y'+Q(x)y=f(x)$$

的一个特解。$Y(x)$是与该二阶方程对应的齐次方程 $y''+P(x)y'+Q(x)y=0$的通解，则

$$y=Y(x)+y^*(x)$$

是二阶非齐次线性微分方程 $y''+P(x)y'+Q(x)y=f(x)$的通解。

设非齐次线性方程 $y''+P(x)y'+Q(x)y=f(x)$的右端$f(x)$是两个函数之和，即

$$y''+P(x)y'+Q(x)y=f_1(x)+f_2(x)$$

而$y_1^*(x)$与$y_2^*(x)$分别是方程

$$y''+P(x)y'+Q(x)y=f_1(x)$$

与

$$y''+P(x)y'+Q(x)y=f_2(x)$$

的特解，则$y_1^*(x)$+$y_2^*(x)$就是原方程的特解。这也称为微分方程的解的叠加原理。

3.7.2.7 常系数齐次线性微分方程

二阶齐次线性微分方程 $y''+P(x)y'+Q(x)y=0$中，如果$P(x)$和$Q(x)$均为常数，则可以化为：

$$y''+py'+qy=0$$

这种方程称为二阶常系数非齐次线性微分方程，如果p和q不全为常数，则称为二阶变系数非齐次线性微分方程。

求二阶常系数齐次线性微分方程

$$y''+py'+qy=0$$

的通解的步骤如下：

第一步，写出微分方程的特征方程

$$r^2+pr+q=0$$

第二步，求出特征方程的两个根r_1和r_2。

第三步，根据特征方程的两个根的不同情形，按照表 3-1 写出微分方程的通解。

表 3-1 二阶常系数齐次线性微分方程的通解

特征方程$\boldsymbol{r^2+pr+q=0}$的两个根$\boldsymbol{r_1}$和$\boldsymbol{r_2}$	微分方程 $\boldsymbol{y''+py'+qy=0}$的通解
两个不相等的实根r_1和r_2	$y=C_1\mathrm{e}^{r_1x}+C_2\mathrm{e}^{r_2x}$
两个相等的实根r_1=2	$y=(C_1+C_2x)\mathrm{e}^{r_1x}$
一对共轭复根$r_{1,2}=\alpha\pm\beta i$	$y=\mathrm{e}^{\alpha x}(C_1\cos\beta x+C_2\sin\beta x)$

n 阶常系数齐次线性微分方程的一般形式是：

$$y^{(n)}+p_1y^{(n-1)}+p_2y^{(n-2)}+\cdots+p_{n-1}y'+p_ny=0$$

p_1到p_n都是常数，其特征方程为：

$$r^n+p_1r^{n-1}+p_2r^{n-2}+\cdots+p_{n-1}r+p_n=0$$

根据特征方程的根，对应的解如表 3-2 所示。

表 3-2 n 阶常系数齐次线性微分方程的通解

特征方程的根	微分方程通解中的对应项
r	$C\mathrm{e}^{rx}$
单复根$r_{1,2}=\alpha\pm\beta i$	$\mathrm{e}^{\alpha x}(C_1\cos\beta x+C_2\sin\beta x)$
k 重实根 r	$\mathrm{e}^{rx}(C_1+C_2x+\cdots+C_kx^{k-1})$
k 重复根$r_{1,2}=\alpha\pm\beta i$	$\mathrm{e}^{\alpha x}\left(\cos\beta x\sum_{i=1}^{k}C_ix^{i-1}+\sin\beta x\sum_{i=1}^{k}D_ix^{i-1}\right)$

3.7.2.8 常系数非齐次线性微分方程

如果$f(x)=\mathrm{e}^{\lambda x}P_m(x)$，那么二阶常系数非齐次线性微分方程 $y''+py'+qy=f(x)$具有形如

$$y^*=x^kR_m(x)\mathrm{e}^{\lambda x}$$

的特解，其中P_m和R_m是 m 次多项式。如果λ不是特征方程的根，则 k=0；如果λ是特征方程的单根，则 k=1；如果λ是特征方程的重根，则 k=2。

如果$f(x) = \mathrm{e}^{\lambda x}[P_l(x)\cos\omega x + Q_n(x)\sin\omega x]$，则二阶常系数非齐次线性微分方程$y'' + py' + qy = f(x)$的特解可设为：

$$y^* = x^k \mathrm{e}^{\lambda x}[R_m^{(1)}(x)\cos\omega x + R_m^{(2)}(x)\sin\omega x]$$

式中，$R_m^{(1)}(x)$、$R_m^{(2)}$是 m 次多项式，m=max{l,n}。如果$\lambda \pm \omega\mathrm{i}$不是特征方程的根，则 k=0；如果$\lambda \pm \omega\mathrm{i}$是特征方程的单根，则 k=1。

3.7.2.9 欧拉方程

形如

$$x^n y^{(n)} + p_1 x^{n-1} y^{(n-1)} + \cdots + p_{n-1} x y' + p_n y = f(x)$$

的方程（p_1～p_n为常数），称为欧拉方程。

例如求欧拉方程$x^3 y''' + x^2 y'' - 4xy' = 3x^2$，作变换$x = \mathrm{e}^t$，原方程化为$D^3 y - 2D^2 y - 3Dy = 3\mathrm{e}^{2t}$。它对应的齐次方程为$D^3 y - 2D^2 y - 3Dy = 0$，其特征方程为$r^3 - 2r^2 - 3r = 0$。该方程有三个根：$r_1 = 0$，$r_2 = -1$，$r_3 = 3$。于是齐次方程的通解为$Y = C_1 + C_2\mathrm{e}^{-t} + C_3\mathrm{e}^{3t}$，它的特解为$y^* = b\mathrm{e}^{2t} = bx^2$，代入原方程，求得$b = -\frac{1}{2}$，即$y^* = -\frac{x^2}{2}$。于是，所给欧拉方程的通解为：

$$Y = C_1 + \frac{C_2}{x} + C_3 x^3 - \frac{x^2}{2}$$

3.7.3 用 MATLAB 解常微分方程（组）

函数 dsolve 用来求常微分方程的符号解。在方程中，用大写字母 D 表示一次微分，D2、D3 分别表示二次、三次微分运算。以此类推，符号 D2y 表示$\frac{\mathrm{d}^2 y}{\mathrm{d}t^2}$。函数 dsolve 把 d 后面的字符当作因变量，并默认所有这些变量对符号 t 进行求导。函数 dsolve 的调用方式如下：

解函数=dsolve('*方程 1*','*方程 2*',…,'*边界条件 1*','*边界条件 2*',…,'*自变量*')

如果初始条件或边界条件比因变量个数少，将输出 C1、C2 等常量。

现给出求三阶以内常微分方程的解的通用程序代码：

```
F='微分方程';                                %微分方程表达式字符串
y=simplify(dsolve(F,'x'));                  %以 x 为自变量解微分方程，求出函数解
syms x Dy D2y D3y;
ysym=sym(F);                                %将原微分方程定义成符号表达式
dydx=diff(y,x);                             %求函数解的 1 阶导数
dydx2=diff(y,x,2);                          %求函数解的 2 阶导数
sF=simplify(subs(ysym,{Dy,D2y,D3y},{y,dydx,dydx2}));
disp('y='),pretty(y)                        %输出解的函数形式（显函数形式）
disp('F(x,y)='),pretty(sF)                  %输出解的方程形式（隐函数形式）
```

上述程序段中，输入一个符合 MATLAB 书写格式的微分方程代码，会同时输出解的函数形式（显函数形式）和方程形式（隐函数形式）。其中第 3 行以后用于求方程形式。第 7 行程序的意义是，将求出的 y 函数代入原微分方程的一阶导数，将求出的 y 函数的导数代入原微分方程的二阶导数，将求出的 y 函数的二阶导数代入原微分方程的三阶导数，方程两端平衡后，经过化简，即可得含 x 和 y 的方程。这个过程就好比解代数方程时，将方程的解代入未知数位置可以使代数方程两端平衡一样，这是将常函数代入零阶导数的过程。如果方程中没有二阶导数，D2y 将不生效，同样，如果没有三阶导数，D3y 将不生效，以此类推，解四阶以上微分方程的代码也容易得出。

【例 3-24】 求下面伯努利方程的通解：

$$\frac{\mathrm{d}y}{\mathrm{d}x}+y=y^2(\cos x-\sin x)$$

解：将“Dy+y=y^2*(cos(x)-sin(x))”替换到上面通用程序的第一行，运行程序后输出结果为

```
y =
                         0
 -1/(sin(x) - C4*exp(x))
sF =
                     2^(1/2)*y*cos(x + pi/4) == 1 | y == 0
 y + (cos(x) - C4*exp(x))/(sin(x) - C4*exp(x))^2 == y^2*(cos(x) - sin(x))
```

计算时间约为 0.31s。

即该伯努利方程的通解为：

$$y=0\text{ 或 }y=-\frac{1}{\sin x-C\mathrm{e}^x}$$

方程形式为：

$$\sqrt{2}y\cos\left(x+\frac{\pi}{4}\right)=1\ \text{or}\ y=0\ \text{or}\ y+\frac{\cos x-C\mathrm{e}^x}{(\sin x-C\mathrm{e}^x)^2}=y^2(\cos x-\sin x)$$

【例 3-25】 求下面欧拉方程的通解：

$$x^3y'''+2xy'-2y=x^2\ln x+3x$$

解：将“x^3*D3y+2*x*Dy-2*y=x^2*log(x)+3*x”替换到上面通用程序的第一行，运行程序后输出结果为

```
y =x*(C7 - x + 3*log(x) + (x*log(x))/2 + C9*cos(log(x)) + C8*sin(log(x)))
F(x,y)= 2*x*(C1 - x + 3*log(x) + x*log(x) + C2*cos(log(x)) + C3*cos(log(x)) + C2*sin(log(x)) +
3) == 6*x + 2*y + x^2*log(x) + 2*C2*x*cos(log(x))
```

计算时间约为 1.397s。

即该欧拉方程的通解为：

$$y=x\left(C_1-x+3\ln x+\frac{x\ln x}{2}+C_2\cos\ln x+C_3\sin\ln x\right)$$

方程形式为：

$$2x(C_1-x+3\log x+x\log x+C_2\cos\log x+C_3\cos\log x+C_2\sin\log x+3)$$
$$=6x+2y+x^2\log x+2C_2x\cos\log x$$

【例 3-26】 求下面常微分方程组的特解，已知初值条件为$x|_{t=0}=2$，$y|_{t=0}=0$。

$$\begin{cases}\dfrac{\mathrm{d}x}{\mathrm{d}t}+2x-\dfrac{\mathrm{d}y}{\mathrm{d}t}=10\cos t\\ \dfrac{\mathrm{d}x}{\mathrm{d}t}+2x+\dfrac{\mathrm{d}y}{\mathrm{d}t}+y=\mathrm{e}^{2t}+t\end{cases}$$

在 M 文件编辑器中输入：

```
F1='Dx+2*x-Dy=10*cos(t)';                    %定义方程 1
F2='Dx+Dy+2*y=4*exp(-2*t)';                  %定义方程 2
cond1='x(0)=2';                              %定义初始条件 1
cond2='y(0)=0';                              %定义初始条件 2
[x,y]=dsolve(F1,F2,cond1,cond2,'t')
```

输出结果为：

x =4*cos(t) - 2*exp(-2*t) + 3*sin(t) - 2*exp(-t)*sin(t)

y =sin(t) - 2*cos(t) + 2*exp(-t)*cos(t)

求解时间约为 0.599s。

即该微分方程组在指定初值条件下的特解为：

$$x=4\cos t-2\mathrm{e}^{-2t}+3\sin t-2\mathrm{e}^{-t}\sin t$$
$$y=\sin t-2\cos t+2\mathrm{e}^{-t}\cos t$$

3.8 空间解析几何简介

16 世纪以后，由于生产和科学技术的发展，天文、力学、航海等方面都对几何学提出了新的需要。比如，德国天文学家开普勒发现行星是绕着太阳沿着椭圆轨道运行的，太阳处在这个椭圆的一个焦点上；意大利科学家伽利略发现投掷物体是沿着抛物线运动的。这些发现都涉及圆锥曲线，要研究这些比较复杂的曲线，原先的一套方法显然已经不适应了，这就产生了解析几何。

解析几何包括平面解析几何和立体解析几何两部分。平面解析几何通过平面直角坐标系，建立点与实数对之间的一一对应关系，以及曲线与方程之间的一一对应关系，运用代数方法研究几何问题，或用几何方法研究代数问题。

3.8.1 向量及其简单运算

3.8.1.1 向量简介

客观世界中有这样一类量，它们既有大小，又有方向，比如速度、力矩等，这一类量称为向量或矢量。为了区别于标量，向量有它规范的写法，书写体的向量由于不便加粗，用字母和箭头表示，如$\overrightarrow{AB}$或$\vec{a}$；印刷体的向量则用加粗字母表示，如$\boldsymbol{F}$、$\boldsymbol{v}$。

向量的大小称为向量的模，用绝对值符号表示，如$|\overrightarrow{AB}|$、$|\boldsymbol{v}|$。模为 1 的向量称为单位向量，模为零的向量称为零向量，记作 **0** 或$\vec{0}$，零向量方向任意。

向量$\vec{a}$与$\vec{b}$之间的夹角记作$(\widehat{\vec{a},\vec{b}})$，在 0～π之间取值。若夹角为 0，则$\vec{a}\,/\!/\,\vec{b}$，若夹角为 90°，则$\vec{a}\perp\vec{b}$。零向量平行于任何向量、垂直于任何向量。当两个向量的起点置于同一点，两个终点与公共起点三点共线，则两向量共线，共面的概念同理。

在笛卡儿直角坐标系中，向量的坐标分解式的形式为：

$$\boldsymbol{r}=\overrightarrow{OM}=x\boldsymbol{i}+y\boldsymbol{j}+z\boldsymbol{k}$$

有序数组$M(x,y,z)$ 称为向量在坐标系$Oxyz$中的坐标。

3.8.1.2 向量的属性

向量的模的坐标公式为：

$$|\boldsymbol{r}|=\sqrt{x^2+y^2+z^2}$$

利用向量的坐标得 A、B 两点间距离公式为：

$$|AB|=\left|\overrightarrow{\boldsymbol{AB}}\right|=\sqrt{(x_2-x_1)^2+(y_2-y_1)^2+(z_2-z_1)^2}$$

单位向量公式是：

$$\boldsymbol{e}_{\overrightarrow{AB}}=\frac{\overrightarrow{\boldsymbol{AB}}}{\left|\overrightarrow{\boldsymbol{AB}}\right|}$$

非零向量 $\boldsymbol{r}$ 与三条坐标轴的夹角α、β、γ称为向量 $\boldsymbol{r}$ 的方向角，

$$(\cos\alpha,\cos\beta,\cos\gamma)=\left(\frac{x}{|\boldsymbol{r}|},\frac{y}{|\boldsymbol{r}|},\frac{z}{|\boldsymbol{r}|}\right)=\frac{(x,y,z)}{|\boldsymbol{r}|}=\frac{\boldsymbol{r}}{|\boldsymbol{r}|}=\boldsymbol{e}_{\mathrm{r}}$$

$\cos\alpha$、$\cos\beta$、$\cos\gamma$称为向量 $\boldsymbol{r}$ 的方向余弦。上式表明，以向量 $\boldsymbol{r}$ 的方向余弦为坐标的向量就是与 $\boldsymbol{r}$ 同方向的单位向量 $\boldsymbol{e}$，并由此可得：

$$\cos^2\alpha+\cos^2\beta+\cos^2\gamma=1$$

向量在轴上的投影公式为：

$$Prj_u\boldsymbol{a}=|\boldsymbol{a}|\cos\varphi$$

3.8.1.3 内积、叉积和混合积

$\boldsymbol{a}$ 与 $\boldsymbol{b}$ 的数量积（内积）记为$\boldsymbol{a}\cdot\boldsymbol{b}$，计算公式为：

$$\boldsymbol{a}\cdot\boldsymbol{b}=|\boldsymbol{a}||\boldsymbol{b}|\cos\theta=|\boldsymbol{a}|Prj_{\mathbf{a}}\boldsymbol{b}$$

$\boldsymbol{a}$ 与 $\boldsymbol{b}$ 的向量积（叉积）记为$\boldsymbol{a}\times\boldsymbol{b}$，计算公式为：

$$\boldsymbol{a}\times\boldsymbol{b}=\begin{vmatrix}\boldsymbol{i}&\boldsymbol{j}&\boldsymbol{k}\\a_{\mathrm{x}}&a_{\mathrm{y}}&a_{\mathrm{z}}\\b_{\mathrm{x}}&b_{\mathrm{y}}&b_{\mathrm{z}}\end{vmatrix}=\left(a_{\mathrm{y}}b_{\mathrm{z}}-a_{\mathrm{z}}b_{\mathrm{y}}\right)\boldsymbol{i}+(a_{\mathrm{z}}b_{\mathrm{x}}-a_{\mathrm{x}}b_{\mathrm{z}})\boldsymbol{j}+\left(a_{\mathrm{x}}b_{\mathrm{y}}-a_{\mathrm{y}}b_{\mathrm{x}}\right)\boldsymbol{k}$$

设已知三个向量$\boldsymbol{a}$、$\boldsymbol{b}$和$\boldsymbol{c}$，先作两向量$\boldsymbol{a}$和$\boldsymbol{b}$的向量积$\boldsymbol{a}\times\boldsymbol{b}$，把所得到的向量与第三个向量$\boldsymbol{c}$再作数量积$(\boldsymbol{a}\times\boldsymbol{b})\cdot\boldsymbol{c}$，这样得到的数量称为三向量$\boldsymbol{a}$、$\boldsymbol{b}$和$\boldsymbol{c}$的混合积，记作$[\boldsymbol{abc}]$。向量混合积的计算公式为：

$$[\boldsymbol{abc}]=(\boldsymbol{a}\times\boldsymbol{b})\cdot\boldsymbol{c}=c_{\mathrm{x}}\begin{vmatrix}a_{\mathrm{y}}&a_{\mathrm{z}}\\b_{\mathrm{y}}&b_{\mathrm{z}}\end{vmatrix}-c_{\mathrm{y}}\begin{vmatrix}a_{\mathrm{x}}&a_{\mathrm{z}}\\b_{\mathrm{x}}&b_{\mathrm{z}}\end{vmatrix}+c_{\mathrm{z}}\begin{vmatrix}a_{\mathrm{x}}&a_{\mathrm{y}}\\b_{\mathrm{x}}&b_{\mathrm{y}}\end{vmatrix}$$

向量混合积的意义是，它的绝对值表示以向量$\boldsymbol{a}$、$\boldsymbol{b}$和$\boldsymbol{c}$为棱的平行六面体的体积。

内积结果是一个数，而叉积结果是一个向量，混合积由于最后一步运算是内积，所以结果也是一个数。

3.8.2 内积、叉积和混合积的 MATLAB 计算

MATLAB 当中提供 dot 函数来计算向量的内积，其语法格式如下：

变量名=dot(向量 1,向量 2)

同样，有 cross 函数用于计算向量的叉积，语法格式如下：

变量名=cross(向量 1,向量 2)

MATLAB 中不提供直接计算混合积的函数，需要用 dot 和 cross 组成复合函数来计算。

3.8.3 空间方程的概念

像在平面解析几何中把平面曲线当作动点的轨迹一样，在空间解析几何中，任何曲面或曲线都看作点的几何轨迹，在这样的意义下，如果曲面 S 与三元方程

$$F(x,y,z)=0$$

有下述关系：

① 曲面 S 上任一点的坐标都满足方程；

② 不在曲面 S 上的点的坐标都不满足方程。

那么该方程就称为曲面 S 的方程，而曲面 S 就称为方程的图形。

空间曲线可以看作两个曲面 S_1、S_2 的交线。设

$$F(x,y,z)=0 \text{ 和 } G(x,y,z)=0$$

分别是这两个曲面的方程，它们的交线为 C。因为曲线 C 上的任何点的坐标应同时满足这两个曲面的方程，所以应满足方程组：

$$\begin{cases} F(x,y,z)=0 \\ G(x,y,z)=0 \end{cases}$$

反过来，如果点 M 不在曲线 C 上，那么它不可能同时在两个曲面上，所以它的坐标不满足该方程组。因此曲线 C 可以用该方程组来表示，这个方程组就称为空间曲线 C 的方程，而曲线 C 就称为这方程组的图形。

3.8.4 平面及其方程

3.8.4.1 平面的点法式方程

如果一非零向量垂直于一平面，这向量就称为该平面的法向量。如果已知平面的法向量 $\boldsymbol{n}=(A,B,C)$和其上一点$M_0(x_0,y_0,z_0)$，则平面的点法式方程为：

$$A(x-x_0)+B(y-y_0)+C(z-z_0)=0$$

其意义为平面上任意一个向量垂直于法向量。

3.8.4.2 平面的一般方程

平面的点法式方程是x、y和z的一次方程，而任一平面都可以用它上面的一点及它的法线

向量来确定，所以任一平面都可以用三元一次方程来表示。

$$Ax + By + Cz + D = 0$$

称为平面的一般方程，其中x、y、z的系数就是该平面的一个法线向量的坐标。

形如

$$\frac{x}{a} + \frac{y}{b} + \frac{z}{c} = 1$$

称为平面的截距式方程，a、b和c分别是平面在 x 轴、y 轴和 z 轴上的截距。

3.8.4.3　平面的运算

设两平面的一般方程为$A_1x + B_1y + C_1z + D_1 = 0$和$A_2x + B_2y + C_2z + D_2 = 0$，则两平面夹角的二面角余弦值为：

$$\cos\theta = \frac{|A_1A_2 + B_1B_2 + C_1C_2|}{\sqrt{A_1^2 + B_1^2 + C_1^2}\sqrt{A_2^2 + B_2^2 + C_2^2}}$$

设点 P_0 坐标为$P_0(x_0, y_0, z_0)$，平面的一般方程为$Ax + By + Cz + D = 0$，则点到平面距离公式为：

$$d = \frac{|Ax_0 + By_0 + Cz_0 + D|}{\sqrt{A^2 + B^2 + C^2}}$$

3.8.5　空间直线及其方程

3.8.5.1　空间直线的一般方程

通过空间一直线 L 的平面有无限多个，只要在这无限多个平面中任意选取两个，把它们的方程联立起来，所得的方程组就表示空间直线 L。所以，空间直线的一般方程为：

$$\begin{cases} A_1x + B_1y + C_1z + D_1 = 0 \\ A_2x + B_2y + C_2z + D_2 = 0 \end{cases}$$

x、y、z系数的意义与空间平面的一般方程相同。

3.8.5.2　其他方程

如果一个非零向量平行于一条已知直线，那么这个向量就称为这条直线的方向向量。如果一空间直线的方向向量为$\boldsymbol{s} = (m, n, p)$，且该直线过点$M_0(x_0, y_0, z_0)$，则空间直线的点向式方程为：

$$\frac{x - x_0}{m} = \frac{y - y_0}{n} = \frac{z - z_0}{p}$$

其意义为平行向量对应坐标比值相同。向量$\boldsymbol{s}$的方向余弦为该直线的方向余弦。

由直线的点向式方程可以推出，方程组

$$\begin{cases} x = x_0 + mt \\ y = y_0 + nt \\ z = z_0 + pt \end{cases}$$

为空间直线的参数方程。

3.8.5.3 直线与平面运算

已知直线L_1的方向向量为$\boldsymbol{s_1}=(m_1,n_1,p_1)$，直线$L_2$的方向向量为$\boldsymbol{s_2}=(m_2,n_2,p_2)$，则两直线的夹角公式为：

$$\widehat{(\boldsymbol{s_1},\boldsymbol{s_2})}=\arccos\frac{|m_1m_2+n_1n_2+p_1p_2|}{\sqrt{m_1^2+n_1^2+p_1^2}\sqrt{m_2^2+n_2^2+p_2^2}}$$

设直线的方向向量为$\boldsymbol{s}=(m,n,p)$，平面的法向量为$\boldsymbol{n}=(A,B,C)$，则空间直线与平面夹角公式为：

$$\varphi=\arcsin\frac{|Am+Bn+Cp|}{\sqrt{A^2+B^2+C^2}\sqrt{m^2+n^2+p^2}}$$

3.8.6 曲面及其方程

3.8.6.1 球面方程

和笛卡儿平面直角坐标系中的圆的方程类似，如图 3-26 所示，以点$M_0(x_0,y_0,z_0)$为球心、R 为半径的球面方程为：

$$(x-x_0)^2+(y-y_0)^2+(z-z_0)^2=R^2$$

一般地，设有三元二次方程：

$$Ax^2+Ay^2+Az^2+Dx+Ey+Fz+G=0$$

这个方程的特点是缺 xy、yz、zx 各项，而且平方项系数相同。只要将方程经过配方可以化成方程上述球面方程的形式，则它的图形就是一个球面。

3.8.6.2 旋转曲面方程

以一条平面曲线绕其平面上的一条直线旋转一周所成的曲面称为旋转曲面，旋转曲线和定直线依次称为旋转曲面的母线和轴。如图 3-27 所示，设在yOz坐标面上有一已知曲线 C，它的方程为：

$$f(y,z)=0$$

在曲线 C 的方程$f(y,z)=0$中，将 y 改成$\pm\sqrt{x^2+y^2}$便得曲线 C 绕 z 轴旋转的方程：

$$f\left(\pm\sqrt{x^2+y^2},z\right)=0$$

同理，曲线 C 绕 y 轴旋转所成的旋转曲面的方程为：

$$f\left(y,\pm\sqrt{x^2+z^2}\right)=0$$

同样如果曲线在xOy坐标面上，则 C 的方程为：

$$f(x,y)=0$$

则曲线绕 x 轴旋转的方程为：

$$f\left(x,\pm\sqrt{y^2+z^2}\right)=0$$

用$f\left(\pm\sqrt{x^2+y^2},z\right)=0$来说，$\pm\sqrt{x^2+y^2}$的几何理解方式是：在 z 的任意高度处，曲面上的点

距旋转轴的距离。

如图 3-28 所示，绕 z 轴旋转的对顶圆锥面的方程为：

$$z = \pm\sqrt{x^2 + y^2}\cot\alpha$$

$\angle\alpha$称为锥面的半顶角，即未旋转之前直线与旋转轴的夹角。

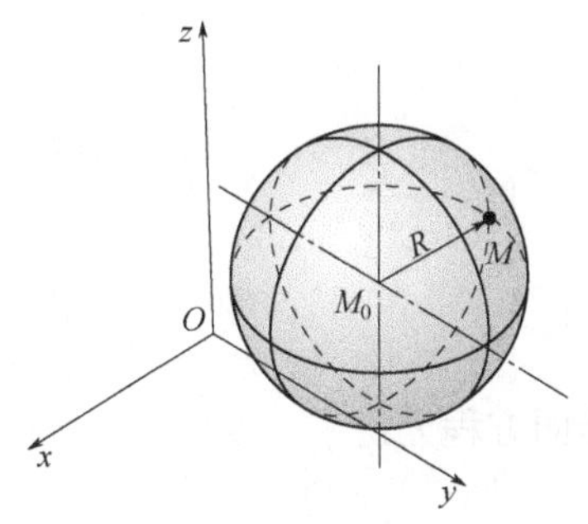

图 3-26　球面

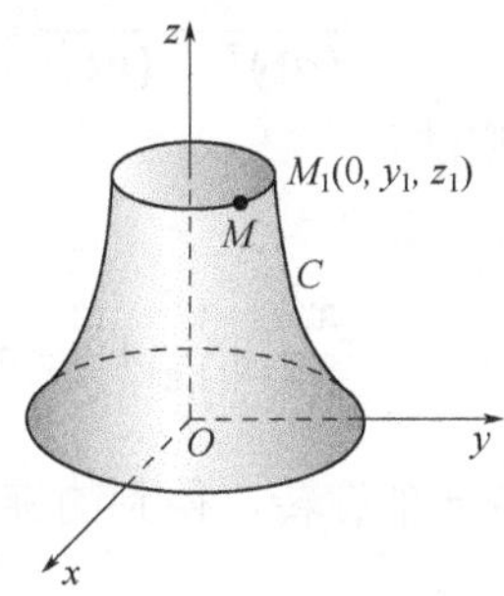

图 3-27　旋转曲面

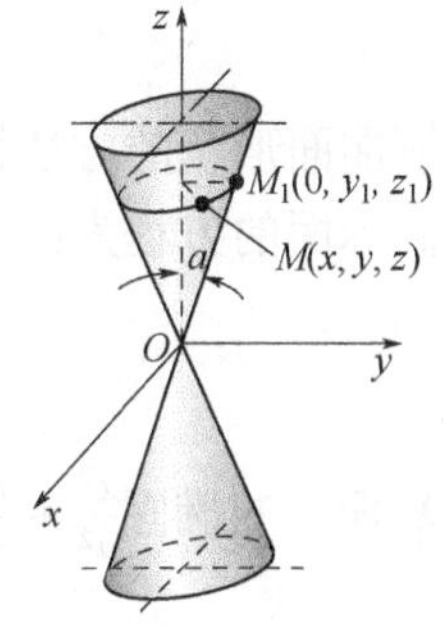

图 3-28　对顶圆锥面

如图 3-29 所示，绕 z 轴旋转的旋转单叶双曲面方程为：

$$\frac{x^2 + y^2}{a^2} - \frac{z^2}{c^2} = 1$$

绕 x 轴旋转的旋转双叶双曲面方程为：

$$\frac{x^2}{a^2} - \frac{y^2 + z^2}{c^2} = 1$$

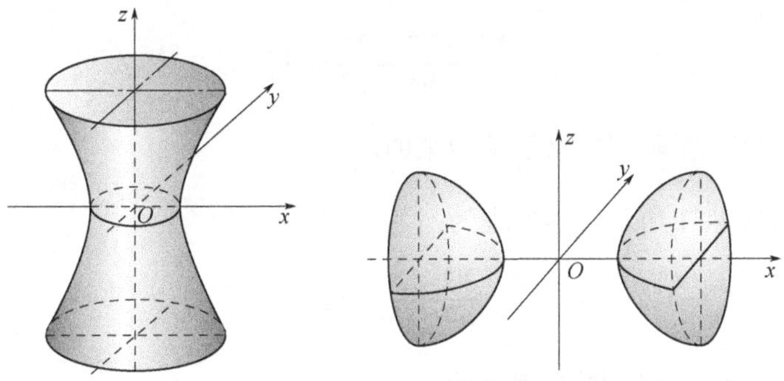

图 3-29　旋转单叶双曲面与旋转双叶双曲面

3.8.6.3　柱面方程

一般地，只含 x、y 而缺 z 的方程$f(x,y) = 0$在空间直角坐标系中表示母线平行于 z 轴的柱面，其准线是 xOy 面上的曲线 C：$f(x,y) = 0$，如图 3-30 所示。

类似可知，只含 x、z 而缺 y 的方程$g(x,z) = 0$表示母线平行于 y 轴的柱面；只含 y、z 而缺 x 的方程$h(y,z) = 0$表示母线平行于 x 轴的柱面。

3.8.6.4　二次曲面方程

与平面解析几何中规定的二次曲线相类似，我们把三元二次方程 $\mathrm{F}(x,y,z) = 0$所表示的曲面称为二次曲面，把平面称为一次曲面。

椭圆锥面的方程为：

$$\frac{x^2}{a^2}+\frac{y^2}{b^2}=z^2$$

用 $z=t$ 的平面截椭圆锥面得到的椭圆方程为：

$$\frac{x^2}{(at)^2}+\frac{y^2}{(bt)^2}=1$$

这种解曲面形状的方法称为截痕法。

椭球面的方程为：

$$\frac{x^2}{a^2}+\frac{y^2}{b^2}+\frac{z^2}{c^2}=1$$

把 xOz 面上的椭圆$\frac{x^2}{a^2}+\frac{z^2}{c^2}=1$绕 z 轴旋转，得到的旋转椭球面方程为：

$$\frac{x^2+y^2}{a^2}+\frac{z^2}{c^2}=1$$

绕 x 轴旋转的旋转椭球面同理。

单叶双曲面的方程为：

$$\frac{x^2}{a^2}+\frac{y^2}{b^2}-\frac{z^2}{c^2}=1$$

该方程是由旋转单叶双曲面 y 轴伸缩$\frac{b}{a}$倍得来的。

双叶双曲面的方程为：

$$\frac{x^2}{a^2}-\frac{y^2}{b^2}-\frac{z^2}{c^2}=1$$

该方程是由旋转双叶双曲面 y 轴伸缩$\frac{b}{c}$倍得来的。

椭圆抛物面如图 3-31 所示，其方程为：

$$\frac{x^2}{a^2}+\frac{y^2}{b^2}=z$$

该方程是由旋转抛物面 y 轴伸缩$\frac{b}{a}$倍得来的。

双曲抛物面又称为马鞍面，如图 3-32 所示，其方程为：

$$\frac{x^2}{a^2}-\frac{y^2}{b^2}=z$$

以 $x=t$ 截此抛物面，所得曲线方程为：

$$-\frac{y^2}{b^2}=z-\frac{t^2}{a^2}$$

其顶点坐标为

$$\left(t,0,\frac{t^2}{a^2}\right)$$

其他三种二次曲面是椭圆柱面、双曲柱面和抛物柱面。

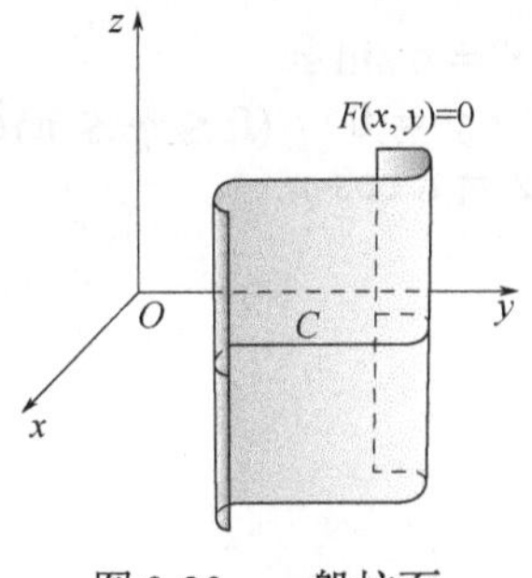

图 3-30　一般柱面

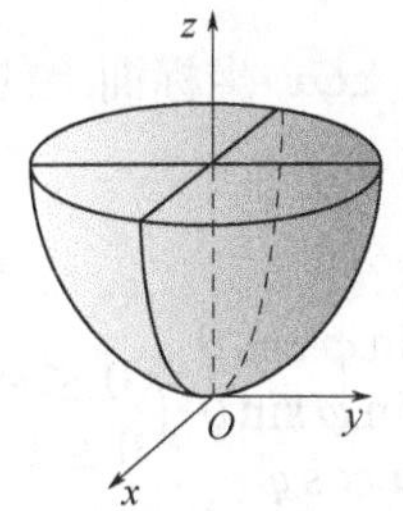

图 3-31　椭圆抛物面

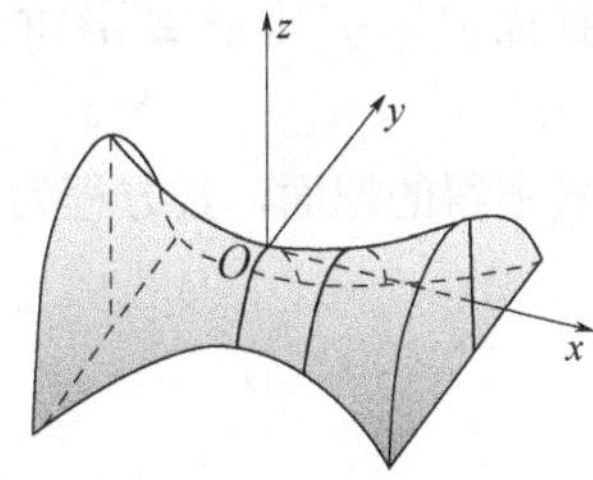

图 3-32　双曲抛物面

3.8.7　空间曲线方程

3.8.7.1　空间曲线的一般方程

空间曲线可以看作是两个曲面的交线，设两曲面方程为$f(x,y,z)=0$和$g(x,y,z)=0$，则空间曲线的一般方程为：

$$\begin{cases}f(x,y,z)=0\\g(x,y,z)=0\end{cases}$$

3.8.7.2　空间曲线的参数方程

将曲线上的动点坐标 x、y 和 z 表示为参数 t 的函数，则有空间曲线的参数方程：

$$\begin{cases}x=x(t)\\y=y(t)\\z=z(t)\end{cases}$$

当给定 $t=t_1$ 时，就得到 C 上的一个点(x_1,y_1,z_1)；随着 t 的变动便可得曲线 C 上的全部点。

3.8.7.3　曲面参数方程举例

曲面的参数方程通常是含 2 个参数的方程，空间曲线$\Gamma=\begin{cases}x=\varphi(t)\\y=\psi(t)\\z=\omega(t)\end{cases}$ $(\alpha\leq t\leq\beta)$绕 z 轴旋转所得方程为：

$$\begin{cases}x=\sqrt{[\varphi(t)]^2+[\psi(t)]^2}\cos\theta\\y=\sqrt{[\varphi(t)]^2+[\psi(t)]^2}\sin\theta\\z=\omega(t)\end{cases}\quad\begin{pmatrix}\alpha\leq t\leq\beta\\0\leq\theta\leq 2\pi\end{pmatrix}$$

直线$\begin{cases}x=1\\y=t\\z=2t\end{cases}$绕 z 轴旋转所得旋转曲面的方程为：

$$\begin{cases}x=\sqrt{1+t^2}\cos\theta\\y=\sqrt{1+t^2}\sin\theta\\z=2t\end{cases}$$

球面$x^2+y^2+z^2=a^2$可以看做是 zOx 坐标面上的半圆周$\begin{cases} x=a\sin\varphi \\ y=0 \\ z=a\cos\varphi \end{cases}$ $(0\leq\varphi\leq\pi)$绕 z 轴旋转所得的球面，其方程为：

$$\begin{cases} x=a\sin\varphi\cos\theta \\ y=a\sin\varphi\sin\theta \\ z=a\cos\varphi \end{cases} \begin{pmatrix} 0\leq\varphi\leq\pi \\ 0\leq\theta\leq2\pi \end{pmatrix}$$

3.8.7.4 在坐标面上的投影

空间曲线 C 的一般方程中，如果可以消去 z，会得到方程：

$$H(x,y)=0$$

这柱面必定包含曲线 C。以曲线 C 为准线、母线平行于 z 轴的柱面称为曲线 C 关于 xOy 面的投影柱面，投影柱面与 xOy 面的交线称为空间曲线 C 在 xOy 面上的投影曲线，或简称投影。因此，方程$H(x,y)=0$所表示的柱面必定包含投影柱面，而方程

$$\begin{cases} H(x,y)=0 \\ z=0 \end{cases}$$

所表示的曲线必定包含空间曲线 C 在 xOy 面上的投影。同理，曲线 C 在 yOz 面上的投影曲线方程为：

$$\begin{cases} R(y,z)=0 \\ x=0 \end{cases}$$

曲线 C 在 xOz 面上的投影曲线方程为：

$$\begin{cases} T(x,z)=0 \\ y=0 \end{cases}$$

3.8.8 用 MATLAB 绘制空间方程曲面

这里说的空间曲面是指三元隐函数（二元显函数）的曲面图绘制。首先需要用 linspace 函数定义线性空间，其语法格式如下：

线性空间名=linspace(*初值*,*终值*,*步长*)

然后用该线性空间生成三个方向的网格矩阵，使用 meshgrid 函数，其语法格式如下：

[x,y,z]=meshgrid(*线性空间 1*,*线性空间 2*,*线性空间 3*)

接着，将欲绘图的方程写为函数形式，使等式一端为 0，定义新“函数”：

函数名=*表达式*;

最后，用等值线函数 isosurface 绘制图像并用 patch 函数填充多边形，其语法格式如下：

变量名=patch(isosurface(x,y,z,*函数名*,0))

运行程序后，再对视角和颜色等其他细节进行调节，就可以得到一张理想的曲面图。

下面给出画三维方程曲面的通用代码：

```
range=linspace(-10,10,100);          %定义线性空间
[x,y,z]=meshgrid(range,range,range);
                                     %生成一定定义域内的网格矩阵
F="函数"表达式;                       %给出"函数"的表达式
fig=patch(isosurface(x,y,z,F,0))     %用 isosurface 画等值面
```

【例 3-27】 用 MATLAB 绘制双曲抛物面：

$$\frac{x^2}{4}-\frac{y^2}{2}=z$$

将“x.^2./4-y.^2./2-z”放入上述程序第 4 行，运行程序后经过简单调整坐标轴范围、标签、光照、表面颜色等细节后，得到如图 3-33 所示的“马鞍面”图形。

又如旋转单叶双曲面$\frac{x^2+y^2}{3}-\frac{z^2}{2}=1$的图形如图 3-34 所示。

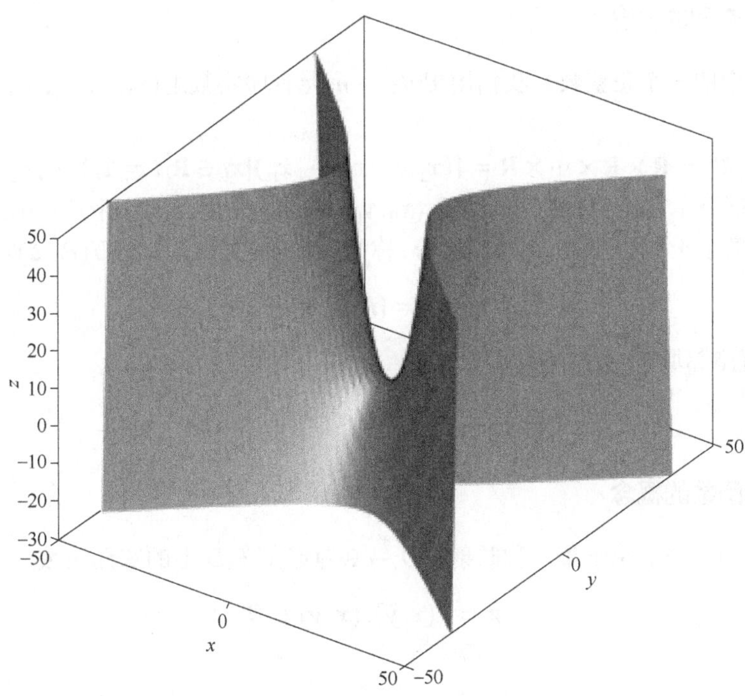

图 3-33　双曲抛物面$\frac{x^2}{4}-\frac{y^2}{2}=z$的图形

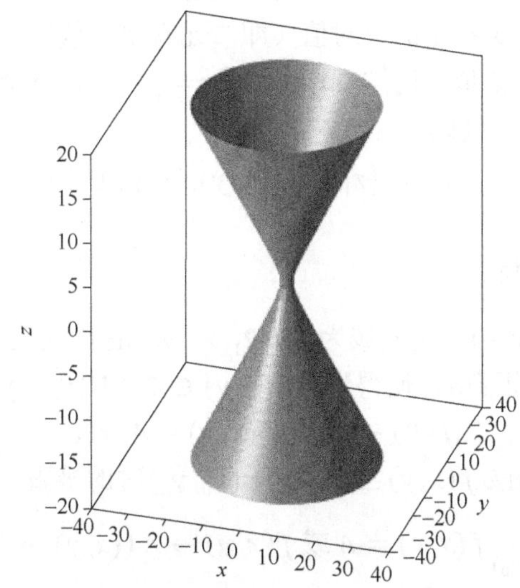

图 3-34　旋转单叶双曲面$\frac{x^2+y^2}{3}-\frac{z^2}{2}=1$的图形

如果绘制二元显函数的空间曲线图，则需要用到plot3命令，语法格式为：

变量名=plot3(x（数组）,y（数组）,z（表达式）)

3.9 多元函数微分法

3.9.1 多元函数的概念

3.9.1.1 多维空间的概念

设 n 为取定的一个正整数，我们用$\mathbf{R}^n$表示 n 元有序实数组$(x_1,x_2,x_3,\cdots,x_n)$的全体所构成的集合，即

$$\mathbf{R}^n=\mathbf{R}\times\mathbf{R}\times\cdots\times\mathbf{R}=\{(x_1,x_2,x_3,\cdots,x_n)|x_i\in\mathbf{R},i=1,2,\cdots,n\}$$

接下来用$\mathbf{R}^2$表示二维实数空间，设$P_0(x_0,y_0)$是 xOy 平面上的一个点，δ是某一正数。与点$P_0(x_0,y_0)$距离小于δ的点 $P(x,y)$的全体，称为点P_0的δ邻域，记作$U(P_0,\delta)$，即

$$U(P_0,\delta)=\{P||PP_0|<\delta\}$$

点P_0的去心δ邻域，记作$\dot{U}(P_0,\delta)$，即

$$\dot{U}(P_0,\delta)=\{P|0<|PP_0|<\delta\}$$

3.9.1.2 二元函数的概念

设 D 是$\mathbf{R}^2$的一个非空子集，称映射$f:D\rightarrow\mathbf{R}$为定义在 D 上的二元函数，通常记为

$$z=f(x,y),(x,y)\in D$$

或

$$z=f(P),P\in D$$

其中点集 D 称为该函数的定义域，x 和 y 称为自变量，z 称为因变量。

上述定义中，与自变量 x 和 y 的一对值（即二元有序实数组）(x,y)相对应的因变量 z 的值也称为f在点(x,y)处的函数值，记作$f(x,y)$，即 $z=f(x,y)$。函数值$f(x,y)$的全体所构成的集合称为函数f的值域，记作$f(D)$，即

$$f(D)=\{z|z=f(x,y),(x,y)\in D\}$$

3.9.2 二元函数的极限

设二元函数$f(P)=f(x,y)$的定义域为 D，$P_0(x_0,y_0)$是 D 的聚点。如果存在常数 A，对于任意给定的正数ε，总存在正数δ，使得当点$P(x,y)\in D\cap \dot{U}(P_0,\delta)$时，都有

$$|f(P)-A|=|f(x,y)-A|<\varepsilon$$

成立，那么就称常数 A 为函数$f(x,y)$当$(x,y)\rightarrow(x_0,y_0)$时的极限，记作

$$\lim_{(x,y)\rightarrow(x_0,y_0)}f(x,y)=A \text{ 或 } f(x,y)\rightarrow A\ ((x,y)\rightarrow(x_0,y_0))$$

也记作

$$\lim_{P \to P_0} f(P) = A \text{ 或 } f(P) \to A \ (P \to P_0)$$

为了区别于一元函数的极限，我们把二元函数的极限称为二重极限。

3.9.3　二元函数极限的笔算方法简介

多元函数求极限，大体遵从一元函数的规则。

$$\lim_{\substack{x \to 0 \\ y \to a}} (1+xy)^{\frac{\sin(xy)}{x^2}} = \lim_{\substack{x \to 0 \\ y \to a}} \left[(1+xy)^{\frac{1}{xy}}\right]^{\frac{y\sin(xy)}{x}} = \mathrm{e}^{\lim\limits_{\substack{x \to 0 \\ y \to a}} \frac{y\sin(xy)}{x}} = \mathrm{e}^{\lim\limits_{\substack{x \to 0 \\ y \to a}} \frac{y^2\sin(xy)}{xy}} = \mathrm{e}^{a^2}$$

3.9.4　二元函数极限的 MATLAB 计算

MATLAB 不直接提供多元函数求极限方法，需要用 limit 函数嵌套来完成。

【例 3-28】 求下面二元函数极限：

$$\lim_{(x,y) \to (0,0)} \frac{1-\cos(x^2+y^2)}{(x^2+y^2)\mathrm{e}^{x^2y^2}}$$

在 M 文件编辑器中输入：

```
syms x y;
z=sym('(1-cos(x^2+y^2))/(x^2+y^2)*exp(x^2*y^2)'); %定义符
                                                   %号二元函数
limy=limit(limit(z,x,0),y,0)   %先对 x 求极限，其结果对 y 求极限
```

计算结果为：limy =0

即

$$\lim_{(x,y) \to (0,0)} \frac{1-\cos(x^2+y^2)}{(x^2+y^2)\mathrm{e}^{x^2y^2}} = 0$$

3.9.5　多元函数的连续性

设二元函数$f(P) = f(x,y)$的定义域为 D，$P_0(x_0, y_0)$为 D 的聚点，且$P_0 \in D$。如果

$$\lim_{(x,y) \to (x_0,y_0)} f(x,y) = f(x_0, y_0)$$

那么称函数$f(x,y)$在点$P_0(x_0,y_0)$处连续。如果函数$f(x,y)$在点$P_0(x_0,y_0)$处不连续，那么称点$P_0(x_0,y_0)$为函数$f(x,y)$的间断点。

在有界闭区域 D 上的多元连续函数，必定在 D 上有界，且能取得它的最大值和最小值；必取得介于最大值和最小值之间的任何值；必定在 D 上一致连续。

3.9.6　用 MATLAB 观察二元函数的连续性

用图像观察二元函数 3D 图像的连续性的思路是：先建立 x 和 y 轴的数组，然后和绘制方程曲面一样，需要用 meshgrid 建立一个网格矩阵作为自变量组，最后用到曲面图函数 surf，

其语法规则如下：

曲面名=surf(*x* 数组,*y* 数组,表达式,其他属性（可选）)

【例 3-29】 用图像推测下面二元函数的连续性：

$$z=\frac{y^2+2x}{y^2-2x}$$

在 M 文件编辑器中输入：

```
x=-10:0.1:10;y=-10:0.1:10;              %自变量范围
[x,y]=meshgrid(x,y);                    %自变量网格矩阵
z=(y.^2+2.*x)./(y.^2-2.*x);             %二元函数表达式
surf(x,y,z)                             %曲面绘制
```

输出图像如图 3-35 所示。

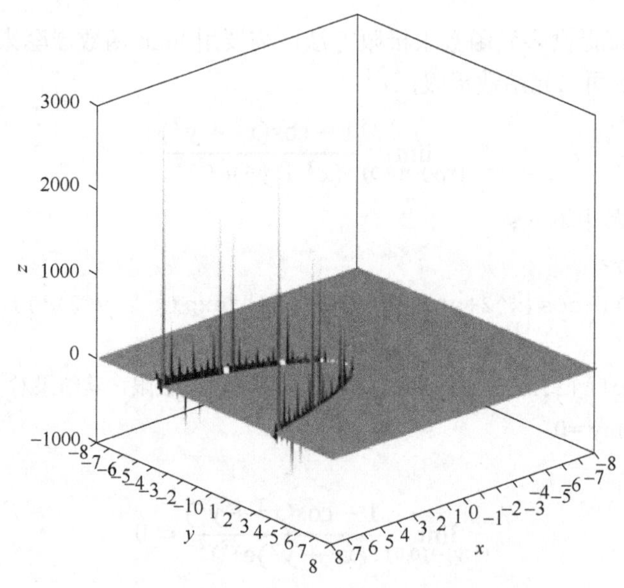

图 3-35　$z=\frac{y^2+2x}{y^2-2x}$输出图像

观察图像得，该二元函数在平行于 xOy 面的一个抛物线处发生振荡，但不便推测出是否是无穷，所以可以大致推测函数不连续，同时根据表达式分母判断，函数在$y^2-2x=0$处间断。

3.9.7 偏导数的概念

3.9.7.1 偏导数与偏导函数

设函数$z=f(x,y)$在点(x_0,y_0)的某一邻域内有定义，当y固定在y_0处而x在x_0处有增量Δx时，相应的函数有增量：

$$f(x_0+\Delta x,y_0)-f(x_0,y_0)$$

如果

$$\lim_{\Delta x \to 0} \frac{f(x_0 + \Delta x, y_0) - f(x_0, y_0)}{\Delta x}$$

存在，那么称此极限为函数$z = f(x, y)$在点(x_0, y_0)处对x的偏导数，记作：

$$\left.\frac{\partial z}{\partial x}\right|_{\substack{x=x_0\\y=y_0}}，\left.\frac{\partial f}{\partial x}\right|_{\substack{x=x_0\\y=y_0}}，z_x|_{\substack{x=x_0\\y=y_0}}，f_x(x_0, y_0)$$

类似地，函数$z = f(x, y)$在点(x_0, y_0)处对 y 的偏导数定义为：

$$\lim_{\Delta y \to 0} \frac{f(x_0, y_0 + \Delta y) - f(x_0, y_0)}{\Delta y}$$

记作：

$$\left.\frac{\partial z}{\partial y}\right|_{\substack{x=x_0\\y=y_0}}，\left.\frac{\partial f}{\partial y}\right|_{\substack{x=x_0\\y=y_0}}，z_y|_{\substack{x=x_0\\y=y_0}}，f_y(x_0, y_0)$$

如果函数$z = f(x, y)$在区域 D 内每一点(x, y)处对 x 的偏导数都存在，那么这个偏导数就是 x、y 的函数，它就称为函数$z = f(x, y)$对自变量x的偏导函数，记作：

$$\frac{\partial z}{\partial x}，\frac{\partial f}{\partial x}，z_x \text{ 或 } f_x(x, y)$$

类似地，可以定义函数$z = f(x, y)$对自变量y的偏导函数，记作：

$$\frac{\partial z}{\partial y}，\frac{\partial f}{\partial y}，z_y \text{ 或 } f_y(x, y)$$

设函数$z = f(x, y)$在区域 D 内具有偏导数

$$\frac{\partial z}{\partial x} = f_x(x, y)，\quad \frac{\partial z}{\partial y} = f_y(x, y)$$

于是在 D 内$f_x(x, y)$、$f_y(x, y)$都是x、y的函数。如果这两个函数的偏导数也存在，那么称它们是函数$z = f(x, y)$的二阶偏导数。按照对变量求导次序的不同有下列四个二阶偏导数：

$$\frac{\partial\left(\frac{\partial z}{\partial x}\right)}{\partial x} = \frac{\partial^2 z}{\partial x^2} = f_{xx}(x, y)，\quad \frac{\partial\left(\frac{\partial z}{\partial x}\right)}{\partial y} = \frac{\partial^2 z}{\partial x\, \partial y} = f_{xy}(x, y)$$

$$\frac{\partial\left(\frac{\partial z}{\partial y}\right)}{\partial x} = \frac{\partial^2 z}{\partial y\, \partial x} = f_{yx}(x, y)，\quad \frac{\partial\left(\frac{\partial z}{\partial y}\right)}{\partial y} = \frac{\partial^2 z}{\partial y^2} = f_{yy}(x, y)$$

其中第二、三两个偏导数称为混合偏导数。同样可得三阶、四阶……以及 n 阶偏导数。二阶及二阶以上的偏导数统称为高阶偏导数。如果函数$z = f(x, y)$的两个二阶混合偏导数$\frac{\partial^2 z}{\partial y\, \partial x}$及$\frac{\partial^2 z}{\partial x\, \partial y}$在区域 D 内连续，那么在该区域内这两个二阶混合偏导数必相等。

3.9.7.2　偏导数的几何意义

二元函数$z = f(x, y)$在点(x_0, y_0)处的偏导数有下述几何意义。

设$M_0(x_0, y_0, f(x_0, y_0))$为曲面$z = f(x, y)$上的一点，过$M_0$作平面$y = y_0$，截此曲面得一曲

线，此曲线在平面$y=y_0$上的方程为$z=f(x,y_0)$，则导数$\left.\frac{\mathrm{d}f(x,y_0)}{\mathrm{d}x}\right|_{x=x_0}$，即偏导数$f_{\mathrm{x}}(x_0,y_0)$，就是这曲线在点$M_0$处的切线$M_0T_{\mathrm{x}}$对$x$轴的斜率，如图 3-36 所示。同样，偏导数$f_{\mathrm{y}}(x_0,y_0)$的几何意义是曲面被平面$x=x_0$所截得的曲线在点$M_0$处的切线$M_0T_{\mathrm{y}}$对$y$轴的斜率。

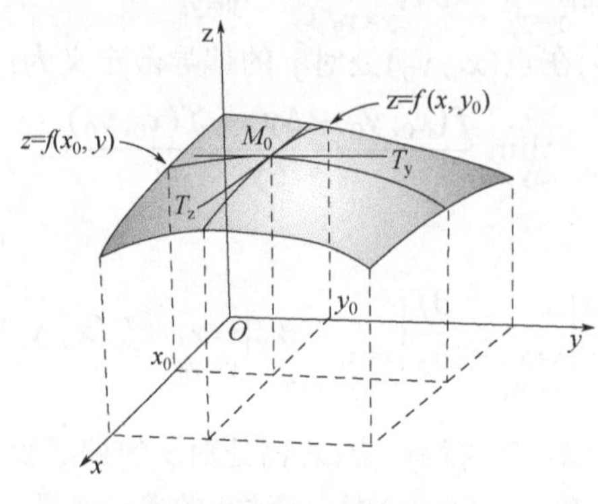

图 3-36　偏导数的几何意义

3.9.8 多元函数偏导数的笔算求法简介

3.9.8.1 简单偏导数

求简单偏导数就是把其他自变量看作常数，再根据一元函数求导法则进行求导。

求$z=x^2\sin 2y$的偏导数，得：

$$\frac{\partial z}{\partial x}=2x\sin 2y\ ,\quad \frac{\partial z}{\partial y}=2x^2\cos 2y$$

3.9.8.2 高阶偏导数

已知$z=x^3y^2-3xy^3-xy+1$，得：

$$\frac{\partial z}{\partial x}=3x^2y^2-3y^3-y;\quad \frac{\partial z}{\partial y}=2x^3y-9xy^2-x$$

$$\frac{\partial^2 z}{\partial x^2}=6xy^2;\quad \frac{\partial^2 z}{\partial y\,\partial x}=\frac{\partial^2 z}{\partial x\,\partial y}=6x^2y-9y^2-1;\quad \frac{\partial^2 z}{\partial y^2}=2x^3-18xy$$

$$\frac{\partial^3 z}{\partial x^3}=6y^2$$

3.9.8.3 多元复合函数求导

如果函数$u=\varphi(t)$及$v=\psi(t)$都在点 t 处可导，函数$z=f(u,v)$在对应点(u,v)处具有连续偏导数，那么复合函数$z=f[\varphi(t),\psi(t)]$在点 t 处可导，且有

$$\frac{\mathrm{d}z}{\mathrm{d}t}=\frac{\partial z}{\partial u}\times\frac{\mathrm{d}u}{\mathrm{d}t}+\frac{\partial z}{\partial v}\times\frac{\mathrm{d}v}{\mathrm{d}t}$$

比如设$z=f(u,v,t)=uv+\sin t$，而$u=\mathrm{e}^t$，$v=\cos t$，求全导数$\frac{\mathrm{d}z}{\mathrm{d}t}$。

$$\frac{\mathrm{d}z}{\mathrm{d}t}=\frac{\partial f}{\partial u}\times\frac{\mathrm{d}u}{\mathrm{d}t}+\frac{\partial f}{\partial v}\times\frac{\mathrm{d}v}{\mathrm{d}t}+\frac{\partial f}{\partial t}=v\mathrm{e}^t-u\sin t+\cos t=\mathrm{e}^t\cos t-\mathrm{e}^t\sin t+\cos t$$

$$=\mathrm{e}^t(\cos t-\sin t)+\cos t$$

如果函数$u=\varphi(x,y)$及$v=\psi(x,y)$都在点(x,y)处具有对x及对y的偏导数，函数$z=f(u,v)$在对应点(u,v)具有连续偏导数，那么复合函数$z=f[\varphi(x,y),\psi(x,y)]$在点$(x,y)$处的两个偏导数都存在，且有

$$\frac{\partial z}{\partial x}=\frac{\partial z}{\partial u}\times\frac{\partial u}{\partial x}+\frac{\partial z}{\partial v}\times\frac{\partial v}{\partial x};\quad \frac{\partial z}{\partial y}=\frac{\partial z}{\partial u}\times\frac{\partial u}{\partial y}+\frac{\partial z}{\partial v}\times\frac{\partial v}{\partial y}$$

设$z=e^u\sin v$，而$u=xy$，$v=x+y$。求z对x和y的偏导数。

$$\frac{\partial z}{\partial x}=\frac{\partial z}{\partial u}\times\frac{\partial u}{\partial x}+\frac{\partial z}{\partial v}\times\frac{\partial v}{\partial x}=\mathrm{e}^u y\sin v+\mathrm{e}^u\cos v=\mathrm{e}^{xy}[y\sin(x+y)+\cos(x+y)]$$

$$\frac{\partial z}{\partial y}=\frac{\partial z}{\partial u}\times\frac{\partial u}{\partial y}+\frac{\partial z}{\partial v}\times\frac{\partial v}{\partial y}=\mathrm{e}^u x\sin v+\mathrm{e}^u\cos v=\mathrm{e}^{xy}[x\sin(x+y)+\cos(x+y)]$$

如果函数$u=\varphi(x,y)$在点(x,y)具有对x及对y的偏导数，函数$v=\psi(y)$在点y处可导，函数$z=f(u,v)$在对应点(u,v)处具有连续偏导数，那么复合函数$z=f[\varphi(x,y),\psi(y)]$在点$(x,y)$处的两个偏导数都存在，且有

$$\frac{\partial z}{\partial x}=\frac{\partial z}{\partial u}\times\frac{\partial u}{\partial x};\quad \frac{\partial z}{\partial y}=\frac{\partial z}{\partial u}\frac{\partial u}{\partial y}+\frac{\partial z}{\partial v}\frac{\partial v}{\partial y}$$

设$u=f(x,y,z)=\mathrm{e}^{x^2+y^2+z^2}$，$z=x^2\sin y$，求$u$对$x$和$y$的偏导。

$$\frac{\partial u}{\partial x}=\frac{\partial f}{\partial x}+\frac{\partial f}{\partial z}\times\frac{\partial z}{\partial x}=2x\mathrm{e}^{x^2+y^2+z^2}+2z\mathrm{e}^{x^2+y^2+z^2}2x\sin y=2x(1+2x^2\sin^2 y)\mathrm{e}^{x^2+y^2+x^4\sin^2 y}$$

$$\frac{\partial u}{\partial y}=\frac{\partial f}{\partial y}+\frac{\partial f}{\partial z}\times\frac{\partial z}{\partial y}=2y\mathrm{e}^{x^2+y^2+z^2}+2z\mathrm{e}^{x^2+y^2+z^2}x^2\cos y$$

$$=2(y+x^4\sin y\cos y)\mathrm{e}^{x^2+y^2+x^4\sin^2 y}$$

3.9.8.4 隐函数求偏导

设函数$F(x,y,z)$在点$P(x_0,y_0,z_0)$的某一邻域内具有连续偏导数，且$F(x_0,y_0,z_0)=0$，$F_z(x_0,y_0,z_0)\neq 0$。则方程$F(x,y,z)=0$在点(x_0,y_0,z_0)的某一邻域内恒能唯一确定一个连续且具有连续偏导数的函数$z=f(x,y)$，它满足条件$z_0=f(x_0,y_0)$，并有：

$$\frac{\partial z}{\partial x}=-\frac{F_x}{F_z},\quad \frac{\partial z}{\partial y}=-\frac{F_y}{F_z}$$

设$x^2+y^2+z^2-4z=0$，求$\frac{\partial^2 z}{\partial x^2}$。设$F(x,y,z)=x^2+y^2+z^2-4z$，则$F_x=2x$，$F_z=2z-4$，当$z\neq 2$时，有$\frac{\partial z}{\partial x}=\frac{x}{2-z}$。再一次对$x$求偏导得：

$$\frac{\partial^2 z}{\partial x^2}=\frac{(2-z)+x\dfrac{\partial z}{\partial x}}{(2-z)^2}=\frac{(2-z)+x\left(\dfrac{x}{2-z}\right)}{(2-z)^2}=\frac{(2-z)^2+x^2}{(2-z)^3}$$

对于方程组

$$\begin{cases}F(x,y,u,v)=0\\G(x,y,u,v)=0\end{cases}$$

设$F(x,y,u,v)$、$G(x,y,u,v)$在点$P(x_0,y_0,u_0,v_0)$的某一邻域内具有对各个变量的连续偏导数，又$F(x_0,y_0,u_0,v_0)=0$，$G(x_0,y_0,u_0,v_0)=0$，且偏导数所组成的函数行列式——雅可比行列式

$$J=\frac{\partial(F,G)}{\partial(u,v)}=\begin{vmatrix}\dfrac{\partial F}{\partial u} & \dfrac{\partial F}{\partial v}\\ \dfrac{\partial G}{\partial u} & \dfrac{\partial G}{\partial v}\end{vmatrix}$$

在点$P(x_0,y_0,u_0,v_0)$不等于零，则方程组$F(x,y,u,v)=0$、$G(x,y,u,v)=0$在点(x_0,y_0,u_0,v_0)的某一邻域内恒能唯一确定一组连续且具有连续偏导数的函数$u=u(x,y)$，$v=v(x,y)$，它们满足条件$u_0=u(x_0,y_0)$，$v_0=v(x_0,y_0)$，并有：

$$\frac{\partial u}{\partial x}=-\frac{1}{J}\times\frac{\partial(F,G)}{\partial(x,v)}=-\frac{\begin{vmatrix}F_x & F_v\\G_x & G_v\end{vmatrix}}{\begin{vmatrix}F_u & F_v\\G_u & G_v\end{vmatrix}};\quad \frac{\partial v}{\partial x}=-\frac{1}{J}\times\frac{\partial(F,G)}{\partial(u,x)}=-\frac{\begin{vmatrix}F_u & F_x\\G_u & G_x\end{vmatrix}}{\begin{vmatrix}F_u & F_v\\G_u & G_v\end{vmatrix}}$$

$$\frac{\partial u}{\partial y}=-\frac{1}{J}\times\frac{\partial(F,G)}{\partial(y,v)}=-\frac{\begin{vmatrix}F_y & F_v\\G_y & G_v\end{vmatrix}}{\begin{vmatrix}F_u & F_v\\G_u & G_v\end{vmatrix}};\quad \frac{\partial v}{\partial y}=-\frac{1}{J}\times\frac{\partial(F,G)}{\partial(u,y)}=-\frac{\begin{vmatrix}F_u & F_y\\G_u & G_y\end{vmatrix}}{\begin{vmatrix}F_u & F_v\\G_u & G_v\end{vmatrix}}$$

设有方程组$\begin{cases}xu-yv=0\\yu+xv=1\end{cases}$，求$\frac{\partial u}{\partial x}$、$\frac{\partial u}{\partial y}$、$\frac{\partial v}{\partial x}$、$\frac{\partial v}{\partial y}$。

$$\frac{\partial u}{\partial x}=\frac{\begin{vmatrix}-u & -y\\-v & x\end{vmatrix}}{\begin{vmatrix}x & -y\\y & x\end{vmatrix}}=-\frac{xu+yv}{x^2+y^2};\quad \frac{\partial v}{\partial x}=\frac{\begin{vmatrix}x & -u\\y & -v\end{vmatrix}}{\begin{vmatrix}x & -y\\y & x\end{vmatrix}}=\frac{yu-xv}{x^2+y^2}$$

同理

$$\frac{\partial u}{\partial y}=\frac{xv-yu}{x^2+y^2};\quad \frac{\partial v}{\partial y}=-\frac{xu+yv}{x^2+y^2}$$

以上成立的前提条件是$J=x^2+y^2\neq 0$。

3.9.9 多元函数偏导数的 MATLAB 求法

多元函数的偏导数仍然使用 diff 函数，即：

导数名=diff(符号表达式,'求导变量',阶数)

如果遇到高阶混合偏导，需要用 diff 函数多次求导；如果遇到隐函数求偏导，需要根据隐函数偏导公式

$$\frac{\partial z}{\partial x}=-\frac{F_x}{F_z},\quad \frac{\partial z}{\partial y}=-\frac{F_y}{F_z}$$

先求两个偏导再计算出来；当遇到隐函数方程组求偏导，需要用 jacobian 函数创建雅可比矩阵，再用 det 函数解雅可比矩阵行列式，最后可以根据计算公式将计算好的量进行运算，其

语法格式如下：

矩阵名=jacobian ([方程 1,方程 2],[内层函数 1,内层函数 2])

变量名=det(矩阵名)

【例 3-30】 按要求求下列函数的偏导数：

① $u=\arctan(x-y)^z$，求$\frac{\partial u}{\partial x}$，$\frac{\partial u}{\partial y}$，$\frac{\partial u}{\partial z}$

② $z=x\ln(xy)$，求$\frac{\partial^3 z}{\partial x^2\partial y}$，$\frac{\partial^3 z}{\partial x\partial y^2}$

③ $u=\frac{e^{ax}(y-z)}{a^2+1}, y=a\sin x, z=\cos x$，求$\frac{du}{dx}$

④ $z^3-3xyz=a^3$，求$\frac{\partial^2 z}{\partial x\partial y}$

⑤ $\begin{cases}xu-yv=0\\yu+xv=1\end{cases}$，求$\frac{\partial v}{\partial x}$

⑥ $\begin{cases}x+y+z=0\\x^2+y^2+z^2=1\end{cases}$，求$\frac{dx}{dz}$，$\frac{dy}{dz}$

① 在 M 文件编辑器中输入：

```
syms x y z;
u=sym('atan((x-y)^z)');          %定义函数
pupx=diff(u,x)                   %u 对 x 偏导
pupy=diff(u,y)                   %u 对 y 偏导
pupz=diff(u,z)                   %u 对 z 偏导
```

计算结果为：

pupx =(z*(x - y)^(z - 1))/((x - y)^(2*z) + 1)

pupy =-(z*(x - y)^(z - 1))/((x - y)^(2*z) + 1)

pupz =(log(x - y)*(x - y)^z)/((x - y)^(2*z) + 1)

计算时间约为 0.23s。

即

$$\frac{\partial u}{\partial x}=\frac{z(x-y)^{z-1}}{(x-y)^{2z}+1};\quad \frac{\partial u}{\partial y}=-\frac{z(x-y)^{z-1}}{(x-y)^{2z}+1};\quad \frac{\partial u}{\partial z}=\frac{(x^z-y)\ln(x-y)}{(x-y)^{2z}+1}$$

② 在 M 文件编辑器中输入：

```
syms x y;
z=sym('x*log(x*y)');             %定义函数
pz2px2=diff(z,x,2);              %z 对 x 求二阶偏导
pz3px2py=diff(pz2px2,y)          %z 再对 y 求偏导
pzpx=diff(z,x);                  %z 对 x 求偏导
pz3pxpy2=diff(pzpx,y,2)          %z 再对 y 求二阶偏导
```

计算结果为：

pz3px2py =0

pz3pxpy2 =-1/y^2

计算时间约为 0.134s。

即

$$\frac{\partial^3 z}{\partial x^2\,\partial y}=0;\quad \frac{\partial^3 z}{\partial x\,\partial y^2}=-\frac{1}{y^2}$$

③ 在 M 文件编辑器中输入：

```
syms a x y z;
y=a*sin(x);                      %内层函数
z=cos(x);                        %内层函数
u=(exp(a*x)*(y-z))/(a^2+1);      %外层函数
dudx=simplify(diff(u,x))         %求多元复合函数偏导，并化简
```

计算结果为：dudx =exp(a*x)*sin(x)

计算时间约为 0.087s。

即

$$\frac{\mathrm{d}u}{\mathrm{d}x}=\mathrm{e}^{ax}\sin x$$

④ 在 M 文件编辑器中输入：

```
syms a x y z;
f=sym('z^3-3*x*y*z-a^3');               %写为方程形式
fx=diff(f,x);                           %方程对 x 的导数
fy=diff(f,y);                           %方程对 y 的导数
fz=diff(f,z);                           %方程对 z 的导数
pzpx=-fx/fz;                            %z 对 x 的偏导
pzpy=-fy/fz;                            %z 对 y 的偏导
pzpx_s=subs(pzpx,z,'z(y)');             %所有“z”换为“z（y）”
pz2pxpy=diff(pzpx_s,y);                 %含“z（y）”的表达式对 y 求偏导
pz2pxpy_s=subs(pz2pxpy,{'z(y)','diff(z(y), y)'},{z,pzpy});
%用“z”变量替换“z(y)”写法，由求好的“pzpy”代入“diff(z(y), y)”写法
final=simplify(pz2pxpy_s)               %求解并化简
```

计算结果为：final =(z*(x^2*y^2 + 2*x*y*z^2 - z^4))/(x*y - z^2)^3

计算时间约为 0.306s。

即

$$\frac{\partial^2 z}{\partial x\,\partial y}=\frac{z(x^2y^2+2xyz^2-z^4)}{(xy-z^2)^3}$$

⑤ 在 M 文件编辑器中输入：

```
syms x y u v;
f=sym('x*u-y*v');                       %定义第一个符号方程
g=sym('y*u+x*v-1');                     %定义第二个符号方程
jd=det(jacobian([f,g],[u,v]));          %计算分母雅可比行列式
ju=det(jacobian([f,g],[u,x]));          %计算分子雅可比行列式
pvpx=-ju/jd                             %两行列式计算
```

计算结果为：pvpx =(u*y - v*x)/(x^2 + y^2)

计算时间约为 0.092s。

即

$$\frac{\partial v}{\partial x}=\frac{uy-vx}{x^2+y^2}$$

⑥ 在 M 文件编辑器中输入：

将方程组两侧均对 z 求导，得：

$$\begin{cases}\dfrac{\mathrm{d}x}{\mathrm{d}z}+\dfrac{\mathrm{d}y}{\mathrm{d}z}+1=0\\2x\dfrac{\mathrm{d}x}{\mathrm{d}z}+2y\dfrac{\mathrm{d}y}{\mathrm{d}z}+2z=0\end{cases}$$

形成了一个关于$\frac{\mathrm{d}x}{\mathrm{d}z}$和$\frac{\mathrm{d}y}{\mathrm{d}z}$的二元一次方程组，用 MATLAB 符号代数方程函数 solve 进行求解，在 M 文件编辑器中输入：

```
syms dxdz dydz x y z;
f1='dxdz+dydz+1';                      %符号方程 1
f2='2*x*dxdz+2*y*dydz+2*z';            %符号方程 2
[dx,dy]=solve(f1,f2,dxdz,dydz)         %解符号方程组
```

计算结果为：dx =(y - z)/(x - y)；dy =-(x - z)/(x - y)

计算时间约为 0.214s。

即

$$\frac{\mathrm{d}x}{\mathrm{d}z}=\frac{y-z}{x-y};\quad \frac{\mathrm{d}y}{\mathrm{d}z}=-\frac{x-z}{x-y}$$

3.9.10　全微分的概念

设函数$z=f(x,y)$在点(x,y)的某邻域内有定义，如果函数在点(x,y)的全增量

$$\Delta z=f(x+\Delta x,y+\Delta y)-f(x,y)$$

可表示为：

$$\Delta z=A\Delta x+B\Delta y+o(\rho)$$

其中 A 和 B 不依赖于Δx和Δy而仅与 x 和 y 有关，$\rho=\sqrt{(\Delta x)^2+(\Delta y)^2}$，那么称函数$z=f(x,y)$在点$(x,y)$处可微分，而$A\Delta x+B\Delta y$称为函数$z=f(x,y)$在点$(x,y)$处的全微分，记作 dz，即

$$\mathrm{d}z=A\Delta x+B\Delta y$$

如果函数$z=f(x,y)$在点(x,y)处可微分，那么该函数在点(x,y)处的偏导数$\frac{\partial z}{\partial x}$与$\frac{\partial z}{\partial y}$必定存在，且函数$z=f(x,y)$在点$(x,y)$处的全微分为：

$$\mathrm{d}z=\frac{\partial z}{\partial x}\Delta x+\frac{\partial z}{\partial y}\Delta y$$

如果函数$z=f(x,y)$ 的偏导数$\frac{\partial z}{\partial x}$与$\frac{\partial z}{\partial y}$在点$(x,y)$处连续，那么函数在该点处可微分。

3.9.11 全微分的 MATLAB 求法

【例 3-31】 求下面函数的全微分：

$$z=\frac{y}{\sqrt{x^2+y^2}}$$

在 M 文件编辑器中输入：

```
syms x y;
z=y/sqrt(x^2+y^2);                         %定义符号函数
pzpx=diff(z,x);                            %z 对 x 求偏导
pzpy=diff(z,y);                            %z 对 y 求偏导
disp(['dz',pzpx,'dx',pzpy,'dy'])  %输出尽可能像的全微分形式
```

计算结果为：[dz, -(x*y)/(x^2 + y^2)^(3/2), dx, 1/(x^2 + y^2)^(1/2) - y^2/(x^2 + y^2)^(3/2), dy]

计算时间约为 0.1s。

即

$$\mathrm{d}z=\frac{\partial z}{\partial x}\mathrm{d}x+\frac{\partial z}{\partial y}\mathrm{d}y=-\frac{xy}{\sqrt{(x^2+y^2)^3}}\mathrm{d}x+\left(\frac{1}{\sqrt{x^2+y^2}}-\frac{y^2}{\sqrt{(x^2+y^2)^3}}\right)\mathrm{d}y$$

3.9.12 多元函数微分学的几何应用

3.9.12.1 一元向量值函数简介

设数集 $D\subset\mathbf{R}$，则称映射$f:D\to\mathbf{R}^n$为一元向量值函数，通常记为：

$$\boldsymbol{r}=f(t),t\in D$$

式中，D 为函数的定义域；t 为自变量；$\mathbf{r}$ 为因变量。

设向量值函数$\boldsymbol{r}=f(t)$在点t_0的某一邻域内有定义，如果

$$\lim_{\Delta t\to 0}\frac{\Delta\boldsymbol{r}}{\Delta t}=\lim_{\Delta t\to 0}\frac{\boldsymbol{f}(t_0+\Delta t)-\boldsymbol{f}(t_0)}{\Delta t}$$

存在，那么就称这个极限向量为向量值函数$\boldsymbol{r}=f(t)$在t_0处的导数或导向量，记作$\boldsymbol{f}'(t_0)$或$\left.\frac{\mathrm{d}\mathbf{r}}{\mathrm{d}t}\right|_{t=t_0}$。

3.9.12.2 空间曲线的切线与法平面

设空间曲线Γ的参数方程为：

$$\begin{cases}x=\varphi(t)\\y=\psi(t)\quad t\in[\alpha,\beta]\\z=\omega(t)\end{cases}$$

则该曲线在其上一点$M(x_0,y_0,z_0)$处的切线方程为：

$$\frac{x-x_0}{\varphi'(t_0)}=\frac{y-y_0}{\psi'(t_0)}=\frac{z-z_0}{\omega'(t_0)}$$

通过点 M 且与切线垂直的平面称为曲线Γ在 M 点的法平面，它通过点 M 且以$\boldsymbol{T}=\boldsymbol{f}'(t_0)$为法向量，其方程为：

$$\varphi'(t_0)(x-x_0)+\psi'(t_0)(y-y_0)+\omega'(t_0)(z-z_0)=0$$

如果空间曲线Γ的方程为

$$\begin{cases}F(x,y,z)=0\\G(x,y,z)=0\end{cases}$$

当$\left.\frac{\partial(F,G)}{\partial(y,z)}\right|_M$、$\left.\frac{\partial(F,G)}{\partial(z,x)}\right|_M$、$\left.\frac{\partial(F,G)}{\partial(x,y)}\right|_M$中至少有一个不为 0 时，曲线$\Gamma$在点$M(x_0,y_0,z_0)$的切线方程为：

$$\frac{x-x_0}{\begin{vmatrix}F_y & F_z\\G_y & G_z\end{vmatrix}_M}=\frac{y-y_0}{\begin{vmatrix}F_z & F_x\\G_z & G_x\end{vmatrix}_M}=\frac{z-z_0}{\begin{vmatrix}F_x & F_y\\G_x & G_y\end{vmatrix}_M}$$

在点$M(x_0,y_0,z_0)$处的法平面方程为：

$$\begin{vmatrix}F_y & F_z\\G_y & G_z\end{vmatrix}_M(x-x_0)+\begin{vmatrix}F_z & F_x\\G_z & G_x\end{vmatrix}_M(y-y_0)+\begin{vmatrix}F_x & F_y\\G_x & G_y\end{vmatrix}_M(z-z_0)=0$$

3.9.12.3　曲面的切平面与法线

隐函数

$$F(x,y,z)=0$$

在点$M(x_0,y_0,z_0)$的切平面方程为：

$$F_x(x_0,y_0,z_0)(x-x_0)+F_y(x_0,y_0,z_0)(y-y_0)+F_z(x_0,y_0,z_0)(z-z_0)=0$$

通过M且垂直于切平面的直线称为法线，法线方程为：

$$\frac{x-x_0}{F_x(x_0,y_0,z_0)}=\frac{y-y_0}{F_y(x_0,y_0,z_0)}=\frac{z-z_0}{F_z(x_0,y_0,z_0)}$$

垂直于切平面的向量称为法向量，坐标为：

$$\boldsymbol{n}=(F_x(x_0,y_0,z_0),F_y(x_0,y_0,z_0),F_z(x_0,y_0,z_0))$$

如果曲面方程以显函数形式给出，如

$$z=f(x,y)$$

则该曲面在点$M(x_0,y_0,z_0)$处的法向量为：

$$\boldsymbol{n}=(f_x(x_0,y_0),f_y(x_0,y_0),-1)$$

切平面方程为：

$$f_x(x_0,y_0)(x-x_0)+f_y(x_0,y_0)(y-y_0)-(z-z_0)=0$$

法线方程为：

$$\frac{x-x_0}{f_x(x_0,y_0)}=\frac{y-y_0}{f_y(x_0,y_0)}=\frac{z-z_0}{-1}$$

法向量的方向余弦为：

$$\cos\alpha = \frac{-f_x}{\sqrt{1+f_x^2+f_y^2}},\ \cos\beta = \frac{-f_y}{\sqrt{1+f_x^2+f_y^2}},\ \cos\gamma = \frac{1}{\sqrt{1+f_x^2+f_y^2}}$$

3.9.13 方向导数及其笔算方法简介

偏导数反映的是函数沿坐标轴方向的变化率。但许多物理现象告诉我们，只考虑函数沿坐标轴方向的变化率是不够的。例如，热空气要向冷的地方流动，气象学中就要确定大气温度、气压沿着某些方向的变化率。因此我们有必要来讨论函数沿任一指定方向的变化率问题。

如果函数$f(x,y)$在点$P_0(x_0,y_0)$处可微分，那么函数在该点沿任一方向l的方向导数存在，且有：

$$\left.\frac{\partial f}{\partial l}\right|_{(x_0,y_0)} = f_x(x_0,y_0)\cos\alpha + f_y(x_0,y_0)\cos\beta$$

式中，$\cos\alpha$、$\cos\beta$是方向l的方向余弦。

例如，求函数$z = xe^{2y}$在点 $P(1，0)$处沿从点 $P(1，0)$到点 $Q(2，-1)$的方向的方向导数。

这里方向l即向量$\overrightarrow{PQ} = (1,-1)$的方向，与$l$同向的单位向量为：

$$\boldsymbol{e}_l = \left(\frac{1}{\sqrt{2}},-\frac{1}{\sqrt{2}}\right)$$

因为函数可微分，且

$$\left.\frac{\partial z}{\partial x}\right|_{(1,0)} = e^{2y}|_{(1,0)} = 1;\ \left.\frac{\partial z}{\partial y}\right|_{(1,0)} = 2xe^{2y}|_{(1,0)} = 2$$

故所求方向导数为：

$$\left.\frac{\partial z}{\partial l}\right|_{(1,0)} = 1\times\frac{1}{\sqrt{2}} + 2\times\left(-\frac{1}{\sqrt{2}}\right) = -\frac{\sqrt{2}}{2}$$

这里，单位向量的横纵坐标就在数值上等于两个方向余弦值。

3.9.14 方向导数的 MATLAB 计算

【例 3-32】 求多元函数$z = \sin(xy) + \cos^2(xy)$在点 P（1,2）处沿从点 P（1,2）到点 Q（2,2.5）的方向的方向导数，计算结果保留 4 位有效数字。

在 M 文件编辑器中输入：

```
syms x y;
z='sin(x*y)+cos(x*y)^2';                 %定义符号函数
p=[1,2];q=[2,2.5];                        %确定两点构成的方向
pq=[q(1)-p(1),q(2)-p(2)];                 %求PQ→
mol=sqrt(dot(pq,pq));                     %用内积开根号求|PQ→|
e=[pq(1)/mol,pq(2)/mol];                  %求单位向量，即知道方向导数
pzpx=diff(z,x);                           %求 z 对 x 的偏导
pzpy=diff(z,y);                           %求 z 对 y 的偏导
```

```
pzpl=pzpx*e(1)+pzpy*e(2);                %求方向导数表达式
pzpl_num=subs(pzpl,{x,y},{p(1),p(2)});   %代入该点数据
final=simplify(pzpl_num)                 %符号表达式化简
final_num=vpa(final,4)                   %结果保留 4 位有效数字
```

计算结果为：

final =5^(1/2)*(cos(2) - sin(4))

final_num =0.7617，计算时间约 0.174s。

即

$$\left.\frac{\partial z}{\partial l}\right|_{(1,2)} = \sqrt{5}(\cos 2 - \sin 4) \approx 0.7617$$

3.9.15　梯度与场论简介

设二元函数$f(x,y)$在平面区域 D 内具有一阶连续偏导数，则对于每一点$P_0(x_0,y_0) \in D$都可定出一个向量：

$$f_x(x_0,y_0)\boldsymbol{i} + f_y(x_0,y_0)\boldsymbol{j}$$

这向量称为函数$f(x,y)$在点$P_0(x_0,y_0)$的梯度，记作$\mathbf{grad}\, f(x_0,y_0)$或$\nabla f(x_0,y_0)$，即

$$\mathbf{grad}\, f(x_0,y_0) = \nabla f(x_0,y_0) = f_x(x_0,y_0)\boldsymbol{i} + f_y(x_0,y_0)\boldsymbol{j}$$

其中$\nabla = \frac{\partial}{\partial x}\boldsymbol{i} + \frac{\partial}{\partial y}\boldsymbol{j}$称为二维向量微分算子，$\nabla f = \frac{\partial f}{\partial x}\boldsymbol{i} + \frac{\partial f}{\partial y}\boldsymbol{j}$。

如果函数$f(x,y)$在点$P_0(x_0,y_0)$处可微分，$\boldsymbol{e}_l = (\cos\alpha, \cos\beta)$是与方向$l$同向的单位向量，那么

$$\left.\frac{\partial f}{\partial l}\right|_{(x_0,y_0)} = f_x(x_0,y_0)\cos\alpha + f_y(x_0,y_0)\cos\beta = \left(f_x(x_0,y_0), f_y(x_0,y_0)\right)\cdot(\cos\alpha, \cos\beta)$$

$$= \mathbf{grad}\, f(x_0,y_0)\cdot\boldsymbol{e}_l = |\mathbf{grad}\, f(x_0,y_0)|\cos\theta$$

$$\theta = (\mathbf{grad}\, \widehat{f(x_0,y_0),\boldsymbol{e}_l})$$

由函数在一点的梯度和方向导数的关系可知：

当$\theta = 0$即方向$\boldsymbol{e}_l$与梯度$\mathbf{grad}\, f(x_0,y_0)$的方向相同时，函数$f(x,y)$增加最快。此时，函数在这个方向的方向导数达到最大值，这个最大值就是梯度的模，即

$$\left.\frac{\partial f}{\partial l}\right|_{(x_0,y_0)} = |\mathbf{grad}\, f(x_0,y_0)|$$

当$\theta = \pi$，即方向$\boldsymbol{e}_l$与梯度$\mathbf{grad}\, f(x_0,y_0)$的方向相反时，函数$f(x,y)$减小最快，函数在这个方向的方向导数达到最小值，即

$$\left.\frac{\partial f}{\partial l}\right|_{(x_0,y_0)} = -|\mathbf{grad}\, f(x_0,y_0)|$$

当$\theta = \frac{\pi}{2}$，即方向$\boldsymbol{e}_l$与梯度$\mathbf{grad}\, f(x_0,y_0)$的方向正交时，函数的变化率为零，即

$$\left.\frac{\partial f}{\partial l}\right|_{(x_0,y_0)} = |\mathbf{grad}\, f(x_0,y_0)|\cos\frac{\pi}{2} = 0$$

若f_x、f_y不同时为零，则等值线$f(x,y) = c$上任一点$P_0(x_0,y_0)$处的一个单位法向量为：

$$\boldsymbol{n}=\frac{\nabla f(x_0,y_0)}{|\nabla f(x_0,y_0)|}$$

比如，函数$f(x,y)=\frac{1}{2}(x^2+y^2)$在$P_0(1,1)$处，沿$\nabla f(1,1)=(x\boldsymbol{i}+y\boldsymbol{j})|_{(1,1)}=\boldsymbol{i}+\boldsymbol{j}$方向增加最快，方向向量取

$$\boldsymbol{n}=\frac{\nabla f(1,1)}{|\nabla f(1,1)|}=\frac{1}{\sqrt{2}}\boldsymbol{i}+\frac{1}{\sqrt{2}}\boldsymbol{j}$$

方向导数为最大值，是：

$$\left.\frac{\partial f}{\partial n}\right|_{(1,1)}=|\mathbf{grad}\,f(1,1)|=\sqrt{2}$$

如果对于空间区域 G 内的任一点 M，都有一个确定的数量$f(M)$，那么称在这空间区域 G 内确定了一个数量场（例如温度场、密度场等）。一个数量场可用一个数量函数$f(M)$来确定。如果与点 M 相对应的是一个向量 $\boldsymbol{F}(M)$，那么称在这空间区域 G 内确定了一个向量场（例如力场、速度场等）。一个向量场可用一个向量值函数$\boldsymbol{F}(M)$来确定，而

$$\boldsymbol{F}(M)=P(M)\boldsymbol{i}+Q(M)\boldsymbol{j}+R(M)\boldsymbol{k}$$

式中，$P(M)$、$Q(M)$、$R(M)$是点 M 的数量函数。

若向量场$\boldsymbol{F}(M)$是某个数量函数$f(M)$的梯度，则称$f(M)$是向量场$\boldsymbol{F}(M)$的一个势函数，并称向量场$\boldsymbol{F}(M)$为势场。由此可知，由数量函数$f(M)$产生的梯度$\mathbf{grad}\,f(M)$是一个势场。但需注意，任意一个向量场并不一定都是势场，因为它不一定是某个数量函数的梯度。

3.9.16 多元函数梯度的 MATLAB 计算

【例 3-33】 设多元函数

$$f(x,y,z)=x^2+2y^2+3z^2+xy+3x-2y-6z$$

求$\mathbf{grad}\,f(1,1,1)$ 。

在 M 文件编辑器中输入：

```
syms x y z;
f='x^2+2*y^2+3*z^2+x*y+3*x-2*y-6*z'; %定义符号函数
pfpx=simplify(diff(f,x));            %求 f 对 x 的偏导
pfpy=simplify(diff(f,y));            %求 f 对 y 的偏导
pfpz=simplify(diff(f,z));            %求 f 对 z 的偏导
gradf=[pfpx,pfpy,pfpz];              %定义梯度向量
gradf=subs(gradf,{x,y,z},{1,1,1});   %将梯度向量代入数据
disp(['gradf',gradf(1),'i',gradf(2),'j',gradf(3),'k'])
                                     %输出梯度
```

计算结果为：gradf =[gradf, 6, i, 3, j, 0, k]

计算时间约为 0.152s。

即

$$\mathbf{grad}\,f(1,1,1)=6\boldsymbol{i}+3\boldsymbol{j}$$

3.9.17 多元函数极值的计算方法

3.9.17.1 无条件极值

多元函数极值的定义与一元函数同理，不再赘述。设函数$z=f(x,y)$在点(x_0,y_0)处具有偏导数，且在点(x_0,y_0)处有极值，则有：

$$\left.\frac{\partial f}{\partial x}\right|_{(x_0,y_0)}=0,\quad \left.\frac{\partial f}{\partial y}\right|_{(x_0,y_0)}=0$$

与一元函数类似，凡是能使$\left.\frac{\partial f}{\partial x}\right|_{(x,y)}=0$，$\left.\frac{\partial f}{\partial y}\right|_{(x,y)}=0$同时成立的点$(x_0,y_0)$称为函数$z=f(x,y)$的驻点。具有偏导数的函数的极值点必定是驻点，但函数的驻点不一定是极值点，例如点(0，0)是函数 $z=xy$ 的驻点，但函数在该点并无极值。

设函数$z=f(x,y)$在点(x_0,y_0)的某邻域内连续且有一阶及二阶连续偏导数，又因为$\left.\frac{\partial f}{\partial x}\right|_{(x_0,y_0)}=0$，$\left.\frac{\partial f}{\partial y}\right|_{(x_0,y_0)}=0$，令

$$\left.\frac{\partial^2 f}{\partial x^2}\right|_{(x_0,y_0)}=A,\quad \left.\frac{\partial^2 f}{\partial x\,\partial y}\right|_{(x_0,y_0)}=B,\quad \left.\frac{\partial^2 f}{\partial y^2}\right|_{(x_0,y_0)}=C$$

则$f(x,y)$在(x_0,y_0)处是否取得极值的条件如下：

① $AC-B^2>0$时具有极值，且当$A<0$时有极大值，当$A>0$时有极小值；

② $AC-B^2<0$时没有极值；

③ $AC-B^2=0$时可能有极值，也可能没有极值，还需另作讨论。

比如，找函数$f(x,y)=x^3-y^3+3x^2+3y^2-9x$的极值，解方程组

$$\begin{cases}\left.\dfrac{\partial f}{\partial x}\right|_{(x,y)}=3x^2+6x-9=0\\ \left.\dfrac{\partial f}{\partial y}\right|_{(x,y)}=-3y^2+6y=0\end{cases}$$

求得驻点为（1，0）、（1，2）、（−3，0）、（−3，−2）。求出各个二阶偏导数为：

$$A=\left.\frac{\partial^2 f}{\partial x^2}\right|_{(x,y)}=6x+6;\ B=\left.\frac{\partial^2 f}{\partial x\,\partial y}\right|_{(x,y)}=0;\ C=\left.\frac{\partial^2 f}{\partial x^2}\right|_{(x,y)}=-6y+6$$

在点（1，0）处，因为$AC-B^2=72>0$，又$A>0$，所以函数在（1，0）处有极小值$f(1,0)=-5$；在点（1，2）处，因为$AC-B^2=-72<0$，所以$f(-3,0)$不是极值；在点（−3，2）处，因为$AC-B^2=72>0$，又因为$A<0$，所以函数在（−3，2）处有极大值$f(-3,2)=31$。

3.9.17.2 拉格朗日乘数法

要找函数$z=f(x,y)$在附加条件$\varphi(x,y)=0$下的可能极值点，可以先作拉格朗日函数：

$$L(x,y)=f(x,y)+\lambda\varphi(x,y)$$

式中，λ为参数，称为拉格朗日乘子；$L(x,y)$为拉格朗日函数。求其对x与y的一阶偏导数，并使之为零，然后与条件方程联立起来：

$$\begin{cases} f_x(x,y)+\lambda\varphi_x(x,y)=0 \\ f_y(x,y)+\lambda\varphi_y(x,y)=0 \\ \varphi(x,y)=0 \end{cases}$$

由这方程组解出x、y及λ，这样得到的(x,y)就是函数$f(x,y)$在附加条件$\varphi(x,y)=0$下的可能极值点。

这方法还可以推广到自变量多于两个而条件多于一个的情形。例如，要求函数

$$u=f(x,y,z,t)$$

在附加条件

$$\varphi(x,y,z,t)=0，\psi(x,y,z,t)=0$$

下的极值，可以先作拉格朗日函数：

$$L(x,y,z,t)=f(x,y,z,t)+\lambda\varphi(x,y,z,t)+\mu\psi(x,y,z,t)$$

式中，λ、μ均为参数。求其一阶偏导数，并使之为零，然后与两个条件方程联立起来求解，这样得出的(x,y,z,t)就是函数u在附加条件$\varphi=0$、$\psi=0$下的可能极值点。

例如，求表面积为a^2而体积为最大的长方体的体积。设长方体的三棱长为x、y与z，则问题就是求函数$V=xyz\ (x>0,y>0,z>0)$在条件$\varphi(x,y,z)=2xy+2yz+2xz-a^2=0$下的最大值。作拉格朗日函数：

$$L(x,y,z)=xyz+\lambda(2xy+2yz+2xz-a^2)$$

求其对x、y与z的偏导数，并使之为零，与条件方程联立得到：

$$\begin{cases} yz+2\lambda(y+z)=0 \\ xz+2\lambda(x+z)=0 \\ xy+2\lambda(y+x)=0 \\ 2xy+2yz+2xz-a^2=0 \end{cases}$$

解4元1次方程组得$x=y=z=\frac{\sqrt{6}}{6}a$。所以该问题的最大值为$V\left(\frac{\sqrt{6}}{6}a,\frac{\sqrt{6}}{6}a,\frac{\sqrt{6}}{6}a\right)=\frac{\sqrt{6}}{36}a^3$。这是唯一可能的极值点，因为由问题本身可知最大值一定存在，所以最大值就在这个可能的极值点处取得。也就是说结论是：表面积为a^2的长方体中，以棱长为$\frac{\sqrt{6}}{6}a$的正方体的体积为最大，最大体积$V=\frac{\sqrt{6}}{36}a^3$。

程序设计省略，上面问题解方程时需要注意a不是待求变量，而λ是。

3.10 重积分

3.10.1 二重积分的概念

设$f(x,y)$是有界闭区域D上的有界函数。将闭区域D任意分成n个小闭区域：

$$\Delta\sigma_1,\Delta\sigma_2,\dots,\Delta\sigma_n$$

其中$\Delta\sigma_i$表示第i个小闭区域，也表示它的面积。在每个$\Delta\sigma_i$上任取一点(ξ_i,η_i)，作乘积$f(\xi_i,\eta_i)\Delta\sigma_i(i=1,2,\dots,n)$，并作和$\sum_{i=1}^{n}f(\xi_i,\eta_i)\Delta\sigma_i$，如果当各小闭区域的直径中的最大值$\lambda\to 0$时，这和的极限总存在，且与闭区域D的分法及点$(\xi_i,\eta_i)$的取法无关，那么称此极限为函数

$f(x,y)$在闭区域 D 上的二重积分，记作$\iint_D f(x,y)\mathrm{d}\sigma$，即

$$\iint\limits_D f(x,y)\mathrm{d}\sigma = \lim_{\lambda\to 0}\sum_{i=1}^{n} f(\xi_i,\eta_i)\Delta\sigma_i$$

式中，$f(x,y)$为被积函数；$f(x,y)\mathrm{d}\sigma$为被积表达式；$\mathrm{d}\sigma$为面积元素；x、y为积分变量；D为积分区域；$\sum\limits_{i=1}^{n} f(\xi_i,\eta_i)\Delta\sigma_i$为积分和。

在二重积分的定义中对闭区域 D 的划分是任意的，如果在直角坐标系中用平行于坐标轴的直线网来划分 D，那么除了包含边界点的一些小闭区域外，其余的小闭区域都是矩形闭区域。设矩形闭区域$\Delta\sigma_i$的边长为Δx_j和Δy_k，则$\Delta\sigma_i = \Delta x_j\Delta y_k$。因此在直角坐标系中，有时也把面积元素$\mathrm{d}\sigma$记作 $\mathrm{d}x\mathrm{d}y$，而把二重积分记作：

$$\iint\limits_D f(x,y)\mathrm{d}x\mathrm{d}y$$

其中 $\mathrm{d}x\mathrm{d}y$ 称为直角坐标系中的面积元素。

二重积分的几何意义是：曲顶柱体的体积是函数$f(x,y)$在 D 上的二重积分，如果积分值为负，则曲顶柱面在 xOy 平面下面，大部分规律与定积分一致。设函数$f(x,y)$在闭区域 D 上连续，σ是 D 的面积，则在 D 上至少存在一点(ξ,η)使得：

$$\iint\limits_D f(x,y)\mathrm{d}\sigma = f(\xi,\eta)\sigma$$

3.10.2　二重积分的笔算方法简介

计算二重积分的常规方法，是将二重积分化为两次定积分。

3.10.2.1　直角坐标的二重积分

如图 3-37 所示的曲顶柱体的体积用二重积分

$$\iint\limits_D f(x,y)\mathrm{d}\sigma = \int_a^b\left[\int_{\varphi_1(x)}^{\varphi_2(x)} f(x,y)\mathrm{d}y\right]\mathrm{d}x$$

来表达。上式右端的积分称为先对 y、后对 x 的二次积分。就是说，先把x看作常数，把$f(x,y)$只看作y的函数，并对y计算从$\varphi_1(x)$到$\varphi_2(x)$的定积分；然后把算得的结果（是x的函数）再对x计算在区间[a，b]上的定积分。这个先对y、后对x的二次积分也常记作：

$$\iint\limits_D f(x,y)\mathrm{d}\sigma = \int_a^b\mathrm{d}x\int_{\varphi_1(x)}^{\varphi_2(x)} f(x,y)\mathrm{d}y$$

这样的二重积分也称为直角坐标的 X 型二重积分，Y 型二重积分同理，不再赘述。

比如，计算：

$$\iint\limits_D xy\mathrm{d}\sigma$$

其中 D 是由抛物线$y^2 = x$及直线$y = x - 2$所围成的闭区域。D 区域的图形如图 3-38 所示。

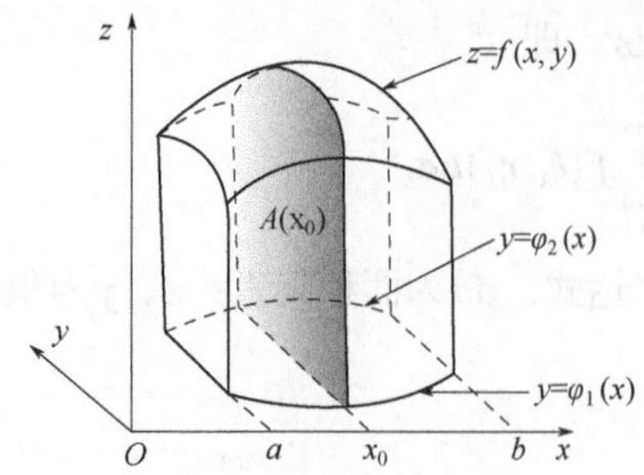

图 3-37 直角坐标二重积分

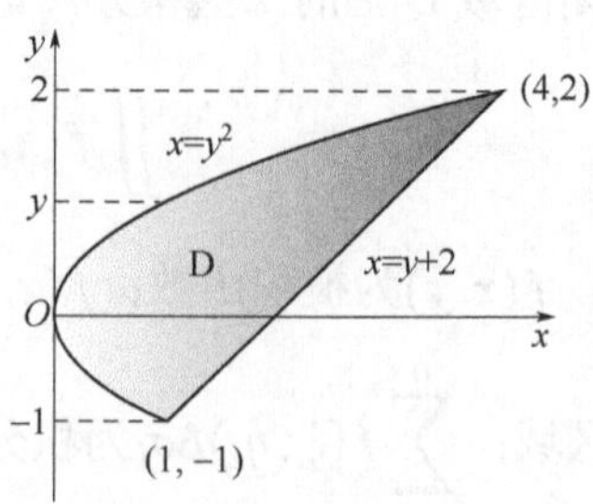

图 3-38 Y 型二重积分 D 区域

该问题的 D 区域既是 X 型又是 Y 型，按照 Y 型较为简单。

$$V=\iint\limits_{D} xy\mathrm{d}\sigma=\int_{-1}^{2}\left[\int_{y^2}^{y+2} xy\mathrm{d}x\right]\mathrm{d}y=\int_{-1}^{2}\left[\frac{x^2}{2}y\right]_{y^2}^{y+2}\mathrm{d}y=\frac{1}{2}\int_{-1}^{2}[y(y+2)^2-y^5]\mathrm{d}y$$

$$=\frac{1}{2}\left[\frac{y^4}{4}+\frac{4}{3}y^3+2y^2-\frac{y^6}{6}\right]_{-1}^{2}=\frac{45}{8}$$

如果按照 X 型计算，则表达式形如：

$$\iint\limits_{D} xy\mathrm{d}\sigma=\iint\limits_{D_1} xy\mathrm{d}\sigma+\iint\limits_{D_2} xy\mathrm{d}\sigma$$

3.10.2.2 极坐标的二重积分

将二重积分直角坐标表达式转化为极坐标表达式，则为：

$$\iint\limits_{D} f(x,y)\mathrm{d}x\mathrm{d}y=\iint\limits_{D} f(\rho\cos\theta,\rho\sin\theta)\rho\mathrm{d}\rho\mathrm{d}\theta$$

式中，$\rho\mathrm{d}\rho\mathrm{d}\theta$为极坐标系中的面积元素。极坐标系中的二重积分同样可以化为二次积分来计算。设如图 3-39 所示的积分区域 D 可以用不等式

$$\varphi_1(\theta)\le\rho\le\varphi_2(\theta),\alpha\le\theta\le\beta$$

来表示，其中函数$\varphi_1(\theta)$、$\varphi_2(\theta)$在区间[α，β]上连续。

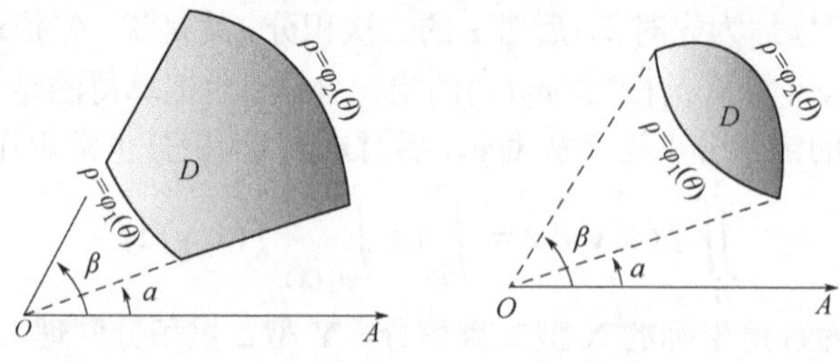

图 3-39 极坐标二重积分 D 区域

先在区间[α，β]上任意取定一个θ值。对应于这个θ值，D 上的点的极径ρ从$\varphi_1(\theta)$变到$\varphi_2(\theta)$。又因为θ是在[α，β]上任意取定的，所以θ的变化范围是区间[α，β]。这样就可看出，极坐标系中的二重积分化为二次积分的公式为：

$$\iint_D f(\rho\cos\theta,\rho\sin\theta)\rho\mathrm{d}\rho\mathrm{d}\theta=\int_\alpha^\beta\left[\int_{\varphi_1(\theta)}^{\varphi_2(\theta)}f(\rho\cos\theta,\rho\sin\theta)\rho\mathrm{d}\rho\right]\mathrm{d}\theta$$

也常写成：

$$\iint_D f(\rho\cos\theta,\rho\sin\theta)\rho\mathrm{d}\rho\mathrm{d}\theta=\int_\alpha^\beta\mathrm{d}\theta\int_{\varphi_1(\theta)}^{\varphi_2(\theta)}f(\rho\cos\theta,\rho\sin\theta)\rho\mathrm{d}\rho$$

求球体$x^2+y^2+z^2\le 4a^2$被圆柱面$x^2+y^2=2ax\ (a>0)$所截得的（含在圆柱面内的部分）立体的体积，如图3-40所示。

由对称性可知：

$$V=4\iint_D\sqrt{4a^2-x^2-y^2}\mathrm{d}x\mathrm{d}y$$

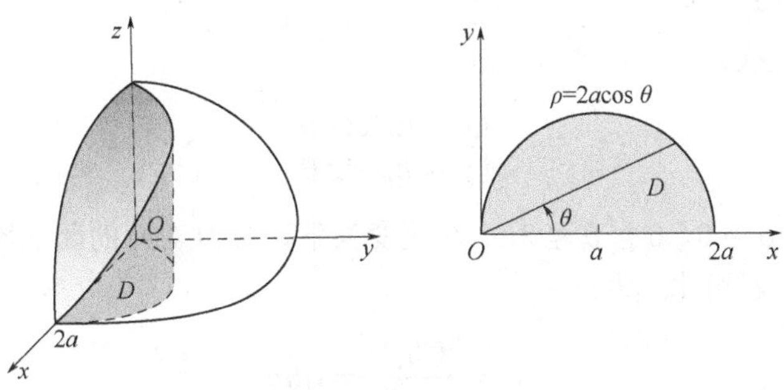

图3-40　极坐标的D区域及立体图

式中，D为半圆周$y=\sqrt{2ax-x^2}$及x轴所围成的闭区域。在极坐标系中，闭区域D可用不等式

$$0\le\rho\le 2a\cos\theta,0\le\theta\le\frac{\pi}{2}$$

来表示，于是

$$V=4\iint_D\sqrt{4a^2-\rho^2}\rho\mathrm{d}\rho\mathrm{d}\theta=4\int_0^{\frac{\pi}{2}}\mathrm{d}\theta\int_0^{2a\cos\theta}\sqrt{4a^2-\rho^2}\rho\mathrm{d}\rho=\frac{32}{3}a^3\int_0^{\frac{\pi}{2}}(1-\sin^3\theta)\mathrm{d}\theta$$

$$=\frac{32}{3}a^3\left(\frac{\pi}{2}-\frac{2}{3}\right)$$

3.10.2.3　二重积分的换元法简介

设$f(x,y)$在xOy平面上的闭区域D上连续，若变换

$$T:x=x(u,v),y=y(u,v)$$

将uOv平面上的闭区域D'变为xOy平面上的D，且满足：

① $x(u,v)$，$y(u,v)$在D'上具有一阶连续偏导数；

② 在D'上雅可比式为：

$$J(u,v)=\frac{\partial(x,y)}{\partial(u,v)}\neq 0$$

③ 变换$T:D' \to D$是一对一的，则有：

$$\iint_D f(x,y)\mathrm{d}x\mathrm{d}y=\iint_{D'} f[x(u,v),y(u,v)]|J(u,v)|\mathrm{d}u\mathrm{d}v$$

上式称为二重积分的换元公式。

例如，计算：

$$\iint_D \sqrt{1-\frac{x^2}{a^2}-\frac{y^2}{b^2}}\,\mathrm{d}x\mathrm{d}y$$

式中，D 为椭圆$\frac{x^2}{a^2}+\frac{y^2}{b^2}=1$所围成的闭区域。

做广义极坐标变换：

$$\begin{cases}x=a\rho\cos\theta\\ y=b\rho\sin\theta\end{cases}$$

其中$a>0$，$b>0$，$\rho\geq 0$，$0\leq\theta\leq 2\pi$。在这变换下，与 D 对应的闭区域为$D'=\{(\rho,\theta)|0\leq \rho\leq 1,0\leq\theta\leq 2\pi\}$，雅可比式为：

$$J=\frac{\partial(x,y)}{\partial(\rho,\theta)}=ab\rho$$

J在D'内仅当$\rho=0$时为零，故换元公式成立，从而有：

$$\iint_D \sqrt{1-\frac{x^2}{a^2}-\frac{y^2}{b^2}}\,\mathrm{d}x\mathrm{d}y=\iint_{D'}\sqrt{1-\rho^2}ab\rho\mathrm{d}\rho\mathrm{d}\theta=\frac{2}{3}\pi ab$$

3.10.3 二重积分的 MATLAB 计算

MATLAB 中计算二重积分有两种方法：解析法和数值法。解析法所用的函数是之前定积分和不定积分讲过的 int 函数，对于多重积分，嵌套使用 int 函数即可实现用多次积分来求解多重积分，如：

int(int(被积函数,积分变量,积分下限,积分上限),积分变量,积分下限,积分上限)

如果运用数值法，MATLAB 提供全局自适应二重积分函数 integral2，其语法格式如下：

变量名=integral2(函数句柄,x 积分下限,x 积分上限,y 积分下限,y 积分上限)

【例 3-34】 求下列二重积分：

① 设 D 是由直线$y=1$、$y=x$、$y=-x$围成的有界区域，计算二重积分的解析解。

$$\iint_D \frac{x^2-xy-y^2}{x^2+y^2}\mathrm{d}x\mathrm{d}y$$

② 设平面区域$D=\{(x,y)|1\leq x^2+y^2\leq 4,x\geq 0,y\geq 0\}$，计算：

$$\iint\limits_D \frac{x\sin\left(\pi\sqrt{x^2+y^2}\right)}{x+y}\mathrm{d}x\mathrm{d}y$$

① D 的区域的图形如图 3-41 所示，使用 Y 型计算法可以实现一步到位。x 和 y 的取值范围是：

$$-y \le x \le y, 0 \le y \le 1$$

所以，可以在 M 文件编辑器中输入：

```
syms x y;
z='(x^2-x*y-y^2)/(x^2+y^2)';               %被积函数符号表达式
int2=int(int(z,x,-y,y),y,0,1)              %用嵌套定积分来解二重积分
```

计算结果为：int2 =1 - pi/2

计算时间约为 0.09s。

即

$$\iint\limits_D \frac{x^2-xy-y^2}{x^2+y^2}\mathrm{d}x\mathrm{d}y = \int_0^1\int_{-y}^{y}\frac{x^2-xy-y^2}{x^2+y^2}\mathrm{d}x\mathrm{d}y = 1-\frac{\pi}{2}$$

② D 区域的图形如图 3-42 所示，该区域为环形，适合采用极坐标进行计算。

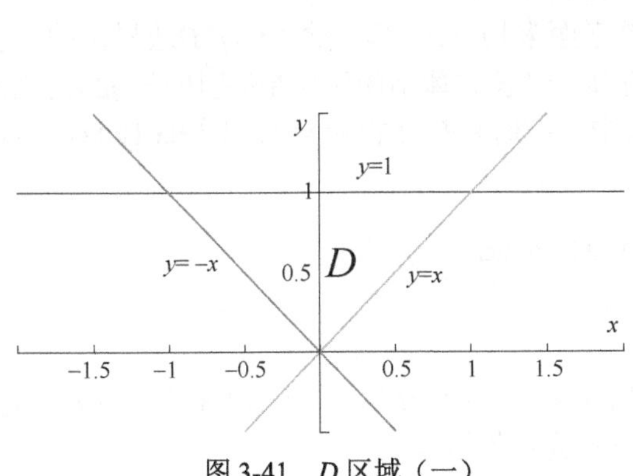

图 3-41　D 区域（一）

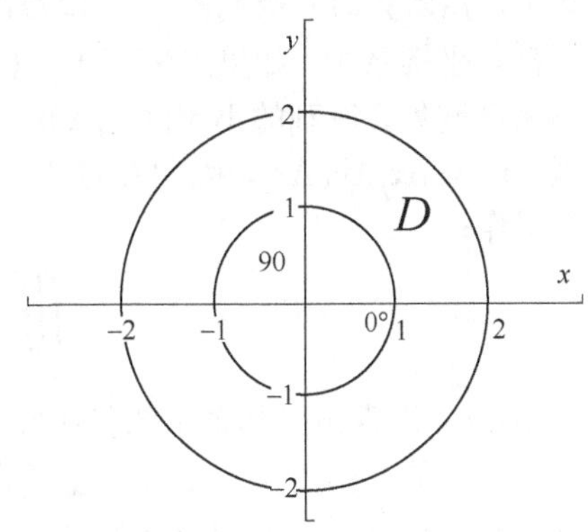

图 3-42　D 区域（二）

将原二重积分换为极坐标（极坐标面积元素中的ρ已与被积函数中的ρ约掉）：

$$\iint\limits_D \frac{x^2-xy-y^2}{x^2+y^2}\mathrm{d}x\mathrm{d}y = \iint\limits_D \frac{\rho\sin(\pi r)\cos\theta}{\sin\theta+\cos\theta}\mathrm{d}\rho\mathrm{d}\theta$$

积分上下限取值范围为：

$$1 \le \rho \le 2, 0 \le \theta \le \frac{\pi}{2}$$

在 M 文件编辑器输入：

```
syms r th;
z='(r*sin(pi*r)*cos(th))/(cos(th)+sin(th))';  %极坐标表达式
int2=int(int(z,r,1,2),th,0,pi/2)     %int 函数嵌套求解二重积分
```

计算结果为：int2 =-3/4

计算时间约为 0.14s。

即

$$\iint_D \frac{x^2-xy-y^2}{x^2+y^2}\mathrm{d}x\mathrm{d}y = \int_0^{\frac{\pi}{2}}\int_1^2 \frac{\rho\sin(\pi r)\cos\theta}{\sin\theta+\cos\theta}\mathrm{d}\rho\mathrm{d}\theta = -\frac{3}{4}$$

3.10.4 三重积分的概念

设$f(x,y,z)$是空间有界闭区域Ω上的有界函数。将Ω任意分成 n 个小闭区域：

$$\Delta v_1, \Delta v_2, \cdots, \Delta v_n$$

其中Δv_i表示第i个小闭区域，也表示它的体积。在每个Δv_i上任取一点(ξ_i,η_i,ζ_i)作乘积$f(\xi_i,\eta_i,\zeta_i)\Delta v_i(i=1,2,\cdots,n)$，并作$\sum_{i=1}^{n} f(\xi_i,\eta_i,\zeta_i)\Delta v_i$。如果当各小闭区域直径中的最大值$\lambda\to 0$时，这和的极限总存在，且与闭区域$\Omega$的分法及点$(\xi_i,\eta_i,\zeta_i)$的取法无关，那么称此极限为函数$f(x,y,z)$在闭区域$\Omega$上的三重积分，记作$\iiint_\Omega f(x,y,z)\mathrm{d}v$，即

$$\iiint_\Omega f(x,y,z)\mathrm{d}v = \lim_{\lambda\to 0}\sum_{i=1}^{n} f(\xi_i,\eta_i,\zeta_i)\Delta v_i$$

式中，$f(x,y,z)$为被积函数；$\mathrm{d}v$为体积元素；Ω为积分区域。

在直角坐标系中，如果用平行于坐标面的平面来划分Ω，那么除了包含Ω边界点的一些不规则小闭区域外，得到的小闭区域Δv_i为长方体。设长方体小闭区域Δv_i的边长为Δx_j、Δy_k与Δz_l，则$\Delta v_i=\Delta x_j\Delta y_k\Delta z_l$。因此在直角坐标系中，有时也把体积元素$\mathrm{d}v$记作$\mathrm{d}x\mathrm{d}y\mathrm{d}z$，而把三重积分记作：

$$\iiint_\Omega f(x,y,z)\mathrm{d}x\mathrm{d}y\mathrm{d}z$$

其中$\mathrm{d}x\mathrm{d}y\mathrm{d}z$称为直角坐标系中的体积元素。

三重积分的几何意义不明显，主要在于物理意义。如果$f(x,y,z)$表示某物体在点(x,y,z)的密度，则对物体占有的闭空间的三重积分表示物体的质量。

3.10.5 三重积分的笔算方法简介

二重积分运用二次积分法进行计算，三重积分则是按照三次积分法计算。

3.10.5.1 直角坐标三重积分

如图 3-43 所示的情形，积分区域Ω可表示为：

$$\Omega=\{(x,y,z)|z_1(x,y)\le z\le z_2(x,y),(x,y)\in D_{\mathrm{xy}}\}$$

先将x、y看作定值，将$f(x,y,z)$只看作z的函数，在区间$[z_1(x,y),\ z_2(x,y)]$上对 z 积分。积分的结果是x、y的函数，暂记为$F(x,y)$，然后计算$F(x,y)$在闭区域D_{xy}上的二重积分。假如闭区域

$$D_{\mathrm{xy}}=\{(x,y)|y_1(x)\le y\le y_2(x),a\le x\le b\}$$

就把二重积分化为二次积分，得到三重积分公式

$$\iiint_{\Omega} f(x,y,z)\mathrm{d}v = \int_a^b \mathrm{d}x \int_{y_1(x)}^{y_2(x)} \mathrm{d}y \int_{z_1(x,y)}^{z_2(x,y)} f(x,y,z)\mathrm{d}z$$

这样就把三重积分化为了先对 z、再对 y、最后对 x 的三次积分。

计算三重积分

$$\iiint_{\Omega} x\mathrm{d}x\mathrm{d}y\mathrm{d}z$$

其中Ω为平面$x+2y+z=1$和三个坐标面所围成的闭区域，如图 3-44 所示。

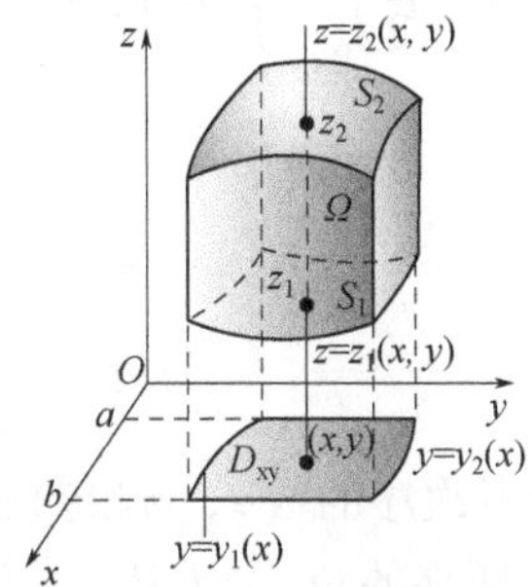

图 3-43　三重积分Ω区域

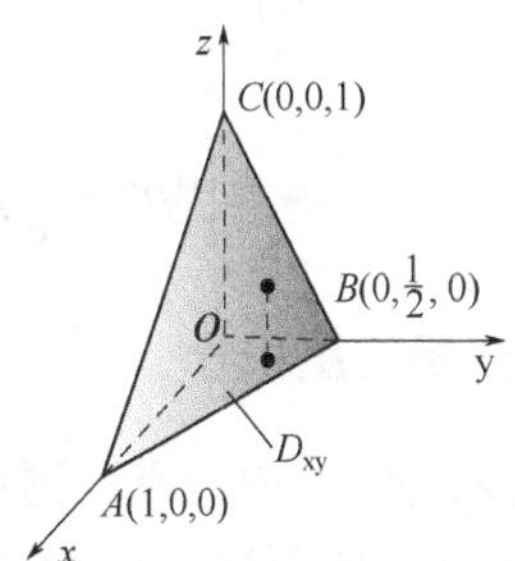

图 3-44　直角坐标Ω区域

Ω的积分区域为$0 \le z \le 1-x-2y$，AB 的方程为$x+2y=1$，二重积分区域 D 的区域为：

$$D_{\mathrm{xy}} = \{(x,y)|0 \le y \le \frac{1-x}{2}, 0 \le x \le 1\}$$

所以

$$\iiint_{\Omega} x\mathrm{d}x\mathrm{d}y\mathrm{d}z = \int_0^1 \int_0^{\frac{1-x}{2}} \int_0^{1-x-2y} x\mathrm{d}z\mathrm{d}y\mathrm{d}x = \int_0^1 \int_0^{\frac{1-x}{2}} (1-x-2y)x\mathrm{d}y\mathrm{d}x$$

$$= \frac{1}{4}\int_0^1 (x-2x^2+x^3)\mathrm{d}x = \frac{1}{48}$$

3.10.5.2　柱坐标三重积分

设$M(x,y,z)$为空间内一点，并设点 M 在 xOy 面上的投影 P 的极坐标为(ρ,θ)，则这样的三个数ρ、θ、z就称为点 M 的柱面坐标，如图 3-45 所示。这里规定，$0 \le \rho < +\infty$、$0 \le \theta \le 2\pi$、$-\infty < z < +\infty$。显然，点 M 的直角坐标与柱面坐标的关系为：

$$(x,y,z) = (\rho\cos\theta, \rho\sin\theta, z)$$

柱面坐标的体积元素为$\mathrm{d}v = \rho\mathrm{d}\rho\mathrm{d}\theta\mathrm{d}z$，将三重积分的直角坐标表达式化为柱坐标表达式，则有：

$$\iiint_{\Omega} f(x,y,z)\mathrm{d}x\mathrm{d}y\mathrm{d}z = \iiint_{\Omega} F(\rho,\theta,z)\rho\mathrm{d}\rho\mathrm{d}\theta\mathrm{d}z$$

比如利用柱坐标计算下述三重积分，其中Ω是由曲面$z=x^2+y^2$与平面$z=4$围成的闭区域：

$$\iiint_{\Omega} z\mathrm{d}x\mathrm{d}y\mathrm{d}z$$

显然，将闭区域Ω投影到 xOy 面上得到半径为 2 的圆形闭区域。Ω的 z 的范围为：

$$\rho^2 \le z \le 4$$

二重积分 D 区域为：

$$D_{\mathrm{xy}} = \{(\rho,\theta)|0 \le \rho \le 2, 0 \le \theta \le 2\pi\}$$

所以

$$\iiint_{\Omega} z\mathrm{d}x\mathrm{d}y\mathrm{d}z = \iiint_{\Omega} z\rho\mathrm{d}\rho\mathrm{d}\theta\mathrm{d}z = \int_0^{2\pi}\int_0^2\int_{\rho^2}^4 z\mathrm{d}z\mathrm{d}\rho\mathrm{d}\theta = \frac{1}{2}\int_0^{2\pi}\int_0^2 \rho(16-\rho^4)\mathrm{d}\rho\mathrm{d}\theta$$

$$= \pi\left[8\rho^2 - \frac{1}{6}\rho^6\right]_0^2 = \frac{64}{3}\pi$$

3.10.5.3 球坐标三重积分

设$M(x,y,z)$为空间内一点，则点 M 也可用这样三个有次序的数 r、φ和θ来确定，其中 r 为原点 O 与点 M 间的距离，φ为有向线段$\overrightarrow{OM}$与 z 轴正向所夹的角，θ为从正 z 轴来看自 x 轴按逆时针方向转到有向线段$\overrightarrow{OP}$的角，这里 P 为点 M 在 xOy 面上的投影。这样三个数 r、φ和θ称为点 M 的球面座标，三个坐标变化的范围为$0 \le r < +\infty$，$0 \le \varphi \le \pi$，$0 \le \theta\tau \le 2\pi$，点 M 的直角坐标与球面坐标的关系为：

$$(x,y,z) = (r\sin\varphi\cos\theta, r\sin\varphi\sin\theta, r\cos\varphi)$$

球坐标系中的体积元素为$\mathrm{d}v = r^2\sin\varphi\,\mathrm{d}r\mathrm{d}\varphi\mathrm{d}\theta$，将直角坐标三重积分表达式转化为球坐标表达式则有：

$$\iiint_{\Omega} f(x,y,z)\mathrm{d}x\mathrm{d}y\mathrm{d}z = \iiint_{\Omega} F(r,\varphi,\theta)r^2\sin\varphi\,\mathrm{d}r\mathrm{d}\varphi\mathrm{d}\theta$$

计算半径为 a 的球面与半顶角为α的内接锥面所围成的立体的体积，如图 3-47 所示。

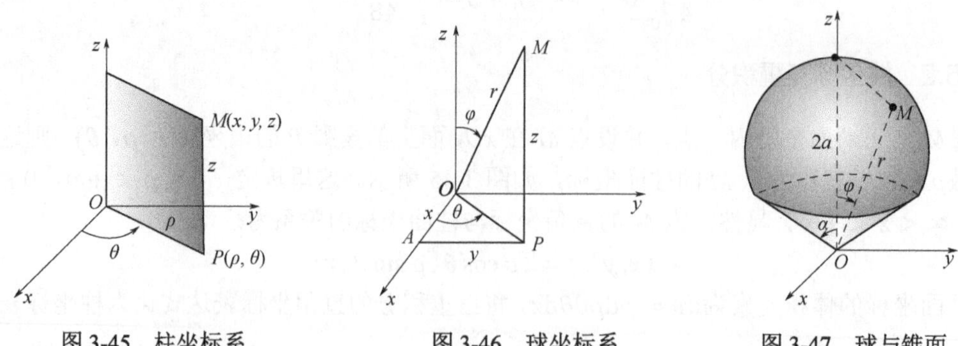

图 3-45 柱坐标系　　图 3-46 球坐标系　　图 3-47 球与锥面

由图像可得球面方程为$r = 2a\cos\varphi$，锥面方程为$\varphi = \alpha$，则闭区域Ω的范围是：

$0 \le r \le 2a\cos\varphi$，$0 \le \varphi \le \alpha$，$0 \le \theta \le 2\pi$

所以

$$V = \iiint\limits_{\Omega} r^2 \sin\varphi \, \mathrm{d}r\mathrm{d}\varphi\mathrm{d}\theta = \int_0^{2\pi}\int_0^{\alpha}\int_0^{2a\cos\varphi} r^2 \sin\varphi \, \mathrm{d}r\mathrm{d}\varphi\mathrm{d}\theta = 2\pi \int_0^{\alpha}\int_0^{2a\cos\varphi} r^2 \sin\varphi \, \mathrm{d}r\mathrm{d}\varphi$$

$$= \frac{16\pi a^3}{3}\int_0^{\alpha} \cos^3\varphi \sin\varphi \, \mathrm{d}\varphi = \frac{4\pi a^3}{3}(1-\cos^4\alpha)$$

3.10.6　三重积分的 MATLAB 计算

与二重积分相同，MATLAB 当中计算三重积分要利用 int 函数嵌套计算，得出解析解，或利用 integral3 函数进行数值积分，其语法结构如下：

变量名= integral3(函数句柄, x 积分下限, x 积分上限, y 积分下限, y 积分上限, z 积分下限, z 积分上限,其他参数（可选）)

【例 3-35】 计算

$$\iiint\limits_{\Omega} \frac{\mathrm{e}^z}{\sqrt{x^2+y^2}} \mathrm{d}v$$

其中Ω由$z=\sqrt{x^2+y^2}$与$z=2$围成。

闭区域Ω的 z 范围是$\sqrt{x^2+y^2} \le z \le 2$，其中二重积分 D 区域为$x^2+y^2 \le 4$，是一个圆形区域，所以本问题适合用柱坐标系来解决，积分区间分别为：

$$\rho \le z \le 2，0 \le \rho \le 2，0 \le \theta \le 2\pi$$

所以有：

$$\iiint\limits_{\Omega} \frac{\mathrm{e}^z}{\sqrt{x^2+y^2}} \mathrm{d}v \xlongequal{\sqrt{x^2+y^2}=\rho，\mathrm{d}v=\rho\mathrm{d}\rho\mathrm{d}\theta\mathrm{d}z} \iiint\limits_{\Omega} \mathrm{e}^z \mathrm{d}\rho\mathrm{d}\theta\mathrm{d}z$$

按此变换在 M 文件编辑器中输入：

```
syms r th z;
f='exp(z)';                                    %被积函数柱坐标式
int3=int(int(int(f,z,r,2),r,0,2),th,0,2*pi)
                                               %柱坐标嵌套三重积分
```

计算结果为：int3 =2*pi*(exp(2) + 1)

计算时间约为 0.2s。

即

$$\iiint\limits_{\substack{\sqrt{x^2+y^2}\le z\le 2 \\ D_{xy}:x^2+y^2\le 4}} \frac{\mathrm{e}^z}{\sqrt{x^2+y^2}} \mathrm{d}v = \iiint\limits_{\substack{\rho\le z\le 2 \\ 0\le\rho\le 2 \\ 0\le\theta\le 2\pi}} \mathrm{e}^z \mathrm{d}\rho\mathrm{d}\theta\mathrm{d}z = 2\pi(\mathrm{e}^2+1)$$

3.10.7　几何与工程实际问题的重积分原理

现在，将定积分的元素法推广到重积分当中，应用重积分的思想可以推导立体几何、理论力学和物理学中的一些公式。在解决实际问题的过程中可以根据这些公式来建立数学模型，进而编写程序代码。

3.10.7.1 曲面的面积

设曲面 S 由方程$z=f(x,y)$决定，且在 D 上具有连续偏导数，则曲面 S 的面积元素为：

$$dA=\sqrt{1+\left(\frac{\partial z}{\partial x}\right)^2+\left(\frac{\partial z}{\partial y}\right)^2}\,d\sigma$$

以它为被积表达式在闭区域 D 上积分，得曲面面积公式为：

$$A=\iint_D\sqrt{1+\left(\frac{\partial z}{\partial x}\right)^2+\left(\frac{\partial z}{\partial y}\right)^2}\,dxdy$$

设曲面的方程为$x=g(y,z)$或$y=h(z,x)$，可分别把曲面投影到 yOz 面上（投影区域记作 D_{yz}）或 zOx 面上（投影区域记作 D_{zx}），类似地可得：

$$A=\iint_{D_{yz}}\sqrt{1+\left(\frac{\partial x}{\partial y}\right)^2+\left(\frac{\partial x}{\partial z}\right)^2}\,dydz\;;\;A=\iint_{D_{zx}}\sqrt{1+\left(\frac{\partial y}{\partial z}\right)^2+\left(\frac{\partial y}{\partial x}\right)^2}\,dzdx$$

若曲面 S 由下面参数方程给出：

$$\begin{cases}x=x(u,v)\\y=y(u,v)\quad(u,v)\in D\\z=z(u,v)\end{cases}$$

D 是一个平面有界闭区域，$x(u,v)$、$y(u,v)$、$z(u,v)$在 D 上具有连续一阶偏导数，且

$$\frac{\partial(x,y)}{\partial(u,v)},\frac{\partial(y,z)}{\partial(u,v)},\frac{\partial(z,x)}{\partial(u,v)}$$

不全为 0，则曲面面积为：

$$A=\iint_D\sqrt{\left[\left(\frac{\partial x}{\partial u}\right)^2+\left(\frac{\partial y}{\partial u}\right)^2+\left(\frac{\partial z}{\partial u}\right)^2\right]\left[\left(\frac{\partial x}{\partial v}\right)^2+\left(\frac{\partial y}{\partial v}\right)^2+\left(\frac{\partial z}{\partial v}\right)^2\right]-\left(\frac{\partial x}{\partial u}\times\frac{\partial x}{\partial v}+\frac{\partial y}{\partial u}\times\frac{\partial y}{\partial v}+\frac{\partial z}{\partial u}\times\frac{\partial z}{\partial v}\right)^2}\,dudv$$

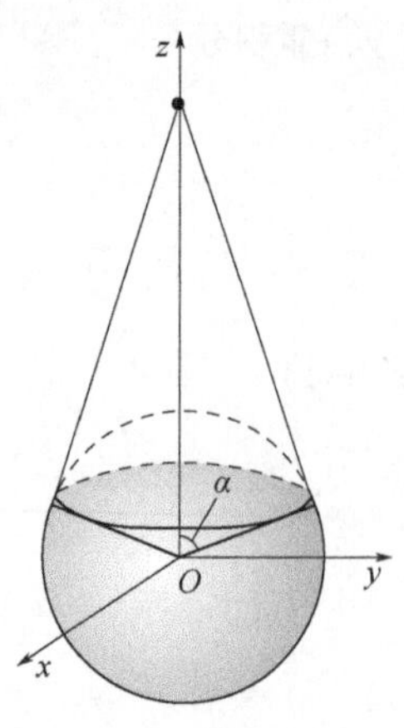

图 3-48　人造卫星与地球

关于曲面的面积，有一个经典的航天问题的解决方法值得借鉴。设有一颗地球同步轨道通信卫星（运行的角速度与地球自转的角速度相同），距地面的高度为$h=36000\text{km}$，地球半径$R=6400\text{km}$。需要计算该通信卫星的覆盖面积与地球表面积的比值。

取地心为坐标原点，地心到通信卫星中心的连线为 z 轴，建立的坐标系如图 3-48 所示。通信卫星覆盖的曲面Σ是上半球面被半顶角为α的圆锥面所截得的部分。Σ的方程为：

$$z=\sqrt{R^2-x^2-y^2},\ x^2+y^2\le R^2\sin^2\alpha$$

于是通信卫星的覆盖面积为：

$$A = \iint\limits_{D_{\mathrm{xy}}} \sqrt{1 + \left(\frac{\partial z}{\partial x}\right)^2 + \left(\frac{\partial z}{\partial y}\right)^2}\,\mathrm{d}x\mathrm{d}y$$

$$= \iint\limits_{D_{\mathrm{xy}}} \frac{R}{\sqrt{R^2 - x^2 - y^2}}\mathrm{d}x\mathrm{d}y$$

其中D_{xy}是曲面Σ在 xOy 面上的投影区域，即

$$D_{\mathrm{xy}} = \{(x,y)|x^2 + y^2 \le R^2 \sin^2 \alpha\}$$

利用极坐标，得：

$$A = \iint\limits_{\substack{0 \le \theta \le 2\pi \\ 0 \le \rho \le R\sin\alpha}} \frac{R}{\sqrt{R^2 - \rho^2}}\rho\mathrm{d}\rho\mathrm{d}\theta = \int_0^{2\pi}\int_0^{R\sin\alpha} \frac{R}{\sqrt{R^2 - \rho^2}}\rho\mathrm{d}\rho\mathrm{d}\theta$$

$$= R\int_0^{2\pi}\int_0^{R\sin\alpha} \frac{\rho}{\sqrt{R^2 - \rho^2}}\mathrm{d}\rho\mathrm{d}\theta = R\int_0^{2\pi} R(1 - \cos\alpha)\mathrm{d}\theta = 2\pi R^2(1 - \cos\alpha)$$

由于$\cos\alpha = \frac{R}{R+h}$，代入上式得：

$$A = 2\pi R^2\left(1 - \frac{R}{R+h}\right) = \frac{2\pi R^2 h}{R+h}$$

由此得这颗通信卫星的覆盖面积与地球表面积之比为：

$$\frac{A}{4\pi R^2} = \frac{\frac{2\pi R^2 h}{R+h}}{4\pi R^2} = \frac{h}{2(R+h)} = \frac{36 \times 10^3}{2 \times (36 + 6.4) \times 10^3} \approx 42.5\%$$

由以上结果可知，卫星覆盖了全球三分之一以上的面积，故使用三颗相隔$\frac{2}{3}\pi$角度的通信卫星就可以覆盖地球几乎全部表面。这个问题综合运用了圆锥方程、曲面面积、三角函数和二重积分。

3.10.7.2 质心

设在 xOy 平面上有 n 个质点，它们分别位于点(x_1,y_1)，(x_2,y_2)，…，(x_n,y_n)处，质量分别为m_1，m_2，…，m_n。理论力学指出，该质点系的质心的坐标为：

$$\overline{x} = \frac{M_{\mathrm{y}}}{M} = \frac{\sum_{i=1}^{n} m_i x_i}{\sum_{i=1}^{n} m_i},\quad \overline{y} = \frac{M_{\mathrm{x}}}{M} = \frac{\sum_{i=1}^{n} m_i y_i}{\sum_{i=1}^{n} m_i}$$

式中，M 为该质点系的总质量；M_{y}、M_{x}分别为质点系对 y 轴和 x 轴的静矩。

现在设有一平面薄片，占有 xOy 面上的闭区域 D，在点(x,y)处的面密度为$\mu(x,y)$，假定$\mu(x,y)$在 D 上连续，则该薄片的质心的坐标公式为：

$$\bar{x}=\frac{M_{\mathrm{y}}}{M}=\frac{\iint\limits_{D} x\mu(x,y)\mathrm{d}\sigma}{\iint\limits_{D} \mu(x,y)\mathrm{d}\sigma},\quad \bar{y}=\frac{M_{\mathrm{x}}}{M}=\frac{\iint\limits_{D} y\mu(x,y)\mathrm{d}\sigma}{\iint\limits_{D} \mu(x,y)\mathrm{d}\sigma}$$

密度均匀的平面薄片的质心也称为这平面图形的形心。

与薄片类似，占有空间有界闭区域Ω、在点(x,y,z)处的密度为$\rho(x,y,z)$的物体的质心坐标公式是：

$$\bar{x}=\frac{\iiint\limits_{\Omega} x\rho(x,y,z)\mathrm{d}v}{\iiint\limits_{\Omega} \rho(x,y,z)\mathrm{d}v},\quad \bar{y}=\frac{\iiint\limits_{\Omega} y\rho(x,y,z)\mathrm{d}v}{\iiint\limits_{\Omega} \rho(x,y,z)\mathrm{d}v},\quad \bar{z}=\frac{\iiint\limits_{\Omega} z\rho(x,y,z)\mathrm{d}v}{\iiint\limits_{\Omega} \rho(x,y,z)\mathrm{d}v}$$

3.10.7.3 转动惯量

设在 xOy 平面上有 n 个质点，它们分别位于点

$$(x_1,y_1),\ (x_2,y_2),\ \cdots,\ (x_n,y_n)$$

处，质量分别为m_1，m_2，…，m_n。理论力学指出，该质点系对于 x 轴以及对于 y 轴的转动惯量依次为：

$$I_{\mathrm{x}}=\sum_{i=1}^{n} y_i^2 m_i,\quad I_{\mathrm{y}}=\sum_{i=1}^{n} x_i^2 m_i$$

现在设有一薄片，占有 xOy 面上的闭区域 D，在点(x,y)处的面密度为$\mu(x,y)$，假定$\mu(x,y)$在 D 上连续。该薄片对于 x 轴的转动惯量以及对于 y 轴的转动惯量公式为：

$$I_{\mathrm{x}}=\iint\limits_{D} y^2\mu(x,y)\mathrm{d}\sigma,\quad I_{\mathrm{y}}=\iint\limits_{D} x^2\mu(x,y)\mathrm{d}\sigma$$

与平面类似，占有空间有界闭区域Ω、在点(x,y,z)处的密度为$\rho(x,y,z)$[假定$\rho(x,y,z)$在Ω上连续]的物体对于x、y和z轴的转动惯量为：

$$I_{\mathrm{x}}=\iiint\limits_{\Omega} (y^2+z^2)\rho(x,y,z)\mathrm{d}v,\quad I_{\mathrm{y}}=\iiint\limits_{\Omega} (z^2+x^2)\rho(x,y,z)\mathrm{d}v,$$

$$I_{\mathrm{z}}=\iiint\limits_{\Omega} (x^2+y^2)\rho(x,y,z)\mathrm{d}v$$

3.10.7.4 引力

设物体占空间有界闭区域Ω，它在点(x,y,z)处的密度为$\rho(x,y,z)$，并假定其连续。G 为引力常数，那么该物体对物体外一点$P_0(x_0,y_0,z_0)$处单位质点的引力的分量为：

$$F_x = \iiint\limits_{\Omega} \frac{G\rho(x,y,z)(x-x_0)}{\sqrt{(x-x_0)^2+(y-y_0)^2+(z-z_0)^2}^3}\mathrm{d}v$$

$$F_y = \iiint\limits_{\Omega} \frac{G\rho(x,y,z)(y-y_0)}{\sqrt{(x-x_0)^2+(y-y_0)^2+(z-z_0)^2}^3}\mathrm{d}v$$

$$F_z = \iiint\limits_{\Omega} \frac{G\rho(x,y,z)(z-z_0)}{\sqrt{(x-x_0)^2+(y-y_0)^2+(z-z_0)^2}^3}\mathrm{d}v$$

3.10.8　黎曼积分简介

多重积分是指嵌套多个积分，不限制于 2 个或 3 个，即

$$\int \cdots \int\limits_{T} f(x_1, x_2, \cdots, x_n)\mathrm{d}x_1\mathrm{d}x_2 \cdots \mathrm{d}x_n$$

设$m(C_k)$是笛卡儿积为C_k的区间的边长之积，则

$$\sum_{k=1}^{m} f(P_k)m(C_k)$$

称为黎曼和，函数$f(P_k)$称为黎曼可积，如果极限

$$S = \lim_{\delta \to 0} \sum_{k=1}^{m} f(P_k)m(C_k)$$

存在，其中极限取遍所有直径最大为δ的 T 的划分，S 称为f在 T 上的黎曼积分，记为：

$$\int\limits_{T} f(x)\mathrm{d}x$$

定义在任意有界 n 维集合上的函数的黎曼和，可以通过将函数延拓到一个半开半闭矩形上来求出，其取值在原来的定义域之外为 0。然后，原来的函数的积分就定义为延展的函数在矩形区域中的积分。n 维黎曼积分简称多重积分，多维函数的多重积分的几何意义是给出超体积。$\boldsymbol{TR}^1$对应定积分，$\boldsymbol{TR}^2$对应二重积分，$\boldsymbol{TR}^3$对应三重积分，它们全都是$\boldsymbol{TR}^n$对应的多重积分的特殊形式。多重积分全部为定积分。

函数如果为 1，则在数轴上定义了一条线，也是一个常函数；定积分的被积函数如果为 1，则在数轴上表示一条线段，也可表示高为 1 的矩形面积；二重积分的被积函数如果为 1，则在平面直角坐标系里表示一块面积，也可认为是以该面积为底的、高为 1 的体积；三重积分的被积函数如果为 1，则在空间直角坐标系中表示一个体积，也可认为是单位体积物理量为 1 的量在物体上的累积，如密度在体积上的累积就是质量。正是因为带自变量的函数作用在常数上，才使数可以变动，成为一条曲线；正是因为一元函数作用在定积分上，才使定积分的值成为曲边梯形的面积；正是因为二元函数的空间曲面作用在二重积分上，才使二重积分的值成为曲顶柱体体积；也正是因为定义在单位体积上的物理量作用在三重积分上，才使三重积分的值带有体积上的物理意义。再高维度的积分的意义难于想象，因为人类处于三维

空间中，高维空间可以感受低维空间，而反之则不可以，但根据三重以内积分的意义可以大概推测，再高维度的积分是在计算超体积及其超越普通感知度的物理意义。

3.11 曲线积分与曲面积分

如果说重积分是被积函数对坐标轴的积分，那么曲面积分和曲线积分可以说是被积函数对任意方向的积分。

3.11.1 曲线积分的概念

3.11.1.1 对弧长的曲线积分

设 L 为 xOy 面内的一条光滑曲线弧，函数$f(x,y)$在 L 上有界。在 L 上任意插入一点列 M_1，M_2，…，M_{n-1}把 L 分成 n 个小段，设第 i 个小段的长度为Δs_i，又(ξ_i,η_i)为第i个小段上任意取定的一点，作乘积$f(\xi_i,\eta_i)\Delta s_i(i=1,2,\cdots,n)$，并作和$\sum_{i=1}^{n} f(\xi_i,\eta_i)\Delta s_i$，如果当各小弧段的长度的最大值$\lambda\to 0$时，这和的极限总存在，且与曲线弧 L 的分法及点(ξ_i,η_i)的取法无关，那么称此极限为函数$f(x,y)$在曲线弧 L 上对弧长的曲线积分，或第一类曲线积分，记作$\int_L f(x,y)\mathrm{d}s$，即

$$\int_L f(x,y)\mathrm{d}s=\lim_{\lambda\to 0}\sum_{i=1}^{n} f(\xi_i,\eta_i)\Delta s_i$$

式中，$f(x,y)$为被积函数；L 为积分弧段。

上述定义可以类似地推广到积分弧段为空间曲线弧Γ的情形，即$f(x,y,z)$在曲线弧Γ上对弧长的曲线积分

$$\int_\Gamma f(x,y,z)\mathrm{d}s=\lim_{\lambda\to 0}\sum_{i=1}^{n} f(\xi_i,\eta_i,\zeta_i)\Delta s_i$$

如果 L 是闭曲线，那么函数$f(x,y)$在闭曲线 L 上对弧长的曲线积分记为：

$$\oint_L f(x,y)\mathrm{d}s$$

3.11.1.2 对坐标的曲线积分

设 L 为 xOy 面内从点 A 到点 B 的一条有向光滑曲线弧，函数$P(x,y)$与$Q(x,y)$在 L 上有界。在 L 上沿 L 的方向任意插入一点列$M_1(x_1,y_1)$，$M_2(x_2,y_2)$，…，$M_{n-1}(x_{n-1},y_{n-1})$，把 L 分成 n 个有向小弧段：

$$\overset{\frown}{M_{i-1}M_i}\ (i=1,2,\cdots,n;M_0=A,M_n=B)$$

设$\Delta x_i=x_i-x_{i-1}$，$\Delta y_i=y_i-y_{i-1}$，点(ξ_i,η_i)为$\overset{\frown}{M_{i-1}M_i}$上任意取定的点，作乘积$P(\xi_i,\eta_i)\Delta x_i(i=1,2,\cdots,n)$，并作和$\sum_{i=1}^{n} P(\xi_i,\eta_i)\Delta x_i$，如果当各小弧段长度的最大值$\lambda\to 0$时，

这和的极限总存在，且与曲线弧 L 的分法及点(ξ_i,η_i)的取法无关，那么称此极限为函数$P(x,y)$在有向曲线弧 L 上对坐标x的曲线积分，记作$\int_L P(x,y)\mathrm{d}x$。类似地，如果$\lim\limits_{\lambda\to 0}\sum_{i=1}^{n}Q(\xi_i,\eta_i)\Delta y_i$总存在，且与曲线弧 L 的分法及点(ξ_i,η_i)的取法无关，那么称此极限为函数$Q(x,y)$在有向曲线弧 L 上对坐标y的曲线积分，记作$\int_L Q(x,y)\mathrm{d}y$。即

$$\int_L P(x,y)\mathrm{d}x=\lim_{\lambda\to 0}\sum_{i=1}^{n}P(\xi_i,\eta_i)\Delta x_i$$

$$\int_L Q(x,y)\mathrm{d}y=\lim_{\lambda\to 0}\sum_{i=1}^{n}Q(\xi_i,\eta_i)\Delta y_i$$

其中$P(x,y)$、$Q(x,y)$称为被积函数，L 称为积分弧段。这也称为第二类曲线积分。

3.11.1.3 曲线积分的物理意义

曲线形构件的质量 m 在当线密度$\mu(x,y)$在 L 上连续时，就等于$\mu(x,y)$对弧长的曲线积分，即

$$m=\int_L \mu(x,y)\mathrm{d}s$$

也可以表示其他物理量在曲线上的累积，比如变力在曲线上的做功。

3.11.2 曲线积分的笔算方法简介

对于对弧长的曲线积分，设$f(x,y)$在曲线弧 L 上有定义且连续，L 的参数方程为：

$$\begin{cases}x=\varphi(t)\\ y=\psi(t)\end{cases}(\alpha\le t\le\beta)$$

若$\varphi(t)$、$\psi(t)$在$[\alpha,\beta]$上具有一阶连续导数，且$\varphi'^2(t)+\psi'^2(t)\ne 0$，则曲线积分$\int_L f(x,y)\mathrm{d}s$存在，且

$$\int_L f(x,y)\mathrm{d}s=\int_\alpha^\beta f[\varphi(t),\psi(t)]\sqrt{\varphi'^2(t)+\psi'^2(t)}\mathrm{d}t\ \ (\alpha<\beta)$$

如果曲线弧 L 是单一方程$y=\psi(x)$给出的，则人为添加一个方程$x=x$，从而对弧长的曲线积分的计算式变为：

$$\int_L f(x,y)\mathrm{d}s=\int_{x_0}^{X} f[x,\psi(x)]\sqrt{1+\psi'^2(x)}\mathrm{d}x\ \ (x_0<X)$$

推广到空间曲线弧，则有：

$$\int_\Gamma f(x,y,z)\mathrm{d}s=\int_\alpha^\beta f[\varphi(t),\psi(t),\omega(t)]\sqrt{\varphi'^2(t)+\psi'^2(t)+\omega'^2(t)}\mathrm{d}t\ \ (\alpha<\beta)$$

计算曲线积分$\int_L(x^2+y^2+z^2)\mathrm{d}s$，其中$\Gamma$为空间螺旋线$x=a\cos t$、$y=a\sin t$、$z=kt$上相应于 t 从 0 到 2π的一段弧。

$$\begin{aligned}\int_\Gamma (x^2+y^2+z^2)\mathrm{d}s &= \int_0^{2\pi}[(a\cos t)^2+(a\sin t)^2+(kt)^2]\sqrt{(-a\sin t)^2+(a\cos t)^2+(k)^2}\mathrm{d}t \\ &= \int_0^{2\pi}(a^2+k^2t^2)\sqrt{a^2+k^2}\mathrm{d}t = \sqrt{a^2+k^2}\left[a^2t+\frac{k^2t^3}{3}\right]_0^{2\pi} \\ &= \frac{2}{3}\pi\sqrt{a^2+k^2}(3a^2+4\pi^2k^2)\end{aligned}$$

对于对坐标的曲线积分，设$P(x,y)$与$Q(x,y)$在有向曲线弧 L 上有定义且连续，L 的参数方程为：

$$\begin{cases}x=\varphi(t)\\ y=\psi(t)\end{cases}$$

当参数 t 单调地由α变到β时，点$M(x,y)$从 L 的起点 A 沿 L 运动到终点 B，若$\varphi(t)$与$\psi(t)$在以α及β为端点的闭区间上具有一阶连续导数，且$\varphi'^2(t)+\psi'^2(t)\neq 0$，则曲线积分存在，且有：

$$\int_L P(x,y)\mathrm{d}x+Q(x,y)\mathrm{d}y=\int_\alpha^\beta\{P[\varphi(t),\psi(t)]\varphi'(t)+Q[\varphi(t),\psi(t)]\psi'(t)\}\mathrm{d}t$$

积分下限α对应于 L 的起点，而上限β对应于 L 的终点，α不一定小于β。

当 L 由$y=\psi(x)$给出时，是参数方程的特殊情形，人为添加方程$x=x$，则上述公式变为：

$$\int_L P(x,y)\mathrm{d}x+Q(x,y)\mathrm{d}y=\int_a^b\{P[x,\psi(x)]+Q[x,\psi(x)]\psi'(x)\}\mathrm{d}x$$

当然，该公式也可以推广到空间曲线积分的情况，与之前同理。

计算$\int_\Gamma x^3\mathrm{d}x+3zy^2\mathrm{d}y-x^2y\mathrm{d}z$，其中$\Gamma$是从点$A(3,2,1)$到点$B(0,0,0)$的直线段 AB。

直线段 AB 的方程为$\frac{x}{3}=\frac{y}{2}=\frac{z}{1}$，化为参数方程得：

$x=3t, y=2t, z=t, t$从 1 变化到 0

所以

$$\int_\Gamma x^3\mathrm{d}x+3zy^2\mathrm{d}y-x^2y\mathrm{d}z=\int_1^0[(3t)^3\times 3+3t(2t)^2\times 2-(3t)^2 2t]\mathrm{d}t=87\int_1^0 t^3\mathrm{d}t=-\frac{87}{4}$$

3.11.3 曲线积分的 MATLAB 计算

3.11.3.1 对弧长的曲线积分

【例 3-36】 设平面曲线 L 是由直线$y=x$及抛物线$y=x^2$围成的区域的整个边界。求闭环曲线积分：

$$\oint_L x\mathrm{d}s$$

将两曲线化为参数方程得：

$$\begin{cases} y = t^2 \\ x = t \end{cases}, \begin{cases} y = t \\ x = t \end{cases}$$

t的范围是（0,1）。所以在 M 文件编辑器中输入：

```
syms x y t;
x1='t';x2='t';                          %定义 2 个 x（t）
y1='t^2';y2='t';                        %定义 2 个 y（t）
f='x';                                  %定义被积函数
fl1=subs(f,{'x','y'},{x1,y1});          %将第 1 段被积函数表达式中的变量
                                        %替换为参数方程的形式，使其成为
                                        %含有参数 t 的表达式

ds1=sqrt((diff(x1,t))^2+(diff(y1,t))^2);   %定义第 1 段弧微分
intl1=simplify(int(fl1*ds1,t,0,1));    %求第 1 段曲线积分并化简
fl2=subs(f,{'x','y'},{x2,y2});          %将第 2 段被积函数表达式中的变量
                                        %替换为参数方程的形式，使其成为
                                        %含有参数 t 的表达式
ds2=sqrt((diff(x2,t))^2+(diff(y2,t))^2);   %定义第 2 段弧微分
intl2=simplify(int(fl2*ds2,t,1,0));    %求第 2 段曲线积分并化简
final=intl1+intl2                              %将积分值加和，求出闭积分
```

计算结果为：final =2^(1/2)/2 + (5*5^(1/2))/12 - 1/12

计算时间约为 0.245s。

即

$$\oint_L x\mathrm{d}s = \int_{L_1} x\mathrm{d}s + \int_{L_2} x\mathrm{d}s = \frac{\sqrt{2}}{2} + \frac{5\sqrt{5}}{12} - \frac{1}{12}$$

3.11.3.2　对坐标的曲线积分

【例 3-37】设有向闭曲线 L 由$y = x^2$和$x = y^2$组成，方向为逆时针，计算闭环曲线积分：

$$\oint_L 2xy\mathrm{d}x + x^2\mathrm{d}y$$

将两曲线化为参数方程得：

$$\begin{cases} y = t^2 \\ x = t \end{cases}, \begin{cases} y = t \\ x = t^2 \end{cases}$$

第一段积分中t的范围是（0,1），第二段积分中t的范围是（1,0）。先计算在L_1: $y = x^2$上的积分，在 M 文件编辑器中输入：

```
syms t x y;
x='t';                          %x 的参数方程
y='t^2';                        %y 的参数方程
P='2*x*y';                      %P 代数式
Q='x^2';                        %Q 代数式
dxdt=diff(x,t);                 %x 对 t 求导
```

```
dydt=diff(y,t);                      %y 对 t 求导
P1=subs(P,{'x','y'},{x,y});          %代入含 t 代数式后的 P
Q1=subs(Q,{'x','y'},{x,y});          %代入含 t 代数式后的 Q
F1=P1*dxdt+Q1*dydt;                  %曲线积分式
intl=int(F1,t,0,1)                   %求曲线积分
```

计算结果为：intl =1

再计算在L_2: $x = y^2$上的积分，在 M 文件编辑器中输入：

```
syms  t x y;                                          (%注释同上)
x='t^2';
y='t';
P='2*x*y';
Q='x^2';
dxdt=diff(x,t);
dydt=diff(y,t);
P1=subs(P,{'x','y'},{x,y});
Q1=subs(Q,{'x','y'},{x,y});
F1=P1*dxdt+Q1*dydt;
intl=int(F1,t,1,0)
```

计算结果为：intl =-1

两段积分计算总时间约为 0.23s。

即

$$\oint_L 2xy\mathrm{d}x + x^2\mathrm{d}y = \int_{L_1} 2xy\mathrm{d}x + x^2\mathrm{d}y + \int_{L_2} 2xy\mathrm{d}x + x^2\mathrm{d}y = 0$$

本例充分体现了对坐标曲面积分的方向性。

3.11.4 两类曲线积分的联系

设有向曲线弧 L 的起点为 A、终点为 B，曲线弧 L 由参数方程

$$\begin{cases} x = \varphi(t) \\ y = \psi(t) \end{cases}$$

给出，指向与有向曲线弧方向一致的切向量为有向曲线弧的切向量，为：

$$\boldsymbol{\tau} = \varphi'(t)\boldsymbol{i} + \psi'(t)\boldsymbol{j}$$

它的方向余弦为：

$$\cos\alpha = \frac{\varphi'(t)}{\sqrt{\varphi'^2(t) + \psi'^2(t)}}, \cos\beta = \frac{\psi'(t)}{\sqrt{\varphi'^2(t) + \psi'^2(t)}}$$

平面曲线弧 L 上的两类曲线积分之间有如下关系：

$$\int_L P\mathrm{d}x + Q\mathrm{d}y = \int_L (P\cos\alpha + Q\cos\beta)\mathrm{d}s$$

相当于是给了对坐标的曲线积分一个“对弧长”的解决办法。当然，该公式也可以推广到三维。

3.11.5　格林公式及其应用

设 D 为平面区域，若 D 中不含“洞”，则为单连通区域，若 D 中含洞，如图 3-49 所示为复连通区域。规定当观察者沿正方向行走时，有 D 区域面积的区域在其左侧，或者说当 D 区域的有效面积在观察者左侧时，称为观察者行走方向为闭环曲线路径的正方向。比如，对上图 D 区域来说，L 曲线沿逆时针为正方向，l 曲线沿顺时针为正方向。

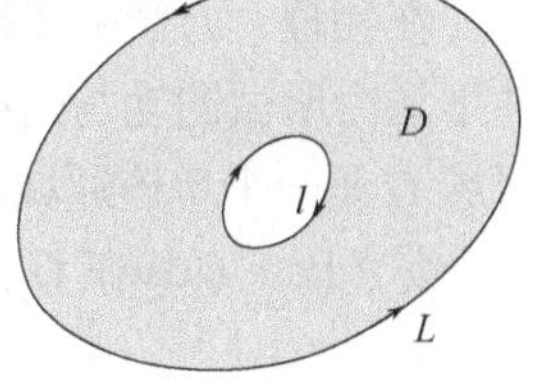

图 3-49　复连通区域

设闭区域 D 由分段光滑的曲线 L 围成，若函数$P(x,y)$及$Q(x,y)$在 D 上具有一阶连续偏导数，则有：

$$\iint\limits_D\left(\frac{\partial Q}{\partial x}-\frac{\partial P}{\partial y}\right)\mathrm{d}x\mathrm{d}y=\oint_L P\mathrm{d}x+Q\mathrm{d}y$$

式中，L 是 D 的取正向的边界曲线。上式称为格林（Green）公式，该公式描述的是平面闭区域 D 上的二重积分可以通过沿闭区域 D 的边界曲线 L 上的曲线积分来表达。

比如，当 L 为正向圆周$x^2+y^2=a^2$时，计算对坐标的曲线积分

$$\oint_L x^2y\mathrm{d}x-xy^2\mathrm{d}y$$

可以运用二重积分。令$P=x^2y$，$Q=-xy^2$，则

$$\frac{\partial Q}{\partial x}-\frac{\partial P}{\partial y}=-y^2-x^2$$

所以有

$$\oint_L x^2y\mathrm{d}x-xy^2\mathrm{d}y=\iint\limits_D\left(\frac{\partial Q}{\partial x}-\frac{\partial P}{\partial y}\right)\mathrm{d}x\mathrm{d}y=\iint\limits_D(-y^2-x^2)\mathrm{d}x\mathrm{d}y$$

$$=-\iint\limits_D(x^2+y^2)\mathrm{d}x\mathrm{d}y\xRightarrow[\mathrm{d}x\mathrm{d}y=\rho\mathrm{d}\rho\mathrm{d}\theta]{x^2+y^2=\rho^2}-\iint\limits_D\rho^2\rho\mathrm{d}\rho\mathrm{d}\theta=-\int_0^{2\pi}\int_0^a\rho^3\mathrm{d}\rho\mathrm{d}\theta$$

$$=-\frac{\pi}{2}a^4$$

再比如 D 是 O（0,0），A（1,1），B（0,1）为顶点的三角形闭区域，计算二重积分

$$\iint\limits_D \mathrm{e}^{-y^2}\mathrm{d}x\mathrm{d}y$$

可以运用闭环曲线积分。令

$$\frac{\partial Q}{\partial x}-\frac{\partial P}{\partial y}=\mathrm{e}^{-y^2}$$

要拆分出P和Q需要一定的数学功底，为简单起见，设$P=0$，则为满足上式，需要让$Q=x\mathrm{e}^{-y^2}$。因此，有

$$\iint_D \mathrm{e}^{-y^2}\mathrm{d}x\mathrm{d}y = \oint_L P\mathrm{d}x + Q\mathrm{d}y = \oint_L x\mathrm{e}^{-y^2}\mathrm{d}y = \int_{OA} x\mathrm{e}^{-y^2}\mathrm{d}y + \int_{AB} x\mathrm{e}^{-y^2}\mathrm{d}y + \int_{BO} x\mathrm{e}^{-y^2}\mathrm{d}y$$

$$\xrightarrow{\text{参数方程}L_{OA}:\begin{cases}y=t\\x=t\end{cases}} \int_0^1 t\mathrm{e}^{-t^2}\mathrm{d}t + \int_1^0 \frac{x}{\mathrm{e}}\mathrm{d}1 + \int_1^0 0\mathrm{d}y = \int_0^1 t\mathrm{e}^{-t^2}\mathrm{d}t + 0 + 0 = \frac{1}{2}(1-\frac{1}{\mathrm{e}})$$

所以至此，对坐标的曲线积分有三种计算方法：

$$\oint_L P\mathrm{d}x + Q\mathrm{d}y = \int_L (P\cos\alpha + Q\cos\beta)\mathrm{d}s = \iint_D \left(\frac{\partial Q}{\partial x} - \frac{\partial P}{\partial y}\right)\mathrm{d}x\mathrm{d}y$$

在物理、力学中要研究所谓势场，就是要研究场力所做的功与路径无关的情形。在什么条件下场力所做的功与路径无关？这个问题在数学上就是要研究曲线积分与路径无关的条件。设区域 G 是一个单连通域，若函数$P(x,y)$与$Q(x,y)$在 G 内具有一阶连续偏导数，则对坐标的曲线积分$\oint_L P\mathrm{d}x + Q\mathrm{d}y$在 G 内与路径无关，沿 G 内任意闭曲线的曲线积分为零的充分必要条件是：

$$\frac{\partial P}{\partial y} = \frac{\partial Q}{\partial x}$$

其在 G 内恒成立。有一类点可以保证上述充要条件恒成立，但$\oint_L P\mathrm{d}x + Q\mathrm{d}y \neq 0$，这类点是位于积分区域内的破坏连续性条件的点，例如原点，这类点通常称为奇点。

在对坐标的曲线积分中，表达式$P(x,y)\mathrm{d}x + Q(x,y)\mathrm{d}y$形如一个二元函数的全微分，设区域 G 是一个单连通域，若函数$P(x,y)$与$Q(x,y)$在 G 内具有一阶连续偏导数，则$P(x,y)\mathrm{d}x + Q(x,y)\mathrm{d}y$在 G 内为某一函数$u(x,y)$的全微分的充分必要条件也是：

$$\frac{\partial P}{\partial y} = \frac{\partial Q}{\partial x}$$

其在 G 内恒成立。所以换句话说，曲线积分$P(x,y)\mathrm{d}x + Q(x,y)\mathrm{d}y$在 G 内与路径无关的充分必要条件是在 G 内存在函数$u(x,y)$，使$\mathrm{d}u = P\mathrm{d}x + Q\mathrm{d}y$。

如果微分方程写成$P(x,y)\mathrm{d}x + Q(x,y)\mathrm{d}y = 0$形式，而且它的左端恰好是一个函数$u(x,y)$的全微分，那么这样的方程称为全微分方程。在区域 G 内适当选取点$M_0(x_0,y_0)$，则全微分方程的通解为：

$$u(x,y) \equiv \int_{(x_0,y_0)}^{(x,y)} P(x,y)\mathrm{d}x + Q(x,y)\mathrm{d}y = \int_{x_0}^{x} P(x,y)\mathrm{d}x + \int_{y_0}^{y} Q(x,y)\mathrm{d}y = C$$

若曲线积分$\int_L \boldsymbol{F}\mathrm{d}\boldsymbol{r}$在区域 G 内与积分路径无关，则称向量场 $\boldsymbol{F}$ 为保守场。设$\boldsymbol{F}(x,y) = P(x,y)\boldsymbol{i} + Q(x,y)\boldsymbol{j}$是平面区域 G 内的一个向量场，若$P(x,y)$与$Q(x,y)$都在 G 内连续，且存在一个数量函数$f(x,y)$，使得$\boldsymbol{F} = \nabla f$，则曲线积分$\int_L \boldsymbol{F}\mathrm{d}\boldsymbol{r}$在 G 内与路径无关，且

$$\int_L \boldsymbol{F}\mathrm{d}\boldsymbol{r} = f(B) - f(A)$$

其中 L 是位于 G 内起点为 A、终点为 B 的任一分段光滑曲线。势场是保守场，上式称为曲线积分基本公式。

3.11.6 曲面积分的概念

3.11.6.1 对面积的曲面积分

设曲面Σ是光滑的，函数$f(x,y,z)$在Σ上有界。把Σ任意分成 n 小块ΔS_i，ΔS_i同时也代表第

i 小块曲面的面积，设(ξ_i,η_i,ζ_i)是ΔS_i上任意取定的一点，作乘积$f(\xi_i,\eta_i,\zeta_i)\Delta S_i(i=1,2,\cdots,n)$，并作和$\sum_{i=1}^{n} f(\xi_i,\eta_i,\zeta_i)\Delta S_i$，如果当各小块曲面的直径的最大值$\lambda\to 0$时，这和的极限总存在，且与曲面$\Sigma$的分法及点$(\xi_i,\eta_i,\zeta_i)$的取法无关，那么称此极限为函数$f(x,y,z)$在曲面$\Sigma$上对面积的曲面积分或第一类曲面积分，记作$\iint\limits_{\Sigma} f(x,y,z)\mathrm{d}S$，即

$$\iint\limits_{\Sigma} f(x,y,z)\mathrm{d}S=\lim_{\lambda\to 0}\sum_{i=1}^{n} f(\xi_i,\eta_i,\zeta_i)\Delta S_i$$

式中，$f(x,y,z)$为被积函数；Σ为积分曲面。

3.11.6.2 对坐标的曲面积分

通常曲面都是双侧光滑曲面，例如由方程$z=z(x,y)$表示的开曲面，有上侧与下侧之分；又例如一张包围某一空间区域的闭曲面，有外侧与内侧之分。就像对坐标的曲线积分有方向性一样，对坐标的曲面积分也有方向。我们规定，对于曲面$z=z(x,y)$，如果取它的法向量 $\boldsymbol{n}$ 的指向朝上，就认为取定曲面的上侧，反之相反；又如对于闭曲面，如果取它的法向量 $\boldsymbol{n}$ 的指向朝外，就认为取定曲面的外侧，反之相反。这种取定了法向量亦即选定了侧的曲面，就称为有向曲面。

设Σ为光滑的有向曲面，函数$R(x,y,z)$在Σ上有界。把Σ任意分成 n 块小曲面ΔS_i（ΔS_i同时又表示第 i 块小曲面的面积），ΔS_i在 xOy 面上的投影为$(\Delta S_i)_{\mathrm{xy}}$，$(\xi_i,\eta_i,\zeta_i)$是$\Delta S_i$上任意取定的一点，作乘积$R(\xi_i,\eta_i,\zeta_i)(\Delta S_i)_{\mathrm{xy}}(i=1,2,\cdots,n)$，并作和$\sum_{i=1}^{n} R(\xi_i,\eta_i,\zeta_i)(\Delta S_i)_{\mathrm{xy}}$，如果当各小块曲面的直径的最大值$\lambda\to 0$时，这和的极限总存在，且与曲面$\Sigma$的分法及点$(\xi_i,\eta_i,\zeta_i)$的取法无关，那么称此极限为函数$R(x,y,z)$在有向曲面$\Sigma$上对坐标的曲面积分，记做$\iint\limits_{\Sigma} R(x,y,z)\mathrm{d}x\mathrm{d}y$，即

$$\iint\limits_{\Sigma} R(x,y,z)\mathrm{d}x\mathrm{d}y=\lim_{\lambda\to 0}\sum_{i=1}^{n} R(\xi_i,\eta_i,\zeta_i)(\Delta S_i)_{\mathrm{xy}}$$

式中，$R(x,y,z)$为被积函数；Σ为积分曲面。这样的积分也称为第二类曲面积分。

类似地，可以定义函数$P(x,y,z)$在有向曲面Σ上对坐标 y、z 的曲面积分及函数$Q(x,y,z)$在有向曲面Σ上对坐标 z、x 的曲面积分：

$$\iint\limits_{\Sigma} P(x,y,z)\mathrm{d}y\mathrm{d}z=\lim_{\lambda\to 0}\sum_{i=1}^{n} R(\xi_i,\eta_i,\zeta_i)(\Delta S_i)_{\mathrm{yz}}$$

$$\iint\limits_{\Sigma} Q(x,y,z)\mathrm{d}z\mathrm{d}x=\lim_{\lambda\to 0}\sum_{i=1}^{n} Q(\xi_i,\eta_i,\zeta_i)(\Delta S_i)_{\mathrm{zx}}$$

3.11.6.3 曲面积分的物理意义

面密度为连续函数$\mu(x,y,z)$的光滑曲面Σ的质量 m，可表示为$\mu(x,y,z)$在Σ上对面积的曲面积分：

$$m = \iint_{\Sigma} \mu(x,y,z)\mathrm{d}S$$

曲面积分表示物理量在任意曲面上的积累。

3.11.7 曲面积分的笔算方法简介

对于对面积的曲面积分，设积分曲面Σ由方程$z = z(x,y)$给出，则函数$f(x,y,z)$在曲面Σ上的积分有计算式：

$$\iint_{\Sigma} f(x,y,z)\mathrm{d}S = \iint_{D_{\mathrm{xy}}} f[x,y,z(x,y)]\sqrt{1 + z_{\mathrm{x}}^2(x,y) + z_{\mathrm{y}}^2(x,y)}\mathrm{d}x\mathrm{d}y$$

式中，D_{xy}是曲面Σ在 xOy 坐标面上的投影。

现有Σ是由平面$x = 0$，$y = 0$，$z = 0$及$x + y + z = 1$所围成的四面体曲面。计算闭合曲面积分：

$$\oiint_{\Sigma} xyz\mathrm{d}S$$

$$\begin{aligned}
\oiint_{\Sigma} xyz\mathrm{d}S &= \iint_{\Sigma_1} xyz\mathrm{d}S + \iint_{\Sigma_2} xyz\mathrm{d}S + \iint_{\Sigma_3} xyz\mathrm{d}S + \iint_{\Sigma_4} xyz\mathrm{d}S \\
&= \iint_{\Sigma_1} 0\mathrm{d}S + \iint_{\Sigma_2} 0\mathrm{d}S + \iint_{\Sigma_3} 0\mathrm{d}S + \iint_{D_{\mathrm{xy}}} xy(1-x-y)\sqrt{1+(-1)^2+(-1)^2}\mathrm{d}x\mathrm{d}y \\
&= 0 + 0 + 0 + \iint_{D_{\mathrm{xy}}} \sqrt{3}xy(1-x-y)\,\mathrm{d}x\mathrm{d}y = \sqrt{3}\int_0^1\int_0^{1-x} \sqrt{3}xy(1-x-y)\mathrm{d}y\mathrm{d}x \\
&= \sqrt{3}\int_0^1 x\left[(1-x)\frac{y^2}{2} - \frac{y^3}{3}\right]_0^{1-x} \mathrm{d}x = \sqrt{3}\int_0^1 \frac{x(1-x)^3}{6}\mathrm{d}x = \frac{\sqrt{3}}{120}
\end{aligned}$$

对于对坐标的曲面积分，设积分曲面Σ是由方程$z = z(x,y)$所给出的曲面上侧，Σ在 xOy 面上的投影区域为D_{xy}，函数$z = z(x,y)$在D_{xy}上具有一阶连续偏导数，被积函数$R(x,y,z)$在Σ上连续。曲面积分的表达式为：

$$\iint_{\Sigma} R(x,y,z)\mathrm{d}x\mathrm{d}y = \iint_{D_{\mathrm{xy}}} R[x,y,z(x,y)]\mathrm{d}x\mathrm{d}y$$

这样就把对坐标的曲面积分化为了二重积分。如果取曲面下侧，则

$$\iint_{\Sigma} R(x,y,z)\mathrm{d}x\mathrm{d}y = -\iint_{D_{\mathrm{xy}}} R[x,y,z(x,y)]\mathrm{d}x\mathrm{d}y$$

为简单起见，完整版的曲面积分表达式也可以合并书写为：

$$\Phi = \iint\limits_{\Sigma} P(x,y,z)\mathrm{d}y\mathrm{d}z + Q(x,y,z)\mathrm{d}z\mathrm{d}x + R(x,y,z)\mathrm{d}x\mathrm{d}y$$

$$= \iint\limits_{D_{\mathrm{yz}}} P[x(y,z),y,z]\mathrm{d}y\mathrm{d}z + \iint\limits_{D_{\mathrm{xz}}} Q[x,y(z,x),z]\mathrm{d}z\mathrm{d}x + \iint\limits_{D_{\mathrm{xy}}} R[x,y,z(x,y)]\mathrm{d}x\mathrm{d}y$$

现有Σ是球面$x^2+y^2+z^2=1$外侧在$x \geq 0, y \geq 0$的部分，如图 3-50 所示。求曲面积分：

$$\iint\limits_{\Sigma} xyz\mathrm{d}x\mathrm{d}y$$

Σ_1的方程为$z_1=-\sqrt{1-x^2-y^2}$，Σ_2的方程为$z_2=\sqrt{1-x^2-y^2}$，由图 3-50 可知Σ_2取上侧，Σ_1取下侧，所以有：

$$\iint\limits_{\Sigma} xyz\mathrm{d}x\mathrm{d}y = \iint\limits_{\Sigma_2} xyz\mathrm{d}x\mathrm{d}y + \iint\limits_{\Sigma_1} xyz\mathrm{d}x\mathrm{d}y$$

$$= \iint\limits_{D_{\mathrm{xy}}} xy\sqrt{1-x^2-y^2}\mathrm{d}x\mathrm{d}y - \iint\limits_{D_{\mathrm{xy}}} xy\left(-\sqrt{1-x^2-y^2}\right)\mathrm{d}x\mathrm{d}y$$

$$= 2\iint\limits_{D_{\mathrm{xy}}} xy\sqrt{1-x^2-y^2}\mathrm{d}x\mathrm{d}y$$

$$\xRightarrow[\mathrm{d}x\mathrm{d}y=\rho\mathrm{d}\rho\mathrm{d}\theta]{x^2+y^2=\rho^2,\ x=\rho\cos\theta,y=\rho\sin\theta} 2\iint\limits_{D_{\mathrm{xy}}} \rho^2\sin\theta\cos\theta\sqrt{1-\rho^2}\rho\mathrm{d}\rho\mathrm{d}\theta$$

$$= \int_0^{\frac{\pi}{2}}\int_0^1 \sin 2\theta\,\rho^3\sqrt{1-\rho^2}\mathrm{d}\rho\mathrm{d}\theta = \frac{2}{15}$$

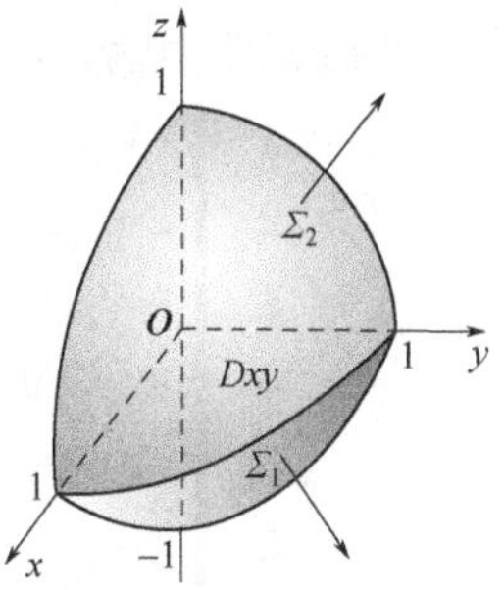

图 3-50　球面区域

3.11.8　曲面积分的 MATLAB 计算

3.11.8.1　对面积的曲面积分

【例 3-38】 计算$\iint_{\Sigma}\left(z+2x+\frac{4}{3}y\right)\mathrm{d}S$，其中$\Sigma$为平面$\frac{x}{2}+\frac{y}{3}+\frac{z}{4}=1$在第一卦限的部分。

Σ为$z=-2x-\frac{4}{3}y+4$，二重积分 D 区域为$0 \leq y \leq -\frac{3}{2}x+3$，$0 \leq x \leq 2$。所以在 M 文件编辑器中输入：

```
syms x y z;
z='-2*x-4*y/3+4';                        %定义Σ区域的 z 函数
f='z+2*x+4*y/3';                         %定义被积函数
fs=subs(f,'z',z);                        %将被积函数的 z 替换为Σ
```

```
dzdx=diff(z,x);                           %z对x求偏导
dzdy=diff(z,y);                           %z对x求偏导
dS=sqrt(1+dzdx^2+dzdy^2);                 %求曲面面积元素
ints=simplify(int(int(fs*dS,y,0,-3*x/2+3),x,0,2))
                                          %嵌套二次积分
```

计算结果为：ints =4*61^(1/2)

计算时间约为 0.185s。

即

$$\iint\limits_{\substack{\frac{x}{2}+\frac{y}{3}+\frac{z}{4}=1 \\ x,y,z>0}} \left(z+2x+\frac{4}{3}y\right)\mathrm{d}S = 4\sqrt{61}$$

3.11.8.2 对坐标的曲面积分

【例 3-39】计算$\iint\limits_{\Sigma} xe^z \sin y\,\mathrm{d}x\mathrm{d}y$，其中$\Sigma$为平面$\frac{x}{2}+\frac{y}{3}+\frac{z}{4}=1$在第一卦限的部分的下侧。

Σ为$z=-2x-\frac{4}{3}y+4$，二重积分 D 区域为$0\le y\le -\frac{3}{2}x+3$，$0\le x\le 2$。所以在 M 文件编辑器中输入：

```
syms x y z;
z='-2*x-4*y/3+4';                         %曲面Σ的z方程
R='x*sin(y)*exp(z)';                      %被积R函数
Rs=subs(R,'z',z);                         %将z代入R中的z
intR=simplify(-int(int(Rs,y,0,-3*x/2+3),x,0,2))
                                          %二次积分求值
```

计算结果为：

intR =5/4 - (9*exp(4))/100 - (16*sin(3))/75 - (4*cos(3))/25。计算时间约为 0.167s。

即

$$\iint\limits_{\Sigma} xe^z \sin y\,\mathrm{d}x\mathrm{d}y = \frac{5}{4}-\frac{9e^4}{100}-\frac{16\sin 3}{75}-\frac{4\cos 3}{25}<0$$

【例 3－40】计算$\iint\limits_{\Sigma} x^2y^2z\mathrm{d}x\mathrm{d}y$，其中$\Sigma$为球面$x^2+y^2+z^2=R^2$下半部分的下侧。

将Σ中的 z 化为极坐标形式为$z=-\sqrt{R^2-\rho^2}$，将被积函数化为极坐标形式为$R=\rho^4\sin^2\theta\cos^2\theta\, z$，二重积分 D 的区域为$0\le\rho\le R, 0\le\theta\le 2\pi$。

在 M 文件编辑器中输入：

```
syms r th z R;
z='-sqrt(R^2-r^2)';                           %z函数
Rf='r^4*cos(th)^2*sin(th)^2*z';               %R函数
Rs=subs(Rf,'z',z);                            %将z代入R函数的z
intR=simplify(-int(int(Rs,r,0,R),th,0,2*pi))  %二次积分
```

计算结果为：intR =(R^6*pi^2)/128

计算时间约为 0.133s。

即

$$\iint_{\Sigma} x^2y^2z\mathrm{d}x\mathrm{d}y = \frac{R^6\pi^2}{128}$$

本例中，下半部分的“下”体现在了$z=-\sqrt{R^2-\rho^2}$取负值，下侧的“下”体现在了$\iint\limits_{\Sigma} R(x,y,z)\mathrm{d}x\mathrm{d}y = -\iint\limits_{D_{xy}} R[x,y,z(x,y)]\mathrm{d}x\mathrm{d}y$，即代码第 5 行的“ - int”。计算结果为相对真理，与教材不完全一致，R 在-2～2 之间时，计算结果与高数教程非常相近。

3.11.9 两类曲面积分的联系

设有向曲面Σ由方程$z=z(x,y)$给出，Σ在 xOy 面上的投影区域为D_{xy}，函数$z=z(x,y)$在D_{xy}上具有一阶连续偏导数，$R(x,y,z)$在Σ上连续，则有向曲面法向量的方向余弦为：

$$\cos\alpha = \frac{-\dfrac{\partial z}{\partial x}}{\sqrt{1+\left(\dfrac{\partial z}{\partial x}\right)^2+\left(\dfrac{\partial z}{\partial y}\right)^2}}, \cos\beta = \frac{-\dfrac{\partial z}{\partial y}}{\sqrt{1+\left(\dfrac{\partial z}{\partial x}\right)^2+\left(\dfrac{\partial z}{\partial y}\right)^2}}, \cos\gamma = \frac{1}{\sqrt{1+\left(\dfrac{\partial z}{\partial x}\right)^2+\left(\dfrac{\partial z}{\partial y}\right)^2}}$$

两类曲面积分之间的关系如下：

$$\iint_{\Sigma} P\mathrm{d}y\mathrm{d}z + Q\mathrm{d}z\mathrm{d}x + R\mathrm{d}x\mathrm{d}y = \iint_{\Sigma}(P\cos\alpha + Q\cos\beta + R\cos\gamma)\mathrm{d}S$$

3.11.10 高斯公式及其应用

格林公式表达了平面闭区域上的二重积分与其边界曲线上的曲线积分之间的关系，而高斯（Gauss）公式表达了空间闭区域上的三重积分与其边界曲面上的曲面积分之间的关系，这个关系可陈述如下：

设空间闭区域Ω由分片光滑的闭曲面Σ所围成，若函数$P(x,y,z)$、$Q(x,y,z)$与$R(x,y,z)$在Ω上具有一阶连续偏导数，则有：

$$\iiint_{\Omega}\left(\frac{\partial P}{\partial x}+\frac{\partial Q}{\partial y}+\frac{\partial R}{\partial z}\right)\mathrm{d}v = \oiint_{\Sigma} P\mathrm{d}y\mathrm{d}z + Q\mathrm{d}z\mathrm{d}x + R\mathrm{d}x\mathrm{d}y$$

利用高斯公式计算闭曲面积分：

$$\oiint_{\Sigma}(x-y)\mathrm{d}x\mathrm{d}y + (y-z)x\mathrm{d}y\mathrm{d}z$$

其中Σ为柱面$x^2+y^2=1$及平面 z=0，z=3 所围成的空间闭区域的整个曲面的外侧。

被积函数中$P=(y-z)x$，$Q=0$，$R=x-y$，所以有：

$$\frac{\partial P}{\partial x}=y-z, \frac{\partial Q}{\partial y}=0, \frac{\partial R}{\partial z}=0$$

本问题适合用柱面坐标解决，用高斯公式化为三重积分得：

$$\oiint_{\Sigma}(x-y)\mathrm{d}x\mathrm{d}y+(y-z)x\mathrm{d}y\mathrm{d}z$$

$$=\iiint_{\Omega}(y-z)\mathrm{d}x\mathrm{d}y\mathrm{d}z \xRightarrow[\mathrm{d}x\mathrm{d}y\mathrm{d}z=\rho\mathrm{d}\rho\mathrm{d}\theta\mathrm{d}z]{y=\rho\sin\theta,\ z=z} \iiint_{\Omega}(\rho\sin\theta-z)\rho\mathrm{d}\rho\mathrm{d}\theta\mathrm{d}z$$

$$=\int_0^{2\pi}\int_0^1\int_0^3\rho(\rho\sin\theta-z)\mathrm{d}z\mathrm{d}\rho\mathrm{d}\theta=-\frac{9}{2}\pi$$

至此，对坐标的曲面积分有三种计算方法：

$$\oiint_{\Sigma}P\mathrm{d}y\mathrm{d}z+Q\mathrm{d}z\mathrm{d}x+R\mathrm{d}x\mathrm{d}y=\iint_{\Sigma}(P\cos\alpha+Q\cos\beta+R\cos\gamma)\mathrm{d}S$$

$$=\iiint_{\Omega}\left(\frac{\partial P}{\partial x}+\frac{\partial Q}{\partial y}+\frac{\partial R}{\partial z}\right)\mathrm{d}v$$

此外，设函数$u(x,y,z)$和$v(x,y,z)$在闭区域Ω上具有一阶及二阶连续偏导数，则有：

$$\iiint_{\Omega}u\Delta v\mathrm{d}x\mathrm{d}y\mathrm{d}z=\oiint_{\Sigma}u\frac{\partial v}{\partial n}\mathrm{d}S-\iiint_{\Omega}\left(\frac{\partial u}{\partial x}\times\frac{\partial v}{\partial x}+\frac{\partial u}{\partial y}\times\frac{\partial v}{\partial y}+\frac{\partial u}{\partial z}\times\frac{\partial v}{\partial z}\right)\mathrm{d}x\mathrm{d}y\mathrm{d}z$$

式中，Σ为闭区域Ω的整个边界曲面；$\frac{\partial v}{\partial n}$为函数$v(x,y,z)$沿$\Sigma$的外法线方向的方向导数；$\Delta$为拉普拉斯（Laplace）算子，$\Delta=\frac{\partial^2}{\partial x^2}+\frac{\partial^2}{\partial y^2}+\frac{\partial^2}{\partial z^2}$，这个公式称为格林第一公式。

对空间区域 G，如果 G 内任一闭曲面所围成的区域全属于 G，则称 G 是空间二维单连通区域；如果 G 内任一闭曲线总可以张成一片完全属于 G 的曲面，则称 G 为空间一维单连通区域。设 G 是空间二维单连通区域，若$P(x,y,z)$、$Q(x,y,z)$与$R(x,y,z)$在 G 内具有一阶连续偏导数，则曲面积分

$$\iint_{\Sigma}P\mathrm{d}y\mathrm{d}z+Q\mathrm{d}z\mathrm{d}x+R\mathrm{d}x\mathrm{d}y$$

在 G 内与所取曲面Σ无关而只取决于Σ的边界曲线，即沿 G 内任一闭曲面的曲面积分为零的充分必要条件是：

$$\frac{\partial P}{\partial x}+\frac{\partial Q}{\partial y}+\frac{\partial R}{\partial z}=0$$

在 G 内恒成立。

3.11.11 通量与散度

设有向量场：

$$\boldsymbol{A}(x,y,z)=P(x,y,z)\boldsymbol{i}+Q(x,y,z)\boldsymbol{j}+R(x,y,z)\boldsymbol{k}$$

其中函数 P、Q 与 R 均具有一阶连续偏导数，Σ是场内的一片有向曲面，$\boldsymbol{n}$ 是Σ在点(x,y,z)处的单位法向量，则积分

$$\iint\limits_{\Sigma}\boldsymbol{A}\cdot\boldsymbol{n}\mathrm{d}S$$

称为向量场 A 通过曲面 E 向着指定侧的通量（或流量）。

比如求向量场$\boldsymbol{A}=yz\boldsymbol{j}+z^2\boldsymbol{k}$穿过面$\Sigma$流向上侧的通量，其中$\Sigma$为柱面$y^2+z^2=1(z\geq 0)$被平面 x=0 及 x=1 截下的有限部分，如图 3-51 所示。

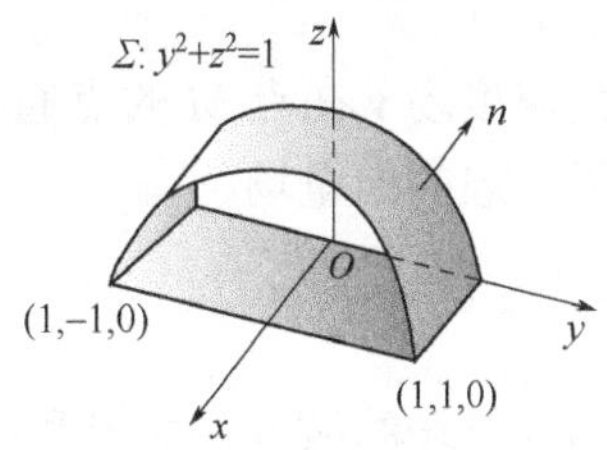

图 3-51　向量场

现已知 $\boldsymbol{A}$，需要求法向量。曲面Σ上侧的法向量可以由$f(x,y,z)=y^2+z^2-1$的梯度∇f得出，即

$$\boldsymbol{n}=\frac{\nabla f}{|\nabla f|}=\frac{\dfrac{\partial f}{\partial y}\boldsymbol{j}+\dfrac{\partial f}{\partial z}\boldsymbol{k}}{\sqrt{\left(\dfrac{\partial f}{\partial y}\right)^2+\left(\dfrac{\partial f}{\partial z}\right)^2}}=y\boldsymbol{j}+z\boldsymbol{k}$$

所以在曲面Σ上：

$$\boldsymbol{A}\cdot\boldsymbol{n}=(yz\boldsymbol{j}+z^2\boldsymbol{k})\cdot(y\boldsymbol{j}+z\boldsymbol{k})=z$$

所以通量为：

$$\iint\limits_{\Sigma}\boldsymbol{A}\cdot\boldsymbol{n}\mathrm{d}S=\iint\limits_{\Sigma}z\mathrm{d}S=\sqrt{1-y^2}\frac{1}{\sqrt{1-y^2}}\mathrm{d}x\mathrm{d}y=\iint\limits_{D_{\mathrm{xy}}}\mathrm{d}x\mathrm{d}y=2$$

用通量可以解释高斯公式的物理意义：

$$\iiint\limits_{\Omega}\left(\frac{\partial P}{\partial x}+\frac{\partial Q}{\partial y}+\frac{\partial R}{\partial z}\right)\mathrm{d}v=\oiint\limits_{\Sigma}P\mathrm{d}y\mathrm{d}z+Q\mathrm{d}z\mathrm{d}x+R\mathrm{d}x\mathrm{d}y$$

设在闭区域Ω上有稳定流动的、不可压缩的、密度为 1 的流体。速度场

$$\boldsymbol{v}(x,y,z)=P(x,y,z)\boldsymbol{i}+Q(x,y,z)\boldsymbol{j}+R(x,y,z)\boldsymbol{k}$$

其中函数 P、Q 与 R 均具有一阶连续偏导数，Σ是闭区域Ω的边界曲面的外侧，$\boldsymbol{n}$ 是曲面Σ在点(x,y,z)处的单位法向量，则单位时间内流体经过曲面Σ流向指定侧的流体总质量为：

$$\iint\limits_{\Sigma}\boldsymbol{v}\cdot\boldsymbol{n}\mathrm{d}S$$

因此高斯公式的右端可解释为速度场通过闭曲面流向外侧的通量，即流体在单位时间内离开闭区域Ω的总量。由于我们假定流体是不可压缩且流动是稳定的，因此在流体离开Ω的同时，其内部必须有产生流体的“源头”产生出同样多的流体来进行补充。所以高斯公式的左端可解释为分布在Ω内的源头在单位时间内所产生的流体的总质量。为简便起见，把高斯公式改写成：

$$\iiint\limits_{\Omega}\left(\frac{\partial P}{\partial x}+\frac{\partial Q}{\partial y}+\frac{\partial R}{\partial z}\right)\mathrm{d}v=\oiint\limits_{\Sigma}\boldsymbol{v}\cdot\boldsymbol{n}\mathrm{d}S$$

两端同时除以体积，再令Ω缩向一点$M(x,y,z)$，取极限$\lim\limits_{\Omega\to m}\frac{1}{V}\oiint_{\Sigma} v_n \mathrm{d}S$得：

$$\operatorname{div}\boldsymbol{v}(M)=\frac{\partial P}{\partial x}+\frac{\partial Q}{\partial y}+\frac{\partial R}{\partial z}$$

称为速度场 $\boldsymbol{v}$ 在点 M 的点通量密度或点散度。

对于一般的向量场，

$$\operatorname{div}\boldsymbol{A}=\frac{\partial P}{\partial x}+\frac{\partial Q}{\partial y}+\frac{\partial R}{\partial z}$$

称为向量场的散度，如果利用微分算子∇，则散度可以记作：

$$\operatorname{div}\boldsymbol{A}=\nabla\cdot\boldsymbol{A}$$

$\operatorname{div}\boldsymbol{v}(M)$在这里可看作稳定流动的不可压缩流体在点 M 的源头强度。在$\operatorname{div}\boldsymbol{v}(M)>0$的点处，流体从该点向外发散，表示流体在该点处有正源；在$\operatorname{div}\boldsymbol{v}(M)<0$的点处，流体向该点汇聚，表示流体在该点处有吸收流体的负源；在$\operatorname{div}\boldsymbol{v}(M)=0$的点处，表示流体在该点处无源。

利用通量和散度的概念，高斯公式也可以写为：

$$\iiint\limits_{\Omega}\operatorname{div}\boldsymbol{A}\mathrm{d}v=\iint\limits_{\Sigma}\boldsymbol{A}\cdot\boldsymbol{n}\mathrm{d}S \text{ 或 } \iiint\limits_{\Omega}\nabla\cdot\boldsymbol{A}\mathrm{d}v=\iint\limits_{\Sigma}\boldsymbol{A}\cdot\boldsymbol{n}\mathrm{d}S$$

3.11.12 曲面上通量的 MATLAB 计算

【例 3-41】 计算向量场$\boldsymbol{A}=(2x-z)\boldsymbol{i}+x^2y\boldsymbol{j}-xz^2\boldsymbol{k}$沿曲面$\Sigma$($z$=4，1<$x$<3，1<$y$<2)流向上侧的通量。

在 M 文件编辑器中输入：

```
syms x y z;                                %开始定义符号表达式
P=sym('2*x-z');
Q=sym('x^2*y');
R=sym('-x*z^2');
A=[P,Q,R];                                 %将 A 写为向量形式
%准备法向量 n%%%%%%%%%%%%%%%%%%%%%%%%%%%%%%%%%%%%%
f=sym('z-4');
pfpx=diff(f,x);
pfpy=diff(f,y);
pfpz=diff(f,z);
gradf=[pfpx,pfpy,pfpz];
n=gradf/sqrt(pfpx^2+pfpy^2+pfpz^2);   %用梯度求出曲面的法向量
%下面准备面积元素 dS%%%%%%%%%%%%%%%%%%%%%%%%%%%%%%%%
z=solve(f,z);
pzpx=diff(z(1),x);
pzpy=diff(z(1),y);
dS=sqrt(1+pzpx^2+pzpy^2);
%曲面积分%%%%%%%%%%%%%%%%%%%%%%%%%%%%%%%%%%%%%%%%%
```

```
Adotn=A(1)*n(1)+A(2)*n(2)+A(3)*n(3); %A与n的内积
Fs=subs(Adotn,'z',z(1));                %替换被积函数的 z 变量
F_handle=@(x,y) eval(Fs*dS);            %由于经过反复试验，无法求出显式解
T=integral2(F_handle,1,3,1,2)           %所以改求数值解
```

计算结果为：T = -64

计算时间约为 0.327s。

即

$$\iint_{\Sigma} \boldsymbol{A}\cdot\boldsymbol{n}\mathrm{d}S = -64$$

3.11.13　向量场散度的 MATLAB 计算

【例 3-42】 计算$\nabla[(\mathrm{e}^{xy}i + \cos(xy)j + \cos(xz^2)k)]$。

在 M 文件编辑器中输入：

```
syms x y z;
P=sym('exp(x*y)');
Q=sym('cos(x*y)');
R=sym('cos(x*z^2)');
pppx=diff(P,x);
pqpy=diff(Q,y);
prpz=diff(R,z);
div=simplify(pppx+pqpy+prpz)        %根据散度的定义式计算
```

计算结果为：div =y*exp(x*y) - x*sin(x*y) - 2*x*z*sin(x*z^2)

计算时间约为 0.249s。

即

$$\nabla[(\mathrm{e}^{xy}i + \cos(xy)j + \cos(xz^2)k)] = y\mathrm{e}^{xy} - x\sin(xy) - 2xz\sin(xz^2)$$

如果要观察矢量场分布，可以使用以下函数：

[x, y ,z]=meshgrid(*x* 范围, *y* 范围, *z* 范围);

变量名=quiver3(x, y ,z,*P* 函数, *Q* 函数, *R* 函数, 3)

注意三个输入函数必须是数值函数，不可以为符号表达式。本例增加了矢量场分布图的代码后，输出的图像如图 3-52 所示。

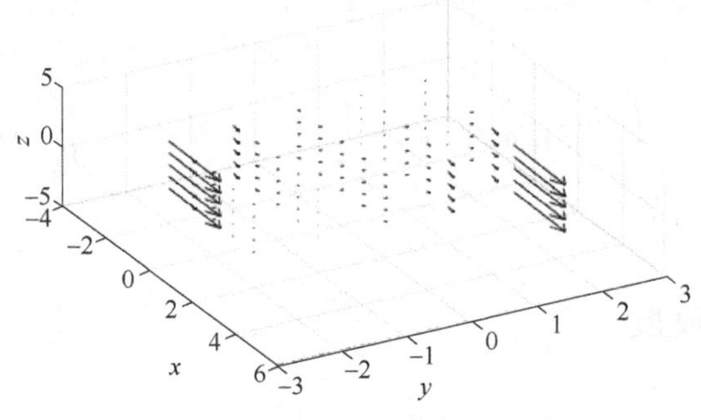

图 3-52　矢量场图

3.11.14 斯托克斯公式简介

斯托克斯（Stokes）公式是格林公式的推广。格林公式表达了平面闭区域上的二重积分与其边界曲线上的曲线积分间的关系，而斯托克斯公式则把曲面Σ上的曲面积分与沿着Σ的边界曲线的曲线积分联系起来。这个联系可陈述如下：

设Γ为分段光滑的空间有向闭曲线，Σ是以Γ为边界的分片光滑的有向曲面，Γ的正向与Σ的侧符合右手规则，若函数$P(x,y,z)$、$Q(x,y,z)$与$R(x,y,z)$在曲面Σ（连同边界Γ）上具有一阶连续偏导数，则有：

$$\iint_{\Sigma}\left(\frac{\partial R}{\partial y}-\frac{\partial Q}{\partial z}\right)\mathrm{d}y\mathrm{d}z+\left(\frac{\partial P}{\partial z}-\frac{\partial R}{\partial x}\right)\mathrm{d}z\mathrm{d}x+\left(\frac{\partial Q}{\partial x}-\frac{\partial P}{\partial y}\right)\mathrm{d}x\mathrm{d}y=\int_{\Gamma}P\mathrm{d}x+Q\mathrm{d}y+R\mathrm{d}z$$

如果考虑两类曲面积分之间的关系，则可得斯托克斯公式的另一种形式：

$$\iint_{\Sigma}\left[\left(\frac{\partial R}{\partial y}-\frac{\partial Q}{\partial z}\right)\cos\alpha+\left(\frac{\partial P}{\partial z}-\frac{\partial R}{\partial x}\right)\cos\beta+\left(\frac{\partial Q}{\partial x}-\frac{\partial P}{\partial y}\right)\cos\gamma\right]\mathrm{d}S=\int_{\Gamma}P\mathrm{d}x+Q\mathrm{d}y+R\mathrm{d}z$$

为了便于记忆，也可以写成行列式形式：

$$\iint_{\Sigma}\begin{vmatrix}\mathrm{d}y\mathrm{d}z & \mathrm{d}z\mathrm{d}x & \mathrm{d}x\mathrm{d}y\\ \dfrac{\partial}{\partial x} & \dfrac{\partial}{\partial y} & \dfrac{\partial}{\partial z}\\ P & Q & R\end{vmatrix}=\int_{\Gamma}P\mathrm{d}x+Q\mathrm{d}y+R\mathrm{d}z$$

如果Σ变成一块平面，则斯托克斯公式演化成格林公式，因此，格林公式是斯托克斯公式的一种特殊形式。

运用斯托克斯公式适合解决 x、y、z 方向上对坐标的曲线积分全存在，且自变量对称的曲线积分，如

$$I=\oint_{\Gamma}(y^2-z^2)\mathrm{d}x+(z^2-x^2)\mathrm{d}y+(x^2-y^2)\mathrm{d}z$$

等。

曲线分平面曲线和空间曲线，空间曲线积分$\oint_{\Gamma}P\mathrm{d}x+Q\mathrm{d}y+R\mathrm{d}z$在 G 内与路径无关的充分必要条件为：

$$\frac{\partial Q}{\partial x}=\frac{\partial P}{\partial y},\ \frac{\partial R}{\partial y}=\frac{\partial Q}{\partial z},\ \frac{\partial P}{\partial z}=\frac{\partial R}{\partial x}$$

在空间一维单连通区域 G 内恒成立。同时上述条件也是$P\mathrm{d}x+Q\mathrm{d}y+R\mathrm{d}z$成为 G 内某一函数$u(x,y,z)$的充分必要条件，满足该条件时，这一函数可以用下式求出：

$$u(x,y,z)=\int_{x_0}^{x}P(x,y_0,z_0)\mathrm{d}x+\int_{y_0}^{y}P(x,y,z_0)\mathrm{d}y+\int_{z_0}^{z}P(x,y,z)\mathrm{d}z$$

其中$M_0(x_0,y_0,z_0)$为 G 内某一点。

3.11.15 环流量与旋度

设有向量场：

$$\boldsymbol{A}(x,y,z)=P(x,y,z)\boldsymbol{i}+Q(x,y,z)\boldsymbol{j}+R(x,y,z)\boldsymbol{k}$$

其中函数 P、Q 与 R 均连续，Γ是 $\boldsymbol{A}$ 的定义域内的一条分段光滑的有向闭曲线，$\boldsymbol{\tau}$是Γ在点(x,y,z)处的单位切向量，则积分

$$\oint_{\Gamma} \boldsymbol{A}\cdot\boldsymbol{\tau}\mathrm{d}s$$

称为向量场 $\boldsymbol{A}$ 沿有向闭曲线Γ的环流量。

类似于由向量场 $\boldsymbol{A}$ 的通量可以引出向量场 $\boldsymbol{A}$ 在一点的通量密度（即散度），由向量场 $\boldsymbol{A}$ 沿一闭曲线的环流量可引出向量场 $\boldsymbol{A}$ 在一点的环量密度或旋度，它是一个向量，定义如下：

设有一向量场：

$$\boldsymbol{A}(x,y,z)=P(x,y,z)\boldsymbol{i}+Q(x,y,z)\boldsymbol{j}+R(x,y,z)\boldsymbol{k}$$

其中函数 P、Q 与 R 均具有一阶连续偏导数，则向量场 $\boldsymbol{A}$ 的旋度为：

$$\mathrm{rot}\,\boldsymbol{A}=\left(\frac{\partial R}{\partial y}-\frac{\partial Q}{\partial z}\right)\boldsymbol{i}+\left(\frac{\partial P}{\partial z}-\frac{\partial R}{\partial x}\right)\boldsymbol{j}+\left(\frac{\partial Q}{\partial x}-\frac{\partial P}{\partial y}\right)\boldsymbol{k}$$

利用向量微分算子也可以表示为：

$$\nabla\times\boldsymbol{A}=\begin{vmatrix}\boldsymbol{i} & \boldsymbol{j} & \boldsymbol{k}\\ \dfrac{\partial}{\partial x} & \dfrac{\partial}{\partial y} & \dfrac{\partial}{\partial z}\\ P & Q & R\end{vmatrix}$$

若向量场 $\boldsymbol{A}$ 的旋度 rot $\boldsymbol{A}$ 处处为零，则称向量场 $\boldsymbol{A}$ 为无旋场。而一个无源且无旋的向量场称为调和场。调和场是物理学中另一类重要的向量场，这种场与调和函数有密切的关系。

设斯托克斯公式中的有向曲面Σ在点(x,y,z)处的单位法向量为：

$$\boldsymbol{n}=\cos\alpha\,\boldsymbol{i}+\cos\beta\,\boldsymbol{j}+\cos\gamma\,\boldsymbol{k}$$

则斯托克斯公式可以写成下面的向量形式：

$$\iint_{\Sigma}\mathrm{rot}\,\boldsymbol{A}\cdot\boldsymbol{n}\mathrm{d}S=\oint_{\Gamma}\boldsymbol{A}\cdot\boldsymbol{\tau}\mathrm{d}s$$

上式表示，向量场 $\boldsymbol{A}$ 沿有向闭曲线Γ的环流量等于向量场 $\boldsymbol{A}$ 的旋度通过曲面Σ的通量，这里Γ的正向与Σ的侧应符合右手规则。

从力学角度上说，速度场的旋度和刚体绕定轴转动的角速度成一定关系。

3.11.16 向量场环流量的 MATLAB 计算

由于$\boldsymbol{\tau}$不易求出，我们运用$\iint_{\Sigma}\mathrm{rot}\,\boldsymbol{A}\cdot\boldsymbol{n}\mathrm{d}S$来计算环流量。

【例 3-43】 求向量场$\boldsymbol{A}=(x^2-y)\boldsymbol{i}+4z\boldsymbol{j}+x^2\boldsymbol{k}$沿闭曲线$\Gamma$的环流量，其中$\Gamma$是曲面$z=x^2+y^3$与空间平面$x=-4$、$x=2$、$y=0$、$y=2$相交所得的空间曲线。

在 M 文件编辑器中输入：

```
syms x y z;                        %定义符号变量
%准备 rotA%%%%%%%%%%%%%%%%%%%%%%%%%%%%%%%%%%%%%%%%%%%%%%%%%%%%%%%%
P=sym('x^2-y');                    %定义符号函数 P
Q=sym('4*z');                      %定义符号函数 Q
R=sym('x^2');                      %定义符号函数 R
pRpy=diff(R,y);                    %R 对 y 的偏导
```

```
pQpz=diff(Q,z);              %Q 对 z 的偏导
pPpz=diff(P,z);              %P 对 z 的偏导
pRpx=diff(R,x);              %R 对 x 的偏导
pQpx=diff(Q,x);              %Q 对 x 的偏导
pPpy=diff(P,y);              %P 对 y 的偏导
a=pRpy-pQpz;                 %旋度的第一维
b=pPpz-pRpx;                 %旋度的第二维
c=pQpx-pPpy;                 %旋度的第三维
rotA=[a,b,c];                %将旋度写为向量形式
%准备曲面的法向量 n%%%%%%%%%%%%%%%%%%%%%%%%%%%%%%%%%%%%%%%%%%%%%
f=sym('x^2+y^3-z');          %将 z 曲面写为方程 f 形式
pfpx=diff(f,x);              %f 对 x 求偏导
pfpy=diff(f,y);              %f 对 y 求偏导
pfpz=diff(f,z);              %f 对 z 求偏导
gradA=[pfpx,pfpy,pfpz];      %求曲面的梯度函数
n=gradA/sqrt(pfpx^2+pfpy^2+pfpz^2);      %用梯度求曲面法向量 n
%准备被积函数 rotA·n%%%%%%%%%%%%%%%%%%%%%%%%%%%%%%%%%%%%%%%%%%
rotAn=a*n(1)+b*n(2)+c*n(3);    %A 的旋度和曲面法向量 n 做内积
%曲面积分%%%%%%%%%%%%%%%%%%%%%%%%%%%%%%%%%%%%%%%%%%%%%%%%%%%%%
z=solve(f,z);                %解出曲面 z 的显函数形式
fs=subs(rotAn,'z',z);        %用曲面 z 替换被积函数中的 z
pzpx=diff(z,x);              %z 对 x 求偏导
pzpy=diff(z,y);              %z 对 y 求偏导
dS=sqrt(1+pzpx^2+pzpy^2);    %计算空间曲线弧微分
Fs=@(x,y) eval(fs*dS);       %写出“fs*dS”的函数句柄，以备数值积分
At=integral2(Fs,-4,2,0,2)    %用数值积分求出环流量
```

计算结果为：At = 180.0000

计算时间约为 0.375s。

即

$$\oint_{\Gamma} \boldsymbol{A} \cdot \boldsymbol{\tau} \mathrm{d}s = \iint_{\Sigma} \operatorname{rot} \boldsymbol{A} \cdot \boldsymbol{n} \mathrm{d}S = 180$$

3.11.17 向量场旋度的 MATLAB 计算

【例 3-44】 已知向量场$\boldsymbol{A} = x^2 \sin y\, \boldsymbol{i} + y^2 \sin(xz)\, \boldsymbol{j} + xy \sin(\cos z)\, \boldsymbol{k}$，求$\operatorname{rot} \boldsymbol{A}$。

在 M 文件编辑器中输入：

```
syms x y z;                          %定义符号变量
P=sym('x^2-y');                      %定义符号函数 P
```

```
Q=sym('4*z');                %定义符号函数Q
R=sym('x^2');                %定义符号函数R
pRpy=diff(R,y);              %R对y的偏导
pQpz=diff(Q,z);              %Q对z的偏导
pPpz=diff(P,z);              %P对z的偏导
pRpx=diff(R,x);              %R对x的偏导
pQpx=diff(Q,x);              %Q对x的偏导
pPpy=diff(P,y);              %P对y的偏导
a=pRpy-pQpz;                 %旋度的第一维
b=pPpz-pRpx;                 %旋度的第二维
c=pQpx-pPpy;                 %旋度的第三维
rotA=[a,b,c]                 %将旋度写为向量形式
```

计算结果为：

rotA =[- x*cos(x*z)*y^2 + x*sin(cos(z)), -y*sin(cos(z)), y^2*z*cos(x*z) - x^2*cos(y)]

计算时间约为0.165s。

即$\boldsymbol{A}$的旋度的坐标为：

$$\mathrm{rot}\,\boldsymbol{A}=(-xy^2\cos(xz)+x\sin(\cos z),-y\sin(\cos z),y^2z\cos(xz)-x^2\cos y)$$

3.12 无穷级数

如果说初等数学中的数列是常数列，那么级数就是函数列。

3.12.1 常数项级数的概念和审敛简介

3.12.1.1 常数项级数

一般地，如果给定一个数列

$$u_1,u_2,u_3,\cdots,u_n\cdots$$

那么由这数列构成的表达式

$$u_1+u_2+u_3+\cdots+u_n+\cdots$$

称为（常数项）无穷级数，简称（常数项）级数，即

$$\sum_{i=1}^{\infty}u_i=u_1+u_2+\cdots+u_i+\cdots$$

其中第n项u_n称为级数的一般项，

$$s_n=u_1+u_2+u_3+\cdots+u_n=\sum_{i=1}^{n}u_i$$

称为级数的部分和。当 n 依次取 1，2，3，…时，它们构成一个新的数列，根据这个数列有没有极限，引出了收敛和发散的概念。

如果级数$\sum_{i=1}^{\infty} u_i$的部分和数列$\{s_n\}$有极限 s，即

$$\lim_{n\to\infty} s_n = s$$

那么称无穷级数$\sum_{i=1}^{\infty} u_i$收敛，这时极限 s 称为这级数的和，并写成：

$$s = u_1 + u_2 + u_3 + \cdots + u_i + \cdots$$

如果$\{s_n\}$没有极限，那么称无穷级数$\sum_{i=1}^{\infty} u_i$发散。

无穷级数

$$\sum_{i=0}^{\infty} aq^i = a + aq + aq^2 + \cdots + aq^i + \cdots$$

称为等比级数或几何级数，其中$a \neq 0$，q称为公比。当$|q| < 1$时，级数收敛；当$|q| \geq 1$时，级数发散。

级数收敛的必要条件是如果级数$\sum_{n=1}^{\infty} u_n$收敛，那么它的一般项u_n趋于 0。这不是级数收敛的充分条件，比如调和级数

$$1 + \frac{1}{2} + \frac{1}{3} + \cdots + \frac{1}{n} + \cdots$$

的一般项u_n趋于 0，但是它是发散的。

3.12.1.2 史上著名审敛法简介

柯西审敛原理：级数$\sum_{n=1}^{\infty} u_n$收敛的充分必要条件为对于任意给定的正数 ε，总存在正整数 N，使得当 $n>N$ 时，对于任意的正整数 p，都有

$$|u_{n+1} + u_{n+2} + \cdots + u_{n+p}| < \varepsilon$$

成立。

达朗贝尔（d' Alembert）判别法：设$\sum_{n=1}^{\infty} u_n$为正项级数，如果

$$\lim_{n\to\infty} \frac{u_{n+1}}{u_n} = \rho$$

那么当$\rho < 1$时级数收敛，$\rho > 1$（可以为∞）时级数发散，$\rho = 1$时级数可能收敛也可能发散。

柯西根值审敛法：设$\sum_{n=1}^{\infty} u_n$为正项级数，如果

$$\lim_{n\to\infty} \sqrt[n]{u_n} = \rho$$

那么当$\rho < 1$时级数收敛，$\rho > 1$（可以为∞）时级数发散，$\rho = 1$时级数可能收敛也可能发散。

交错级数是这样的级数，它的各项是正负交错的，从而可以写成下面的形式：

$$u_1 - u_2 + u_3 - u_4 + \cdots$$

或

$$-u_1+u_2-u_3+u_4-\cdots$$

其中u_1，u_2，…都是正数。

莱布尼茨定理如下：

如果交错级数$\sum_{n=1}^{\infty}(-1)^{n-1}u_n$满足条件：

① $u_n \geq u_{n+1}$（n=1，2，3，…）；

② $\lim\limits_{n\to\infty} u_n = 0$。

那么级数收敛，且其和$s \leq u_1$，其余项r_n的绝对值$|r_n| \leq u_{n+1}$。

现在我们讨论一般的级数：

$$u_1+u_2+u_3+\cdots+u_n+\cdots$$

它的各项为任意实数。如果级数$\sum_{n=1}^{\infty}u_n$各项的绝对值所构成的正项级数$\sum_{n=1}^{\infty}|u_n|$收敛，那么称级数$\sum_{n=1}^{\infty}u_n$绝对收敛；如果级数$\sum_{n=1}^{\infty}u_n$收敛，而级数$\sum_{n=1}^{\infty}|u_n|$发散，那么称级数$\sum_{n=1}^{\infty}u_n$条件收敛。如果级数$\sum_{n=1}^{\infty}u_n$绝对收敛，那么级数$\sum_{n=1}^{\infty}u_n$必定收敛。

3.12.2　函数项级数的概念和审敛简介

如果给定一个定义在区间 I 上的函数列

$$u_1(x),u_2(x),u_3(x),\cdots,u_n(x),\cdots$$

那么由这函数列构成的表达式

$$u_1(x)+u_2(x)+u_3(x)+\cdots+u_n(x)+\cdots$$

称为定义在区间 I 上的（函数项）无穷级数，简称（函数项）级数。

对于每一个确定的值$x_0 \in I$，函数项级数成为常数项级数

$$u_1(x_0)+u_2(x_0)+u_3(x_0)+\cdots+u_n(x_0)+\cdots$$

这个级数可能收敛也可能发散。如果收敛，就称点x_0是函数项级数的收敛点；如果发散，就称点x_0是函数项级数的发散点。函数项级数的收敛点的全体称为它的收敛域，发散点的全体称为它的发散域。

对应于收敛域内的任意一个数x，函数项级数成为一个收敛的常数项级数，因而有一确定的和 s。这样，在收敛域上，函数项级数的和是x的函数$s(x)$，通常称$s(x)$为函数项级数的和函数，这函数的定义域就是级数的收敛域，并写成：

$$s(x)=u_1(x_0)+u_2(x_0)+u_3(x_0)+\cdots+u_n(x_0)+\cdots$$

把函数项级数的前 n 项的部分和记作$s_n(x)$，则在收敛域上有：

$$\lim_{n\to\infty} s_n(x)=s(x)$$

将$r_n(x)=s(x)-s_n(x)$称为函数项级数的余项（只有x在收敛域上$r_n(x)$才有意义），并有：

$$\lim_{n\to\infty} r_n(x)=0$$

函数项级数中简单而常见的一类级数就是各项都是常数乘幂函数的函数项级数，即所谓

幂级数，它的形式是：

$$\sum_{n=0}^{\infty} a_0 x^n = a_0 + a_1 x + a_2 x^2 + \cdots + a_n x^n + \cdots$$

其中常数a_0，a_1，a_2，…，a_n，…称为幂级数的系数，例如

$$1 + x + x^2 + \cdots + x^n + \cdots$$

$$1 + x + \frac{1}{2!}x^2 + \cdots + \frac{1}{n!}x^n + \cdots$$

都是幂级数。

阿贝尔（Abel）定理：如果级数$\sum_{n=0}^{\infty} a_n x^n$当$x = x_0$（$x_0 \neq 0$）时收敛，那么适合不等式$|x| < |x_0|$的一切$x$都使这幂级数绝对收敛。反之，如果级数$\sum_{n=0}^{\infty} a_n x^n$当$x = x_0$时发散，那么适合不等式$|x| > |x_0|$的一切 x 都使这幂级数发散。

如果

$$\lim_{n \to \infty} \left| \frac{a_{n+1}}{a_n} \right| = \rho$$

其中a_n、a_{n+1}是幂级数$\sum_{n=0}^{\infty} a_n x^n$的相邻两项的系数，那么这幂级数的收敛半径

$$R = \begin{cases} \dfrac{1}{\rho}，\rho \neq 0 \\ +\infty，\rho = 0 \\ 0，\rho = +\infty \end{cases}$$

3.12.3 泰勒公式简介

对于一些较复杂的函数，为了便于研究，往往希望用一些简单的函数来近似表达。由于用多项式表示的函数，只要对自变量进行有限次加、减、乘三种算术运算，便能求出它的函数值来，因此我们经常用多项式来近似表达函数。但是这种近似表达式的精确度不高，它所产生的误差仅是关于x的高阶无穷小。

为了提高精确度，自然想到用更高次的多项式来逼近函数，于是需要找到一个 n 次多项式。设$f(x)$在x_0处具有 n 阶导数，关于$(x - x_0)$的 n 次多项式的形式为：

$$P_n(x) = a_0 + a_1(x - x_0) + a_2(x - x_0)^2 + \cdots + a_n(x - x_0)^n$$

如果要近似表达$f(x)$，要求使得$P_n(x)$与$f(x)$之差是当$x \to x_0$时比$(x - x_0)^n$高阶的无穷小。泰勒（Taylor）中值定理就是为了解决该类问题而产生的。

如果函数$f(x)$在x_0处具有 n 阶导数，那么存在x_0的一个邻域，对于该邻域内的任一x_0，有：

$$f(x) = f(x_0) + f'(x_0)(x - x_0) + \frac{f''(x_0)}{2!}(x - x_0)^2 + \cdots + \frac{f^{(n)}(x_0)}{n!}(x - x_0)^n + R_n(x)$$

其中

$$R_n(x) = o[(x - x_0)^n]$$

如果函数$f(x)$在x_0的某个邻域$U(x_0)$内具有(n+1)阶导数，那么对任一 $x \in U(x_0)$，有：

$$R_n(x) = \frac{f^{(n+1)}(\xi)}{(n+1)!}(x - x_0)^{n+1}$$

这里ξ是x_0与x之间的某个值。

上面的按$(x - x_0)$的幂展开式称为$f(x)$在x_0处的带有拉格朗日余项的 n 阶泰勒公式，$R_n(x)$称为拉格朗日余项。在泰勒公式中，如果取$x_0 = 0$，则变为：

$$f(x) = f(0) + f'(0)x + \cdots + \frac{f^{(n)}(0)}{n!}x^n + o(x^n)$$

该展开式称为带有佩亚诺余项的麦克劳林（Maclaurin）公式。如果取$x_0 = 0$，那么ξ在 0 与x之间。因此可以令$\xi = \theta x(0 < \theta < 1)$，从而泰勒公式变成较简单的形式

$$f(x) = f(0) + f'(0)x + \frac{f''(0)}{2!}x^2 + \cdots + \frac{f^{(n)}(0)}{n!}x^n + \frac{f^{(n+1)}(\theta x)}{(n+1)!}x^{n+1} \ (0 < \theta < 1)$$

这种形式称为带有拉格朗日余项的麦克劳林公式。

展开式

$$f(x) = \sum_{n=0}^{\infty} \frac{1}{n!} f^{(n)}(x_0)(x - x_0)^n, x \in U(x_0)$$

称为函数在x_0点处的泰勒展开式。

泰勒展开的误差估计式为：

$$|R_n(x)| \le \frac{M}{(n+1)!}|x - x_0|^{n+1}$$

3.12.4　函数的泰勒展开式的笔算方法简介

设函数$f(x)$在点x_0的某一邻域$U(x_0)$内具有各阶导数，则$f(x)$在该邻域内能展开成泰勒级数的充分必要条件是在该邻域内$f(x)$的泰勒公式中的余项$R_n(x)$当$n \to \infty$时的极限为零，即

$$\lim_{n \to \infty} R_n(x) = 0, x \in U(x_0)$$

要把函数$f(x)$展开成x的幂级数，可以按照下列步骤进行：

第一步：求出$f(x)$的各阶导数$f'(x)$，$f''(x)$，…，$f^{(n)}(x)$,…,如果在 x=0 处某阶导数不存在，就停止进行。例如在 x=0 处，$f(x) = x^{\frac{7}{3}}$的三阶导数不存在，它就不能展开为 x 的幂级数。

第二步：求出函数及其各阶导数在 x=0 处的值，即

$$f(0), \ f'(0), \ f''(0), \ \cdots, f^{(n)}(0), \cdots$$

第三步：写出幂级数

$$f(0) + f'(0)x + \frac{f''(0)}{2!}x^2 + \cdots + \frac{f^{(n)}(0)}{n!}x^n + \cdots$$

并求出收敛半径 R。

第四步：利用余项$R_n(x)$的表达式

$$R_n(x)=\frac{f^{(n+1)}(\theta x)}{(n+1)!}x^{n+1}\ (0<\theta<1)$$

考察当 x 在区间（$-R$，R）内时余项$R_n(x)$的极限是否为零。如果为零，那么函数$f(x)$在区间（$-R$，R）内的幂级数展开式为：

$$f(x)=f(0)+f'(0)x+\frac{f''(0)}{2!}x^2+\cdots+\frac{f^{(n)}(0)}{n!}x^n+\cdots(-\mathrm{R}<x<\mathrm{R})$$

比如，将函数$f(x)=\sin x$展开成 x 的幂级数。解所给函数的各阶导数为：

$$f^{(n)}(x)=\sin\left(x+\frac{n\pi}{2}\right)\ (n=1,2,\cdots)$$

$f^{(n)}(x)$顺序循环地取 0，1，0，−1，（n=0，1，2，3，…），于是得级数：

$$x-\frac{x^3}{3!}+\frac{x^5}{5!}-\cdots+(-1)^n\frac{x^{2n+1}}{(2n+1)!}+\cdots$$

它的收敛半径$R=+\infty$。

对于任何有限的数 x 与ξ（ξ在 0 与 x 之间），余项的绝对值当 $n\to\infty$时的极限为零：

$$|R_n(x)|=\left|\frac{\sin\left[\xi+\frac{(n+1)\pi}{2}\right]}{(n+1)!}x^{n+1}\right|\le\frac{|x|^{n+1}}{(n+1)!}\to 0\ (n\to\infty)$$

因此得泰勒展开式：

$$\sin x=x-\frac{x^3}{3!}+\frac{x^5}{5!}-\cdots+(-1)^n\frac{x^{2n+1}}{(2n+1)!}+\cdots(-\infty<x<+\infty)$$

这种方法是按展开公式直接计算，计算量大，而且有时候研究余项$R_n(x)$是否趋近于 0 也不容易。下面介绍间接展开方法，利用已知的函数泰勒展开式，经过级数运算将所给函数转化为幂级数。

如把函数$f(x)=(1-x)\ln(1+x)$展开成 x 的幂级数。已知：

$$\ln(1+x)=\sum_{n=1}^{\infty}\frac{(-1)^{n-1}}{n}x^n\ \ (-1<x\le 1)$$

所以有

$$f(x)=(1-x)\sum_{n=1}^{\infty}\frac{(-1)^{n-1}}{n}x^n=\sum_{n=1}^{\infty}\frac{(-1)^{n-1}}{n}x^n-\sum_{n=1}^{\infty}\frac{(-1)^{n-1}}{n}x^{n+1}$$

$$=\sum_{n=1}^{\infty}\frac{(-1)^{n-1}}{n}x^n-\sum_{n=2}^{\infty}\frac{(-1)^{n}}{n-1}x^n=x+\sum_{n=2}^{\infty}\frac{(-1)^{n-1}(2n-1)}{n(n-1)}x^n$$

$$(-1<x\le 1)$$

值得特殊说明的是，泰勒展开式

$$(1+x)^m = 1 + mx + \frac{m(m-1)}{2!}x^2 + \cdots + \frac{m(m-1)\cdots(m-n+1)}{n!}x^n + \cdots$$

称为二项展开式。特殊地，当 m 为正整数时，该级数为 x 的 m 次多项式，这就是代数学中的二项式定理。

3.12.5 用 MATLAB 求函数的泰勒展开式

MATLAB 提供函数 taylor 用来求符号表达式的五阶以内泰勒级数展开式，该函数的调用格式如下：

变量名=taylor(符号函数,自变量,定值)

当需要自定义阶数时，可以调用 MuPad 引擎来计算，其语法格式如下：

变量名=evalin(symengine,'series(函数表达式,自变量名=常数,阶数)')

【例 3-45】 用两种方法求下列函数的泰勒展开式：

① 将$f(x) = \sin^2 x + \cos x$展开成 x 的十阶泰勒级数；

② 将$f(x) = \frac{1}{x^2+3x+2}$展开成（$x$+4）的八阶泰勒级数。

① 在 M 文件编辑器中输入：

```
syms x;
f=sym('sin(x)^2+cos(x)');          %定义符号表达式
fx1=taylor(f,x,0)                  %五阶以内泰勒级数
fx2=evalin(symengine,'series(sin(x)^2+cos(x),x=0,10)')
                                   %十阶级数
```

计算结果为：

fx1 =- (7*x^4)/24 + x^2/2 + 1

fx2 =1 + x^2/2 - (7*x^4)/24 + (31*x^6)/720 - (127*x^8)/40320 + O(x^10)

计算时间约为 0.157s。

即

$$f(x) = \sin^2 x + \cos x \approx 1 + \frac{x^2}{2} - \frac{7x^4}{24} \approx 1 + \frac{x^2}{2} - \frac{7x^4}{24} + \frac{31x^6}{720} - \frac{127x^8}{40320} + o(x^{10})$$

② 在 M 文件编辑器中输入：

```
syms x;
f=sym('1/(x^2+3*x+2)');              %定义符号表达式
fx1=taylor(f,x,-4)                   %五阶以内泰勒级数
fx2=evalin(symengine,'series(1/(x^2+3*x+2),x=-4,8)')
                                     %十阶级数
```

计算结果为：

fx1 =(5*x)/36 + (19*(x + 4)^2)/216 + (65*(x + 4)^3)/1296 + (211*(x + 4)^4)/7776 + (665*(x + 4)^5)/46656 + 13/18

fx2 =1/6 + (5*(x + 4))/36 + (19*(x + 4)^2)/216 + (65*(x + 4)^3)/1296 + (211*(x + 4)^4)/7776 +

(665*(x + 4)^5)/46656 + (2059*(x + 4)^6)/279936 + (6305*(x + 4)^7)/1679616 + O((x + 4)^8)

计算时间约为 0.203s。

即

$$
\begin{aligned}
f(x) &= \frac{1}{x^2+3x+2} \\
&\approx \frac{5}{36}x + \frac{19}{216}(x+4)^2 + \frac{65}{1296}(x+4)^3 + \frac{211}{7776}(x+4)^4 + \frac{665}{46656}(x+4)^5 + \frac{13}{18} \\
&\approx \frac{1}{6} + \frac{5}{36}(x+4) + \frac{19}{216}(x+4)^2 + \frac{65}{1296}(x+4)^3 + \frac{211}{7776}(x+4)^4 \\
&\quad + \frac{665}{46656}(x+4)^5 + \frac{2059}{279936}(x+4)^6 + \frac{6305}{1679616}(x+4)^7 + o[(x+4)^8]
\end{aligned}
$$

3.12.6 Taylor Tool 泰勒分析模块

在 MATLAB 命令行窗口输入 Taylor Tool 可以弹出泰勒分析界面，该工具用于观察函数$f(x)$在给定区间上被 N 次泰勒多项式$T_N(x)$逼近的情况。默认状态下，其主界面如图 3-53 所示。

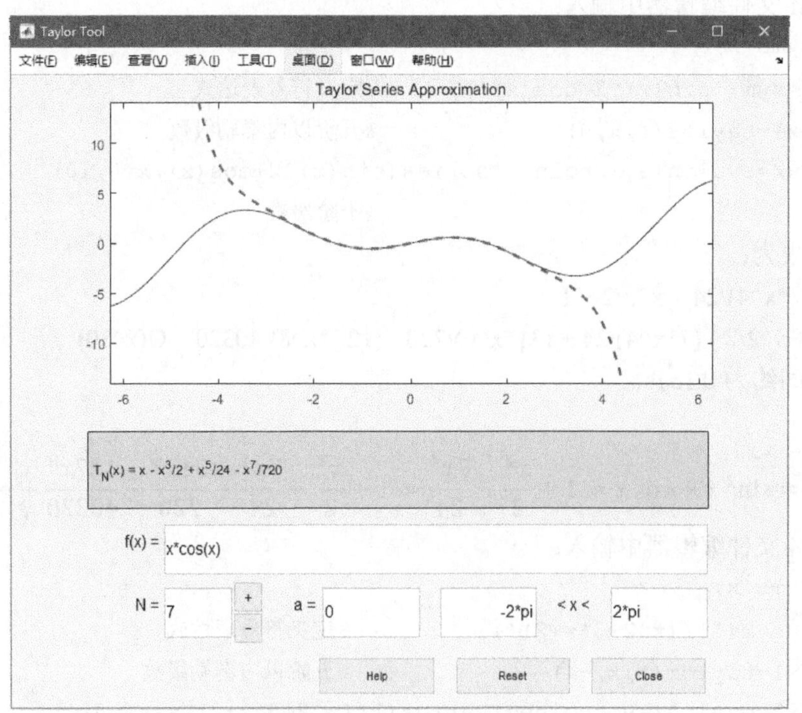

图 3-53　Taylor Tool 主界面

比如，对函数$f(x) = \mathrm{e}^{x+\ln x}$在$x = 3$处进行 1～10 次展开，在“f(x)”栏输入“exp(x+log(x))”，图像如图 3-54 和图 3-55 所示。

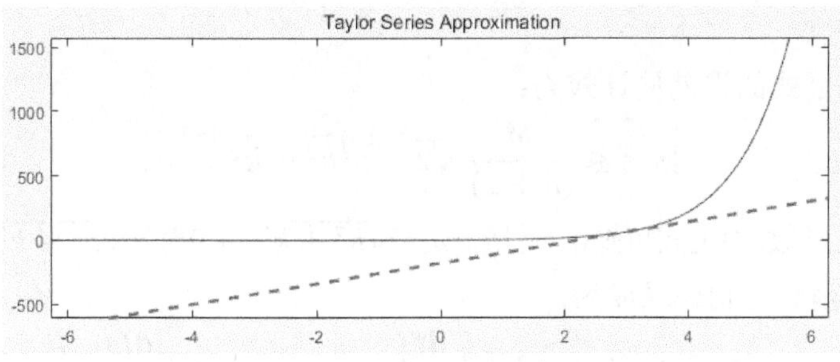

图 3-54　N=1 的泰勒逼近情况

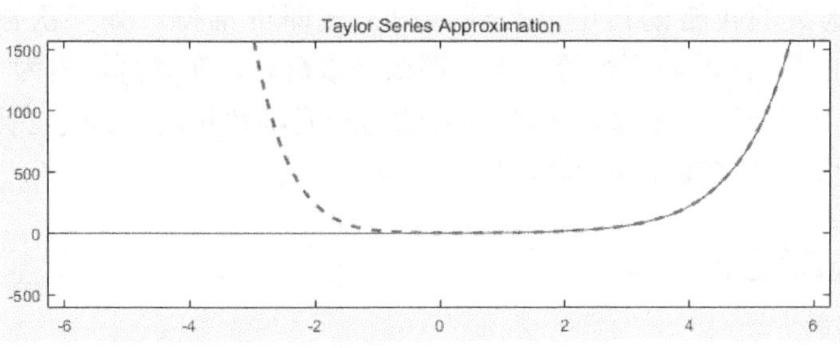

图 3-55　N=10 的泰勒逼近情况

由实验结果可以形象地理解泰勒级数，即次数越高，逼近情况越准确，对$x-a$展开则确定了一个逼近的基点（a 值）。

3.12.7　二元函数的泰勒公式简介

设$z=f(x,y)$在点(x_0,y_0)的某一邻域内连续且有（n+1）阶连续偏导数，(x_0+h,y_0+k)为此邻域内任一点，则有：

$$\begin{aligned}
&f(x_0+h,y_0+k)\\
&\quad=f(x_0,y_0)+\left(h\frac{\partial}{\partial x}+k\frac{\partial}{\partial y}\right)f(x_0,y_0)+\frac{1}{2!}\left(h\frac{\partial}{\partial x}+k\frac{\partial}{\partial y}\right)^2 f(x_0,y_0)+\cdots\\
&\quad+\frac{1}{n!}\left(h\frac{\partial}{\partial x}+k\frac{\partial}{\partial y}\right)^n f(x_0,y_0)\\
&\quad+\frac{1}{(n+1)!}\left(h\frac{\partial}{\partial x}+k\frac{\partial}{\partial y}\right)^{n+1} f(x_0+\theta h,y_0+\theta k)\ (0<\theta<1)
\end{aligned}$$

一般地，记号$\left(h\frac{\partial}{\partial x}+k\frac{\partial}{\partial y}\right)^m f(x_0,y_0)$表示$\sum_{p=0}^{m} C_m^p h^p k^{m-p}\left.\frac{\partial^m f}{\partial x^p\partial y^{m-p}}\right|_{(x_0,y_0)}$

比如，

$$\left(h\frac{\partial}{\partial x}+k\frac{\partial}{\partial y}\right)^2 f(x_0,y_0)\text{表示}\,h^2\left.\frac{\partial^2 f}{\partial x^2}\right|_{(x_0,y_0)}+2hk\left.\frac{\partial^2 f}{\partial x\partial y}\right|_{(x_0,y_0)}+k^2\left.\frac{\partial^2 f}{\partial y^2}\right|_{(x_0,y_0)}$$

上式$f(x_0+h,y_0+k)$称为二元函数$f(x,y)$在点(x_0,y_0)处的 n 阶泰勒公式，而R_n的表达式

$$R_n=\frac{1}{(n+1)!}\left(h\frac{\partial}{\partial x}+k\frac{\partial}{\partial y}\right)^{n+1} f(x_0+\theta h,y_0+\theta k)\ (0<\theta<1)$$

称为拉格朗日余项。

二元函数泰勒公式的误差估计式为：

$$|R_n| \leq \frac{M}{(n+1)!}\sqrt{2}^{n+1}\sqrt{h^2+k^2}^{n+1}$$

式中，M为一正常数。由上式可知，误差$|R_n|$是当$\sqrt{h^2+k^2} \to 0$时比$\sqrt{h^2+k^2}^n$高阶的无穷小。

n=0 时，二元函数泰勒公式成为：

$$f(x_0+h,y_0+k) = f(x_0,y_0) + h\left.\frac{\partial f}{\partial x}\right|_{(x_0+\theta h,y_0+\theta k)} + k\left.\frac{\partial f}{\partial y}\right|_{(x_0+\theta h,y_0+\theta k)}$$

此公式称为二元函数的拉格朗日中值公式。由上式即可推得，如果函数$f(x,y)$的偏导数$f_x(x,y)$、$f_y(x,y)$在某一区域内都恒等于零，那么函数$f(x,y)$在该区域内为一常数。

用 MATLAB 求多元函数的泰勒展开的方法与一元函数相同，只是必须定义多元符号函数，然后规定好欲展开的变量，不再举例。

3.12.8 欧拉公式简介

设有复数项级数

$$1+z+\frac{1}{2!}z^2+\cdots+\frac{1}{n!}z^n+\cdots \quad (z=x+yi)$$

在整个复平面上绝对收敛，在 x 轴上，它表示指数函数e^x。在复平面上可以用它定义复变量指数函数，记作e^z。当 x=0 时，z 为纯虚数 yi，所以上式可以写为：

$$\begin{aligned}\mathrm{e}^{yi} &= 1+yi+\frac{1}{2!}yi^2+\frac{1}{3!}yi^3+\cdots+\frac{1}{n!}yi^n+\cdots = 1+yi-\frac{1}{2!}y^2-\frac{1}{3!}yi^3+\frac{1}{4!}y^4+\frac{1}{5!}y^5i-\cdots \\ &= \left(1-\frac{1}{2!}y^2+\frac{1}{4!}y^4-\cdots\right)+\left(y-\frac{1}{3!}y^3+\frac{1}{5!}y^5-\cdots\right)i = \cos y + i\sin y\end{aligned}$$

如果将 y 替换为 x，则上式变为：

$$\mathrm{e}^{xi} = \cos x + i\sin x$$

这就是欧拉（Euler）公式。应用欧拉公式，复数 z 可以写成由 z 的模和辐角构成的形式：

$$z = x+yi = \rho\cos\theta + \rho\sin\theta\, i = \rho(\cos\theta+\sin\theta\, i) = \rho\mathrm{e}^{i\theta}$$

如果把 x 换为$-x$，可得欧拉公式的另一种形式：

$$\begin{cases}\cos x = \dfrac{\mathrm{e}^{xi}+\mathrm{e}^{-xi}}{2} \\ \sin x = \dfrac{\mathrm{e}^{xi}-\mathrm{e}^{-xi}}{2i}\end{cases}$$

这种形式的欧拉公式反映了三角函数与复变量指数函数的联系。

3.12.9 一致收敛性简介

有限个连续函数的和是连续函数，有限个函数的和的导数及积分也分别等于它们导数及积分的和。无穷个函数的和也可以具有该性质。

设有函数项级数$\sum\limits_{n=1}^{\infty}u_n(x)$。如果对于任意给定的正数$\varepsilon$，都存在着一个只依赖于$\varepsilon$的正整

数 N，使得当$n > N$时，对区间 I 上的一切 x，都有不等式

$$|r_n(x)| = |s(x) - s_n(x)| < \varepsilon$$

成立，那么称函数项级数 $\sum_{n=1}^{\infty} u_n(x)$ 在区间I上一致收敛于和$s(x)$，也称函数序列$\{s_n(x)\}$在区间 I 上一致收敛于$s(x)$。

以上函数项级数一致收敛的定义在几何上可解释为：只要 n 充分大（$n>N$），在区间 I 上的所有曲线$y = s_n(x)$将位于曲线$y = s(x) + \varepsilon$与$y = s(x) - \varepsilon$之间。

魏尔斯特拉斯（Weierstrass）判别法：如果函数项级数$\sum_{n=1}^{\infty} u_n(x)$ 在区间 I 上满足条件：

① $|u_n(x)| \le a_n$ （n=1，2，3，…）；

② 正项级数 $\sum_{n=1}^{\infty} a_n$ 收敛。

那么函数项级数 $\sum_{n=1}^{\infty} u_n(x)$ 在区间I上一致收敛。

3.12.10 用 MATLAB 进行级数求和

MATLAB 提供的函数 symsum 用于对符号表达式进行求和。该函数的调用格式如下：

变量名=symsum(符号函数,变量名,初值,终值)

【例 3-46】 求下列级数的和或和函数：

① $\{s_n\} = \sin\frac{\pi}{2^n}$，求 $\sum_{n=1}^{10}\{s_n\}$ 并验证 $\sum_{n=1}^{\infty}\{s_n\}$ 时的收敛性；

② $s(x) = \frac{x^n}{n+1}$，列出 $\sum_{n=0}^{3} s(x)$ 并求和函数 $\sum_{n=0}^{+\infty} s(x)$。

① 在 M 文件编辑器中输入：

```
syms n;
f=sym('sin(pi/2^n)');                  %定义符号函数
sum10=vpa(symsum(f,n,1,10),3)         %求前 10 项和并保留 3 位有效数字
sum=simplify(symsum(f,n,1,inf)) %求无穷项和并化简
```

计算结果为：

sum10 =2.48

sum =(symsum(exp(-pi*exp(-n*log(2))*1i), n, 1, Inf)*1i)/2 - (symsum(exp(pi*exp(-n*log(2))*1i), n, 1, Inf)*1i)/2

计算时间约为 0.188s。

即

$$\sum_{n=1}^{10} \sin\frac{\pi}{2^n} \approx 2.48$$

且有

$$\sum_{n=1}^{\infty}\sin\frac{\pi}{2^n}=\frac{\left[\sum_{n=1}^{\infty}e^{\left(-\frac{\pi i}{2^n}\right)}\right]i-\left[\sum_{n=1}^{\infty}e^{\left(\frac{\pi i}{2^n}\right)}\right]i}{2}$$

说明常数列$\{s_n\}$收敛，如果数列发散，会得出 inf 或非数值量。由本例也可以看出数列在 MATLAB 中不一定收敛于一个常数或实函数，有可能存在解析解难以计算的情况。

② 在 M 文件编辑器中输入：

```
syms n x;
f=sym('x^n/(n+1)');                    %定义函数列
sum3=simplify(symsum(f,n,0,3))         %列出前 3 项和并化简
sum=simplify(symsum(f,n,0,inf))        %求级数的和函数并化简
```

计算结果为：

sum3 =x^3/4 + x^2/3 + x/2 + 1

sum =piecewise(1 <= x, Inf, abs(x) <= 1 & x ~= 1, -log(1 - x)/x)

计算时间约为 0.197s。

即

$$\sum_{n=0}^{3}\frac{x^n}{n+1}=\frac{x^3}{4}+\frac{x^2}{3}+\frac{x}{2}+1$$

且有

$$\sum_{n=0}^{\infty}\frac{x^n}{n+1}=\begin{cases}\infty, x\geq 1\\ -\dfrac{\ln(1-x)}{x}, |x|\leq 1\text{ 且}x\neq 1\end{cases}$$

3.12.11 傅里叶级数

3.12.11.1 三角级数简介

将周期为 T 的周期函数用一系列以 T 为周期的正弦函数$A_n\sin(n\omega t+\varphi_n)$组成的级数来表示，记为：

$$f(t)=A_0+\sum_{n=1}^{\infty}A_n\sin(n\omega t+\varphi_n)$$

式中，A_0、A_n、φ_n（n=1，2，3，…）都是常数。

将周期函数按上述方式展开，它的物理意义是很明确的，这就是把一个比较复杂的周期运动看成是许多不同频率的简谐振动的叠加。在电工学上，这种展开称为谐波分析，其中常数项A_0称为$f(t)$的直流分量，$A_1\sin(\omega t+\varphi_1)$称为一次谐波（又称为基波），$A_2\sin(\omega t+\varphi_2)$、$A_3\sin(\omega t+\varphi_3)$、…依次称为二次谐波、三次谐波等等。

我们将正弦函数$A_n\sin(n\omega t+\varphi_n)$按三角公式变换，再经过各种变量代换（变换过程详见《高等数学（下）》同济第七版第 309 页），得：

$$\frac{a_0}{2}+\sum_{n=1}^{\infty}(a_n\cos nx+b_n\sin nx)$$

形如上式的级数称为三角级数，是由以 $2l$ 为周期的三角级数转换过来的以2π为周期的三角级数。

3.12.11.2 函数展开成傅里叶级数

设$f(x)$是周期为2π的周期函数，且能展开成三角级数

$$f(x)=\frac{a_0}{2}+\sum_{k=1}^{\infty}(a_k\cos kx+b_k\sin kx)$$

并且满足积分

$$a_n=\frac{1}{\pi}\int_{-\pi}^{\pi}f(x)\cos nx\mathrm{d}x\quad(n=0,1,2,3,\cdots)$$

$$b_n=\frac{1}{\pi}\int_{-\pi}^{\pi}f(x)\sin nx\mathrm{d}x\quad(n=1,2,3,\cdots)$$

都存在，则可利用$f(x)$把a_0、a_1、b_1等量表达出来。此时，系数a_0、a_1、b_1称为函数$f(x)$的傅里叶（Fourier）系数，所得的三角级数称为$f(x)$的傅里叶级数。

狄利克雷（Dirichlet）充分条件如下：

设$f(x)$是周期为2π的周期函数，如果它满足：

① 在一个周期内连续或只有有限个第一类间断点；

② 在一个周期内至多只有有限个极值点。

那么$f(x)$的傅里叶级数收敛，并且当 x 是$f(x)$的连续点时，级数收敛于$f(x)$；当 x 是$f(x)$的间断点时，级数收敛于$\frac{1}{2}[f(x^-)+f(x^+)]$。

可见，函数展开成傅里叶级数的条件比展开成幂级数的条件低得多，即满足：

$$x\in C，C=\left\{x\middle|f(x)=\frac{1}{2}[f(x^-)+f(x^+)]\right\}$$

设周期为 $2l$ 的周期函数$f(x)$满足收敛定理的条件，则它的傅里叶级数展开式为：

$$f(x)=\frac{a_0}{2}+\sum_{n=1}^{\infty}\left(a_n\cos\frac{n\pi x}{l}+b_n\sin\frac{n\pi x}{l}\right)\quad(x\in C)$$

其中

$$a_n=\frac{1}{l}\int_{-l}^{l}f(x)\cos\frac{n\pi x}{l}\mathrm{d}x\quad(n=0,1,2,\cdots)$$

$$b_n=\frac{1}{l}\int_{-l}^{l}f(x)\sin\frac{n\pi x}{l}\mathrm{d}x\quad(n=1,2,3,\cdots)$$

$$C=\left\{x\middle|f(x)=\frac{1}{2}[f(x^-)+f(x^+)]\right\}$$

当$f(x)$为奇函数时：

$$f(x)=\sum_{n=1}^{\infty}b_n\sin\frac{n\pi x}{l}\quad(x\in C)$$

其中

$$b_n=\frac{2}{l}\int_0^l f(x)\sin\frac{n\pi x}{l}\mathrm{d}x\quad(n=1,2,3,\cdots)$$

当$f(x)$为偶函数时：

$$f(x)=\frac{a_0}{2}+\sum_{n=1}^{\infty}a_n\cos\frac{n\pi x}{l}\quad(x\in C)$$

其中

$$a_n=\frac{2}{l}\int_0^l f(x)\cos\frac{n\pi x}{l}\mathrm{d}x\quad(n=0,1,2,\cdots)$$

3.12.11.3 傅里叶级数的复数形式

利用欧拉公式

$$\begin{cases}\cos x=\dfrac{\mathrm{e}^{xi}+\mathrm{e}^{-xi}}{2}\\ \sin x=\dfrac{\mathrm{e}^{xi}-\mathrm{e}^{-xi}}{2i}\end{cases}$$

可以将傅里叶级数化为：

$$f(x)=\frac{a_0}{2}+\sum_{n=1}^{\infty}\left[\frac{a_n}{2}\left(\mathrm{e}^{\frac{n\pi x}{l}i}+\mathrm{e}^{-\frac{n\pi x}{l}i}\right)-\frac{b_n i}{2}\left(\mathrm{e}^{\frac{n\pi x}{l}i}-\mathrm{e}^{-\frac{n\pi x}{l}i}\right)\right]$$

经过整理和变量代换（推导过程详见《高等数学（下）》同济第七版第 325 页）可得傅里叶级数的复数形式为：

$$\sum_{n=-\infty}^{\infty}c_n\mathrm{e}^{\frac{n\pi x}{l}i}$$

其中

$$c_n=\frac{1}{2l}\int_{-l}^{l}f(x)\mathrm{e}^{-\frac{n\pi x}{l}i}\mathrm{d}x\quad(n=0,\pm1,\pm2,\cdots)$$

3.12.12 函数展开成傅里叶级数的笔算方法简介

设$f(x)$在$[-\pi,\pi)$上的表达式为：

$$f(x)=\begin{cases}x,-\pi\le x<0\\ 0,0\le x<\pi\end{cases}$$

将$f(x)$展开成傅里叶级数，并作出级数的和函数的图形。

所给函数满足收敛定理的条件，它在点$x=(2k+1)\pi\ (k=0,\pm1,\pm2,\cdots)$处不连续。因此，$f(x)$的傅里叶级数在$x=(2k+1)\pi$处收敛于

$$\frac{f(\pi^-)+f(-\pi^+)}{2}=-\frac{\pi}{2}$$

在连续点$x(x\neq(2k+1)\pi)$处收敛于$f(x)$。

计算傅里叶系数如下：

$$a_n=\frac{1}{\pi}\int_{-\pi}^{\pi}f(x)\cos nx\mathrm{d}x=\frac{1}{\pi}\int_{-\pi}^{0}x\cos nx\mathrm{d}x=\frac{1}{\pi}\left[\frac{x\sin nx}{n}+\frac{\cos nx}{n^2}\right]_{-\pi}^{0}=\frac{1}{n^2\pi}(1-\cos n\pi)$$

$$=\begin{cases}\dfrac{2}{n^2\pi},n=1,3,5,\cdots\\ 0,n=2,4,6,\cdots\end{cases}$$

$$a_0=\frac{1}{\pi}\int_{-\pi}^{\pi}f(x)\mathrm{d}x=\frac{1}{\pi}\int_{-\pi}^{0}x\mathrm{d}x=\frac{1}{\pi}\left[\frac{x^2}{2}\right]_{-\pi}^{0}=-\frac{\pi}{2}$$

$$b_n=\frac{1}{\pi}\int_{-\pi}^{\pi}f(x)\sin nx\mathrm{d}x=\frac{1}{\pi}\int_{-\pi}^{0}x\sin nx\mathrm{d}x=\frac{1}{\pi}\left[-\frac{x\cos nx}{n}+\frac{\sin nx}{n^2}\right]_{-\pi}^{0}=-\frac{\cos n\pi}{n}$$

$$=\frac{(-1)^{n+1}}{n}\ (n=1,2,3,\cdots)$$

将求出的系数代入傅氏级数通式，得$f(x)$的傅里叶级数展开式为：

$$f(x)=-\frac{\pi}{4}+\frac{2}{\pi}\sum_{k=1}^{\infty}\frac{1}{(2k-1)^2}\cos(2k-1)x+\sum_{n=1}^{\infty}\frac{(-1)^{n-1}}{n}\sin nx$$

$$(-\infty<x<+\infty;x\neq\pm\pi,\pm3\pi,\cdots)$$

级数的和函数的图形如图 3-56 所示。

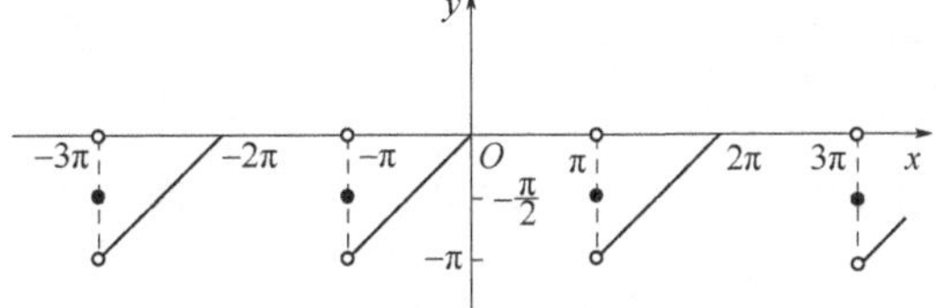

图 3-56　周期延拓的傅里叶级数

应该注意，如果函数$f(x)$只在$[-\pi,\pi]$上有定义，并且满足收敛定理的条件，那么它也可以展开成傅里叶级数。事实上，我们可在$[-\pi,\pi)$或$(-\pi,\pi]$外补充函数$f(x)$的定义，使它拓广成周期为2π的周期函数 $F(x)$。按这种方式拓广函数的定义域的过程称为周期延拓。再将 $F(x)$ 展开成傅里叶级数，最后限制 x 在$(-\pi,\pi)$内，此时$F(x)\equiv f(x)$，这样便得到$f(x)$的傅里叶级数展开式。

将函数

$$f(x)=\begin{cases}\cos x, 0\le x<\dfrac{\pi}{2}\\ 0\ ,\dfrac{\pi}{2}\le x\le\pi\end{cases}$$

展开成余弦级数。

对函数$f(x)$做偶延拓，有：

$$\begin{aligned}a_n&=\frac{2}{\pi}\int_0^{\pi}f(x)\cos nx\mathrm{d}x=\frac{2}{\pi}\int_0^{\frac{\pi}{2}}\cos x\cos nx\mathrm{d}x=\frac{1}{\pi}\int_0^{\frac{\pi}{2}}[x\cos(n-1)+x\cos(n+1)]\mathrm{d}x\\&=\frac{1}{\pi}\left[\frac{1}{n-1}\sin\frac{n-1}{2}\pi+\frac{1}{n+1}\sin\frac{n+1}{2}\pi\right]\\&=\frac{2}{\pi(n^2-1)}\sin\frac{n-1}{2}\pi=\begin{cases}0\ \ ,n=2k-1\\ \dfrac{2(-1)^{k-1}}{\pi(4k^2-1)},n=2k\end{cases}\end{aligned}$$

但这些计算对 n=1 不适合（造成分母为 0），a_1需另行计算：

$$a_1=\frac{2}{\pi}\int_0^{\frac{\pi}{2}}\cos^2 x\,\mathrm{d}x=\frac{1}{\pi}\int_0^{\frac{\pi}{2}}(1+\cos 2x)\mathrm{d}x=\frac{1}{2}$$

将求得的系数代入傅氏余弦级数表达式，得$f(x)$的余弦级数展开式为：

$$f(x)=\frac{1}{\pi}+\frac{1}{2}\cos x+\frac{2}{\pi}\sum_{k=1}^{\infty}\frac{(-1)^{k-1}}{4k^2-1}\cos 2kx\ \ (0\le x\le\pi)$$

$f(x)$偶延拓的图形如图 3-57 所示。

傅里叶级数的两种形式本质上是一样的，但复数形式比较简洁。把一个如图 3-58 所示的宽为τ、高为 h、周期为 T 的矩形波展开成傅里叶级数的复数形式。

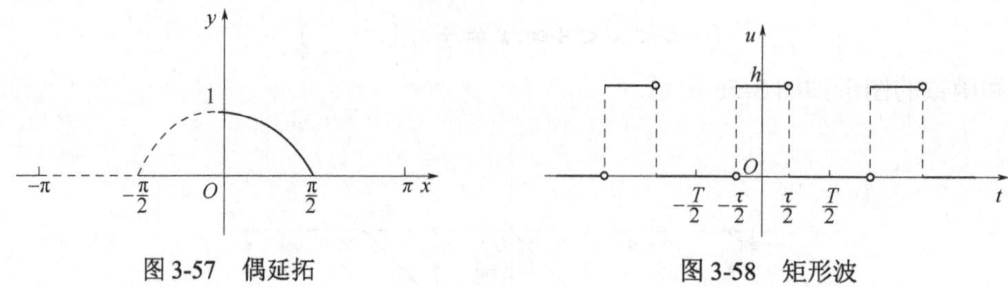

图 3-57　偶延拓　　　　图 3-58　矩形波

在一个周期$\left[-\frac{T}{2},\frac{T}{2}\right)$内，矩形波的函数表达式为：

$$u(t)=\begin{cases}0,-\dfrac{T}{2}\le t<-\dfrac{\tau}{2}\\ h\ ,-\dfrac{\tau}{2}\le t<\dfrac{\tau}{2}\\ 0\ \ ,\dfrac{\tau}{2}\le t<\dfrac{T}{2}\end{cases}$$

接下来求系数：

$$c_n = \frac{1}{T}\int_{-\frac{T}{2}}^{\frac{T}{2}} u(t)\mathrm{e}^{-\frac{2n\pi t}{T}i}\mathrm{d}t = \frac{1}{T}\int_{-\frac{\tau}{2}}^{\frac{\tau}{2}} h\mathrm{e}^{-\frac{2n\pi t}{T}i}\mathrm{d}t = \frac{h}{T}\left[\frac{-T}{2n\pi i}\mathrm{e}^{-\frac{2n\pi t}{T}i}\right]_{-\frac{\tau}{2}}^{\frac{\tau}{2}} = \frac{h}{n\pi}\sin\frac{n\pi\tau}{T}$$
$$(n = \pm 1, \pm 2, \cdots)$$

$$c_0 = \frac{1}{T}\int_{-\frac{T}{2}}^{\frac{T}{2}} u(t)\mathrm{d}t = \frac{1}{T}\int_{-\frac{\tau}{2}}^{\frac{\tau}{2}} h\mathrm{d}t = \frac{h\tau}{T}$$

将求得的系数代入傅氏级数的复数通式，得该矩形波的复数形式的傅里叶级数为：

$$u(t) = \frac{h\tau}{T} + \frac{h}{\pi}\sum_{\substack{n=-\infty \\ n\neq 0}}^{\infty} \frac{1}{n}\sin\frac{n\pi\tau}{T}\mathrm{e}^{-\frac{2n\pi t}{T}i}$$

$$\left(-\infty < t < +\infty; t \neq nT \pm \frac{\tau}{2}, n = 0, \pm 1, \pm 2, \cdots\right)$$

3.12.13　用 MATLAB 求函数的傅里叶级数

【例 3-47】 求函数$f(x) = 1 - x$^2在$(-1,1)$上的前 5 项傅里叶级数展开式。

在 M 文件编辑器中输入：

```
syms x n;
fun=sym('1-x^2');                              %欲展开的函数
l=1;m=5;                                       %设定区间 l 和项数 m
a0=int(fun,x,-l,l)/l;                          %求 a0
an=int(fun*cos(n*pi*x/l),x,-l,l)/l;            %求 an
bn=int(fun*sin(n*pi*x/l),x,-l,l)/l;            %求 bn
sn=an*cos(n*pi*x/l)+bn*sin(n*pi*x/l);          %傅里叶级数后半部分
ssn=symsum(sn,n,1,m);                          %级数求和
Fourier=a0/2+ssn                               %输出加上 a0的傅里叶级数
```

计算结果为：

Fourier =(4*cos(pi*x))/pi^2 - cos(2*pi*x)/pi^2 + (4*cos(3*pi*x))/(9*pi^2) - cos(4*pi*x)/(4*pi^2) + (4*cos(5*pi*x))/(25*pi^2) + 2/3

计算时间约为 0.247s。

即

$$f(x) = \frac{4\cos\pi x}{\pi^2} - \frac{\cos 2\pi x}{\pi^2} + \frac{4\cos 3\pi x}{9\pi^2} - \frac{\cos 4\pi x}{4\pi^2} + \frac{4\cos 5\pi x}{25\pi^2} + \frac{2}{3}$$

其展开后的傅里叶级数图像如图 3-59 所示。

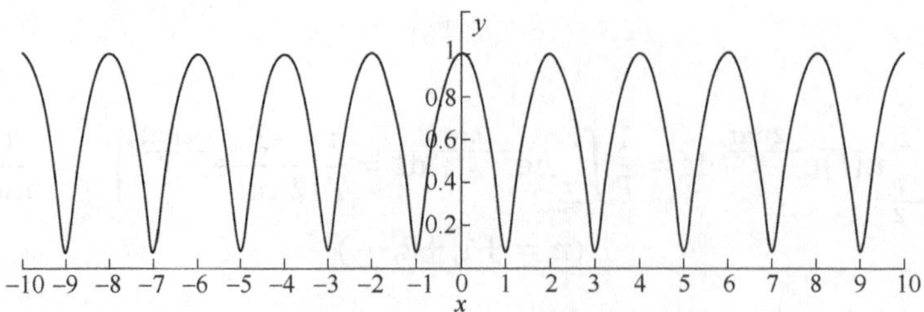

图 3-59　$f(x)=1-x^2$在$(-1,1)$上的前 5 项傅里叶级数图像

3.13　常用积分变换简介

积分变换无论在数学理论还是其应用中都是一种非常有用的工具，它通过参变量积分将一个已知函数变为另一个函数。已知$f(x)$，如果

$$F(s)=\int_a^b K(s,x)f(x)\mathrm{d}x$$

存在（其中，a、b可为无穷），则称$F(s)$为$f(x)$以$K(s,x)$为核的积分变换。

3.13.1　傅里叶变换及其反变换的 MATLAB 求法

时域中的$f(t)$与它在频域中的 Fourier 变换$F(\omega)$之间存在如下关系：

$$F(\omega)=\int_{-\infty}^{\infty} f(t)\mathrm{e}^{-j\omega t}\mathrm{d}t$$

$$f(t)=\frac{1}{2\pi}\int_{-\infty}^{\infty} F(\omega)\mathrm{e}^{j\omega t}\mathrm{d}\omega$$

由计算机完成这种变换的途径有两条：一是直接调用指令 fourier 和 ifourier 进行，二是根据上面的定义，利用积分指令 int 实现。两个函数的语法格式为：

频域函数=fourier(时域函数,时域函数的自变量 t,频域函数的角频率ω)

时域函数=ifourier(频域函数,频域函数的角频率ω,时域函数的自变量 t)

【例 3-48】　求下列积分变换：

① 求时域函数$f(t)=\sin t\csc t$的傅里叶变换；

② 求频域函数$F(\omega)=2\pi\mathrm{dirac}(\omega+5\mathrm{e}^{\pi})$的傅里叶反变换。

① 在 M 文件编辑器中输入：

```
syms t w;
ft=sym('sin(t)*csc(t)');            %定义时域函数
Fw=fourier(ft,t,w)                  %通过傅里叶变换求频域函数
```

计算结果为：Fw =2*pi*dirac(w)

计算时间约为 0.01s。

即

$$F(\omega)=2\pi\mathrm{dirac}(\omega)$$

其中dirac(ω)代表ω的狄拉克脉冲函数。

② 在 M 文件编辑器中输入：

```
syms t w;
Fw=sym('2*pi*dirac(w+5*exp(pi))'); %定义频域函数
ft=ifourier(Fw,w,t)                %通过傅里叶反变换求时域函数
```

计算结果为：ft =exp(-t*exp(pi)*5i)

计算时间约为 0.147s。

即

$$f(t) = \mathrm{e}^{-5te^{\pi}i}$$

3.13.2　快速傅里叶变换的 MATLAB 求法

快速傅里叶变换（fast Fourier transform），即利用计算机计算离散傅里叶变换（DFT）的高效、快速计算方法的统称，简称 FFT。这种变换是 1965 年由 J.W.库利和 T.W.图基提出的。采用这种算法能使计算机计算离散傅里叶变换所需要的乘法次数大为减少，特别是被变换的抽样点数 N 越多，FFT 算法计算量的节省就越显著。fft 函数的语法格式为：

<u>变量名</u>=fft(<u>数组</u>,<u>项数</u>)

如果 $\boldsymbol{X}$ 是矢量，则 fft($\boldsymbol{X}$)返回该矢量的傅里叶变换；如果 $\boldsymbol{X}$ 是矩阵，则 fft($\boldsymbol{X}$)将 $\boldsymbol{X}$ 的各列视为矢量，并返回每列的傅里叶变换。如果 $\boldsymbol{X}$ 是一个多维数组，则 fft($\boldsymbol{X}$)将沿大小不等于 1 的第一个数组维度的值视为矢量，并返回每个矢量的傅里叶变换。

【例 3-49】 抽样的离散点为 1，2，−3，6，4，−8，135，求该组抽样点的前 3 项离散傅里叶变换。

```
x= [1,2,-3,6,4,-8,135];   %离散点数组
y=fft(x,3)                %求前 3 项快速傅里叶变换
```

计算结果为：y = 0.0000 + 0.0000i　　1.5000 - 4.3301i　　1.5000 + 4.3301i

计算时间约为 0.0005s。

即

$$y = \{0,\ 1.5 - 4.3301i,\ 1.5 + 4.3301i\}$$

3.13.3　拉普拉斯变换及其反变换的 MATLAB 求法

Laplace 变换及其反变换的定义为：

$$F(s) = \int_0^{\infty} f(t)\mathrm{e}^{-st}\mathrm{d}t$$

$$f(t) = \frac{1}{2\pi j}\int_{c-j\infty}^{c+j\infty} F(s)\mathrm{e}^{st}\mathrm{d}s$$

它是为简化计算而建立的实变量函数和复变量函数间的一种函数变换。对一个实变量函数作拉普拉斯变换，并在复数域中作各种运算，再将运算结果作拉普拉斯反变换来求得实数域中的相应结果，往往比直接在实数域中求出同样的结果在计算上容易得多。拉普拉斯变换的这种运算步骤对于求解线性微分方程尤为有效，它可把微分方程化为容易求解的代数方程来处

理，从而使计算简化。在经典控制理论中，对控制系统的分析和综合，都是建立在拉普拉斯变换的基础上的。

laplace 和 ilaplace 函数的语法格式如下：

频域函数=laplace(时域函数,时域函数自变量 t,复频率 s)

时域函数=ilaplace(频域函数,复频率 s,时域函数自变量 t)

【例 3-50】 求下列积分变换：

① 求时域函数$f(t)=\mathrm{e}^{2t}+\sin t-5$的拉普拉斯变换；

② 求频域函数$F(s)=\frac{1}{s+2}+\frac{1}{s^2-1}$的拉普拉斯反变换。

① 在 M 文件编辑器中输入：

```
syms t s;
ft=sym('exp(2*t)+sin(t)-5');  %定义时域函数
Fs=laplace(ft,t,s)            %用拉普拉斯变换求频域函数
```

计算结果为：Fs =1/(s - 2) + 1/(s^2 + 1) - 5/s

计算时间约为 0.094s。

即

$$F(s)=\frac{1}{s-2}+\frac{1}{s^2+1}-\frac{5}{s}$$

② 在 M 文件编辑器中输入：

```
syms t s;
Fs=sym('1/(s+2)+1/(s^2-1)');  %定义复频域函数
ft=ilaplace(Fs,s,t)           %用拉普拉斯反变换求时域函数
```

计算结果为：ft =exp(-2*t) - exp(-t)/2 + exp(t)/2

计算时间约为 0.127s。

即

$$f(t)=\mathrm{e}^{-2t}-\frac{\mathrm{e}^{-t}}{2}+\frac{\mathrm{e}^{t}}{2}$$

引入拉普拉斯变换的一个主要优点，是可采用传递函数代替微分方程来描述系统的特性。这就为采用直观和简便的图解方法来确定控制系统的整个特性、分析控制系统的运动过程，以及综合控制系统的校正装置提供了可能性。

3.13.4 Z 变换及其反变换的 MATLAB 求法

一个离散因果序列的 Z 变换及其反变换的定义为：

$$F(z)=\sum_{n=0}^{\infty}f(n)z^{-n}$$

$$f(n)=\frac{1}{2\pi j}\int F(z)z^{n-1}\mathrm{d}z$$

MATLAB 中使用 ztrans 和 iztrans 两函数来计算 Z 变换及其反变换，其语法格式如下：

频域函数=ztrans(时域函数,时域函数自变量 n,复频率 z)

时域函数=iztrans(频域函数,复频率 z,时域函数自变量 n)

【例 3-51】 求时域函数$f(n) = \sin an + \cos bn$的 Z 变换。

在 M 文件编辑器中输入：

```
syms a b n z;
fn=sym('sin(a*n)+cos(b*n)');  %定义时域函数
Fz=ztrans(fn,n,z)             %用 Z 变换求频域函数
```

计算结果为：Fz =(z*(z - cos(b)))/(z^2 - 2*cos(b)*z + 1) + (z*sin(a))/(z^2 - 2*cos(a)*z + 1)

计算时间约为 0.2s。

即

$$F(z) = \frac{z(z - \cos b)}{z^2 - 2z\cos b + 1} + \frac{z\sin a}{z^2 - 2z\cos a + 1}$$

第 4 章
线性代数与矩阵论基本问题

历史上，数学的发展至少有两个线索，一个是纯理性的形式化的线索，另一个是与物理等实体科学和工程问题的发展密切相关的线索。工程数学分为积分变换、复变函数、线性代数、概率论、场论等。

4.1 行列式

4.1.1 行列式的引入与概念

4.1.1.1 多元线性方程组与行列式

用消元法解二元线性方程组：

$$\begin{cases} a_{11}x_1 + a_{12}x_2 = b_1 \\ a_{21}x_1 + a_{22}x_2 = b_2 \end{cases}$$

当$a_{11}a_{22} - a_{12}a_{21} \neq 0$时，方程组的解为：

$$x_1 = \frac{b_1a_{22} - a_{12}b_2}{a_{11}a_{22} - a_{12}a_{21}}, x_2 = \frac{a_{11}b_2 - b_1a_{21}}{a_{11}a_{22} - a_{12}a_{21}}$$

方程的解中，分子、分母都是四个数分两对相乘再相减而得，其中分母$a_{11}a_{22} - a_{12}a_{21}$是由二元方程组的四个系数确定的，把这四个数按它们在方程组中的位置，排成两行两列（横排称行、竖排称列）的数表：

$$\begin{matrix} a_{11} & a_{12} \\ a_{21} & a_{22} \end{matrix}$$

表达式$a_{11}a_{22} - a_{12}a_{21}$称为该数表所确定的二阶行列式，并记作：

$$\begin{vmatrix} a_{11} & a_{12} \\ a_{21} & a_{22} \end{vmatrix}$$

数a_{ij}（i=1,2；j=1,2）称为行列式的元或元素。i 称为行标，表明该元素位于第 i 行；j 称为列标，表明该元素位于第 j 列。关于二阶行列式的计算，有对角线法则，把a_{11}到a_{22}的连线称为主对角线，类似地，把a_{12}到a_{21}的连线称为副对角线，则二阶行列式的值等于主对角线之积减去副对角线之积。

设有 9 个数排成 3 行 3 列的数表，记：

$$\begin{vmatrix} a_{11} & a_{12} & a_{13} \\ a_{21} & a_{22} & a_{23} \\ a_{31} & a_{32} & a_{33} \end{vmatrix} = a_{11}a_{22}a_{33} + a_{12}a_{23}a_{31} + a_{13}a_{21}a_{32} - a_{11}a_{23}a_{32} - a_{12}a_{21}a_{33} - a_{13}a_{22}a_{31}$$

上式称为三阶行列式，关于三阶行列式的计算，有如图 4-1 的结构图示来展示它的对角线法则，以方便记忆。

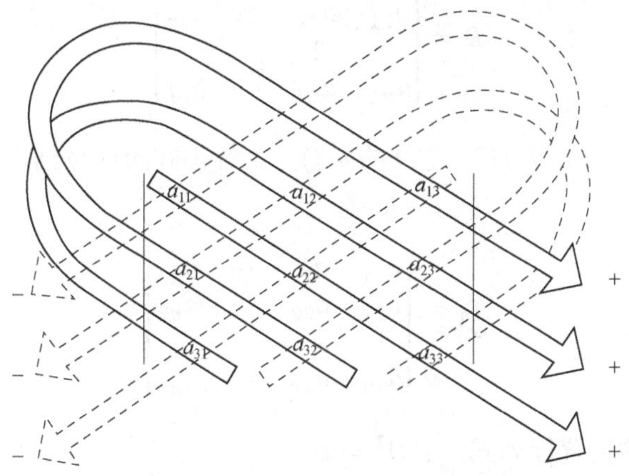

图 4-1　三阶行列式的对角线法则

对角线法则只适用于二阶和三阶行列式，对于高阶行列式，需要引入全排列和对换的概念。

4.1.1.2　全排列和对换简介

把 n 个不同的元素排成一列，称为这 n 个元素的全排列（也简称排列），n 个不同元素的所有排列的种数，通常用P_n表示，可计算如下：

$$P_n = n!$$

对于 n 个不同的元素，先规定各元素之间有一个标准次序（例如 n 个不同的自然数，可规定由小到大为标准次序），于是在这 n 个元素的任一排列中，当某一对元素的先后次序与标准次序不同时，就说它构成 1 个逆序。一个排列中所有逆序的总数称为这个排列的逆序数。逆序数为奇数的排列称为奇排列，逆序数为偶数的排列称为偶排列。

在排列中，将任意两个元素对调，其余的元素不动，这种新排列称为对换，将相邻两个元素对换，称为相邻对换。

4.1.1.3　n 阶行列式

设有n^2个数，排成 n 行 n 列的数表：

$$\begin{matrix} a_{11} & a_{12} & \cdots & a_{1n} \\ a_{21} & a_{22} & \cdots & a_{2n} \\ \vdots & \vdots & & \vdots \\ a_{n1} & a_{n2} & \cdots & a_{nn} \end{matrix}$$

作出表中位于不同行不同列的 n 个数的乘积，并冠以符号$(-1)^t$，得到形如

$$(-1)^t a_{1p_1} a_{2p_2} \cdots a_{np_n}$$

的项，其中$p_1 p_2 \cdots p_n$为自然数 1，2，…，n 的一个排列，t 为这个排列的逆序数。由于这样的排列共有 $n!$个，因而上式的项共有 $n!$项。所有这 $n!$项的代数和

$$\sum (-1)^t a_{1p_1} a_{2p_2} \cdots a_{np_n}$$

称为 n 阶行列式，记作

$$D=\begin{vmatrix} a_{11} & a_{12} & \cdots & a_{1n} \\ a_{21} & a_{22} & \cdots & a_{2n} \\ \vdots & \vdots & & \vdots \\ a_{n1} & a_{n2} & \cdots & a_{nn} \end{vmatrix}$$

简记作 det（a_{ij}），其中数a_{ij}为行列式 D 的(i,j)元。行列式的计算结果是个数。

记

$$D^{\mathrm{T}}=\begin{vmatrix} a_{11} & a_{21} & \cdots & a_{n1} \\ a_{12} & a_{22} & \cdots & a_{n2} \\ \vdots & \vdots & & \vdots \\ a_{1n} & a_{2n} & \cdots & a_{nn} \end{vmatrix}$$

行列式D^{T}称为D的转置行列式，且$D^{\mathrm{T}}=D$。

4.1.2 四阶以内行列式的笔算方法简介

对于二阶和三阶行列式，可以使用对角线法则求值，如

$$D=\begin{vmatrix} 3 & -2 \\ 2 & 1 \end{vmatrix}=3-(-4)=7$$

$$D=\begin{vmatrix} 1 & 2 & -4 \\ -2 & 2 & 1 \\ -3 & 4 & -2 \end{vmatrix}$$

$$\begin{aligned}&=1\times2\times(-2)+2\times2\times(-3)+(-4)\times(-2)\times4-1\times1\times4-2\times(-2)\times(-2)\\&\quad-(-4)\times2\times(-3)=-4-6+32-4-8-24=-14\end{aligned}$$

对于四阶及以上行列式，可以利用行列式性质进行计算，如

$$D=\begin{vmatrix} 3 & 1 & 1 & 1 \\ 1 & 3 & 1 & 1 \\ 1 & 1 & 3 & 1 \\ 1 & 1 & 1 & 3 \end{vmatrix}\xRightarrow{r_1+r_2+r_3+r_4}\begin{vmatrix} 6 & 6 & 6 & 6 \\ 1 & 3 & 1 & 1 \\ 1 & 1 & 3 & 1 \\ 1 & 1 & 1 & 3 \end{vmatrix}\xRightarrow{r_1\div6}6\begin{vmatrix} 1 & 1 & 1 & 1 \\ 1 & 3 & 1 & 1 \\ 1 & 1 & 3 & 1 \\ 1 & 1 & 1 & 3 \end{vmatrix}\xRightarrow[r_4-r_1]{\substack{r_2-r_1\\r_3-r_1}}6\begin{vmatrix} 1 & 1 & 1 & 1 \\ 0 & 2 & 0 & 0 \\ 0 & 0 & 2 & 0 \\ 0 & 0 & 0 & 2 \end{vmatrix}=48$$

也可以考虑将高阶行列式化为低阶，从而简化求解。

在 n 阶行列式中，把(i,j)元a_{ij}所在的第 i 行和第 j 列划去后，留下来的 n–1 阶行列式称为a_{ij}的余子式，记作M_{ij}。记

$$A_{ij}=(-1)^{i+j}M_{ij}$$

称为a_{ij}的代数余子式。一个 n 阶行列式，如果其中第 i 行所有元素除a_{ij}外都为零，那么这行列式等于a与它的代数余子式的乘积，即

$$D=a_{ij}A_{ij}=a_{ij}(-1)^{i+j}M_{ij}$$

行列式等于它的任一行（列）的各元素与其对应的代数余子式乘积之和，即

$$\begin{cases} D=a_{i1}A_{i1}+a_{i2}A_{i2}+\cdots+a_{in}A_{in}\ \ (i=1,2,\cdots,n) \\ D=a_{1j}A_{1j}+a_{2j}A_{2j}+\cdots+a_{nj}A_{nj}\ \ (j=1,2,\cdots,n) \end{cases}$$

这种方法称为行列式按行按列展开，可以有效使行列式降阶。

$$D=\begin{vmatrix}3&1&-1&2\\-5&1&3&-4\\2&0&1&-1\\1&-5&3&-3\end{vmatrix}\xrightarrow[c_4+c_3]{c_1-2c_3}\begin{vmatrix}5&1&-1&1\\-11&1&3&-1\\0&0&1&0\\-5&-5&3&0\end{vmatrix}$$

$$=1\times(-1)^{3+3}\begin{vmatrix}5&1&1\\-11&1&-1\\-5&-5&0\end{vmatrix}\xrightarrow{r_2+r_1}\begin{vmatrix}5&1&1\\-6&2&0\\-5&-5&0\end{vmatrix}$$

$$=1\times(-1)^{1+3}\begin{vmatrix}-6&2\\-5&-5\end{vmatrix}\xrightarrow{c_1-c_2}\begin{vmatrix}-8&2\\0&-5\end{vmatrix}=40$$

形如

$$D_n=\begin{vmatrix}1&1&\cdots&1\\x_1&x_2&\cdots&x_n\\x_1^2&x_2^2&\cdots&x_n^2\\\vdots&\vdots&&\vdots\\x_1^{n-1}&x_2^{n-1}&\cdots&x_n^{n-1}\end{vmatrix}=\prod_{n\geq i>j\geq 1}(x_i-x_j)$$

的行列式称为范德蒙德（Vandermonde）行列式，它等于所有(x_i-x_j)因子的乘积。

4.1.3　行列式的 MATLAB 计算

MATLAB 中提供 det 函数来求行列式的值，其语法规则为：

<u>变量名</u>=det(<u>矩阵</u>)

用“A'”表示“A”的转置。

【例 4-1】　求下列行列式的值：

① 求 Markov 矩阵 $\boldsymbol{A}$ 的行列式$|\boldsymbol{A}|$：

$$\boldsymbol{A}=\begin{bmatrix}\frac{1}{2}&\frac{1}{6}&\frac{1}{3}\\\frac{1}{4}&\frac{1}{6}&\frac{1}{3}\\\frac{1}{4}&\frac{2}{3}&\frac{1}{3}\end{bmatrix}$$

② 求代数行列式 A 的值：

$$A=\begin{vmatrix}a&1&0&0\\-1&b&1&0\\0&-1&c&1\\0&0&-1&d\end{vmatrix}$$

③ 求①中$\boldsymbol{A}^{\mathrm{T}}$行列式的值。

① 在 M 文件编辑器中输入：

```
A=[1/2 1/6 1/3;...
    1/4 1/6 1/3;...
    1/4 2/3 1/3];                    %创建矩阵 A，为了增强可读性，采用续行符
detA=det(A)                          %求 A 的矩阵行列式
```

计算结果为：detA =　　-0.0417

计算时间约为 0.0003s。

即

$$|\boldsymbol{A}| = -0.0417$$

② 在 M 文件编辑器中输入：

```
syms a b c d;
A=[a 1 0 0;...
    -1 b 1 0;...
    0 -1 c 1;...       %定义符号矩阵 A，如果必须写成“A=sym('');”
    0 0 -1 d];         %形式则不支持续行符“…”
detA=det(A)            %求 A 的矩阵行列式
```

计算结果为：detA =a*b + a*d + c*d + a*b*c*d + 1

计算时间约为 0.158s。

即

$$A = abcd + ab + ad + cd + 1$$

③ 在 M 文件编辑器中输入：

```
A=[1/2 1/6 1/3;...
    1/4 1/6 1/3;...
    1/4 2/3 1/3];          %创建矩阵 A，为了增强可读性，采用续行符
detA=det(A')               %求 A 的矩阵的转置矩阵的行列式
```

计算结果为：detA =　-0.0417

计算时间约为 0.08s。

即

$$|\boldsymbol{A}|^{\mathrm{T}} = -0.0417$$

这个实例很好地验证了行列式的值等于它的转置行列式的值，即$A^{\mathrm{T}} = A$。MATLAB 的行列式都是以矩阵行列式的形式定义的，与矩阵及其转置的定义方法大同小异。

4.2 矩阵及其运算

4.2.1 线性方程组与矩阵

4.2.1.1 线性方程组的解的结构

设有 n 个未知数、m 个方程的线性方程组：

$$\begin{cases} a_{11}x_1 + a_{12}x_2 + \cdots + a_{1n}x_n = b_1 \\ a_{21}x_1 + a_{22}x_2 + \cdots + a_{2n}x_n = b_2 \\ \cdots \\ a_{m1}x_1 + a_{m2}x_2 + \cdots + a_{mn}x_n = b_m \end{cases}$$

当常数b_1，b_2，…，b_m不全为 0 时，该线性方程组称为 n 元非齐次线性方程组。当常数b_1，b_2，…，b_m全为 0 时，上述方程组成为

$$\begin{cases} a_{11}x_1 + a_{12}x_2 + \cdots + a_{1n}x_n = 0 \\ a_{21}x_1 + a_{22}x_2 + \cdots + a_{2n}x_n = 0 \\ \cdots \\ a_{m1}x_1 + a_{m2}x_2 + \cdots + a_{mn}x_n = 0 \end{cases}$$

称为 n 元齐次线性方程组。易得$x_1 = x_2 = x_3 = \cdots = x_n = 0$一定是它的解，所以齐次线性方程组一定有零解，但不一定有非零解。

所以，对于线性方程组的解，要讨论以下问题：

① 它是否有解？

② 在有解时它是否唯一？

③ 如果有多个解，怎样找出？

方程组的解取决于它的 $m \times n$ 个系数和 m 个常数项构成的方阵，需要用到矩阵计算。

4.2.1.2　矩阵的概念

由 $m \times n$ 个数a_{ij} $(i = 1,2,\cdots,m; j = 1,2,\cdots,n)$排成的 m 行 n 列的数表用大写字母黑体表示为：

$$\boldsymbol{A} = \begin{bmatrix} a_{11} & a_{12} & \cdots & a_{1n} \\ a_{21} & a_{12} & \cdots & a_{2n} \\ \vdots & \vdots & & \vdots \\ a_{m1} & a_{m2} & \cdots & a_{mn} \end{bmatrix}$$

它称为 m 行 n 列矩阵，简称 $m \times n$ 矩阵，本质上是一个数的集合。这 $m \times n$ 个数称为矩阵 $\boldsymbol{A}$ 的元素，简称为元，数a_{ij}位于矩阵 $\boldsymbol{A}$ 的第 i 行第 j 列，称为矩阵 $\boldsymbol{A}$ 的(i,j)元。以数a_{ij}为(i,j)元的矩阵可简记作：

$$\left(a_{ij}\right)_{m \times n}$$

矩阵 $\boldsymbol{A}$ 也记作$\boldsymbol{A}_{m \times n}$。

元素是实数的矩阵称为实矩阵，元素是复数的矩阵称为复矩阵，本书中的矩阵除特别说明外，都指实矩阵。行数与列数都等于 n 的矩阵称为 n 阶矩阵或 n 阶方阵，n 阶矩阵 $\boldsymbol{A}$ 也记为$\boldsymbol{A}_n$。

只有一行的矩阵

$$\boldsymbol{A} = (a_1, a_2, \cdots, a_n)$$

称为行矩阵，又称行向量，一般为避免元素间的混淆，行向量的元素之间要加上逗号分隔。

只有一列的矩阵

$$\boldsymbol{B} = \begin{Bmatrix} b_1 \\ b_2 \\ \vdots \\ b_n \end{Bmatrix}$$

称为列矩阵，或列向量。为了学术研究方便，本书约定，按照季文美主编的 1985 年版《机械振动》中的表述习惯，将行向量用小括号表示、列向量用大括号表示、行列不等的矩形矩阵用中括号表示。

两个矩阵的行数相等、列数也相等时，就称它们是同型矩阵。如果两个同型矩阵的对应元素也相等，那么就称矩阵 $\boldsymbol{A}$ 与矩阵 $\boldsymbol{B}$ 相等，记作：

$$\boldsymbol{A} = \boldsymbol{B}$$

元素都是零的矩阵称为零矩阵，记作 $\boldsymbol{O}$。注意不同型的零矩阵是不同的。

对于非齐次线性方程组

$$\begin{cases} a_{11}x_1 + a_{12}x_2 + \cdots + a_{1n}x_n = b_1 \\ a_{21}x_1 + a_{22}x_2 + \cdots + a_{2n}x_n = b_2 \\ \cdots \\ a_{m1}x_1 + a_{m2}x_2 + \cdots + a_{mn}x_n = b_m \end{cases}$$

有如下几个有用矩阵：

$$\boldsymbol{A} = (a_{ij}), \boldsymbol{x} = \begin{pmatrix} x_1 \\ x_2 \\ \vdots \\ x_n \end{pmatrix}, \boldsymbol{b} = \begin{pmatrix} b_1 \\ b_2 \\ \vdots \\ b_m \end{pmatrix}, \boldsymbol{B} = \begin{bmatrix} a_{11} & a_{12} & \cdots & a_{1n} & b_1 \\ a_{21} & a_{12} & \cdots & a_{2n} & b_2 \\ \vdots & \vdots & & \vdots & \vdots \\ a_{m1} & a_{m2} & \cdots & a_{mn} & b_m \end{bmatrix}$$

式中，$\boldsymbol{A}$ 为系数矩阵；$\boldsymbol{x}$ 为未知数矩阵；$\boldsymbol{b}$ 为常数项矩阵；$\boldsymbol{B}$ 为增广矩阵。

形如

$$\boldsymbol{\Lambda} = \begin{bmatrix} \lambda_1 & 0 & \cdots & 0 \\ 0 & \lambda_2 & \cdots & 0 \\ \vdots & \vdots & & \vdots \\ 0 & 0 & \cdots & \lambda_n \end{bmatrix}$$

的 n 阶方阵除对角线以外的元素都为零，这称为对角阵，也可简记作：

$$\boldsymbol{\Lambda} = \mathrm{diag}(\lambda_1, \lambda_2, \cdots, \lambda_n)$$

当$\lambda_1 = \lambda_2 = \cdots = \lambda_n = 1$时，该矩阵称为 n 阶单位阵。n 阶单位阵一般用$\boldsymbol{E}_n$或$\boldsymbol{I}_n$表示。

4.2.2 用 MATLAB 构造特殊矩阵

除了矩阵的正常表达方式外，MATLAB 中提供了丰富的用于构造特殊矩阵的函数，它们的功能如下：

变量名=ones(m,n,⋯, p)：创建 $m\times n\times\cdots\times p$ 的多维 1 矩阵（元素全部为 1）。

变量名=zeros(m,n,⋯, p)：创建 $m\times n\times\cdots\times p$ 的多维 0 矩阵（元素全部为 0）。

变量名=eye(n)：创建 n 阶单位阵。

变量名=diag(x)：将数组 x 中的元素置于对角阵的主对角线，构造对角阵。

变量名=triu(A)：将矩阵 $\boldsymbol{A}$ 变为上三角矩阵，其他元素为 0。

变量名=tril(A)：将矩阵 $\boldsymbol{A}$ 变为下三角矩阵，其他元素为 0。

变量名=hilb(n)：用于生成一个 $n\times n$ 的希尔伯特矩阵。希尔伯特（Hilbert）矩阵，也称 **H** 阵，其元素为$\boldsymbol{H}_{ij} = 1/(i+j-1)$，由于它是一个条件数差的矩阵，所以将它用来作为试验矩阵。

变量名=toeplitz(k,r)：创建一个第一行为 r、第一列为 k 的托普利兹矩阵。

变量名=rand(m,n,⋯, p)：创建 $m\times n\times\cdots\times p$ 的多维 0~1 之间随机分布矩阵。

变量名=magic(n)：创建 $n\times n$ 的魔方矩阵，其特点为每行、每列和对角线上的元素之和相等。

变量名=pascal(n)：创建 n 阶对称正定帕斯卡矩阵，其中的元素是由帕斯卡三角形组成的。

变量名=vander(v)：生成范德蒙矩阵，矩阵的列是向量 $\boldsymbol{v}$ 的幂乘结果。

4.2.3 矩阵运算的规则简介

设有两个$m\times n$矩阵$\boldsymbol{A} = (a_{ij})$，$\boldsymbol{B} = (b_{ij})$，那么矩阵 $\boldsymbol{A}$ 和 $\boldsymbol{B}$ 的和记为 $\boldsymbol{A}$+$\boldsymbol{B}$，

$$A+B=\begin{bmatrix} a_{11}+b_{11} & a_{12}+b_{12} & \cdots & a_{1n}+b_{1n} \\ a_{21}+b_{21} & a_{22}+b_{22} & \cdots & a_{2n}+b_{2n} \\ \vdots & \vdots & & \vdots \\ a_{m1}+b_{m1} & a_{m2}+b_{m2} & \cdots & a_{mn}+b_{mn} \end{bmatrix}$$

数λ与矩阵 A 的乘积规定为：

$$\lambda A=A\lambda=\begin{bmatrix} \lambda a_{11} & \lambda a_{12} & \cdots & \lambda a_{1n} \\ \lambda a_{21} & \lambda a_{22} & \cdots & \lambda a_{2n} \\ \vdots & \vdots & & \vdots \\ \lambda a_{m1} & \lambda a_{m2} & \cdots & \lambda a_{mn} \end{bmatrix}$$

设$\boldsymbol{A}=(a_{ij})$是一个$m\times s$矩阵，$\boldsymbol{B}=(b_{ij})$是一个$s\times n$矩阵，那么规定矩阵 A 与矩阵 B 的乘积是一个$m\times n$矩阵$\boldsymbol{C}=(c_{ij})$，其中

$$c_{ij}=a_{i1}b_{1j}+a_{i2}b_{2j}+\cdots+a_{is}b_{sj}=\sum_{k=1}^{s}a_{ik}b_{kj}$$

$$(i=1,2,\cdots,m;j=1,2,\cdots,n)$$

并把此乘积记作：

$$\boldsymbol{C}=\boldsymbol{AB}$$

按此定义，一个 1×s 行矩阵与一个 s×1 列矩阵的乘积是一个一阶方阵，也就是一个数：

$$(a_{i1},a_{i2},\ldots,a_{is})\begin{Bmatrix} b_{1j} \\ b_{2j} \\ \vdots \\ b_{sj} \end{Bmatrix}=a_{i1}b_{1j}+a_{i2}b_{2j}+\cdots+a_{is}b_{sj}=\sum_{k=1}^{s}a_{ik}b_{kj}=c_{ij}$$

由此表明乘积矩阵 AB=C 的(i,j)元c_{ij}就是 A 的第 i 行与 B 的第 j 列的乘积。必须注意：只有当第一个矩阵（左矩阵）的列数等于第二个矩阵（右矩阵）的行数时，两个矩阵才能相乘。比如：

$$\begin{bmatrix} 4 & -1 & 2 & 1 \\ 1 & 1 & 0 & 3 \\ 0 & 3 & 1 & 4 \end{bmatrix}\begin{bmatrix} 1 & 2 \\ 0 & 1 \\ 3 & 0 \\ -1 & 2 \end{bmatrix}=\begin{bmatrix} 9 & 9 \\ -2 & 9 \\ -1 & 11 \end{bmatrix}$$

AB 称为 A 左乘 B，BA 称为 A 右乘 B，两者不一定都有意义，且一般 $AB\neq BA$，如果真的实现了 AB=BA，则称 A 与 B 是可交换的。如果 A 连乘 k 次，即$\boldsymbol{A}^k$，则 A 必须为方阵才有意义。

把矩阵 A 的行换成同序数的列得到一个新的矩阵，称为 A 的转置矩阵，记作$\boldsymbol{A}^{\mathrm{T}}$。

4.2.4　矩阵的运算的 MATLAB 实现

【例 4-2】 做下列矩阵计算：

① 求 A+B－C，其中：

$$\boldsymbol{A}=\begin{bmatrix} 3 & -2 \\ 1 & 0 \\ 5 & 6 \end{bmatrix},\boldsymbol{B}=\begin{bmatrix} 5 & 1 \\ 1 & -2 \\ 0 & 3 \end{bmatrix},\boldsymbol{C}=\begin{bmatrix} 12 & -4 \\ 3 & 9 \\ 1 & 1 \end{bmatrix}$$

② 验证$\boldsymbol{AB}$不一定等于$\boldsymbol{BA}$，其中：

$$\boldsymbol{A}=\begin{bmatrix}-2 & 4\\ 1 & -2\end{bmatrix},\boldsymbol{B}=\begin{bmatrix}2 & 4\\ -3 & -6\end{bmatrix}$$

③ 求$\boldsymbol{AB}^{\mathrm{T}}$，其中：

$$\boldsymbol{A}=\begin{bmatrix}a & b & c\\ d & e & 0\\ f & 0 & g\end{bmatrix},\boldsymbol{B}=(\rho,\theta,z)$$

① 在 M 文件编辑器中输入：

```
A=[3 -2;1 0;5 6];                 %定义 3 个矩阵
B=[5 1;1 -2;0 3];
C=[12 -4;3 9;1 1];
c=A+B-C                           %做矩阵计算
```

计算结果为：

```
c =
    -4     3
    -1   -11
     4     8
```

计算时间约为 0.001s。即

$$\boldsymbol{A}+\boldsymbol{B}-\boldsymbol{C}=\begin{bmatrix}-4 & 3\\ -1 & -11\\ 4 & 8\end{bmatrix}$$

② 在 M 文件编辑器中输入：

```
A=[-2 4;1 -2];                          %定义 2 个矩阵
B=[2 4;-3 -6];
p1=A*B                                  %A 左乘 B
p2=B*A                                  %A 右乘 B
```

计算结果为：

```
p1 =
   -16   -32
     8    16

p2 =
     0     0
     0     0
```

计算时间约为 0.006s。验证了：

$$\begin{bmatrix}-16 & -32\\ 8 & 16\end{bmatrix}=\boldsymbol{AB}\neq\boldsymbol{BA}=\begin{bmatrix}0 & 0\\ 0 & 0\end{bmatrix}=\boldsymbol{O}$$

③ 在 M 文件编辑器中输入：

```
syms a b c d e f g r th z;
A=[a b c;d e 0;f 0 g];
B=[r th z];                             %定义两符号矩阵
p=A*B'                                  %运算
```

计算结果为：

p = a*conj(r) + b*conj(th) + c*conj(z)
　　　　　　d*conj(r) + e*conj(th)
　　　　　　f*conj(r) + g*conj(z)

计算时间约为 0.144s。即

$$\boldsymbol{A}\boldsymbol{B}^{\mathrm{T}}=\begin{Bmatrix} a\rho+b\theta+cz \\ d\rho+e\theta \\ f\rho+gz \end{Bmatrix}$$

4.2.5　逆矩阵

对于 n 阶矩阵 $\boldsymbol{A}$，如果有一个 n 阶矩阵 $\boldsymbol{B}$，使

$$\boldsymbol{AB}=\boldsymbol{BA}=\boldsymbol{E}$$

则说矩阵 $\boldsymbol{A}$ 是可逆的，并把矩阵 $\boldsymbol{B}$ 称为 $\boldsymbol{A}$ 的逆矩阵，简称逆阵。如果矩阵 $\boldsymbol{A}$ 是可逆的，那么 $\boldsymbol{A}$ 的逆矩阵是惟一的。

$\boldsymbol{A}$ 的逆矩阵记作$\boldsymbol{A}^{-1}$，即若 $\boldsymbol{AB}=\boldsymbol{BA}=\boldsymbol{E}$，则$\boldsymbol{B}=\boldsymbol{A}^{-1}$。

若$|\boldsymbol{A}|\neq 0$，则矩阵$\boldsymbol{A}$可逆，且

$$\boldsymbol{A}^{-1}=\frac{\boldsymbol{A}^{*}}{|\boldsymbol{A}|}$$

式中，$\boldsymbol{A}^{*}$为矩阵$\boldsymbol{A}$的伴随阵，其概念为：

$$\boldsymbol{A}^{*}=\begin{bmatrix} (-1)^{1+1}\boldsymbol{M}_{11} & (-1)^{2+1}\boldsymbol{M}_{21} & \cdots & (-1)^{n+1}\boldsymbol{M}_{n1} \\ (-1)^{1+2}\boldsymbol{M}_{12} & (-1)^{2+2}\boldsymbol{M}_{22} & \cdots & (-1)^{n+2}\boldsymbol{M}_{n2} \\ \vdots & \vdots & & \vdots \\ (-1)^{1+n}\boldsymbol{M}_{1n} & (-1)^{2+n}\boldsymbol{M}_{2n} & \cdots & (-1)^{n+n}\boldsymbol{M}_{nn} \end{bmatrix}$$

当$|\boldsymbol{A}|=0$时，$\boldsymbol{A}$ 称为奇异矩阵，否则称非奇异矩阵。$\boldsymbol{A}$ 是可逆矩阵的充分必要条件是$|\boldsymbol{A}|\neq 0$，即可逆矩阵就是非奇异矩阵。

4.2.6　矩阵的笔算求逆简介

求逆矩阵可以运用公式和定义，首先介绍运用公式求逆。

求方阵

$$\boldsymbol{A}=\begin{bmatrix} 1 & 2 & 3 \\ 2 & 2 & 1 \\ 3 & 4 & 3 \end{bmatrix}$$

的逆矩阵。

因为$|\boldsymbol{A}|=2\neq 0$，知$\boldsymbol{A}^{-1}$存在。这里需要用到$|\boldsymbol{A}|$的代数余子式。

$$A^*=\begin{bmatrix}(-1)^{1+1}M_{11} & (-1)^{1+2}M_{11} & (-1)^{1+3}M_{31}\\(-1)^{2+1}M_{12} & (-1)^{2+2}M_{22} & (-1)^{2+3}M_{32}\\(-1)^{3+1}M_{13} & (-1)^{3+2}M_{23} & (-1)^{3+3}M_{33}\end{bmatrix}=\begin{bmatrix}M_{11} & -M_{11} & M_{31}\\-M_{12} & M_{22} & -M_{32}\\M_{13} & -M_{23} & M_{33}\end{bmatrix}$$

$$=\begin{bmatrix}2 & 6 & -4\\-3 & -6 & 5\\2 & 2 & -2\end{bmatrix}$$

所以有

$$A^{-1}=\frac{A^*}{|A|}=\frac{\begin{bmatrix}2 & 6 & -4\\-3 & -6 & 5\\2 & 2 & -2\end{bmatrix}}{\begin{vmatrix}1 & 2 & 3\\2 & 2 & 1\\3 & 4 & 3\end{vmatrix}}=\frac{\begin{bmatrix}2 & 6 & -4\\-3 & -6 & 5\\2 & 2 & -2\end{bmatrix}}{2}=\begin{bmatrix}1 & 3 & -2\\-\frac{3}{2} & -3 & \frac{5}{2}\\1 & 1 & -1\end{bmatrix}$$

另外一种方法就是按定义，***AB*=*BA*=*E***，这里需要用到矩阵的初等变换，变换的规则在后文会有详细介绍。

证明A可逆，并求A^{-1}，

$$A=\begin{bmatrix}0 & -2 & 1\\3 & 0 & -2\\-2 & 3 & 0\end{bmatrix}$$

由定义，列出(A,E)，并进行矩阵的初等行变换：

$$(A,E)=\begin{bmatrix}0 & -2 & 1 & 1 & 0 & 0\\3 & 0 & -2 & 0 & 1 & 0\\-2 & 3 & 0 & 0 & 0 & 1\end{bmatrix}$$

$$\underset{r_1\leftrightarrow r_2}{\overset{r_3\times 3}{\overset{r_3+2r_2}{\sim}}}\begin{bmatrix}3 & 0 & -2 & 0 & 1 & 0\\0 & -2 & 1 & 1 & 0 & 0\\0 & 9 & -4 & 0 & 2 & 3\end{bmatrix}\underset{r_3+9r_2}{\overset{r_3\times 2}{\sim}}\begin{bmatrix}3 & 0 & -2 & 0 & 1 & 0\\0 & -2 & 1 & 1 & 0 & 0\\0 & 0 & 1 & 9 & 4 & 6\end{bmatrix}$$

$$\underset{r_2-r_3}{\overset{r_1+2r_3}{\sim}}\begin{bmatrix}3 & 0 & 0 & 18 & 9 & 12\\0 & -2 & 0 & -8 & -4 & -6\\0 & 0 & 1 & 9 & 4 & 6\end{bmatrix}\underset{r_2\div(-2)}{\overset{r_1\div 3}{\sim}}\begin{bmatrix}1 & 0 & 0 & 6 & 3 & 4\\0 & 1 & 0 & 4 & 2 & 3\\0 & 0 & 1 & 9 & 4 & 6\end{bmatrix}$$

因$A\overset{r}{\sim}E$，故 A 可逆，且

$$
A^{-1} = \begin{bmatrix} 6 & 3 & 4 \\ 4 & 2 & 3 \\ 9 & 4 & 6 \end{bmatrix}
$$

4.2.7 逆矩阵和伴随阵的 MATLAB 计算

MATLAB 提供 inv 函数来求逆矩阵，引入伴随阵的概念是为了求逆，一般不单纯求伴随阵，如果需要求伴随阵则需要用矩阵行列式的值乘以逆矩阵来间接求出。

【例 4-3】 已知矩阵 $\boldsymbol{A}$，求$\boldsymbol{A}^{-1}$和$\boldsymbol{A}^{*}$。

$$
\boldsymbol{A} = \begin{bmatrix} 0 & 2 & a_1 & 0 \\ 2 & 0 & 0 & a_2 \\ b_1 & 0 & 0 & 3 \\ 0 & b_2 & 5 & 0 \end{bmatrix}
$$

在 M 文件编辑器中输入：

```
syms a1 a2 b1 b2 ;
A=[0 2 a1 0;...
    2 0 0 a2;...
    b1 0 0 3;...
    0 b2 5 0];                         %定义符号矩阵
inva=inv(A)                            %求逆
ac=inva*det(A)                         %求伴随阵
```

计算结果为：

```
inva =
[                  0, -3/(a4*b1 - 6), a4/(a4*b1 - 6),              0]
[ -5/(a1*b4 - 10),               0,              0, a1/(a1*b4 - 10)]
[ b4/(a1*b4 - 10),               0,              0, -2/(a1*b4 - 10)]
[                  0, b1/(a4*b1 - 6), -2/(a4*b1 - 6),              0]
 ac =
[               0,    30 - 3*a1*b4, a4*(a1*b4 - 10),             0]
[   30 - 5*a4*b1,               0,               0, a1*(a4*b1 - 6)]
[ b4*(a4*b1 - 6),               0,               0,   12 - 2*a4*b1]
[               0, b1*(a1*b4 - 10),    20 - 2*a1*b4,             0]
```

计算时间约为 0.178s。即

$$
\boldsymbol{A}^{*} = \begin{bmatrix} 0 & 30-3a_1b_4 & a_4(a_1b_4)-10 & 0 \\ 30-5a_4b_1 & 0 & 0 & a_1(a_4b_1-6) \\ b_4(a_4b_1-6) & 0 & 0 & 12-2a_4b_1 \\ 0 & b_1(a_1b_4)-10 & 20-2a_1b_4 & 0 \end{bmatrix}
$$

$$A^{-1}=\begin{bmatrix} 0 & -\dfrac{3}{a_4b_1-6} & \dfrac{a_4}{a_4b_1-6} & 0 \\ -\dfrac{5}{a_1b_4-10} & 0 & 0 & \dfrac{a_1}{a_1b_4-10} \\ \dfrac{b_4}{a_1b_4-10} & 0 & 0 & -\dfrac{2}{a_1b_4-10} \\ 0 & \dfrac{b_1}{a_4b_1-6} & -\dfrac{2}{a_4b_1-6} & 0 \end{bmatrix}$$

矩阵求逆也可以用“A^-1”，这样的算法就是类似常数的倒数的求法，逆矩阵相当于矩阵的“倒数”。

4.2.8 克拉默法则

如果线性方程组

$$\begin{cases} a_{11}x_1+a_{12}x_2+\cdots+a_{1n}x_n=b_1 \\ a_{21}x_1+a_{22}x_2+\cdots+a_{2n}x_n=b_2 \\ \cdots \\ a_{m1}x_1+a_{m2}x_2+\cdots+a_{mn}x_n=b_m \end{cases}$$

的系数矩阵 $\boldsymbol{A}$ 的行列式不等于 0，即

$$|\boldsymbol{A}|=\begin{vmatrix} a_{11} & \cdots & a_{1n} \\ \vdots & & \vdots \\ a_{n1} & \cdots & a_{nn} \end{vmatrix}\neq 0$$

那么方程组有唯一解

$$x_1=\frac{|\boldsymbol{A}_1|}{|\boldsymbol{A}|},x_2=\frac{|\boldsymbol{A}_2|}{|\boldsymbol{A}|},\cdots,x_n=\frac{|\boldsymbol{A}_n|}{|\boldsymbol{A}|}$$

其中$\boldsymbol{A}_j\ (j=1,2,\cdots,n)$是把系数矩阵 $\boldsymbol{A}$ 中第 j 列元素用方程组右端的常数项代替后得到的 n 阶矩阵，即

$$\boldsymbol{A}_j=\begin{bmatrix} a_{11} & \cdots & a_{1,j-1} & b_1 & a_{1,j+1} & \cdots & a_{1n} \\ \vdots & & \vdots & \vdots & \vdots & & \vdots \\ a_{n1} & \cdots & a_{n,j-1} & b_n & a_{n,j+1} & \cdots & a_{nn} \end{bmatrix}$$

例如，用克拉默法则解线性方程组

$$\begin{cases} x_1-x_2-x_3=2 \\ 2x_1-x_2-3x_3=1 \\ 3x_1+2x_2-5x_3=0 \end{cases}$$

方程组的系数矩阵的矩阵行列式

$$|\boldsymbol{A}|=\begin{vmatrix} 1 & -1 & -1 \\ 2 & -1 & -3 \\ 3 & 2 & -5 \end{vmatrix}=3\neq 0$$

由克拉默法则，它有唯一解：

$$x_1=\frac{\begin{vmatrix}2&-1&-1\\1&-1&-3\\0&2&-5\end{vmatrix}}{|\boldsymbol{A}|}\xRightarrow{r_1\leftrightarrow r_2}\frac{-\begin{vmatrix}1&-1&-3\\2&-1&-1\\0&2&-5\end{vmatrix}}{3}\xRightarrow[r_3-2r_2]{r_2-2r_1}\frac{-\begin{vmatrix}1&-1&-3\\0&1&5\\0&0&-15\end{vmatrix}}{3}=5$$

$$x_2=\frac{\begin{vmatrix}1&2&-1\\2&1&-3\\3&0&-5\end{vmatrix}}{|\boldsymbol{A}|}\xRightarrow[r_3-3r_1]{r_2-2r_1}\frac{\begin{vmatrix}1&2&-1\\0&-3&-1\\0&-6&-2\end{vmatrix}}{3}=0$$

$$x_3=\frac{\begin{vmatrix}1&-1&2\\2&-1&1\\3&2&0\end{vmatrix}}{|\boldsymbol{A}|}\xRightarrow[r_3-3r_1]{r_2-2r_1}\frac{\begin{vmatrix}1&-1&2\\0&1&-3\\0&5&-6\end{vmatrix}}{3}=\frac{\begin{vmatrix}1&-3\\5&-6\end{vmatrix}}{3}=3$$

4.2.9　分块矩阵简介

对于行数和列数较多的矩阵 $\boldsymbol{A}$，运算时常采用分块法，使大矩阵的运算化成小矩阵的运算。将矩阵 $\boldsymbol{A}$ 用若干条纵线和横线（本书以色彩区分）分成许多个小矩阵，每一个小矩阵称为 $\boldsymbol{A}$ 的子块，以子块为元素的形式上的矩阵称为分块矩阵。分块矩阵的运算规则与普通矩阵相似。

比如，设

$$\boldsymbol{A}=\begin{bmatrix}1&0&0&0\\0&1&0&0\\-1&2&1&0\\1&1&0&1\end{bmatrix},\boldsymbol{B}=\begin{bmatrix}1&0&1&0\\-1&2&0&1\\1&0&4&1\\-1&-1&2&0\end{bmatrix}$$

求 $\boldsymbol{AB}$。

将 $\boldsymbol{A}$、$\boldsymbol{B}$ 分块化，

$$\boldsymbol{A}=\begin{bmatrix}1&0&0&0\\0&1&0&0\\-1&2&1&0\\1&1&0&1\end{bmatrix}=\begin{bmatrix}\boldsymbol{E}&\boldsymbol{O}\\\boldsymbol{A}_1&\boldsymbol{E}\end{bmatrix},\boldsymbol{B}=\begin{bmatrix}1&0&1&0\\-1&2&0&1\\1&0&4&1\\-1&-1&2&0\end{bmatrix}=\begin{bmatrix}\boldsymbol{B}_{11}&\boldsymbol{E}\\\boldsymbol{B}_{21}&\boldsymbol{B}_{22}\end{bmatrix}$$

$$\boldsymbol{AB}=\begin{bmatrix}\boldsymbol{E}&\boldsymbol{O}\\\boldsymbol{A}_1&\boldsymbol{E}\end{bmatrix}\begin{bmatrix}\boldsymbol{B}_{11}&\boldsymbol{E}\\\boldsymbol{B}_{21}&\boldsymbol{B}_{22}\end{bmatrix}=\begin{bmatrix}\boldsymbol{B}_{11}&\boldsymbol{E}\\\boldsymbol{A}_1\boldsymbol{B}_{11}+\boldsymbol{B}_{21}&\boldsymbol{A}_1+\boldsymbol{B}_{22}\end{bmatrix}$$

求解$\boldsymbol{AB}$里面的元素得：

$$\boldsymbol{B}_{11}=\begin{bmatrix}1&0\\-1&2\end{bmatrix},\boldsymbol{E}=\begin{bmatrix}1&0\\0&1\end{bmatrix}$$

$$\boldsymbol{A}_1\boldsymbol{B}_{11}+\boldsymbol{B}_{21}=\begin{bmatrix}-1&2\\1&1\end{bmatrix}\begin{bmatrix}1&0\\-1&2\end{bmatrix}+\begin{bmatrix}1&0\\-1&-1\end{bmatrix}=\begin{bmatrix}-2&4\\-1&1\end{bmatrix}$$

$$\boldsymbol{A}_1+\boldsymbol{B}_{22}=\begin{bmatrix}-1&2\\1&1\end{bmatrix}+\begin{bmatrix}4&1\\2&0\end{bmatrix}=\begin{bmatrix}3&3\\3&1\end{bmatrix}$$

所以

$$\boldsymbol{AB}=\begin{bmatrix}1&0&1&0\\-1&2&0&1\\-2&4&3&3\\-1&1&3&1\end{bmatrix}$$

再比如求$\boldsymbol{A}^{-1}$：

$$\boldsymbol{A}=\begin{bmatrix}5&0&0\\0&3&1\\0&2&1\end{bmatrix}$$

将矩阵$\boldsymbol{A}$分块，

$$\boldsymbol{A}=\begin{bmatrix}5&0&0\\0&3&1\\0&2&1\end{bmatrix}=\begin{bmatrix}\boldsymbol{A}_1&\boldsymbol{O}\\\boldsymbol{O}&\boldsymbol{A}_2\end{bmatrix}$$

则

$$\boldsymbol{A}_1=(5),\boldsymbol{A}_1^{-1}=\left(\frac{1}{5}\right),\boldsymbol{A}_2=\begin{bmatrix}3&1\\2&1\end{bmatrix},\boldsymbol{A}_2^{-1}=\begin{bmatrix}1&-1\\-2&3\end{bmatrix}$$

所以

$$\boldsymbol{A}^{-1}=\begin{bmatrix}\frac{1}{5}&0&0\\0&1&-1\\0&-2&3\end{bmatrix}$$

4.3 线性方程组

4.3.1 矩阵的初等变换

将线性方程组

$$\begin{cases}2x_1-x_2-x_3+x_4=2\\x_1+x_2-2x_3+x_4=4\\4x_1-6x_2+2x_3-2x_4=4\\3x_1+6x_2-9x_3+7x_4=9\end{cases}$$

化简为

$$\begin{cases}x_1+x_2-2x_3+x_4=4\\x_2-x_3+x_4=4\\x_4=-3\\0=0\end{cases}$$

以求出结果：

$$\begin{cases}x_1=x_3+4\\x_2=x_3+3\\x_4=-3\end{cases}$$

其中经历了下面三种变换：

① 对换两行；

② 以数 $k\neq0$ 乘某一行中的所有元；

③ 把某一行所有元的 k 倍加到另一行对应的元上去。

这三种变换称为矩阵的初等变换。把定义中的“行”换成“列”，即得矩阵的初等列变换的定义。矩阵的初等行变换与初等列变换，统称初等变换。

如果矩阵 $\boldsymbol{A}$ 经有限次初等行变换变成矩阵 $\boldsymbol{B}$，就称矩阵 $\boldsymbol{A}$ 与 $\boldsymbol{B}$ 行等价，记作 $\boldsymbol{A}\sim\boldsymbol{B}$；如果矩阵 $\boldsymbol{A}$ 经有限次初等列变换变成矩阵 $\boldsymbol{B}$，就称矩阵 $\boldsymbol{A}$ 与 $\boldsymbol{B}$ 列等价，记作 $\boldsymbol{A}\sim\boldsymbol{B}$；如果矩阵 $\boldsymbol{A}$ 经有限次初等变换变成矩阵 $\boldsymbol{B}$，就称矩阵 $\boldsymbol{A}$ 与 $\boldsymbol{B}$ 等价，记作 $\boldsymbol{A}\sim\boldsymbol{B}$。

非零矩阵若满足：

① 非零行在零行的上面；

② 非零行的首非零元所在列在上一行（如果存在）的首非零元所在列的右面，则称此矩阵为行阶梯形矩阵，如矩阵 $\boldsymbol{A}$：

$$\boldsymbol{A}=\begin{bmatrix}1&1&-2&1&4\\0&1&-1&1&0\\0&0&0&1&-3\\0&0&0&0&0\end{bmatrix}$$

进一步，若是行阶梯形矩阵，并且还满足：

① 非零行的首非零元为 1；

② 首非零元所在的列的其他元均为 0，则称 $\boldsymbol{A}$ 为行最简形矩阵，如矩阵 $\boldsymbol{B}$：

$$\boldsymbol{B}=\begin{bmatrix}1&0&-1&0&4\\0&1&-1&0&3\\0&0&0&1&-3\\0&0&0&0&0\end{bmatrix}$$

对行最简形矩阵再施以初等列变换，可变成一种形状更简单的矩阵，称为标准形。例如矩阵 $\boldsymbol{C}$：

$$\boldsymbol{C}=\begin{bmatrix}1&0&0&0&0\\0&1&0&0&0\\0&0&1&0&0\\0&0&0&0&0\end{bmatrix}$$

其特点是$\boldsymbol{C}$的左上角是一个单位矩阵，其余元全为 0。对于$m\times n$矩阵 $\boldsymbol{A}$，总可经过初等变换把它化为标准形：

$$\boldsymbol{F}=\begin{bmatrix}\boldsymbol{E}_{\mathrm{r}}&\boldsymbol{O}\\\boldsymbol{O}&\boldsymbol{O}\end{bmatrix}_{m\times n}$$

由单位阵 $\boldsymbol{E}$ 经过一次初等变换得到的矩阵称为初等矩阵。

4.3.2 矩阵化行最简形的笔算简介

下面举一个矩阵化行最简形的例子：

$$\begin{bmatrix}1&-1&-1&2\\2&-1&-3&1\\3&2&-5&0\end{bmatrix}\overset{r_2-2r_1}{\underset{r_3-3r_1}{\sim}}\begin{bmatrix}1&-1&-1&2\\0&1&-1&-3\\0&5&-2&-6\end{bmatrix}\overset{\substack{r_1+r_2\\r_3-5r_2}}{\underset{r_3\times\frac{1}{3}}{\sim}}\begin{bmatrix}1&0&-2&-1\\0&1&-1&-3\\0&0&1&3\end{bmatrix}$$

$$\overset{r_1+2r_3}{\underset{r_2+r_3}{\sim}}\begin{bmatrix}1&0&0&5\\0&1&0&0\\0&0&1&3\end{bmatrix}$$

4.3.3 用 MATLAB 化矩阵为行最简形

矩阵的约化行阶梯形式是高斯-约旦消去法解线性方程组的结果。MATLAB 中提供函数 rref 来约化行阶梯形，其语法格式如下：

变量名=rref(矩阵)

【例 4-4】 将下面矩阵化为行最简形矩阵：

$$\begin{bmatrix} 2 & 3 & 1 & -3 & -7 \\ 1 & 2 & 0 & -2 & -4 \\ 3 & -2 & 8 & 3 & 0 \\ 2 & -3 & 7 & 4 & 3 \end{bmatrix}$$

在 M 文件编辑器中输入：

```
A=[2 3 1 -3 -7;...
    1 2 0 -2 -4;...
    3 -2 8 3 0;...
    2 -3 7 4 3];                    %定义矩阵
sA=rref(A)                          %化为行阶梯形
```

计算结果为：

```
sA =
    1     0     2     0    -2
    0     1    -1     0     3
    0     0     0     1     4
    0     0     0     0     0
```

计算时间约为 0.005s。

即

$$\begin{bmatrix} 2 & 3 & 1 & -3 & -7 \\ 1 & 2 & 0 & -2 & -4 \\ 3 & -2 & 8 & 3 & 0 \\ 2 & -3 & 7 & 4 & 3 \end{bmatrix} \sim \begin{bmatrix} 1 & 0 & 2 & 0 & -2 \\ 0 & 1 & -1 & 0 & 3 \\ 0 & 0 & 0 & 1 & 4 \\ 0 & 0 & 0 & 0 & 0 \end{bmatrix}$$

4.3.4 矩阵的秩

在$m \times n$矩阵 $\boldsymbol{A}$ 中，任取 k 行与 k 列（$k \le m$，$k \le n$），位于这些行列交叉处的k^2个元素，不改变它们在 $\boldsymbol{A}$ 中所处的位置次序而得的 k 阶行列式，称为矩阵 $\boldsymbol{A}$ 的 k 阶子式。

设在矩阵 $\boldsymbol{A}$ 中有一个不等于 0 的 r 阶子式 $\boldsymbol{D}$，且所有 r+1 阶子式（如果存在的话）全等于 0，那么 $\boldsymbol{D}$ 称为矩阵 $\boldsymbol{A}$ 的最高阶非零子式，数 r 称为矩阵 $\boldsymbol{A}$ 的秩，记作$R(\boldsymbol{A})$。并规定零矩阵的秩等于 0。对于 n 阶矩阵 $\boldsymbol{A}$，由于 $\boldsymbol{A}$ 的 n 阶子式只有一个$|\boldsymbol{A}|$，故当$|\boldsymbol{A}| \neq 0$时，$R(\boldsymbol{A}) = n$；当$|\boldsymbol{A}| \neq 0$时，$R(\boldsymbol{A}) < n$。可见可逆矩阵的秩等于矩阵的阶数，不可逆矩阵的秩小于矩阵的阶数。因此，可逆矩阵又称满秩矩阵，不可逆矩阵（奇异矩阵）又称降秩矩阵。

矩阵的秩的本质是方程组中有效方程的个数，将矩阵经过初等变换化为最简形后可以被观察出来。矩阵的初等变换作为一种运算，其深刻意义在于它不改变矩阵的秩，符合

$$\boldsymbol{A} \sim \boldsymbol{B}, R(\boldsymbol{A}) = R(\boldsymbol{B})$$

4.3.5　矩阵的笔算求秩

下面举一个通过矩阵的初等变换求秩的例子：

设矩阵：

$$\boldsymbol{A} = \begin{bmatrix} 1 & -2 & 2 & -1 \\ 2 & -4 & 8 & 0 \\ -2 & 4 & -2 & 3 \\ 3 & -6 & 0 & -6 \end{bmatrix}, \boldsymbol{b} = \begin{Bmatrix} 1 \\ 2 \\ 3 \\ 4 \end{Bmatrix}$$

求$R(\boldsymbol{A})$、$R(\boldsymbol{A},\boldsymbol{b})$。

$$(\boldsymbol{A},\boldsymbol{b}) = \begin{bmatrix} 1 & -2 & 2 & -1 & 1 \\ 2 & -4 & 8 & 0 & 2 \\ -2 & 4 & -2 & 3 & 3 \\ 3 & -6 & 0 & -6 & 4 \end{bmatrix} \underset{r_4 - 3r_1}{\overset{\substack{r_2 - 2r_1 \\ r_3 + 2r_1}}{\sim}} \begin{bmatrix} 1 & -2 & 2 & -1 & 1 \\ 0 & 0 & 4 & 2 & 0 \\ 0 & 0 & 2 & 1 & 5 \\ 0 & 0 & -6 & -3 & 1 \end{bmatrix}$$

$$\underset{r_4 + 3r_2}{\overset{\substack{r_2 \div 2 \\ r_3 - r_2}}{\sim}} \begin{bmatrix} 1 & -2 & 2 & -1 & 1 \\ 0 & 0 & 2 & 1 & 0 \\ 0 & 0 & 0 & 0 & 5 \\ 0 & 0 & 0 & 0 & 1 \end{bmatrix} \underset{r_4 - r_3}{\overset{r_3 \div 5}{\sim}} \begin{bmatrix} 1 & -2 & 2 & -1 & 1 \\ 0 & 0 & 2 & 1 & 0 \\ 0 & 0 & 0 & 0 & 1 \\ 0 & 0 & 0 & 0 & 0 \end{bmatrix}$$

所以$R(\boldsymbol{A}) = 2$，$R(\boldsymbol{A},\boldsymbol{b}) = 3$。

4.3.6　用 MATLAB 求矩阵的秩

MATLAB 中用 rank 来计算矩阵的秩，其语法规则如下：

变量名=rank(矩阵,误差（可选）)

【例 4-5】 求下面矩阵的秩：

$$\begin{bmatrix} 3 & 2 & -1 & -3 & -1 \\ 2 & -1 & 3 & 1 & -3 \\ 7 & 0 & 5 & -1 & -8 \end{bmatrix}$$

在 M 文件编辑器中输入：

```
A=[3 2 -1 -3 -1;...
    2 -1 3 1 -3;...
    7 0 5 -1 -8];                      %定义矩阵
rA=rank(A)                                 %以默认误差求秩
```

计算结果为：

rA =3。计算时间约为 0.082s。

即上述矩阵的秩为 3，且为行满秩矩阵。

当然，根据定义，矩阵的秩也可以运用矩阵的初等变换，化为行最简形来观察。

4.3.7　线性方程组的解

设有 n 个未知数、m 个方程的线性方程组

$$\begin{cases} a_{11}x_1 + a_{12}x_2 + \cdots + a_{1n}x_n = b_1 \\ a_{21}x_1 + a_{22}x_2 + \cdots + a_{2n}x_n = b_2 \\ \cdots \\ a_{m1}x_1 + a_{m2}x_2 + \cdots + a_{mn}x_n = b_m \end{cases}$$

可表示为列向量 $\boldsymbol{x}$ 的方程：

$$\boldsymbol{Ax} = \boldsymbol{b}$$

线性方程组如果有解，就称它是相容的；如果无解，就称它不相容。利用系数矩阵 $\boldsymbol{A}$ 和增广矩阵$\boldsymbol{B} = (\boldsymbol{A}, \boldsymbol{b})$的秩，可以方便地讨论线性方程组是否有解，以及有解时解是否惟一等问题。

对于 n 元线性方程组$\boldsymbol{Ax} = \boldsymbol{b}$：

① 无解的充分必要条件是$R(\boldsymbol{A}) < R(\boldsymbol{A}, \boldsymbol{b})$；

② 有惟一解的充分必要条件是$R(\boldsymbol{A}) = R(\boldsymbol{A}, \boldsymbol{b}) = n$；

③ 有无限多解的充分必要条件是$R(\boldsymbol{A}) = R(\boldsymbol{A}, \boldsymbol{b}) < n$。

因为当$R(\boldsymbol{A}) < R(\boldsymbol{A}, \boldsymbol{b})$时，会出现某个“非零常数项”等于“0”的矛盾方程；当$R(\boldsymbol{A}) = R(\boldsymbol{A}, \boldsymbol{b}) = n$时刚好符合几元线性方程组就有几个方程、就有几个解的一般规律，方程组有固定解；当$R(\boldsymbol{A}) = R(\boldsymbol{A}, \boldsymbol{b}) < n$时，方程组的未知数过多，约束条件过少，会有无数个解；此外，如果方程的个数超过未知数个数，则称为超定方程，可求出最小二乘近似解。

接下来是更一般的结论：

① n 元齐次线性方程组$\boldsymbol{Ax} = \boldsymbol{0}$有非零解的充分必要条件是$R(\boldsymbol{A}) < n$；

② 线性方程组$\boldsymbol{Ax} = \boldsymbol{b}$有解的充分必要条件是$R(\boldsymbol{A}) = R(\boldsymbol{A}, \boldsymbol{b})$；

③ 矩阵方程 $\boldsymbol{AX}$=$\boldsymbol{B}$ 有解的充分必要条件是$R(\boldsymbol{A}) = R(\boldsymbol{A}, \boldsymbol{B})$。

解非齐次线性方程组：

$$\begin{bmatrix} 1 & -2 & 3 & -1 \\ 3 & -1 & 5 & -3 \\ 2 & 1 & 2 & -2 \end{bmatrix} \begin{Bmatrix} x_1 \\ x_2 \\ x_3 \\ x_4 \end{Bmatrix} = \begin{Bmatrix} 1 \\ 2 \\ 3 \end{Bmatrix}$$

对增广矩阵 $\boldsymbol{B}$ 进行初等变换：

$$\boldsymbol{B} = \begin{bmatrix} 1 & -2 & 3 & -1 & 1 \\ 3 & -1 & 5 & -3 & 2 \\ 2 & 1 & 2 & -2 & 3 \end{bmatrix} \underset{r_3 - 2r_1}{\overset{r_2 - 3r_1}{\sim}} \begin{bmatrix} 1 & -2 & 3 & -1 & 1 \\ 0 & 5 & -4 & 0 & -1 \\ 0 & 5 & -4 & 0 & 1 \end{bmatrix} \overset{r_3 - r_2}{\sim} \begin{bmatrix} 1 & -2 & 3 & -1 & 1 \\ 0 & 5 & -4 & 0 & -1 \\ 0 & 0 & 0 & 0 & 2 \end{bmatrix}$$

可见$R(\boldsymbol{A}) = 2$，$R(\boldsymbol{B}) = 3$，方程组无解。

解非齐次线性方程组：

$$\begin{bmatrix} 1 & 1 & -3 & -1 \\ 3 & -1 & -3 & 4 \\ 1 & 5 & -9 & -8 \end{bmatrix} \begin{Bmatrix} x_1 \\ x_2 \\ x_3 \\ x_4 \end{Bmatrix} = \begin{Bmatrix} 1 \\ 4 \\ 0 \end{Bmatrix}$$

对增广矩阵 $\boldsymbol{B}$ 进行初等行变换：

$$
\boldsymbol{B}=\begin{bmatrix}1 & 1 & -3 & -1 & 1\\ 3 & -1 & -3 & 4 & 4\\ 1 & 5 & -9 & -8 & 0\end{bmatrix}\underset{r_3-r_1}{\overset{r_2-3r_1}{\sim}}\begin{bmatrix}1 & 1 & -3 & -1 & 1\\ 0 & -4 & 6 & 7 & 1\\ 0 & 4 & -6 & -7 & -1\end{bmatrix}
$$

$$
\underset{r_2\div(-4)}{\overset{r_3+r_2}{\sim}}\begin{bmatrix}1 & 1 & -3 & -1 & 1\\ 0 & 1 & -\frac{3}{2} & -\frac{7}{4} & -\frac{1}{4}\\ 0 & 0 & 0 & 0 & 0\end{bmatrix}\overset{r_1-r_2}{\sim}\begin{bmatrix}1 & 0 & -\frac{3}{2} & \frac{3}{4} & \frac{5}{4}\\ 0 & 1 & -\frac{3}{2} & -\frac{7}{4} & -\frac{1}{4}\\ 0 & 0 & 0 & 0 & 0\end{bmatrix}
$$

即得：

$$
\begin{cases}x_1=\frac{3}{2}x_3-\frac{3}{4}x_4+\frac{5}{4}\\ x_2=\frac{3}{2}x_3-\frac{7}{4}x_4-\frac{1}{4}\\ x_3= \qquad x_3\\ x_4= \qquad x_4\end{cases}
$$

令x_3、x_4为自由变量，设$x_3=c_1$，$x_4=c_2$，可以得到方程组的通解：

$$
\begin{Bmatrix}x_1\\ x_2\\ x_3\\ x_4\end{Bmatrix}=c_1\begin{Bmatrix}\frac{3}{2}\\ \frac{3}{2}\\ 1\\ 0\end{Bmatrix}+c_2\begin{Bmatrix}-\frac{3}{4}\\ \frac{7}{4}\\ 0\\ 1\end{Bmatrix}+\begin{Bmatrix}\frac{5}{4}\\ -\frac{1}{4}\\ 0\\ 0\end{Bmatrix}\ (c_1,c_1\in\mathbf{R})
$$

在上面的通解中，

$$
\boldsymbol{\xi}_1=\begin{Bmatrix}\frac{3}{2}\\ \frac{3}{2}\\ 1\\ 0\end{Bmatrix},\boldsymbol{\xi}_2=\begin{Bmatrix}-\frac{3}{4}\\ \frac{7}{4}\\ 0\\ 1\end{Bmatrix},\boldsymbol{\xi}_3=\begin{Bmatrix}\frac{5}{4}\\ -\frac{1}{4}\\ 0\\ 0\end{Bmatrix}
$$

$\boldsymbol{\xi}_1$、$\boldsymbol{\xi}_2$也称为基础解系，$\boldsymbol{\xi}_3$也称为一组特解，含有 x 的列向量称为解向量。

4.3.8　线性方程组的 MATLAB 求解

用 MATLAB 求线性方程组的解有两种方法，第一种方法类似笔算，用 rref 函数将系数矩阵或增广矩阵化为行最简形，然后人工写出通解；第二种方法是将系数矩阵反除以常数项矩阵，得出非齐次的一组特解，再用 null 函数求基础解系，人工将两者写在一起，即得出线性方程组的通解。

【例 4-6】　解下列线性方程组：

① $\begin{bmatrix}4 & 2 & -1\\ 3 & -1 & 2\\ 11 & 3 & 0\end{bmatrix}\begin{Bmatrix}x_1\\ x_2\\ x_3\end{Bmatrix}=\begin{Bmatrix}2\\ 10\\ 8\end{Bmatrix}$

② $\begin{bmatrix}3 & 4 & -5 & 7\\2 & -3 & 3 & -2\\4 & 11 & -13 & 16\\7 & -2 & 1 & 3\end{bmatrix}\begin{Bmatrix}x_1\\x_2\\x_3\\x_4\end{Bmatrix}=\begin{Bmatrix}0\\0\\0\\0\end{Bmatrix}$

③ $\begin{bmatrix}2 & 1 & -1 & 1\\3 & -2 & 1 & -3\\1 & 4 & -3 & 5\end{bmatrix}\begin{Bmatrix}x\\y\\z\\\omega\end{Bmatrix}=\begin{Bmatrix}1\\4\\-2\end{Bmatrix}$

① 在 M 文件编辑器中输入:

```
A=[4 2 -1 2;...
    3 -1 2 10 ;...
    11 3 0 8 ];                    %定义增广矩阵
rref(A)                            %化为行最简形
```

计算结果为:

```
ans =
    1.0000         0    0.3000         0
         0    1.0000   -1.1000         0
         0         0         0    1.0000
```

计算时间约为 0.001s。即

$$\begin{bmatrix}4 & 2 & -1 & 2\\3 & -1 & 2 & 10\\11 & 3 & 0 & 8\end{bmatrix}\sim\begin{bmatrix}1 & 0 & 0.30 & 0\\0 & 1 & -1.10 & 0\\0 & 0 & 0 & 1\end{bmatrix}$$

出现了矛盾方程“0=1”，所以该非齐次线性方程组无解。

② 在 M 文件编辑器中输入:

```
format rat                         %所有结果强制性用分数输出
A=[3  4    -5   7;...
    2 -3    3   -2;...
    4 11  -13  16;...
    7 -2    1   3];                %定义系数矩阵
rref(A)                            %系数矩阵化行最简形
```

计算结果为:

```
ans =
       1          0         -3/17        13/17
       0          1        -19/17        20/17
       0          0          0            0
       0          0          0            0
```

计算时间约为 0.0007s。即该齐次线性方程组的通解为:

$$\begin{Bmatrix}x_1\\x_2\\x_3\\x_4\end{Bmatrix}=c_1\begin{Bmatrix}\dfrac{3}{17}\\\dfrac{19}{17}\\1\\0\end{Bmatrix}+c_2\begin{Bmatrix}-\dfrac{13}{17}\\-\dfrac{20}{17}\\0\\1\end{Bmatrix}\ (c_1,c_1\in\mathbf{R})$$

③ 在 M 文件编辑器中输入：

```
format rat                                  %所有结果强制性用分数输出
    A=[2  1   -1    1 1;...
         3 -2    1   -3 4 ;...
         1  4   -3    5 -2];                %定义增广矩阵
rref(A)                                     %增广矩阵化行最简形
```

计算结果为：

```
ans =
    1          0          -1/7          -1/7          6/7
    0          1          -5/7           9/7         -5/7
    0          0           0             0            0
```

计算时间约为 0.0007s。即该非齐次线性方程组的通解为：

$$\begin{Bmatrix} x \\ y \\ z \\ w \end{Bmatrix} = c_1 \begin{Bmatrix} \frac{1}{7} \\ \frac{5}{7} \\ 1 \\ 0 \end{Bmatrix} + c_2 \begin{Bmatrix} \frac{1}{7} \\ -\frac{9}{7} \\ 0 \\ 1 \end{Bmatrix} + \begin{Bmatrix} \frac{6}{7} \\ -\frac{5}{7} \\ 0 \\ 0 \end{Bmatrix} \quad (c_1, c_1 \in \mathbf{R})$$

接下来，给出直接输出特解和基础解系的通用程序：

```
A=[系数矩阵];                      %定义系数矩阵
B=[常数项矩阵];                    %定义常数项矩阵
format rat                         %所有结果强制性用分数输出
x1=A\B                             %输出一组特解
Y=null(A)                          %输出基础解系
```

最后，人工将特解和基础解系组合在一起即可得到通解。但是，大量实验发现，该方法不擅长判断非齐次线性方程组无解的情况。

4.4 向量组的线性相关简介

本部分讲的是向量组的线性相关性，与工程计算关联不大，下面省略程序设计，仅做科普，以提高数学科学素养。

4.4.1 向量组与线性相关

n 个有次序的数a_1，a_2，…，a_n所组成的数组称为 *n* 维向量，这 *n* 个数称为该向量的 *n* 个分量，第 *i* 个数a_i称为第 *i* 个分量。

在解析几何中，我们把“既有大小又有方向的量”称为向量，并把可随意平行移动的有向线段作为向量的几何形象。在引进坐标系以后，这种向量就有了坐标表示式——三个有次序的实数，也就是本书中的三维向量。因此，当$n \le 3$时，*n* 维向量可以把有向线段作为几何形象；但当 $n>3$ 时，*n* 维向量就不再有这种几何形象，只是沿用一些几何术语。三维向量的全体构成的集合

$$\mathbf{R}^3 = \{\boldsymbol{r} = (x,y,z)^{\mathrm{T}} | x,y,z \in \mathbf{R}\}$$

称为三维向量空间，类似地，n 维向量的全体组成的集合

$$\mathbf{R}^n = \{\boldsymbol{r} = (x_1,x_2,\cdots,x_n)^{\mathrm{T}} | x_1,x_2,\cdots,x_n \in \mathbf{R}\}$$

称为 n 维向量空间。若干个同维数的列向量（或同维数的行向量）所组成的集合称为向量组。

给定向量组 $\boldsymbol{A}$：$\boldsymbol{a}_1$，$\boldsymbol{a}_2$，…，$\boldsymbol{a}_m$，对于任何一组实数k_1，k_2，…，k_m，表达式

$$k_1\boldsymbol{a}_1 + k_2\boldsymbol{a}_2 + \cdots + k_m\boldsymbol{a}_m$$

称为向量组 $\boldsymbol{A}$ 的一个线性组合，k_1，k_2，…，k_m称为这个线性组合的系数。给定向量组 $\boldsymbol{A}$：$\boldsymbol{a}_1$，$\boldsymbol{a}_2$，…，$\boldsymbol{a}_m$和向量 $\boldsymbol{b}$，如果存在一组数λ_1，λ_2，…，λ_m使

$$\boldsymbol{b} = \lambda_1\boldsymbol{a}_1 + \lambda_2\boldsymbol{a}_2 + \cdots + \lambda_m\boldsymbol{a}_m$$

则向量 $\boldsymbol{b}$ 是向量组 $\boldsymbol{A}$ 的线性组合，这时称向量 $\boldsymbol{b}$ 能由向量组 $\boldsymbol{A}$ 线性表示。也就是方程组

$$x_1\boldsymbol{a}_1 + x_2\boldsymbol{a}_2 + \cdots + x_m\boldsymbol{a}_m = \boldsymbol{b}$$

有解。

向量 $\boldsymbol{b}$ 能由向量组 $\boldsymbol{A}$：$\boldsymbol{a}_1$，$\boldsymbol{a}_2$，…，$\boldsymbol{a}_m$线性表示的充分必要条件是矩阵$\boldsymbol{A} = (\boldsymbol{a}_1$，$\boldsymbol{a}_2$，…，$\boldsymbol{a}_m)$的秩等于矩阵$\boldsymbol{B} = (\boldsymbol{a}_1$，$\boldsymbol{a}_2$，…，$\boldsymbol{a}_m$，$b)$的秩。设有两个向量组 $\boldsymbol{A}$：$\boldsymbol{a}_1$，$\boldsymbol{a}_2$，…，$\boldsymbol{a}_m$及 $\boldsymbol{B}$：$\boldsymbol{b}_1$，$\boldsymbol{b}_2$，…，$\boldsymbol{b}_l$，若 $\boldsymbol{B}$ 组中的每个向量都能由向量组 $\boldsymbol{A}$ 线性表示，则称向量组 $\boldsymbol{B}$ 能由向量组 $\boldsymbol{A}$ 线性表示。若向量组 $\boldsymbol{A}$ 与向量组 $\boldsymbol{B}$ 能相互线性表示，则称这两个向量组等价。

向量组 $\boldsymbol{B}$：$\boldsymbol{b}_1$，$\boldsymbol{b}_2$，…，$\boldsymbol{b}_l$能由向量组 $\boldsymbol{A}$：$\boldsymbol{a}_1$，$\boldsymbol{a}_2$，…，$\boldsymbol{a}_m$线性表示的充分必要条件是 $R(\boldsymbol{A})=R(\boldsymbol{A},\boldsymbol{B})$。

比如有向量：

$$\boldsymbol{a}_1 = \begin{Bmatrix}1\\1\\2\\2\end{Bmatrix}, \boldsymbol{a}_2 = \begin{Bmatrix}1\\2\\1\\3\end{Bmatrix}, \boldsymbol{a}_3 = \begin{Bmatrix}1\\-1\\4\\0\end{Bmatrix}, \boldsymbol{b} = \begin{Bmatrix}1\\0\\3\\1\end{Bmatrix}$$

验证向量$\boldsymbol{b}$可以由向量组$\boldsymbol{a}_1$、$\boldsymbol{a}_2$、$\boldsymbol{a}_3$线性表示，并求表达式。

首先验证$\boldsymbol{A} = (\boldsymbol{a}_1$，$\boldsymbol{a}_2$，$\boldsymbol{a}_3)$和$\boldsymbol{B} = (\boldsymbol{A}$，$\boldsymbol{b})$的秩是否相等。对$\boldsymbol{B}$进行初等变换：

$$\boldsymbol{B} = \begin{bmatrix}1 & 1 & 1 & 1\\1 & 2 & -1 & 0\\2 & 1 & 4 & 3\\2 & 3 & 0 & 1\end{bmatrix} \sim \begin{bmatrix}1 & 0 & 3 & 2\\0 & 1 & -2 & -1\\0 & 0 & 0 & 0\\0 & 0 & 0 & 0\end{bmatrix}$$

可见 $R(\boldsymbol{A})=R(\boldsymbol{B})$，因此向量 $\boldsymbol{b}$ 能由向量组$\boldsymbol{a}_1$，$\boldsymbol{a}_2$，$\boldsymbol{a}_3$线性表示。

由上述行最简形矩阵，可得方程$\boldsymbol{ax} = \boldsymbol{b}$的通解为：

$$\begin{Bmatrix}x_1\\x_2\\x_3\end{Bmatrix} = c\begin{Bmatrix}-3\\2\\1\end{Bmatrix} + \begin{Bmatrix}2\\-1\\0\end{Bmatrix} = \begin{Bmatrix}-3c+2\\2c-1\\c\end{Bmatrix}$$

其中 c 可任意取值，从而得表示式：

$$\boldsymbol{b} = (\boldsymbol{a}_1,\boldsymbol{a}_2,\boldsymbol{a}_3)\begin{Bmatrix}x_1\\x_2\\x_3\end{Bmatrix} = (-3c+2)\boldsymbol{a}_1 + (2c-1)\boldsymbol{a}_2 + c\boldsymbol{a}_3$$

给定向量组 $\boldsymbol{A}$：$\boldsymbol{a}_1$，$\boldsymbol{a}_2$，…，$\boldsymbol{a}_m$，如果存在不全为零的数k_1，k_2，…，k_m，使

$$k_1\boldsymbol{a}_1 + k_2\boldsymbol{a}_2 + \cdots + k_m\boldsymbol{a}_m = \boldsymbol{0}$$

则称向量组 $\boldsymbol{A}$ 是线性相关的，否则称它线性无关。向量组 $\boldsymbol{A}$：$\boldsymbol{a}_1$，$\boldsymbol{a}_2$，…，$\boldsymbol{a}_m$线性相关的充

分必要条件是它所构成的矩阵 $\boldsymbol{A}=(\boldsymbol{a}_1, \boldsymbol{a}_2, \cdots, \boldsymbol{a}_m)$ 的秩小于向量个数 m；向量组 $\boldsymbol{A}$ 线性无关的充分必要条件是 $R(A)=m$。

比如，讨论向量组

$$\boldsymbol{a}_1=\begin{Bmatrix}1\\1\\1\end{Bmatrix}, \boldsymbol{a}_2=\begin{Bmatrix}0\\2\\5\end{Bmatrix}, \boldsymbol{a}_3=\begin{Bmatrix}2\\4\\7\end{Bmatrix}$$

三者及前两者的线性相关性。

对矩阵 $(\boldsymbol{a}_1, \boldsymbol{a}_2, \boldsymbol{a}_3)$ 施行初等行变换变成行阶梯形矩阵，即可同时看出矩阵 $(\boldsymbol{a}_1, \boldsymbol{a}_2, \boldsymbol{a}_3)$ 及 $(\boldsymbol{a}_1, \boldsymbol{a}_2)$ 的秩。

$$(\boldsymbol{a}_1,\boldsymbol{a}_2,\boldsymbol{a}_3)=\begin{bmatrix}1&0&2\\1&2&4\\1&5&7\end{bmatrix}\underset{r_3-r_1}{\overset{r_2-r_1}{\sim}}\begin{bmatrix}1&0&2\\0&2&2\\0&5&5\end{bmatrix}\overset{r_3-\frac{5}{2}r_2}{\sim}\begin{bmatrix}1&0&2\\0&2&2\\0&0&0\end{bmatrix}$$

可见 $R(\boldsymbol{a}_1,\boldsymbol{a}_2,\boldsymbol{a}_3)=2$，故向量组 $\boldsymbol{a}_1$，$\boldsymbol{a}_2$，$\boldsymbol{a}_3$ 线性相关，同时 $R(\boldsymbol{a}_1,\boldsymbol{a}_2)=2$，故向量组 $\boldsymbol{a}_1$，$\boldsymbol{a}_2$ 线性无关。

4.4.2　向量组的秩

设有向量组 $\boldsymbol{A}$，如果在 $\boldsymbol{A}$ 中能选出 r 个向量 $\boldsymbol{a}_1$，$\boldsymbol{a}_2$，$\cdots$，$\boldsymbol{a}_r$，满足：

① 向量组 $\boldsymbol{A}_0$：$\boldsymbol{a}_1$，$\boldsymbol{a}_2$，$\cdots$，$\boldsymbol{a}_r$ 线性无关；

② 向量组 $\boldsymbol{A}$ 中任意 $r+1$ 个向量（如果 $\boldsymbol{A}$ 中有 $r+1$ 个向量的话）都线性相关。

那么称向量组 $\boldsymbol{A}_0$ 是向量组 $\boldsymbol{A}$ 的一个最大线性无关向量组（简称最大无关组），最大无关组所含向量个数 r 称为向量组 $\boldsymbol{A}$ 的秩，记作 R_A。

只含零向量的向量组没有最大无关组，规定它的秩为 0。矩阵的秩等于它的列向量组的秩，也等于它的行向量组的秩。

4.4.3　线性相关与线性方程组的解

设有非齐次线性方程组：

$$\boldsymbol{Ax}=\boldsymbol{b}$$

$\boldsymbol{x}=\boldsymbol{\eta}$ 是非齐次方程的解，$\boldsymbol{x}=\boldsymbol{\xi}$ 是齐次方程 $\boldsymbol{Ax}=\boldsymbol{0}$ 的解，则 $\boldsymbol{x}=\boldsymbol{\xi}+\boldsymbol{\eta}$ 仍是方程 $\boldsymbol{Ax}=\boldsymbol{b}$ 的解。于是，如果求得非齐次的一个特解 $\boldsymbol{\eta}^*$，那么其通解为：

$$\boldsymbol{x}=k_1\boldsymbol{\xi}_1+\cdots+k_{n-r}\boldsymbol{\xi}_{n-r}+\boldsymbol{\eta}^*\ (k_1,\cdots,k_{n-r}\text{为任意常数})$$

式中，$\boldsymbol{\xi}_1$，$\cdots$，$\boldsymbol{\xi}_{n-r}$ 是齐次方程 $\boldsymbol{Ax}=\boldsymbol{0}$ 的基础解系。

4.5　相似矩阵及二次型

4.5.1　向量的正交化

4.5.1.1　*n* 维向量的基本运算

设有 n 维向量

$$\boldsymbol{x}=\begin{pmatrix}x_1\\x_2\\\vdots\\x_n\end{pmatrix},\boldsymbol{y}=\begin{pmatrix}y_1\\y_2\\\vdots\\y_n\end{pmatrix}$$

令$[\boldsymbol{x},\boldsymbol{y}]=x_1y_1+x_2y_2+\cdots+x_ny_n$，称$[\boldsymbol{x},\boldsymbol{y}]$为向量$\boldsymbol{x}$与$\boldsymbol{y}$的内积。利用内积的性质可以得出施瓦茨（Schwarz）不等式：

$$[\boldsymbol{x},\boldsymbol{y}]^2\le[\boldsymbol{x},\boldsymbol{x}][\boldsymbol{y},\boldsymbol{y}]$$

令

$$\|\boldsymbol{x}\|=\sqrt{[\boldsymbol{x},\boldsymbol{x}]}=\sqrt{x_1^2+x_2^2+\cdots+x_n^2}$$

$\|\boldsymbol{x}\|$称为 n 维向量$\boldsymbol{x}$的长度或范数。当$\|\boldsymbol{x}\|=1$时，称$\boldsymbol{x}$为单位向量，取 $\boldsymbol{a}\neq\boldsymbol{0}$，

$$\boldsymbol{x}=\frac{\boldsymbol{a}}{\|\boldsymbol{a}\|}$$

则$\boldsymbol{x}$是一个单位向量。由$\boldsymbol{a}$得到$\boldsymbol{x}$的过程称为向量的单位化。

当$\boldsymbol{x}\neq\boldsymbol{0},\boldsymbol{y}\neq\boldsymbol{0}$时，

$$\theta=\arccos\frac{[\boldsymbol{x},\boldsymbol{y}]}{\|\boldsymbol{x}\|\|\boldsymbol{y}\|}$$

称为 n 维向量$\boldsymbol{x}$与$\boldsymbol{y}$的夹角。$[\boldsymbol{x},\boldsymbol{y}]=0$时，称向量$\boldsymbol{x}$与$\boldsymbol{y}$正交，零向量与任何向量正交。

4.5.1.2 施密特正交化

设 n 维向量$\boldsymbol{e}_1$，$\boldsymbol{e}_2$，…，$\boldsymbol{e}_r$是向量空间$V(V\subseteq\mathbf{R}^n)$的一个基，如果$\boldsymbol{e}_1$，$\boldsymbol{e}_2$，…，$\boldsymbol{e}_r$两两正交，且都是单位向量，则称$\boldsymbol{e}_1$，$\boldsymbol{e}_2$，…，$\boldsymbol{e}_r$是 V 的一个标准正交基。求$\boldsymbol{a}_1$，$\boldsymbol{a}_2$，…，$\boldsymbol{a}_r$的标准正交基的过程称为把$\boldsymbol{a}_1$，$\boldsymbol{a}_2$，…，$\boldsymbol{a}_r$标准正交化。取

$$\boldsymbol{b}_1=\boldsymbol{a}_1$$

$$\boldsymbol{b}_2=\boldsymbol{a}_2-\frac{[\boldsymbol{b}_1,\boldsymbol{a}_2]}{[\boldsymbol{b}_1,\boldsymbol{b}_1]}\boldsymbol{b}_1$$

$$\cdots$$

$$\boldsymbol{b}_r=\boldsymbol{a}_r-\frac{[\boldsymbol{b}_1,\boldsymbol{a}_r]}{[\boldsymbol{b}_1,\boldsymbol{b}_1]}\boldsymbol{b}_1-\frac{[\boldsymbol{b}_2,\boldsymbol{a}_r]}{[\boldsymbol{b}_2,\boldsymbol{b}_2]}\boldsymbol{b}_2-\cdots-\frac{[\boldsymbol{b}_{r-1},\boldsymbol{a}_r]}{[\boldsymbol{b}_{r-1},\boldsymbol{b}_{r-1}]}\boldsymbol{b}_{r-1}$$

易得$\boldsymbol{b}_1$，…，$\boldsymbol{b}_r$两两正交，且$\boldsymbol{b}_1$，…，$\boldsymbol{b}_r$与$\boldsymbol{a}_1$，…，$\boldsymbol{a}_r$等价。将以上向量单位化，取

$$\boldsymbol{e}_1=\frac{\boldsymbol{b}_1}{\|\boldsymbol{b}_1\|},\boldsymbol{e}_2=\frac{\boldsymbol{b}_2}{\|\boldsymbol{b}_2\|},\cdots,\boldsymbol{e}_r=\frac{\boldsymbol{b}_r}{\|\boldsymbol{b}_r\|}$$

就是 $\boldsymbol{V}$ 的一个标准正交基。上述从线性无关向量组$\boldsymbol{a}_1$，…，$\boldsymbol{a}_r$推导出正交向量组$\boldsymbol{b}_1$，…，$\boldsymbol{b}_r$的过程称为施密特（Schmidt）正交化。

如果 n 阶矩阵 $\boldsymbol{A}$ 满足

$$\boldsymbol{A}^{\mathrm{T}}\boldsymbol{A}=\boldsymbol{E}$$

那么称 $\boldsymbol{A}$ 为正交矩阵。

4.5.2 施密特正交化的笔算简介

设

$$a_1=\begin{pmatrix}1\\2\\-1\end{pmatrix},a_2=\begin{pmatrix}-1\\3\\1\end{pmatrix},a_3=\begin{pmatrix}4\\-1\\0\end{pmatrix}$$

用施密特正交化把这组向量标准正交化。

$$b_1=a_1$$

$$b_2=a_2-\frac{[b_1,a_2]}{[b_1,b_1]}b_1=\begin{pmatrix}-1\\3\\1\end{pmatrix}-\frac{4}{6}\begin{pmatrix}1\\2\\-1\end{pmatrix}=\frac{5}{3}\begin{pmatrix}-1\\1\\1\end{pmatrix}$$

$$b_3=a_3-\frac{[b_1,a_3]}{[b_1,b_1]}b_1-\frac{[b_2,a_3]}{[b_2,b_2]}b_2=\begin{pmatrix}4\\-1\\0\end{pmatrix}-\frac{1}{3}\begin{pmatrix}1\\2\\-1\end{pmatrix}+\frac{5}{3}\begin{pmatrix}-1\\1\\1\end{pmatrix}=2\begin{pmatrix}1\\0\\1\end{pmatrix}$$

再将它们单位化得：

$$e_1=\frac{b_1}{\|b_1\|}=\frac{1}{\sqrt{6}}\begin{pmatrix}1\\2\\-1\end{pmatrix},e_2=\frac{b_2}{\|b_2\|}=\frac{1}{\sqrt{3}}\begin{pmatrix}-1\\1\\1\end{pmatrix},e_3=\frac{b_3}{\|b_3\|}=\frac{1}{\sqrt{2}}\begin{pmatrix}1\\0\\1\end{pmatrix}$$

e_1、e_2、e_3就是所求的标准正交空间。

在本例中，各向量的解析几何意义如图 4-2 所示。

$b_2=a_2-c_2$，c_2是a_2在b_1上的投影，即

$$c_2=\left[a_2,\frac{b_1}{\|b_1\|}\right]\frac{b_1}{\|b_1\|}=\frac{[a_2b_1]}{\|b_1\|^2}b_1$$

$b_3=a_3-c_3$，而c_3为a_3在平行于b_1、b_2的平面上的投影向量，由于$b_1\perp b_2$，因此c_3等于a_3分别在b_1、b_2上的投影向量c_{31}及c_{32}之和，即

$$c_3=c_{31}+c_{32}=\frac{[b_1,a_3]}{[b_1,b_1]}b_1+\frac{[b_2,a_3]}{[b_2,b_2]}b_2$$

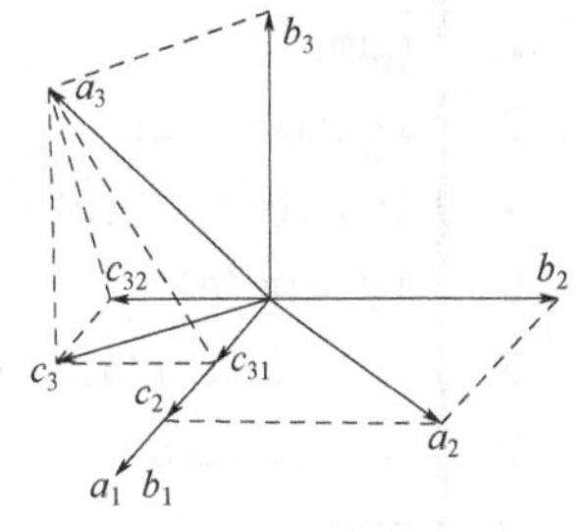

图 4-2　正交空间的解析几何意义

已知

$$a_1=\begin{pmatrix}1\\1\\1\end{pmatrix}$$

找出另外两向量，使三者正交。

为使三者正交，另外两向量a_2、a_3应该满足方程

$$a_1^{\mathrm{T}}x=(1\quad 1\quad 1)\begin{pmatrix}x\\x\\x\end{pmatrix}=0$$

得基础解系为：

$$\xi_1=\begin{pmatrix}-1\\1\\0\end{pmatrix},\xi_2=\begin{pmatrix}-1\\0\\1\end{pmatrix}$$

将基础解系正交化，即

$$\boldsymbol{a}_2 = \boldsymbol{\xi}_1 = \begin{pmatrix} -1 \\ 1 \\ 0 \end{pmatrix}$$

$$\boldsymbol{a}_3 = \boldsymbol{\xi}_2 - \frac{[\boldsymbol{\xi}_1, \boldsymbol{\xi}_2]}{[\boldsymbol{\xi}_1, \boldsymbol{\xi}_1]}\boldsymbol{\xi}_1 = \begin{pmatrix} -1 \\ 0 \\ 1 \end{pmatrix} - \frac{1}{2}\begin{pmatrix} -1 \\ 1 \\ 0 \end{pmatrix} = \frac{1}{2}\begin{pmatrix} -1 \\ -1 \\ 2 \end{pmatrix}$$

至此，向量$\boldsymbol{a}_1$、$\boldsymbol{a}_2$、$\boldsymbol{a}_3$正交。

4.5.3　正交空间的 MATLAB 求法

4.5.3.1　用 MATLAB 进行施密特正交化

【例 4-7】 将$\mathbf{R}^4$中的向量组（$\boldsymbol{a}_1$，$\boldsymbol{a}_2$，$\boldsymbol{a}_3$）进行施密特正交化。

$$(\boldsymbol{a}_1, \boldsymbol{a}_2, \boldsymbol{a}_3) = \begin{bmatrix} 1 & 1 & -1 \\ 0 & -1 & 1 \\ -1 & 0 & 1 \\ 1 & 1 & 0 \end{bmatrix}$$

在 M 文件编辑器中输入：

```
u=[1 1 -1;0 -1 1;-1 0 1;1 1 0];   %定义矩阵
num=1;                                   %已经实现正交化的列数
format rat                               %强制所有结果用有理分式表示
[m,n]=size(u);                           %提取 u 矩阵的行数和列数
if  (m<n)
    error('行小于列，无法计算');          %输出报错提示语
    return                               %当行数小于列数时，报错返回
end
k=num+1;
x=rand(m,m-n);
t=zeros(m,1);
y=[u,x];
y(:,1)=y(:,1)/norm(y(:,1));              %norm 是求范数
for j=1:m-k+1
    for i=1:k-1
        t=t+y(:,i)'*y(:,k)*y(:,i);       %(:,i)表示任意行第 i 列
    end
    p1=y(:,k)-t;
    p1=p1/norm(p1);
    y(:,k)=p1;                           %计算正交空间 y
    k=k+1;
    t=zeros(m,1);
end
disp(y)                                  %输出正交矩阵 y
```

计算结果为：

```
   780/1351        496/1921      -143/846      765/1012
      0          -1488/1921       143/282      765/2024
  -780/1351        992/1921       143/282      765/2024
   780/1351        496/1921       286/423     -765/2024
```

计算时间约为 0.003s。即

$$(\boldsymbol{e}_1,\boldsymbol{e}_2,\boldsymbol{e}_3,\boldsymbol{e}_3)=\begin{bmatrix} \frac{780}{1351} & \frac{496}{1921} & -\frac{143}{846} & \frac{765}{1012} \\ 0 & -\frac{1488}{1921} & \frac{143}{282} & \frac{765}{2024} \\ -\frac{780}{1351} & \frac{992}{1921} & \frac{143}{282} & \frac{765}{2024} \\ \frac{780}{1351} & \frac{496}{1921} & \frac{286}{423} & -\frac{756}{2024} \end{bmatrix}$$

本例只要求求出前三项。当行数小于列数时候会报错，是因为 n 维空间中最多能找到 n 组两两垂直的向量，比如三维空间中不能同时找到 4 个两两垂直的空间向量。

4.5.3.2　用默认方法求标准正交空间

MATLAB 提供内置函数 orth 来求矩阵的正交空间，直接输入矩阵即可。比如，将【例 4-7】中的矩阵用 orth 函数进行标准正交化。

在 M 文件编辑器中输入：

```
u=[1 1 -1;0 -1 1;-1 0 1;1 1 0];   %定义矩阵
q=orth(u)                            %求正交空间
```

计算结果为：

```
q =
   -2089/3191          *             *
     769/1762          *          881/1079
     769/1762      -985/1393     -881/2158
    -769/1762      -985/1393      881/2158
```

计算时间约为 0.043s。即正交空间为：

$$(\boldsymbol{e}_1,\boldsymbol{e}_2,\boldsymbol{e}_3)=\begin{bmatrix} -\frac{2089}{3191} & 0 & 0 \\ \frac{769}{1762} & 0 & \frac{881}{1079} \\ \frac{769}{1762} & -\frac{985}{1393} & -\frac{881}{2158} \\ -\frac{769}{1762} & -\frac{985}{1393} & \frac{881}{2158} \end{bmatrix}$$

4.5.3.3　正交三角分解法

矩阵的正交分解法又称为 QR 分解，在 MATLAB 中，由函数 qr 实现。qr 函数的功能较为复杂，在此只介绍求正交矩阵的语法格式：

变量名=qr(矩阵)

【例 4-8】将【例 4-7】中的矩阵用 qr 函数再次进行标准正交化。

```
u=[1 1 -1;0 -1 1;-1 0 1;1 1 0];   %定义矩阵
q=qr(u)                            %求正交分解
```

计算结果为：

q =

-780/1351	496/1921	143/846	-765/1012
0	-1488/1921	-143/282	-765/2024
780/1351	992/1921	-143/282	-765/2024
-780/1351	496/1921	-286/423	765/2024

计算时间约为 0.006s。即

$$(\boldsymbol{e}_1,\boldsymbol{e}_2,\boldsymbol{e}_3)=\begin{bmatrix} -\dfrac{1351}{780} & -\dfrac{1351}{1170} & \dfrac{1351}{1170} \\ 0 & \dfrac{1921}{1488} & -\dfrac{992}{1921} \\ -\dfrac{780}{2131} & -\dfrac{473}{1374} & -\dfrac{846}{715} \\ \dfrac{780}{2131} & -\dfrac{472}{5117} & \dfrac{1546}{3191} \end{bmatrix}$$

该函数若使用[变量名 1,变量名 2,变量名 3]=qr(矩阵)，也可以输出完整正交空间（对本例来说是 4 个两两垂直的列向量）。

4.5.4　方阵的特征值与特征向量

工程技术中的一些问题，如振动问题和稳定性问题，常可归结为求一个方阵的特征值和特征向量的问题。数学中诸如方阵的对角化及解微分方程组等问题也都要用到特征值的理论。

设 $\boldsymbol{A}$ 是 n 阶矩阵，如果数λ和 n 维非零列向量 $\boldsymbol{x}$ 使关系式

$$\boldsymbol{Ax}=\lambda\boldsymbol{x}$$

成立，那么这样的数λ称为矩阵 $\boldsymbol{A}$ 的特征值，非零向量 $\boldsymbol{x}$ 称为 $\boldsymbol{A}$ 的对应于特征值 $\boldsymbol{A}$ 的特征向量。将上式整理为：

$$(\boldsymbol{A}-\lambda\boldsymbol{E})\boldsymbol{x}=\boldsymbol{0}$$

这是 n 个未知数 n 个方程的齐次线性方程组，它有非零解的充分必要条件是系数行列式：

$$|\boldsymbol{A}-\lambda\boldsymbol{E}|=\boldsymbol{0}$$

$$\begin{vmatrix} a_{11}-\lambda & a_{12} & \cdots & a_{1n} \\ a_{21} & a_{22}-\lambda & \cdots & a_{2n} \\ \vdots & \vdots & & \vdots \\ a_{n1} & a_{n2} & \cdots & a_{nn}-\lambda \end{vmatrix}=0$$

上式是以λ为未知数的一元 n 次方程，称为矩阵 $\boldsymbol{A}$ 的特征方程，其左端$|\boldsymbol{A}-\lambda\boldsymbol{E}|$是$\lambda$的 n 次多项式，记作$f(\lambda)$，称为矩阵 $\boldsymbol{A}$ 的特征多项式。显然，$\boldsymbol{A}$ 的特征值就是特征方程的解。特征方程在复数范围内恒有解，其个数为方程的次数（重根按重数计算），因此，n 阶矩阵 $\boldsymbol{A}$ 在复数范围内有 n 个特征值。

4.5.5　特征值与特征向量的笔算简介

求矩阵

$$A=\begin{bmatrix}-1&1&0\\-4&3&0\\1&0&2\end{bmatrix}$$

的特征值和特征向量。

$\boldsymbol{A}$ 的特征多项式为：

$$|\boldsymbol{A}-\lambda\boldsymbol{E}|=\begin{vmatrix}-1-\lambda&1&0\\-4&3-\lambda&0\\1&0&2-\lambda\end{vmatrix}=(2-\lambda)(1-\lambda)^2$$

所以 $\boldsymbol{A}$ 的特征值为$\lambda_1=2$，$\lambda_2=\lambda_3=1$。

当$\lambda_1=2$时，解方程$(\boldsymbol{A}-2\boldsymbol{E})\boldsymbol{x}=\boldsymbol{0}$。由

$$\boldsymbol{A}-2\boldsymbol{E}=\begin{bmatrix}-3&1&0\\-4&1&0\\1&0&0\end{bmatrix}\sim\begin{bmatrix}1&0&0\\0&1&0\\0&0&0\end{bmatrix}$$

得基础解系：

$$\boldsymbol{p}_1=\begin{Bmatrix}0\\0\\1\end{Bmatrix}$$

所以$k\boldsymbol{p}_1(k\neq 0)$是对应于$\lambda_1=2$的全部特征向量。

当$\lambda_2=\lambda_3=1$时，解方程$(\boldsymbol{A}-\boldsymbol{E})\boldsymbol{x}=\boldsymbol{0}$。由

$$\boldsymbol{A}-\boldsymbol{E}=\begin{bmatrix}-2&1&0\\-4&2&0\\1&0&1\end{bmatrix}\sim\begin{bmatrix}1&0&1\\0&1&2\\0&0&0\end{bmatrix}$$

得基础解系：

$$\boldsymbol{p}_2=\begin{Bmatrix}-1\\-2\\1\end{Bmatrix}$$

所以$k\boldsymbol{p}_2(k\neq 0)$是对应于$\lambda_2=\lambda_3=1$的全部特征向量。

4.5.6　特征值与特征向量的 MATLAB 计算

MATLAB 中的命令计算特征值和特征向量十分方便，可以得到不同的子结果和分解。当然，这里的命令只能对二维矩阵进行操作。用 eig 命令同时输出矩阵特征值和特征向量的语法结构为：

[特征值对角阵,特征列向量矩阵]=eig(矩阵)

【例 4-9】 求下面矩阵的特征值和特征向量：

$$\begin{bmatrix}1&2&3\\2&1&3\\3&3&6\end{bmatrix}$$

在 M 文件编辑器中输入：

```
a=[1 2 3;2 1 3;3 3 6];        %定义矩阵
[l,q]=eig(a)                  %同时输出特征值和特征向量
```

计算结果为：

```
l=
      985/1393        780/1351        881/2158
     -985/1393        780/1351        881/2158
         0           -780/1351        881/1079
q=
        -1              0               0
         0              *               0
         0              0               9
```

计算时间约为 0.001s。即矩阵的特征值为$\lambda_1 = -1$，$\lambda_2 = 0$，$\lambda_3 = 9$。特征向量结果需要经过提取公因数等处理，以便增强结果的可读性。

特征值$\lambda_1 = -1$对应的全部特征向量为：

$$\boldsymbol{kp_1} = k\begin{Bmatrix} 1 \\ -1 \\ 0 \end{Bmatrix}$$

特征值$\lambda_2 = 0$对应的全部特征向量为：

$$\boldsymbol{kp_2} = k\begin{Bmatrix} 1 \\ 1 \\ -1 \end{Bmatrix}$$

特征值$\lambda_3 = 9$对应的全部特征向量为：

$$\boldsymbol{kp_3} = k\begin{Bmatrix} 1 \\ 1 \\ 2 \end{Bmatrix}$$

4.5.7 相似矩阵与对角化

设 $\boldsymbol{A}$、$\boldsymbol{B}$ 都是 n 阶矩阵，若有可逆矩阵 $\boldsymbol{P}$，使

$$\boldsymbol{P}^{-1}\boldsymbol{AP} = \boldsymbol{B}$$

则称 $\boldsymbol{B}$ 是 $\boldsymbol{A}$ 的相似矩阵，或说矩阵 $\boldsymbol{A}$ 与 $\boldsymbol{B}$ 相似。对 $\boldsymbol{A}$ 进行运算$\boldsymbol{P}^{-1}\boldsymbol{AP}$称为对 $\boldsymbol{A}$ 进行相似变换，可逆矩阵 $\boldsymbol{P}$ 称为把 $\boldsymbol{A}$ 变成 $\boldsymbol{B}$ 的相似变换矩阵。

若 n 阶矩阵 $\boldsymbol{A}$ 与 $\boldsymbol{B}$ 相似，则 $\boldsymbol{A}$ 与 $\boldsymbol{B}$ 的特征多项式相同，从而 $\boldsymbol{A}$ 与 $\boldsymbol{B}$ 的特征值亦相同。对 n 阶矩阵 $\boldsymbol{A}$，寻求相似变换矩阵，使$\boldsymbol{P}^{-1}\boldsymbol{AP} = \boldsymbol{\Lambda}$为对角矩阵，这就称为把矩阵 $\boldsymbol{A}$ 对角化。

n 阶矩阵 $\boldsymbol{A}$ 与对角矩阵相似（即 $\boldsymbol{A}$ 能对角化）的充分必要条件是 $\boldsymbol{A}$ 有 n 个线性无关的特征向量。

4.5.8 用相似变换矩阵进行矩阵对角化的笔算简介

我们有下述把对称矩阵 $\boldsymbol{A}$ 对角化的步骤：

① 求出 $\boldsymbol{A}$ 的全部互不相等的特征值λ_1，λ_2，…，λ_s，它们的重数依次为k_1，k_2，…，k_s（$k_1+k_2+\cdots+k_s=n$）。

② 对每个k重特征值λ_i，求方程$(\boldsymbol{A}-\lambda_i\boldsymbol{E})\boldsymbol{x}=\boldsymbol{0}$的基础解系，得$k_i$个线性无关的特征向量。再把它们正交化、单位化，得$k_i$个两两正交的单位特征向量。因$k_1+\cdots+k_s=n$，故总共可得 n 个两两正交的单位特征向量。

③ 把这 n 个两两正交的单位特征向量构成正交矩阵 $\boldsymbol{P}$，便有$\boldsymbol{P}^{-1}\boldsymbol{AP}=\boldsymbol{P}^{\mathrm{T}}\boldsymbol{AP}=\boldsymbol{\Lambda}$。注意$\boldsymbol{\Lambda}$中对角元的排列次序应与 $\boldsymbol{P}$ 中列向量的排列次序相对应。

设

$$\boldsymbol{A}=\begin{bmatrix}0&-1&1\\-1&0&1\\1&1&0\end{bmatrix}$$

求一个正交矩阵 $\boldsymbol{P}$，使$\boldsymbol{P}^{-1}\boldsymbol{AP}=\boldsymbol{\Lambda}$为对角矩阵。

由

$$|\boldsymbol{A}-\lambda\boldsymbol{E}|=\begin{vmatrix}-\lambda&-1&1\\-1&-\lambda&1\\1&1&-\lambda\end{vmatrix}\xRightarrow{r_1-r_2}\begin{vmatrix}1-\lambda&\lambda-1&0\\-1&-\lambda&1\\1&1&-\lambda\end{vmatrix}\xRightarrow{c_2+c_1}\begin{vmatrix}1-\lambda&0&0\\-1&-1-\lambda&1\\1&2&-\lambda\end{vmatrix}$$

$$=-(\lambda-1)^2(\lambda+2)$$

求得 $\boldsymbol{A}$ 的特征值为$\lambda_1=-2$，$\lambda_2=\lambda_3=1$。

对应$\lambda_1=-2$，解方程$(\boldsymbol{A}+2\boldsymbol{E})\boldsymbol{x}=\boldsymbol{0}$，由

$$\boldsymbol{A}+2\boldsymbol{E}=\begin{bmatrix}2&-1&1\\-1&2&1\\1&1&2\end{bmatrix}\sim\begin{bmatrix}1&0&1\\0&1&1\\0&0&0\end{bmatrix}$$

得基础解系$\boldsymbol{\xi}_1=\begin{Bmatrix}-1\\-1\\1\end{Bmatrix}$，将$\boldsymbol{\xi}_1$单位化，得$\boldsymbol{p}_1=\frac{1}{\sqrt{3}}\begin{Bmatrix}-1\\-1\\1\end{Bmatrix}$。

对应$\lambda_2=\lambda_3=1$，解方程$(\boldsymbol{A}-\boldsymbol{E})\boldsymbol{x}=\boldsymbol{0}$，由

$$\boldsymbol{A}-\boldsymbol{E}=\begin{bmatrix}-1&-1&1\\-1&-1&1\\1&1&-1\end{bmatrix}\sim\begin{bmatrix}1&1&-1\\0&0&0\\0&0&0\end{bmatrix}$$

得基础解系$\boldsymbol{\xi}_2=\begin{Bmatrix}-1\\1\\0\end{Bmatrix},\boldsymbol{\xi}_3=\begin{Bmatrix}1\\0\\1\end{Bmatrix}$。将$\boldsymbol{\xi}_2$、$\boldsymbol{\xi}_3$正交化：取

$$\boldsymbol{\eta}_2=\boldsymbol{\xi}_3$$

$$\boldsymbol{\eta}_3=\boldsymbol{\xi}_3-\frac{[\boldsymbol{\eta}_2,\boldsymbol{\xi}_3]}{\|\boldsymbol{\eta}_2\|^2}\boldsymbol{\eta}_2=\begin{Bmatrix}1\\0\\1\end{Bmatrix}+\frac{1}{2}\begin{Bmatrix}-1\\1\\0\end{Bmatrix}=\frac{1}{2}\begin{Bmatrix}1\\1\\2\end{Bmatrix}$$

再将$\boldsymbol{\eta}_2$、$\boldsymbol{\eta}_3$单位化，得$\boldsymbol{p}_2=\frac{1}{\sqrt{2}}\begin{Bmatrix}-1\\1\\0\end{Bmatrix},\boldsymbol{p}_3=\frac{1}{\sqrt{6}}\begin{Bmatrix}1\\1\\2\end{Bmatrix}$。

将$\boldsymbol{p}_1$，$\boldsymbol{p}_2$，$\boldsymbol{p}_3$构成正交矩阵：

$$P=(p_1,p_2,p_3)=\begin{bmatrix}-\frac{1}{\sqrt{3}} & -\frac{1}{\sqrt{2}} & \frac{1}{\sqrt{6}}\\ -\frac{1}{\sqrt{3}} & \frac{1}{\sqrt{2}} & \frac{1}{\sqrt{6}}\\ \frac{1}{\sqrt{3}} & 0 & \frac{2}{\sqrt{6}}\end{bmatrix}$$

有

$$P^{-1}AP=P^TAP=\Lambda=\begin{bmatrix}-2 & 0 & 0\\ 0 & 1 & 0\\ 0 & 0 & 1\end{bmatrix}$$

如果是普通（非对称）矩阵，则可以省略正交化和单位化的过程。实际上，一个 n 阶一般矩阵满足什么条件才可以对角化是一个复杂的问题。

4.5.9 相似变换矩阵和矩阵对角化的 MATLAB 求法

MATLAB 提供函数 jordan 来找到矩阵的一个相似变换矩阵 P，有了 P 矩阵，求相似矩阵就会变得容易。jordan 函数的语法规则如下：

[相似变换矩阵,J]=jordan(矩阵)

【例 4-10】 求一个正交的相似变换矩阵，使下面矩阵化为对角阵：

```
A=[2 2 -2;2 5 -4;-2 -4 5];    %定义矩阵
[P,J]=jordan(A);              %求相似变换矩阵 P
diag=inv(P)*A*P;              %求对角阵
disp(P);disp(diag)            %输出两矩阵
```

计算结果为：

```
-0.5000   -2.0000   2.0000
-1.0000    1.0000        0
 1.0000         0   1.0000

10.0000         0   0.0000
 0.0000    1.0000   0.0000
-0.0000         0   1.0000
```

计算时间约为 0.037s。即

$$P=\begin{bmatrix}-\frac{1}{2} & -2 & 2\\ -1 & 1 & 0\\ 1 & 0 & 1\end{bmatrix},\Lambda=\begin{bmatrix}10 & 0 & 0\\ 0 & 1 & 0\\ 0 & 0 & 1\end{bmatrix}$$

jordan 函数输出变量中的矩阵 J 就相当于求出的Λ，也称为 Jordan 标准型，在后文的矩阵理论中会详细介绍。

4.5.10 二次型标准化

在解析几何中，为了便于研究二次曲线

$$ax^2 + bxy + cy^2 = 1$$

的几何性质，可以选择适当的坐标旋转变换使曲线方程化为标准形

$$mx'^2 + ny'^2 = 1$$

从代数学的观点看，标准形化的过程就是通过变量的线性变换化简一个二次齐次多项式，使它只含有平方项。这样一个问题，在许多理论问题或实际问题中常会遇到。现在我们把这类问题一般化，讨论 n 个变量的二次齐次多项式的化简问题。

4.5.10.1 二次型及其标准形

含有 n 个变量x_1，x_2，…，x_n的二次齐次函数

$$f(x_1, x_2, \cdots, x_n) = a_{11}x_1^2 + a_{22}x_2^2 + \cdots + a_{nn}x_n^2 + 2a_{12}x_1x_2 + 2a_{13}x_1x_3 + \cdots + 2a_{n-1,n}x_{n-1}x_n$$

称为二次型。

对于二次型，我们讨论的主要问题是：寻求可逆的线性变换

$$\begin{cases} x_1 = c_{11}y_1 + c_{12}y_2 + \cdots + c_{1n}y_n \\ x_2 = c_{21}y_1 + c_{22}y_2 + \cdots + c_{2n}y_n \\ \cdots \\ x_n = c_{n1}y_1 + c_{n2}y_2 + \cdots + c_{nn}y_n \end{cases}$$

使二次型只含平方项，也就是用上面方程组代入二次型，能使

$$f = k_1y_1^2 + k_2y_2^2 + \cdots + k_ny_n^2$$

这种只含平方项的二次型，称为二次型的标准形（或法式）。如果标准形的系数k_1，k_2，…，k_n只在 1、−1、0 三个数中取值，也就是

$$f = y_1^2 + \cdots + y_p^2 - y_{p+1}^2 - \cdots - y_r^2$$

则称上式为二次型的规范形。当a_{ij}为复数时，f称为复二次型；当a_{ij}为实数时，f称为实二次型。

利用矩阵，二次型可表示为：

$$\begin{aligned} f &= x_1(a_{11}x_1 + a_{12}x_2 + \cdots + a_{1n}x_n) + x_2(a_{21}x_1 + a_{22}x_2 + \cdots + a_{2n}x_n) + \cdots \\ &\quad + x_n(a_{n1}x_1 + a_{n2}x_2 + \cdots + a_{nn}x_n) \\ &= (x_1, x_2, \cdots, x_n)\begin{bmatrix} a_{11} & a_{12} & \cdots & a_{1n} \\ a_{21} & a_{22} & \cdots & a_{2n} \\ \vdots & \vdots & \vdots & \vdots \\ a_{n1} & a_{n2} & \cdots & a_{nn} \end{bmatrix}\begin{Bmatrix} x_1 \\ x_2 \\ \vdots \\ x_n \end{Bmatrix} = \boldsymbol{x}^{\mathrm{T}}\boldsymbol{A}\boldsymbol{x} \end{aligned}$$

式中，$\boldsymbol{A}$ 为对称矩阵。任给一个二次型，就惟一地确定一个对称矩阵；反之，任给一个对称矩阵，也可惟一地确定一个二次型。这样，二次型与对称矩阵之间存在一一对应的关系。因此，我们把对称矩阵 $\boldsymbol{A}$ 称为二次型f的矩阵，也把f称为对称矩阵 $\boldsymbol{A}$ 的二次型。对称矩阵 $\boldsymbol{A}$ 的秩就称为二次型f的秩。如果记$\boldsymbol{C} = (c_{ij})$，可以把可逆变换记作

$$\boldsymbol{x} = \boldsymbol{C}\boldsymbol{y}$$

有$f = \boldsymbol{x}^{\mathrm{T}}\boldsymbol{A}\boldsymbol{x} = (\boldsymbol{C}\boldsymbol{y})^{\mathrm{T}}\boldsymbol{A}\boldsymbol{C}\boldsymbol{y} = \boldsymbol{y}^{\mathrm{T}}(\boldsymbol{C}^{\mathrm{T}}\boldsymbol{A}\boldsymbol{C})\boldsymbol{y}$。设 $\boldsymbol{A}$ 和 $\boldsymbol{B}$ 是 n 阶矩阵，若有可逆矩阵 $\boldsymbol{C}$，使$\boldsymbol{B} = \boldsymbol{C}^{\mathrm{T}}\boldsymbol{A}\boldsymbol{C}$，则称矩阵 $\boldsymbol{A}$ 与 $\boldsymbol{B}$ 合同。

任给二次型$f=\sum_{i,j=1}^{n}a_{ij}x_ix_j\ (a_{ij}=a_{ji})$，总有正交变换$\boldsymbol{x}=\boldsymbol{P}\boldsymbol{y}$，使$f$化为标准形：

$$f=\lambda_1y_1^2+\lambda_2y_2^2+\cdots+\lambda_ny_n^2$$

式中，λ_1，λ_2，…，λ_n是f的矩阵$\boldsymbol{A}=(a_{ij})$的特征值。

4.5.10.2 正定二次型

二次型的标准形显然不是惟一的，只是标准形中所含项数是确定的。

设二次型$f=\boldsymbol{x}^{\mathrm{T}}\boldsymbol{A}\boldsymbol{x}$的秩为$r$，且有两个可逆变换

$$\boldsymbol{x}=\boldsymbol{C}\boldsymbol{y}\ \ \boldsymbol{x}=\boldsymbol{P}\boldsymbol{z}$$

使

$$f=k_1y_1^2+k_2y_2^2+\cdots+k_ry_r^2\ (k_i\neq 0)$$
$$f=\lambda_1z_1^2+\lambda_2z_2^2+\cdots+\lambda_rz_r^2\ (\lambda_i\neq 0)$$

则k_1，k_2，…，k_r中正数的个数与λ_1，λ_2，…，λ_r中正数的个数相等。这个定理称为惯性定理。

二次型的标准形中正系数的个数称为二次型的正惯性指数，负系数的个数称为负惯性指数。若二次型f的正惯性指数为p、秩为r，则f的规范形便可确定为：

$$f=y_1^2+\cdots+y_p^2-y_{p+1}^2-\cdots-y_r^2$$

科学技术上用得较多的二次型是正惯性指数为n或负惯性指数为n的n元二次型，我们有下述定义：

设二次型$f(\boldsymbol{x})=\boldsymbol{x}^{\mathrm{T}}\boldsymbol{A}\boldsymbol{x}$，如果对任何$\boldsymbol{x}\neq\boldsymbol{0}$，都有$f(\boldsymbol{x})>0$[显然$f(\boldsymbol{0})=0$]，则称$f$为正定二次型，并称对称矩阵 $\boldsymbol{A}$ 是正定的；如果对任何$\boldsymbol{x}\neq\boldsymbol{0}$都有$f(\boldsymbol{x})<0$，则称$f$为负定二次型，并称对称矩阵$\boldsymbol{A}$是负定的。

n元二次型$f=\boldsymbol{x}^{\mathrm{T}}\boldsymbol{A}\boldsymbol{x}$为正定的充分必要条件是：它的标准形的$n$个系数全为正，即它的规范形的$n$个系数全为1，亦即它的正惯性指数等于$n$。

4.5.11 二次型标准化的笔算方法简介

4.5.11.1 正交变换法化二次型为标准形

求一个正交变换$\boldsymbol{x}=\boldsymbol{P}\boldsymbol{y}$把二次型$f=-2x_1x_2+2x_1x_3+2x_2x_3$化为标准形。

将二次型f用矩阵表示为：

$$f=(x_1,x_2,x_3)\begin{bmatrix}0&-1&1\\-1&0&1\\1&1&0\end{bmatrix}\begin{Bmatrix}x_1\\x_2\\x_3\end{Bmatrix}$$

所以二次型的矩阵为：

$$\boldsymbol{A}=\begin{bmatrix}0&-1&1\\-1&0&1\\1&1&0\end{bmatrix}$$

由

$$|\boldsymbol{A}-\lambda\boldsymbol{E}|=\begin{vmatrix}-\lambda & -1 & 1\\ -1 & -\lambda & 1\\ 1 & 1 & -\lambda\end{vmatrix}\xrightarrow{r_1-r_2}\begin{vmatrix}1-\lambda & \lambda-1 & 0\\ -1 & -\lambda & 1\\ 1 & 1 & -\lambda\end{vmatrix}\xrightarrow{c_2+c_1}\begin{vmatrix}1-\lambda & 0 & 0\\ -1 & -1-\lambda & 1\\ 1 & 2 & -\lambda\end{vmatrix}$$

$$=-(\lambda-1)^2(\lambda+2)$$

求得 $\boldsymbol{A}$ 的特征值为$\lambda_1=-2$，$\lambda_2=\lambda_3=1$。对应$\lambda_1=-2$，解方程$(\boldsymbol{A}+2\boldsymbol{E})\boldsymbol{x}=\boldsymbol{0}$，由

$$\boldsymbol{A}+2\boldsymbol{E}=\begin{bmatrix}2 & -1 & 1\\ -1 & 2 & 1\\ 1 & 1 & 2\end{bmatrix}\sim\begin{bmatrix}1 & 0 & 1\\ 0 & 1 & 1\\ 0 & 0 & 0\end{bmatrix}$$

得基础解系$\boldsymbol{\xi}_1=\begin{pmatrix}-1\\ -1\\ 1\end{pmatrix}$，将$\boldsymbol{\xi}_1$单位化，得$\boldsymbol{p}_1=\frac{1}{\sqrt{3}}\begin{pmatrix}-1\\ -1\\ 1\end{pmatrix}$。对应$\lambda_2=\lambda_3=1$，解方程$(\boldsymbol{A}-\boldsymbol{E})\boldsymbol{x}=\boldsymbol{0}$，由

$$\boldsymbol{A}-\boldsymbol{E}=\begin{bmatrix}-1 & -1 & 1\\ -1 & -1 & 1\\ 1 & 1 & -1\end{bmatrix}\sim\begin{bmatrix}1 & 1 & -1\\ 0 & 0 & 0\\ 0 & 0 & 0\end{bmatrix}$$

得基础解系$\boldsymbol{\xi}_2=\begin{pmatrix}-1\\ 1\\ 0\end{pmatrix}$,$\boldsymbol{\xi}_3=\begin{pmatrix}1\\ 0\\ 1\end{pmatrix}$。将$\boldsymbol{\xi}_2$、$\boldsymbol{\xi}_3$正交化：取

$$\boldsymbol{\eta}_2=\boldsymbol{\xi}_3$$

$$\boldsymbol{\eta}_3=\boldsymbol{\xi}_3-\frac{[\boldsymbol{\eta}_2,\boldsymbol{\xi}_3]}{\|\boldsymbol{\eta}_2\|^2}\boldsymbol{\eta}_2=\begin{pmatrix}1\\ 0\\ 1\end{pmatrix}+\frac{1}{2}\begin{pmatrix}-1\\ 1\\ 0\end{pmatrix}=\frac{1}{2}\begin{pmatrix}1\\ 1\\ 2\end{pmatrix}$$

再将$\boldsymbol{\eta}_2$、$\boldsymbol{\eta}_3$单位化，得$\boldsymbol{p}_2=\frac{1}{\sqrt{2}}\begin{pmatrix}-1\\ 1\\ 0\end{pmatrix}$,$\boldsymbol{p}_3=\frac{1}{\sqrt{6}}\begin{pmatrix}1\\ 1\\ 2\end{pmatrix}$。

将$\boldsymbol{p}_1$，$\boldsymbol{p}_2$，$\boldsymbol{p}_3$构成正交矩阵

$$\boldsymbol{P}=(\boldsymbol{p}_1,\boldsymbol{p}_2,\boldsymbol{p}_3)=\begin{bmatrix}-\frac{1}{\sqrt{3}} & -\frac{1}{\sqrt{2}} & \frac{1}{\sqrt{6}}\\ -\frac{1}{\sqrt{3}} & \frac{1}{\sqrt{2}} & \frac{1}{\sqrt{6}}\\ \frac{1}{\sqrt{3}} & 0 & \frac{2}{\sqrt{6}}\end{bmatrix}$$

使

$$\boldsymbol{P}^{\mathrm{T}}\boldsymbol{A}\boldsymbol{P}=\boldsymbol{\Lambda}=\begin{bmatrix}-2 & 0 & 0\\ 0 & 1 & 0\\ 0 & 0 & 1\end{bmatrix}$$

所以有正交变换

$$\begin{pmatrix}x_1\\ x_2\\ x_3\end{pmatrix}=\begin{bmatrix}-\frac{1}{\sqrt{3}} & -\frac{1}{\sqrt{2}} & \frac{1}{\sqrt{6}}\\ -\frac{1}{\sqrt{3}} & \frac{1}{\sqrt{2}} & \frac{1}{\sqrt{6}}\\ \frac{1}{\sqrt{3}} & 0 & \frac{2}{\sqrt{6}}\end{bmatrix}\begin{pmatrix}y_1\\ y_2\\ y_3\end{pmatrix}$$

把二次型f化为标准形

$$f=-2y_1^2+y_2^2+y_3^2$$

如果需要化成规范形，则对每个系数取倒数，令

$$\begin{cases} y_1^2=-\dfrac{1}{2}z_1^2 \\ y_2^2=z_2^2 \\ y_3^2=z_3^2 \end{cases}$$

得f的规范形：

$$f=z_1^2+z_2^2+z_3^2$$

4.5.11.2 拉格朗日配方法化二次型为标准形

用正交变换化二次型为标准形具有保持几何形状不变的优点。如果不限于用正交变换，那么还可以有多种方法（对应有多个可逆的线性变换）把二次型化成标准形。接下来介绍拉格朗日配方法。

化二次型$f=x_1^2+2x_2^2+5x_3^2+2x_1x_2+2x_1x_3+6x_2x_3$为标准形，并求所用的变换矩阵。

由于f中含变量x_1的平方项，故把含x_1的项归并起来，配方可得：

$$\begin{aligned} f&=x_1^2+2x_1x_2+2x_1x_3+2x_2^2+5x_3^2+6x_2x_3 \\ &=[(x_1+x_2+x_3)^2-x_2^2-x_3^2-2x_2x_3]+2x_2^2+5x_3^2+6x_2x_3 \\ &=(x_1+x_2+x_3)^2+x_2^2+4x_2x_3+4x_3^2 \end{aligned}$$

上式右端除第一项外已不再含x_1。继续配方，可得：

$$f=(x_1+x_2+x_3)^2+(x_2+2x_3)^2$$

令

$$\begin{cases} y_1=x_1+x_2+x_3 \\ y_2=\quad x_2+2x_3 \\ y_3=\quad\quad x_3 \end{cases}，\text{即}\begin{cases} x_1=y_1-y_2+y_3 \\ x_2=\quad y_2-2y_3 \\ x_3=\quad\quad y_3 \end{cases}$$

就把f化成标准形（规范形）：

$$f=y_1^2+y_2^2$$

所用变换矩阵（$\boldsymbol{x}=\boldsymbol{C}\boldsymbol{y}$中的$\boldsymbol{C}$矩阵）为：

$$\boldsymbol{C}=\begin{bmatrix} 1 & -1 & 1 \\ 0 & 1 & -2 \\ 0 & 0 & 1 \end{bmatrix}\ (|\boldsymbol{C}|=1\neq 0)$$

4.5.12 二次型标准化的 MATLAB 实现

下面给出用正交变换法化二次型为标准形的 MATLAB 程序代码。目前，软件中不能将代数式形式的二次型化为矩阵形式，需要人工写出，再将矩阵元素输入到程序当中去，下面先给出一种人工写出二次型的矩阵的快捷方法。

$$\boldsymbol{A}=\begin{bmatrix} \text{第 1 个自变量的平方项的系数} & \text{第 1、2 个自变量的一次方系数的一半} & \text{第 1、3 个自变量的一次方系数的一半} \\ \text{第 1、2 个自变量的一次方系数} & \text{第 2 个自变量的平方项的系数} & \text{第 2、3 个自变量的一次方系数的一半} \\ \text{第 1、3 个自变量的一次方系数的一半} & \text{第 2、3 个自变量的一次方系数的一半} & \text{第 3 个自变量的平方项的系数} \end{bmatrix}$$

比如二次型$f = x^2 - 3z^2 - 4xy + yz$的矩阵为：

$$\boldsymbol{A}=\begin{bmatrix} 1 & -2 & 0 \\ -2 & 0 & \frac{1}{2} \\ 0 & \frac{1}{2} & -3 \end{bmatrix}$$

然后就可以将二次型的矩阵输入代码中，进行二次型标准化。

【例 4-11】 化二次型$f = 2x_1^2 + 3x_2^2 + 3x_3^2 + 4x_2x_3$为标准形和规范形，并列出二次型标准化所用的正交变换矩阵 $\boldsymbol{P}$ 和规范化所用的线性变换方程组。

二次型的矩阵形式为：

$$f = (x_1, x_2, x_3)\begin{bmatrix} 2 & 0 & 0 \\ 0 & 3 & 2 \\ 0 & 2 & 3 \end{bmatrix}\begin{pmatrix} x_1 \\ x_2 \\ x_3 \end{pmatrix} = \boldsymbol{x}^{\mathrm{T}}\boldsymbol{A}\boldsymbol{x}$$

在 M 文件编辑器中输入：

```
%定义二次型的矩阵形式%%%%%%%%%%%%%%%%%%%%%%%%%%%%%%%%%%%%%%
syms y1 y2 y3 z1 z2 z3          %定义结果中的变量
A=[2 0 0;...
   0 3 2;...
   0 2 3];                       %定义人工编写好的二次型的矩阵
%二次型标准化%%%%%%%%%%%%%%%%%%%%%%%%%%%%%%%%%%%%%%%%%%%%%%%%
[p,diagl]= eig(A);               %求特征向量，即正交变换矩阵
y=[y1;y2;y3];
x=p*y;                           %正交变换
format rat                       %输出结果强制用有理分式表示
fb=[y1 y2 y3]*diagl*y;           %求二次型的标准形
%二次型的标准形化为规范形%%%%%%%%%%%%%%%%%%%%%%%%%%%%%%%%%%%%%%%%
l=eig(A);                        %将二次型的矩阵的特征向量以列表示
k1=1/l(1);
k2=1/l(2);
k3=1/l(3);                       %每一项特征值取倒数作为线性变换的系数
fg=k1*l(1)*z1^2+k2*l(2)*z2^2+k3*l(3)*z3^2;   %求二次型的规范形
%输出结果%%%%%%%%%%%%%%%%%%%%%%%%%%%%%%%%%%%%%%%%%%%%%%%%%%%%%%%%
disp('二次型的标准形为'),fb       %带提示语输出二次型的标准形
disp('二次型的规范形为'),fg       %带提示语输出二次型的规范形
```

```
disp('正交变换矩阵 P 为'),p          %带提示语输出正交变换矩阵 P
disp('y 方到 z 方的线性变换为')      %带提示语列出 y 到 z 的线性变换方程组
{'y1^2=',k1,'*z1^2';...
 'y2^2=',k2,'*z2^2';...
'y3^2=',k3,'*z3^2'}
```

计算结果为：

```
二次型的标准形为 fb =y1^2 + 2*y2^2 + 5*y3^2
二次型的规范形为 fg =z1^2 + z2^2 + z3^2
正交变换矩阵 P 为
p =
        0                1              0
   -985/1393             0           985/1393
    985/1393             0           985/1393
y 方到 z 方的线性变换为
ans =
  3×3 cell 数组
    'y1^2='     [   1]     '*z1^2'
    'y2^2='     [1/2]      '*z2^2'
    'y3^2='     [1/5]      '*z3^2'
```

计算时间约为 0.123s。

即正交变换矩阵为：

$$\boldsymbol{P}=\begin{bmatrix}0 & 1 & 0\\ -\dfrac{985}{1393} & 0 & \dfrac{985}{1393}\\ \dfrac{985}{1393} & 0 & \dfrac{985}{1393}\end{bmatrix}$$

二次型f的标准形为：

$$f=y_1^2+2y_2^2+5y_3^2$$

将二次型化为规范形需要规定线性变换，令

$$\begin{cases}y_1^2=z_1^2\\ y_2^2=\dfrac{1}{2}z_2^2\\ y_3^2=\dfrac{1}{5}z_3^2\end{cases}$$

可得f的规范形为：

$$f=z_1^2+z_2^2+z_3^2$$

4.6 线性空间与线性变换简介

向量空间又称线性空间，是线性代数中一个最基本的概念。之前，我们把有序数组称为向量，并介绍过向量空间的概念。现在开始，我们会较为深入地研究矩阵理论和它的应用，把概念推广，使向量及向量空间的概念更具一般性，更加抽象化。同样，本部分省略程序设计，只有个别细节配有典型笔算过程以帮助理解，注重体现数学科学的抽象性和严谨性。

4.6.1 线性空间与线性子空间基本概念

设 V 是非空集合，P 为数域，在 V 中定义了一种代数运算，称为加法，就是说，给定了一个法则，对于 V 中任意两个元素α与β，在 V 中都有唯一的一个元素γ与它们对应，称为α与β的和，记成$\gamma = \alpha + \beta$。在数域 P 与集合 V 的元素之间还定义了一种运算，称为数乘，就是说，对于 P 中任一数 k 与 V 中任一元素α，在 V 中都有唯一的元素δ与它们对应，称为 k 与α的数乘，记成$\delta = k\alpha$。如果加法与数乘满足交换律、结合律，且可定义零元素和负元素，则称为数域 P 上的线性空间（有时也称为在 P 上的向量空间）。

由定义知，几何空间全部向量组成的集合是一个实数域上的线性空间；分量属于数域 P 的全体 n 元数组$(x_1, x_2, \cdots, x_n)^{\mathrm{T}}$构成数域 P 上的一个线性空间，这个线性空间我们常用P^n来表示。当 P 为复数域 $\mathbf{C}$ 时，上述线性空间称为 n 元复向量空间，记成$\mathbf{C}^n$；当 P 为实数域 $\mathbf{R}$ 时，上述线性空间称为 n 元实向量空间，记成$\mathbf{R}^n$。

设线性空间 V 中，有 n 个元素α_1，α_2，…，α_n满足：

① α_1，α_2，…，α_n线性无关；

② V 中任一元素α总可由α_1，α_2，…，α_n线性表示。

则α_1，α_2，…，α_n称为线性空间 V 的一个基，n 称为线性空间的维数，记为$\dim(V) = n$。维数为 n 的线性空间称为 n 维线性空间，记为V_n。

设α_1，α_2，…，α_n为线性空间V_n的一个基，对于任一元素$\alpha \in V_n$，有且仅有一组有序数x_1，x_2，…，x_n使得：

$$\alpha = x_1\alpha_1 + x_2\alpha_2 + \cdots + x_n\alpha_n$$

则称x_1，x_2，…，x_n为元素α在基α_1，α_2，…，α_n下的坐标，记作

$$\alpha = (x_1，x_2，\cdots，x_n)$$

引进了线性空间V_n的基α_1，α_2，…，α_n以后，不仅把V_n中抽象的向量α与具体的有序数组向量联系了起来，而且还把V_n中抽象的线性运算与有序数组向量的线性运算联系了起来。这样，线性空间V_n与其对应的坐标空间$\mathbf{R}^n$从代数结构上看就没有本质上的区别了。

设α_1，α_2，…，α_n和β_1，β_2，…，β_n是线性空间中的两个不同的基，如果

$$(\beta_1，\beta_2，\cdots，\beta_n) = (\alpha_1，\alpha_2，\cdots，\alpha_n)\boldsymbol{P}$$

且有

$$\boldsymbol{P} = \begin{bmatrix} p_{11} & p_{12} & \cdots & p_{1n} \\ p_{21} & p_{22} & \cdots & p_{2n} \\ \vdots & \vdots & \vdots & \vdots \\ p_{n1} & p_{n2} & \cdots & p_{nn} \end{bmatrix}$$

式$(\beta_1, \beta_2, \cdots, \beta_n) = (\alpha_1, \alpha_2, \cdots, \alpha_n)\boldsymbol{P}$称为基变换公式，矩阵 $\boldsymbol{P}$ 称为基α_1，α_2，…，α_n到基β_1，β_2，…，β_n的过渡矩阵。由于β_1，β_2，…，β_n线性无关，故过渡矩阵 $\boldsymbol{P}$ 为可逆

矩阵。

比如，设$\mathbf{R}^4$空间中的向量α在基α_1，α_2，α_3，α_4下的表达式为：

$$\alpha=\alpha_1-2\alpha_2+3\alpha_3+\alpha_4$$

且有

$$\beta_1=\alpha_1+3\alpha_2-5\alpha_3+7\alpha_4$$
$$\beta_2=\alpha_2+2\alpha_3-3\alpha_4$$
$$\beta_3=\alpha_3+2\alpha_4$$
$$\beta_4=\alpha_4$$

求α在基β_1，β_2，β_3，β_4下的坐标。

从基α_1，α_2，α_3，α_4到基β_1，β_2，β_3，β_4的过渡矩阵为：

$$\boldsymbol{P}=\begin{bmatrix}1&0&0&0\\3&1&0&0\\-5&2&1&0\\7&-3&2&1\end{bmatrix}$$

由此可得：

$$\boldsymbol{P}^{-1}=\begin{bmatrix}1&0&0&0\\-3&1&0&0\\11&-2&1&0\\-38&7&-2&1\end{bmatrix}$$

于是可得α在基β_1，β_2，β_3，β_4下的坐标为：

$$\begin{Bmatrix}x_1'\\x_2'\\x_3'\\x_4'\end{Bmatrix}=\boldsymbol{P}^{-1}\begin{Bmatrix}x_1\\x_2\\x_3\\x_4\end{Bmatrix}=\begin{bmatrix}1&0&0&0\\-3&1&0&0\\11&-2&1&0\\-38&7&-2&1\end{bmatrix}\begin{Bmatrix}1\\-2\\3\\1\end{Bmatrix}=\begin{Bmatrix}1\\-5\\18\\-57\end{Bmatrix}$$

所以α在基β_1，β_2，β_3，β_4下的坐标表达式为：

$$\alpha=\beta_1-5\beta_2+18\beta_3-57\beta_4$$

设V是线性空间，S为V中的一个非空子集。如果S对于V中所定义的加法和数乘两种运算也构成一个线性空间，则称S为V的一个线性子空间，简称子空间。线性空间V的非空子集S构成子空间的充分必要条件是：S对V中的线性运算具有封闭性。

零子空间和线性空间V自身这两个子空间称为V的平凡子空间，而V中其他线性子空间称为非平凡子空间。

设α_1，α_2，…，α_s是线性空间V中的一组向量，k_1，k_2，…，k_s是任意一组数，它们的线性组合

$$k_1\alpha_1+k_2\alpha_2+\cdots+k_s\alpha_s$$

构成的集合是非空集，而且对线性运算是封闭的。因此，它是V的一个子空间S，并称S是由向量α_1，α_2，…，α_s所生成的子空间，记作：

$$S=\mathrm{Span}\{\alpha_1,\alpha_2,\cdots,\alpha_s\}$$

显然，若α_1，α_2，…，α_s线性无关，则$\dim(S)=s$。

齐次线性方程组

$$\begin{cases} a_{11}x_1 + a_{12}x_2 + \cdots + a_{1n}x_n = 0 \\ a_{21}x_1 + a_{22}x_2 + \cdots + a_{2n}x_n = 0 \\ \cdots \\ a_{s1}x_1 + a_{s2}x_2 + \cdots + a_{sn}x_n = 0 \end{cases}$$

的全体解向量构成一个子空间。这个子空间称为这个齐次线性方程的解空间。解空间的基就是方程组的基础解系，解空间的维数为$n-r$，其中r是方程组系数矩阵的秩。

子空间V_1与V_2中公共元素的集合记作$V_1 \cap V_2$。若V_1、V_2为线性空间V的子空间，则

$$\dim(V_1 + V_2) = \dim(V_1) + \dim(V_2) - \dim(V_1 \cap V_2)$$

设V_1、V_2是线性空间V的两个子空间，若其和$V_1 + V_2$中每个向量α的分解式$\alpha = \alpha_1 + \alpha_2\ (\alpha_1 \in V_1, \alpha_2 \in V_2)$是唯一的，则和$V_1 + V_2$称为直和，记为$V_1 \oplus V_2$。$V_1 + V_2$是$V_1 \oplus V_2$的充要条件是

$$V_1 \cap V_2 = \{0\}$$

或者

$$\dim(V_1 + V_2) = \dim(V_1) + \dim(V_2)$$

$V_n = V_1 \oplus V_2$称为直和分解，即空间分解，如果推广到多个子空间，则

$$\mathbf{R}^n = Span\{\boldsymbol{e}_1\} \oplus Span\{\boldsymbol{e}_2\} \oplus \cdots \oplus Span\{\boldsymbol{e}_n\}$$

4.6.2　酉空间与欧氏空间简介

设 V 是复数域$\mathbf{C}$上的向量空间，α，β，$\gamma \in V$；a，b，$c \in \mathbf{C}$。在 V 中定义了一个复值函数(α,β)，它满足对称性、线性和正定性，这时称函数(α,β)为向量α与β的内积，$\sqrt{(\alpha,\alpha)}$为向量α的范数或长度，记作$\|\alpha\| = \sqrt{(\alpha,\alpha)}$。

我们称上述定义了向量内积及范数的线性空间为酉空间（Unitary space）。

若 V 为实数域$\mathbf{R}$上的线性空间，同样满足上述条件，则定义了上述内积及向量范数的实线性空间称为欧几里得空间（Euclide space）。几何空间是一个具体的欧氏空间。

在酉空间$\mathbf{C}^n$中，对于任意的α，$\beta \in \mathbf{C}^n$，柯西-施瓦茨不等式仍然成立：

$$|(\alpha,\beta)| \le \|\alpha\|\|\beta\|$$

柯西-施瓦茨不等式可以得到两个三角不等式：

$$\|\alpha + \beta\| \le \|\alpha\| + \|\beta\|$$

$$\|\alpha - \beta\| \ge \|\alpha\| - \|\beta\|$$

$\|\alpha - \beta\|$称为向量α与β之间的距离，记作$\rho(\alpha,\beta)$。

对于给定的正交基ε_1，ε_2，…，ε_n，空间$\mathbf{C}^n$可以分解成直和：

$$\mathbf{C}^n = \mathrm{Span}\{\boldsymbol{\varepsilon}_1\} \oplus \mathrm{Span}\{\boldsymbol{\varepsilon}_2\} \oplus \cdots \oplus \mathrm{Span}\{\boldsymbol{\varepsilon}_n\}$$

这就是说，$\mathbf{C}^n$可以分解成 n 个一维正交子空间的直和，欧氏空间$\mathbf{R}^n$也可以作同样的正交分解。

4.6.3　线性变换简介

设V_n、V_m分别为数域 P 上的 n 维和 m 维线性空间，T 是一个从V_n到V_m的映射，如果映射 T 满足：

① $T(\alpha+\beta)=T(\alpha)+T(\beta)$，$\alpha,\beta\in V_n$；

② $T(k\alpha)=kT(\alpha)$，$\alpha\in V_n,k\in R$。

则称 T 为V_n到V_m的线性映射或线性算子。

设 T 是线性空间V_n到V_m的一个线性算子，α_1，α_2，…，α_n为V_n中的一个基，β_1，β_2，…，β_m为V_m中的一个基。而V_n中各个基向量的象$T(\alpha_j)$可由V_m中给定的基线性表示：

$$T(\alpha_j)=\sum_{i=1}^{m}a_{ij}\beta_i\quad(j=1,2,\cdots,n)$$

令

$$\boldsymbol{A}=\begin{bmatrix}a_{11} & a_{12} & \cdots & a_{1n}\\ a_{21} & a_{22} & \cdots & a_{21}\\ \vdots & \vdots & & \vdots\\ a_{m1} & a_{m1} & \cdots & a_{mn}\end{bmatrix}$$

若记

$$\left(T(\alpha_1),T(\alpha_2),\cdots,T(\alpha_n)\right)=T(\alpha_1,\alpha_2,\cdots,\alpha_n)$$

则有

$$\boldsymbol{T}(\alpha_1,\alpha_2,\cdots,\alpha_n)=(\beta_1,\beta_2,\cdots,\beta_m)\boldsymbol{A}$$

这时，称 $\boldsymbol{A}$ 为线性算子 T 在V_n和V_m在给定基下的矩阵。也就是说，在给定空间的基下，线性算子 T 可以唯一地由$m\times n$阶矩阵 $\boldsymbol{A}$ 确定。

设在线性空间V_n中，从基α_1，α_2，…，α_n到β_1，β_2，…，β_n的过渡矩阵为 $\boldsymbol{P}$，V_n中线性变换 T 在这两组基下的矩阵依次为 $\boldsymbol{A}$ 和 $\boldsymbol{B}$，则$\boldsymbol{B}=\boldsymbol{P}^{-1}\boldsymbol{AP}$。

设 T 是线性空间V_n到V_m的一个线性算子，T 的全体象组成的集合称为 T 的值域，用$R(T)$表示，也称为 T 的象空间，记为TV_n，于是：

$$R(T)=TV_n=\{T\alpha|\alpha\in V_n\}\subset V_m$$

所有被 T 变成零向量的向量构成的集合称为 T 的核，记为$\mathrm{Ker}(T)$或$T^{-1}(\boldsymbol{0})$，有时也称$\mathrm{Ker}(T)$为 T 的零空间，记为 $N(T)$，即

$$N(T)=\mathrm{Ker}(T)=\{\alpha|T\alpha=0,\alpha\in V_n\}\subset V_n$$

称$R(T)$的维数$\dim R(T)$为 T 的秩，记为$r(T)$；称$N(T)$的维数$\dim N(T)$为 T 的零度，记为$null(T)$。

黄有度、狄成恩、朱士信主编的中国科技大学出版社 2012 版的《矩阵论及其应用》中有一个可以大体概括线性空间与线性变换的综合实例：

设ξ_1，ξ_2，ξ_3，ξ_4是四维线性空间 V 的一组基，已知线性变换 T 在这组基下的矩阵为：

$$\begin{bmatrix}1 & 0 & 2 & 1\\ -1 & 2 & 1 & 3\\ 1 & 2 & 5 & 5\\ 2 & -2 & 1 & -2\end{bmatrix}$$

① 求 T 在基$\eta_1=\xi_1-2\xi_2+\xi_4$，$\eta_2=3\xi_2-\xi_3-\xi_4$，$\eta_3=\xi_3+\xi_4$，$\eta_4=2\xi_4$下的矩阵；

② 求 T 的核与值域；

③ 在 T 的核中选一组基，把它扩充成 V 的一组基，并求 T 在这组基下的矩阵；

④ 在 T 的值域中选一组基，把它扩充成 V 的一组基，并求 T 在这组基下的矩阵。

① 设线性变换 T 在这组基下的矩阵为 $\boldsymbol{A}$，

$$\boldsymbol{A}=\begin{bmatrix}1 & 0 & 2 & 1\\ -1 & 2 & 1 & 3\\ 1 & 2 & 5 & 5\\ 2 & -2 & 1 & -2\end{bmatrix}$$

因为

$$(\eta_1,\eta_2,\eta_3,\eta_4)=(\xi_1,\xi_2,\xi_3,\xi_4)\boldsymbol{X}=(\xi_1,\xi_2,\xi_3,\xi_4)\begin{bmatrix}1 & 0 & 0 & 0\\ -2 & 3 & 0 & 0\\ 0 & -1 & 1 & 0\\ 1 & -1 & 1 & 2\end{bmatrix}$$

故 T 在基η_1，η_2，η_3，η_4下的矩阵为：

$$\boldsymbol{P}=\boldsymbol{X}^{-1}\boldsymbol{A}\boldsymbol{X}=\frac{1}{3}\begin{bmatrix}6 & -9 & 9 & 6\\ 2 & -4 & 10 & 10\\ 8 & -16 & 40 & 40\\ 0 & 3 & -21 & -24\end{bmatrix}$$

② 设$\gamma\in T^{-1}(\boldsymbol{0})$，即$T(\gamma)=\boldsymbol{0}$，又设$\gamma=(\xi_1,\xi_2,\xi_3,\xi_4)\begin{Bmatrix}x_1\\ x_2\\ x_3\\ x_4\end{Bmatrix}$，则

$$T(\gamma)=T\left[(\xi_1,\xi_2,\xi_3,\xi_4)\begin{Bmatrix}x_1\\ x_2\\ x_3\\ x_4\end{Bmatrix}\right]=T(\xi_1,\xi_2,\xi_3,\xi_4)\begin{Bmatrix}x_1\\ x_2\\ x_3\\ x_4\end{Bmatrix}=(\xi_1,\xi_2,\xi_3,\xi_4)\boldsymbol{A}\begin{Bmatrix}x_1\\ x_2\\ x_3\\ x_4\end{Bmatrix}=\boldsymbol{0}$$

解方程组$[\boldsymbol{A}]\{\boldsymbol{x}\}=\boldsymbol{0}$，得其通解为：

$$\begin{Bmatrix}x_1\\ x_2\\ x_3\\ x_4\end{Bmatrix}=t_1\begin{Bmatrix}-2\\ -\frac{3}{2}\\ 1\\ 0\end{Bmatrix}+t_2\begin{Bmatrix}-1\\ -2\\ 0\\ 1\end{Bmatrix}\ t_1,t_2\in R$$

所以

$$\begin{aligned}\gamma&=(-2t_1-t_2)\xi_1+\left(-\frac{3}{2}t_1-2t_2\right)\xi_2+t_1\xi_3+t_2\xi_4\\ &=\left(-2\xi_1+\frac{3}{2}\xi_2+\xi_3\right)t_1+(-\xi_1-2\xi_2+\xi_4)t_2\end{aligned}$$

令$\alpha_1=-2\xi_1+\dfrac{3}{2}\xi_2+\xi_3$，$\alpha_2=-\xi_1-2\xi_2+\xi_4$，则$\alpha_1$和$\alpha_2$是$T^{-1}(\boldsymbol{0})$的一组基，即线性变换$T$的核为：

$$T^{-1}(\boldsymbol{0})=\mathrm{Span}\{\alpha_1,\alpha_2\}$$

由于$R(\boldsymbol{A})=2$，且 $\boldsymbol{A}$ 在前两列构成 $\boldsymbol{A}$ 的列向量组的一个极大无关组，所以$T\xi_1$，$T\xi_2$，$T\xi_3$，$T\xi_4$的秩为 2，且$T\xi_1$、$T\xi_2$是极大线性无关组。所以线性变换 T 的值域为：

$$T(\boldsymbol{V})=\mathrm{Span}\{T\xi_1,T\xi_2,T\xi_3,T\xi_4\}=\mathrm{Span}\{T\xi_1,T\xi_2\}$$

式中，$T\xi_1$、$T\xi_2$是$T(\boldsymbol{V})$的基，$T\xi_1=\xi_1-\xi_2+\xi_3+2\xi_4$，$T\xi_2=2\xi_2+2\xi_3-2\xi_4$。

③ 由②得α_1和α_2是$T^{-1}(\mathbf{0})$的一组基，易得ξ_1，ξ_2，α_1，α_2是 V 的一组基，实际上，

$$(\xi_1,\xi_2,\alpha_1,\alpha_2)=(\xi_1,\xi_2,\xi_3,\xi_4)\begin{bmatrix}1&0&-2&-1\\0&1&-\frac{3}{2}&-2\\0&0&1&0\\0&0&0&1\end{bmatrix}=(\xi_1,\xi_2,\xi_3,\xi_4)\boldsymbol{B}$$

$\boldsymbol{B}$可逆，故 T 在基ξ_1，ξ_2，α_1，α_2下的矩阵为：

$$\boldsymbol{Q}=\boldsymbol{B}^{-1}\boldsymbol{A}\boldsymbol{B}=\begin{bmatrix}5&2&0&0\\\frac{9}{2}&1&0&0\\1&2&0&0\\2&-2&0&0\end{bmatrix}$$

④ 由②得$T\xi_1=\xi_1-\xi_2+\xi_3+2\xi_4$，$T\xi_2=2\xi_2+2\xi_3-2\xi_4$是$T(\boldsymbol{V})$的基，易得$T\xi_1$，$T\xi_2$，$\xi_3$，$\xi_4$是 V 的一组基，实际上，

$$(T\xi_1,T\xi_2,\xi_3,\xi_4)=(\xi_1,\xi_2,\xi_3,\xi_4)\begin{bmatrix}1&0&0&0\\-1&2&0&0\\1&2&1&0\\2&-2&0&1\end{bmatrix}=(\xi_1,\xi_2,\xi_3,\xi_4)\boldsymbol{C}$$

$\boldsymbol{C}$可逆，故 T 在基$T\xi_1$，$T\xi_2$，ξ_3，ξ_4上的矩阵为：

$$\boldsymbol{R}=\boldsymbol{C}^{-1}\boldsymbol{A}\boldsymbol{C}=\begin{bmatrix}5&2&2&1\\\frac{9}{2}&1&\frac{3}{2}&2\\0&0&0&0\\0&0&0&0\end{bmatrix}$$

这个实例体现了线性空间、线性变换、基、值域、核、方程组的解和基上的矩阵之间的内在联系。

4.6.4 多维空间的特征值与特征向量

特征值与特征向量的概念和计算方法与之前相同。在此主要介绍 k 阶迹、特征值与特征向量的关系和特征向量系。

在 n 阶方阵$\boldsymbol{A}=(a_{ij})$中任取行次和列次相同的 k 行 k 列（$1\leqslant k\leqslant n$），位于这 k 行 k 列交叉处的k^2个元素按原位置组成的 k 阶行列式之和，称为方阵 $\boldsymbol{A}$ 的 k 阶迹，记为$\mathrm{tr}^{[k]}(\boldsymbol{A})$。例如 1 阶迹是$\mathrm{tr}^{[1]}(\boldsymbol{A})=a_{11}+a_{22}+\cdots+a_{nn}$；2 阶迹为：

$$\mathrm{tr}^{[2]}(\boldsymbol{A})=\begin{vmatrix}a_{11}&a_{21}\\a_{21}&a_{22}\end{vmatrix}+\begin{vmatrix}a_{11}&a_{13}\\a_{31}&a_{33}\end{vmatrix}+\cdots+\begin{vmatrix}a_{11}&a_{1n}\\a_{n1}&a_{nn}\end{vmatrix}$$

在 MATLAB 中，用 trace 函数来计算矩阵的迹，其语法结构为：

变量名=trace(矩阵)

设 T 是线性空间 V 的一个线性变换，对于 T 的任一特征值λ_0，适合条件

$$T(\alpha)=\lambda_0\alpha$$

的向量组成的集，即属于λ_0的全体特征向量再加上零向量组成的集，称为 T 的一个特征子空间，记为V_{λ_0}，用集合的记法可写成：

$$V_{\lambda_0}=\{\alpha|T(\alpha)=\lambda_0\alpha,\alpha\in V\}$$

显然，V_{λ_0}的维数就是属于特征值λ_0的线性无关的特征向量的个数，称$\dim(V_{\lambda_0})$为特征值

λ_0的几何重数；而称λ_0在特征多项式$f(\lambda)$中根的重数为特征值λ_0的代数重数。线性变换 T 的任一特征值的几何重数不大于它的代数重数。

一般来说，线性空间V_n中的线性变换 T 的特征向量系所含的向量个数不大于 n，这是因为线性变换 T 的任一特征值的几何重数不大于它的代数重数，当特征向量系所含向量个数等于 n 时，便说它是完全的特征向量系。

对于一个线性变换 T，如果它具有完全特征向量系，以此完全特征向量系为基，则线性变换 T 在此基下的矩阵为对角形矩阵。此时称线性变换 T 的矩阵 $\boldsymbol{A}$ 为单纯矩阵，矩阵 $\boldsymbol{A}$ 的所有特征值的几何重数与代数重数相等。如果线性变换 T 的特征向量系中的向量个数小于空间维数 n，则此线性变换在任一组基下的矩阵不能为对角形，此时线性变换的矩阵 $\boldsymbol{A}$ 称为非单纯矩阵（或亏损矩阵）。因此，的矩阵 $\boldsymbol{A}$ 在某一个基下成对角形的充分必要条件是 T 有完全的特征向量系，即 T 的特征子空间V_{λ_1}，V_{λ_2}，…，V_{λ_t}的维数之和等于空间的维数 n。

4.7　多项式矩阵与 Jordan 标准形

在之前的问题中，矩阵元素一直大多是数。现在开始，将把矩阵元素的范围扩大，矩阵元素可以是代数式甚至一切高等数学内容。

4.7.1　λ-矩阵的概念

在矩阵理论中，我们把矩阵定义为数的阵列，即它的元素是数域中的数，统称数字矩阵。现在我们把数字矩阵加以推广，引入所谓λ-矩阵，就是以λ的复系数多项式为元素的矩阵，故有时也称多项式矩阵。以下以$\boldsymbol{A}(\lambda)$，$\boldsymbol{B}(\lambda)$，…来表示λ-矩阵。方阵 $\boldsymbol{A}$ 的特征矩阵$\boldsymbol{A}$-$\lambda\boldsymbol{E}$就是一个λ-矩阵，数字矩阵当然也可看作λ-矩阵的特例。

λ-矩阵的规律与数字矩阵大同小异，引入了新的标准形化法。

若$\boldsymbol{A}(\lambda)$为 m 行 n 列的λ-矩阵，$\operatorname{rank}\boldsymbol{A}(\lambda)=r$，则

$$\boldsymbol{A}(\lambda)\sim\begin{bmatrix} d_1(\lambda) & 0 & \cdots & 0 & \cdots & 0 \\ 0 & d_2(\lambda) & \cdots & 0 & \cdots & 0 \\ \vdots & \vdots & \vdots & \vdots & \vdots & \vdots \\ 0 & 0 & \cdots & d_r(\lambda) & \cdots & 0 \\ \vdots & \vdots & \vdots & \vdots & \vdots & \vdots \\ 0 & 0 & \cdots & 0 & \cdots & 0 \end{bmatrix}$$

这里，$d_i(\lambda)$为首一多项式（首项系数为 1 的多项式），并且$d_i(\lambda)|d_{i+1}(\lambda)$，$i$=1，2，…，$r$-1。这种形式的λ-矩阵称为$\boldsymbol{A}(\lambda)$的 Smith 标准形。Smith 标准形的本质是经过矩阵的初等变换所得到的与特征值有关的对角阵。

4.7.2　Smith 标准形的笔算求法简介

将λ-矩阵$\boldsymbol{A}(\lambda)$化为 Smith 标准形：

$$\boldsymbol{A}(\lambda)=\begin{bmatrix} 1-\lambda & \lambda^2 & \lambda \\ \lambda & \lambda & -\lambda \\ 1+\lambda^2 & \lambda^2 & -\lambda^2 \end{bmatrix}$$

$$\boldsymbol{A}(\lambda)\xrightarrow{c_1+c_2}\begin{bmatrix}1 & \lambda^2 & \lambda\\0 & \lambda & -\lambda\\1 & \lambda^2 & -\lambda^2\end{bmatrix}\xrightarrow[c_3+c_2]{r_3-r_1}\begin{bmatrix}1 & 0 & 0\\0 & \lambda & 0\\0 & 0 & -\lambda^2-\lambda\end{bmatrix}\xrightarrow{r_3\times(-1)}\begin{bmatrix}1 & 0 & 0\\0 & \lambda & 0\\0 & 0 & \lambda(\lambda+1)\end{bmatrix}$$

4.7.3 不变因子与初等因子

设rank $\boldsymbol{A}(\lambda)=r$，当 $k<r$ 时，$\boldsymbol{A}(\lambda)$的 k 阶行列式因子定义为$\boldsymbol{A}(\lambda)$的所有 k 阶子式的最高公因式（取首一多项式）；当 $k>r$ 时规定为零。$\boldsymbol{A}(\lambda)$的 k 阶行式因子记作$D_k(\lambda)$，并规定$D_0(\lambda)=1$。

λ-矩阵$\boldsymbol{A}(\lambda)$的 Smith 标准形

$$\mathrm{diag}[d_1(\lambda),d_2(\lambda),\cdots,d_r(\lambda),0,\cdots,0]$$

是唯一的，且$d_k(\lambda)=\frac{D_k(\lambda)}{D_{k-1}(\lambda)}$，$k$=1，2，…，$r$。而当 $k>r$ 时，$d_k(\lambda)=0$。由于行列式因子在初等变换下不变，所以$d_k(\lambda)$也就唯一地确定。今后称$d_k(\lambda)$为$\boldsymbol{A}(\lambda)$的第 k 个不变因子。

设有λ-矩阵$\boldsymbol{A}(\lambda)$与$\boldsymbol{B}(\lambda)$，则$\boldsymbol{A}(\lambda)\sim\boldsymbol{B}(\lambda)$的充要条件是它们有相同的行列式因子或有相同的不变因子。任一复系数多项式都可以分解为一次因式之积。假设$\boldsymbol{A}(\lambda)$的各个不变因子的分解式为:

$$\begin{cases}d_1(\lambda)=(\lambda-\lambda_1)^{e_{11}}(\lambda-\lambda_2)^{e_{12}}\ldots(\lambda-\lambda_s)^{e_{1s}}\\d_2(\lambda)=(\lambda-\lambda_1)^{e_{21}}(\lambda-\lambda_2)^{e_{22}}\ldots(\lambda-\lambda_s)^{e_{2s}}\\\qquad\cdots\\d_r(\lambda)=(\lambda-\lambda_1)^{e_{r1}}(\lambda-\lambda_2)^{e_{r2}}\ldots(\lambda-\lambda_s)^{e_{rs}}\end{cases}$$

式中，所有指数大于 0 的因子都称为$\boldsymbol{A}(\lambda)$初等因子。

4.7.4 不变因子与初等因子的笔算简介

求下面矩阵$\boldsymbol{A}(\lambda)$的初等因子、不变因子和 Smith 标准形。

$$\boldsymbol{A}(\lambda)=\begin{bmatrix}3\lambda+5 & (\lambda+2)^2 & 4\lambda+5 & (\lambda-1)^2\\\lambda+7 & (\lambda+2)^2 & \lambda+7 & 0\\\lambda-1 & 0 & 2\lambda-1 & (\lambda-1)^2\\0 & 0 & (\lambda-2)(\lambda-5) & 0\end{bmatrix}$$

$$\boldsymbol{A}(\lambda)\xrightarrow{r_1-r_3}\begin{bmatrix}2\lambda+6 & (\lambda+2)^2 & 2\lambda+6 & 0\\\lambda+7 & (\lambda+2)^2 & \lambda+7 & 0\\\lambda-1 & 0 & 2\lambda-1 & (\lambda-1)^2\\0 & 0 & (\lambda-2)(\lambda-5) & 0\end{bmatrix}$$

$$\xrightarrow{c_3-c_1}\begin{bmatrix}2\lambda+6 & (\lambda+2)^2 & 0 & 0\\\lambda+7 & (\lambda+2)^2 & 0 & 0\\\lambda-1 & 0 & \lambda & (\lambda-1)^2\\0 & 0 & (\lambda-2)(\lambda-5) & 0\end{bmatrix}$$

$$\xrightarrow{r_1-r_2}\begin{bmatrix}\lambda-1 & 0 & 0 & 0\\\lambda+7 & (\lambda+2)^2 & 0 & 0\\\lambda-1 & 0 & \lambda & (\lambda-1)^2\\0 & 0 & (\lambda-2)(\lambda-5) & 0\end{bmatrix}$$

$$\xrightarrow{r_3-r_1}\begin{bmatrix} \lambda-1 & 0 & 0 & 0 \\ \lambda+7 & (\lambda+2)^2 & 0 & 0 \\ 0 & 0 & \lambda & (\lambda-1)^2 \\ 0 & 0 & (\lambda-2)(\lambda-5) & 0 \end{bmatrix}$$

所以$\boldsymbol{A}(\lambda)$的初等因子为：

$$\lambda-1,\ (\lambda-1)^2,\ \lambda-2,\ \lambda-5,\ (\lambda+2)^2$$

又因为$\operatorname{rank}\boldsymbol{A}(\lambda)=4$，所以$\boldsymbol{A}(\lambda)$的不变因子为：

$$d_4(\lambda)=(\lambda-2)(\lambda-5)(\lambda-1)^2(\lambda+2)^2$$

$$d_3(\lambda)=\lambda-1$$

$$d_2(\lambda)=d_1(\lambda)=1$$

因此$\boldsymbol{A}(\lambda)$的 Smith 标准形为：

$$\begin{bmatrix} 1 & 0 & 0 & 0 \\ 0 & 1 & 0 & 0 \\ 0 & 0 & \lambda-1 & 0 \\ 0 & 0 & 0 & (\lambda-2)(\lambda-5)(\lambda-1)^2(\lambda+2)^2 \end{bmatrix}$$

控制论中常见的相伴矩阵（友矩阵）

$$\boldsymbol{A}=\begin{bmatrix} 0 & 1 & 0 & \cdots & 0 \\ 0 & 0 & 1 & \cdots & 0 \\ \vdots & \vdots & \vdots & & \vdots \\ 0 & 0 & 0 & \cdots & 1 \\ -a_n & -a_{n-1} & -a_{n-2} & \cdots & -a_1 \end{bmatrix}$$

的特征矩阵的不变因子为 1，1，…，1，$f(\lambda)$。其 Smith 标准形为：

$$\begin{bmatrix} 1 & & & & \\ & 1 & & & \\ & & \ddots & & \\ & & & 1 & \\ & & & & f(\lambda) \end{bmatrix}$$

4.7.5　Jordan 标准形

虽然非单纯矩阵不能相似于对角阵，但它能相似于一个形式上比对角阵稍复杂的 Jordan 标准形 J。由于 Jordan 标准形的独特结构揭示了两个矩阵相似的本质关系，故在数值计算和理论推导中经常采用。利用它不仅容易求出 $\boldsymbol{A}$ 的乘幂，还可以讨论矩阵函数和矩阵级数，求解矩阵微分方程。因此，Jordan 标准形的理论在数学、力学和数值分析中得到广泛的应用。

形如

$$\boldsymbol{J}_i=\begin{bmatrix} \lambda_i & 1 & & & \\ & \lambda_i & 1 & & \\ & & \ddots & \ddots & \\ & & & \ddots & 1 \\ & & & & \lambda_i \end{bmatrix}_{m_i\times m_i}$$

的方阵为m_i阶 Jordan 块，其中λ_i可以是实数，也可以是复数，一阶方阵可以认为是一阶 Jordan 块。由若干个 Jordan 块组成的分块对角阵为：

$$\begin{bmatrix} J_1 & & & \\ & J_2 & & \\ & & \ddots & \\ & & & J_t \end{bmatrix}$$

当$\sum_{i=1}^{t} m_i = n$时，$J_i(i = 1,2,\ldots,t)$称为 n 阶 Jordan 标准形，记为 $\boldsymbol{J}$。每个矩阵都有 Jordan 标准形。

4.7.6 Jordan 标准形的笔算求法简介

求矩阵

$$\boldsymbol{A} = \begin{bmatrix} -1 & -2 & 6 \\ -1 & 0 & 3 \\ -1 & -1 & 4 \end{bmatrix}$$

的 Jordan 标准形。

先求$\lambda\boldsymbol{E} - \boldsymbol{A}$的初等因子：

$$\lambda\boldsymbol{E} - \boldsymbol{A} = \begin{bmatrix} \lambda+1 & 2 & -6 \\ 1 & \lambda & -3 \\ 1 & 1 & \lambda-4 \end{bmatrix} \sim \begin{bmatrix} 1 & 0 & 0 \\ 0 & \lambda-1 & 0 \\ 0 & 0 & (\lambda-1)^2 \end{bmatrix}$$

因此，$\lambda\boldsymbol{E} - \boldsymbol{A}$的初等因子为$\lambda - 1$、$(\lambda - 1)^2$，矩阵 $\boldsymbol{A}$ 的 Jordan 标准形为：

$$\boldsymbol{J} = \begin{bmatrix} 1 & 0 & 0 \\ 0 & 1 & 1 \\ 0 & 0 & 1 \end{bmatrix}$$

由于 MATLAB 中可以很方便地求出 Jordan 标准形，所以不再举更复杂的笔算例子。

4.7.7 Jordan 标准形与相似变换 *P* 矩阵的 MATLAB 求法

MATLAB 中提供 jordan 函数来同时输出矩阵的 Jordan 标准形和相似变换矩阵 $\boldsymbol{P}$，其语法结构如下：

[相似变换矩阵 $\boldsymbol{P}$, Jordan 标准形]=jordan(矩阵)

【例 4-12】 求下列矩阵的 Jordan 标准形：

① $\boldsymbol{A} = \begin{bmatrix} \lambda-2 & -1 & 0 \\ 0 & \lambda-2 & -1 \\ 0 & 0 & \lambda-2 \end{bmatrix}$

② $\boldsymbol{B} = \begin{bmatrix} 13 & 16 & 16 \\ -5 & -7 & -6 \\ -6 & -8 & -7 \end{bmatrix}$

① 在 M 文件编辑器中输入：

```
syms k;
A=[k-2 -1 0;0 k-2 -1;0 0 k-2];      %定义λ-矩阵，代码中变量为 k
[p j]=jordan(A)
```

计算结果为：

```
j =
[ k - 2,       1,       0]
[       0, k - 2,       1]
[       0,       0, k - 2]
```

计算时间约为 0.134s。即

$$J_A = \begin{bmatrix} \lambda-2 & 1 & 0 \\ 0 & \lambda-2 & 1 \\ 0 & 0 & \lambda-2 \end{bmatrix}$$

② 在 M 文件编辑器中输入：

```
A=[13 16 16;-5 -7 -6;-6 -8 -7];
[p j]=jordan(A)
```

计算结果为：

```
j =
   -3     0     0
    0     1     1
    0     0     1
```

计算时间约为 0.039s。即

$$J_B = \begin{bmatrix} -3 & 0 & 0 \\ 0 & 1 & 1 \\ 0 & 0 & 1 \end{bmatrix}$$

4.7.8　通过机算的 Jordan 标准形反求不变因子和 Smith 标准形

MATLAB 中不直接提供求λ-矩阵的 Smith 标准形和不变因子的方法，至少不明显。但是通过观察 Jordan 标准形的结构，可以反求不变因子和 Smith 标准形。Jordan 标准形的结构为：

$$\begin{bmatrix} \lambda_1 & & & & & & \\ & \lambda_2 & 1 & & & & \\ & & \lambda_2 & & & & \\ & & & \lambda_3 & 1 & 0 & 0 \\ & & & & \lambda_3 & 1 & 0 \\ & & & & & \lambda_3 & 1 \\ & & & & & & \lambda_3 \end{bmatrix}$$

当然，形状因情况而异。里面的λ_1、λ_2、λ_3指的是不同的特征值，同一个特征值的个数（即该 Jordan 块的阶数）反映了特征值所在因式的连乘次数（即指数），如果指数不为 1，则临近特征值的一排全为 1，其他值全为 0。这样，我们可以根据 Jordan 标准形反推出初等因子、不变因子和 Smith 标准形。

在【例 4-12】的①中，

$$J_A = \begin{bmatrix} \lambda-2 & 1 & 0 \\ 0 & \lambda-2 & 1 \\ 0 & 0 & \lambda-2 \end{bmatrix}$$

则 $\boldsymbol{A}$ 的不变因子为$d_1 = 1$、$d_2 = 1$、$d_3 = (\lambda-2)^3$，Smith 标准形为：

$$\boldsymbol{A}(\lambda)=\begin{bmatrix}\lambda-2 & -1 & 0\\ 0 & \lambda-2 & -1\\ 0 & 0 & \lambda-2\end{bmatrix}\sim\begin{bmatrix}1 & 0 & 0\\ 0 & 1 & 0\\ 0 & 0 & (\lambda-2)^3\end{bmatrix}$$

再比如在②中，

$$\boldsymbol{J}_{\mathbf{B}}=\begin{bmatrix}-3 & 0 & 0\\ 0 & 1 & 1\\ 0 & 0 & 1\end{bmatrix}$$

λ-矩阵$\lambda\boldsymbol{E}-\boldsymbol{B}$的不变因子为$d_1=1$、$d_2=\lambda+3$、$d_3=(\lambda-1)^2$，$\lambda\boldsymbol{E}-\boldsymbol{B}$的 Smith 标准形为:

$$\lambda\boldsymbol{E}-\boldsymbol{B}=\begin{bmatrix}\lambda-13 & 16 & 16\\ -5 & \lambda-(-7) & -6\\ -6 & -8 & \lambda-(-7)\end{bmatrix}\sim\begin{bmatrix}1 & 0 & 0\\ 0 & \lambda+3 & 0\\ 0 & 0 & (\lambda-1)^2\end{bmatrix}$$

注意，常数矩阵本身没有 Smith 标准形，所谓 Smith 标准形是其特征矩阵转化的。

4.7.9 Cayley-Hamilton 定理和最小多项式简介

二阶三次λ-矩阵

$$\boldsymbol{A}(\lambda)=\begin{bmatrix}\lambda^3+\lambda+1 & \lambda^2-\lambda+1\\ \lambda-1 & \lambda^3+\lambda^2+2\end{bmatrix}$$

可以写成

$$\boldsymbol{A}(\lambda)=\begin{bmatrix}1 & 0\\ 0 & 1\end{bmatrix}\lambda^3+\begin{bmatrix}0 & 1\\ 0 & 1\end{bmatrix}\lambda^2+\begin{bmatrix}1 & -1\\ 0 & 1\end{bmatrix}\lambda+\begin{bmatrix}1 & 1\\ -1 & 2\end{bmatrix}$$

这种形式称为λ-矩阵的多项式写法。方阵 $\boldsymbol{A}$ 的多项式是：

$$\varphi(\boldsymbol{A})=a_0\boldsymbol{A}^m+a_1\boldsymbol{A}^{m-1}+\cdots+a_{m-1}\boldsymbol{A}+a_m\boldsymbol{I}$$

Cayley-Hamilton 定理指出，设$f(\lambda)$为矩阵 $\boldsymbol{A}$ 的特征多项式，则

$$f(\boldsymbol{A})=0$$

这个定理表示矩阵 $\boldsymbol{A}$ 与其特征多项式$f(\lambda)=\det(\lambda\boldsymbol{E}-\boldsymbol{A})$之间的一个重要关系。

Cayley-Hamilton 定理表明，对于任何方阵 $\boldsymbol{A}$，总可以找到变量λ的多项式$\varphi(\lambda)$，使得$\varphi(\lambda)=0$。凡使$\varphi(\lambda)=0$的λ多项式$\varphi(\lambda)$称为矩阵 $\boldsymbol{A}$ 的零化多项式。次数最低的首一零化多项式称为 $\boldsymbol{A}$ 的最小多项式，记为$m(\lambda)$。若矩阵 $\boldsymbol{A}$ 的特征值互异，则它的最小多项式就是特征多项式。

比如，

$$\boldsymbol{A}=\begin{bmatrix}3 & 1 & 0\\ 0 & 3 & 0\\ 0 & 0 & 3\end{bmatrix}$$

$$\lambda\boldsymbol{E}-\boldsymbol{A}=\begin{bmatrix}\lambda-3 & 1 & 0\\ 0 & \lambda-3 & 0\\ 0 & 0 & \lambda-3\end{bmatrix}\sim\begin{bmatrix}1 & 0 & 0\\ 0 & \lambda-3 & 0\\ 0 & 0 & (\lambda-3)^2\end{bmatrix}$$

所以最小多项式为$m(\lambda)=d_3(\lambda)=(\lambda-3)^2$。

4.8　矩阵分析及矩阵函数

4.8.1　矩阵序列的极限

按照一定的顺序，将可数个 n 阶方阵排成一列：

$$\boldsymbol{A}_1,\boldsymbol{A}_2,\cdots,\boldsymbol{A}_m,\cdots$$

称这列有次序的矩阵为矩阵序列，称$\boldsymbol{A}_m$为矩阵序列的一般项。

设$\boldsymbol{A}_m=(a_{ij}^{(m)})_{n\times n}$，$m=1,2,3\cdots$，如果对任意的$i$、$j$，有$\lim\limits_{m\to\infty}a_{ij}^{(m)}=a_{ij}$，$i$、$j=1,2,\ldots,n$，则称矩阵序列$\{\boldsymbol{A}_m\}$收敛于矩阵$\boldsymbol{A}=\left(a_{ij}\right)_{n\times n}$，记为$\lim\limits_{m\to\infty}\boldsymbol{A}_m=\boldsymbol{A}$；否则，称矩阵序列$\{\boldsymbol{A}_m\}$为发散的。

4.8.2　矩阵序列极限的 MATLAB 计算

计算矩阵序列的过程就是计算矩阵常数项级数求和和验证收敛的过程。

【例 4-13】 求下面的矩阵数列前 5 项和，并验证收敛性：

$$\boldsymbol{A}(n)=\begin{bmatrix}2^n & 3\\ 4 & \mathrm{e}^n\end{bmatrix}$$

在 M 文件编辑器中输入：

```
syms n;
A=[2^n 3;4 exp(n)];
sumA=symsum(A,n,1,5)            %计算前 5 项和
infA=symsum(A,n,1,inf)          %计算无穷项和，验证收敛性
```

计算结果为：

```
sumA =
[ 62,                                    15]
[ 20, exp(1) + exp(2) + exp(3) + exp(4) + exp(5)]
infA =
[ Inf, Inf]
[ Inf, Inf]
```

计算时间约为 0.124s。即

$$\sum_{n=1}^{5}\begin{bmatrix}2^n & 3\\ 4 & \mathrm{e}^n\end{bmatrix}=\begin{bmatrix}62 & 15\\ 20 & \sum\limits_{i=1}^{5}e^i\end{bmatrix};\sum_{n=1}^{\infty}\begin{bmatrix}2^n & 3\\ 4 & \mathrm{e}^n\end{bmatrix}=[\infty]$$

所以矩阵序列$\boldsymbol{A}(n)$发散。

4.8.3　矩阵级数

如果给定一个 n 阶矩阵序列，则由这 n 阶矩阵序列构成的表达式称为 n 阶矩阵级数，记

为$\sum_{m=1}^{\infty}\boldsymbol{A}_m$，即

$$\sum_{m=1}^{\infty}\boldsymbol{A}_m=\boldsymbol{A}_1+\boldsymbol{A}_2+\cdots+\boldsymbol{A}_m+\cdots$$

其中第 m 项$\boldsymbol{A}_m$称为级数的一般项。

作级数的前 m 项的和 S_m，S_m 为级数的部分和，即

$$S_m=\boldsymbol{A}_1+\boldsymbol{A}_1+\cdots+\boldsymbol{A}_1+\cdots$$

如果级数的部分和序列的极限存在，设为 S，则称 S 为级数的和，并称级数是收敛的，记为：

$$S=\sum_{m=1}^{\infty}\boldsymbol{A}_m$$

否则，称级数是发散的。显然，$S=\sum_{m=1}^{\infty}\boldsymbol{A}_m$收敛的充要条件为对任意的$i$、$j=1,2,\cdots,n$，都收敛。

4.8.4 矩阵级数的 MATLAB 求和与审敛

求矩阵级数和的过程与普通级数求和、审敛相同。

【例 4-14】 求下面的矩阵级数前 3 项和，并验证收敛性：

$$\boldsymbol{A}(m)=\begin{bmatrix}\dfrac{1}{2x^m} & \dfrac{1}{3x}\\ \dfrac{1}{\mathrm{e}^x} & \dfrac{1}{6x^{m+1}}\end{bmatrix}$$

在 M 文件编辑器中输入：

```
syms x n;
A=[1/(2*x^n) 1/(3*x);1/exp(x) 1/(6*x^(n+1))];
sumA=symsum(A,n,1,3)                    %求前三项和式
infA=symsum(A,n,1,inf)                  %验证收敛性
```

计算结果为：

```
sumA =
[ 1/(2*x) + 1/(2*x^2) + 1/(2*x^3),                                   1/x]
[                              3*exp(-x), 1/(6*x^2) + 1/(6*x^3) + 1/(6*x^4)]
```

计算时间约为 3.477s。即

$$\sum_{m=1}^{3}\begin{bmatrix}\dfrac{1}{2x^m} & \dfrac{1}{3x}\\ \dfrac{1}{\mathrm{e}^x} & \dfrac{1}{6x^{m+1}}\end{bmatrix}=\begin{bmatrix}\displaystyle\sum_{m=1}^{3}\frac{1}{2x^m} & \dfrac{1}{x}\\ \dfrac{3}{\mathrm{e}^x} & \displaystyle\sum_{m=2}^{4}\frac{1}{6x^m}\end{bmatrix}$$

通过观察“infA”的计算结果（结果过长，不方便书面列举），可以得出该矩阵级数为条件收敛，收敛域为$(-\infty,0]\cup(1,+\infty)$。

4.8.5 函数矩阵的极限

形如矩阵

$$\boldsymbol{A}(t)=\begin{bmatrix} a_{11}(t) & a_{12}(t) & \cdots & a_{1n}(t) \\ a_{21}(t) & a_{22}(t) & \cdots & a_{2n}(t) \\ \vdots & \vdots & \vdots & \vdots \\ a_{m1}(t) & a_{m2}(t) & \cdots & a_{mn}(t) \end{bmatrix}$$

为函数矩阵。如果对于任意的 i（$1\leqslant i\leqslant m$）、j（$1\leqslant j\leqslant m$），都有$\lim\limits_{t\to t_0} a_{ij}(t)=a_{ij}$，则称矩阵$\boldsymbol{A}(t)=(a_{ij}(t))_{m\times n}$在$t\to t_0$时极限为$\boldsymbol{A}=(a_{ij})_{m\times n}$。

如果矩阵内的所有元素在某一点或一个区间内连续，则可认为该矩阵在这个点或区间内连续。

4.8.6 函数矩阵极限的 MATLAB 计算

函数矩阵极限的计算与符号表达式极限计算方法相同。

【例 4-15】 求下面函数矩阵的极限：

$$\lim_{x\to\frac{\pi}{2}}\begin{bmatrix} \sin x & \cos 2x \\ \tan 3x^2 & \mathrm{e}^x \end{bmatrix}$$

在 M 文件编辑器中输入：

```
syms x;
A=[sin(x) cos(2*x);tan(3*x^2) exp(x)];    %定义函数矩阵
limA=limit(A,x,pi/2)                       %求函数矩阵极限
```

计算结果为：

limA =

[1,   -1]

[sin((3*pi^2)/4)/cos((3*pi^2)/4), exp(pi/2)]

计算时间约为 0.081s。即

$$\lim_{x\to\frac{\pi}{2}}\begin{bmatrix} \sin x & \cos 2x \\ \tan 3x^2 & \mathrm{e}^x \end{bmatrix}=\begin{bmatrix} 1 & -1 \\ \dfrac{\sin\frac{3}{4}\pi^2}{\cos\frac{3}{4}\pi^2} & \mathrm{e}^{\frac{\pi}{2}} \end{bmatrix}$$

当然，如果要求小数形式，也可以使用 vpa 函数进行处理。保留符号结果则可以保留计算精度，各有利弊。

4.8.7 函数矩阵的微分和积分

若函数矩阵$\boldsymbol{A}(t)$中所有元素$a_{ij}(t)$都在t_0点或在某区间内可微，则称函数矩阵$\boldsymbol{A}(t)$在t_0点

或某区间内是可微的。若$\boldsymbol{A}(t)$可微，其导数定义如下：

$$\boldsymbol{A}'(t) = (a_{ij}'(t))$$

高阶导数同理。

设函数矩阵$\boldsymbol{A}(t) = (a_{ij}(t))_{m\times n}$中的每个元素$a_{ij}(t)$在$[a,b]$上是可积的，则称$\boldsymbol{A}(t)$在$[a,b]$上可积分，且定义：

$$\int_a^b \boldsymbol{A}(t)\mathrm{d}t = \left(\int_a^b a_{ij}(t)\mathrm{d}t\right)_{m\times n}$$

4.8.8 函数矩阵的微分和积分的 MATLAB 求法

函数矩阵的微积分在 MATLAB 中的计算方法与符号函数的微积分方法相同。

【例 4-16】 设函数矩阵

$$\boldsymbol{A}(t) = \begin{bmatrix} \sin t & \cos t & t \\ \dfrac{\sin t}{t} & \mathrm{e}^t & t^2 \\ 1 & 0 & t^3 \end{bmatrix}$$

其中$t \neq 0$，求$\frac{\mathrm{d}^2\boldsymbol{A}(t)}{\mathrm{d}t^2}$、$\left|\frac{\mathrm{d}\boldsymbol{A}(t)}{\mathrm{d}t}\right|$。

在 M 文件编辑器中输入：

```
syms t;
A=[sin(t) cos(t) t;sin(t)/t exp(t) t^2;1 0 t^3];
d2Adt=simplify(diff(A,t,2))                %求二阶导并化简
detdA=simplify(det(diff(A,t)))             %求导数的行列式的值并化简
```

计算结果为：

```
d2Adt =
[                                        -sin(t), -cos(t),     0]
[ -(t^2*sin(t) - 2*sin(t) + 2*t*cos(t))/t^3,    exp(t),      2]
[                                              0,         0, 6*t]
detdA =
 3*t*cos(t)*sin(t) - 3*sin(t)^2 + 3*t^2*exp(t)*cos(t)
```

计算时间约为 0.486s。即

$$\frac{\mathrm{d}^2\boldsymbol{A}(t)}{\mathrm{d}t^2} = \begin{bmatrix} -\sin t & -\cos t & 0 \\ -\dfrac{t^2\sin t - 2\sin t + 2t\cos t}{t^3} & \mathrm{e}^t & 2 \\ 0 & 0 & 6t \end{bmatrix}$$

$$\left|\frac{\mathrm{d}\boldsymbol{A}(t)}{\mathrm{d}t}\right| = 3t\cos t\sin t - 3\sin^2 t + 3t^2\mathrm{e}^t\cos t$$

【例 4-17】 设函数矩阵

$$\boldsymbol{A}(x) = \begin{bmatrix} \mathrm{e}^{2x} & x\mathrm{e}^x & x^2 \\ \mathrm{e}^{-x} & 2\mathrm{e}^{2x} & 0 \\ 3x & 0 & 0 \end{bmatrix}$$

求$\int_0^1 \boldsymbol{A}(x)\mathrm{d}x$。

在 M 文件编辑器中输入：

```
syms x;
A=[exp(2*x)  x*exp(x)   x^2;...
    exp(-x)  2*exp(2*x)     0;...
      3*x        0         0];
intA=int(A,x,0,1)                       %求矩阵积分
```

计算结果为：

intA =

[exp(2)/2 - 1/2,   1, 1/3]

[1 - exp(-1), exp(2) - 1,   0]

[3/2,   0,   0]

计算时间约为 0.870s。即

$$\int_0^1 \boldsymbol{A}(x)\mathrm{d}x = \begin{bmatrix} \frac{\mathrm{e}^2-1}{2} & 1 & \frac{1}{3} \\ 1-\frac{1}{\mathrm{e}} & \mathrm{e}^2-1 & 0 \\ \frac{3}{2} & 0 & 0 \end{bmatrix}$$

4.8.9　数量函数关于矩阵的微分

场论中梯度的概念

$$\mathrm{grad}\, u = \nabla u = \left(\frac{\partial u}{\partial x}, \frac{\partial u}{\partial y}, \frac{\partial u}{\partial z}\right)$$

可以理解为数量函数$u(x,y,z)$对向量(x,y,z)的导数。下面我们将这一概念推广为数量函数对矩阵的导数。

设$y=f(\boldsymbol{X})=f(x_1,x_2,\cdots,x_n)$对$x_1,x_2,\cdots,x_n$有偏导数，定义$y=f(\boldsymbol{X})$对向量$\boldsymbol{X}=(x_1,x_2,\cdots,x_n)^{\mathrm{T}}$的导数为：

$$\frac{\mathrm{d}f}{\mathrm{d}\boldsymbol{X}} = \left(\frac{\partial f}{\partial x_1}, \frac{\partial f}{\partial x_2}, \cdots, \frac{\partial f}{\partial x_n}\right)^{\mathrm{T}} = \mathrm{grad}\, f$$

一般地，若$y=f(\boldsymbol{X})=f(x_{11},x_{12},\cdots,x_{1n};x_{21},x_{22},\cdots,x_{2n};\cdots;x_{m1},x_{m2},\cdots,x_{mn})$对每个$x$有偏导数，则定义数量函数$y=f(\boldsymbol{X})$对矩阵$\boldsymbol{X}=(x_{ij})_{m\times n}$的导数为：

$$\frac{\mathrm{d}f}{\mathrm{d}\boldsymbol{X}} = \begin{bmatrix} \frac{\partial f}{\partial x_{11}} & \frac{\partial f}{\partial x_{12}} & \cdots & \frac{\partial f}{\partial x_{1n}} \\ \frac{\partial f}{\partial x_{21}} & \frac{\partial f}{\partial x_{22}} & \cdots & \frac{\partial f}{\partial x_{2n}} \\ \vdots & \vdots & & \vdots \\ \frac{\partial f}{\partial x_{m1}} & \frac{\partial f}{\partial x_{m2}} & \cdots & \frac{\partial f}{\partial x_{mn}} \end{bmatrix}$$

4.8.10 数量函数关于矩阵的微分的 MATLAB 求法

【例 4-18】 求数量函数$f(a,b,c,d)=\sin a+\cos b+\mathrm{e}^c+d^2$对向量

$$\boldsymbol{X}=\begin{Bmatrix} a \\ b \\ c \\ d \end{Bmatrix}$$

的微分。

在 M 文件编辑器中输入：

```
syms a b c d;
f=sym('sin(a)+cos(b)+exp(c)+d^2');       %定义数量函数
X=[a;b;c;d];                             %定义向量
for i=1:1:numel(X)                       %求解次数为矩阵元素个数
    dfdX(i)=diff(f,X(i));                %解的每一项与矩阵元素对应
end
dfdX                                     %输出微分
```

计算结果为：

dfdX =[cos(a), -sin(b), exp(c), 2*d]。计算时间约为 0.145s。即

$$\frac{\mathrm{d}f}{\mathrm{d}\boldsymbol{X}}=\begin{Bmatrix} \cos a \\ -\sin b \\ \mathrm{e}^c \\ 2d \end{Bmatrix}=\mathrm{grad}\, f$$

4.8.11 向量函数对向量的微分

设

$$\boldsymbol{X}=\begin{Bmatrix} x_1 \\ x_2 \\ \vdots \\ x_n \end{Bmatrix}, \boldsymbol{a}(\boldsymbol{X})=\begin{Bmatrix} a(x_1) \\ a(x_2) \\ \vdots \\ a(x_m) \end{Bmatrix}$$

且$\boldsymbol{a}(\boldsymbol{X})$中每一个元素对$\boldsymbol{X}$中每一个元素的偏导数都存在，则定义向量函数$\boldsymbol{a}^{\mathrm{T}}(\boldsymbol{X})$对向量$\boldsymbol{X}$的导数为$n\times m$矩阵

$$\frac{\mathrm{d}\boldsymbol{a}^{\mathrm{T}}(\boldsymbol{X})}{\mathrm{d}\boldsymbol{X}}=\begin{bmatrix} \dfrac{\partial a_1(\boldsymbol{X})}{\partial x_1} & \dfrac{\partial a_2(\boldsymbol{X})}{\partial x_1} & \cdots & \dfrac{\partial a_m(\boldsymbol{X})}{\partial x_1} \\ \dfrac{\partial a_1(\boldsymbol{X})}{\partial x_2} & \dfrac{\partial a_2(\boldsymbol{X})}{\partial x_2} & \cdots & \dfrac{\partial a_m(\boldsymbol{X})}{\partial x_2} \\ \vdots & \vdots & & \vdots \\ \dfrac{\partial a_1(\boldsymbol{X})}{\partial x_n} & \dfrac{\partial a_2(\boldsymbol{X})}{\partial x_n} & \cdots & \dfrac{\partial a_m(\boldsymbol{X})}{\partial x_n} \end{bmatrix}$$

且有

$$\frac{\mathrm{d}\boldsymbol{a}^{\mathrm{T}}(\boldsymbol{X})}{\mathrm{d}\boldsymbol{X}}=\left(\frac{\mathrm{d}\boldsymbol{a}(\boldsymbol{X})}{\mathrm{d}\boldsymbol{X}^T}\right)^{\mathrm{T}}$$

4.8.12　矩阵函数的概念

之前已经研究了以实数为自变量且取值为实数的函数，以及以复数为自变量且取值为复数的复变函数，现在开始研究以矩阵为变量且取值为矩阵的函数，并称这类函数为矩阵函数。

设幂级数$f(\lambda)=\sum_{k=0}^{\infty}a_k\lambda^k$的收敛半径为 R，当$\|\boldsymbol{A}\|<R$时，定义方阵 $\boldsymbol{A}$ 的级数的和为$f(\boldsymbol{A})$，即

$$f(\boldsymbol{A})=a_0\boldsymbol{E}+a_1\boldsymbol{A}+a_2\boldsymbol{A}^2+\cdots+a_k\boldsymbol{A}^k+\cdots=\sum_{k=0}^{\infty}a_k\boldsymbol{A}^k$$

特别地，当$f(\lambda)=a_0+a_1\lambda+a_2\lambda^2+\cdots+a_k\lambda^k$时，矩阵 $\boldsymbol{A}$ 的多项式$f(\boldsymbol{A})$为：

$$f(\boldsymbol{A})=a_0\boldsymbol{E}+a_1\boldsymbol{A}+a_2\boldsymbol{A}^2+\cdots+a_k\boldsymbol{A}^k$$

对于任何方阵 $\boldsymbol{A}$ 都有：

$$\mathrm{e}^{\boldsymbol{A}}=\sum_{k=0}^{\infty}\frac{1}{k!}\boldsymbol{A}^k=\boldsymbol{E}+\boldsymbol{A}+\frac{1}{2!}\boldsymbol{A}^2+\cdots+\frac{1}{k!}\boldsymbol{A}^k+\cdots$$

$$\sin\boldsymbol{A}=\sum_{k=0}^{\infty}(-1)^k\frac{1}{(2k+1)!}\boldsymbol{A}^{2k+1}=\boldsymbol{A}-\frac{1}{3!}\boldsymbol{A}^3+\frac{1}{5!}\boldsymbol{A}^5+\cdots+(-1)^k\frac{1}{(2k+1)!}\boldsymbol{A}^{2k+1}+\cdots$$

$$\cos\boldsymbol{A}=\sum_{k=0}^{\infty}(-1)^k\frac{1}{(2k)!}\boldsymbol{A}^{2k}=\boldsymbol{E}-\frac{1}{2!}\boldsymbol{A}^2+\frac{1}{4!}\boldsymbol{A}^4+\cdots+(-1)^k\frac{1}{(2k)!}\boldsymbol{A}^{2k}+\cdots$$

4.8.13　矩阵函数的笔算求法简介

矩阵函数的计算问题，是矩阵在应用中的关键问题，矩阵函数的计算是相当复杂的，常规方法有递推公式法、Jordan 标准形法、拉格朗日插值法和待定系数法，下面择重介绍笔算方法。

4.8.13.1　用 Jordan 标准形求矩阵函数

对于给定的一般矩阵 $\boldsymbol{A}$ 及函数$f(\lambda)$，计算$f(\boldsymbol{A})$的步骤如下：

第一步，经过相似变换将 $\boldsymbol{A}$ 化成 $\boldsymbol{A}$ 的 Jordan 标准形 $\boldsymbol{J}$，并求相似变换矩阵 $\boldsymbol{P}$，使得$\boldsymbol{A}=\boldsymbol{P}\boldsymbol{J}\boldsymbol{P}^{-1}$，其中

$$\boldsymbol{J}=\begin{bmatrix}\boldsymbol{J}_1 & & & \\ & \boldsymbol{J}_2 & & \\ & & \ddots & \\ & & & \boldsymbol{J}_k\end{bmatrix},\boldsymbol{J}_i=\begin{bmatrix}\lambda_i & 1 & & & \\ & \lambda_i & \ddots & & \\ & & \ddots & \ddots & \\ & & & \ddots & 1 \\ & & & & \lambda_i\end{bmatrix}_{l_i\times l_i}\quad(i=1,2,\cdots,k)$$

第二步，计算$f(\boldsymbol{J})$。

$$f(\boldsymbol{J})=\begin{bmatrix} f(\boldsymbol{J}_1) & & & \\ & f(\boldsymbol{J}_2) & & \\ & & \ddots & \\ & & & f(\boldsymbol{J}_k) \end{bmatrix}, f(\boldsymbol{J}_i)=\begin{bmatrix} f(\lambda_i) & f'(\lambda_i) & \dfrac{f''(\lambda_i)}{2!} & \cdots & \dfrac{f^{(l_i-1)}(\lambda_i)}{(l_i-1)!} \\ 0 & f(\lambda_i) & f'(\lambda_i) & \cdots & \dfrac{f^{(l_i-2)}(\lambda_i)}{(l_i-2)!} \\ \vdots & \vdots & \vdots & & \vdots \\ 0 & 0 & 0 & \cdots & f(\lambda_i) \end{bmatrix}$$

第三步，计算$f(\boldsymbol{A})$。

$$f(\boldsymbol{A})=\boldsymbol{P}f(\boldsymbol{J})\boldsymbol{P}^{-1}$$

例如，设

$$\boldsymbol{A}=\begin{bmatrix} 2 & 0 & 0 \\ 1 & 1 & 1 \\ 1 & -1 & 3 \end{bmatrix}$$

求$\mathrm{e}^{\boldsymbol{A}t}$，$\sin\boldsymbol{A}$。

先求 $\boldsymbol{A}$ 的 Jordan 标准形，由于

$$\lambda\boldsymbol{E}-\boldsymbol{A}=\begin{bmatrix} \lambda-2 & 0 & 0 \\ -1 & \lambda-1 & -1 \\ -1 & 1 & \lambda-3 \end{bmatrix} \xrightarrow[\substack{r_2-(\lambda-1)r_1 \\ r_3-r_2 \\ r_2+r_3}]{\substack{c_1\leftrightarrow c_2 \\ r_1\leftrightarrow r_3 \\ c_2+c_1 \\ c_3-(\lambda-3)c_1}} \begin{bmatrix} 1 & 0 & 0 \\ 0 & \lambda-2 & 0 \\ 0 & 0 & (\lambda-2)^2 \end{bmatrix}$$

因此$\lambda\boldsymbol{E}-\boldsymbol{A}$的不变因子为$d_1(\lambda)=1$，$d_2(\lambda)=\lambda-2$，$d_3(\lambda)=(\lambda-2)^2$。从而 $\boldsymbol{A}$ 的初等因子为$(\lambda-2)^2$、$\lambda-2$。因此 $\boldsymbol{A}$ 的 Jordan 标准形为：

$$\boldsymbol{J}=\begin{bmatrix} \boldsymbol{J}_1 & 0 \\ 0 & \boldsymbol{J}_2 \end{bmatrix}=\begin{bmatrix} 2 & 1 & 0 \\ 0 & 2 & 0 \\ 0 & 0 & 2 \end{bmatrix}$$

求相似变换矩阵 $\boldsymbol{P}$：

$$\boldsymbol{AP}=\boldsymbol{PJ}$$

得

$$\boldsymbol{\eta}_1=\begin{Bmatrix} 0 \\ 1 \\ 1 \end{Bmatrix}, \boldsymbol{\eta}_2=\begin{Bmatrix} 1 \\ 0 \\ 0 \end{Bmatrix}, \boldsymbol{\eta}_3=\begin{Bmatrix} 1 \\ 0 \\ 1 \end{Bmatrix}$$

故

$$\boldsymbol{P}=\begin{bmatrix} 0 & 1 & 1 \\ 1 & 0 & 0 \\ 1 & 0 & 1 \end{bmatrix}, \boldsymbol{P}^{-1}=\begin{bmatrix} 0 & 1 & 0 \\ 1 & 1 & -1 \\ 0 & -1 & 1 \end{bmatrix}$$

$f(\lambda)=\mathrm{e}^{\lambda t}$，$f'(\lambda)=t\mathrm{e}^{\lambda t}$，所以

$$\mathrm{e}^{\boldsymbol{J}t}=\begin{bmatrix} f(\boldsymbol{J}_1) & 0 \\ 0 & f(\boldsymbol{J}_2) \end{bmatrix}=\begin{bmatrix} \mathrm{e}^{2t} & t\mathrm{e}^{2t} & 0 \\ 0 & \mathrm{e}^{2t} & 0 \\ 0 & 0 & \mathrm{e}^{2t} \end{bmatrix}$$

$$e^{At}=Pe^{Jt}P^{-1}=\begin{bmatrix} e^{2t} & 0 & 0 \\ te^{2t} & (1+t)e^{2t} & -te^{2t} \\ te^{2t} & te^{2t} & (1-t)e^{2t} \end{bmatrix}$$

$g(\lambda)=\sin\lambda$，$g'(\lambda)=\cos\lambda$，所以

$$\sin J=g(J)=\begin{bmatrix} \sin 2 & \cos 2 & 0 \\ 0 & \sin 2 & 0 \\ 0 & 0 & \sin 2 \end{bmatrix}$$

$$\sin A=P\sin J\cdot P^{-1}=\begin{bmatrix} \sin 2 & 0 & 0 \\ \cos 2 & \sin 2+\cos 2 & -\cos 2 \\ \cos 2 & \cos 2 & \sin 2-\cos 2 \end{bmatrix}$$

求矩阵函数的过程中，同时需要用到相似变换 P 矩阵和 Jordan 标准形 J。上面的示例是用 J 标准形求出 P 矩阵，实际笔算时也可以先根据特征值定义求出 P 矩阵，再利用 P 矩阵求出 J 标准形。下面举求矩阵函数的局部例子，说明该方法。

设矩阵

$$A=\begin{bmatrix} 0 & -1 & 0 \\ 1 & 0 & 1 \\ 0 & 1 & 0 \end{bmatrix}$$

求e^{At}，$\sin At$。

先计算A的特征值和特征向量：

$$|\lambda E-A|=\begin{vmatrix} \lambda & 1 & 0 \\ -1 & \lambda & -1 \\ 0 & -1 & \lambda \end{vmatrix}=\lambda^3=0$$

得$\lambda_1=\lambda_2=\lambda_3=0$。

特征值$\lambda_1=0$对应的特征向量为：

$$\eta_1=\begin{Bmatrix} -1 \\ 0 \\ 1 \end{Bmatrix}$$

解方程组

$$\begin{cases} A\eta_2=\eta_2 \\ A\eta_3=\eta_2+\eta_3 \end{cases}$$

得特征值$\lambda_2=0$、$\lambda_3=0$对应的特征向量分别为：

$$\eta_2=\begin{Bmatrix} 0 \\ 1 \\ 0 \end{Bmatrix},\eta_3=\begin{Bmatrix} 1 \\ 0 \\ 1 \end{Bmatrix}$$

所以A的相似变换矩阵为：

$$P=\begin{bmatrix} -1 & 0 & 1 \\ 0 & 1 & 0 \\ 1 & 0 & 0 \end{bmatrix},P^{-1}=\begin{bmatrix} 0 & 0 & 1 \\ 0 & 1 & 0 \\ 1 & 0 & 1 \end{bmatrix}$$

这样，利用相似变换 P 矩阵可以求出 J 标准形：

$$J(A) = P^{-1}AP = \begin{bmatrix} 0 & 1 & 0 \\ 0 & 0 & 1 \\ 0 & 0 & 0 \end{bmatrix}$$

至此，两个矩阵就都求出来了，本题的最终结果为：

$$e^{At} = \begin{bmatrix} -\dfrac{t^2}{2}+1 & -t & -\dfrac{t^2}{2} \\ t & 1 & t \\ \dfrac{t^2}{2} & t & \dfrac{t^2}{2}+1 \end{bmatrix}, \sin At = \begin{bmatrix} 0 & -\sin t & 0 \\ \sin t & 0 & \sin t \\ 0 & \sin t & 0 \end{bmatrix}$$

4.8.13.2　用待定系数法求矩阵函数

按矩阵函数的定义，只需求出多项式$g(\lambda)$，使得$f(\sigma_{\mathbf{A}}) = g(\sigma_{\mathbf{A}})$。由于$f(\lambda)$在$\sigma_{\mathbf{A}}$上给定，从而确定了 m 个条件，因此可用这 m 个条件确定$g(\lambda)$的系数。即令

$$g(\lambda) = a_0 + a_1\lambda + a_2\lambda^2 + \cdots + a_{m-1}\lambda^{m-1}$$

式中，m 为 $\boldsymbol{A}$ 的最小多项式的次数。由条件$f(\sigma_{\mathbf{A}}) = g(\sigma_{\mathbf{A}})$列出方程组，解出$a_0$，$a_1$，$a_2$，…，$a_{m-1}$，从而求出$g(\lambda)$，进而计算$f(\boldsymbol{A}) = g(\boldsymbol{A})$。

例如，设

$$\boldsymbol{A} = \begin{bmatrix} 0 & 0 & 2 \\ 0 & 1 & 0 \\ 1 & 0 & 3 \end{bmatrix}$$

求$e^{\boldsymbol{A}t}$。

$$\varphi(\lambda) = |\lambda\boldsymbol{E} - \boldsymbol{A}| = (\lambda-1)^2(\lambda-2)$$
$$m(\lambda) = (\lambda-1)(\lambda-2)$$

由于$m(\lambda)$是二次多项式，且$\lambda_1 = 1$，$\lambda_2 = 2$，因此

$$g(\lambda) = a_0 + a_1\lambda$$

是一次多项式。由于$f(\lambda) = e^{\lambda t}$，且$f(\lambda_1) = g(\lambda_1)$，$f(\lambda_2) = g(\lambda_2)$，所以有

$$\begin{cases} e^t = a_0 + a_1 \\ e^{2t} = a_0 + 2a_1 \end{cases}$$

解得

$$\begin{cases} a_0 = 2e^t - e^{2t} \\ a_1 = e^{2t} - e^t \end{cases}$$

所以

$$f(\boldsymbol{A}) = e^{\boldsymbol{A}t} = g(\boldsymbol{A}) = a_0\boldsymbol{E} + a_1\boldsymbol{A} = (2e^t - e^{2t})\boldsymbol{E} + (e^{2t} - e^t)\boldsymbol{A} = \begin{bmatrix} 2e^t - e^{2t} & 0 & 2e^t - 2e^{2t} \\ 0 & e^t & 0 \\ e^{2t} - e^t & 0 & 2e^{2t} - e^t \end{bmatrix}$$

4.8.14　矩阵函数的 MATLAB 求法

MATLAB 中提供 funm 函数来求矩阵函数，其语法格式如下：

<u>变量名</u>=funm(<u>矩阵</u>,@<u>函数句柄</u>)

【例 4-19】 求 $\boldsymbol{A}$ 的矩阵函数 $f(\boldsymbol{A})=\mathrm{e}^{\boldsymbol{A}t}$，$g(\boldsymbol{A})=\cos\boldsymbol{A}t$ 和 $\varphi(\boldsymbol{A})=\boldsymbol{A}^5+2\boldsymbol{A}^4-3\boldsymbol{A}^2$。

$$\boldsymbol{A}=\begin{bmatrix}4 & 2 & -5\\6 & 4 & -9\\5 & 3 & -7\end{bmatrix}$$

在 M 文件编辑器中输入：

```
syms t;
A=[4 2 -5;6 4 -9;5 3 -7];
m1=funm(A*t,@exp)                    %求矩阵函数e^At
m2=funm(A*t,@cos)                    %求矩阵函数cos At
m3=A.^5+2*A.^4-3*A.^2                %求矩阵函数A^5 + 2A^4 - 3A^2
```

计算结果为：

```
m1 =
[     t + 3*exp(t) - 2,    exp(t) + t*(1/t + 1) - 2,    4 - t*(1/t + 2) - 3*exp(t)]
[ 3*t + 3*exp(t) - 3, exp(t) + 3*t*(1/t + 1) - 3, 6 - 3*t*(1/t + 2) - 3*exp(t)]
[ 2*t + 3*exp(t) - 3, exp(t) + 2*t*(1/t + 1) - 3, 6 - 2*t*(1/t + 2) - 3*exp(t)]
m2 =
[ 3*cos(t) - 2, cos(t) - 1, 3 - 3*cos(t)]
[ 3*cos(t) - 3,         cos(t), 3 - 3*cos(t)]
[ 3*cos(t) - 3, cos(t) - 1, 4 - 3*cos(t)]
m3 =
        1488                52            -1950
       10260              1488           -46170
        4300               378           -12152
```

计算时间约为 0.129s。即

$$f(\boldsymbol{A})=\mathrm{e}^{\boldsymbol{A}t}=\begin{bmatrix}t+3\mathrm{e}^t-2 & \mathrm{e}^t+t\left(\dfrac{1}{t}+1\right)-2 & 4-t\left(\dfrac{1}{t}+2\right)-3\mathrm{e}^t\\3t+3\mathrm{e}^t-3 & \mathrm{e}^t+3t\left(\dfrac{1}{t}+1\right)-3 & 6-3t\left(\dfrac{1}{t}+2\right)-3\mathrm{e}^t\\2t+3\mathrm{e}^t-3 & \mathrm{e}^t+2t\left(\dfrac{1}{t}+1\right)-3 & 6-2t\left(\dfrac{1}{t}+2\right)-3\mathrm{e}^t\end{bmatrix}$$

$$g(\boldsymbol{A})=\cos\boldsymbol{A}t=\begin{bmatrix}3\cos t-2 & \cos t-1 & 3-3\cos t\\3\cos t-3 & \cos t & 3-3\cos t\\3\cos t-3 & \cos t-1 & 4-3\cos t\end{bmatrix}$$

$$\varphi(\boldsymbol{A})=\boldsymbol{A}^5+2\boldsymbol{A}^4-3\boldsymbol{A}^2=\begin{bmatrix}1488 & 52 & -1950\\10260 & 1488 & -46170\\4300 & 378 & -12152\end{bmatrix}$$

4.9 矩阵线性常微分方程

利用矩阵表示线性微分方程的定解问题，形式比较简单，而矩阵函数又使线性微分方程的求解问题得到简化。不仅如此，矩阵微分方程还是系统工程和控制理论的重要数学基础。

4.9.1 线性定常系统的状态方程

4.9.1.1 常系数线性齐次常微分方程组的解

一阶常系数线性齐次微分方程组

$$\begin{cases}\dfrac{\mathrm{d}x_1}{\mathrm{d}t}=a_{11}x_1+a_{12}x_2+\cdots+a_{1n}x_n\\ \dfrac{\mathrm{d}x_2}{\mathrm{d}t}=a_{21}x_1+a_{22}x_2+\cdots+a_{2n}x_n\\ \qquad\cdots\\ \dfrac{\mathrm{d}x_n}{\mathrm{d}t}=a_{n1}x_1+a_{n2}x_2+\cdots+a_{nn}x_n\end{cases}$$

在初值条件$\boldsymbol{x}(t)$下求解的问题可以写成矩阵形式的定解问题：

$$\begin{cases}\dfrac{\mathrm{d}\boldsymbol{x}}{\mathrm{d}t}=\boldsymbol{A}\boldsymbol{x}\\ \boldsymbol{x}(t)|_{t=t_0}=\boldsymbol{x}(t_0)\end{cases}$$

式中，$\boldsymbol{x}(t)$是t的可微函数的$n\times m$矩阵；$\boldsymbol{x}(t_0)$是$n\times m$阶常数矩阵；$\boldsymbol{A}$ 是给定的 n 阶常数方阵。则该微分方程组的定解为：

$$\boldsymbol{x}(t)=\mathrm{e}^{\boldsymbol{A}(t-t_0)}\boldsymbol{x}(t_0)$$

并且这个解是唯一的，与 t 的取值无关。

4.9.1.2 常系数线性非齐次常微分方程组的解

设$\boldsymbol{A}=(a_{ij})_{n\times n}$与$\boldsymbol{B}=(b_{ij})_{n\times m}$是常数矩阵，而

$$\boldsymbol{x}(t)=\begin{Bmatrix}x_1(t)\\x_2(t)\\\vdots\\x_n(t)\end{Bmatrix},\boldsymbol{u}(t)=\begin{Bmatrix}u_1(t)\\u_2(t)\\\vdots\\u_n(t)\end{Bmatrix}$$

都是函数向量，则称

$$\begin{cases}\dfrac{\mathrm{d}\boldsymbol{x}(t)}{\mathrm{d}t}=\boldsymbol{A}\boldsymbol{x}(t)+\boldsymbol{B}\boldsymbol{u}(t)\\ \boldsymbol{x}(t)|_{t=t_0}=\boldsymbol{x}(t_0)\end{cases}$$

为常系数线性非齐次微分方程组。其解为：

$$\boldsymbol{x}(t)=\mathrm{e}^{\boldsymbol{A}t}\int_{t_0}^{t}\mathrm{e}^{-\boldsymbol{A}t}\boldsymbol{B}\boldsymbol{u}(t)\mathrm{d}t+\mathrm{e}^{\boldsymbol{A}t}\boldsymbol{c}$$

式中，$\boldsymbol{c}$ 为任意常数列向量。为了满足初始条件，应有：

$$\boldsymbol{c}=\mathrm{e}^{-\boldsymbol{A}t_0}\boldsymbol{x}(t_0)$$

因此常系数线性非齐次常微分方程组的定解为：

$$\boldsymbol{x}(t)=\mathrm{e}^{\boldsymbol{A}(t-t_0)}\boldsymbol{x}(t_0)+\int_{t_0}^{t}\mathrm{e}^{\boldsymbol{A}(t-v)}\boldsymbol{B}\boldsymbol{u}(v)\mathrm{d}v$$

4.9.1.3　n 阶常系数常微分方程的解

n 阶常系数线性齐次常微分方程

$$\begin{cases} y^{(n)} + a_1 y^{(n-1)} + a_2 y^{(n-2)} + \cdots + a_n y = 0 \\ y^{(i)}(t)\big|_{t=0} = y_0^{(i)}, i = 0,1,\cdots,n-1 \end{cases}$$

可以写为：

$$\begin{cases} \dfrac{\mathrm{d}\boldsymbol{x}(t)}{\mathrm{d}t} = \boldsymbol{A}x(t) \\ \boldsymbol{x}(t)|_{t=0} = \boldsymbol{x}(0) \end{cases}$$

它的定解为：

$$\boldsymbol{y} = (1,0,0,\cdots,0)\boldsymbol{x}(t) = (1,0,0,\cdots,0)\mathrm{e}^{\boldsymbol{A}t}x(0) = (1,0,0,\cdots,0)\mathrm{e}^{\boldsymbol{A}t}\begin{Bmatrix} y_0 \\ y_0' \\ \vdots \\ y_0^{(n-1)} \end{Bmatrix}$$

n 阶常系数线性非齐次常微分方程

$$\begin{cases} y^{(n)} + a_1 y^{(n-1)} + a_2 y^{(n-2)} + \cdots + a_n y = u(t) \\ y^{(i)}(t)\big|_{t=0} = y_0^{(i)}, i = 0,1,\cdots,n-1 \end{cases}$$

可以写为：

$$\begin{cases} \dfrac{\mathrm{d}\boldsymbol{x}(t)}{\mathrm{d}t} = \boldsymbol{A}\boldsymbol{x}(t) + \boldsymbol{B}\boldsymbol{u}(t) \\ \boldsymbol{x}(t)|_{t=0} = \boldsymbol{x}(0) \end{cases}$$

它的定解为：

$$\boldsymbol{y}(t) = (1,0,0,\cdots,0)\left(\mathrm{e}^{\boldsymbol{A}t}\boldsymbol{x}(0) + \int_0^t \mathrm{e}^{\boldsymbol{A}(t-v)}\boldsymbol{B}\boldsymbol{u}(v)\mathrm{d}v\right)$$

4.9.2　常系数线性非齐次方程组的笔算求解简介

求常系数线性非齐次方程组

$$\begin{cases} \dfrac{\mathrm{d}y_1(t)}{\mathrm{d}t} = 2y_1 - y_2 + y_3 + \mathrm{e}^{2t} \\ \dfrac{\mathrm{d}y_2(t)}{\mathrm{d}t} = 3y_2 - y_3 \\ \dfrac{\mathrm{d}y_3(t)}{\mathrm{d}t} = 2y_1 + y_2 + 3y_3 + t\mathrm{e}^{2t} \end{cases}$$

在初始条件

$$\boldsymbol{y}(0) = \begin{Bmatrix} y_1(0) \\ y_2(0) \\ y_3(0) \end{Bmatrix} = \begin{Bmatrix} 1 \\ 1 \\ 1 \end{Bmatrix}$$

下的解。

将微分方程组改写为向量形式：

$$\frac{\mathrm{d}\boldsymbol{y}(t)}{\mathrm{d}t}=\boldsymbol{A}\boldsymbol{y}(t)+\boldsymbol{u}(t)$$

其中

$$\boldsymbol{A}=\begin{bmatrix}2&-1&1\\0&3&-1\\2&1&3\end{bmatrix},\boldsymbol{y}(t)=\begin{Bmatrix}y_1(0)\\y_2(0)\\y_3(0)\end{Bmatrix},\boldsymbol{u}(t)=\begin{Bmatrix}\mathrm{e}^{2t}\\0\\t\mathrm{e}^{2t}\end{Bmatrix}$$

$\boldsymbol{A}$ 的 Jordan 标准形和相似变换 $\boldsymbol{P}$ 矩阵为：

$$\boldsymbol{J}=\begin{bmatrix}2&1&0\\0&2&0\\0&0&4\end{bmatrix},\boldsymbol{P}=\begin{bmatrix}-1&0&1\\1&1&-1\\1&0&1\end{bmatrix},\boldsymbol{P}^{-1}=\begin{bmatrix}-\frac{1}{2}&0&\frac{1}{2}\\1&1&0\\\frac{1}{2}&0&\frac{1}{2}\end{bmatrix}$$

于是

$$\mathrm{e}^{\boldsymbol{A}t}y(0)=\boldsymbol{P}\mathrm{e}^{\boldsymbol{J}t}\boldsymbol{P}^{-1}\boldsymbol{y}(0)=\begin{bmatrix}-1&0&1\\1&1&-1\\1&0&1\end{bmatrix}\begin{bmatrix}\mathrm{e}^{2t}&t\mathrm{e}^{2t}&0\\0&\mathrm{e}^{2t}&0\\0&0&\mathrm{e}^{4t}\end{bmatrix}\begin{bmatrix}-\frac{1}{2}&0&\frac{1}{2}\\1&1&0\\\frac{1}{2}&0&\frac{1}{2}\end{bmatrix}\begin{Bmatrix}1\\1\\1\end{Bmatrix}$$

$$=\begin{Bmatrix}-2t\mathrm{e}^{2t}+\mathrm{e}^{4t}\\2(1+t)\mathrm{e}^{2t}-\mathrm{e}^{4t}\\2t\mathrm{e}^{2t}+\mathrm{e}^{4t}\end{Bmatrix}$$

$$\mathrm{e}^{\boldsymbol{A}(t-v)}\boldsymbol{u}(v)=\boldsymbol{P}\mathrm{e}^{\boldsymbol{J}t}\boldsymbol{P}^{-1}\boldsymbol{u}(v)$$

$$=\begin{bmatrix}-1&0&1\\1&1&-1\\1&0&1\end{bmatrix}\begin{bmatrix}\mathrm{e}^{2(t-v)}&(t-v)\mathrm{e}^{2(t-v)}&0\\0&\mathrm{e}^{2(t-v)}&0\\0&0&\mathrm{e}^{4(t-v)}\end{bmatrix}\begin{bmatrix}-\frac{1}{2}&0&\frac{1}{2}\\1&1&0\\\frac{1}{2}&0&\frac{1}{2}\end{bmatrix}\begin{Bmatrix}\mathrm{e}^{2v}\\0\\v\mathrm{e}^{2v}\end{Bmatrix}$$

$$=\frac{\mathrm{e}^{2t}}{2}\begin{Bmatrix}1-2t+\mathrm{e}^{2(t-v)}+v+v\mathrm{e}^{2(t-v)}\\1+2t-\mathrm{e}^{2(t-v)}-v-v\mathrm{e}^{2(t-v)}\\-1+2t+\mathrm{e}^{2(t-v)}-v+v\mathrm{e}^{2(t-v)}\end{Bmatrix}$$

将$\mathrm{e}^{\boldsymbol{A}t}y(0)$和$\mathrm{e}^{\boldsymbol{A}(t-v)}\boldsymbol{u}(v)$代入公式$\boldsymbol{x}(t)=\mathrm{e}^{\boldsymbol{A}(t-t_0)}\boldsymbol{x}(t_0)+\int_{t_0}^{t}\mathrm{e}^{\boldsymbol{A}(t-v)}\boldsymbol{B}\boldsymbol{u}(v)\mathrm{d}v$，且$t_0=0$。所以该方程组的定解为：

$$\boldsymbol{y}(t)=\mathrm{e}^{\boldsymbol{A}t}\boldsymbol{y}(0)+\int_0^t\mathrm{e}^{\boldsymbol{A}(t-v)}\boldsymbol{u}(v)\mathrm{d}v=\mathrm{e}^{2t}\begin{Bmatrix}\frac{11}{8}\mathrm{e}^{2t}-\frac{3}{8}-\frac{7}{8}t-\frac{3}{4}t^2\\-\frac{11}{8}\mathrm{e}^{2t}+\frac{19}{8}+\frac{11}{4}t+\frac{3}{4}t^2\\\frac{11}{8}\mathrm{e}^{2t}-\frac{3}{8}+\frac{5}{4}t+\frac{3}{4}t^2\end{Bmatrix}$$

4.9.3 常系数齐次线性方程组的 MATLAB 求解

【例 4-20】 解齐次方程组

$$\begin{cases}\dfrac{\mathrm{d}x_1}{\mathrm{d}t}=x_2+x_3\\ \dfrac{\mathrm{d}x_2}{\mathrm{d}t}=x_1+x_2-x_3\,,\boldsymbol{x}(0)=\begin{Bmatrix}1\\1\\3\end{Bmatrix}\\ \dfrac{\mathrm{d}x_3}{\mathrm{d}t}=x_2+x_3\end{cases}$$

在 M 文件编辑器中输入：

```
syms t;
A=[0 1 1;1 1 -1;0 1 1];          %定义系数矩阵
x0=[1;1;3];                      %定义初值条件矩阵
[P,J]=jordan(A);                 %求 A 的 Jordan 标准形
eJt=funm(J*t,@exp);              %求 e^(Jt) 矩阵函数
eAt=P*eJt*inv(P);                %求 e^(At)
xt=simplify(eAt*x0)              %乘以初值矩阵，得出结果
```

计算结果为：

```
xt =
  5*exp(t) - t*exp(t) - 4
               2 - exp(t)
 5*exp(t) - t*exp(t) – 2
```

计算时间约为 0.145s。

即

$$\boldsymbol{x}(t)=\begin{Bmatrix}5\mathrm{e}^t-t\mathrm{e}^t-4\\2-\mathrm{e}^t\\5\mathrm{e}^t-t\mathrm{e}^t-2\end{Bmatrix}$$

4.9.4 常系数非齐次线性方程组的 MATLAB 求解

【例 4-21】 解非齐次微分方程组

$$\frac{\mathrm{d}\boldsymbol{x}}{\mathrm{d}t}=\boldsymbol{A}\boldsymbol{x}+\boldsymbol{B}\boldsymbol{u}(t)$$

其中

$$\boldsymbol{A}=\begin{bmatrix}-6&1&0\\-11&0&1\\-6&0&0\end{bmatrix},\boldsymbol{B}=\begin{Bmatrix}2\\6\\2\end{Bmatrix},\boldsymbol{u}(t)=1,\boldsymbol{x}(0)=\begin{Bmatrix}1\\0\\-1\end{Bmatrix}$$

在 M 文件编辑器中输入：

```
syms t v;
A=[-6 1 0;-11 0 1;-6 0 0];        %定义系数矩阵
B=[2;6;2];                        %定义非齐次项系数矩阵
ut=[1;1;1];                       %定义非齐次项函数（本例为常函数）
x0=[1;0;-1];                      %定义初值条件
[P,J]=jordan(A);                  %求 A 的 Jordan 标准形
```

```
eJt=funm(J*t,@exp);                       %求矩阵函数 e^Jt
eAty0=P*eJt*inv(P)*x0;                    %e^Jt 乘以初值条件
eJ_tv=subs(eJt,t,t-v);                    %求 e^J(t-v)
uv=subs(ut,t,v);                          %u(t)变 u(v)
eAu=P*eJ_tv*inv(P)*B.*uv;                 %求 e^Au
xt=simplify(eAty0+int(eAu,v,0,t))         %最终求解
```

注意 $\boldsymbol{B}$ 和 $\boldsymbol{u}(v)$之间是普通乘法关系，不是矩阵乘法，用“.*”。

计算结果为：

xt =

exp(-t) - 4*exp(-2*t) + (11*exp(-3*t))/3 + 1/3

exp(-3*t)*(5*exp(2*t) - 16*exp(t) + 11)

6*exp(-t) - 12*exp(-2*t) + (22*exp(-3*t))/3 - 7/3

计算时间约为 0.276s。

即

$$\boldsymbol{x}(t)=\begin{Bmatrix} \mathrm{e}^{-t}-4\mathrm{e}^{-2t}+\dfrac{11}{3}\mathrm{e}^{-3t}+\dfrac{1}{3} \\ \mathrm{e}^{-3t}(5\mathrm{e}^{2t}-16\mathrm{e}^{t}+11) \\ 6\mathrm{e}^{-t}-12\mathrm{e}^{-2t}+\dfrac{22}{3}\mathrm{e}^{-3t}-\dfrac{7}{3} \end{Bmatrix}$$

4.9.5 动态微分方程的笔算求解简介

设某一动态微分方程为：

$$y'''+7y''+14y'+8y=6u(t)$$

其中，y 为系统的输出函数，$u(t)=1$为系统的输入函数，求$y(t)$。

令

$$\begin{cases} x_1=y \\ x_2=y' \\ x_3=y'' \end{cases}$$

则

$$\begin{cases} x_1'=x_2 \\ x_2'=x_3 \\ x_3'=y'''=-8x_1-14x_2-7x_3+6u(t) \end{cases}$$

写为向量方程$\boldsymbol{x}'=\boldsymbol{A}\boldsymbol{x}+\boldsymbol{B}\boldsymbol{u}(t)$，其中

$$\boldsymbol{A}=\begin{bmatrix} 0 & 1 & 0 \\ 0 & 0 & 1 \\ -8 & -14 & -7 \end{bmatrix},\boldsymbol{B}=\begin{Bmatrix} 0 \\ 0 \\ 6 \end{Bmatrix}$$

由于 $\boldsymbol{A}$ 为“友矩阵”，所以特征多项式为：

$$\varphi(\lambda)=\lambda^3+7\lambda^2+14\lambda+8=(\lambda+1)(\lambda+2)(\lambda+4)$$

所以 $\boldsymbol{A}$ 的特征值为$\lambda_1=-1$，$\lambda_2=-2$，$\lambda_3=-4$。$\boldsymbol{A}$ 的 Jordan 标准形和相似变换 $\boldsymbol{P}$ 矩阵为：

$$\boldsymbol{J}=\begin{bmatrix}-1&0&0\\0&-2&0\\0&0&-4\end{bmatrix},\boldsymbol{P}=\begin{bmatrix}1&1&1\\-1&-2&-4\\1&4&16\end{bmatrix},\boldsymbol{P}^{-1}=\frac{1}{6}\begin{bmatrix}16&12&2\\-12&-15&-3\\2&3&1\end{bmatrix}$$

所以

$$\boldsymbol{x}(t)=\mathrm{e}^{\boldsymbol{A}t}\boldsymbol{x}(0)+\int_0^t\mathrm{e}^{\boldsymbol{A}(t-v)}\boldsymbol{Bu}(v)\mathrm{d}v=\mathrm{e}^{\boldsymbol{A}t}\begin{Bmatrix}k_1\\k_2\\k_3\end{Bmatrix}+\int_0^t\mathrm{e}^{\boldsymbol{A}(t-v)}\boldsymbol{Bu}(v)\mathrm{d}v$$

$$\begin{aligned}y(t)&=(1,0,0)\left\{\mathrm{e}^{\boldsymbol{A}t}\boldsymbol{x}(0)+\int_0^t\mathrm{e}^{\boldsymbol{A}(t-v)}\boldsymbol{Bu}(v)\mathrm{d}v\right\}\\&=\frac{k_2\mathrm{e}^{-t}(4\mathrm{e}^{3t}-5\mathrm{e}^{2t}+1)}{2}+\frac{k_1\mathrm{e}^{-4t}(8\mathrm{e}^{3t}-6\mathrm{e}^{2t}+1)}{3}+\frac{\mathrm{e}^{-4t}(\mathrm{e}^t-1)^3 3\mathrm{e}^t+1}{4}\\&\quad+\frac{k_3\mathrm{e}^{-4t}(\mathrm{e}^t-1)^2(2\mathrm{e}^t+1)}{6}\end{aligned}$$

4.9.6 动态微分方程的 MATLAB 求解

【例 4-22】 求方程$y'''+6y''+11y'+6y=\mathrm{e}^{-t}$满足$y(0)=y'(0)=y''(0)=0$的解。

设

$$\begin{cases}x_1=y\\x_2=y'\\x_3=y''\end{cases}$$

则有

$$\begin{cases}x_1'=x_2\\x_2'=x_3\\x_3'=y'''=-6x_1-11x_2-6x_3+\mathrm{e}^{-t}\end{cases}$$

写为向量方程$\boldsymbol{x}'=\boldsymbol{Ax}+\boldsymbol{Bu}(t)$，其中

$$\boldsymbol{A}=\begin{bmatrix}0&1&0\\0&0&1\\-6&-11&-6\end{bmatrix},\boldsymbol{B}=\begin{Bmatrix}0\times\mathrm{e}^{-t}\\0\times\mathrm{e}^{-t}\\1\times\mathrm{e}^{-t}\end{Bmatrix},\boldsymbol{x}(0)=\begin{Bmatrix}0\\0\\0\end{Bmatrix}$$

在 M 文件编辑器中输入：

```
syms t v;
A=[0 1 0;0 0 1;-6 -11 -6];              %定义系数矩阵
B=[0;0;1];                              %定义非齐次系数矩阵
ut=[exp(-t);exp(-t);exp(-t)];           %定义非齐次项函数矩阵
x0=[0;0;0];                             %定义初值条件矩阵
[P,J]=jordan(A);                        %求 A 的 Jordan 标准形
```

```
eJt=funm(J*t,@exp);                 %求矩阵函数 e^Jt
eAtx0=P*eJt*inv(P)*x0;              %计算 e^At 乘以初值
eJ_tv=subs(eJt,t,t-v);              %计算 e^J(t-v)
uv=subs(ut,t,v);                    %u(t)变 u(v)
eAv=P*eJ_tv*inv(P);                 %计算 e^Av
xt=eAtx0+int(eAv*B.*uv,v,0,t);      %求 x(t)
yt=simplify([1 0 0]*xt)             %计算最终 y(t)
```

注意 $\boldsymbol{B}$ 和 $u(v)$之间是普通乘法关系，不是矩阵乘法，用“.*”。

计算结果为：

yt =-(exp(-3*t)*(3*exp(2*t) - 4*exp(t) - 2*t*exp(2*t) + 1))/4

计算时间约为 0.212s。

即

$$y(t) = -\frac{\mathrm{e}^{-3t}(3\mathrm{e}^{2t} - 4\mathrm{e}^{t} - 2t\mathrm{e}^{2t} + 1)}{4}$$

4.9.7 转移矩阵与时变系统的定解

线性时变系统是指变系数的线性微分方程。设 n 阶方阵$\boldsymbol{A}(t)$在$[t_0, t_1]$上连续，$\boldsymbol{x}(t)$是$n \times m$阶未知矩阵，则称

$$\frac{\mathrm{d}\boldsymbol{x}(t)}{\mathrm{d}t} = \boldsymbol{A}(t)\boldsymbol{x}(t)$$

为变系数的齐次微分方程组。设

$$\boldsymbol{\Phi}_j(t, t_0) = \begin{Bmatrix} x_{1j}(t, t_0) \\ x_{2j}(t, t_0) \\ \vdots \\ x_{nj}(t, t_0) \end{Bmatrix}, (j = 1,2, \dots, n)$$

满足条件

$$\frac{\mathrm{d}\boldsymbol{\Phi}_j(t, t_0)}{\mathrm{d}t} = A(t)\boldsymbol{\Phi}_j(t, t_0)$$

且

$$\boldsymbol{\Phi}_j(t, t_0)\big|_{t=t_0} = \begin{Bmatrix} x_{1j}(t_0, t_0) \\ x_{2j}(t_0, t_0) \\ \vdots \\ x_{nj}(t_0, t_0) \end{Bmatrix} = \begin{Bmatrix} 0 \\ \vdots \\ 0 \\ 1 \\ 0 \\ \vdots \\ 0 \end{Bmatrix} (j - 1 \text{ 个 } 0)$$

则称 n 阶方阵

$$\boldsymbol{\Phi}(t,t_0) = \left(\boldsymbol{\Phi}_1(t,t_0),\boldsymbol{\Phi}_2(t,t_0),\cdots,\boldsymbol{\Phi}_n(t,t_0)\right) = \begin{bmatrix} x_{11}(t,t_0) & x_{12}(t,t_0) & \cdots & x_{1n}(t,t_0) \\ x_{21}(t,t_0) & x_{22}(t,t_0) & \cdots & x_{2n}(t,t_0) \\ \vdots & \vdots & \vdots & \vdots \\ x_{n1}(t,t_0) & x_{n2}(t,t_0) & \cdots & x_{nn}(t,t_0) \end{bmatrix}$$

为方程组的转移矩阵，也称为基本矩阵。

设$\boldsymbol{\Phi}(t,t_0)$是线性时变方程组的转移矩阵，则定解问题

$$\begin{cases} \dfrac{\mathrm{d}\boldsymbol{x}(t)}{\mathrm{d}t} = \boldsymbol{A}(t)\boldsymbol{x}(t) \\ \boldsymbol{x}(t)|_{t=t_0} = \boldsymbol{x}(t_0) \end{cases}$$

的解为：

$$\boldsymbol{x}(t) = \boldsymbol{\Phi}(t,t_0)\boldsymbol{x}(t_0)$$

4.9.8 状态转移矩阵的笔算求法简介

若对任意的t_1、t_2有

$$\boldsymbol{A}(t_1)\boldsymbol{A}(t_2) = \boldsymbol{A}(t_2)\boldsymbol{A}(t_1)$$

且方程组的转移矩阵为：

$$\boldsymbol{\Phi}(t,t_0) = \mathrm{e}^{\int_{t_0}^{t}\boldsymbol{A}(v)\mathrm{d}v} = \boldsymbol{E} + \int_{t_0}^{t}\boldsymbol{A}(v)\mathrm{d}v + \frac{1}{2!}\left(\int_{t_0}^{t}\boldsymbol{A}(v)\mathrm{d}v\right)^2 + \cdots + \frac{1}{k!}\left(\int_{t_0}^{t}\boldsymbol{A}(v)\mathrm{d}v\right)^k + \cdots$$

则该定解问题的解为：

$$\boldsymbol{x}(t) = \boldsymbol{\Phi}(t,t_0)\boldsymbol{x}(t_0) = \mathrm{e}^{\int_{t_0}^{t}\boldsymbol{A}(v)\mathrm{d}v}\boldsymbol{x}(t_0)$$

$$= \left[\boldsymbol{E} + \int_{t_0}^{t}\boldsymbol{A}(v)\mathrm{d}v + \frac{1}{2!}\left(\int_{t_0}^{t}\boldsymbol{A}(v)\mathrm{d}v\right)^2 + \cdots + \frac{1}{k!}\left(\int_{t_0}^{t}\boldsymbol{A}(v)\mathrm{d}v\right)^k + \cdots\right]\boldsymbol{x}(t_0)$$

级数

$$\boldsymbol{\Phi}(t,t_0) = \boldsymbol{E} + \int_{t_0}^{t}\boldsymbol{A}(v)\mathrm{d}v + \int_{t_0}^{t}\boldsymbol{A}(v_1)\mathrm{d}v_1\int_{t_0}^{v_1}\boldsymbol{A}(v_2)\mathrm{d}v_2 + \int_{t_0}^{t}\boldsymbol{A}(v_1)\mathrm{d}v_1\int_{t_0}^{v_1}\boldsymbol{A}(v_2)\mathrm{d}v_2\int_{t_0}^{v_2}\boldsymbol{A}(v_3)\mathrm{d}v_3 + \cdots$$

称为 Peano-Baker 级数。

设

$$\boldsymbol{A}(t) = \begin{bmatrix} 0 & \dfrac{1}{(1+t)^2} \\ 0 & 0 \end{bmatrix}$$

求方程组$\boldsymbol{x}'(t) = \boldsymbol{A}(t)\boldsymbol{x}(t)$的转移矩阵。

对于任意的t_1、t_2，有

$$\boldsymbol{A}(t_1)\boldsymbol{A}(t_2) = \begin{bmatrix} 0 & \dfrac{1}{(1+t_1)^2} \\ 0 & 0 \end{bmatrix}\begin{bmatrix} 0 & \dfrac{1}{(1+t_2)^2} \\ 0 & 0 \end{bmatrix} = 0 = \boldsymbol{A}(t_2)\boldsymbol{A}(t_1)$$

所以方程组的转移矩阵为：

$$\boldsymbol{\Phi}(t,t_0)=\mathrm{e}^{\int_{t_0}^{t}\boldsymbol{A}(v)\mathrm{d}v}=\boldsymbol{E}+\int_{t_0}^{t}\boldsymbol{A}(v)\mathrm{d}v+\frac{1}{2!}\left(\int_{t_0}^{t}\boldsymbol{A}(v)\mathrm{d}v\right)^2+\cdots$$

由于

$$\int_{t_0}^{t}\boldsymbol{A}(v)\mathrm{d}v=\begin{bmatrix}0 & \int_{t_0}^{t}\frac{1}{(1+v)^2}\mathrm{d}v\\ 0 & 0\end{bmatrix}=\begin{bmatrix}0 & \frac{t-t_0}{(t+1)(t_0+1)}\\ 0 & 0\end{bmatrix}$$

$$\left(\int_{t_0}^{t}\boldsymbol{A}(v)\mathrm{d}v\right)^2=\begin{bmatrix}0 & \frac{t-t_0}{(t+1)(t_0+1)}\\ 0 & 0\end{bmatrix}\begin{bmatrix}0 & \frac{t-t_0}{(t+1)(t_0+1)}\\ 0 & 0\end{bmatrix}=0$$

易得之后的项全为 0，所以方程组的转移矩阵为：

$$\boldsymbol{\Phi}(t,t_0)=\boldsymbol{E}+\int_{t_0}^{t}\boldsymbol{A}(v)\mathrm{d}v=\begin{bmatrix}1 & \frac{t-t_0}{(t+1)(t_0+1)}\\ 0 & 1\end{bmatrix}$$

4.9.9 非齐次时变系统的定解问题

设$\boldsymbol{A}(t)$为 n 阶方阵，$\boldsymbol{B}(t)$为$n\times m$阶矩阵，且$\boldsymbol{A}(t)$与$\boldsymbol{B}(t)$在所讨论的区间上连续，$\boldsymbol{x}(t)$与$\boldsymbol{u}(t)$分别为 n 维及 m 维列向量。则非齐次时变系统

$$\begin{cases}\boldsymbol{x}'(t)=\boldsymbol{A}(t)\boldsymbol{x}(t)+\boldsymbol{B}(t)\boldsymbol{u}(t)\\ \boldsymbol{x}(t)|_{t=t_0}=\boldsymbol{x}(t_0)\end{cases}$$

的定解为：

$$\boldsymbol{x}(t)=\boldsymbol{\Phi}(t,t_0)\boldsymbol{x}(t_0)+\int_{t_0}^{t}\boldsymbol{\Phi}(t,v)\boldsymbol{B}(v)\boldsymbol{u}(v)\mathrm{d}v$$

式中，$\boldsymbol{\Phi}(t,t_0)$为相应的齐次时变系统的转移矩阵。

如果该系统为定常系统，$\boldsymbol{A}$ 为常数矩阵，且$\boldsymbol{\Phi}(t,t_0)=\mathrm{e}^{\boldsymbol{A}(t-t_0)}$，则有定解：

$$\boldsymbol{x}(t)=\mathrm{e}^{\boldsymbol{A}(t-t_0)}\boldsymbol{x}(t_0)+\int_{t_0}^{t}\mathrm{e}^{\boldsymbol{A}(t-v)}\boldsymbol{B}(v)\boldsymbol{u}(v)\mathrm{d}v$$

同时可见，定常系统是时变系统的特例。

4.9.10 非齐次时变系统定解的笔算求法简介

求下面时变系统的解：

$$\begin{cases}\begin{Bmatrix}x_1'(t)\\ x_2'(t)\end{Bmatrix}=\begin{bmatrix}0 & \frac{1}{(1+t)^2}\\ 0 & 0\end{bmatrix}\begin{Bmatrix}x_1\\ x_2\end{Bmatrix}+\begin{Bmatrix}1\\ 1\end{Bmatrix}\\ \boldsymbol{x}(t)|_{t=t_0}=\boldsymbol{x}(t_0)\end{cases}$$

由于

$$\boldsymbol{A}(t)=\begin{bmatrix}0 & \frac{1}{(1+t)^2}\\ 0 & 0\end{bmatrix},\boldsymbol{Bu}(t)=\begin{Bmatrix}1\\ 1\end{Bmatrix}$$

所以有齐次系统$\boldsymbol{x}'(t)=\boldsymbol{A}(t)\boldsymbol{x}(t)$。

对于任意的t_1、t_2，有

$$\boldsymbol{A}(t_1)\boldsymbol{A}(t_2)=\begin{bmatrix}0 & \dfrac{1}{(1+t_1)^2}\\ 0 & 0\end{bmatrix}\begin{bmatrix}0 & \dfrac{1}{(1+t_2)^2}\\ 0 & 0\end{bmatrix}=0=\boldsymbol{A}(t_2)\boldsymbol{A}(t_1)$$

所以方程组的转移矩阵为：

$$\boldsymbol{\Phi}(t,t_0)=\mathrm{e}^{\int_{t_0}^{t}\boldsymbol{A}(v)\mathrm{d}v}=\boldsymbol{E}+\int_{t_0}^{t}\boldsymbol{A}(v)\mathrm{d}v+\frac{1}{2!}\left(\int_{t_0}^{t}\boldsymbol{A}(v)\mathrm{d}v\right)^2+\cdots$$

由于

$$\int_{t_0}^{t}\boldsymbol{A}(v)\mathrm{d}v=\begin{bmatrix}0 & \displaystyle\int_{t_0}^{t}\frac{1}{(1+v)^2}\mathrm{d}v\\ 0 & 0\end{bmatrix}=\begin{bmatrix}0 & \dfrac{t-t_0}{(t+1)(t_0+1)}\\ 0 & 0\end{bmatrix}$$

$$\left(\int_{t_0}^{t}\boldsymbol{A}(v)\mathrm{d}v\right)^2=\begin{bmatrix}0 & \dfrac{t-t_0}{(t+1)(t_0+1)}\\ 0 & 0\end{bmatrix}\begin{bmatrix}0 & \dfrac{t-t_0}{(t+1)(t_0+1)}\\ 0 & 0\end{bmatrix}=0$$

易得之后的项全为 0。

所以方程组的齐次系统的转移矩阵为：

$$\boldsymbol{\Phi}(t,t_0)=\boldsymbol{E}+\int_{t_0}^{t}\boldsymbol{A}(v)\mathrm{d}v=\begin{bmatrix}1 & \dfrac{t-t_0}{(t+1)(t_0+1)}\\ 0 & 1\end{bmatrix}$$

该非齐次时变系统的解为：

$$\begin{aligned}\boldsymbol{x}(t)&=\boldsymbol{\Phi}(t,t_0)\boldsymbol{x}(t_0)+\int_{t_0}^{t}\boldsymbol{\Phi}(t,v)\boldsymbol{B}\boldsymbol{u}(v)\mathrm{d}v\\&=\begin{bmatrix}1 & \dfrac{t-t_0}{(t+1)(t_0+1)}\\ 0 & 1\end{bmatrix}\begin{Bmatrix}x_1(t_0)\\ x_2(t_0)\end{Bmatrix}+\int_{t_0}^{t}\begin{bmatrix}1 & \dfrac{t-v}{(t+1)(v+1)}\\ 0 & 1\end{bmatrix}\begin{Bmatrix}1\\ 1\end{Bmatrix}\mathrm{d}v\\&=\begin{Bmatrix}x_1(t_0)+\dfrac{t-t_0}{t+1}\left[\dfrac{x_2(t_0)}{t_0+1}+t\right]+\ln\dfrac{t+1}{t_0+1}\\ x_2(t_0)+t-t_0\end{Bmatrix}\end{aligned}$$

4.10　广义逆矩阵简介

在线性代数中已对线性方程组 $\boldsymbol{AX}=\boldsymbol{b}$ 进行了较完整的讨论，它可以无解，或恰有一组解，或有无穷多组解。初看起来，似乎无解的矛盾方程组（或称不相容方程组）最为乏味并且没有实际意义，但事实却相反。在某些实际问题中，如数据处理、多元分析、最优化理论、现代控制理论、网络理论等学科中，所遇到的方程组往往是不相容方程组。此时，我们不能求得 $\boldsymbol{AX}=\boldsymbol{b}$ 的解，而只能将要求合理地改为：寻求$\boldsymbol{X}\in\mathbf{C}^n$，使$\|\boldsymbol{AX}-\boldsymbol{b}\|$为最小。当$\|\cdot\|$为欧氏范数时，这样的解称为线性方程组的最小二乘解，或最小剩余解。如果 $\boldsymbol{AX}=\boldsymbol{b}$ 是相容的且有无穷多组解，

在这无穷多组解中，往往要求的是范数最小的解。问题是这样的解是否能统一地表示成紧凑形式 $\boldsymbol{X}=\boldsymbol{Gb}$（其中 $\boldsymbol{G}$ 是某个矩阵）？这个问题的回答是肯定的，这就是引出逆矩阵的实际背景。

E.H.Moore 于 1920 年在美国数学会上提出了他的一篇关于广义逆矩阵的论文的摘要，论文发表在他死后的 1935 年。20 世纪 30 年代，我国的曾远荣先生曾把它推广到了 Hilbert 空间线性算子中，他还是把不加可分条件的完备内积空间称为 Hilbert 空间的创始人之一。由于不知其用途，逆矩阵一直未被重视，直到 50 年代，由于数学的发展，需要广义逆矩阵概念的要求日益增多。1955 年，R.Penrose 发表了与 Moore 等价的广义逆矩阵的理论，现在就称为 Moore-Penrose 广义逆矩阵，常记作 $\boldsymbol{A}^{+}$。同年，Rao 提出了一个更一般的广义逆矩阵概念，现在称为 g 逆，常记成 $\boldsymbol{A}^{-}$。此后，广义逆矩阵的理论才逐步发展起来，并开始广泛地应用于许多学科中。

4.10.1 左逆$\boldsymbol{A}_{\mathrm{L}}^{-1}$与右逆$\boldsymbol{A}_{\mathrm{R}}^{-1}$的概念

在没有证明 g 逆的存在性之前，有如下事实：若$\boldsymbol{G}\in\mathbb{C}^{n\times m}$使 $\boldsymbol{AG}=\boldsymbol{I}$ 或 $\boldsymbol{GA}=\boldsymbol{I}$，则 $\boldsymbol{G}$ 必为 $\boldsymbol{A}$ 的 g 逆。但这样的 $\boldsymbol{G}$ 并不一定是 $\boldsymbol{A}$ 的逆，因此可引入下面的定义：

设$\boldsymbol{A}\in\mathbb{C}^{m\times n}$，若有$\boldsymbol{G}\in\mathbb{C}^{n\times m}$，使得

$$\boldsymbol{AG}=\boldsymbol{I}(\text{或}\boldsymbol{GA}=\boldsymbol{I})$$

则称 $\boldsymbol{G}$ 为 $\boldsymbol{A}$ 的右逆（或左逆），记为$\boldsymbol{A}_{\mathrm{R}}^{-1}$（或$\boldsymbol{A}_{\mathrm{L}}^{-1}$），即

$$\boldsymbol{A}\boldsymbol{A}_{\mathrm{R}}^{-1}=\boldsymbol{I}(\text{或}\boldsymbol{A}_{\mathrm{L}}^{-1}\boldsymbol{A}=\boldsymbol{I})$$

在一般情况下，$\boldsymbol{A}_{\mathrm{R}}^{-1}\neq\boldsymbol{A}_{\mathrm{L}}^{-1}$。若$\boldsymbol{A}_{\mathrm{R}}^{-1}=\boldsymbol{A}_{\mathrm{L}}^{-1}$，则$\boldsymbol{A}^{-}$存在，且$\boldsymbol{A}^{-}=\boldsymbol{A}_{\mathrm{R}}^{-1}=\boldsymbol{A}_{\mathrm{L}}^{-1}$。非零矩阵$\boldsymbol{A}\in\mathbb{C}^{m\times n}$总有 g 逆$\boldsymbol{A}^{-}$。

4.10.2 广义逆矩阵$\boldsymbol{A}^{-}$的笔算实例

设

$$\boldsymbol{A}=\begin{Bmatrix}1 & 2 & -1\\ 0 & -1 & 2\end{Bmatrix}$$

求$\boldsymbol{A}^{-}$。

因为$R(\boldsymbol{A})=2$，所以 $\boldsymbol{A}$ 为行满秩，所以$\boldsymbol{A}^{-}=\boldsymbol{A}_{\mathrm{R}}^{-1}=\boldsymbol{A}^{*}(\boldsymbol{A}\boldsymbol{A}^{*})^{-1}$。于是有

$$\boldsymbol{A}^{-}=\begin{bmatrix}1 & 0\\ 2 & -1\\ -1 & 2\end{bmatrix}\left(\begin{bmatrix}1 & 2 & -1\\ 0 & -1 & 2\end{bmatrix}\begin{bmatrix}1 & 0\\ 2 & -1\\ -1 & 2\end{bmatrix}\right)^{-1}=\begin{bmatrix}1 & 0\\ 2 & -1\\ -1 & 2\end{bmatrix}\begin{bmatrix}6 & -4\\ -4 & 5\end{bmatrix}^{-1}$$
$$=\begin{bmatrix}1 & 0\\ 2 & -1\\ -1 & 2\end{bmatrix}\cdot\frac{1}{14}\begin{bmatrix}5 & 4\\ 4 & 6\end{bmatrix}=\frac{1}{14}\begin{bmatrix}5 & 4\\ 6 & 2\\ 3 & 8\end{bmatrix}$$

4.10.3 广义逆矩阵的 MATLAB 计算

【例 4-23】 求非方形不可逆矩阵

$$\boldsymbol{A}=\begin{bmatrix}2 & 1 & 0 & 1\\ 1 & 0 & 1 & 1\\ 1 & 0 & 1 & 1\end{bmatrix}$$

的广义逆矩阵。

在 M 文件编辑器中输入：

```
A=[2 1 0 1;1 0 1 1;1 0 1 1];
format rat
pinvA=pinv(A)
```

计算结果为：

pinvA =

1/3	*	*
1/3	-1/6	-1/6
-1/3	1/3	1/3
*	1/6	1/6

计算时间约为 0.0008s。即

$$\boldsymbol{A}^{-}=\begin{bmatrix}\frac{1}{3} & 0 & 0\\ \frac{1}{3} & -\frac{1}{6} & -\frac{1}{6}\\ -\frac{1}{3} & \frac{1}{3} & \frac{1}{3}\\ 0 & \frac{1}{6} & \frac{1}{6}\end{bmatrix}$$

4.10.4　超定矛盾方程组的最小二乘解

设线性方程组

$$\boldsymbol{Ax}=\boldsymbol{b}$$

是实数域上(m,n)阶的方程。上述方程组有解的充分必要条件是方程组的系数矩阵的秩与增广矩阵的秩相同。但有时候方程组不满足上述条件，于是就没有通常意义上的解，这样的方程组称为矛盾方程组。当方程的个数大于未知数个数时，约束条件过多，这样的方程组称为超定方程组。

如果存在$\boldsymbol{x}_{\rm s}$，使

$$f(\boldsymbol{x})=\|\boldsymbol{Ax}-\boldsymbol{b}\|_2$$

在$\boldsymbol{x}=\boldsymbol{x}_{\rm s}$时达到最小，则$\boldsymbol{x}_{\rm s}$称为方程组$\boldsymbol{Ax}=\boldsymbol{b}$的最小二乘解。$\boldsymbol{x}_{\rm s}$是方程组最小二乘解的充分必要条件是$\boldsymbol{x}_{\rm s}$是方程组

$$\boldsymbol{A}^{\rm T}\boldsymbol{Ax}=\boldsymbol{A}^{\rm T}\boldsymbol{b}$$

的解。这个方程称为原方程的法方程，这时候可以转化为一般线性方程组问题。最小二乘解不是方程组$\boldsymbol{Ax}=\boldsymbol{b}$的解，只是一种近似解，严格来说，矛盾方程组无解。

4.10.5　超定矛盾方程组的 MATLAB 求解

【例 4-24】 解超定方程组：

$$\begin{bmatrix}1 & -2 & 1\\ 0 & 1 & -1\\ 2 & -4 & 3\\ 4 & -7 & 4\\ -2 & 3 & 1\end{bmatrix}\begin{Bmatrix}x_1\\ x_2\\ x_3\end{Bmatrix}=\begin{Bmatrix}-4\\ 3\\ -1\\ -6\\ -5\end{Bmatrix}$$

在 M 文件编辑器中输入：

```
A=[1 -2 1;0 1 -1;2 -4 3;4 -7 4;-2 3 1];
b=[-4;3;-1;-6;-5];
x=A\b
```

计算结果为：

x =

285/173

74/173

-349/173

计算时间约为 0.005s。即该方程组的最小二乘近似解为：

$$x_1=\frac{285}{173},x_2=\frac{74}{173},x_3=-\frac{349}{173}$$

4.10.6 欠定矛盾方程组的最小二乘解

设

$$\boldsymbol{AX}=\boldsymbol{b}\ (\boldsymbol{A}\in\mathbf{C}^{m\times n},\boldsymbol{X}\in\mathbf{C}^{n},\boldsymbol{b}\in\mathbf{C}^{m})$$

是不相容方程，它在一般意义下无解，现在要求这样的解，使它的剩余（误差）范数为最小：

$$\|\boldsymbol{AX}-\boldsymbol{b}\|_2=min$$

这样的解称为不相容方程组的最小二乘解。

4.10.7 欠定矛盾方程组的 MATLAB 求解

在 4.3.8 节中，我们用 MATLAB 计算过例 4-6 的方程组的解：

$$\begin{bmatrix}4&2&-1\\3&-1&2\\11&3&0\end{bmatrix}\begin{Bmatrix}x_1\\x_2\\x_3\end{Bmatrix}=\begin{Bmatrix}2\\10\\8\end{Bmatrix}$$

求出的增广矩阵的行最简形为：

$$\begin{bmatrix}4&2&-1&2\\3&-1&2&10\\11&3&0&8\end{bmatrix}\sim\begin{bmatrix}1&0&0.30&0\\0&1&-1.10&0\\0&0&0&1\end{bmatrix}$$

因得到矛盾方程“$0=1$”而判断无解。现在，我们可以求出该方程组的最小二乘奇异解。

在 M 文件编辑器中输入：

```
A=[4 2 -1;3 -1 2;11 3 0];
b=[2;10;8];
x=A\b
```

计算结果为：

警告：矩阵为奇异工作精度。

x =

0/0

1/0

1/0

计算时间约为 0.002s。即

$$x_1 = 0, x_2 = \infty, x_3 = \infty$$

【例 4-25】 解非齐次欠定矛盾方程组（本题目来源于《线性代数》，方法来源于《矩阵论及其应用》）：

$$\begin{bmatrix} 1 & -2 & 3 & -1 \\ 3 & -1 & 5 & -3 \\ 2 & 1 & 2 & -2 \end{bmatrix} \begin{Bmatrix} x_1 \\ x_2 \\ x_3 \\ x_4 \end{Bmatrix} = \begin{Bmatrix} 1 \\ 2 \\ 3 \end{Bmatrix}$$

在 M 文件编辑器中输入：

```
A=[1 -2 3 -1;3 -1 5 -3;2 1 2 -2];
b=[1;2;3];
x=A\b
```

计算结果为：

警告：秩不足，秩 =2，tol=　5.475099e-15。

x =

0

19/21

5/7

0

计算时间约为 0.002s。即该欠定矛盾方程组的最小二乘近似解为：

$$x_1 = 0, x_2 = \frac{19}{21}, x_3 = \frac{5}{7}, x_4 = 0$$

第 5 章 概率论与数理统计基本问题

概率与统计的一些概念和简单的方法在早期主要用于赌博和人口统计模型。随着人类的社会实践，人们需要了解各种不确定现象中隐含的必然规律性，并用数学方法研究各种结果出现的可能性大小，从而产生了概率论，并使之逐步发展成一门严谨的学科。概率与统计的方法日益渗透到各个领域，并广泛应用于自然科学、经济学、医学、金融保险甚至人文科学中。

5.1 用 MATLAB 生成随机变量

5.1.1 二项分布的概念及其随机变量的 MATLAB 生成

设试验 E 只有两个可能的结果——A及$\overline{A}$，则称 E 为伯努利试验。设$P(A) = p(0 < p < 1)$，此时$P(\overline{A}) = 1 - p$。将 E 独立重复地进行 n 次，则称这一串重复的独立试验为 n 重伯努利试验。n 重伯努利试验是一种很重要的数学模型，它有广泛的应用，是研究最多的模型之一。

以 X 表示 n 重伯努利试验中事件 A 发生的次数，X 是一个随机变量，我们来求它的分布律。X 所有可能取的值为 0，1，2，…，n，由于各次试验是相互独立的，因此事件 A 在指定的 k（0≤k≤n）次试验中发生、在其他 n-k 次试验中不发生的概率为：

$$pp \cdots p(1-p)(1-p) \cdots (1-p) = p^k (1-p)^{n-k}$$

式中有 k 个p和$n-k$个$(1-p)$。这种指定的方式共有C_k^n种，它们是两两互不相容的，故在 n 次试验中 A 发生 k 次的概率为$C_k^n p^k (1-p)^{n-k}$，记$q = 1 - p$，有

$$P\{X = k\} = C_k^n p^k q^{n-k}, k = 0,1,2,\cdots,n$$

$$\sum_{k=0}^{n} P\{X = k\} = \sum_{k=0}^{n} C_k^n p^k q^{n-k} = (p+q)^n = 1$$

我们称随机变量 X 服从参数为 n、p 的二项分布，记为 X~b（n，p）。

在 MATLAB 中，提供 binornd 函数生成二项分布随机数，其语法格式如下：

数组名=binornd(N,P,[m,n,p,…])

该函数返回参数为 N、P 的二项分布随机数 R，m、n、p 表示 R 的行数、列数及高维数。

5.1.2 泊松分布的概念及其随机变量的 MATLAB 生成

设随机变量 X 的所有可能取值为 0，1，2，…，而取各个值的概率为：

$$P\{X = k\} = \frac{\lambda^k \mathrm{e}^{-\lambda}}{k!}, k = 0,1,2,\cdots$$

式中，λ是常数，$\lambda > 0$。则称 X 服从参数为λ的泊松分布，记为$X \sim \pi(\lambda)$。

$$\sum_{k=0}^{n} P\{X = k\} = \sum_{k=0}^{n} \frac{\lambda^k \mathrm{e}^{-\lambda}}{k!} = \mathrm{e}^{-\lambda} \sum_{k=0}^{n} \frac{\lambda^k}{k!} = \mathrm{e}^{-\lambda}\mathrm{e}^{\lambda} = 1$$

在 MATLAB 中，提供函数 poissrnd 函数生成参数为λ的泊松分布随机数。语法格式与上面二项分布相似，可以用矩阵来规定随机数组的维度。

5.1.3　正态分布的概念及其随机变量的 MATLAB 生成

若连续型随机变量 X 的概率密度为：

$$f(x) = \frac{1}{\sqrt{2\pi}\sigma} \mathrm{e}^{-\frac{(x-\mu)^2}{2\sigma^2}}, -\infty < x < +\infty$$

式中，μ、σ为常数，$\sigma > 0$。则称 X 服从参数为μ、σ的正态分布，记为$X \sim N(\mu, \sigma^2)$。

在 MATLAB 中，normrnd 函数可以产生正态分布随机变量，其语法结构为：

变量数组=normrnd(μ,σ,[m,n,p,⋯])

5.1.4　其他主要分布随机数的产生

MATLAB 中生成随机数的函数的格式大同小异，下面列举了一些重要分布的随机数生成函数：

unifrnd：$[a,b]$上均匀分布的连续随机数。

unidrnd：均匀分布的离散随机数。

exprnd：参数为λ的指数分布随机数。

chi2rnd：自由度为 n 的卡方分布随机数。

hygernd：参数为 M、K、N 的超几何分布随机数。

5.2　概率分布函数

5.2.1　随机变量的分布函数的概念

设 X 是一个随机变量，x 是任意实数，函数

$$F(x) = P\{X \le x\}, -\infty < x < \infty$$

称为 X 的分布函数。对于任意实数$x_1 < x_2$，有

$$P\{x_1 < X < x_2\} = P\{X \le x_2\} - P\{X \le x_1\} = F(x_2) - F(x_1)$$

因此只要知道了$F(x)$，就可以迅速知道事件 X 落在某一区间内的概率。

5.2.2　随机变量的分布函数的笔算求法简介

设随机变量 X 的分布律如表 5-1 所示，求$P\left\{\frac{3}{2} < X \le \frac{5}{2}\right\}, P\{2 \le X \le 3\}$。

表 5-1　随机变量 X 的分布律

X	-1	2	3
p_k	$\frac{1}{4}$	$\frac{1}{2}$	$\frac{1}{4}$

X仅在三点处有非零概率，是离散型随机变量，有累积概率分布函数

$$F(x)=\begin{cases}0, & x<-1\\ P\{X=-1\}, & -1\le x<2\\ P\{X=-1\}+P\{X=2\}, & 2\le x<3\\ 1, & x\ge 3\end{cases}=\begin{cases}0, & x<-1\\ \frac{1}{4}, & -1\le x<2\\ \frac{3}{4}, & 2\le x<3\\ 1, & x\ge 3\end{cases}$$

所以，

$$P\left\{\frac{3}{2}<X\le\frac{5}{2}\right\}=F\left(\frac{5}{2}\right)-F\left(\frac{3}{2}\right)=\frac{3}{4}-\frac{1}{4}=\frac{1}{2}$$

$$P\{2\le X\le 3\}=F(3)-F(2)+P\{X=2\}=1-\frac{3}{4}+\frac{1}{2}=\frac{3}{4}$$

5.2.3　函数累积概率值的 MATLAB 计算

MATLAB 中，用 cdf 函数来计算随机变量$x\le X$的概率之和，其语法结构如下：

<u>概率值</u>=cdf(<u>'分布函数名'</u>,<u>x</u>,<u>参数 *A*</u>,<u>参数 *B*</u>,<u>参数 *C*</u>)

当取一定的分布名称时，函数返回$x=X$的参数为 A、B 等值的累积概率值，对于不同的分布类型，参数的种类、个数自然不同。常见分布函数的取值如表 5-2 所示。

表 5-2　分布函数名的取值

函数名字符串	意义
'beta'或'Beta'	Beta 分布
'bino'或'Binomial'	二项分布
'chi2'或'Exponential'	指数分布
'f'或'F'	F 分布
'gam'或'Gamma'	GAMMA 分布
'geo'或'Geometric'	几何分布
'hyge'或'Hypergepmetric'	超几何分布
'logn'或'Lognormal'	对数正态分布
'nbin'或'Negative Binomial'	负二项分布
'ncf'或'Noncentral F'	非中心 F 分布
'nct'或'Noncentral t'	非中心 t 分布
'ncx2'或'Noncentral Chi-square'	非中心卡方分布
'norm'或'Normal'	正态分布
'poiss'或'Poisson'	泊松分布
'rayl'或'Rayleigh'	瑞利分布
't'或'T'	T 分布
'unif'或'Uniform'	均匀分布
'unid'或'Discrete Uniform'	离散均匀分布
'weib'或'Weibull'	Weibull 分布

【例 5-1】 对于事件 X，求正态分布

$$f(x) = \frac{1}{6\sqrt{2\pi}} \mathrm{e}^{-\frac{(x-6)^2}{2}}, -\infty < x < +\infty$$

的$P = \{5 < X \leq 7\}$。

由概率密度函数得，该正态分布的数学期望是$\mu = 6$，方差是$\sigma = 1$，所以可以在 M 文件编辑器中输入：

```
a=cdf('norm',7,6,1);          %求累积概率分布
b=cdf('norm',5,6,1);          %求累积概率分布
a-b                           %做差
```

计算结果为：

ans =

    0.6827

计算时间约为 0.002s。即

$$P = \{5 < X \leq 7\} \approx 0.6827$$

5.3 概率密度计算

5.3.1 连续型随机变量及其概率密度的概念

一般地，如果对于随机变量 X 的分布函数$F(x)$，存在非负可积函数$f(x)$，使对于任意实数x有：

$$F(x) = \int_{-\infty}^{x} f(t)\mathrm{d}t$$

则称 X 为连续型随机变量，其中函数$f(x)$称为 X 的概率密度函数，简称概率密度。连续型随机变量的分布函数是连续函数。

概率密度具有如下性质：

$$f(x) \geq 0$$

$$\int_{-\infty}^{+\infty} f(x)\mathrm{d}x = 1$$

$$P\{x_1 < X < x_2\} = F(x_2) - F(x_1) = \int_{x_1}^{x_2} f(x)\mathrm{d}x$$

若$f(x)$在x处连续，则$F'(x) = f(x)$。

5.3.2 概率密度的笔算方法简介

设随机变量 X 具有概率密度

$$f(x) = \begin{cases} kx, & 0 \leq x < 3 \\ 2 - \frac{x}{2}, & 3 \leq x \leq 4 \\ 0, & 其他 \end{cases}$$

确定k值后，求 X 的分布函数$F(x)$，并计算$P\{1 < X \le 7/2\}$。

因为

$$\int_{-\infty}^{+\infty} f(x)\mathrm{d}x = 1$$

所以

$$\int_0^3 kx\mathrm{d}x + \int_3^4 \left(2 - \frac{x}{2}\right)\mathrm{d}x + \int_{-\infty}^0 0\mathrm{d}x + \int_4^{+\infty} 0\mathrm{d}x = 1$$

解得$k = \frac{1}{6}$。所以 X 的概率密度为：

$$f(x) = \begin{cases} \dfrac{x}{6}, 0 \le x < 3 \\ 2 - \dfrac{x}{2}, 3 \le x < 4 \\ 0, \quad 其他 \end{cases}$$

X 的累积概率分布函数为：

$$F(x) = \begin{cases} 0, \quad x < 0 \\ 0 + \int_0^x \dfrac{x}{6}\mathrm{d}x, \quad 0 \le x < 3 \\ 0 + \int_0^3 \dfrac{x}{6}\mathrm{d}x + \int_3^x \left(2 - \dfrac{x}{2}\right)\mathrm{d}x, 3 \le x < 4 \\ 1, \quad x \ge 4 \end{cases} = \begin{cases} 0, \quad x < 0 \\ \dfrac{x^2}{12}, \quad 0 \le x < 3 \\ -3 + 2x - \dfrac{x^2}{4}, 3 \le x < 4 \\ 1, \quad x \ge 4 \end{cases}$$

$$P\left\{1 < X \le \frac{7}{2}\right\} = F\left(\frac{7}{2}\right) - F(1) = \frac{41}{48}$$

5.3.3 均匀分布的概率密度简介

若连续型随机变量 X 具有概率密度

$$f(x) = \begin{cases} \dfrac{1}{b-a}, a < x < b \\ 0, \quad 其他 \end{cases}$$

则称 X 在区间(a,b)上服从均匀分布，记为$X \sim U(a,b)$。

均匀分布的累积概率分布函数为：

$$F(x) = \begin{cases} 0, \quad x < a \\ \dfrac{x-a}{b-a}, \quad a \le x < b \\ 1, \quad x \ge b \end{cases}$$

$f(x)$和$F(x)$的图形如图 5-1 所示。

5.3.4　指数分布的概率密度简介

若连续型随机变量 X 的概率密度为：

$$f(x)=\begin{cases}\dfrac{1}{\theta}\mathrm{e}^{-\frac{x}{\theta}}, & x>0\\ 0, & 其他\end{cases}$$

式中，θ为常数，$\theta>0$。则称 X 服从参数为θ的指数分布，其分布函数为：

$$F(x)=\begin{cases}1-\mathrm{e}^{-\frac{x}{\theta}}, & x>0\\ 0, & 其他\end{cases}$$

指数分布的概率密度图像如图 5-2 所示。

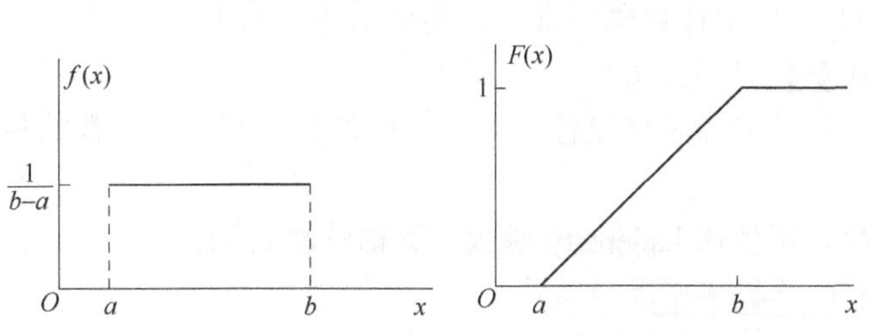

图 5-1　均匀分布的概率密度和分布函数图像

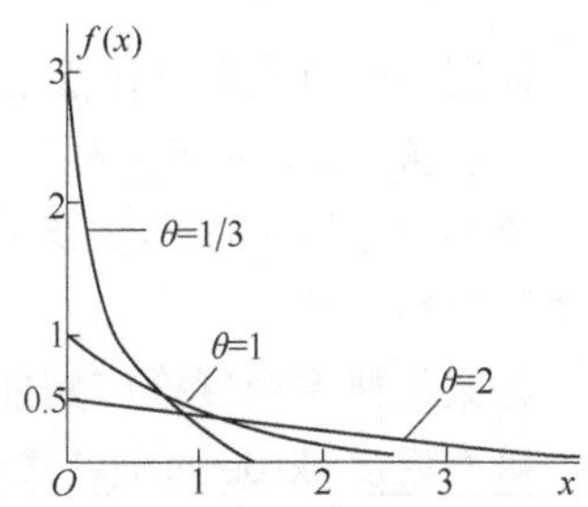

图 5-2　指数函数的概率密度图像

指数分布满足$P\{X>s+t|X>s\}=P\{X>t\}$，这种性质称为无记忆性。如果 X 是某一元件的寿命，那么由无记忆性可知，已知元件已使用了 s 小时，它总共能使用至少 $s+t$ 小时的条件概率，与从开始使用时算起它至少能使用 t 小时的概率相等。这就是说，元件对它已使用过 s 小时没有记忆，具有这一性质是指数分布有广泛应用的重要原因。

5.3.5　正态分布的概率密度简介

若连续型随机变量 X 的概率密度为：

$$f(x)=\frac{1}{\sqrt{2\pi}\sigma}\mathrm{e}^{-\frac{(x-\mu)^2}{2\sigma^2}},-\infty<x<+\infty$$

式中，μ、σ为常数，$\sigma>0$。则称 X 服从参数为μ、σ的正态分布或高斯（Gauss）分布，记为$X\sim N(\mu,\sigma^2)$。

正态分布的特点为：

曲线关于$x=\mu$对称，有$P\{\mu-h<X\leq\mu\}=P\{\mu<X\leq\mu+h\}$。

当$x=\mu$时取最大值：

$$f(\mu)=\frac{1}{\sqrt{2\pi}\sigma}$$

正态分布的分布函数为：

$$F(x)=\frac{1}{\sqrt{2\pi}\sigma}\int_{-\infty}^{x}\mathrm{e}^{-\frac{(t-\mu)^2}{2\sigma^2}}\mathrm{d}t$$

特别地，当$\mu=0$、$\sigma=1$时称随机变量 X 服从标准正态分布。正态分布的概率密度曲线及其影响因素包括分布函数如图 5-3 所示。

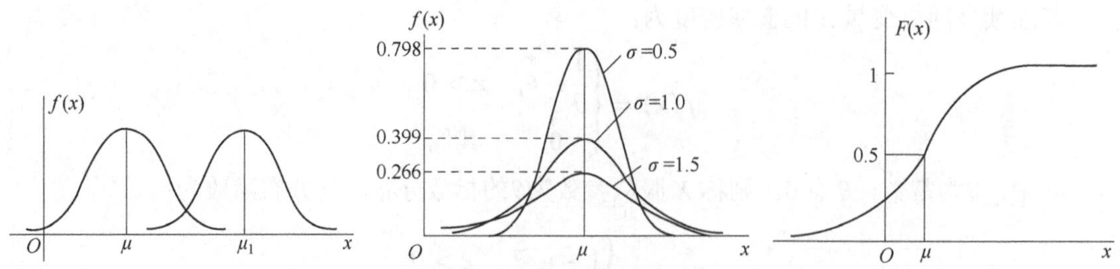

图 5-3 正态分布的概率密度曲线和分布函数

5.3.6 函数的概率密度的 MATLAB 求法

使用 pdf 函数可以轻松地在 MATLAB 中计算概率密度，其调用格式如下：

<u>密度值</u>=pdf(<u>'分布名称'</u>,<u>x</u>,<u>参数 *A*</u>,<u>参数 *B*</u>,<u>参数 *C*</u>)

该函数返回 x=X 处的参数为 A、B 等的概率密度值，对于不同的分布类型，参数的种类和个数自然不同。

如果将概率密度推广到任意函数，可使用 ksdensity 函数，其语法格式为：

<u>概率密度</u>=ksdensity(<u>待统计向量</u>,<u>计算概率密度的点</u>)

【例 5-2】 计算泊松分布：

$$P\{X=k\}=\frac{\lambda^k \mathrm{e}^{-\lambda}}{k!}, k=0,1,2,\cdots$$

λ取 1～5 的整数，对应随机变量 x 为 0～4 的整数。

在 M 文件编辑器中输入：

```
p=pdf('Poisson',0:4,1:5)
```

计算结果为：

```
p =
    0.3679    0.2707    0.2240    0.1954    0.1755
```

即

$$P\{0\}\approx 0.3679, P\{1\}\approx 0.2707, P\{2\}\approx 0.2240, P\{3\}\approx 0.1954, P\{4\}\approx 0.1755$$

5.4 随机变量的数字特征

概率密度和分布律能完整地描述随机变量，由随机变量的分布所确定的、能刻画随机变量某一方面的特征的常数统称为数字特征。这里将介绍随机变量的数学期望、几何平均数、平方平均数、调和平均数、中位数、众数、极差、方差、标准差、协方差、相关系数的概念和 MATLAB 计算，在“初等数学专题概要”一章中没有出现的数字特征都会涉及。

5.4.1 数学期望的定义

设离散型随机变量 X 的分布律为：

$$P\{X=x_k\}=p_k, k=1,2,\cdots$$

若级数

$$\sum_{k=1}^{\infty} x_k p_k$$

绝对收敛，则称该级数的和为随机变量 X 的数学期望，记为$E(X)$。即

$$E(X)=\sum_{k=1}^{\infty} x_k p_k$$

设连续型随机变量 X 的概率密度为$f(x)$，若积分

$$\int_{-\infty}^{+\infty} xf(x)\mathrm{d}x$$

绝对收敛，则称上述积分的值为随机变量 X 的数学期望，同样记为$E(X)$，即

$$E(X)=\int_{-\infty}^{+\infty} xf(x)\mathrm{d}x$$

数学期望简称期望，又称为均值，它完全由随机变量 X 的概率分布所确定。若 X 服从某一分布，则也称$E(X)$是这一分布的数学期望。

5.4.2 数学期望的笔算方法简介

对于离散型随机变量 X，其分布律如表 5-3 所示，求数学期望。

表 5-3　X 的分布律

X	10	30	50	70	90
p_k	$\frac{3}{6}$	$\frac{2}{6}$	$\frac{1}{36}$	$\frac{3}{36}$	$\frac{2}{36}$

$$E(X)=10\times\frac{3}{6}+30\times\frac{2}{6}+50\times\frac{1}{36}+70\times\frac{3}{36}+90\times\frac{2}{36}=27.22$$

5.4.3 数学期望（平均值）的 MATLAB 计算

MATLAB 中提供 mean 函数来求数学期望（均值）只需输入一个数组即可，如果输入矩阵，则返回每一列的平均值。当然，在有需要时，也可以按照定义用符号积分来求期望。数学期望的计算很简单，在此不举例。

5.4.4 几何平均数与调和平均数的概念及 MATLAB 计算

几何平均数是对各变量值的连乘积开项数次方根。求几何平均数的方法称为几何平均法。几何平均数的公式为

$$G_n = \sqrt[n]{\prod_{i=1}^{n} x_i}$$

MATLAB 中使用 geomean 函数计算一组数据的几何平均数，使用时直接输入数组即可，在此不举例。

调和平均数（harmonic mean）又称倒数平均数，是总体各统计变量倒数的算术平均数的倒数。调和平均数是平均数的一种。但统计调和平均数与数学调和平均数不同，它是变量倒数的算术平均数的倒数。调和平均数的计算公式为：

$$H_n = \frac{1}{\frac{1}{n}\sum_{i=1}^{n} x_i}$$

MATLAB 中用 harmmean 函数计算一组数据的调和平均数，在此不举例。

此外，还有一种统计特征称为平方平均数，又名均方根，其公式为：

$$Q_n = \sqrt{\frac{\sum_{i=1}^{n} x_i^2}{n}}$$

一组数的调和平均数≤几何平均数≤算术平均数≤平方平均数，用数学表达式即为

$$\frac{1}{\frac{1}{n}\sum_{i=1}^{n} x_i} \le \sqrt[n]{\prod_{i=1}^{n} x_i} \le \frac{\sum_{i=1}^{n} x_i}{n} \le \sqrt{\frac{\sum_{i=1}^{n} x_i^2}{n}}$$

5.4.5 中位数的定义及其 MATLAB 计算

中位数又称中值（median），是统计学中的专有名词，代表一个样本、种群或概率分布中的一个数值，其可将数值集合划分为相等的上下两部分。对于有限的数集，可以通过把所有观察值高低排序后找出正中间的一个作为中位数。如果观察值有偶数个，通常取最中间的两个数值的平均数作为中位数。

所以，中位数的计算式为：

$$m_{\frac{1}{2}} = \begin{cases} X_{\frac{N+1}{2}}, & N = 2k+1\ (k = 0,1,2,\cdots) \\ \dfrac{X_{\frac{N}{2}} + X_{\frac{N}{2}+1}}{2}, & N = 2k\ (k \in \mathbf{Z}^*) \end{cases}$$

MATLAB 的中位数计算函数为 median，如果必须忽略非数值量，则用 nanmedian，在此不举例。

5.4.6 众数的概念及其 MATLAB 计算

众数（mode）是统计学名词，是在统计分布上具有明显集中趋势点的数值，代表数据的一般水平（众数可以不存在或多于一个）。众数是一组数据中出现次数最多的数值。

MATLAB 中可以使用 mode 函数来计算一组数据的众数。

5.4.7 极差的概念及其 MATLAB 计算

极差又称范围误差或全距(range)，以 R 表示，用来表示统计资料中的变异量数(measures of variation)，是一组数据最大值与最小值之间的差距，即最大值减最小值后所得之数据。

【例 5-3】 设数组为 A，在 MATLAB 中输入：

```
R=max(A)-min(A)
```

即可计算极差。

5.4.8 方差和标准差的概念

设 X 是一个随机变量，若$E\{[X-E(x)]^2\}$存在，则称其为 X 的方差，记为$D(X)$或$\mathrm{Var}(X)$。$\sqrt{D(X)}$记为$\sigma(X)$称为标准差或均方差。

按定义，随机变量 X 的方差表达了 X 的取值与其数学期望的偏离程度。若$D(X)$较小，意味着 X 的取值比较集中在$E(x)$的附近，反之，若$D(X)$较大则表示 X 的取值较分散。因此，$D(X)$是刻画 X 取值分散程度的一个量，它是衡量 X 取值分散程度的一个尺度。

由定义知，方差实际上就是随机变量 X 的函数$g(X)=[X-E(X)]^2$的数学期望。于是对于离散型随机变量，有

$$D(X)=\sum_{k=1}^{\infty}[x_k-E(X)]^2p_k \ (k=1,2,\cdots)$$

式中，p_k是 X 的分布律，$p_k=P\{X=x_k\}$。

对于连续型随机变量，有

$$D(X)=\int_{-\infty}^{+\infty}[x-E(X)]^2f(x)\mathrm{d}x$$

式中，$f(x)$是 X 的概率密度。

随机变量 X 的方差的通用计算公式为：

$$D(X)=E(X^2)-[E(X)]^2$$

设随机变量 X 具有数学期望$E(X)=\mu$，方差$D(X)=\sigma^2$，则对于任意正数ε，不等式

$$P\{|X-\mu|\geq\varepsilon\}\leq\frac{\sigma^2}{\varepsilon^2}$$

成立，这称为切比雪夫（Chebyshev）不等式。

5.4.9 方差的笔算简介

设随机变量 X 服从指数分布，其概率密度为：

$$f(x)=\begin{cases}\dfrac{1}{\theta}\mathrm{e}^{-\frac{x}{\theta}}, & x>0\\ 0, & x\leq 0\end{cases}$$

其中$\theta>0$，求$E(X)$、$D(X)$。

$$E(X)=\int_{-\infty}^{+\infty}xf(x)\mathrm{d}x=\int_{0}^{+\infty}x\frac{1}{\theta}\mathrm{e}^{-\frac{x}{\theta}}\mathrm{d}x=-x\mathrm{e}^{-\frac{x}{\theta}}\Big|_{0}^{+\infty}+\int_{0}^{+\infty}\mathrm{e}^{-\frac{x}{\theta}}\mathrm{d}x=\theta$$

$$E(X^2)=\int_{-\infty}^{+\infty}x^2f(x)\mathrm{d}x=\int_{0}^{+\infty}x^2\frac{1}{\theta}\mathrm{e}^{-\frac{x}{\theta}}\mathrm{d}x=-x^2\mathrm{e}^{-\frac{x}{\theta}}\Big|_{0}^{+\infty}+\int_{0}^{+\infty}2x\mathrm{e}^{-\frac{x}{\theta}}\mathrm{d}x=2\theta^2$$

$$D(X)=E(X^2)-[E(X)]^2=\theta^2$$

5.4.10 方差和标准差的 MATLAB 计算

MATLAB 中提供 var 函数计算一组数据的方差，提供 std 函数计算一组数据的标准差，还可以使用 skewness 计算三阶统计量斜度。

5.4.11 协方差与相关系数的定义

量$E\{[X-E(X)][Y-E(Y)]\}$称为随机变量 X 与 Y 的协方差，记为$\mathrm{Cov}(X,Y)$，即

$$\mathrm{Cov}(X,Y)=E\{[X-E(X)][Y-E(Y)]\}$$

$$\rho_{\mathrm{XY}}=\frac{\mathrm{Cov}(X,Y)}{\sqrt{D(X)}\sqrt{D(Y)}}$$

ρ_{XY}称为随机变量 X 与 Y 的相关系数。

5.4.12 协方差与相关系数的 MATLAB 计算

MATLAB 中提供 cov 函数计算协方差，同时提供 corrcoef 函数计算相关系数，直接输入矩阵即可。

5.4.13 MATLAB 的数据排序操作

MATLAB 中，数据比较函数分为普通排序、按行排序和求解值域。

sort 函数是对矩阵的每一列进行升序排序。

sortrows 函数是保证矩阵每一行不变，按第一列升序将整行之间排序。

此类函数较为简单，不再举例。

5.5 大数定律及中心极限定理简介

极限定理是概率论的基本理论，在理论研究和应用中起着重要的作用，其中最重要的是称为“大数定律”与“中心极限定理”的一些定理。大数定律是叙述随机变量序列的前一些项的算术平均值，在某种条件下收敛到这些项的均值的算术平均值；中心极限定理则是确定

在什么条件下，大量随机变量之和的分布逼近于正态分布。

5.5.1 大数定律

大量试验证实，随机事件 A 的频率$f_n(A)$当重复试验的次数 n 增大时总呈现出稳定性，稳定在某一个常数的附近。频率的稳定性是概率定义的客观基础。

辛钦大数定理：设X_1，X_2，…是相互独立、服从同一分布的随机变量序列，且具有数学期望$E(X) = \mu(k = 1,2,\cdots)$。作前 n 个变量的算术平均$\frac{1}{n}\sum_{k=1}^{n} X_k$，则对于任意$\varepsilon$>0，有

$$\lim_{n\to\infty} P\left\{\left|\frac{1}{n}\sum_{k=1}^{n} X_k - \mu\right| < \varepsilon\right\} = 1$$

伯努利大数定理：设f_{A}是 n 次独立重复试验中事件 A 发生的次数，p 是事件 A 在每次试验中发生的概率，则对于任意正数ε>0，有

$$\lim_{n\to\infty} P\left\{\left|\frac{f_{\mathrm{A}}}{n} - p\right| < \varepsilon\right\} = 1 \text{ 或 } \lim_{n\to\infty} P\left\{\left|\frac{f_{\mathrm{A}}}{n} - p\right| \geq \varepsilon\right\} = 0$$

伯努利大数定理的结果表明，对于任意ε>0，只要重复独立试验的次数n充分大，事件$\left\{\left|\frac{f_{\mathrm{A}}}{n} - p\right| \geq \varepsilon\right\}$就是一个小概率事件，由实际推断原理知这一事件实际上几乎是不发生的，即在n充分大时，事件$\left\{\left|\frac{f_{\mathrm{A}}}{n} - p\right| < \varepsilon\right\}$实际上几乎是必定要发生的，亦即对于给定的任意小的正数ε，在n充分大时，事件“频率$\frac{f_{\mathrm{A}}}{n}$与概率 p 的偏差小于ε”实际上几乎是必定要发生的。这就是我们所说的频率稳定性的真正含义。由实际推断原理，在实际应用中，当试验次数很大时，便可以用事件的频率来代替事件的概率。

5.5.2 中心极限定理

在客观实际中有许多随机变量，它们是由大量的相互独立的随机因素的综合影响所形成的。而其中每一个别因素在总的影响中所起的作用都是微小的。这种随机变量往往近似地服从正态分布，这种现象就是中心极限定理的客观背景。

独立同分布的中心极限定理：设随机变量 X_1，X_2，…，X_n，…相互独立，服从同一分布，且具有数学期望和方差$E(X_k) = \mu$和$D(X_k) = \sigma^2 > 0(k = 1,2,\cdots)$，则随机变量之和$\sum_{k=1}^{n} X_k$的标准化变量

$$Y_n = \frac{\sum_{k=1}^{n} X_k - E\left(\sum_{k=1}^{n} X_k\right)}{\sqrt{D\left(\sum_{k=1}^{n} X_k\right)}} = \frac{\sum_{k=1}^{n} X_k - n\mu}{\sqrt{n}\sigma}$$

的分布函数$F_n(x)$对于任意x满足：

$$\lim_{n\to\infty} F_n(x) = \lim_{n\to\infty} P\left\{\frac{\sum_{k=1}^{n} X_k - n\mu}{\sqrt{n}\sigma} \leq x\right\} = \int_{-\infty}^{x} \frac{1}{\sqrt{2\pi}} e^{-\frac{t^2}{2}} dt = \Phi(x)$$

李雅普诺夫（Lyapunov）定理：设随机变量 X_1，X_2，…，X_n，…相互独立，它们具有数学期望和方差

$E(X_k) = \mu_k$和$D(X_k) = {\sigma_k}^2 > 0 \ (k = 1,2,\cdots)$

记

$$B_n^2 = \sum_{k=1}^{n} \sigma_k^2$$

若存在正数δ，使得当$n \to \infty$时，

$$\frac{1}{B_n^{2+\delta}} \sum_{k=1}^{n} E\{|X_k - \mu_k|^{2+\delta}\} \to 0$$

则随机变量之和$\sum_{k=1}^{n} X_k$的标准化变量

$$Z_n = \frac{\sum_{k=1}^{n} X_k - E\left(\sum_{k=1}^{n} X_k\right)}{\sqrt{D\left(\sum_{k=1}^{n} X_k\right)}} = \frac{\sum_{k=1}^{n} X_k - \sum_{k=1}^{n} \mu_k}{B_n}$$

的分布函数$F_n(x)$对于任意x满足：

$$\lim_{n\to\infty} F_n(x) = \lim_{n\to\infty} P\left\{\frac{\sum_{k=1}^{n} X_k - \sum_{k=1}^{n} \mu_k}{B_n} \leq x\right\} = \int_{-\infty}^{x} \frac{1}{\sqrt{2\pi}} e^{-\frac{t^2}{2}} dt = \Phi(x)$$

棣莫弗-拉普拉斯（De Moivre- Laplace）定理：设随机变量η_n（n=1，2，…）服从参数为 n，p（0<p<1）的二项分布，则对于任意 x，有

$$\lim_{n\to\infty} P\left\{\frac{\eta_n - np}{\sqrt{np(1-p)}} \leq x\right\} = \int_{-\infty}^{x} \frac{1}{\sqrt{2\pi}} e^{-\frac{t^2}{2}} dt = \Phi(x)$$

5.6 抽样分布简介

5.6.1 抽样分布基本概念

在数理统计中，我们往往研究有关对象的某一项数量指标，为此，考虑与这一数量指标相联系的随机试验，对这一数量指标进行试验或观察。我们将试验的全部可能的观察值称为总体，这些值不一定都不相同，数目上也不一定是有限的，每一个可能观察值称为个体，总体中所包含的个体的个数称为总体的容量。容量为有限的称为有限总体，容量为无限的称为

无限总体。

设 X 是具有分布函数 F 的随机变量，若 X_1，X_2，…，X_n 是具有同分布函数 F 的、相互独立的随机变量，则称 X_1，X_2，…，X_n 为从分布函数 F（或总体 F、总体 X）得到的容量为 n 的简单随机样本，简称样本，它们的观察值$x_1,x_2,\cdots,x_n$称为样本值，又称为 X 的 n 个独立的观察值。

不含未知数的、以总体样本为自变量的函数，或者说由已知的样本进行混合运算所得函数称为统计量。统计量的分布称为抽样分布，在使用统计量进行统计推断时常需知道它的分布。当总体的分布函数已知时，抽样分布是确定的，然而要求出统计量的精确分布，一般来说是困难的。

5.6.2　χ^2分布简介

设 X_1，X_2，…，X_n 是来自总体 N（0，1）的样本，则称统计量

$$\chi^2 = X_1^2 + X_2^2 + \cdots + X_n^2$$

服从自由度为 n 的χ^2分布，χ^2可以读作“卡方分布”，希腊字母记χ读作“ki”或“chi”，卡方分布记作$\chi^2 \sim \chi^2(n)$。

此处，自由度是指式右端包含的独立变量的个数。χ^2分布的概率密度为：

$$f(y) = \begin{cases} \dfrac{1}{2^{\frac{n}{2}}\Gamma\left(\dfrac{n}{2}\right)} y^{\frac{n}{2}-1} e^{-\frac{y}{2}}, & y > 0 \\ 0, & \text{其他} \end{cases}$$

$f(y)$的图形如图 5-4 所示。对于给定正数α，$0 < \alpha < 1$，称满足条件

$$P\{\chi^2 > \chi_\alpha^2(n)\} = \int_{\chi_\alpha^2(n)}^{\infty} f(y)\mathrm{d}y = \alpha$$

的点$\chi_\alpha^2(n)$为上α分位点（如图 5-5 所示）。费希尔（R.A.Fisher）曾证明，当 n 充分大时，近似地有

$$\chi_\alpha^2(n) \approx \frac{1}{2}(z_\alpha + \sqrt{2n-1})^2$$

式中，z_α是标准正态分布的上α分位点。

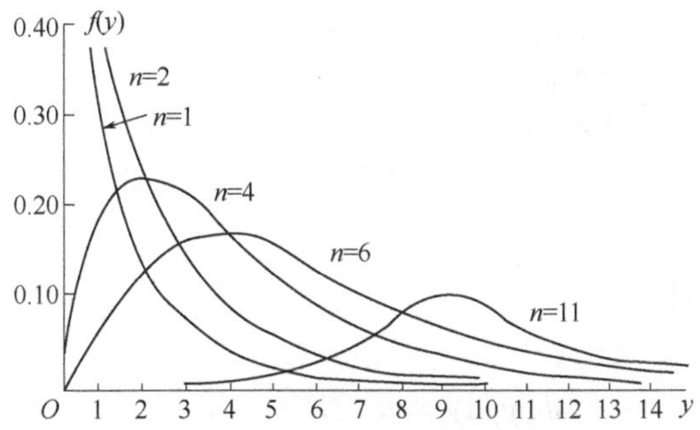

图 5-4　χ^2分布的概率密度与影响因素

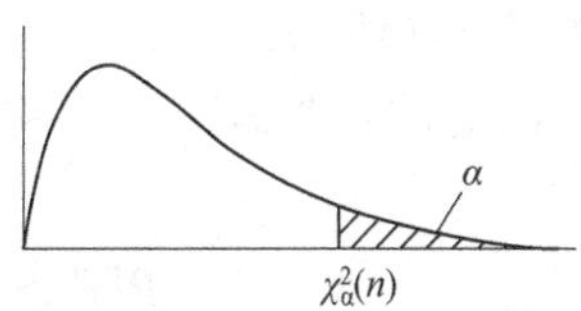

图 5-5　χ^2分布的上α分位点

5.6.3 学生氏分布简介

设$X \sim N(0,1)$，$Y \sim \chi^2(n)$，且 X 和 Y 相互独立，则称随机变量

$$t = \frac{X}{\sqrt{\frac{Y}{n}}}$$

服从自由度为 n 的 t 分布，记为$t \sim t(n)$。t 分布又称为学生氏分布，$t(n)$分布的概率密度（图 5-6）为：

$$h(t) = \frac{\Gamma\left(\frac{n+1}{2}\right)}{\sqrt{\pi n}\Gamma\left(\frac{n}{2}\right)}\left(1+\frac{t^2}{n}\right)^{-\frac{n+1}{2}} \quad t \in R$$

当 n 充分大时，t 分布可近似认为是标准正态分布。对于给定的正数α，$0 < \alpha < 1$，称满足条件

$$P\{t > t_\alpha(n)\} = \int_{t_\alpha(n)}^{\infty} h(t)\mathrm{d}t = \alpha$$

的点$t_\alpha(n)$为 t 分布的上α分位点。一般认为，$n > 45$时可以采用正态近似。

t 分布的推导由英国人威廉・戈塞特（Willam S. Gosset）于 1908 年首先发表，当时他还在爱尔兰都柏林的吉尼斯（Guinness）啤酒酿酒厂工作。酒厂虽然禁止员工发表一切与酿酒研究有关的成果，但允许他在不提到酿酒的前提下，以笔名发表 t 分布的发现，所以论文使用了“学生”（Student）这一笔名。之后 t 检定以及相关理论经由罗纳德・费希尔（Sir Ronald Aylmer Fisher）发扬光大，为了感谢戈塞特的功劳，费希尔将此分布命名为学生 t 分布（Student's t）。

5.6.4 *F*分布简介

设$U \sim \chi^2(n_1)$，$V \sim \chi^2(n_2)$，且 U 和 V 相互独立，则称随机变量

$$F = \frac{\frac{U}{n_1}}{\frac{V}{n_2}}$$

服从自由度为(n_1, n_2)的 F 分布，记为$F \sim F(n_1, n_2)$。F 分布的概率密度为：

$$\psi(y) = \begin{cases} \dfrac{\Gamma\left(\frac{n_1+n_2}{2}\right)\left(\frac{n_1}{n_2}\right)^{\frac{n_1}{2}} y^{\frac{n_1}{2}-1}}{\Gamma\left(\frac{n_1}{2}\right)\Gamma\left(\frac{n_2}{2}\right)\left(1+\frac{n_1 y}{n_2}\right)^{\frac{n_1+n_2}{2}}}, & y > 0 \\ 0, & \text{其他} \end{cases}$$

其图形如图 5-7 所示。

对于给定的正数α，$0 < \alpha < 1$，称满足条件

$$P\{F > F_\alpha(n_1, n_2)\} = \int_{F_\alpha(n_1,n_2)}^{\infty} \psi(y)\mathrm{d}y = \alpha$$

的点$F_\alpha(n_1, n_2)$为$F(n_1, n_2)$分布的上α分位点。

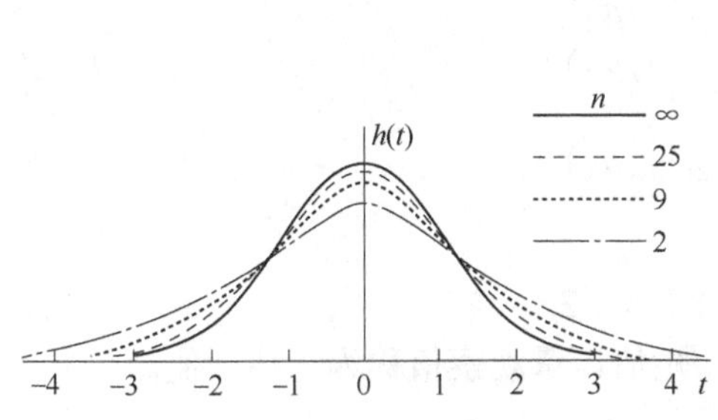

图 5-6 学生氏分布的概率密度及其影响因素

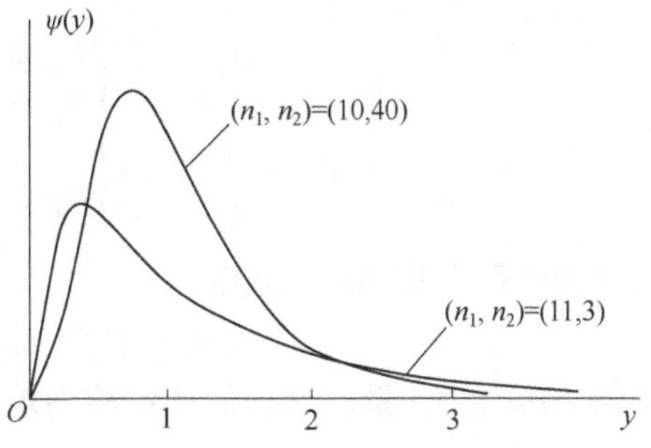

图 5-7 F 分布的概率密度曲线及其影响因素

5.7 参数估计

5.7.1 点估计的概念

设总体 X 的分布函数的形式已知，但它的一个或多个参数未知，借助于总体 X 的一个样本来估计总体未知参数的值的问题称为参数的点估计问题。点估计就是要构造一个适当的统计量$\hat{\theta}$，用它的观察值作为未知参数$\hat{\theta}$的近似值，我们称$\hat{\theta}$为θ的估计。

5.7.1.1 矩估计法的概念

设 X 为连续型随机变量，其概率密度为$f(x;\theta_1,\theta_2,\cdots,\theta_k)$，或 X 为离散型随机变量，其分布律为$P\{X=x\}=p(x;\theta_1,\theta_2,\cdots,\theta_k)$，其中$\theta_1,\theta_2,\cdots,\theta_k$为待估参数，$X_1$，$X_2$，…，$X_n$是来自 X 的样本。假设总体 X 的前 k 阶矩

$$\mu_l=E(X^l)=\int_{-\infty}^{+\infty}x^l\,(x;\theta_1,\theta_2,\cdots,\theta_k)\mathrm{d}x \quad（连续型）$$

$$\mu_l=E(X^l)=\sum_{x\in R_X}x^l p(x;\theta_1,\theta_2,\cdots,\theta_k) \quad（离散型）$$

存在。一般来说，它们是$\theta_1,\theta_2,\cdots,\theta_k$的函数。基于样本矩

$$A_l=\frac{1}{n}\sum_{i=1}^{n}X_i^l$$

依概率收敛于相应的总体矩μ_l。设

$$\begin{cases}\mu_1=\mu_1(\theta_1,\theta_2,\cdots,\theta_k)\\ \mu_2=\mu_2(\theta_1,\theta_2,\cdots,\theta_k)\\ \cdots\\ \mu_k=\mu_k(\theta_1,\theta_2,\cdots,\theta_k)\end{cases}$$

这是一个包含 k 个未知参数$\theta_1,\theta_2,\cdots,\theta_k$的联立方程组。一般来说，可以从中解出$\theta_1,\theta_2,\cdots,\theta_k$，得到：

$$\begin{cases}\theta_1 = \theta_1(\mu_1, \mu_2, \cdots, \mu_k) \\ \theta_2 = \theta_2(\mu_1, \mu_2, \cdots, \mu_k) \\ \quad\cdots \\ \theta_k = \theta_k(\mu_1, \mu_2, \cdots, \mu_k)\end{cases}$$

以A_i分别代替上式的μ_i，就以

$$\hat{\theta}_i = \theta_i(A_1, A_2, \cdots, A_k), i = 1,2,\cdots,k$$

分别作为θ_i的估计量，这种估计量称为矩估计量，矩估计量观察值称为矩估计值。

5.7.1.2 最大似然估计法的概念

若总体 X 属离散型，其分布律$P\{X = x\} = p(x;\theta)$，$\theta \in \Theta$的形式为已知，θ为待估参数，Θ是θ可能取值的范围。设 X_1，X_2，…，X_n 是来自 X 的样本，则 X_1，X_2，…，X_n 的联合分布律为：

$$\prod_{i=1}^{n} p(x_i;\theta)$$

又设 x_1，x_2，…，x_n 是相应于样本 X_1，X_2，…，X_n 的一个样本值。易知样本 X_1，X_2，…，X_n 取到观察值 x_1，x_2，…，x_n 的概率，亦即事件$\{X_1 = x_1, X_2 = x_2, \cdots, X_n = x_n\}$发生的概率为：

$$L(\theta) = L(x_1, x_2, \cdots, x_n; \theta) = \prod_{i=1}^{n} p(x_i;\theta), \theta \in \Theta$$

这一概率随θ的取值而变化，它是θ的函数，$L(\theta)$称为样本的似然函数。

由费希尔引进的最大似然估计法，就是固定样本观察值 x_1，x_2，…，x_n，在θ取值的可能范围Θ内挑选使似然函数$L(x_1, x_2, \cdots, x_n; \theta)$达到最大的参数值$\hat{\theta}$，作为参数$\theta$的估计值。即取$\hat{\theta}$使

$$L\left(x_1, x_2, \cdots, x_n; \hat{\theta}\right) = \max_{\theta \in \Theta} L(x_1, x_2, \cdots, x_n; \theta)$$

这样得到的$\hat{\theta}$与样本值 x_1，x_2，…，x_n 有关，常记为$\hat{\theta}(x_1, x_2, \cdots, x_n)$，称为参数$\theta$的最大似然估计值，而相应的统计量$\hat{\theta}(X_1, X_2, \cdots, X_n)$称为参数$\theta$的最大似然估计量。

若总体 X 属连续型，其概率密度$f(x;\theta), \theta \in \Theta$的形式已知，$\theta$为待估参数，$\Theta$是$\theta$可能取值的范围。设 X_1，X_2，…，X_n 是来自 X 的样本，则 X_1，X_2，…，X_n 的联合密度为：

$$\prod_{i=1}^{n} f(x_i, \theta)$$

设 x_1，x_2，…，x_n 是相应于样本 X_1，X_2，…，X_n 的一个样本值，则随机点$(X_1, X_2, \cdots, X_n)$落在点$(x_1, x_2, \cdots, x_n)$的邻域（一个高维几何体）内的概率近似地为：

$$\prod_{i=1}^{n} f(x_i;\theta)\mathrm{d}x_i$$

其值随θ的取值而变化。与离散型的情况一样，我们取θ的估计值$\hat{\theta}$使上述概率取到最大值，

故只需考虑函数

$$L(\theta)=L(x_1,x_2,\cdots,x_n;\theta)=\prod_{i=1}^{n}f(x_i;\theta)$$

的最大值。这里$L(\theta)$称为样本的似然函数。若

$$L\left(x_1,x_2,\cdots,x_n;\hat{\theta}\right)=\max_{\theta\in\Theta}L(x_1,x_2,\cdots,x_n;\theta)$$

则称$\hat{\theta}(x_1,x_2,\cdots,x_n)$为参数$\theta$的最大似然估计值，称相应的统计量$\hat{\theta}(X_1,X_2,\cdots,X_n)$为参数$\theta$的最大似然估计量。

很多情况下，θ的最大似然估计θ也可从方程

$$\frac{\mathrm{d}\ln L(\theta)}{\mathrm{d}\theta}=0$$

求得，这称为对数似然方程。

5.7.2　最大似然估计和矩估计的笔算方法简介

设总体 X 的概率密度为：

$$f(x)=\begin{cases}(\theta+1)x^{\theta}, & 0<x<1\\ 0, & \text{其他}\end{cases}$$

其中θ是未知参数，X_1，X_2，…，X_n是一个简单随机样本，分别用矩估计法和最大似然估计法求θ的估计量。

$$\mu_l=E(x)=\int_{-\infty}^{+\infty}xf(x)\mathrm{d}x=\int_{0}^{1}x(\theta+1)x^{\theta}\mathrm{d}x=\frac{\theta+1}{\theta+2}x^{\theta+2}\Big|_0^1$$

令$\mu_l=A_l$，$A_l=\overline{x}$，即

$$E(x)=\overline{x}\text{或}\frac{\theta+1}{\theta+2}=\overline{x}$$

所以θ的矩估计量为：

$$\hat{\theta}=\frac{2\overline{x}-1}{1-\overline{x}}$$

似然函数

$$L(\theta)=\prod_{i=1}^{n}(\theta+1)x^{\theta}=(\theta+1)^{n}\left(\prod_{i=1}^{n}x_i\right)^{\theta},(0<x_i<1,i\in N_+)$$

因为

$$\ln L(\theta)=n\ln(\theta+1)+\theta\sum_{i=1}^{n}\ln x_i$$

所以有对数似然方程

$$\frac{\mathrm{d}\ln L(\theta)}{\mathrm{d}\theta}=\frac{n}{\theta+1}+\sum_{i=1}^{n}\ln x_i=0$$

所以θ的最大似然估计值为：

$$\hat{\theta} = -1 - \frac{n}{\sum_{i=1}^{n} \ln x_i}$$

5.7.3 用 MATLAB 进行最大似然估计

MATLAB 中用函数 mle 来进行最大似然估计，其语法格式如下：

参数向量名=mle(‘分布名称’,样本数据)

【例 5-4】 设下列样本数据符合正态分布，估计其期望和方差或标准差。

59.6 55.2 56.6 55.8 60.2 57.4 59.8 56.0 55.8 57.4

在 M 文件编辑器中输入：

```
A=[59.6 55.2 56.6 55.8 60.2 57.4 59.8 56.0 55.8 57.4];
miu_sigma=mle('norm',A)     %输出符合正态分布的μ和σ的最大似然估计量
```

计算结果为：miu_sigma = 57.3800 1.7606

计算时间约为 0.007s。即

$$\mu \approx 57.38, \sigma \approx 1.7606$$

5.7.4 用 MATLAB 进行矩估计

MATLAB 中提供 moment 函数来用矩估计法计算方差。其具体使用方法如下：

方差=moment(‘样本数组’,2)

【例 5-5】 用矩估计法重新计算例 5-4 中数据样本的方差（不一定符合正态分布）。

在 M 文件编辑器中输入：

```
A=[59.6 55.2 56.6 55.8 60.2 57.4 59.8 56.0 55.8 57.4];
D=moment(A,2)                         %用矩估计法估计方差
```

计算结果为：miu_sigma = 3.0996

计算时间约为 0.0004s。即

$$\sigma^2 \approx 3.0996$$

5.7.5 其他参数估计函数

MATLAB 统计工具箱提供了多种参数估计函数，输入样本数据和置信要求α，即可输出该分布中每个参数的估计量和置信区间。置信要求需输入小数形式的非置信范围，如：欲求出 95%置信区间，则输入α值为 0.05。如果不规定置信要求，则默认输出 95%置信区间。常用分布的参数估计函数的用法如下：

二项分布：[参数p,参数p的置信区间]=binofit(样本数组,参数n,α)。

指数分布：[参数θ,参数θ的置信区间]=expfit(样本数组,α)。

伽马分布：[参数p,参数p的置信区间]=gamfit(样本数组,α)。

最大似然估计：[参数数组,参数置信区间数组]=mle(‘分布名称’,样本数组,α)。

正态分布：[参数μ,参数σ,μ的置信区间,σ的置信区间] =normfit(样本数组,α)。

泊松分布：[参数λ,参数λ的置信区间]=poissfit(样本数组,α)。

均匀分布：[参数a,参数b,a的置信区间,b的置信区间] =unifit(样本数组,α)。

这里不再举例，接下来将会引入置信区间与置信限的概念。

5.7.6　区间估计的概念

5.7.6.1　估计量的评选标准

① 无偏性。若估计量$\hat{\theta}(X_1,X_2,\cdots,X_n)$的数学期望$E(\hat{\theta})$存在，且对于任意$\theta\in\Theta$有

$$E(\hat{\theta})=\theta$$

则称$\hat{\theta}$是θ的无偏估计量。估计量的无偏性是说对于某些样本值，由这一估计量得到的估计值相对于真值来说有些偏大、有些则偏小，反复将这一估计量使用多次，就“平均”来说其偏差为零。在科学技术中$E(\hat{\theta})-\theta$称为以$\hat{\theta}$作为θ的估计的系统误差。无偏估计的实际意义就是无系统误差。

② 有效性。设$\hat{\theta}_1(X_1,X_2,\cdots,X_n)$与$\hat{\theta}_2(X_1,X_2,\cdots,X_n)$都是$\theta$的无偏估计量，若对于任意$\theta\in\Theta$，有

$$D(\hat{\theta}_1)\le D(\hat{\theta}_2)$$

且至少对于某一个$\theta\in\Theta$上式中的不等号成立，则称$\hat{\theta}_1$比$\hat{\theta}_2$有效。

③ 相合性。设$\hat{\theta}(X_1,X_2,\cdots,X_n)$为参数$\theta$的估计量，若对于任意$\theta\in\Theta$，当$n\to\infty$时，$\hat{\theta}(X_1,X_2,\cdots,X_n)$依概率收敛于$\theta$，则称$\hat{\theta}$为$\theta$的相合估计量。即若对于任意$\theta\in\Theta$都满足：对于任意$\varepsilon>0$，有

$$\lim_{n\to\infty}P\{|\hat{\theta}-\theta|<\varepsilon\}=1$$

则称$\hat{\theta}$是θ的相合估计量。相合性是对一个估计量的基本要求，若估计量不具有相合性，那么不论将样本容量 n 取得多么大，都不能将θ估计得足够准确，这样的估计量是不可取的。

上述无偏性、有效性、相合性是评价估计量的一些基本标准。

5.7.6.2　区间估计

设总体 X 的分布函数$F(x;\theta)$含有一个未知参数θ，$\theta\in\Theta$。对于给定值$\alpha(0<\alpha<1)$，若由来自X的样本$X_1,X_2,\cdots,X_n$确定的两个统计量$\underline{\theta}(X_1,X_2,\cdots,X_n)$和$\overline{\theta}(X_1,X_2,\cdots,X_n)$（$\underline{\theta}<\overline{\theta}$），对于任意$\theta\in\Theta$满足

$$P\{\underline{\theta}(X_1,X_2,\cdots,X_n)<\theta<\overline{\theta}(X_1,X_2,\cdots,X_n)\}\ge 1-\alpha$$

则称随机区间$(\underline{\theta},\overline{\theta})$是$\theta$的置信水平为$1-\alpha$的置信区间，$\underline{\theta}$和$\overline{\theta}$分别称为置信水平为$1-\alpha$的双侧置信区间的置信下限和置信上限，$1-\alpha$称为置信水平。

若反复抽样多次(各次得到的样本的容量相等,都是n),每个样本值确定一个区间$(\underline{\theta},\overline{\theta})$，每个这样的区间要么包含$\theta$的真值，要么不包含$\theta$的真值。按伯努利大数定理，在这么多的区间中，包含$\theta$真值的约占 100（$1-\alpha$）%，不包含$\theta$真值的仅约占 $100\alpha\%$。例如，若α=0.01，反复抽样 1000 次，则得到的 1000 个区间中不包含θ真值的仅约为 10 个。

在一些实际问题中，比如仪器的寿命，我们最关心它的下限，再比如化学药品的杂质含量，我们最关心它的上限，这样就引入了单侧置信区间。

对于给定值$\alpha(0<\alpha<1)$，若由样本 X_1，X_2，…，X_n 确定的统计量$\underline{\theta}(X_1,X_2,\cdots,X_n)$对于任意$\theta\in\Theta$满足

$$P\{\theta>\underline{\theta}\}\geq 1-\alpha$$

则称随机区间$(\underline{\theta},+\infty)$是$\theta$的置信水平为$1-\alpha$的单侧置信区间，$\underline{\theta}$称为$\theta$的置信水平为$1-\alpha$的单侧置信下限。

又若统计量$\overline{\theta}(X_1,X_2,\dots,X_n)$对于任意$\theta\in\Theta$满足

$$P\{\theta<\overline{\theta}\}\geq 1-\alpha$$

则称随机区间$(-\infty,\overline{\theta})$是$\theta$的置信水平为$1-\alpha$的单侧置信区间，$\overline{\theta}$称为$\theta$的置信水平为$1-\alpha$的单侧置信上限。

5.7.7 用 MATLAB 进行区间估计

在 MATLAB 中，区间估计的基础是点估计。用 mle 函数进行最大似然估计时，可以同时输出一定置信水平的置信区间。区间估计的用法为：

[参数数组,参数置信区间数组]=mle('分布名称',样本数组,α)

该函数返回指定分布的最大似然估计值和 100（$1-\alpha$）%的置信区间，可以参考上文，在此不再举例。

5.8 线性回归分析

回归分析是研究变量之间相关关系的一种统计推断方法。回归分析的主要任务是通过得到的样本数据，建立回归模型，并对回归模型进行统计分析和统计推断，最后进行预报。它在自然科学、管理科学、工程技术和社会经济等领域有广泛的应用。回归分析主要分为线性回归分析和非线性回归分析。

5.8.1 线性回归的概念

在客观世界中普遍存在着变量之间的关系。变量之间可分为确定性关系和非确定性关系。确定性关系是指变量之间的关系可以用函数关系来表示。非确定性关系也称为相关关系，包括正相关和负相关。它描述了一个或几个变量的值给定时，对应的另一个变量的值不能完全确定，而是在一定范围内随机变化的现象。

回归分析是通过可控变量 X_1，X_2，…，X_k 与随机变量 Y 的均值之间的确定关系$y=f(x_1,x_2,\cdots,x_k)$研究 $X_1,X_2,\cdots,X_k$ 与 Y 之间的不确定性关系。虽然随机误差ε的干扰使得 X_1，X_2，…，X_k 与 Y 之间的关系不确定，但从平均程度看，不确定关系有向确定性关系$y=f(x_1,x_2,\cdots,x_k)$回归的趋势。

在解决实际问题过程中，回归函数一般是未知的，首先要对回归模型作出合理的假定；其次根据 X_1，X_2，…，X_k 的取值和 Y 的观测值估计回归函数；最后进行相应的统计分析和统计推断，包括进行假设检验、预报和控制等。当回归函数是线性函数时，对其进行的回归分析称为线性回归。线性回归包括一元线性回归和多元线性回归。

5.8.2　一元线性回归的最小二乘估计

当回归函数为$y=a+bx$时，称

$$Y=a+bx+\varepsilon,\varepsilon\sim N(0,\sigma^2)$$

为一元线性回归模型；方程$y=a+bx$称为y对x的一元线性回归方程；a、b称为回归系数。一般情况下，a、b和σ^2都是与x无关的未知参数。上式表明，随机变量 Y 由两部分组成，一部分是x的线性函数$a+bx$，另一部分$\varepsilon\sim N(0,\sigma^2)$是随机误差，是人们不可控制的。

对于一元线性回归模型，要根据样本的一组观测值$(x_1,y_1),(x_2,y_2),\cdots,(x_k,y_k)$找到回归函数$f(x)=a+bx$的一个估计$\hat{f}(x)=\hat{a}+\hat{b}x$，也就是确定未知参数 a、b 的估计值$\hat{a}$、$\hat{b}$，使偏差$\sum_{i=1}^{n}(y_i-\hat{y}_i)^2$达到最小，即

$$Q(\hat{a},\hat{b})=\min_{a,b}\sum_{i=1}^{n}(y_i-a-bx_i)^2$$

上述确定参数a、b的方法称为最小二乘法。得到参数a、b的估计值$\hat{a}$, $\hat{b}$称为最小二乘估计值。同样，利用多元函数求极值的方法，得到参数a、b的估计值$\hat{a}$、$\hat{b}$。对函数$Q(a,b)$求关于a、b的偏导数，并令它们等于零，得到正规方程组

$$\begin{cases} na+\left(\sum_{i=1}^{n}x_i\right)b=\sum_{i=1}^{n}y_i \\ \left(\sum_{i=1}^{n}x_i\right)a+\left(\sum_{i=1}^{n}x_i^2\right)b=\sum_{i=1}^{n}x_iy_i \end{cases}$$

得到参数a、b的估计值为：

$$\begin{cases} \hat{b}=\dfrac{\sum_{i=1}^{n}(x_i-\overline{x})(y_i-\overline{y})}{\sum_{i=1}^{n}(x_i-\overline{x})^2} \\ \hat{a}=\overline{y}-\hat{b}\overline{x} \end{cases}$$

对于给定的 $X=x$，取$\hat{f}(x)=\hat{a}+\hat{b}x$作为回归函数$f(x)=a+bx$的估计值，也是对 Y 的一个预测值，称$\hat{f}(x)=\hat{a}+\hat{b}x$为 Y 关于 $X=x$ 的经验回归函数。方程

$$\hat{y}=\hat{a}+\hat{b}x$$

称为 Y 关于 $X=x$ 的经验回归方程，简称回归方程，其图形称为回归直线。

5.8.3　一元线性回归的 MATLAB 实现

MATLAB 中有 polyfit 函数进行多项式曲线的最小二乘拟合，其语法结构为：

系数数组=polyfit(自变量数组,因变量数组,次数)

在输出的数组中，系数按降幂排列，即第一项是最高次系数，共次数+1 项。得到系数后即可得到回归函数表达式，画出回归直线，并加以运用。

【例 5-6】有如表 5-4 所列数据样本，求两变量之间关系的线性回归函数并绘制直线。

表 5-4 样本数据

x	1	4	5	8	10	16	17	18	20	23	24	26	27	28
y	0.5	0.9	1.3	0.7	2.0	2.5	1.7	1.4	1.5	1.8	2.2	2.5	3.0	4.3

在 M 文件编辑器中输入：

```
x=[1 4 5 8 10 16 17 18 20 23 24 26 27 28];
y=[0.5 0.9 1.3 0.7 2.0 2.5 1.7 1.4 1.5 1.8 2.2 2.5 3.0 4.3];
a=polyfit(x,y,1);                        %求 1 次多项式系数
disp([num2str(a(1)) 'x+' num2str(a(2))]) %输出回归函数表达式
X=1:0.01:30;                             %设置 x 轴范围
Y=a(1)*X+a(2);                           %回归函数表达式（用于出图）
plot(X,Y)                                %显示回归直线
hold on                                  %保持回归直线显示
plot(x,y,'*')                            %将源数据点用*显示
```

计算结果为：0.086795x+0.47125

计算时间约为 0.058s。

即

$$\hat{y} = \hat{a} + \hat{b}x \approx 0.086795x + 0.47125$$

回归直线如图 5-8 所示。

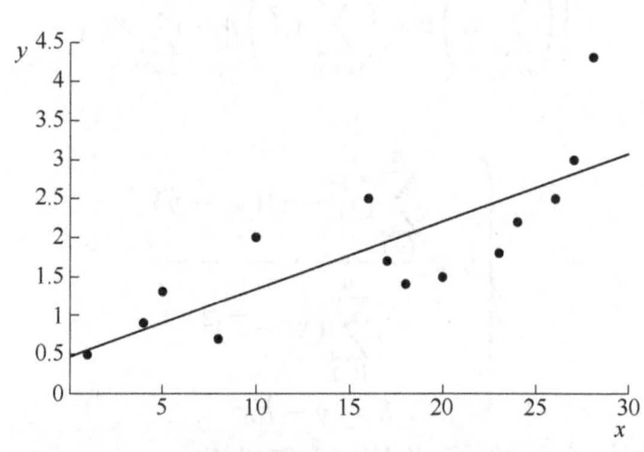

图 5-8 样本数据点的最小二乘回归直线

5.8.4 多元线性回归的最小二乘估计

当回归函数为$y = f(x_1, x_2, \cdots, x_k) = b_0 + b_1x_1 + b_2x_2 + \cdots + b_kx_k$时，称

$$y = b_0 + b_1x_1 + b_2x_2 + \cdots + b_kx_k + \varepsilon, \varepsilon \sim N(0, \sigma^2)$$

为 k 元线性回归模型。其中，b_0，b_1，…，b_k和σ^2都是与x_1，x_2，…，x_n无关的未知参数。方程$y = b_0 + b_1x_1 + b_2x_2 + \cdots + b_kx_k$称为 Y 对x_1，x_2，…，x_n的 k 元线性回归方程。上式表明，随机变量 Y 由两部分组成，一部分是x_1，x_2，…，x_n的线性函数$b_0 + b_1x_1 + b_2x_2 + \cdots + b_kx_k$；另一部分$\varepsilon \sim N(0, \sigma^2)$是随机误差，是人们不可控制的。

设$(x_{i1}, x_{i2}, \cdots, x_{ik}, y_i)(i = 1,2, \cdots, n)$为$(X_1, X_2, \cdots, X_k, Y)$的观测值，且

$$y_i = b_0 + b_1x_{i1} + b_2x_{i2} + \cdots + b_kx_{ik} + \varepsilon_i$$

ε_i独立，其分布服从$N(0,\sigma^2)$，i=1,2,⋯,n。

记$\boldsymbol{B}=(b_0,b_1,b_2,\cdots,b_k)^{\mathrm{T}}$，$\boldsymbol{Y}=(y_1,y_2,\cdots,y_n)^{\mathrm{T}}$，$\boldsymbol{e}=(\varepsilon_1,\varepsilon_2,\cdots,\varepsilon_n)^{\mathrm{T}}$，

$$\boldsymbol{X}=\begin{bmatrix}1 & x_{11} & x_{12} & \cdots & x_{1k}\\ 1 & x_{21} & x_{22} & \cdots & x_{2k}\\ \vdots & \vdots & \vdots & & \vdots\\ 1 & x_{n1} & x_{n2} & \cdots & x_{nk}\end{bmatrix}$$

则有

$$\boldsymbol{Y}=\boldsymbol{XB}+\boldsymbol{e},\boldsymbol{e}\sim N(0,\sigma^2\boldsymbol{I}_n)$$

式中，X是一个$n\times(k+1)$阶矩阵，称为设计矩阵。

设$\widehat{\boldsymbol{B}}=(\hat{b}_0,\hat{b}_1,\hat{b}_2,\cdots,\hat{b}_k)^{\mathrm{T}}$是 $\boldsymbol{B}$ 的估计，则称

$$\hat{y}=\hat{b}_0+\hat{b}_1x_1+\hat{b}_2x_2+\cdots+\hat{b}_kx_k$$

为 k 元线性回归方程。记

$$\hat{y}_i=\hat{b}_0+\hat{b}_1x_{i1}+\hat{b}_2x_{i2}+\cdots+\hat{b}_kx_{ik}\ (i=1,2,\cdots,n)$$

则

$$\widehat{\boldsymbol{Y}}=(\hat{y}_1,\hat{y}_2,\cdots,\hat{y}_n)\boldsymbol{X}\widehat{\boldsymbol{B}}$$

由最小二乘法知，对给定的观测值$(x_{i1},x_{i2},\cdots,x_{ik},y_i)(i=1,2,\cdots,n)$，未知参数向量 $\boldsymbol{B}$ 的最小二乘估计$\widehat{\boldsymbol{B}}=(\hat{b}_0,\hat{b}_1,\hat{b}_2,\cdots,\hat{b}_k)^{\mathrm{T}}$应为

$$Q(\hat{b}_0,\hat{b}_1,\hat{b}_2,\cdots,\hat{b}_k)=\min_{b_0,b_1,b_2,\cdots,b_k}Q(b_0,b_1,b_2,\cdots,b_k)$$

$$=\min_{b_0,b_1,b_2,\cdots,b_k}\sum_{i=1}^{n}(y_i-b_0-b_1x_{i1}-b_2x_{i2}-\cdots-b_kx_{ik})^2=\min_{\boldsymbol{B}}\|\boldsymbol{Y}-\boldsymbol{XB}\|^2$$

的最优解。由多元函数求极值的方法知，$\widehat{\boldsymbol{B}}$应为

$$\frac{\partial Q(\boldsymbol{B})}{\partial \boldsymbol{B}}=0$$

的解。

如果Y_1，Y_2，⋯，Y_n是随机变量 Y 的一组样本，则式

$$\widehat{\boldsymbol{B}}=(\boldsymbol{X}^{\mathrm{T}}\boldsymbol{X})^{-1}\boldsymbol{X}^{\mathrm{T}}\boldsymbol{Y}$$

可表示为回归系数向量 $\boldsymbol{B}$ 的最小二乘估计量。

5.8.5 多元线性回归的 MATLAB 实现

MATLAB 中的多元线性回归模型为 regress 函数，其语法结构如下：

[系数估计向量,系数区间,残差置信区间,正确性检测值]=regress({因变量},自变量矩阵,置信水平α)

系数估计向量可以输出每一个自变量的系数和常数项，其他输出变量可以用于误差分析、正确性检验等，一般很少用。

多元线性回归的图像是在笛卡儿空间坐标系描述下的欧几里得空间中，也有可能在高维空间中，三维欧式空间中的线性回归图像分为空间曲线和空间平面，其区别在于：空间曲线的函数的定义域是一条线（一个自变量对应另一个自变量，对应一个因变量），而空间曲面的函数的定义域则是一个网格（即每个点都要有定义）。

5.8.5.1 空间直线回归

【例 5-7】 设有一物理量 z，其影响因素有x_1和x_2，随着自变量的变化，z 的变化如表 5-5 中的采样数据所示。

表 5-5 x_1、x_2，z的采样数据

物理量 \ 点数	1	2	3	4	5
x_1	7	1	11	11	1
x_2	26	29	56	31	52
z	78	74	104	87	95

求表中数据的三维回归函数，并绘制空间回归直线图。

在 M 文件编辑器中输入：

```
x1=[7;1;11;11;1];                %定义x1列向量
x2=[26;29;56;31;52];             %定义x2列向量
y=[78;74;104;87;95];             %定义因变量 z 列向量，
                                 %为避免与绘图因变量混淆，取名 y
X=[ones(length(y)),x1,x2];       %定义 X 回归矩阵
[B,Brang,rint,state]=regress(y,X);  %求回归系数等其他参数
disp([num2str(B(6)),'u+',num2str(B(7)),'v+',num2str(B(3))]);
                                 %输出结果表达式（面向对象）
u=0:0.01:60; %定义第一个自变量绘图范围，为避免变量名混淆，取名为 u
v=0:0.01:60; %定义第二个自变量绘图范围，为避免变量名混淆，取名为 v
z=B(6)*u+B(7)*v+B(3);%利用回归系数定义因变量与两自变量的函数关系
plot3(u,v,z)                     %绘制空间曲线
hold on                          %保持空间曲线图形显示
plot3(x1,x2,y,'*')               %显示原数据散点
```

计算结果为：0.861u+0.79134v+51.5578

计算时间约为 0.052s。

即

$$\hat{z}=\hat{b}_1x_1+\hat{b}_2x_2+\hat{b}_3\approx 0.861x_1+0.79134x_2+51.5578$$

其空间回归直线图如图 5-9 所示。

由图 5-9 可以看出，虽然回归函数是可信的，但是回归空间直线并不能很好地拟合，只有在固定观察角度时才可以实现拟合。下面给出绘制真正的空间最小二乘拟合直线的方法，在 M 文件编辑器中输入：

```
x1=[7;1;11;11;1];                %定义x1列向量
x2=[26;29;56;31;52];             %定义x2列向量
y=[78;74;104;87;95];             %定义因变量 z 列向量
data =[x1 x2 y];                 %数据点矩阵
data = data';                    %矩阵转置
```

```
L=length(data(1,:));
x=data(1,:);
y=data(2,:);
z=data(3,:)
F=[z;ones(length(y),1)'];
M=F*F';
N=F*x';
O=F*y';
A=(M\N)';
B=(M\O)';
x1=A(1)*z+A(2);
y1=B(1)*z+B(2);
z1=z;
plot3(x1,y1,z1,'b',x,y,z,'*')
                                          %绘制空间直线图像，并点出原始数据点
```

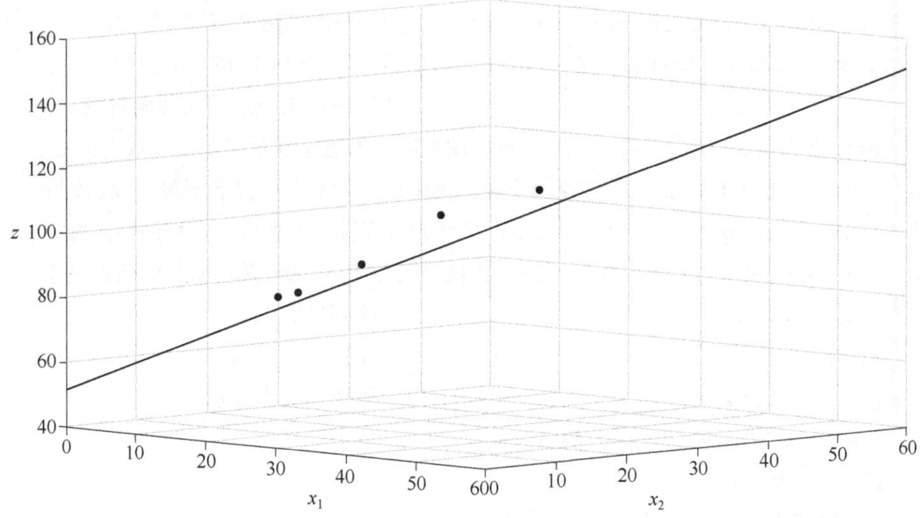

图 5-9 x_1、x_2、z 的不规范回归直线

经过 0.076s 的计算，得到的图像如图 5-10 所示。

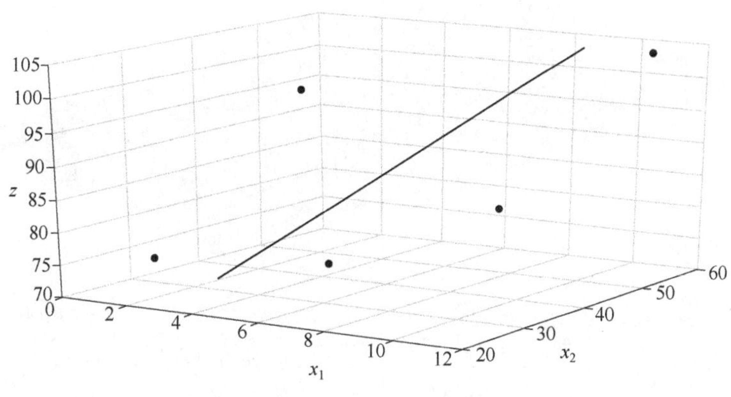

图 5-10 x_1、x_2、z 的回归直线

经过新的程序设计可以发现，采样点成功地散布在空间直线周围，即最小二乘拟合直线成功拟合采样点。在空间直线中，两个自变量其实也是一一对应的函数关系，不是随便找实数对应的，如果要知道两自变量的函数关系式，可以将它们一个作为自变量，另一个作为因变量，对它们做一元线性回归，求得的回归函数就可以反映两自变量的关系，这样就可以轻松确定两自变量的值。

5.8.5.2 空间平面回归

【例 5-8】将【例 5-7】的问题中的三个变量做多元线性回归并绘制空间回归平面。

在 M 文件编辑器中输入：

```
x1=[7;1;11;11;1];                     %定义x1列向量
x2=[26;29;56;31;52];                  %定义x2列向量
y=[78;74;104;87;95];                  %定义因变量 z 列向量，
                                      %为避免与绘图因变量混淆，取名 y
X=[ones(length(y)),x1,x2];            %定义 X 回归矩阵
[B,Brang,rint,state]=regress(y,X); %求回归系数等其他参数
disp([num2str(B(6)),'u+',num2str(B(7)),'v+',num2str(B(3))]);
                                      %输出结果表达式（面向对象）
u=0:0.01:20;%定义第一个自变量绘图范围，为避免变量名混淆，取名为 u
v=0:0.01:60; %定义第二个自变量绘图范围，为避免变量名混淆，取名为 v
[u,v]=meshgrid(u,v); %运用定义好的自变量范围生成定义域网格区域
z=B(6)*u+B(7)*v+B(3);%利用回归系数定义因变量与两自变量的函数关系
surf(u,v,z)                           %绘制平面
hold on                               %保持平面显示
plot3(x1,x2,y,'*')                    %源数据散点显示
```

计算结果为：0.861u+0.79134v+51.5578

计算时间约为 0.16s。

即多元回归函数与上例相同，其回归平面见图 5-11。

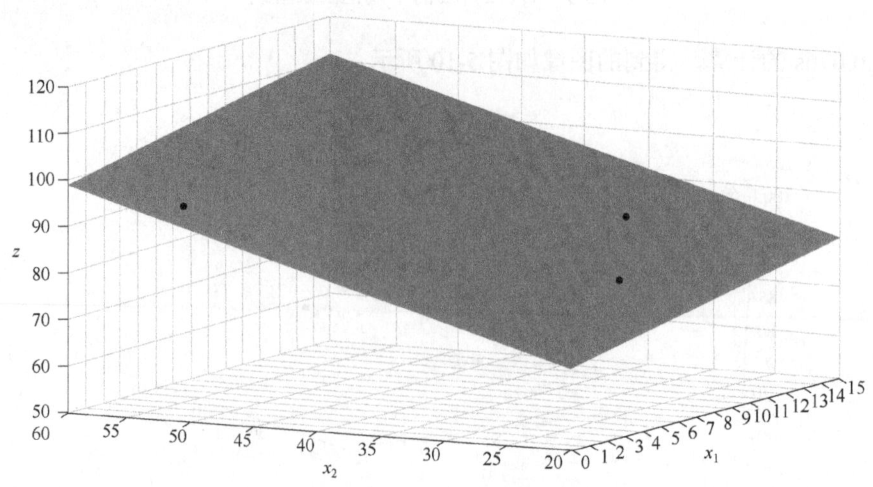

图 5-11 x_1、x_2、z 的回归平面

在图 5-11 中，采样数据点散布在回归平面附近，有 2 个数据点在平面的下侧，进入了摄影机视野的盲区，因而未能显示。

自变量超过 2 个的多元线性回归同理，只是图像不便甚至无法画出（MATLAB 最多生成四维图像，用颜色表示第四维），我们同样可以求出最小二乘拟合函数。

5.9 MATLAB 统计作图

5.9.1 累积分布函数图形

MATLAB 中用 cdfplot 函数来绘制累积分布函数图形，其语法格式如下：

[曲线句柄,样本特征]=cdfplot(数据点)

【例 5-9】 绘制下列数据的概率分布函数：

1 6 3 5 3 8 5 12 4 6 6 1 5 5 4 3 1

在 M 文件编辑器中输入：

```
x=[1 6 3 5 3 8 5 12 4 6 6 1 5 5 4 3 1 ];
[f,stats]=cdfplot(x)
```

计算结果为：

min: 1

max: 12

mean: 4.5882

median: 5

std: 2.7400

计算时间约为 0.087s。

即可得一组数据的最大值、最小值、期望、中位数和标准差。得到的概率分布函数图像如图 5-12 所示。

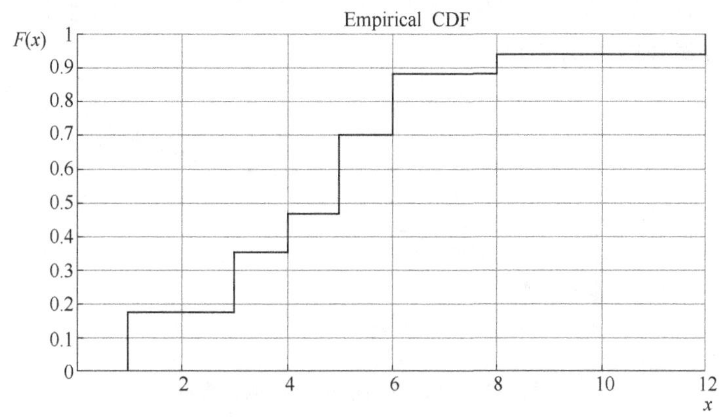

图 5-12　一组数据的概率分布图像

5.9.2 用最小二乘法拟合直线

MATLAB 中，有一个专门用于输出图像而不求函数表达式的最小二乘拟合函数——lsline。

该函数的用法如下：

曲线句柄=lsline

这个函数可以没有输入变量，默认将图上现有的离散点做一元线性回归，拟合出最小二乘直线。

【例 5-10】 一组离散点如表 5-6 所示，绘制该组离散点的最小二乘拟合直线。

表 5-6　一组离散点

x	1	2	3	4	5	6	7	8
y	0.5	1.2	4.8	2.8	3.3	5.8	6.5	7.7

在 M 文件编辑器中输入：

```
x=1:1:8;
y=[0.5 1.2 4.8 2.8 3.3 5.8 6.5 7.7];
plot(x,y,'*');                          %绘制散点图
h=lsline                                %绘制最小二乘拟合直线
```

计算结果为：

```
          Color: [0 0.4470 0.7410]
      LineStyle: '-'
      LineWidth: 0.5000
         Marker: 'none'
     MarkerSize: 6
MarkerFaceColor: 'none'
          XData: [1 8]
          YData: [0.7250 7.4250]
          ZData: [1×0 double]
```

计算时间约为 0.164s。这些输出信息是直线的相关属性信息，在 GUI 设计中会经常用到。得到的最小二乘拟合直线图见图 5-13。

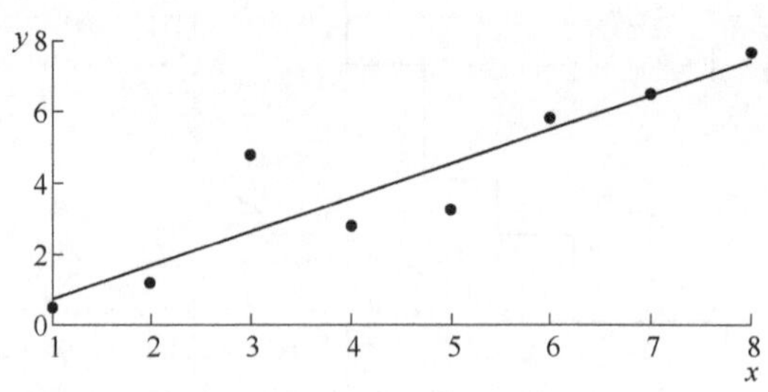

图 5-13　离散点的最小二乘拟合直线

5.9.3 绘制正态分布概率图形

函数 normplot 可以绘制正态分布概率分布图，其语法规则为：

图形句柄=normplot(采样点数组)

【例 5-11】 在闭区间[1,10]中，绘制函数$f(x) = x^2 + 3x - 5$的正态分布概率图形。

在 M 文件编辑器中输入：

```
x=1:0.01:10;
y=x.^2+3.*x-5;
normplot(y)
```

输出的图形如图 5-14 所示。

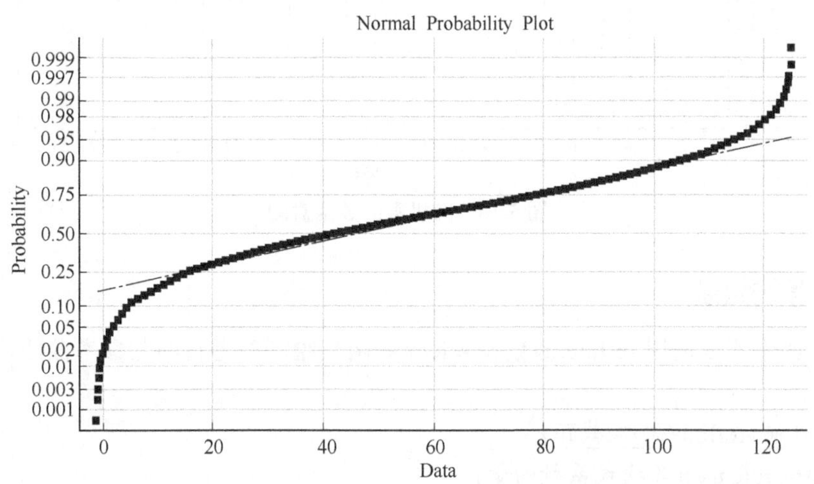

图 5-14　$f(x) = x^2 + 3x - 5$的正态分布概率图

5.9.4 样本数据盒图

数据集的箱线图是由箱子和直线组成的图形，如图 5-15 所示，它是基于以下 5 个数的图形概括：最小值 Min、第一四分位数 Q_2、中位数 M、第三四分位数 Q_3 和最大值 Max。

从数据盒图中可读出以下信息：

① 中心位置：中位数所在的位置就是数据集的中心。

② 散布程度：全部数据都落在[Min，Max]之内，在区间[Min，Q_1]，[Q_1，M]，[M，Q_3]，[Q_3，Max]内的数据个数约各占 1/4。区间较短时，表示落在该区间的点较集中，反之较为分散。

图 5-15　数据盒

在 MATLAB 中，用 boxplot 函数来绘制样本数据盒图，其用法如下：

变量名=boxplot(坐标轴句柄,变量数组,附加群变量,其他属性)

上面的自变量中，只有变量数组是必须的，后面可以附加属性名和属性值来编辑箱线图。

【例 5-12】 用随机数矩阵演示样本数据盒图。

在 M 文件编辑器中输入：

```
x=randn(100,25);
                %生成 100 行 25 列随机数，即有 25 组含 100 个样本的数据
boxplot(x)      %绘制箱线图
```

得到的图像如图 5-16 所示。

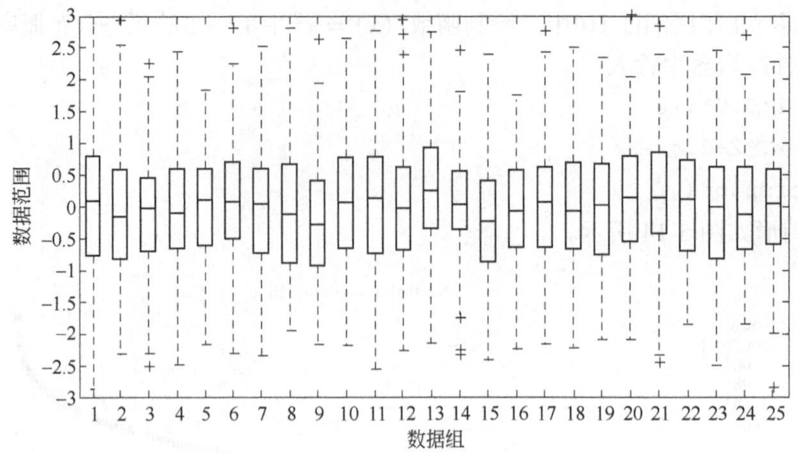

图 5-16　随机数的数据盒图

5.9.5　参考线绘制

MATLAB 中可以使用 refline 函数和 refcurve 函数绘制参考直线与参考曲线，两者的语法格式如下：

参考线句柄=refline(斜率,截距);

曲线句柄=refcurve(多项式系数向量)

【例 5-13】　对一组随机数离散点进行一元线性回归，并绘制数学期望参考线。

在 M 文件编辑器中输入：

```
x=1:10;                          %定义域
y=x+randn(1,10);                 %对应的 y 值
scatter(x,y,25,'*');             %生成 x 和 y 对应的散点图
lsline                           %生成最小二乘拟合直线
hline=refline([0 mean(y)])       %绘制参考线
```

输出的图像如图 5-17 所示。

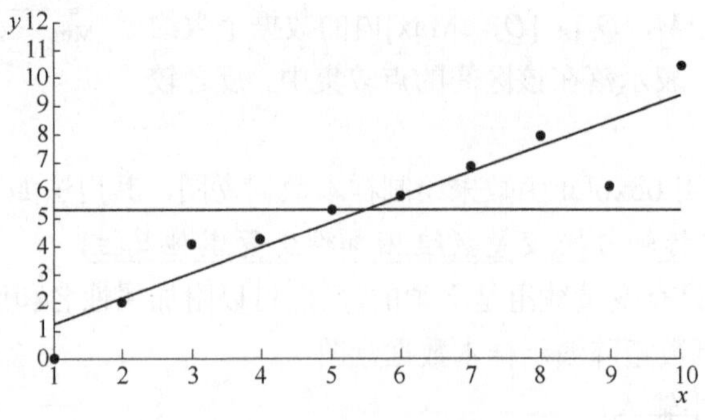

图 5-17　参考直线绘制

【例 5-14】　绘制高次多项式曲线$f(x) = 6x^5 + 4x^4 - 3x^3 + 2x^2 + 5x - 7$图像。

在 M 文件编辑器中输入：

```
refcurve([6 4 -3 2 5 -7])
```

输出的曲线图像如图 5-18 所示。

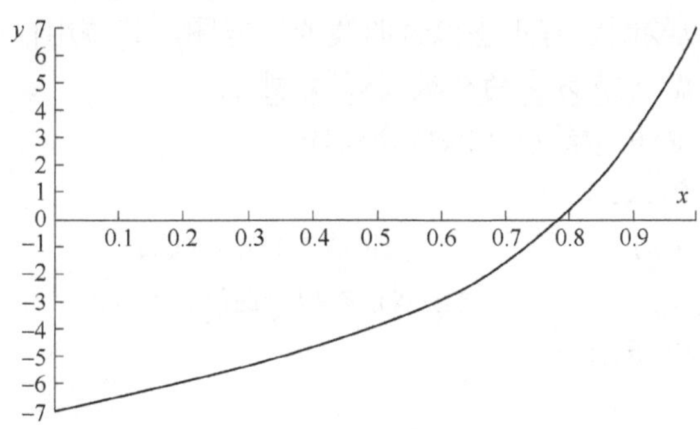

图 5-18　参考曲线$f(x) = 6x^5 + 4x^4 - 3x^3 + 2x^2 + 5x - 7$图像

5.9.6　样本概率图形

使用 capaplot 函数可以绘制样本概率图形，该函数用于求随机变量落在指定区间内的概率，其语法格式如下：

[概率值,图形句柄]=capaplot(样本数据,指定区间)

【例 5-15】 指定正态分布随机数据，求$P_1\{2.99 \le X \le 3.01\}$和$P_2\{2.995 \le X \le 3.015\}$。

在 M 文件编辑器中输入：

```
data=normrnd(3,0.005,100,1);              %生成正态分布随机数据
p1=capaplot(data,[2.99,3.01])             %计算 p1
figure                                    %另起界面绘图
p2=capaplot(data,[2.995,3.015])           %计算 p2
```

计算结果为：

p1 = 0.9186

p2 = 0.8205

计算时间约为 0.084s。

即

$$P_1\{2.99 \le X \le 3.01\} \approx 0.9517, P_2\{2.995 \le X \le 3.015\} \approx 0.8443$$

输出的概率图形如图 5-19 所示。

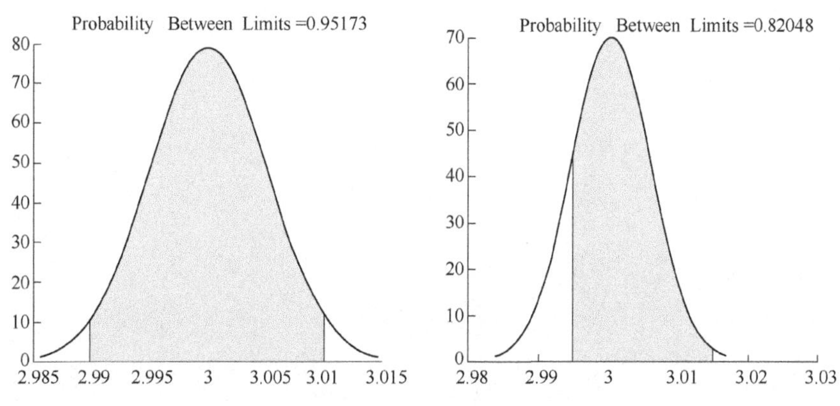

图 5-19　样本概率图形

5.9.7 正态拟合直方图

使用 histfit 函数可以绘制含有正态拟合曲线的直方图，其调用格式如下：

曲线句柄=histfit(数据点,直方条的个数,分布类型)

【例 5-16】 对 50 个随机数绘制正态拟合曲线。

在 M 文件编辑器中输入：

```
x=randn(1,50);                    %生成 50 个随机数
histfit(x,12)                 %绘制正态拟合曲线，有 12 个直方条
```

输出的图像如图 5-20 所示。

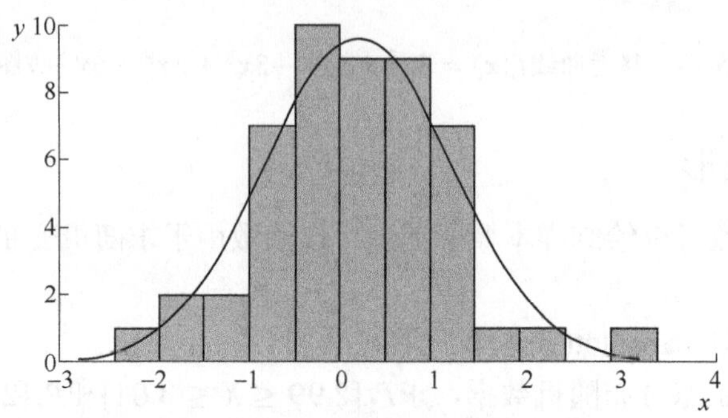

图 5-20 50 个随机数的正态拟合直方图

第 6 章 数值分析基本问题

现代科学技术问题的研究方法可分为三种：理论推导、科学实验和科学计算。这三种方法相辅相成，又相互独立且缺一不可。科学计算就是通过建立数学模型把科学技术问题转化为数学问题，然后对数学问题进行离散化，将其转化为数值问题，最后使用数值计算方法计算出数值问题的解，并把所得的解作为原科学技术问题的解。随着电子计算机的性能不断提高，科学计算在解决现代科学技术问题中所起的作用越来越大，并已渗透到科学技术的各个领域。科学计算的基础——计算数学这个数学分支也随之发展壮大。数值分析是计算数学中最基本的内容，它研究如何用数值计算方法求解各种基本数学问题以及在求解过程中出现的收敛性、数值稳定性和误差估计等问题。数值分析所阐明的各种数值计算方法是从事科学计算的最基本工具。

在之前的研究中，本书的思路一直是基本概念+基本问题的手动解法和典型题的笔算举例+MATLAB 编程解法。数值分析部分的内容将会大量省略笔算过程的介绍，凸显程序设计，真正的数值分析不是笔能算出来的。

1958 年 8 月，34 岁的邓稼先被任命负责原子弹的设计。邓稼先到几所名牌大学招募了 28 名新毕业的大学生（后增加到一百多人），开始了他们的工作。他们找来了三本教科书进行原子弹的“研究”，后来又在国内找到了原版经典著作，边阅读边计算。他们一周工作 7 天，每天三班制，计算工具仅仅是中国古老的算盘。后来从苏联买来 500 个滚筒形的手摇计算器，他们就改用了这种“新”式计算工具。整体数据每算一遍要花一个月，而他们总共计算了 9 遍，终于在一天深夜找到了这个关系到中国命运、民族命运的关键数字！而原子弹研发过程所体现的数值计算的计算量也是超乎常人想象的！再比如，在基于有限单元法的工程计算、数字图像的物理渲染、气象学的数值模拟等方面，计算往往也是极其复杂的，一般不适合笔算。如果说之前介绍 MATLAB 常数混合运算时，体现了计算机的意义的冰山一角，那么数值计算则可以将计算机的价值发挥得淋漓尽致。

6.1 数值法的由来与算法简介

6.1.1 数值法的由来

从数学计算诞生之日起，古代先民们就一直在探索如何求“不可解”问题的近似解。勾股定理（毕达哥拉斯定理）指出，直角三角形的斜边长的平方等于两直角边的平方和，而多数开根号所得结果为无理数。据考证，在古巴比伦泥板上已经发现了开根号的近似值。后来，人们开始想解决工程实际问题。

$$\frac{\partial(\rho E)}{\partial t}+\nabla[\boldsymbol{v}(\rho E+P)]=\nabla\left[k_{\mathrm{eff}}\nabla T-\sum h_{\mathrm{j}}J_{\mathrm{j}}+(\tau_{\mathrm{eff}}\boldsymbol{v})\right]+S_{\mathrm{h}}$$

上式是流体力学的能量方程的微分形式，能量方程本质上是热力学第一定律的数学描述。该定律可以表述为：微元体中能量的增加率应与进入微元体的净热量和体积力与表面力对微元体所做功之和相等。

这样的偏微分方程想直接得到解析解几乎是不可能的，而工程上要求必须得到一个解以用于工程计算，进而发展生产、推动人类社会前行。难以得到或不可能得到精确解析解时，人们就想运用一种计算方法，使每一次的计算结果都比上一次接近精确解，这样的解就是该问题的近似解，这样就提出了数值计算，也称为数值分析。虽然数值分析得不到精确解，但是在精度要求范围内，数值解是可靠的。

6.1.2 认识算法及其复杂性

用数值计算方法求解数值问题是通过具体的算法实现的。所谓算法就是规定了怎样从输入数据计算出数值问题解的一个有限的基本运算序列。其中，基本运算是指四则运算、逻辑运算和一些基本函数运算。衡量算法的优劣有两个标准：其一是要有可靠的理论基础，包括正确性、收敛性、数值稳定性以及可作误差分析；其二是要有良好的计算复杂性。

算法的计算复杂性是指在达到给定精度时该算法所需的计算量和所占的内存空间。前者称为时间复杂性，后者称为空间复杂性。在同一精度要求下，算法所需的计算量少，称为时间复杂性好；所占的内存空间小，称为空间复杂性好。

6.1.3 算法、程序、代码、软件四词的辨析

算法，是指对解决问题的方法的完整描述，是一套清晰的流程。比如，在多项式求和的问题上，公元 1247 年，我国数学家秦九韶提出了“秦九韶算法”；在解非线性方程时，艾萨克·牛顿提出了“牛顿迭代法”等。在古代，对算法的应用一直靠笔算和一些原始的计算工具来实现，一直到电子计算机出现。

程序，是在计算机中实现算法的一种手段，如果没有程序，算法很难实现，算法也为程序提供了灵魂。本书中的举例部分都属于程序设计。

代码，是程序员用 IDE（集成开发环境）编写的源文件，是一系列符号形成的确定的、标准的体系。语言学创始人费尔迪南·德·索绪尔（Ferdinand de Saussure，1857—1913）指出，语言是用于表达观念的符号系统，计算机语言也同理。代码最终被编写为二进制，才可以真正面向机器。

软件，是按照特定顺序组织的计算机数据和指令的集合，可以在计算机中运行并被人类所应用。运用算法，在程序语言中编写好代码后编译成可执行文件，则称为软件，MATLAB 就是一个强大的数学软件。

6.1.4 数值解与解析解的区别与联系

数值解是在一定条件下通过某种近似计算得出来的一个数值，能在给定的精度条件下满足方程。解析解为方程的解析式（比如求根公式之类的），是方程的精确解，能在任意精度下满足方程。如果可以求出解析解则首选解析法解决问题。

6.2 误差及其计算

6.2.1 误差的来源与分类

在工程技术的计算中，估计计算结果的精确度是十分重要的工作，而影响精确度的是各种各样的误差。误差按照它们的来源可分为以下四种。

6.2.1.1 模型误差

反映实际问题有关量之间关系的计算公式，即数学模型，通常只是近似的。由此产生的数学模型的解与实际问题的解之间的误差称为模型误差。

6.2.1.2 观测误差

数学模型中包含的某些参数（如时间、长度、电压等）往往通过观测而获得。由观测得到的数据与实际的数据之间是有误差的。这种误差称为观测误差。在实际科学实验过程中，还会有一种误差称为仪器误差，每种计量仪器都有按照国家标准设计的出厂误差。

6.2.1.3 截断误差

求解数学模型所用的数值计算方法如果是一种近似的方法，那么只能得到数学模型的近似解，由此产生的误差称为截断误差或方法误差。例如，由 Taylor（泰勒）公式，函数$f(x)$可表示为：

$$
\begin{aligned}
f(x) &= f(0) + f'(0)x + \frac{f''(0)}{2!}x^2 + \cdots + \frac{f^{(n)}(0)}{n!}x^n + \frac{f^{(n+1)}(\theta x)}{(n+1)!}x^{n+1} \\
&\approx f(0) + f'(0)x + \frac{f''(0)}{2!}x^2 + \cdots + \frac{f^{(n)}(0)}{n!}x^n \quad (0 < \theta < 1)
\end{aligned}
$$

此近似公式的误差就是截断误差。

6.2.1.4 舍入误差

由于计算机的字长有限，参加运算的数据及其运算结果在计算机上存放会产生误差。这种误差称为舍入误差或计算误差。例如，在十位十进制的限制下，会出现：

$$1 \div 3 = 0.3333333333$$

$$(1.000002)^2 - 1.000004 = 0$$

两个结果都不是准确的，后者的准确结果应是4×10^{-12}。这里所产生的误差就是舍入误差。

6.2.2 绝对误差、相对误差与有效数字

6.2.2.1 绝对误差

设 a 是准确值 x 的一个近似值，记

$$e = x - a$$

称e为近似值 a 的绝对误差，简称误差。如果$|e|$的一个上界已知，记为ε，即

$$|e| \le \varepsilon$$

则称ε为近似值 a 的绝对误差限或绝对误差界，简称误差限或误差界。

准确值 x、近似值 a 和误差限 e 三者的关系就是

$$a-\varepsilon \le x \le a+\varepsilon$$

或者说

$$x = a \pm \varepsilon$$

6.2.2.2 相对误差

用绝对误差来刻画近似值的精确度有局限性，相对误差可以反映误差在原数中的比重。记

$$e_{\mathrm{r}} = \frac{e}{x} = \frac{x-a}{x}$$

相对误差一般用百分比表示。

6.2.2.3 有效数字

非零小数 a 总可以写成如下的形式：

$$a = \pm 0.a_1 a_2 \cdots a_k \times 10^m$$

式中，m 是整数；$a_i(i=1,2,\cdots,k)$是 0 到 9 中的一个数字，$a_1 \ne 0$。如果 a 作为数 x 的近似值，且

$$\varepsilon(a) = \frac{1}{2} \times 10^{m-n}, n \le k$$

则由定义知，a 有 n 位有效数字a_1，a_2，$\cdots$，a_n。

简而言之，从左边第一个非零数字起，到精确到的数位为止，这之间的数称为有效数字。

凡是由准确值经过四舍五入而得到的近似值，其绝对误差限等于该近似值末位的半个单位。

6.3 向量范数与矩阵范数

在“线性代数与矩阵论基本问题”一章中，没有讲解矩阵的范数相关的概念，现在在数值分析中统一说明。

6.3.1 向量范数

定义在$\mathbf{R}^n$上的实值函数$\|\cdot\|$称为向量范数，如果对于$\mathbf{R}^n$中的任意向量 $\boldsymbol{x}$ 和 $\boldsymbol{y}$，它满足正定性、齐次性和三角不等式性，对$\mathbf{R}^n$中任一向量$\boldsymbol{x}=(x_1,x_2,\cdots,x_n)^{\mathrm{T}}$，记

$$\|\boldsymbol{x}\|_1 = \sum_{i=1}^{n} |x_i|, \|\boldsymbol{x}\|_2 = \sqrt{\sum_{i=1}^{n} x_i^2}, \|\boldsymbol{x}\|_\infty = \max_{1 \le i \le n} |x_i|$$

它们都是向量范数。

称$\|\cdot\|_1$为 1-范数或列范数，即把向量的行“拍扁（同行相加）”，看成列来计算范数；称$\|\cdot\|_2$为 2-范数或 Euclid（欧几里得）范数，实际上就是 n 维向量空间中向量 x 的欧氏长度；称$\|\cdot\|_\infty$为∞-范数或行范数，即把向量的列“拍扁（同列相加）”，看成行来计算范数。其实，它们都是 p-范数

$$\|\boldsymbol{x}\|_p=\left(\sum_{i=1}^{n}|x_i|^p\right)^{\frac{1}{p}}$$

的特例。其中，正整数$p\geqslant 1$，并且有$\lim\limits_{p\to\infty}\|\boldsymbol{x}\|_p=\max\limits_{1\le i\le n}|x_i|$。

当不需要指明使用哪一种向量范数时，就用记号$\|\cdot\|$泛指任何一种向量范数。

6.3.2 矩阵范数

矩阵范数是用于定义矩阵“大小”的量，又称为矩阵的模。

定义在$\mathbf{R}^{n\times n}$上的实值函数$\|\cdot\|$称为矩阵范数，如果对于$\mathbf{R}^{n\times n}$中的任意矩阵 $\boldsymbol{A}$ 和 $\boldsymbol{B}$，它满足正定性、齐次性和三角不等式性，设$\boldsymbol{A}=[a_{ij}]\in R^{n\times n}$，则

$$\|\boldsymbol{A}\|_1=\max_{1\le j\le n}\sum_{i=1}^{n}\left|a_{ij}\right|,\|\boldsymbol{A}\|_2=\sqrt{\lambda_{\max}(\boldsymbol{A}^{\mathrm{T}}\boldsymbol{A})},\|\boldsymbol{A}\|_\infty=\max_{1\le i\le n}\sum_{j=1}^{n}\left|a_{ij}\right|$$

式中，$\lambda_{\max}(\boldsymbol{A}^{\mathrm{T}}\boldsymbol{A})$为矩阵$\boldsymbol{A}^{\mathrm{T}}\boldsymbol{A}$的最大特征值。还有一种常用的矩阵范数

$$\|\boldsymbol{A}\|_{\mathrm{F}}=\sqrt{\sum_{i,j=1}^{n}a_{ij}^2}$$

$\|\cdot\|_{\mathrm{F}}$称为 Frobenius（弗罗贝尼乌斯）范数，又称为 Euclid 范数，所以也可记为$\|\cdot\|_{\mathrm{E}}$。F 范数不是算子范数。

单位阵的任何一种算子范数都等于 1。

矩阵范数$\|\cdot\|_1$、$\|\cdot\|_2$、$\|\cdot\|_\infty$和$\|\cdot\|_{\mathrm{F}}$又分别称为矩阵的列范数、谱范数、行范数和 F 范数，它们都是常用的矩阵范数。

6.3.3 矩阵范数的笔算简例

设$\boldsymbol{x}=(3,-5,1)^{\mathrm{T}}$

$$\boldsymbol{A}=\begin{bmatrix}1 & 5 & -2\\ -2 & 1 & 0\\ 3 & -8 & 2\end{bmatrix}$$

求$\|\boldsymbol{x}\|_1$、$\|\boldsymbol{x}\|_2$、$\|\boldsymbol{x}\|_\infty$、$\|\boldsymbol{A}\|_1$、$\|\boldsymbol{A}\|_2$、$\|\boldsymbol{A}\|_\infty$和$\|\boldsymbol{A}\|_{\mathrm{F}}$。

$$\|\boldsymbol{x}\|_1=3+5+1=9$$

$$\|\boldsymbol{x}\|_2=\sqrt{9+25+1}=\sqrt{35}$$

$$\|\boldsymbol{x}\|_\infty=\max(3,5,1)=5$$

$$\|\boldsymbol{A}\|_1=\max(1+2+3,5+1+8,2+0+2)=14$$

$$\|\boldsymbol{A}\|_\infty=\max(1+5+2,2+1+0,3+8+2)=13$$

$$\|\boldsymbol{A}\|_\mathrm{F}=\sqrt{1+25+4+4+1+0+9+64+4}=\sqrt{112}$$

$$\boldsymbol{A}^\mathrm{T}\boldsymbol{A}=\begin{bmatrix}14 & -21 & 4\\ -21 & 90 & -26\\ 4 & -26 & 8\end{bmatrix}$$

的特征方程为$|\boldsymbol{A}^\mathrm{T}\boldsymbol{A}-\lambda\boldsymbol{E}|=-\lambda^3+112\lambda^2-959\lambda+16=0$，最大根为$\lambda_1\approx 102.66$，所以

$$\|\boldsymbol{A}\|_2=\sqrt{\lambda_1}\approx 10.132$$

6.3.4 范数的 MATLAB 计算

在 MATLAB 中，用函数 norm 来求矩阵（向量）的范数，其语法结构如下：

变量名=norm(矩阵,*p* 值（大于等于 1）)

当 *p* 值为“fro”时，计算 F 范数，如果输入为向量，*p* 值可以取“-inf”。范数的计算非常简单，不举例。

6.3.5 矩阵的条件数

对于非奇异矩阵 ***A***，定义 ***A*** 的条件数为：

$$\mathrm{cond}(\boldsymbol{A})=\|\boldsymbol{A}\|\|\boldsymbol{A}^{-1}\|$$

矩阵的条件数与范数要相对应，常用的条件数有

$$\mathrm{cond}(\boldsymbol{A})_\infty=\|\boldsymbol{A}\|_\infty\|\boldsymbol{A}^{-1}\|_\infty,\mathrm{cond}(\boldsymbol{A})_2=\|\boldsymbol{A}\|_2\|\boldsymbol{A}^{-1}\|_2$$

6.3.6 矩阵的条件数的 MATLAB 计算

在 MATLAB 中用函数 cond 来计算矩阵的条件数，其用法为：

变量名=cond(矩阵,*p* 值)

在必要时，条件数也可以根据定义编程计算。条件数的计算很简单，在此省略举例。

6.3.7 病态线性方程组简介

设线性方程组$\boldsymbol{A}\boldsymbol{x}=\boldsymbol{b}$的系数矩阵 **A** 非奇异，若$\mathrm{cond}(\boldsymbol{A})$相对很大，则称$\boldsymbol{A}\boldsymbol{x}=\boldsymbol{b}$是病态线性方程组（也称 ***A*** 是病态矩阵）；若$\mathrm{cond}(\boldsymbol{A})$相对较小，则称$\boldsymbol{A}\boldsymbol{x}=\boldsymbol{b}$是良态线性方程组（也称 ***A*** 是良态矩阵）。

矩阵 ***A*** 的条件数刻画了线性方程组$\boldsymbol{A}\boldsymbol{x}=\boldsymbol{b}$的性态。***A*** 的条件数越大，方程组$\boldsymbol{A}\boldsymbol{x}=\boldsymbol{b}$的病态程度越严重。对于严重病态的线性方程组$\boldsymbol{A}\boldsymbol{x}=\boldsymbol{b}$，当 ***A*** 和 ***b*** 有微小变化时，即使求解过程是精确进行的，所得的解相对于原方程组的解也会有很大的相对误差。

病态线性方程组用好方法得不到好结果，应尽可能避免。下面为两个典型的病态线性方程组：

$$\begin{bmatrix}1 & 1.0001\\ 1 & 1\end{bmatrix}\begin{Bmatrix}x_1\\ x_2\end{Bmatrix}=\begin{Bmatrix}2\\ 2\end{Bmatrix}$$

$$\mathrm{cond}(\boldsymbol{A})_\infty=\|\boldsymbol{A}\|_\infty\|\boldsymbol{A}^{-1}\|_\infty\approx 4\times 10^4$$

$$\begin{bmatrix}0.2161 & 0.1441\\ 1.2969 & 0.8648\end{bmatrix}\begin{Bmatrix}x_1\\ x_2\end{Bmatrix}=\begin{Bmatrix}0.144\\ 0.8642\end{Bmatrix}$$

$$\mathrm{cond}(\boldsymbol{A})_\infty=\|\boldsymbol{A}\|_\infty\|\boldsymbol{A}^{-1}\|_\infty\approx 3.27\times 10^8$$

两方程组的无穷条件数都很大，求解后相对误差能达到 50%。每运算一次的含入误差并不大，但所得到的解的精确性却很低，原因就是该方程组系数矩阵的条件数很大，方程组病态很严重。

$$\begin{bmatrix}1 & \frac{1}{2} & \frac{1}{3} & \cdots & \frac{1}{n}\\ \frac{1}{2} & \frac{1}{3} & \frac{1}{4} & \cdots & \frac{1}{n+1}\\ \frac{1}{3} & \frac{1}{4} & \frac{1}{5} & \cdots & \frac{1}{n+2}\\ \vdots & \vdots & \vdots & & \vdots\\ \frac{1}{n} & \frac{1}{n+1} & \frac{1}{n+2} & \cdots & \frac{1}{2n-1}\end{bmatrix}$$

上面矩阵称为希尔伯特矩阵，该矩阵正定，且高度病态（即任何一个元素发生一点变动，整个矩阵的行列式的值和逆矩阵都会发生巨大变化），病态程度和阶数相关。由其作为系数矩阵的线性方程组也是高度病态方程组。

MATLAB 中可以用函数 hilb(n)来生成阶数为 n 的希尔伯特方阵。

6.4 数据插值

6.4.1 插值问题的引入

在工程与实验中，经常会遇到计算函数问题，就数值方法本身而言有很多问题最后都转化为函数值的计算。但往往有时候函数关系非常复杂，甚至没有明确的表达式或者有表达式但是我们无从知晓。插值就是定义在一个特定点取特定值的函数过程。比如，我们的数据来自多组的观测资料或者实验数据，插值的基本思想是通过这些已知的资料确定一种近似的函数关系，这样我们就可以推测未观测的数据。

设函数$y=f(x)$定义在区间$[a,b]$上，x_0，x_1，x_2，…，x_n是区间上一系列的点，而且这些点上的插值y_0，y_1，y_2，…，y_n已经知道，插值的任务就是构造一个函数$g(x)$，使

$$g(x_i)=y_i$$

这样$g(x)$就称为插值函数；x_0，x_1，x_2，…，x_n称为插值基点或节点。我们期望的目标是对于区间上其他点

$$|r(x)| = f(x) - g(x)$$

尽量小，其中$r(x)$称为插值多项式。如果要计算的点在区间范围内就称为内插值，如果在区间范围外就称为外插值。

6.4.2 一元函数插值的概念

给定 n+1 个互异的实数x_0，x_1，x_2，⋯，x_n，实值函数$f(x)$在包含x_0，x_1，x_2，⋯，x_n的某个区间$[a,b]$内有定义。设函数组

$$\{\varphi_k(x)(k = 0,1,\cdots,n)\}$$

是次数不高于 n 的多项式组，且在点集$\{x_0,x_1,\cdots,x_n\}$上线性无关。

现在提出如下的问题：在次数不高于 n 的多项式集合

$$\mathfrak{D}_n = \mathrm{Span}\{\varphi_0,\varphi_1,\cdots,\varphi_n\}$$

中寻求多项式

$$p_n(x) = \sum_{k=0}^{n} c_k\varphi_k(x)$$

使其满足条件

$$p_n(x_i) = f(x_i)\ \ (i = 0,1,\cdots,n)$$

此问题称为一元函数的代数插值问题。x_0，x_1，x_2，⋯，x_n称为插值节点；$f(x)$称为被插值函数；$\varphi_k(x)(k = 0,1,\cdots,n)$称为插值基函数；$p_n(x_i) = f(x_i)$称为插值条件；满足插值条件的多项式称为 n 次插值多项式。

由于插值基函数组$\{\varphi_k(x)(k = 0,1,\cdots,n)\}$在点集$\{x_0,x_1,\cdots,x_n\}$上线性无关，所以满足插值条件的 n 次插值多项式$p_n(x)$是存在且唯一的。又由于插值基函数组限定为次数不高于 n 的多项式组，所以对于不同的插值基函数组，只要满足同一插值条件，则所得的 n 次插值多项式也是唯一的。

今取插值基函数为：

$$l_k(x) = \prod_{\substack{j=0\\ j\neq k}}^{n} \frac{x - x_j}{x_k - x_j}\ \ (k = 0,1,\cdots,n)$$

函数组$\{l_k(x)(k = 0,1,\cdots,n)\}$必在点集$\{x_0,x_1,\cdots,x_n\}$上线性无关，并且

$$p_n(x) = \sum_{k=0}^{n}\left(\prod_{\substack{j=0\\ j\neq k}}^{n} \frac{x - x_j}{x_k - x_j}\right) f(x_k)$$

就是满足插值条件$p_n(x_i) = f(x_i)(i = 0,1,\cdots,n)$的 n 次插值多项式。

图 6-1 是一维插值示意图。实心点(x,y)表示已知数据点，空心点(x_i,y_i)中的横坐标x_i代表的是需要估计数值的位置，纵坐标 y 表示插值后运算的数值。

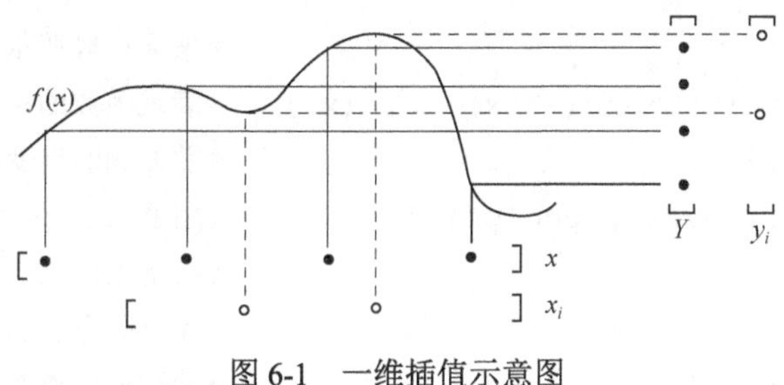

图 6-1　一维插值示意图

6.4.3　用 MATLAB 进行一维插值

MATLAB 提供 interp1 函数进行一维插值，该函数使用多项式技术，用多项式函数通过所提供的数据点，并计算目标插值点上的插值函数。interp1 函数的调用格式如下：

预测因变量数组=interp1(采样自变量数组,采样因变量数组,插值自变量数组,'算法method','extrap')

当'extrap'启用时，对超出范围的插值计算采用外推法。

一维插值可以采取的算法“method”有以下几种：

method= nearest：最邻近插值方法（nearest neighbor interpolation）。这种插值方法在已知数据的最邻近点设置插值点，对插值点的数值进行四舍五入，对超出范围的数据点返回 NaN。

method= linear：线性插值（linear interpolation），这是 method 的默认值。该方法采用直线将相邻的数据点相连，对超出的数据范围的数据点返回 NaN。

method= spline：三次样条插值（cubic spline interpolation），该方法采用三次样条函数获取插值数据点，在已知点为端点的情况下，插值函数至少具有相同的一阶和二阶导数。

method= pchip：分段三次埃尔美特多项式插值（piecewise cubic Hermite interpolation）。

method= cubic：三次多项式插值，与分段三次埃尔美特多项式插值方法相同。

method=v5cubic：MATLAB5 中使用的三次多项式插值。

以上算法的特点分别为：

nearest 方法速度最快，占用内存最小，但一般来说误差最大，插值结果最不光滑。

linear 分段线性插值方法则在速度和误差之间取得了比较好的均衡，其插值函数具有连续性，但在已知数据点处的斜率一般都会改变，因此不是光滑的。

spline 三次样条插值方法是所有插值方法中运行耗时最长的，其插值函数及插值函数的一阶、二阶导数函数都连续，因此是最光滑的插值方法，其占用内存比 cubic 方法小，但当已知数据点不均匀分布时可能会出现异常结果。

cubic 三次多项式插值法中插值函数及其一阶导数都是连续的，因此其插值结果也比较光滑，运算速度比 splinc 方法稍快，但占用内存最多。

在实际应用中，应根据实际需求和运算条件选择合适的算法。

【例 6-1】 已知采样点满足$x \in [0,2]$，步长为 0.2，$f(x) = (x^2 - 3x + 5)\mathrm{e}^{-3x}\sin x$，用 Hermite 插值算法估计$x_i = 0:0.03:2$对应的函数值，并在同一图像中绘制采样点、插值点和插值函数曲线图像。

在 M 文件编辑器中输入：

```
x=0:0.2:2;                                  %采样点自变量
y=(x.^2-3*x+5).*exp(-3*x).*sin(x);          %满足函数的采样点因变量
xi=0:0.03:2;                                %欲估测的自变量插值点
yi=interp1(x,y,xi,'pchip')                  %用 Hermite 法插值
plot(x,y,'*')                               %绘制采样点散点图
hold on                                     %保持图形显示
plot(xi,yi,'*')                             %绘制插值点散点图
hold on                                     %保持图形显示
plot(xi,yi)                                 %绘制插值函数曲线图
```

计算结果为：

yi =

1 至 11 列

0 0.1092 0.2128 0.3060 0.3844 0.4430 0.4772 0.4840 0.4832 0.4813 0.4786

12 至 22 列

0.4751 0.4709 0.4662 0.4591 0.4449 0.4252 0.4019 0.3773 0.3534 0.3323 0.3131

23 至 33 列

0.2937 0.2746 0.2559 0.2380 0.2212 0.2059 0.1913 0.1773 0.1640 0.1514 0.1397

34 至 44 列

0.1290 0.1192 0.1100 0.1013 0.0931 0.0855 0.0786 0.0723 0.0666 0.0611 0.0561

45 至 55 列

0.0514 0.0471 0.0432 0.0396 0.0364 0.0333 0.0305 0.0279 0.0255 0.0234 0.0214

56 至 66 列

0.0196 0.0179 0.0164 0.0150 0.0137 0.0125 0.0114 0.0104 0.0094 0.0086 0.0078

67 列

0.0071

计算时间约为 0.053s。上面的计算结果反映了被插值点的函数值，输出的图像如图 6-2 所示。

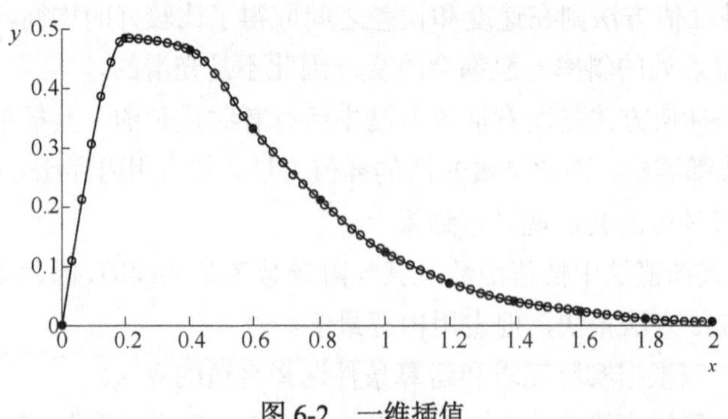

图 6-2　一维插值

图 6-2 中的实心圆点（实际为红色）是原始数据点，空心圆圈（实际为蓝色）是通过插值算法计算出的估计点，曲线（实际为绿色）是埃尔美特插值函数图像。

插值问题在根本没有函数表达式时作用更为明显，实际科研中的问题有可能只有散点，

需要用插值算法估计未采样的点，甚至外推定义域外的点。在明确函数表达式时，插值的意义是细化函数曲线，使曲线更加平滑。

以例 6-1 中的数据点为例，各种插值算法输出的图像区别如图 6-3 所示。

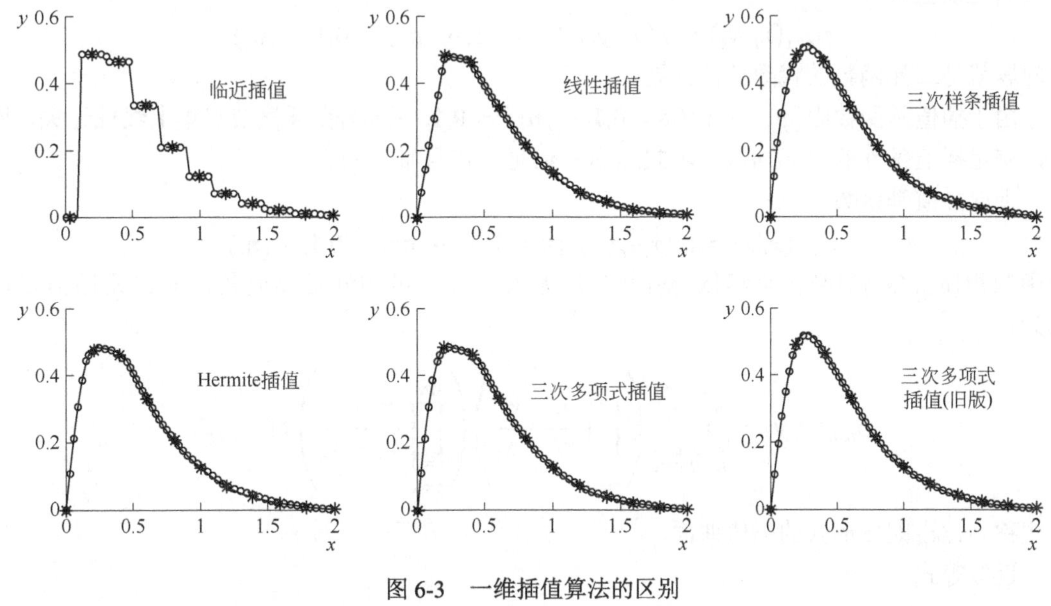

图 6-3　一维插值算法的区别

在图 6-3 中，“米”字形符号（实际为粉色）是原始数据点，空心圆圈（实际为橙色）是通过插值算法计算出的估计点，曲线（实际为绿色）是埃尔美特插值函数图像。

MATLAB 中的 interp1q 函数也可用于一维插值，其与 interp1 函数的主要区别在于：当给定的数据是不等间距分布时，interp1q 实现插值的速度比 interp1 快。值得注意的是 interp1q 执行的插值数据 x 必须是单调递增的。interp1q 函数的调用格式为：

<u>预测因变量数组</u>=interp1q(<u>采样自变量数组</u>,<u>采样因变量数组</u>,<u>插值自变量数组</u>)

还有一种插值通过快速傅里叶变换来实现。interpft 函数利用傅里叶变换将输入数据变换到频域，然后用更多点实现傅里叶逆变换变回时域，其结果是对数据进行增采样。函数 interpft 的调用格式为：

<u>变量名</u>=interpft(x,n)

该函数对 x 进行傅里叶变换，然后采用 n 点傅里叶反变换，变回到时域。

6.4.4　二元函数插值的概念

设$a \le x_0 < x_1 < \cdots < x_{n-1} < x_n \le b$, $c \le y_0 < y_1 < \cdots < y_{m-1} < y_m \le d$，函数$f(x,y)$是定义在矩形域$D = \{a \le x \le b, c \le y \le b\}$上的实值函数。取点集$\{(x_i, y_i)(i = 0,1,\cdots,n; j = 0,1,\cdots,m)\}$为插值节点，取在插值节点集上线性无关的函数组$\{\varphi_{kr}(x,y)(k = 0,1,\cdots,n; r = 0,1,\cdots,m)\}$为插值基函数组，其中$\varphi_{kr}(x,y)$是 x 不高于 n 次、y 不高于 m 次的二元多项式。在集合

$$\mathfrak{D} = \text{Span}\{\varphi_{00},\cdots,\varphi_{0m},\cdots,\varphi_{n0},\cdots,\varphi_{nm}\}$$

中寻求二元插值多项式

$$p_{nm}(x,y)=\sum_{k=0}^{n}\sum_{r=0}^{m}c_{kr}\varphi_{kr}(x,y)$$

使其满足插值条件

$$p_{nm}(x_i,y_i)=f(x_i,y_i)\ \ (i=0,1,\cdots,n;j=0,1,\cdots,m)$$

此问题就是二元函数的代数插值问题。

由于插值基函数组$\{\varphi_{kr}(x,y)(k=0,1,\cdots,n;j=0,1,\cdots,m)\}$在插值节点集上线性无关，所以，满足插值条件的二元插值多项式$p_{nm}(x,y)$是存在且唯一的。

现取插值基函数

$$\varphi_{kr}(x,y)=l_k(x)\tilde{l}_r(y)\ \ (k=0,1,\cdots,n;j=0,1,\cdots,m)$$

基函数组$\{\varphi_{kr}(x,y)\}$必在点集$\{x_i,y_i\}$上线性无关，并且可知满足插值条件的二元插值多项式为：

$$p_{nm}(x,y)=\sum_{k=0}^{n}\sum_{r=0}^{m}\left(\prod_{\substack{t=0\\t\neq k}}^{n}\frac{x-x_t}{x_k-x_t}\right)\left(\prod_{\substack{t=0\\t\neq k}}^{m}\frac{y-y_t}{y_k-y_t}\right)f(x_k,y_r)$$

上式称为拉格朗日形式的插值曲面。

近似等式

$$f(x,y)\approx p_{nm}(x,y)$$

称为二元函数的拉格朗日插值公式，称

$$R_{nm}(x,y)=f(x,y)-p_{nm}(x,y)$$

为插值公式的余项或截断误差。利用一元函数插值公式的余项可推出$R_{nm}(x,y)$的表达式。若已知常数M和N满足

$$\max_{(x,y)\in D}\left|f_{x^{n+1}}^{(n+1)}(x,y)\right|\le M,\ \max_{(x,y)\in D}\left|f_{y^{m+1}}^{(m+1)}(x,y)\right|\le N$$

则余项$R_{nm}(x,y)$的估计式为：

$$|R_{nm}(x,y)|\le\frac{|\omega_{n+1}(x)|}{(n+1)!}M+\frac{|\omega_{m+1}(y)|}{(m+1)!}N\sum_{k=0}^{n}|l_k(x)|$$

图 6-4 为二维插值示意图。

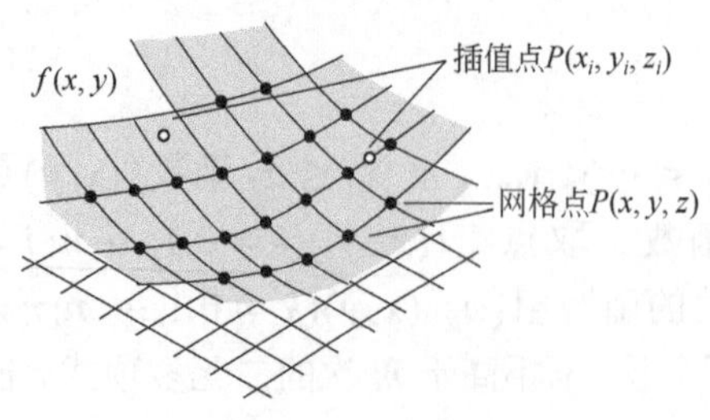

图 6-4 二维插值

根据数据点(x_m,y_n)分布的情况，常见的二维插值问题可分为两种情况：二维网格数据插值与二维散点数据插值。其中网格数据插值适用于节点比较规范的情况，即在包含所给节点矩形区域内，节点由两组平行于坐标轴的直线的交点组成。随机点数据插值适用于一般的节点，多用于节点不太规范（即节点为两组平行于坐标轴的直线的部分交点）的情况。

6.4.5　用 MATLAB 进行二维插值

6.4.5.1　规范网格插值

MATLAB 中提供了 interp2 函数用于实现数据的二维插值，该函数的调用格式为：

变量名=interp2(自变量数组 1,自变量数组 2,因变量数组,插值自变量数组 1,插值自变量数组 2,'算法')

可以使用的算法有：

nearest：线性最近项插值。

linear：线性插值（默认项）。

spline：三次样条插值。

pchip：分段三次埃尔美特（Hermite）插值。

cubic：双三次插值。

所有插值方法均要求欲插值的自变量数组单调，且应先使用函数 meshgrid 生成数据点矩阵。每一种算法的原理和优缺点与一维插值相同，可以参考 6.4.3 节。

【例 6-2】　将符合$x = 0{:}0.5{:}3$、$y = 0{:}0.5{:}3$、$z(x,y) = \sin 3x + 3\ln y$的点阵在点$x = 0{:}0.2{:}3$、$y = 0{:}0.2{:}3$处进行二维插值，在同一界面绘制原式数据点、插值数据点和插值曲面图。

在 M 文件编辑器中输入：

```
x=0:0.5:3;                           %自变量 x 的范围
y=0:0.5:3;                           %自变量 y 的范围
[x,y]=meshgrid(x,y);                 %生成自变量网格点阵
z=sin(3*x)+3*log(y);                 %对应的因变量 z
xi=0:0.2:3;                          %欲插值的 x 的范围
yi=0:0.2:3;                          %欲插值的 y 的范围
[xi,yi]=meshgrid(xi,yi);             %生成的插值自变量网格点阵
zi=interp2(x,y,z,xi,yi,'cubic');     %用双三次插值算法插值
plot3(x,y,z,'*');                    %输出源数据点散点图，以*表示
hold on                              %保持图形显示
plot3(xi,yi,zi,'+');                 %输出插值数据点散点图，以+表示
hold on                              %保持图形显示
surf(xi,yi,zi);                      %绘制插值函数曲面图
```

经过 0.062s 的计算，输出的图像经处理后如图 6-5 所示。在图像中，黑色点（实际为红色）表示原始数据采样点，白色点（实际为橙色）表示插值点，曲面（实际上是多平面的组合，呈现蓝色）是二元插值函数曲面图。

在网格插值问题中，输入自变量必须是数据网格，但插值自变量可以随意选取欲研究的点或网格，只是如果是单点，就无法输出曲面图，但插值结果可以被计算、输出。

以例 6-2 中的问题为例，二维插值常用的算法之间的区别如图 6-6 所示，图中信息的意义与图 6-5 相同。

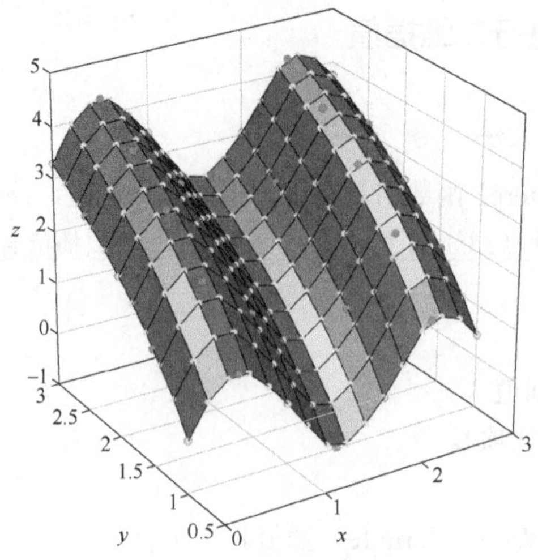

图 6-5 网格二维插值图

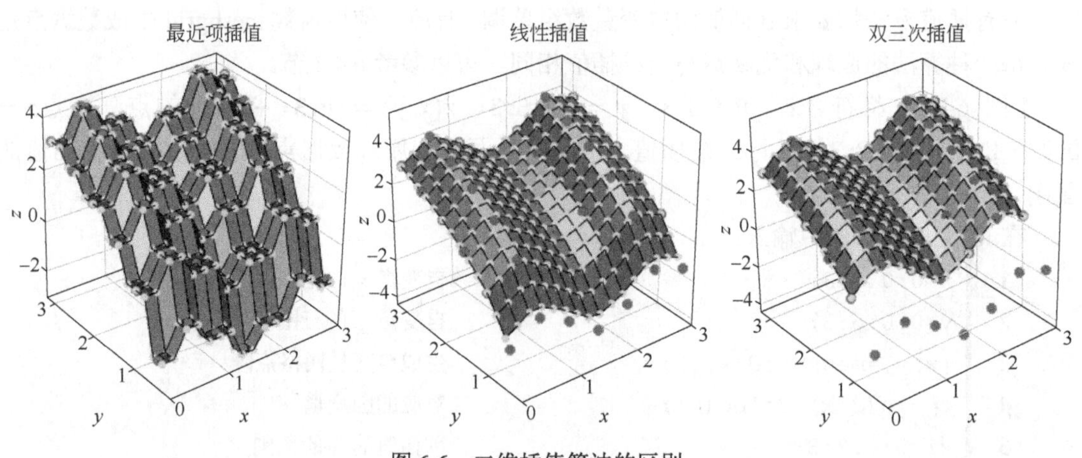

图 6-6 二维插值算法的区别

在现实科研中，可能没有确定的函数和确定的网格所决定的三维点阵，实验数据可能往往是空间散点。面对这样的问题，不能使用 interp2 函数。

6.4.5.2 随机散点插值

MATLAB 提供 griddata 函数来对空间散点进行二维插值，解决更一般的二维插值问题。griddata 函数的语法格式如下：

插值结果变量名=griddata(散点自变量 1,散点自变量 2,散点因变量,插值自变量 1,插值自变量 2,'算法')

可以使用的算法有：

nearest：线性最近项插值。

linear：线性插值（默认项）。

cubic：双三次插值。

v4：MATLAB4.0 版本中提供的插值算法。

方法“linear”与“nearest”用于生成曲面函数为不连续的一阶导数，方法“cubic”与“v4”用于生成光滑曲面。除“v4”外所有的方法都基于数据的 Delaunay 三角剖分。

【例 6-3】 某因变物理量 z 的变化受 x 和 y 两个自变物理量的影响，由科学仪器测得的数据如表 6-1 所示。用 40 步双三次插值估算采样点以外的数据，求测试数据散点图、插值数据散点图和表现三个物理量之间关系的插值函数曲面图。

表 6-1　科学仪器获取的数据

物理量 \ 次数	1	2	3	4	5	6	7	8	9	10
x	0	2	6	3	5	45	23	12	2	4
y	1	2	7	15	50	35	23	5	2	6
z	1	6	8	45	48	30	23	13	4	0

在 M 文件编辑器中输入：

```
1  x=[0 2 6 3 5 45 23 12 2 4];
2  y=[1 2 7 15 50 35 23 5 2 6];
3  z=[1 6 8 45 48 30 23 13 4 0];          %定义三个物理量采样点 10 组数据
4  xran=linspace(min(x),max(x),40);
5                                          %生成适当范围的 40 步 x 线性空间
6  yran=linspace(min(y),max(y),40);
7                                          %生成适当范围的 40 步 y 线性空间
8  [xi,yi]=meshgrid(xran,yran);           %插值自变量网格
9  zi=griddata(x,y,z,xi,yi,'cubic')       %双线性随机点插值
10 plot3(x,y,z,'*');                      %输出采样数据散点
11 hold on                                %保持图形显示
12 plot3(xi,yi,zi,'o');                   %输出插值数据散点
13 hold on                                %保持图形显示
14 surf(xi,yi,zi)                         %绘制插值函数曲面
```

经过 0.026s 的计算，得到的图像经处理后如图 6-7 所示：

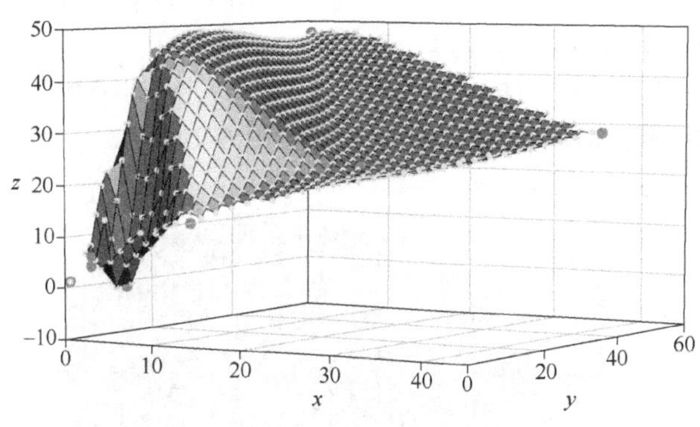

图 6-7　三个物理量的关系曲面

上述第 9 行代码的后面没有加分号，观察输出的数据，可以得到插值点的函数值，包括大量的非数值量，因为该曲面在那些点无定义。

随机散点插值函数可以使用的各种算法的区别如图 6-8 所示。

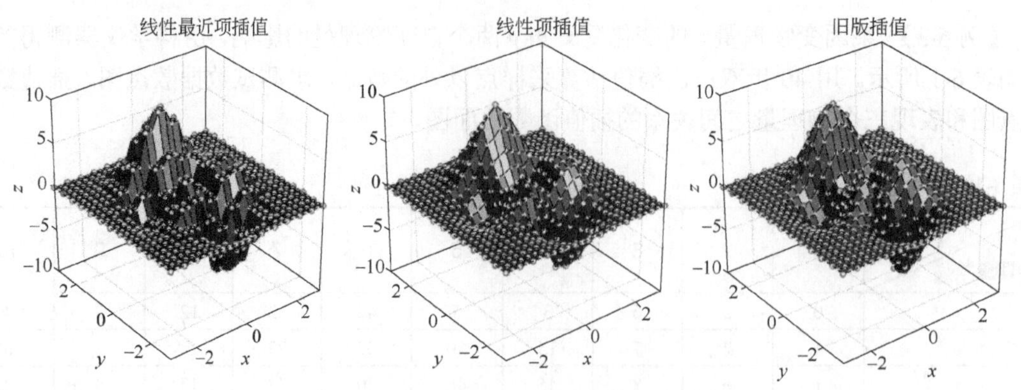

图 6-8 随机点二维插值各种算法的区别

在图 6-7 中，黑色点（实际为红色）表示原始数据采样点，白色点（实际为黄色）表示插值点，曲面（实际上是多平面的组合）是二元插值函数曲面图。

6.4.6 用 MATLAB 进行三维插值

MATLAB 中用颜色来描述第四维度，三维网格数据图插值函数是 interp3，其调用格式为：

插值因变量值=interp3(采样点自变量 1,采样点自变量 2,采样点自变量 3,采样点因变量,插值自变量 1,插值自变量 2,插值自变量 3,'算法')

可以使用的算法 "method"值有 linear（默认）、cubic、spline、nearest，与之前的意义相同。如果写为下面格式：

插值因变量值=interp3(采样点因变量,递归次数 *n*)

则可作 *n* 次递归计算，在 *V* 中每 2 个元素之间插入它们的三维插值，*V* 的阶数将不断增加。

【例 6-4】 对流水数据进行三维插值。

在 M 文件编辑器中输入：

```
[x,y,z,v]=flow(15);                    %生成水流数据
[xi,yi,zi]=meshgrid(0.1:0.251:10,-3:0.25:3,-3:0.25:3);
                                       %空间网格
vi=interp3(x,y,z,v,xi,yi,zi);          %三维插值
slice(xi,yi,zi,vi,[6 9.5],2,[-2 0.2]);%在指定区间内生成切片图
```

经过约 0.061s 的计算，MATLAB 输出的图像如图 6-9 所示。

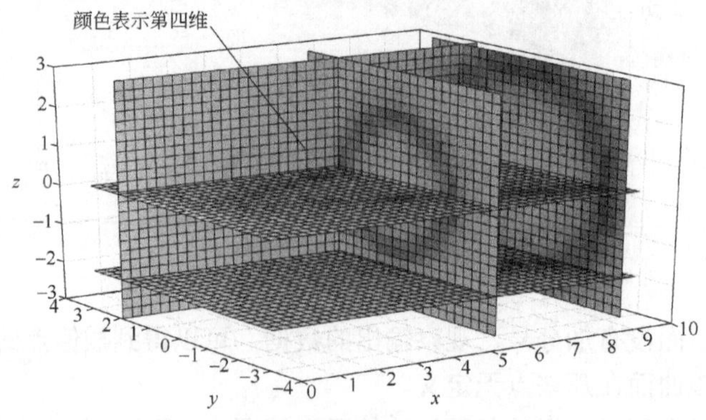

图 6-9 水流数据的三维插值图

然而 MATLAB 的插值功能还不止于此。

6.4.7　用 MATLAB 进行 n 维插值

在 MATLAB 中可以实现多维插值，用时间可以表示第五维，其插值函数为 interpn，n 可以是任何正整数。interpn 函数的调用格式为：

插值因变量=interpn(采样自变量 1,采样自变量 2,…,采样自变量 n,采样因变量,插值自变量 1,插值自变量 2,…,插值自变量 n,'算法')

可以使用的算法仍然有之前的 linear（默认）、cubic、spline、nearest。如果写成：

插值因变量=interpn(采样因变量,递归次数 n)

则作 n 次递归计算，在 V 中每 2 个元素之间插入它们的 n 维插值，V 的阶数将不断增加。

【例 6-5】对符合 $x = -1{:}0.2{:}1$、$y = -1{:}0.2{:}1$、$z = -1{:}0.2{:}1$、$t = 0{:}2{:}10$、$f(x,y,z,t) = te^{-x^2-y^2-z^2}$ 的采样点进行四维数据插值，欲插值的自变量范围是 $x = -1{:}0.05{:}1$、$y = -1{:}0.08{:}1$、$z = -1{:}0.05{:}1$、$t = 0{:}0.5{:}10$。

在 M 文件编辑器中输入：

```
f=@(x,y,z,t) t.*exp(-x.^2-y.^2-z.^2);    %定义句柄函数
[x,y,z,t]=ndgrid(-1:0.2:1,-1:0.2:1,-1:0.2:1,0:2:10); %多维网格
v=f(x,y,z,t);                                       %插值基函数
[xi,yi,zi,ti]=ndgrid(-1:0.05:1,-1:0.08:1,-1:0.05:1,0:0.5:10);
vi=interpn(x,y,z,t,v,xi,yi,zi,ti,'spline'); %四维插值
nframes=size(ti,4);                                  %建立动画帧数
for j=1:nframes
slice(yi(:,:,:,j),xi(:,:,:,j),zi(:,:,:,j),vi(:,:,:,j),0,0,0);
    caxis([0 10]);
    M(j)=getframe;
end                                                  %动画循环
movie(M);                                            %输出动画
```

数据计算和动画播放共需约 2.64s。在用空间表示前三维、用颜色表示第四维、用时间表示第五维后，输出动画的最后一帧如图 6-10 所示。其优点为可以用时间清晰地表示第五维，从而拓宽了显示维度；缺点是输出为视频效果，不方便在 MATLAB 中编辑。

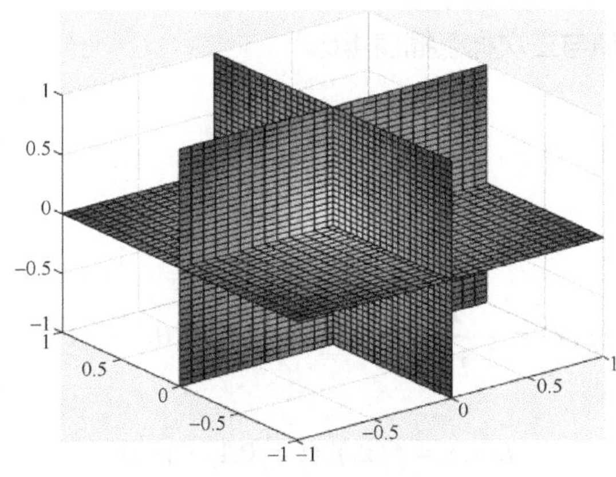

图 6-10　四维插值结果动画的最后一帧

6.4.8 常用插值效果类比

6.4.8.1 Lagrange 插值与 Hermite 插值类比

给定函数

$$f(x)=\frac{1}{1+x^2}$$

插值节点

$$f(x)=\frac{1}{1+x^2}x_i=-5+i\ \ (i=0,1,\ldots,10)$$

以及插值条件$H(x_i)=f(x_i)$、$H'(x_i)=f\,'\,(x_i)$ $(i=0,1,\ldots,10)$，对被插值函数$f(x)$做 10 次 Lagrange 插值多项式$y=L(x)$和 21 次 Hermite 插值多项式$y=H(x)$的图像。

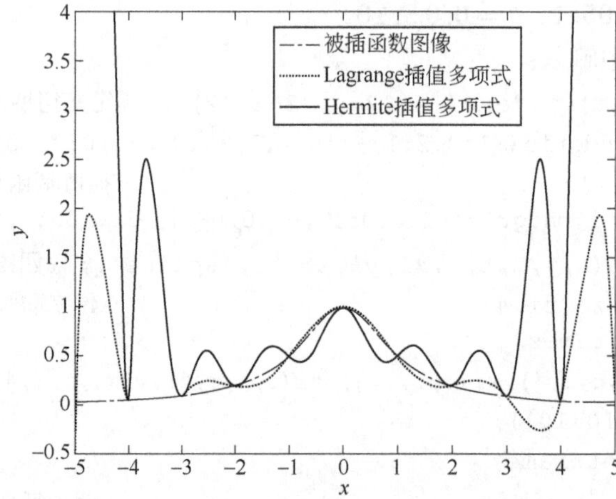

图 6-11 Lagrange 插值多项式与 Hermite 插值多项式对比

从图 6-11 中可以发现，Hermite 插值多项式在 0 附近与被插函数吻合得较好，而在−5 和 5 附近会出现更为显著的不稳定跳跃现象。这表明，次数更高的 Hermite 插值多项式并不能更好地改进对插值函数的逼近性，反而使逼近的整体效果更差。

6.4.8.2 Lagrange 插值与三次样条插值类比

给定函数

$$f(x)=\frac{1}{1+x^2}$$

插值节点

$$f(x)=\frac{1}{1+x^2}x_i=-5+i\ \ (i=0,1,\cdots,10)$$

以及插值条件

$$L(x_i)=f(x_i)\ \ (i=0,1,\cdots,10)$$
$$s(x_i)=f(x_i)\ \ (i=0,1,\cdots,10)$$
$$S'(-5)=f'(-5),S'(5)=f'(5)$$

计算$z_i = -5 + 0.5i(i = 1,2,\cdots,20)$处的 Lagrange 插值多项式$y = L(x)$和三次样条插值函数$y = S(x)$，并绘制图像。

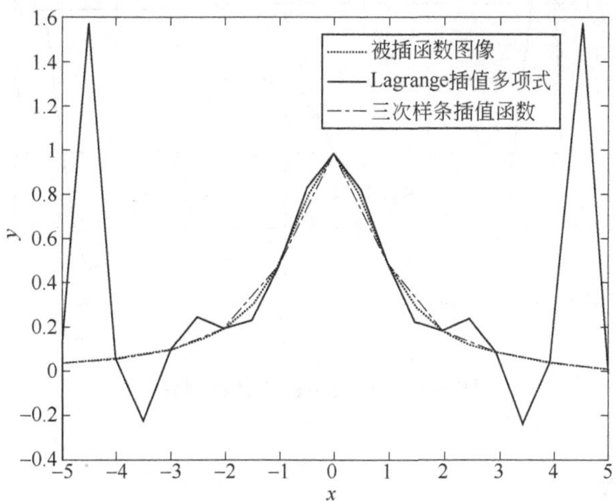

图 6-12　Lagrange 插值多项式与三次样条插值多项式比较

从图 6-12 中可以看出，三次样条插值函数$S(x)$与 Lagrange 插值多项式$L(x)$相比能更好地逼近被插值函数$f(x)$。

6.4.9 Runge 现象简介

德国数学家、物理学家龙格（Carl David Tolme Runge，1856—1927）曾经在 20 世纪初考虑过这样的问题：当 N 增加时，$E_n = f(x) - P_N(x)$是否会趋近于 0？也就是如果采用普通的插值方法，是否阶数越高插值效果越好？对于类似$\sin x$或e^x这样的函数，所有的导数有同样的常数界，答案是肯定的；但是对于一般函数，答案却是否定的。

考虑函数

$$f(x) = \frac{1}{1 + x^2}$$

如果用在[−5,5]上取 1 为单位长度的等距节点作为插值基点，用拉格朗日方法插值，结果表现为：在区间中部，函数值与 10 阶多项式比较接近；而在靠近端点处，则相差非常大。这个函数也成了插值理论中的一个经典范例。函数的形式也可以变换为：

$$f(x) = \frac{1}{1 + cx^2}$$

式中，c为常数。

上述拉格朗日插值多项式函数的图像如图 6-13 所示。

图 6-13 揭示了插值中的"龙格现象" 这一重要现象，对于实际工程与应用的插值问题实际上很少采用很高阶插值方法。从图 6-13 中可以看出，当插值点位于插值区间的中部时，插值误差相对而言较小些，但是靠近两端处误差非常大，达到难以接受的地步。这说明，n 取很大未必能保证插值多项式很好地逼近求插函数。

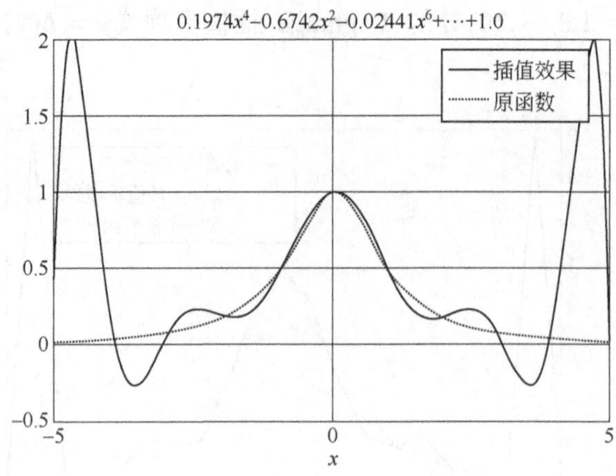

图 6-13 插值中的“龙格现象”

6.5 数据逼近

6.5.1 逼近问题概述

函数逼近问题与插值问题是两个不同的问题，但是又有一定的联系。用简单的函数$p(x)$近似地代替函数$f(x)$，是计算数学中最基本的概念和方法之一。近似代替又称为逼近，函数$f(x)$称为被逼近的函数，$p(x)$称为逼近函数，两者之差

$$R(x) = f(x) - p(x)$$

称为逼近的误差或余项。

如何在给定精度下求出计算量最小的近似式？这就是函数逼近要解决的问题。

对于函数类 A 中给定的函数$f(x)$，要求在另一类较简单的且便于计算的函数$B(\subset A)$中寻找一个函数$p(x)$，使$p(x)$与$f(x)$之差在某种度量意义下最小。最常用的度量标准有：

（1）一致逼近

以函数$f(x)$和$p(x)$的最大误差$\max\limits_{x\in[a,b]}|f(x) - p(x)|$作为度量误差$f(x) - p(x)$的“大小”标准，在这种意义下的函数逼近称为一致逼近或均匀逼近。

（2）平方逼近

采用$\int_a^b [f(x) - p(x)]^2 \mathrm{d}x$作为度量误差的“大小”的标准的函数逼近称为平方逼近或均方逼近。

6.5.2 Chebyshev 最佳一致逼近的原理

对于给定的函数系数$\{\varphi_j(x)\}$，寻求函数

$$\varphi(x) = \sum_{j=0}^{n} c_j \varphi_j(x)$$

使

$$\lim_{n\to\infty}\left(\max_{a\le x\le b}|f(x)-\varphi(x)|\right)=0$$

的函数称为一致逼近。使

$$\lim_{n\to\infty}\int_a^b |f(x)-\varphi(x)|^p W(x)\mathrm{d}x=0$$

的函数称为关于权$W(x)$的L^p逼近。比较常用的是$p=2$，即平方逼近。

设$f(x)$是区间$[a,b]$上的连续数，则任给定$\varepsilon>0$，存在一多项式$p_\varepsilon(x)$使不等式

$$|f(x)-p_\varepsilon(x)|<\varepsilon$$

对所有$x\in[a,b]$一致成立，这就是著名的 Weierstrass（参考音译：魏尔施特拉斯）定理。

对于集合$H_n=\text{span}\{1,x,\cdots,x^n\}$，如果$p_n(x)\in H_n$，则称

$$\max_{a\le x\le b}|f(x)-p_n(x)|$$

为原函数多项式的偏差。称

$$E_n=\min_{p_n(x)\in H_n}\max_{,a\le x\le b}|f(x)-p_n(x)|$$

为 n 次最佳逼近或最小偏差。由 Weierstrass 定理可知当 n 趋向无穷时偏差逼近 0。

如果H_n中存在一个多项式$p(x)$使得

$$\max_{a\le x\le b}|f(x)-p_n(x)|=E_n$$

则$p(x)$称为$f(x)$的 n 次最佳一致逼近多项式。

求最佳一致逼近多项式的一种方法是采用切比雪夫（Chebyshev）节点插值，切比雪夫节点为：

$$x_j=\frac{1}{2}\left[(b-a)\cos\frac{2j+1}{2(n+1)}+b+a\right]\quad(j=0,1,2,\cdots,n)$$

6.5.3　设置自定义函数路径

从现在开始，本书会陆陆续续给出一些非 MATLAB 内置函数的函数文件的编写。这些文件编写完后，其存放路径必须设置为 MATLAB 的函数搜索路径，才可以被 MATLAB 识别。点击“主页”→“设置路径”，如图 6-14 所示。

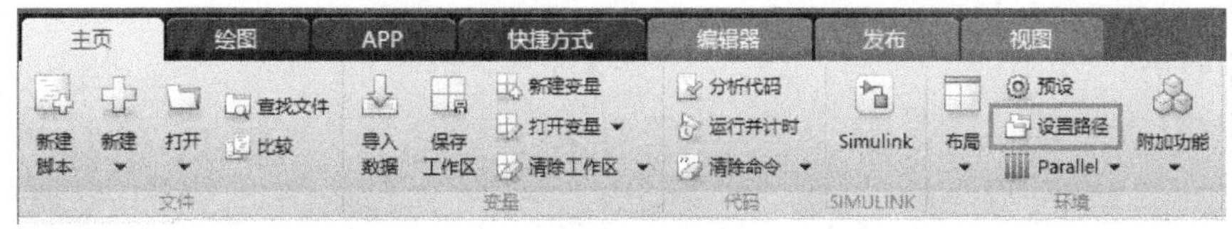

图 6-14　“设置路径”按钮的所在位置

弹出如图 6-15 所示的对话框，建议点击“添加并包含子文件夹...”。选择文件夹后，将会在“MATLAB 搜索路径”区域里看到自定义函数的路径，点击“保存”后关闭对话框，MATLAB 就可以搜索该文件夹下的函数，像调用内置函数一样。

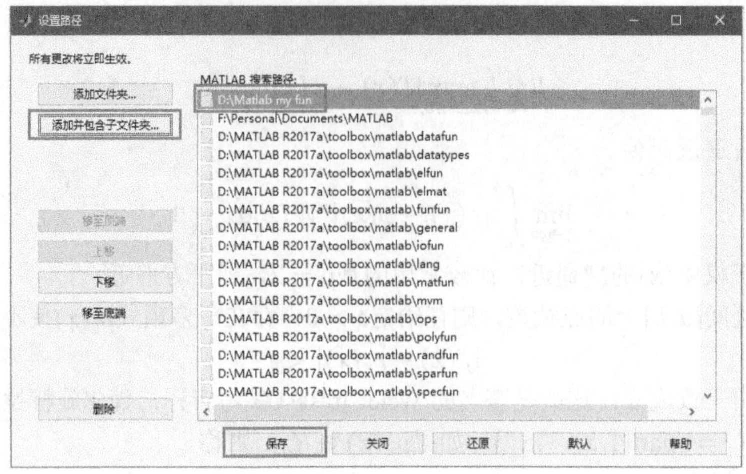

图 6-15 “设置路径”对话框

6.5.4 用 MATLAB 进行 Chebyshev 最佳一致逼近

在 MATLAB 中，没有提供内置函数用于实现 Chebyshev 最佳一致逼近，下面给出 Chebyshev 逼近的函数文件。在 M 文件编辑器中定义 Chebshev 函数：

```
function g=Chebshev(f,n,a,b)          %函数定义行
for j=0:n
    temp1=(j*2+1)*pi/2/(n+1);
    temp2=(b-a)* cos(temp1)+b+a;
    temp3(j+1)=temp2/2;
end
x= temp3;
y=f(x);
g=Lagrangg(x, y);                      %还需调用 Lagrangg 函数
```

在 Chebshev 函数的最后，需要调用 Lagrangg 函数，它是拉格朗日逼近多项式命令，MATLAB 中也不提供，下面给出拉格朗日逼近的函数文件。在 M 文件编辑器中定义 Lagrangg 函数：

```
function s= Lagrangg(x,y,t)
syms xn;                          %符号变量，以便输出符号表达式
n=length(x);
s=0;
for k= 1:n
    la=y(k);
    for j=1:k-1
        la=la*(xn-x(j))/(x(k)-x(j));
    end
    for j=k+1: n
        la=la*(xn-x(j))/(x(k)-x(j));
```

```
    end
    s=s+la;
end
s=simplify(s);                          %化简结果
```

【例 6-6】 求函数$f(x) = xe^x$在区间$[-6,6]$上的 3、5、12 次 Chebyshev 逼近多项式，同时绘制原函数和三个逼近函数多项式的图像，观察逼近情况。

在 M 文件编辑器中输入：

```
f=@(x) x.*exp(x);                      %函数句柄
a=-6;                                  %区间左端点
b=6;                                   %区间右端点
%输出 3 次逼近图像%%%%%%%%%%%%%%%%%%%%%%%%%%%%%%%%%%%%%%%%%%%%%%%%%%
n1=3;
z1=simplify(Chebshev(f,n1,a,b))
xn=-6:0.1:6;                           %公共的自变量范围 xn
zn1=eval(z1);
plot(xn,zn1)
hold on
%输出 5 次逼近图像%%%%%%%%%%%%%%%%%%%%%%%%%%%%%%%%%%%%%%%%%%%%%%%%%%
n2=5;
z2=simplify(Chebshev(f,n2,a,b));
zn2=eval(z2);
plot(xn,zn2)
hold on
%输出 12 次逼近图像%%%%%%%%%%%%%%%%%%%%%%%%%%%%%%%%%%%%%%%%%%%%%%%%%
n3=12;
z3=simplify(Chebshev(f,n3,a,b));
zn3=eval(z3);
plot(xn,zn3)
hold on
%输出原函数图像%%%%%%%%%%%%%%%%%%%%%%%%%%%%%%%%%%%%%%%%%%%%%%%%%%%%
plot(xn,f(xn))                              %将 xn 代入 f 后输出图像
```

经过 1.72s 左右的计算，输出的图像如图 6-16 所示。

从图 6-16 中可以看出，12 次逼近多项式已和原函数非常接近。多项式函数的表达式不方便书面列出。

6.5.5 最佳平方逼近的原理

最佳平方逼近多项式就是均方误差达到最小的多项式。为了便于讨论，假设用$\varphi_0(x)$，$\varphi_1(x)$，…，$\varphi_n(x)$来表示生成H_n的一个基底，即

$$H_n = \mathrm{span}\{\varphi_0(x), \varphi_1(x), \cdots, \varphi_n(x)\}$$

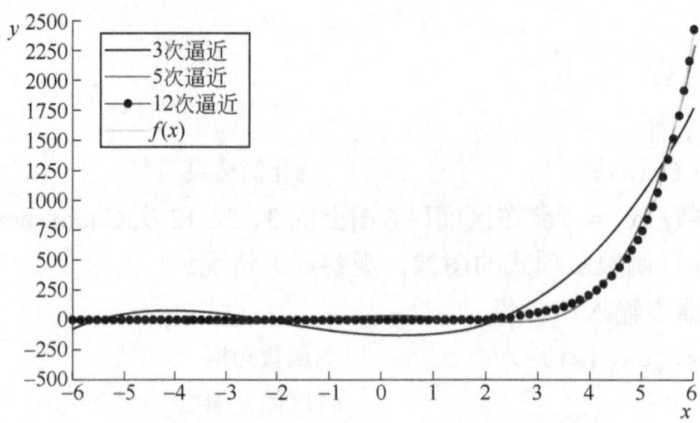

图 6-16 $f(x) = xe^x$及其3、5、12 次 Chebyshev 逼近图像

于是，任意一个不高于 n 次的多项式 S 可表示为：

$$S(x) = \alpha_0\varphi_0(x) + \alpha_1\varphi_1(x) + \cdots + \alpha_n\varphi_n(x)$$

且关于最佳平方逼近多项式的精确度有如下定义：

对于给定的函数$f(x) \in C[a,b]$，若 n 次多项式$S^*(x) = \sum_{j=0}^{n} \alpha_j^*\varphi_j(x)$满足关系式

$$\int_a^b [f(x) - S^*(x)]^2 \mathrm{d}x = \min_{S(x)\in H_n} \int_a^b \left[f(x) - \sum_{j=0}^{n} \alpha_j\varphi_j(x)\right]^2 \mathrm{d}x$$

则称$S^*(x)$为$f(x)$在区间$[a,b]$上的 n 次最佳平方逼近多项式。

不难看出，求最佳平方逼近多项式的关键是求它的系数$\alpha_j^*(j = 0,1,\cdots,n)$。根据定义，容易看出点$(\alpha_1^*, \alpha_2^*, \cdots, \alpha_n^*)$必须是多元函数

$$F(\alpha_1, \alpha_2, \cdots, \alpha_n) = \int_a^b \left[f(x) - \sum_{j=0}^{n} \alpha_j\varphi_j(x)\right]^2 \mathrm{d}x$$

的极值点。由多元函数取极值的必要条件知，系数$\alpha_1^*, \alpha_2^*, \cdots, \alpha_n^*$满足方程组

$$\frac{\partial F}{\partial \alpha_k} = 0 \ \ (k = 0,1,\cdots,n)$$

由于

$$F(\alpha_1, \alpha_2, \cdots, \alpha_n) = \int_a^b [f(x)]^2 \mathrm{d}x - 2\sum_{j=0}^{n} \alpha_j \int_a^b f(x)\varphi_j(x)\mathrm{d}x + \int_a^b \left[\sum_{j=0}^{n} \alpha_j\varphi_j(x)\right]^2 \mathrm{d}x$$

$$\frac{\partial F}{\partial \alpha_k} = -2\int_a^b f(x)\varphi_k(x)\mathrm{d}x + 2\sum_{j=0}^{n} \alpha_j \int_a^b \varphi_k(x)\varphi_j(x)\mathrm{d}x$$

可得

$$(\varphi_k, \varphi_j) = \int_a^b \varphi_k(x)\varphi_j(x)\mathrm{d}x\,, (f, \varphi_k) = \int_a^b f(x)\varphi_k(x)\mathrm{d}x$$

简记为

$$\sum_{j=0}^{n} \alpha_j(\varphi_k, \varphi_j) = (f, \varphi_k) \ \ (k = 0,1,\cdots,n)$$

这是一个包含 n+1 个未知数$\alpha_1, \alpha_2, \cdots, \alpha_n$和 n+1 个方程的线性方程组，称为 Legendre（参考音译：勒让德）方程，其矩阵形式为：

$$\begin{bmatrix} (\varphi_0,\varphi_0) & (\varphi_0,\varphi_1) & \cdots & (\varphi_0,\varphi_n) \\ (\varphi_1,\varphi_1) & (\varphi_1,\varphi_1) & \cdots & (\varphi_1,\varphi_n) \\ \vdots & \vdots & & \vdots \\ (\varphi_n,\varphi_0) & (\varphi_n,\varphi_1) & \cdots & (\varphi_n,\varphi_n) \end{bmatrix} \begin{Bmatrix} \alpha_0 \\ \alpha_1 \\ \vdots \\ \alpha_n \end{Bmatrix} = \begin{Bmatrix} (f,\varphi_0) \\ (f,\varphi_1) \\ \vdots \\ (f,\varphi_n) \end{Bmatrix}$$

左侧的矩阵记为：

$$\boldsymbol{H} = \begin{bmatrix} (\varphi_0,\varphi_0) & (\varphi_0,\varphi_1) & \cdots & (\varphi_0,\varphi_n) \\ (\varphi_1,\varphi_1) & (\varphi_1,\varphi_1) & \cdots & (\varphi_1,\varphi_n) \\ \vdots & \vdots & & \vdots \\ (\varphi_n,\varphi_0) & (\varphi_n,\varphi_1) & \cdots & (\varphi_n,\varphi_n) \end{bmatrix}$$

称为希尔伯特矩阵。可证明，该方程组有唯一解$\alpha_0 = \alpha_0^*$、$\alpha_1 = \alpha_1^*$、$\cdots$、$\alpha_n = \alpha_n^*$，而且相应的 n 次多项式

$$S^*(x) = \sum_{j=0}^{n} \alpha_j \int_a^b \alpha_j^* \varphi_j(x)$$

就是$f(x)$在区间$[a,b]$上的 n 次最佳平方逼近多项式。

6.5.6 最佳平方逼近多项式的笔算方法简介

求$f(x) = 4x^3 + 1$在区间$[-1,1]$上的二次最佳平方逼近多项式。

列勒让德方程：

$$\begin{bmatrix} (\varphi_0,\varphi_0) & (\varphi_0,\varphi_1) & (\varphi_0,\varphi_2) \\ (\varphi_1,\varphi_0) & (\varphi_1,\varphi_1) & (\varphi_1,\varphi_2) \\ (\varphi_2,\varphi_0) & (\varphi_2,\varphi_1) & (\varphi_2,\varphi_2) \end{bmatrix} \begin{Bmatrix} c_0 \\ c_1 \\ c_2 \end{Bmatrix} = \begin{Bmatrix} (\varphi_0, f(x)) \\ (\varphi_1, f(x)) \\ (\varphi_2, f(x)) \end{Bmatrix}$$

其中$\varphi_0 = 1$，$\varphi_1 = x$，$\varphi_2 = x^2$，$\cdots$。

$$(\varphi_0,\varphi_0) = \int_{-1}^{1} 1\mathrm{d}x = 2, (\varphi_1,\varphi_1) = \int_{-1}^{1} x^2\mathrm{d}x = \frac{2}{3}, (\varphi_2,\varphi_2) = \int_{-1}^{1} x^4\mathrm{d}x = \frac{2}{5}$$

$$(\varphi_0,\varphi_1) = (\varphi_1,\varphi_0) = \int_{-1}^{1} x\mathrm{d}x = 0, (\varphi_0,\varphi_2) = (\varphi_2,\varphi_0) = \int_{-1}^{1} x^2\mathrm{d}x = \frac{2}{3}$$

$$(\varphi_1,\varphi_2) = (\varphi_2,\varphi_1) = \int_{-1}^{1} x^3\mathrm{d}x = 0$$

$$\big(\varphi_0, f(x)\big) = \int_{-1}^{1} (4x^3 + 1)\mathrm{d}x = 2, \big(\varphi_1, f(x)\big) = \int_{-1}^{1} x(4x^3 + 1)\mathrm{d}x = \frac{8}{5}$$

$$\big(\varphi_2, f(x)\big) = \int_{-1}^{1} x^2(4x^3 + 1)\mathrm{d}x = \frac{2}{3}$$

所以有下述方程组：

$$\begin{bmatrix} 2 & 0 & \frac{2}{3} \\ 0 & \frac{2}{3} & 0 \\ \frac{2}{3} & 0 & \frac{2}{5} \end{bmatrix} \begin{Bmatrix} c_0 \\ c_1 \\ c_2 \end{Bmatrix} = \begin{Bmatrix} 2 \\ \frac{8}{5} \\ \frac{2}{3} \end{Bmatrix}$$

解得$c_0 = 1, c_1 = \frac{12}{5}, c_2 = 0$。即函数$f(x)$在区间$[-1,1]$上的二次最佳平方逼近多项式为：

$$P_2(x) = c_2x^2 + c_1x + c_0 = \frac{12}{5}x + 1$$

6.5.7 用 MATLAB 实现函数的最佳平方逼近

在 MATLAB 中没有提供内置函数实现函数的最佳平方逼近，下面给出自定义的 bsa 函数来实现求最佳平方逼近多项式：

```
function c= bsa(f, n, a, b)
% f 为已知函数
% n 为最佳平方逼近多项式的最高次数
% a 为逼近区间的左端点
% b 为逼近区间的右端点
% c 为逼近多项式的系数            %这些注释文字用于纯文本帮助的加载
C=zeros(n+1, n+1);
var=findsym(sym(f));
f=f/var;
for i=1:n+1
    C(1,i)=(power(b,i)-power(a,i))/i;  %算法中的 C 矩阵的第一行
    f=f*var;
    d(i,1)=int(sym(f), var, a, b);      %算法中的 D 向量的第一行
end
for i=2:n+1
    C(i,1:n)=C(i-1,2:n+1);
    f1=power(b, n+ i);
    f2=power(a, n+ i);
    C(i,n+1)=(f1-f2)/(n+i);                      %创建的 C 矩阵
end
c=C\d;                                           %求解逼近多项式的系数
```

【例 6-7】 求$f(x) = xe^x + x^2$在区间$[-2,2]$上的 2 次最佳平方逼近多项式。

在 M 文件编辑器中输入：

```
syms x;
y=sym('x*exp(x)+x^2');                %定义原函数
c=simplify(bsa(y,2,-2,2));            %求最佳平方逼近系数
yn=c(1)*x^2+c(2)*x+c(3)               %输出最佳平方逼近多项式
```

计算结果为：

yn =

(3*exp(-2)*(exp(4) - 77)*x^2)/32 + (3*exp(-2)*(exp(4) - 5)*x)/8 + (765*exp(-2))/128 + (15*exp(2))/128 + 1

计算时间约为 0.156s。

即

$$p_2(x)=\frac{\frac{3}{e^2}(e^4-77)}{32}x^2+\frac{\frac{3}{e^2}(e^4-5)}{8}x+\frac{765}{128e^2}+\frac{15e^2}{128}+1$$

$f(x)=xe^x+x^2$在区间$[-10,10]$上的 3、5、8 次最佳平方逼近多项式函数图像如图 6-17 所示。

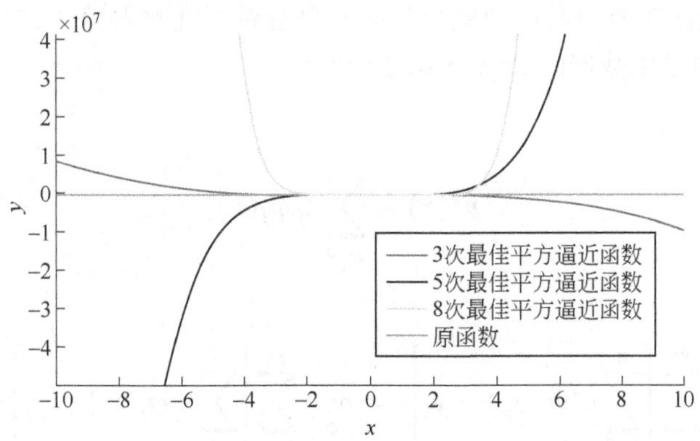

图 6-17　3、5、8 次最佳平方逼近多项式函数图像

从图 6-17 中可以看出，各逼近函数大体上在所给区间内逼近原函数，区间中点处逼近情况最好，两侧一般。如果误差允许，差 10 的几次幂对于整体来说误差也不大（即相对误差较小）。此外，大量实验表明，实际求的逼近区间最好大于要求的区间，多出 40%以上，而且，在区间中点处，各函数图像不一定平滑。

6.6　曲线与曲面拟合

6.6.1　拟合与估计的由来

数据处理问题是大部分实验科学需要面对的问题。早在 18 世纪，伟大的数学家 Gauss 在研究天体运动轨道问题时就提出了最小二乘的估计方法。由于最小二乘法简单、实用，所以一直到今天依然在许多领域被广泛使用。随着电子计算机的出现，这些数据处理方法又有了很多新的发展，如 20 世纪 60 年代 Kalman 提出了著名的 Kalman 滤波理论，1980 年 Gloub 提出总体最小二乘等。

最小二乘法（又称最小平方法）是一种数学优化技术。它通过最小化误差的平方和寻找数据的最佳函数匹配。利用最小二乘法可以简便地求得未知的数据，并使得这些求得的数据与实际数据之间误差的平方和为最小。最小二乘法还可用于曲线拟合。其他的一些优化问题也可通过最小化能量或最大化熵用最小二乘法来表达。

6.6.2 曲线拟合的概念

设在 Oxy 直角坐标系中给定 m+1 对数据（即坐标）：

$$(x_i, y_i)\ (i = 0,1,\cdots,m)$$

其中 $a = x_0 < x_1 < \cdots < x_m = b$。又选定 n+1 个在区间 $[a,b]$ 上连续且在点集 $\{x_i(i = 0,1,\cdots,m)\}$ 上线性无关的基函数 $\varphi_j = (x)(j = 0,1,\cdots,n)$，其中 $n \leqslant m$。问题是要在曲线簇

$$y(x) = \sum_{j=0}^{n} c_j \varphi_j(x)$$

中寻找一曲线按照某种原则去拟合数据 (x_i, y_i)，用所得的拟合曲线去代替该组数据所反映的函数关系。y 一般是在实验中通过测量得到的，总会带有观测误差，并且 m 往往很大，因此不能要求曲线 $y(x)$ 通过由数据 (x_i, y_i) 表示的所有点。

若曲线

$$y^*(x) = \sum_{j=0}^{n} c_j^* \varphi_j(x)$$

使得

$$\sum_{i=0}^{m}\left[\sum_{j=0}^{n} c_j^* \varphi_j(x_i) - y_i\right]^2 = \min_{\{c_j\}} \sum_{i=0}^{m}\left[\sum_{j=0}^{n} c_j \varphi_j(x_i) - y_i\right]^2$$

成立，则称曲线 $y^*(x)$ 为在该曲线簇中按最小二乘原则确定的对于数据 (x_i, y_i) 的拟合曲线。

作曲线拟合，选择基函数是至关重要的，通常要根据具体问题的物理背景或坐标点 $(x_i, y_i)(i = 0,1,\cdots,m)$ 的分布情况去选择。人们通常选择幂函数 $x^j(i = 0,1,\cdots,n)$ 作基函数，这时，拟合曲线是 n 次多项式曲线 $y^*(x)$。但是，当 n 较大时，相应的法方程往往是病态的，n 越大病态越严重。为避免求解病态线性方程组，可构造在点集 $\{x_i(i = 0,1,\cdots,m)\}$ 上的正交多项式系 $\{\varphi_j = (x)(j = 0,1,\cdots,n)\}$ 作为基函数组，其中 $\varphi_j(x)$ 是 j 次多项式。此时拟合曲线

$$y^*(x) = \sum_{j=0}^{n}\left[\frac{\sum_{i=0}^{m} y_i \varphi_j(x_i)}{\sum_{i=0}^{m} \varphi_j^2(x_i)} \varphi_j(x)\right]\ (j = 0,1,\cdots,n)$$

也是 n 次多项式曲线。

如果曲线簇函数结构 $y(x)$ 关于待定系数 $c_0, c_1, \cdots, c_n$ 是线性的，则问题称为线性最小二乘问题；如果是非线性的，则称为非线性最小二乘问题。

6.6.3 函数的最小二乘拟合曲线的笔算简例

给定数据表如表 6-2 所示。

表 6-2 5 组数据

x	−2	−1	0	1	2
y	−0.1	0.1	0.4	0.9	1.6

用三次多项式以最小二乘法拟合给定数据。

设

$$y(x) = c_0 + c_1x + c_2x^2 + c_3x^3$$

$$\boldsymbol{A} = \begin{bmatrix} 1 & -2 & 4 & -8 \\ 1 & -1 & 1 & -1 \\ 1 & 0 & 0 & 0 \\ 1 & 1 & 1 & 1 \\ 1 & 2 & 4 & 8 \end{bmatrix}, \boldsymbol{A}^{\mathrm{T}}\boldsymbol{A} = \begin{bmatrix} 5 & 0 & 10 & 0 \\ 0 & 10 & 0 & 34 \\ 10 & 0 & 34 & 0 \\ 0 & 34 & 0 & 130 \end{bmatrix}$$

$$\boldsymbol{A}^{\mathrm{T}}\boldsymbol{y} = (2.9,4.2,7,14.4)^{\mathrm{T}}$$

法方程$\boldsymbol{A}^{\mathrm{T}}\boldsymbol{A}\boldsymbol{c} = \boldsymbol{A}^{\mathrm{T}}\boldsymbol{y}$的解为：

$$c_0 = 0.4086, c_1 = 0.39167, c_2 = 0.0857, c_3 = 0.00833$$

得到三次多项式：

$$y(x) = 0.4086 + 0.39167x + 0.0857x^2 + 0.00833x^3$$

误差平方和为$\sigma_3 = 0.000194$。

6.6.4 含数学模型的线性最小二乘曲线拟合

MATLAB 中提供了 lsqcurvefit 函数实现最小二乘拟合，且允许自定函数模型，其调用格式为：

[参数数组 x,标准差,残差,终值迭代的条件,算法信息变量]=lsqcurvefit(函数模型,[初始点,+误差,−误差],自变量采样数组,因变量采样数组,参数 x 的下界向量,参数 x 的上界向量,优化参数)

其中，残差=sum((函数模型(参数,自变量采样数组)−因变量采样数组).^2)。还有一些更复杂的参数，在此省略。

【例 6-8】 体重约 70kg 的某人在短时间内喝下 2 瓶啤酒后，隔一定时间测量他的血液中酒精含量（mg/100mL），得到的数据如表 6-3 所示。试将所给数据用函数$\varphi(t) = at^b\mathrm{e}^{ct}$进行拟合，求出常参数$a$、$b$和$c$。

表 6-3 一定时间测量的血液中酒精含量

时间 t/h	0.25	0.5	0.75	1	1.5	2	2.5	3	3.5	4	2.5	5
酒精含量 h/(mg/100mL)	30	68	75	82	82	77	68	68	58	51	50	41
时间 t/h	6	7	8	9	10	11	12	13	14	15	16	—
酒精含量 h/(mg/100mL)	38	35	28	25	18	15	12	10	7	7	4	—

拟合函数的形式已经确定，但参数之间不是线性关系，现在需要将参数变换为线性关系才可以被 lsqcurvefit 函数很好地使用。将函数模型两边取对数得：

$$\ln\varphi(t)=\ln(at^b\mathrm{e}^{ct})=\ln a+\ln t^b+\ln\mathrm{e}^{ct}=\ln a+b\ln t+ct$$

此时，新函数$\ln\varphi(t)$对待求参数$\ln a$、b和c是线性关系，自变量仍为t。最后求得的拟合函数再用 e 抬起即可得到原函数模型。此时，3 个自变量与$\ln\varphi(t)$的关系可以使用 lsqcurvefit 函数进行拟合。

在 M 文件编辑器中输入：

```
t=[0.25 0.5 0.75 1 1.5 2 2.5 3 3.5 4 4.5 5 6 7 8 9 10 11 …
   12 13 14 15 16];                         %采样自变量数组
h=[30 68 75 82 82 77 68 68 58 51 50 41 38 35 28 25 18 15…
   12 10 7 7 4];                            %采样因变量数组
h1=log(h);                                  %对因变量取对数以备使用
f=@(a,t) a(1)+a(2).*log(t)+a(3).*t;         %取对数后的句柄函数
[x,r]= lsqcurvefit(f, [1,0.5,-0.5],t,h1)  %求拟合曲线参数
tn=0.2:0.01:16;                             %设置绘图 t 自变量范围
hn=exp(x(1)+x(2)*log(tn)+x(3)*tn);
                                            %对新函数进行 e 抬起，回到原模型
plot(tn,hn)                                 %绘制拟合函数曲线图
hold on                                     %保持图形显示
plot(t,h,'.')                               %绘制采样数据散点图
```

计算结果为：

x = 4.4834　　0.4709　　–0.2663

r = 0.4097

计算时间约为 0.090s。即

$$\ln a=4.4834, b=0.4709, c=-0.2663$$

所以之前的血液中酒精浓度与时间的关系的函数模型为：

$$\varphi(t)=e^{\ln\varphi(t)}=e^{4.4834+0.4709\ln t-0.2663t}$$

标准差$\sigma=0.4097$。此函数和原始采样点的图像如图 6-18 所示。

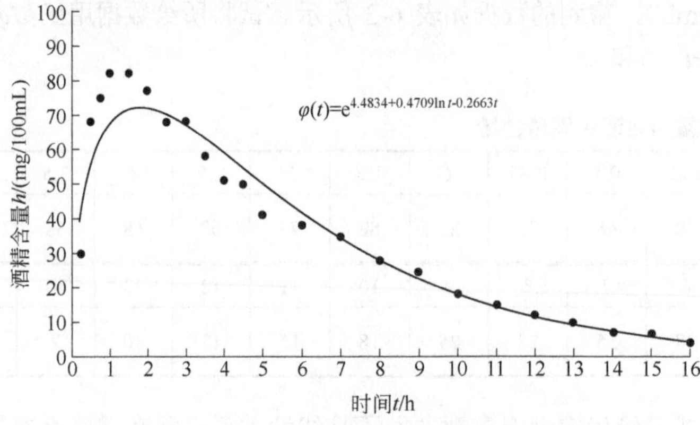

图 6-18　酒精含量与时间关系的拟合函数图像

6.6.5　含数学模型的非线性最小二乘曲线拟合

非线性最小二乘是指优化目标函数为非线性的二次平方项和。定义目标函数向量$F(\boldsymbol{x}) = [f_1(x), f_2(x), \cdots, f_n(x)]^{\mathrm{T}}$，那么可以将问题转化为非线性最小二乘问题，即

$$\min_x \frac{1}{2}\|F(\boldsymbol{x})\|_2^2 = \frac{1}{2}\sum_i f_i(x)^2$$

在 MATLAB 中，提供了 lsqnonlin 函数用于求解非线性最小二乘问题以及非线性曲线拟合问题。该函数的调用格式为：

[参数数组 x,标准差,残差,终值迭代的条件]= lsqnonlin (函数模型,初始点数组,参数 x 的下界向量,参数 x 的上界向量,优化参数)

其中，终止迭代条件最好为正数，如果为负数，则说明出现了一定的错误。该函数的其他参数与 lsqcurvefit 函数相同，可互相借鉴。

【例 6-9】　用函数模型$y = f(x) = c_1 + c_2\mathrm{e}^{-0.02c_3x}$，$c$ 系列为待定系数，拟合表 6-4 中的数据。

表 6-4　10 组拟合数据

x	1	2	3	4	5	6	7	8	9	10
y	3.5	3.0	2.6	2.3	2.1	1.9	1.7	1.6	1.5	1.4

在 M 文件编辑器中输入：

```
1   xd=1:10;                                       %采样自变量数组
2   yd=[3.5 3.0 2.6 2.3 2.1 1.9 1.7 1.6 1.5 1.4];
3                                                  %采样因变量数组
4   c0=[0 1 1];                                    %初始点数组
5   y_0=@(x) yd-[x(1)+x(2)*exp(-0.02*x(3)*xd)];
6                                                  %处理为 y-f(x)=0 的形式
7   t=lsqnonlin(y_0, c0)%进行拟合估计，输出的参数 t 相当于第 5 行的 x
8   plot(xd,yd,'.')                                %绘制采样点散点图
9   hold on                                        %保持图形显示
10  xdf=1:0.01:10;                                 %定义绘图自变量范围
11  ydf=t(1)+t(2)*exp(-0.02*t(3)*xdf);     %拟合函数
12  plot(xdf,ydf)                                  %绘制拟合函数图像
```

计算结果为：

t=　1.0992　　2.9910　　11.2454

计算时间约为 0.065s。

即

$$c_1 = 1.0992, c_2 = 2.9910, c_3 = 11.2454$$
$$f(x) = 1.0992 + 2.9910\mathrm{e}^{-0.2249x}$$

拟合函数和数据散点的图像如图 6-19 所示。

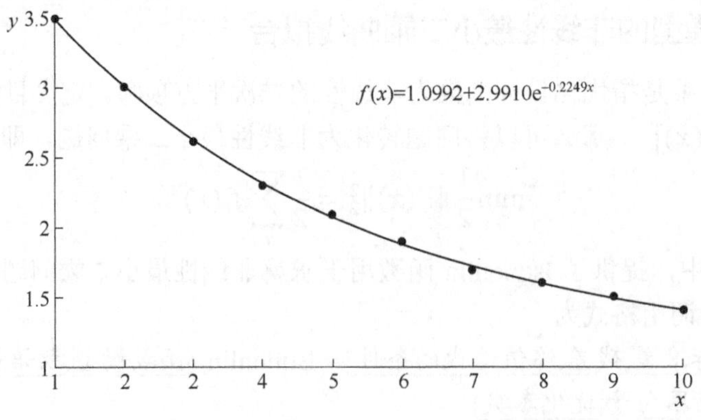

图 6-19 原始数据的非线性拟合函数图像

6.6.6 指数模型拟合

指数函数拟合是利用指数函数$y = f(x) = \mathrm{e}^{ax+b}$对观测数据进行拟合，使误差平方和最小。MATLAB 对指数函数拟合没有提供专门的函数支持，通常利用一阶多项式拟合来解决指数函数拟合问题。

对$f(x) = \mathrm{e}^{ax+b}$两边取对数，得

$$\ln f(x) = \ln \mathrm{e}^{ax+b} = (ax+b)\ln \mathrm{e} = ax+b$$

此时，x、$\ln f(x)$构成一阶多项式拟合问题。用 polyfit 函数计算出参数a和b后，再进行 e 抬起即可回到原模型函数。

【例 6-10】 对函数$f(x) = 1-\sqrt{x}$在[0,1]上的采样数据做指数拟合。

在 M 文件编辑器中输入：

```
x=0:0.01:0.99;                  %定义自变量取值范围
y=1-sqrt(x);                    %定义因变量取值范围，此处由函数决定
P=polyfit(x, log(y), 1)         %求取对数后的一阶多项式系数并输出
yi= exp(P(1)*x+P(2));           %e 抬起后的原函数模型
subplot(1,2,1);                 %第 1 个子图
plot(x,y,'.')                   %绘制原式采样数据散点图
hold on                         %保持图形显示
plot(x,yi)                      %绘制指数拟合函数的图像
subplot(1,2,2);                 %第 2 个子图
r=yi-y;                         %计算拟合函数值与题设函数值的差
plot(x,r)                       %绘制误差曲线
```

计算结果为：

P = -3.3761   0.2071

计算时间约为 0.09s。即指数拟合函数为：

$$p(x) = \mathrm{e}^{-3.3761x+0.2071}$$

原数采样数据点、拟合曲线和误差曲线如图 6-20 所示。

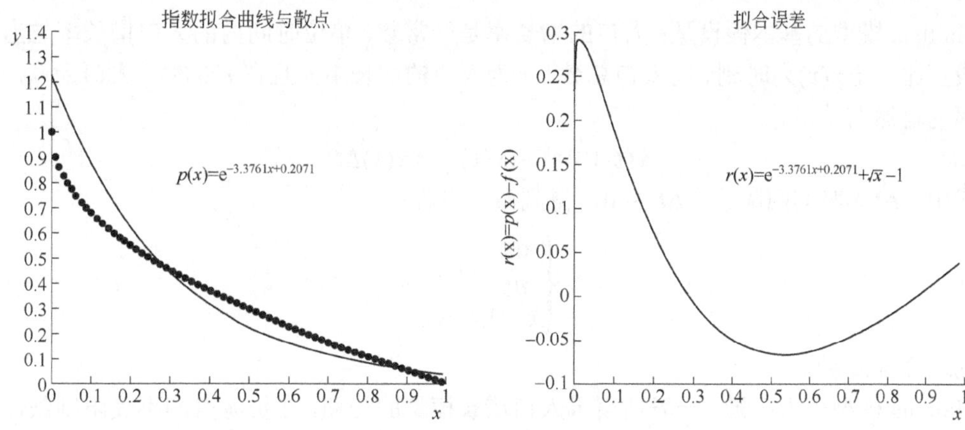

图 6-20 指数拟合与拟合误差曲线

6.6.7 Kalman 滤波简介

在应用学科如卫星轨道、姿态确定等领域，一般把最小二乘方法和加权的最小二乘方法或者其他的一些改进、变形的估计方法统称为批处理方法。相对于批处理方法的另外一种算法称为序惯处理方法。

从字面意思基本就能理解这两种方法的基本区别：批处理是对一批资料统一地一次性给出估计结果，这样做的优点是方法一般比较稳定，精度也很可靠；缺点是计算机要存储大量的数据，尤其是每次运算结束后，再有数据过来时需要重新计算，前面的计算结果不能有效地利用。这种方法一般用在事后精确处理中，但是在适时性要求比较高的情况下，往往不能满足工程需求，序惯处理方法可以有效地处理这一问题。

关于序惯处理方法，已经发展起来的理论有很多，例如最小二乘问题就可以构成递推滤波。当然，在众多的理论中，Kalman（参考音译：卡尔曼）滤波无疑是相当出色的。Kalman 滤波采用状态空间的估计方法，比较适合于在电子计算机上实现。Kalman 滤波理论提出来后，经历了许多的发展。

Kalman 滤波理论的证明比较烦琐，计算方法相对而言也有些复杂，在 MATLAB 中给出了滤波函数 kalman，在此直接给出调用方法。

设线性系统为：

$$\dot{x} = Ax + Bu + G\omega$$
$$y = Cx + Du + H\omega + v$$

函数的调用格式为：

[kest, L, P]= kalman (sys, Qn, Rn, Nn)

[kest, L, P]= kalman (sys, Qn, Rn, Nn, sensors, known)

[kest, L, P, M, Z]= kalman(sys, On, Rn,⋯, type)

6.6.8 Malthus 和 Logistic 人口增长模型简介

6.6.8.1 Malthus 人口模型

Malthus（1766—1834，参考音译：马尔萨斯）是英国人口学家，他根据英国的百余年的人口统计资料，于 1798 年提出了 Malthus 人口模型。

Malthus 模型的基本假设是：人口的增长率是一常数，单位时间内的人口增长率与当时的人口成正比。记$x(t)$为时刻 t 的人口总数，r 为人口的增长率，且在 t=0 时，人口为x_0，因此增长率为自然增长率。

$$x(t+\Delta t)-x(t)=rx(t)\Delta t$$

式中，Δt为时间间隔。令$\Delta t\to 0$，得到微分方程：

$$\begin{cases}\dfrac{\mathrm{d}x}{\mathrm{d}t}=rx\\ x(0)=x_0\end{cases}$$

其解为$x(t)=x_0e^{n}$。

Malthus 模型较为粗糙，一般适用于人口增长模型的初期，在资源空间不受限制条件约束时具有一定的适用性。

6.6.8.2 Logistic 人口模型

Logistic（参考音译：逻辑斯蒂）模型考虑环境的制约作用，其基本假设是：人口的增长率与当前的人口总数有关，并且随着人口的数量增加而减少。最简单的假设是增长率 r 是人口总数 x 的线性函数，即

$$r(x)=r-sx\ (r,s>0)$$

式中，r 是固有增长率；s 是减少系数。设 N 为人口的最大值，这是由于自然条件或环境等因素造成的。因此有

$$0=r(N)=r-sN\Rightarrow s=\frac{r}{N}$$

将$r(x)$代入马尔萨斯人口模型的解$x(t)=x_0e^{n}$，得到 Logistic 人口模型：

$$\begin{cases}\dfrac{\mathrm{d}x}{\mathrm{d}t}=r\left(1-\dfrac{x}{N}\right)x\\ x(0)=x_0\end{cases}$$

其解为：

$$x(t)=\frac{N}{1+\dfrac{\left(\dfrac{N}{x_0}-1\right)}{e^{n}}}\to N\ (t\to\infty)$$

由于 Logistic 模型的增长率是随人口总量下降的，因此也称其为阻滞增长模型。

6.6.9 曲面拟合的概念

设在三维直角坐标系 $Oxyu$ 中给定$(m+1)\times(n+1)$个点（即三维坐标）

$$\left(x_i,y_j,u_{ij}\right)\ (i=0,1,\cdots,m;j=0,1,\cdots,n)$$

其中$a=x_0<x_1<\cdots<x_m=b$，$c=y_0<y_1<\cdots<y_n=d$。选定 M+1 个 x 的函数$\{\varphi_r(x)(r=0,1,\cdots,M)\}(M<m)$以及 N+1 个 y 的函数$\{\psi_s(y)(s=0,1,\cdots,N)\}(N<n)$。这两个函数组分别在区间$[a,b]$和区间$[c,d]$上连续，且分别在点集$\{x_i(i=0,1,\cdots,m)\}$和点集$\left\{y_j(j=0,1,\cdots,n)\right\}$上线性无关。以函数组

$$\{\varphi_r(x)\psi_s(y)(r=0,1,\cdots,M;s=0,1,\cdots,N)\}$$

为基函数，称为乘积型基函数，构成以$\{c_{rs}\}$为参数的曲面簇：

$$p(x,y)=\sum_{s=0}^{N}\sum_{r=0}^{M}c_{rs}\varphi_r(x)\psi_s(y)$$

若参数$\{c_{rs}^*\}$使得

$$\sum_{j=0}^{n}\sum_{i=0}^{m}\left[\sum_{s=0}^{N}\sum_{r=0}^{M}c_{rs}^*\varphi_r(x_i)\psi_s(y_j)-u_{ij}\right]^2=\min$$

成立，则称相应的曲面$p^*(x,y)$为在曲面簇$p(x,y)$中按最小二乘法确定的对于数据(x_i,y_j,u_{ij})的拟合曲面。其中

$$c_{rs}^*=\sum_{j=0}^{n}\alpha_{rj}\gamma_{sj}\quad(r=0,1,\cdots,M;s=0,1,\cdots,N)$$

记$\boldsymbol{C}=[c_{rs}^*]_{(M+1)\times(N+1)}$，则系数$c_{rs}^*$的表达式可以表示为矩阵形式：

$$\boldsymbol{C}=\boldsymbol{A}[(\boldsymbol{G}^{\mathrm{T}}\boldsymbol{G})^{-1}\boldsymbol{G}^{\mathrm{T}}]^{\mathrm{T}}=(\boldsymbol{B}^{\mathrm{T}}\boldsymbol{B})^{-1}\boldsymbol{B}^{\mathrm{T}}\boldsymbol{U}\boldsymbol{G}(\boldsymbol{G}^{\mathrm{T}}\boldsymbol{G})^{-1}$$

曲面$p^*(x,y)$对数据(x_i,y_j,u_{ij})的拟合精度就用误差平方和

$$\sigma=\sum_{j=0}^{n}\sum_{i=0}^{m}\left[p^*(x_i,y_j)-u_{ij}\right]^2$$

来描述。

6.6.10　最小二乘曲面拟合的笔算简例

给定表 6-5 所示的数据，取$\varphi_0(x)\equiv 1$，$\varphi_1(x)=x^2$，$\psi_s(y)=y^s(s=0,1,2)$，对所给数据作乘积型最小二乘拟合。

表 6-5　空间散点数据表

x \ u \ y	-2	-1	0	1	2	3
−1	6	3	2	3	6	11
−0.5	4.4	1.51	0.5	1.48	4.6	9.4
0	4	1	0	1	4	9
0.5	4.6	1.49	0.5	1.52	4.4	9.6
1	6	3	2	3	6	11
1.5	8.4	5.6	4.5	5.4	8.6	13.4

$$\boldsymbol{B}=[\varphi_r(x_i)]=\begin{bmatrix}1&1\\1&0.25\\1&0\\1&0.25\\1&1\\1&2.25\end{bmatrix},\boldsymbol{G}=[\psi_s(y_j)]=\begin{bmatrix}1&-2&4\\1&-1&1\\1&0&0\\1&1&1\\1&2&4\\1&3&9\end{bmatrix}$$

$\boldsymbol{U}$ 就是表 6-5 中的数据$[u_{ij}]$。求出$(\boldsymbol{B}^{\mathrm{T}}\boldsymbol{B})^{-1}$和$(\boldsymbol{G}^{\mathrm{T}}\boldsymbol{G})^{-1}$之后，代入

$$\boldsymbol{C}=\boldsymbol{A}[(\boldsymbol{G}^{\mathrm{T}}\boldsymbol{G})^{-1}\boldsymbol{G}^{\mathrm{T}}]^{\mathrm{T}}=(\boldsymbol{B}^{\mathrm{T}}\boldsymbol{B})^{-1}\boldsymbol{B}^{\mathrm{T}}\boldsymbol{U}\boldsymbol{G}(\boldsymbol{G}^{\mathrm{T}}\boldsymbol{G})^{-1}$$

得：

$$\boldsymbol{C}=\begin{bmatrix}-0.0038906 & -0.0019453 & 1.0024\\ 2.0097 & 0.0048633 & -0.0060791\end{bmatrix}$$

所求的拟合曲面为：

$$\begin{aligned}p^*(x,y)&=c_{00}+c_{10}x^2+c_{01}y+c_{11}x^2y+c_{02}y^2+c_{12}x^2y^2\\&=-0.0038906+2.0097x^2-0.0019453y+0.0048633x^2y+1.0024y^2\\&\quad-0.0060791x^2y^2\end{aligned}$$

其拟合精度为：

$$\sigma=\sum_{j=0}^{5}\sum_{i=0}^{5}\left[p^*(x_i,y_j)-u_{ij}\right]^2=0.10358$$

6.6.11 MATLAB 的 Curve Fitting 曲面拟合工具箱

编写代码进行曲线和曲面拟合固然可以，但是各种工具箱是 MATLAB 的特色之一。MATLAB 工具箱经过专业开发、严格测试，并有完善的帮助文档，可以迅速进行各种分析、生成各种效果。曲面拟合工具箱 Curve Fitting 的位置是“APP”→“数学、统计和优化”→“Curve Fitting”，如图 6-21 所示。

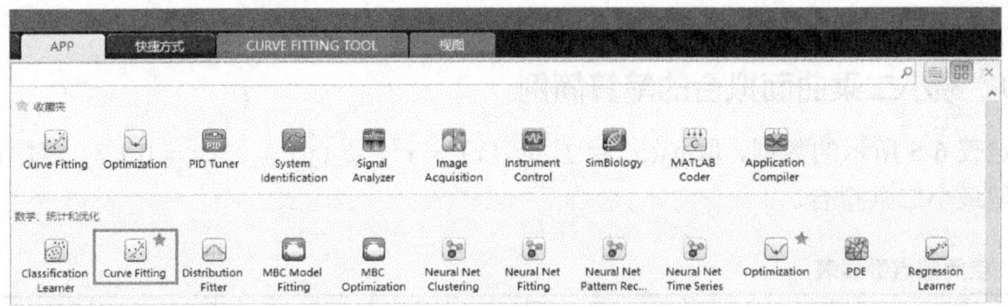

图 6-21　Curve Fitting 工具的位置

启动后，Curve Fitting 工具的主界面如图 6-22 所示，左上侧的黑框区域用于规定图像名称和数据源，规定数据源的前提条件是内存中（当前工作区中）已经有了数据源变量，如一个定义域数组等，需要事先通过命令行编辑器输入。

图 6-22 中上侧中间的黑框区域用于规定拟合方式，有 Custom equation（用户定义方程）、Interpolant（插值法）、Lowess（局部加强散点光滑）和 Polynomial（多项式）。其中，插值分 Nearest neighbor（邻近点插值）、Linear（线性插值）、Cubic（立方插值）、Biharmonic（双谐波插值）和 Thin-plate spline（薄板样条插值），它们的意义和优缺点详见 6.4.3 节。Lowess 的多项式参数可以设置为 Linear 和 Quadratic（二次方）。

Results 区域用于输出结果，结果的范围很广，可以包含二元函数的表达式和各种衡量拟合质量好坏的参数等。

Table of Fits 区域会将拟合过程中所有有价值的数据整理成表格的形式。整个界面最大的空白处用于生成拟合曲面（线）图像。

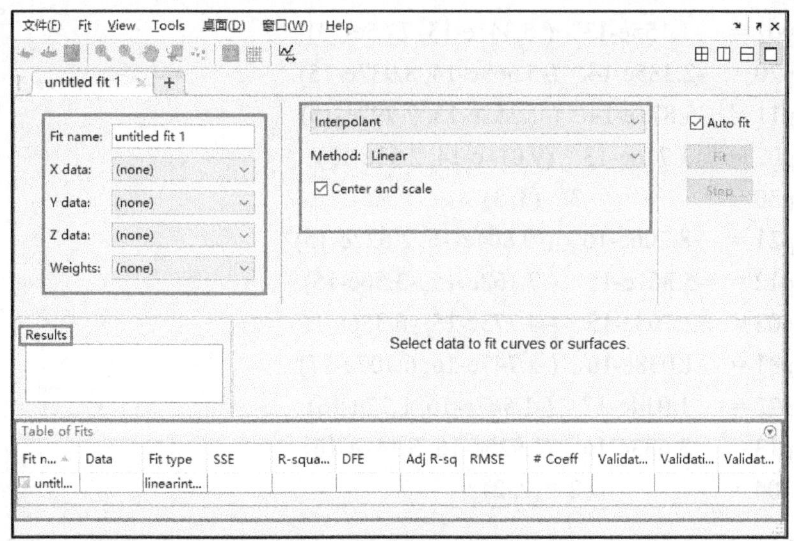

图 6-22　Curve Fitting 主界面

【例 6-11】 将满足$x=-20:2:20$、$y=-20:2:20$和$z=3x^3-4x+2y^4+3y^3$的空间散点拟合成曲面，并观察拟合质量。

在命令行窗口中输入：

```
x=-20:2:20;
y=-20:2:20;
[X,Y]=meshgrid(x,y);
Z=3*X.^3-4*X+2*Y.^4+3*Y^3;
```

但是无需定义关于输出图像的任何内容。此时，各种作曲面拟合需用到的变量已在内存中，在 Curve Fitting 中设置：

X data：X（设置完后图形显示区域立即有反应）。

Y data：Y。

Z data：Z。

Polynomial。

Degrees x：3（x 最高 3 次拟合）。

y：4（y 最高 4 次拟合）。

输出图像后的界面如图 6-23 所示。

从图 6-23 中可以看出，黑色点是原始数据点，曲面是一个 x 和 y 最高次不同的高次多项式曲面，曲面过数据点。

Results 区域的输出结果为：

Linear model Poly34:

f(x,y) = p00 + p10*x + p01*y + p20*x^2 + p11*x*y + p02*y^2 + p30*x^3 + p21*x^2*y + p12*x*y^2 + p03*y^3 + p31*x^3*y + p22*x^2*y^2 + p13*x*y^3 + p04*y^4

Coefficients (with 95% confidence bounds):

p00 =　-3.298e-11　(-4.019e-11, -2.576e-11)

p10 =　-4　(-4, -4)

```
p01 =    1.155e-13  (-5.341e-13, 7.65e-13)
p20 =   -2.385e-14  (-5.663e-14, 8.932e-15)
p11 =   -5.871e-14  (-1.252e-13, 7.797e-15)
p02 =    1.716e-13  (9.016e-14, 2.53e-13)
p30 =            3  (3, 3)
p21 =    8.206e-16  (-9.804e-16, 2.622e-15)
p12 =   -5.361e-15  (-7.162e-15, -3.56e-15)
p03 =   -2.703e-15  (-4.773e-15, -6.336e-16)
p31 =   -1.038e-16  (-2.747e-16, 6.707e-17)
p22 =    1.014e-17  (-1.567e-16, 1.77e-16)
p13 =    3.633e-16  (1.925e-16, 5.342e-16)
p04 =            2  (2, 2)
```

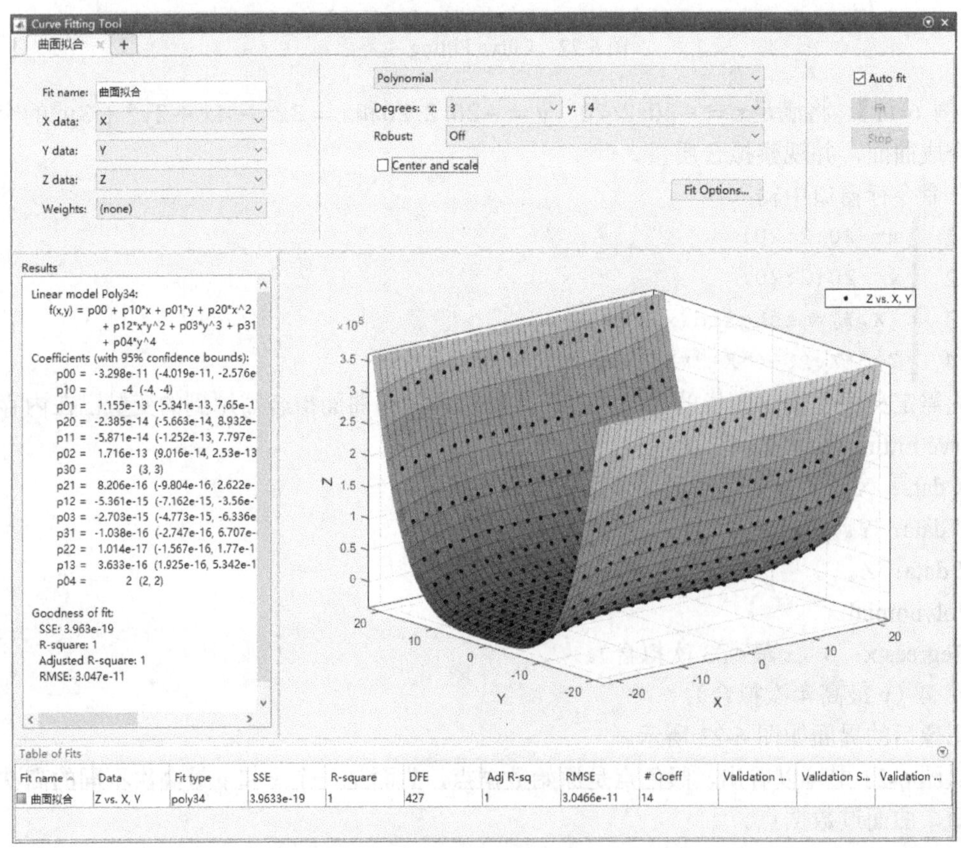

图 6-23　曲面拟合后的结果界面

从 Results 区域可以读出，空间曲面$f(x,y)$的函数非常复杂且很精确。SSE（和方差、误差平方和）、R-square（决定系数）、Adjusted R-square（调整决定系数）和 RMSE（均方根误差）4 项评价指标都很小，均符合一般要求，所以该曲面拟合质量很高。

此外，本次曲面拟合的残差图像经处理后如图 6-24 所示。

拟合曲面的等高线图经处理后如图 6-25 所示。

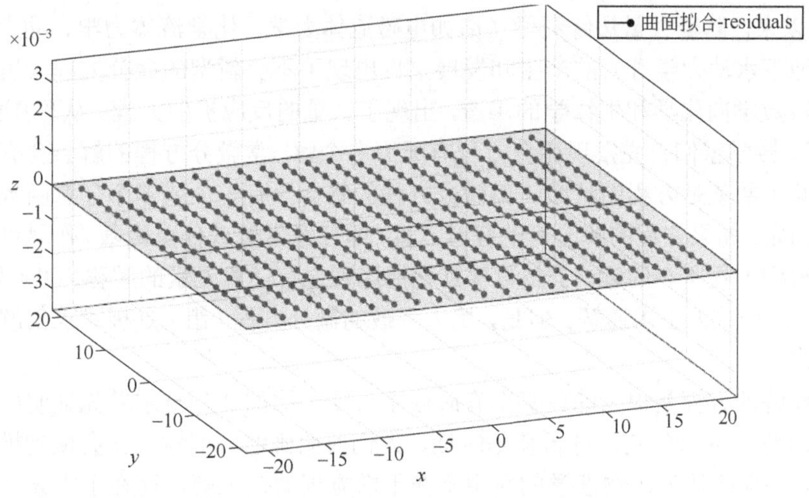

图 6-24　曲面拟合残差

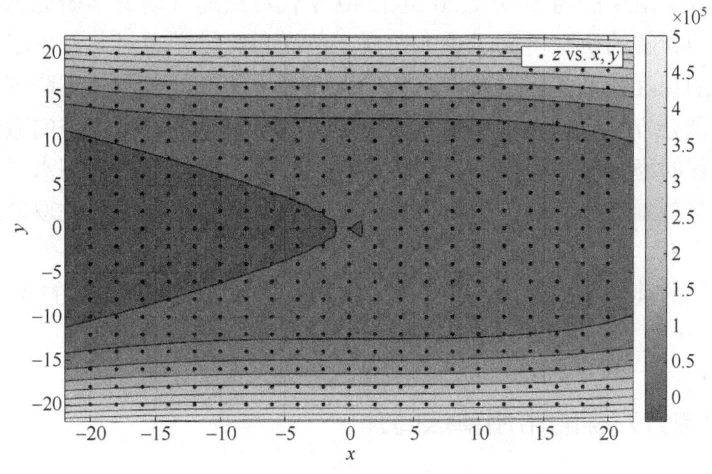

图 6-25　拟合曲面的等高线图

6.7　常微分方程的数值解法

微分方程是指描述未知函数的导数与自变量之间关系的方程。与初等数学的代数方程不同，微分方程的解是一个符合方程的函数，而代数方程的解是常数值。

微分方程的应用十分广泛，可以解决许多与导数有关的问题。物理中许多涉及变力的运动学、动力学问题，如空气的阻力为速度函数的落体运动等问题，很多都可以用微分方程求解。此外，微分方程在化学、工程学、经济学和人口统计等领域都有应用。

6.7.1　微分方程及其数值计算概述

微分方程研究的来源极广，历史久远。艾萨克·牛顿和 G.W.莱布尼茨开创微分和积分运算时，指出了它们的互逆性，事实上这解决了最简单的微分方程$y' = f(x)$的求解问题。当人们用微积分学去研究几何学、力学、物理学所提出的问题时，微分方程就大量地涌现出来了。

20 世纪以来，随着大量边缘科学（诸如电磁流体力学、化学流体力学、动力气象学、海洋动力学、地下水动力学等）的产生和发展，也出现了不少新型的微分方程（组）。20 世纪 70 年代，随着数学向化学和生物学的渗透，出现了大量的反应扩散方程。从“求通解”到“求解定解问题”，数学家们首先发现微分方程有无穷多个解。常微分方程的解会含有一个或多个任意常数，其个数就是方程的阶数。偏微分方程的解会含有一个或多个任意函数，其个数随方程的阶数而定。如果方程的解含有的任意元素（即任意常数或任意函数）作尽可能的变化，人们就可能得到方程所有的解，于是数学家就把这种含有任意元素的解称为“通解”。在很长一段时间里，人们致力于求通解。但是，绝大多数的微分方程（组）是极难求出解析通解的，甚至无法求出。

能求出通解的方程是很少的，甚至有时候不可能。比如 J.刘维尔首先证明出黎卡提方程不可能求出通解。19 世纪初，分析奠基时期，人们要明确通解的意义，会碰到模糊不清的地方。此外，A.L.柯西认为，物理学的应用不在于求方程的任一解，而在于求条件解，这是他放弃求通解的重要原因。以上原因导致这种求通解的努力逐渐被放弃。

早期，由于外弹道学的需要以及 20 世纪 40 年代对高速气动力学研究激波的需要，拟线性一阶双曲组的间断解的研究得到了重大发展，苏联和美国学者对此作出了贡献。泛函分析和偏微分方程间的相互联系和促进发展，首先应归功于法国、波兰、苏联等国学者的努力。新中国成立后，微分方程得到了重视和发展。我国陆续培养了许多优秀的微分方程工作者，他们在常微分方程的稳定性、极限环、结构稳定性等方面取得了很多高水平的研究成果，在偏微分方程混合型刻画渗流问题的拟线性退缩抛物型、椭圆组和拟线性双曲组的间断解等方面也做出了很多贡献。

关于微分方程的其他基础知识，详见第 3 章“高等数学基本问题”的 3.7.1 节，这里不再赘述。

6.7.2 解数值微分方程的常用算法简介

6.7.2.1 显式 Euler 单步法

Euler 方法是最简单的一种显式单步法。对于方程

$$\frac{\mathrm{d}y}{\mathrm{d}x}=f(x,y)$$

考虑用差商法代替导数进行计算，取离散化点列：

$$x_n=x_0+nh\ (n=0,1,2,\cdots)$$

则得到方程的近似式为：

$$\frac{y(x_{n+1})-y(x_n)}{h}\approx f(x_n,y(x_n))$$

即

$$y_{n+1}=y_n+hf(x_n,y_n)$$

这样就得到了 Euler 方法。具体计算时由x_0出发，根据初值逐步递推而得到系列离散数值。

6.7.2.2 二阶 Runge−Kutta 法

Runge-Kutta（龙格-库塔）法通常简称 RK 方法，是 19 世纪末德国科学家 C. Runge 和 M.W. Kutta 提出来的一种常微分方程数值方法。其中尤以四阶方法使用最为广泛，又称为经典的 RK 方法。

由 Lagrange 微分中值定理：

$$y(x_{n+1})=y(x_n)+y'(\xi)(x_{n+1}-x_n)=y(x_n)+hf(\xi,y(\xi))$$

记$k^*=hf(\xi,y(\xi))$，则得到：

$$y(x_{n+1})=y(x_n)+k^*$$

这样，只要给出了k^*的一种算法，就得到求解微分方程初值问题的一种计算公式。

本书为了简便，只介绍二阶 Runge-Kutta 法。该方法是用k_1和k_2的加权平均值来近似k^*。经推导得到二阶 Runge-Kutta 法最基本的形式，即

$$y_{n+1}=y_n+\frac{1}{2}k_1+\frac{1}{2}k_2$$

$$k_1=hf(x_n,y_n)$$

$$k_2=hf(x_n+h,y_n+k_1)$$

Runge-Kutta 法可以认为是改进的 Euler 法。

6.7.2.3 梯形公式

由一阶微分方程有：

$$y(x_{n+1})-y(x_n)=\int_{x_n}^{x_{n+1}}y'(x)\mathrm{d}x=\int_{x_n}^{x_{n+1}}f(x,y(x))\mathrm{d}x$$

如果用左矩形面积近似计算上式右端的积分，则得到 Euler 公式；如果用梯形求积公式近似计算上式右端的积分，则得到梯形公式。

梯形公式是一种隐式公式，其迭代格式为：

$$y_{n+1}=y_n+\frac{h}{2}[f(x_n,y_n)+f(x_{n+1},y_{n+1})]$$

梯形公式通常优于欧拉公式，从理论上讲，它有更高一级的计算精度。

梯形公式也可用迭代法求解，则后退 Euler 方法一样，仍用 Euler 方法提供初值：

$$y_{n+1}^0=y_n+hf(x_n,y_n)$$

$$y_{n+1}^{(k+1)}=y_n+\frac{h}{2}[f(x_{n+1},y_n)+f(x_{n+1},y_{n+1})](k=0,1,\cdots)$$

6.7.2.4 单步法的稳定性简介

如果一种数值解法，仅在节点值y_n上有大小为δ的扰动，而以后各节点$y_m(m>n)$上，仅由δ所引起的扰动都不超过δ时，则称该方法是稳定的。

如果λ为复数，且式$y_{n+1}=E(\lambda h)y_n$中的$|E(\lambda h)|\le 1$，则称式

$$y_{n+1}=y_n+h\phi(x_n,y_n,h)$$

是绝对稳定的。在复平面上，λh满足$|E(\lambda h)|\le 1$的区域称为方法的绝对稳定区域，它与实轴的交集称为绝对稳定区间。

Euler 公式的绝对稳定区域为

$$|1+\lambda h|\leq 1$$

该绝对稳定区域是以−1 为中心、1 为半径的圆域。相应的绝对稳定区间为$-2<\lambda h\leq 0$。

梯形公式的绝对稳定区域为:

$$|2+\lambda h|\leq|2-\lambda h|$$

该绝对稳定区域是在半平面。相应的绝对稳定区间仍为$-\infty<\lambda h\leq 0$，也是无条件稳定的。

6.7.2.5 Adams 外推公式

Adams 外插值公式的一般形式为:

$$y_{m+1}=y_m+h\sum_{j=0}^{k-1}a_j\nabla^j f_m$$

式中，系数a_j定义为:

$$a_j=(-1)^j\int_0^1\binom{-\tau}{j}\mathrm{d}\tau\quad (j=0,1,2,\dots)$$

并且系数a_j满足如下的递推关系式:

$$a_j+\frac{1}{2}a_{j-1}+\frac{1}{3}a_{j-2}+\cdots+\frac{1}{j+1}a_0=1\ (j=0,1,2,\dots)$$

又由于差分和函数值之间存在下列关系:

$$\nabla^j f_m=\sum_{i=0}^{j}(-1)^j\int_0^1\binom{j}{i}f_{m-i}$$

所以，外插法公式也可以表示成函数值的和的形式，即

$$y_{m+1}=y_m+h\sum_{i=0}^{k-1}\left[(-1)^i\sum_{j=i}^{k-1}a_j\binom{j}{i}f_{m-i}\right]$$

利用系数a_j的递推关系式，可计算出y_{m+1}。

6.7.2.6 Adams 内插法

Adams 内插法公式的一般形式为:

$$y_{m+1}=y_m+h\sum_{j=0}^{k}a_j^*\nabla^j f_{m+1}$$

式中，系数a_j^*定义为:

$$a_j^*=(-1)^j\int_0^1\binom{-\tau}{j}\mathrm{d}\tau\quad (j=0,1,2,\dots)$$

并且系数a_j^*满足如下的递推关系式:

$$a_j^*+\frac{1}{2}a_{j-1}^*+\frac{1}{3}a_{j-2}^*+\cdots+\frac{1}{j+1}a_0^*=\begin{cases}1\ (j=0)\\0\ (j>1)\end{cases}$$

又由于差分和函数值之间存在如下关系：

$$\nabla^j f_m = \sum_{i=0}^{j} (-1)^i \binom{j}{i} f_{m-i}$$

所以，内插法公式也可以表示为函数值的和的形式，即

$$y_{m+1} = y_m + h\sum_{i=0}^{k}\left[(-1)^i \sum_{j=i}^{k} a_j^* \binom{j}{i} \nabla^j f_{m-i+1}\right] \quad (0 \le i \le k)$$

利用系数a_j^*的递推关系式，可计算出y_{m+1}。

6.7.3 显式常微分方程初值问题的 MATLAB 求解

ode 系列函数求解微分方程数值解的语法格式如下：

[变量采样点系列 T,对应函数的数值解 Y]=ode 系列函数名(微分方程（组）,变量的求解区间,初始条件,控制参数)

其中控制参数用函数 odeset 来控制，其语法格式如下：

控制参数=odeset['参数 1','参数值 1','参数 2','参数值 2',…]

ode 系列函数名的意义如下：

ode45 函数：高阶（4、5）的显式单步 Runge-Kutta 法求解微分方程组。其可以求解中等精度要求的非刚性问题。

ode23 函数：低阶（2、3）的显式单步 Runge-Kutta 法求解微分方程组。其可以求解弱刚性、低精度要求或者原函数不光滑、不连续等的问题。

ode113 函数：可变阶（1~13）的多步 Adams-Bsahforth-Moulton PECE 求解微分方程组。其可用于求解中等精度或者较高精度要求的非刚性问题，包括原函数较难计算的情况，但是不适用于原函数不光滑的情况（即不连续或者低阶导数不连续）。

ode15s 函数：可变阶（1~5）的隐式多步法求解微分方程组。其适用于求解中等精度要求的刚性问题。在使用 ode45 函数求解失败或者计算速度低时，用户可以尝试用这个函数。

ode23s 函数：修正的隐式单步 Rosenbrock 三阶法求解微分方程组。其适用于求解低精度要求或者原函数不连续的刚性问题。

ode23t 函数：低阶的梯形法求解适当刚性的微分方程和微分代数方程。

ode23tb 函数：低阶的方法求解难度较大的微分方程。

【例 6-12】 求下面微分方程在区间[1,6]的解，其初始条件为$y(0) = 1.2$和$y'(0) = 0$。

$$y'' + 5y - \log 5t^{23} = 0$$

ode45 函数不能直接解出上述微分方程，需要人工设定$y_1 = y$，自然可设$y_2 = y'$，所以上述微分方程可等价于：

$$\begin{cases} y_1' = y_2 \\ y_2' = \log 5t^{23} - 5y_1 \end{cases}$$

微分方程组在 M 文件编辑器中以子函数形式定义较为合适。

在 M 文件编辑器中输入：

```
tspan=[1,6];                                %单独定义求解区间
y0=[1.2,0];                                 %单独定义初始条件
option=odeset('RelTol',1e-6);               %用 odeset 函数定义相对误差
[t,y]=ode45(@fun1,tspan,y0,option);
                                            %用定义好的条件求解微分方程
plot(t,y(:,1))                              %输出 y 的第 1 列数组的图像
hold on                                     %保持图形显示
plot(t,y(:,2))                              %输出 y 的第 2 列数组的图像
%微分方程子函数%%%%%%%%%%%%%%%%%%%%%%%%%%%%%%%%%%%%%%%
function dy=fun1(t,y)                       %以子函数形式定义微分方程
dy(1,1)=y(2);                               %方程 1，"y(2)" 就是 y'
dy(2,1)=log10(5*t^23)-5*y(1);               %方程 2，"y(1)" 就是 y
end                                         %子函数结束
```

t 和 y 的计算结果不便书面列出，经过约 0.0715s 的计算，输出的图像如图 6-26 所示。在图 6-26 中，深色（实际为蓝色）曲线是y，是等价微分方程中的y_1，也是程序中的“y(1)”；浅色（实际为橙色）曲线是y'，是等价微分方程中的y_2，也是程序中的“y(2)”。如果需要函数表达式，可以通过插值或者曲线拟合算法来近似完成。

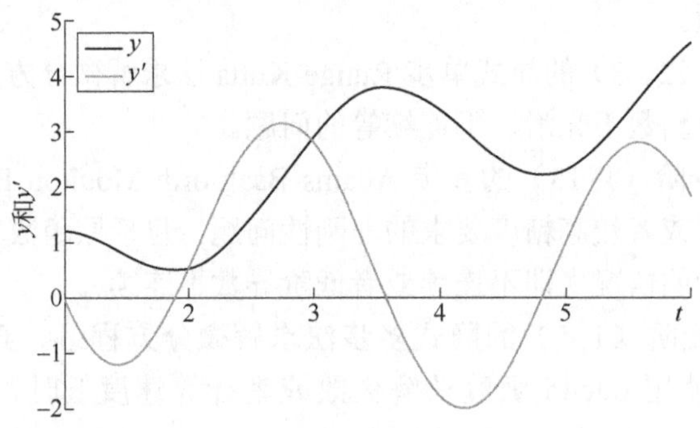

图 6-26　显式常微分方程的解

【例 6-13】　求刚性微分方程组

$$\begin{cases} y_1' = y_2 \\ y_2' = 1024(1-y_1^2)y_2 - y_1 \end{cases}$$

的数值解，初始条件为$y_1(0)=2$和$y_2(0)=0$。

在 M 文件编辑器中输入（注释参考上一例）：

```
tspan=[600,1600];
y0=[2,0];
option=odeset('RelTol',1e-5);
[t,y]=ode15s(@fun2,tspan,y0,option)
plot(t,y(:,1))
hold on
```

```
plot(t,y(:,2))
%微分方程子函数%%%%%%%%%%%%%%%%%%%%%%%%%%%%%%%%%%%%%%%%%%%%%%
function dy=fun2(t,y)
dy(1,1)=y(2);
dy(2,1)=1024*(1-y(1)^2)*y(2)-y(1);
end
```

同样，计算结果的 3 组 398 个数不便书面列出，经 0.154s 的求解，输出的图像如图 6-27 所示。

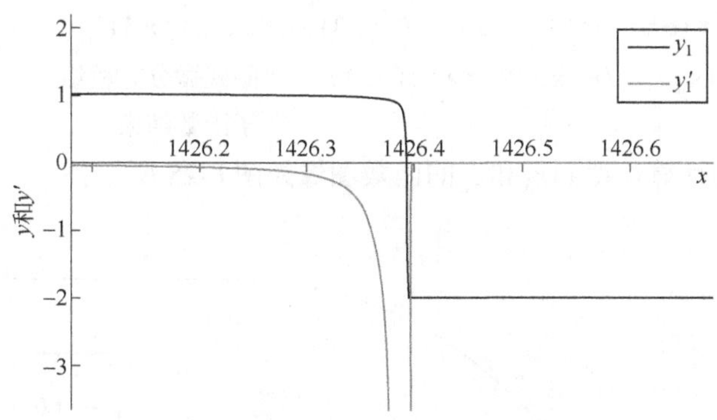

图 6-27　刚性常微分方程组的解的图像局部

有学者比较过各个方法所需要耗费的时间和求解过程中状态变量的规模大小，ode15s 与 ode23s 花费的计算时间最少，仅仅需要将求解时间区域分割为几十个单元；而 ode45 与 ode23 在达到同种精度的情形下，需要比前者多出高达 3~5 倍的计算时间。

6.7.4　隐式常微分方程初值问题的 MATLAB 求解

隐式微分方程，就是那些不能转换成$x'(t) = f(t, x(t))$形式中的一阶显式常微分方程组的微分方程。在 MATLAB 中提供了 ode15i 函数求解隐式微分方程。ode15i 函数的调用格式为：

[变量采样点系列 T,对应函数的数值解 Y,发生的时间点,该时间点的值]=ode15i(微分方程（组）,变量的求解区间,初始条件 1,初始条件 2,控制参数)

完全隐式常微分方程组的函数形式为$f(t, y, y')$。求解区间可以是两个元素的向量$[t_0,t_f]$，这时函数返回 t_0～t_f 时间范围内的常微分方程的解；求解区间也可以是$[t_0,t_1,\cdots,t_f]$，这时函数返回在时间 t_0，t_1，…，t_f上的常微分方程的解。两个初始条件是自定义的，必须满足 f(t,初始条件 1,初始条件 2)=0。控制参数同样由 odeset 函数来设置。

【例 6-14】 求下面隐式微分方程组的数值解，初始条件为$x_1(0) = x_2(0) = 1$，$x_1'(0) = -0.2$，$x_2'(0) = 0.4$。

$$\begin{cases} x_2'[x_2 \cos 4t - x_1^3] - t x_1' x_2' = 0 \\ \dfrac{t \sin x_2}{8} - 2x_2 x_2' = 0 \end{cases}$$

在 M 文件编辑器中输入：

```
tspan=[0,30];                          %单独定义自变量范围
x0=[1;1];                              %单独定义第一个初始条件
xd0=[-0.2;0.4];                        %单独定义第二个初始条件
[t,x]=ode15i(@fun3,tspan,x0,xd0);      %利用条件求解微分方程
plot(t,x(:,1))                         %绘制 x 的第 1 列的图像
hold on                                %保持图形显示
plot(t,x(:,2))                         %绘制 x 的第 2 列的图像
%微分方程子函数%%%%%%%%%%%%%%%%%%%%%%%%%%%%%%%%%%%%%%%%%%%%%%%%%
function D=fun3(t,x,xd)                %定义隐式微分方程子函数
D=[xd(2)*(cos(4*t)*x(2)-x(1)^3)-t*xd(1)*xd(2);...
   t*sin(x(2))/8-xd(2)*x(2)*2];        %隐式微分方程组
end                                    %子函数结束
```

经过约 0.115s 的计算，得到x_1和x_2的函数图像如图 6-28 所示。

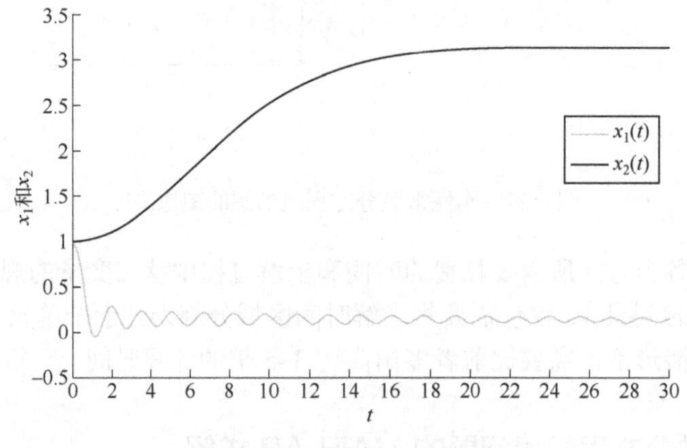

图 6-28　隐式微分方程组的解

6.7.5 延迟微分方程的 MATLAB 求解

延迟微分方程组的形式为：

$$y'(t) = f(t, y(t), y(t,\tau_1), \cdots, y(t,\tau_k))$$

MATLAB 中提供了 dde23 函数来求解时滞微分方程，其调用格式为：

结构体=dde23(延迟微分方程函数,延迟因子,历史值,时间范围,控制参数)

延迟微分方程的函数格式为 dydt= ddefun(t,y,z)，t 为当前时间值，y 为列向量，z(:,j)代表$y(t,\tau_k)$，而τ_k值在第二个输入变量——延迟因子中存储。历史数值为 y 在时间 t_0 之前的值，可以有 3 种方式来指定：第一种是用函数 $y(t)$来指定 y 在时间 t_0 之前的值；第二种是用个常数向量来指定 y 在时间 t_0 之前的值，这时该值被认为是常量；第三种是以前一时刻的方程解来指定时间 t_0 之前的值。时间范围为两个元素的向量$[t_0,t_f]$，这时函数返回 t_0~t_f时间范围内的延迟微分方程组的解。

该函数返回的结构体有多个属性，重要的常用属性如下：

sol.x：dde23 选择计算的时间点。

sol.y：时间点 x 上的解 $y(x)$。

sol.yp：时间点 x 上的解的一阶导数。

sol.history：方程的初始解。

sol.solver：求解器名称。

【例 6-15】 求下面延迟微分方程的解：

$$\begin{cases} y_1'(t) = y_1(t-1) \\ y_2'(t) = y_1(t-1) + y_2(t-0.3) \\ y_3'(t) = y_2(t) \end{cases}$$

初始值$y_1(t) = 1$、$y_2(t) = 1$、$y_3(t) = 1$，延迟因子为 1.2、0.3。

在 M 文件编辑器中输入：

```
lag=[1.2,0.3];                          %延迟因子数组
h=ones(3,1);                            %历史数组
tspan=[0,5];                            %时间范围数组
sol=dde23(@fun4,lag,h,tspan)            %解延迟微分方程
plot(sol.x,sol.y);                      %输出 y1、y2、y3 图像
%时滞微分方程子函数%%%%%%%%%%%%%%%%%%%%%%%%%%%%%%%%%%%%%%%%%%%%%%%
function dydt=fun4(t,y,z)               %延迟微分方程子函数
ylag1=z(:,1);
ylag2=z(:,2);
dydt=[ylag1(1);...
    ylag1(1)+ylag2(2);...
    y(2)];                              %延迟微分方程组
end                                     %子函数结束
```

计算结果结构体为：

```
sol =
  包含以下字段的 struct:
     solver: 'dde23'
    history: [3×1 double]
    discont: [0 0.3000 0.6000 0.9000 1.2000 1.5000 1.8000 2.4000 2.7000 3.6000]
          x: [1×20 double]
          y: [3×20 double]
      stats: [1×1 struct]
         yp: [3×20 double]
```

计算时间约为 0.075s。求得的结构体中 x 和 y 两项即为三条函数曲线上的点，输出的$y_1(t)$、$y_2(t)$、$y_3(t)$图像如图 6-29 所示。

此外，MATLAB 中还提供 ddesd 函数来求解，可将解析解作为历史函数的延迟微分方程（组），其语法格式为：

结构体=ddesd(延迟微分方程函数,延迟函数数组,历史函数数组,时间范围,控制参数)

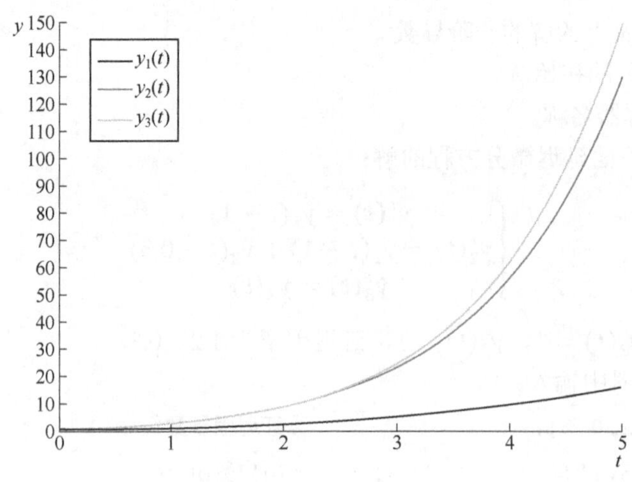

图 6-29 延迟微分方程的解

比如下面延迟微分方程

$$\begin{Bmatrix} y_1' \\ y_2' \end{Bmatrix} = \begin{Bmatrix} y_2(t) \\ -y_2(\mathrm{e}^{1-y_2(t)})y_2(t)^2\mathrm{e}^{1-y_2(t)} \end{Bmatrix}$$

有解析解$y_1(t) = \ln t$、$y_2(t) = \frac{1}{t}$，因此可以作为时间小于初值时的历史函数。

6.7.6 含边界条件的常微分方程的 MATLAB 求解

在边界问题中，经常会出现附加的未知参数，其方程为：

$$\frac{\mathrm{d}y}{\mathrm{d}t} = f(x,y,p)$$

其边界条件为：

$$g(y(a), y(b), b) = 0$$

在这种情况下，边界条件必须充分，从而能够决定未知参数p。

常微分方程组的边界问题与常微分方程组的初值问题的不同之处在于：初值问题总是有解的，然而边界问题有时会出现无解的情况，有时还会出现有限个解，有时还会出现无穷多个解。因此，在解常微分方程组的边界问题时，不可或缺的一部分工作就是提供猜测解。猜测解决定了边界解问题的算法性能，甚至决定了算法是否成功。

MATLAB 中提供了 bvp4c 函数来处理常微分方程组的边界问题，其调用格式为：

结构体=bvp4v(微分方程函数,边界条件,猜测解,控制参数)

常微分方程组函数的格式为 dydx= odefun(x,y)，或包含未知参数 dydx= odefun(x,y,p)。边界条件函数的格式为 res=bcfun(ya,yb)，或包含未知参数 res= bcfun(ya,yb,p)。对方程解的猜测值是一个结构体，包含 x、y 与 p 这 3 种属性。猜测解必须满足 solinit.x(1)=a 与 solinit.x(end)=b，p 是对未知参数的一个猜测解。猜测解可以由函数 bvpinit 获取。求解器参数可以由 pvpset 获得。bvpinit 的调用格式为：

猜测解=bvpinit(猜测自变量数组,猜测因变量数组,params)

如需要在区间$[a, b]$上求解方程，则 x 取 linspace(a,b,10)就足够了，在解变化比较快时，

需要用长的自变量 x。

函数 bvp4c 的返回值结构体有多种属性，其中最重要的为：

sol.x：bpv4c 选择计算的时间点。

sol.y：时间点 x 上的解 $y(x)$。

sol.yp：时间点 x 上的解的一阶导数 $y'(x)$。

sol.p：bvp4c 选择的未知参数的值。

sol.solver：解法器的名字。

【例 6-16】 求微分方程的边界问题：

$$y'' + |y| = 0$$

边界条件为$y(0) = 0$，$y(4) = -2$。

设$y = y_1$、$y' = y_2$，将二阶方程化为一阶方程组，得：

$$\begin{cases} y_1' = y_2 \\ y_2' = -|y_1| \end{cases}$$

需要将问题转化为如下形式：

$$\begin{cases} y' = f(x,y) \\ bc\big(y(a),y(b)\big) = 0 \end{cases}$$

在 M 文件编辑器中输入：

```
so=bvpinit(linspace(0,4,5),[1 0]); %在线性空间上创建猜测值
sol=bvp4c(@ode,@obc,so);           %解边界微分方程组
x=linspace(0,4,5);                 %单独定义求解线性空间 5 点
y=deval(sol,x);                    %提取自变量线性空间中的所有解
plot(x,y(1,:),'.')                 %输出图像
hold on                            %保持图形显示
xf=linspace(0,4,1000);             %细分自变量线性空间
yf=deval(sol,xf);                  %求细分后的所有解
plot(xf,yf(1,:))                   %输出平滑解曲线
hold on                            %保持图形显示
plot(xf,yf(2,:))                   %输出 y'的图像
%微分方程子函数%%%%%%%%%%%%%%%%%%%%%%%%%%%%%%%%%%%%%%%%%%%%%%
function dxdy=ode(x,y)             %微分方程组子函数
dxdy=[y(2);...
      -abs(y(1))];
end
%边界条件子函数%%%%%%%%%%%%%%%%%%%%%%%%%%%%%%%%%%%%%%%%%%%%%
function res=obc(ya,yb)            %边界条件子函数
res=[ya(1);...                     %bc(y(a),y(b)) = 0形式的边界条件
     yb(1)+2];
end
```

经过 0.087s 左右时间的计算，输出的图像如图 6-30 所示。5 个黑色点（实际为红色）表示猜测值所在位置的微分方程在边界条件下的解；深色（实际为蓝色）曲线是大量增加采样点后的平滑图像，准确地过边值点；浅色（实际为橙色）曲线是y'或者说等效方程中的y_2、代码中的 y(2)的图像。

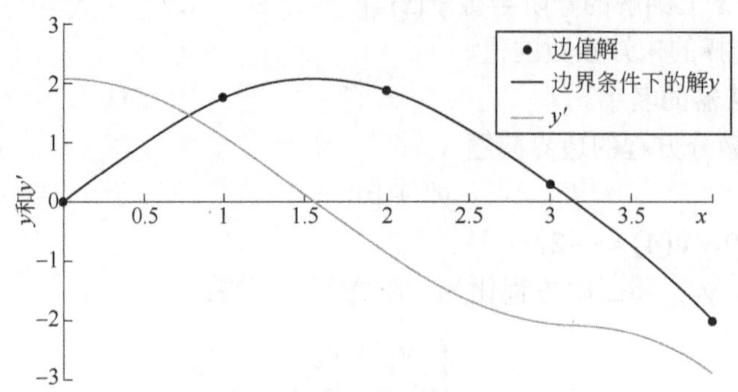

图 6-30　边界条件下的微分方程的解及其导数图像

6.7.7　工程常用的常微分方程简介

6.7.7.1　无阻尼自由振动的微分方程

$$\frac{\mathrm{d}^2 x}{\mathrm{d}t^2}+\omega^2 x=0$$

称为无阻尼自由振动的微分方程。反映物体运动规律的函数$x=x(t)$是满足方程及初始条件

$$x|_{t=0}=x_0,\left.\frac{\mathrm{d}x}{\mathrm{d}t}\right|_{t=0}=v_0$$

的特解。

上述方程的通解为：

$$x=C_1\cos\omega t+C_2\sin\omega t$$

当满足

$$C_1=x_0,C_2=\frac{v_0}{k}$$

时，所求特解为：

$$x=x_0\cos\omega t+\frac{v_0}{k}\sin\omega t$$

在特定的振动学科中，令

$$x_0=A\sin\varphi,\frac{v_0}{k}=A\cos\varphi\quad(0\le\varphi<2\pi)$$

于是得：

$$x=\sqrt{x_0^2+\frac{v_0^2}{k^2}}\sin\left(\omega t+\arctan\frac{\omega x_0}{v_0}\right)$$

式中，ω称为振动系统的固有频率，$\omega=\sqrt{\frac{c}{m}}$。

6.7.7.2　有阻尼自由振动的微分方程

有阻尼自由振动的微分方程为：

$$\frac{\mathrm{d}^2x}{\mathrm{d}t^2}+2n\frac{\mathrm{d}x}{\mathrm{d}t}+\omega^2x=0$$

其特征根为：

$$\lambda_{1,2}=-n\pm\sqrt{n^2-\omega^2}$$

根据特征根的值可以把运动分为欠阻尼运动、临界阻尼运动和过阻尼运动，可把方程的通解写为：

$$x(t)=x_0\mathrm{e}^{-\xi\omega_n t}\left(\frac{\xi}{\sqrt{1-\xi^2}}\sin\omega_{\mathrm{d}}t+\cos\omega_{\mathrm{d}}t\right)$$

其中无阻尼振动也称为简谐振动，是一种周期振动，有阻尼的振幅会衰减。

6.7.7.3　有阻尼强迫振动的微分方程

如果物体在振动过程中，除阻尼外，还受到铅直的简谐激励

$$F=H\sin pt$$

作用，则有：

$$\frac{\mathrm{d}^2x}{\mathrm{d}t^2}+2n\frac{\mathrm{d}x}{\mathrm{d}t}+\omega^2x=\frac{H}{m}\sin pt$$

这就是简谐激励下的强迫振动微分方程。

6.7.7.4　串联电路的振荡方程

设有一个由电阻 R、自感 L、电容 C 和电源 E 串联组成的电路，其中$E=E_{\mathrm{m}}\sin\omega t$，这里 R、L、C、E_{m}、ω为常数。则

$$\frac{\mathrm{d}^2u_{\mathrm{c}}}{\mathrm{d}t^2}+\frac{R}{L}\times\frac{\mathrm{d}u_{\mathrm{c}}}{\mathrm{d}t}+\frac{1}{LC}u_{\mathrm{c}}=\frac{E_{\mathrm{m}}}{LC}\sin\omega t$$

是串联电路的振荡方程。

6.8　偏微分方程的数值解法

自然科学与工程技术中种种运动发展过程与平衡现象各自遵守一定的规律。这些规律的定量表述一般呈现为关于含有未知函数及其导数的方程。将只含有未知多元函数及其偏导数的方程称为偏微分方程。方程中出现的未知函数偏导数的最高阶数称为偏微分方程的阶。如果方程中对于未知函数和它的所有偏导数都是线性的，那么这样的方程称为线性偏微分方程，否则称它为非线性偏微分方程。

初始条件和边界条件统称为定解条件，未附加定解条件的偏微分方程称为泛定方程。对于一个具体的问题，定解条件与泛定方程总是同时提出。定解条件与泛定方程作为一个整体，

称为定解问题。

6.8.1 偏微分方程及其定解问题概述

以泊松方程为例，泊松方程是最简单的椭圆方程，其形式为：

$$\Delta u = \frac{\partial^2 u}{\partial x^2} + \frac{\partial^2 u}{\partial y^2} = f(x,y)$$

当$f(x,y) = 0$时也称为拉普拉斯方程。带有稳定热源或内无热源的稳定温度场的温度分布、不可压缩流体的稳定无旋流动及静电场的电热等均满足这类方程。

泊松方程的第一边值问题为：

$$\begin{cases} \dfrac{\partial^2 u}{\partial x^2} + \dfrac{\partial^2 u}{\partial y^2} = f(x,y) \ \ ((x,y) \in \boldsymbol{\Omega}) \\ u(x,y)|_{(x,y)\in \boldsymbol{\Gamma}} = \varphi(x,y) \ \ (\boldsymbol{\Gamma} = \partial\boldsymbol{\Omega}) \end{cases}$$

式中，$\boldsymbol{\Omega}$为以$\boldsymbol{\Gamma}$为边界的有界区域；$\boldsymbol{\Gamma}$为分段光滑曲线；$\boldsymbol{\Omega} \cup \boldsymbol{\Gamma}$称为定解区域；$f(x,y)$、$\varphi(x,y)$分别为$\boldsymbol{\Omega}$和$\boldsymbol{\Gamma}$上的已知连续函数。所以$u(x,y)|_{(x,y)\in \boldsymbol{\Gamma}} = \varphi(x,y)$也可以称为第一类边界条件。第二类和第三类边界条件可统一表示成：

$$\left(\frac{\partial u}{\partial n} + \alpha u\right)\Big|_{(x,y)\in \boldsymbol{\Gamma}} = \varphi(x,y)$$

式中，n 为边界$\boldsymbol{\Gamma}$的外法线方向。当$\alpha = 0$时为第二类边界条件，$\alpha \neq 0$时为第三类边界条件。

其他常见的偏微分方程也大多有初值问题和多类边值问题。如果偏微分方程定解问题的解存在、唯一，且连续依赖于定解数据（即出现在方程和定解条件中的已知函数），则此定解问题是适定的。

用差分方法求解偏微分方程的定解问题一般要经历以下步骤：

① 选取网格。

② 对微分方程及定解条件选择差分近似，列出差分格式。

③ 求解差分格式。

④ 讨论差分格式解对于微分方程解的收敛性及误差估计。

6.8.2 偏微分方程（组）数值解的 MATLAB 求法

MATLAB 中提供了 pdepe 函数，可以直接求解以下形式的偏微分方程：

$$c\left(x,t,u,\frac{\partial u}{\partial x}\right)\frac{\partial u}{\partial t} = x^{-m}\frac{\left[x^{-m}f\left(x,t,u,\dfrac{\partial u}{\partial x}\right)\right]}{\partial x} + s\left(x,t,u,\frac{\partial u}{\partial x}\right)$$

偏微分方程可以编写下面的函数描述：

[c,f,s]=pdefun(x,t,u,ux)

式中，pdefun 为函数名。这样，由给定的输入变量即可计算出 c、f、s 三个函数。

边界条件可以用下面的函数描述：

$$p(x,t,u) + q(x,t,u)f\left(x,t,u,\frac{\partial u}{\partial x}\right) = 0$$

这样的边界值函数可以编写一个函数：

[pa,qa,pb,qb]=pdebc(x,t,u,ux)

除了这两种函数外，还应该写出初始条件的函数。偏微分方程初始条件的数学描述为 $u(x,t_0)=u_0$。可编写函数

u0=pdeic(x)

来实现。

运用上述条件和其他条件，可以利用 pdepe 函数求解偏微分方程，其语法格式为：

结构体=pdepe(m,@pdefun,@pdeic,@pdebc,向量 ***x***,向量 ***t***)

【例 6-17】 解下面的偏微分方程：

$$\pi^2\frac{\partial u}{\partial t}=\frac{\partial^2 u}{\partial x^2}\ (0\le x\le 1,t\ge 0)$$

该偏微分方程满足初始条件$u(x,0)=\sin\pi x$，边界条件：

$$\begin{cases} u(0,t)=0 \\ \pi e^{-t}+\dfrac{\partial u}{\partial x}(1,t)=0 \end{cases}$$

在 M 文件编辑器中输入：

```
m=0;
x=linspace(0,1,20);                         %定义自变量 x 的线性空间
t=linspace(0,2,20);                         %定义自变量 y 的线性空间
sol=pdepe(m,@pdefun,@pdeic,@pdebc,x,t);  %解偏微分方程组
u=sol(:,:,1);                               %取计算结果点阵
figure(1)                                   %显示第一个图形窗口
surf(x,t,u)                                 %绘制计算结果二元函数曲面图
figure(2)                                   %显示第二个图形窗口
plot(x,u(end,:)) %以 x 为自变量，求解结果的最后一行为因变量绘图
%偏微分方程子函数%%%%%%%%%%%%%%%%%%%%%%%%%%%%%%%%%%%%%%%%%%%%
function [c,f,s]=pdefun(x,t,u,DuDx)   %定义偏微分方程子函数
c=pi^2;
f=DuDx;
s=0;
end
%初始条件子函数%%%%%%%%%%%%%%%%%%%%%%%%%%%%%%%%%%%%%%%%%%%%%%
function u0=pdeic(x)                          %定义初始条件子函数
u0=sin(pi*x);
end
%边界条件子函数%%%%%%%%%%%%%%%%%%%%%%%%%%%%%%%%%%%%%%%%%%%%%%
function [pl,ql,pr,qr]=pdebc(xl,ul,xr,ur,t)
                                              %定义边界条件子函数
pl=ul;
ql=0;
pr=pi*exp(-t);
qr=1;
end
```

计算结果的400个得数不便书面列出，经过0.162s左右的计算，输出的第一个特征值曲面图像如图6-31所示，最后一个特征值曲线效果图如图6-32所示。

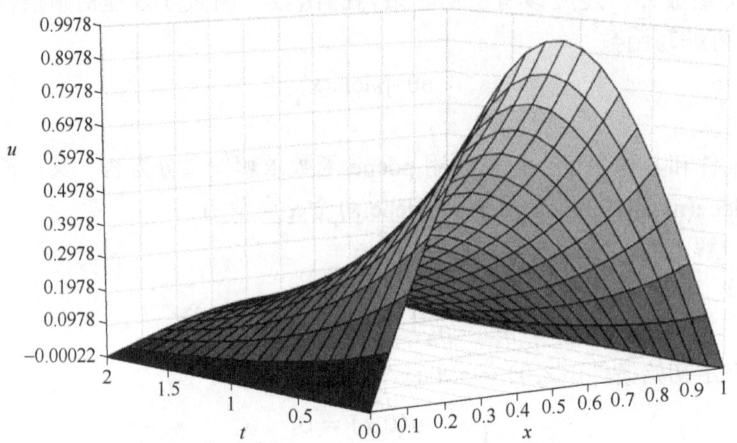

图6-31 偏微分方程的解函数的曲面图

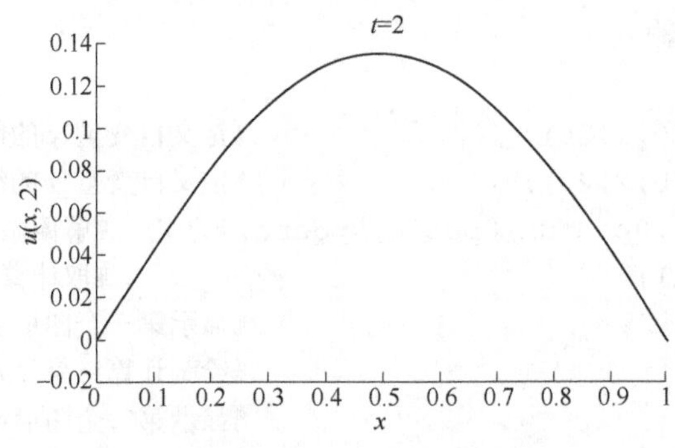

图6-32 最后一个特征值曲线

如果要增加曲线的平滑度，在定义线性空间时可以成倍增加分段数。若要知道曲面的二元函数表达式和其他参数，可以使用二维插值算法或曲面拟合工具箱来完成。

6.8.3 MATLAB中的二阶偏微分方程求解函数简介

在MATLAB中提供了专门的函数实现对椭圆形、抛物形、双曲形、特征值方程及非线性椭圆形等二阶偏微分方程进行求解。下面分别对这些偏微分方程进行介绍。

6.8.3.1 椭圆形偏微分方程及其求解函数

椭圆形偏微分方程的一般形式为：

$$-\mathrm{div}(c\nabla \boldsymbol{u}) + a\boldsymbol{u} = f(x,t)$$

$\nabla \boldsymbol{u}$为$\boldsymbol{u}$的梯度，即

$$\nabla \boldsymbol{u} = \left[\frac{\partial}{\partial x_1}, \frac{\partial}{\partial x_2}, \cdots, \frac{\partial}{\partial x_3}\right]\boldsymbol{u}$$

如果借助散度的概念，则椭圆形偏微分方程则可表示为：

$$-c\left(\frac{\partial^2}{\partial x_1^2}+\frac{\partial^2}{\partial x_2^2}+\cdots+\frac{\partial^2}{\partial x_n^2}\right)\boldsymbol{u}+a\boldsymbol{u}=f(\boldsymbol{x},\boldsymbol{t})$$

MATLAB 中提供了 adaptmesh 函数用于生成自适应网格及偏微分方程的解，该函数的调用格式为：

[解向量 $\boldsymbol{u}$,网格数据 1,网格数据 2,网格数据 3]=adaptmesh(几何区域,边界条件,c,a,f,属性名 1,属性值 1,…)

该函数会求出一个扇形（或局部扇形）的网格解。

6.8.3.2 抛物线型偏微分方程及其求解函数

抛物线型偏微分方程的一般形式为：

$$\mathrm{d}\frac{\partial u}{\partial t}-\mathrm{div}(c\nabla\boldsymbol{u})+a\boldsymbol{u}=f(\boldsymbol{x},\boldsymbol{t})$$

如果c为常数，则该方程可以表达为：

$$\mathrm{d}\frac{\partial u}{\partial t}-c\left(\frac{\partial^2 u}{\partial x_1^2}+\frac{\partial^2 u}{\partial x_2^2}+\cdots+\frac{\partial^2 u}{\partial x_n^2}\right)+a\boldsymbol{u}=f(\boldsymbol{x},\boldsymbol{t})$$

MATLAB 中提供 parabolic 函数用于求解抛物线型偏微分方程，其调用格式为：

解矩阵=parabolic(初始值,时间列表,边界条件,网格数据 1,网格数据 2,网格数据 3,系数 1,系数 2,系数 3,系数 4,相对误差,绝对误差)

或者以下面方式使用亦可：

解矩阵=parabolic(初始值,时间列表,K,F,B,ud,M,相对误差,绝对误差)

其中输入变量之间的关系为：

$$B'MB\frac{\mathrm{d}u_i}{\mathrm{d}t}+Ku_i=F,u=Bu_i+ud\ \ (i=0,1,\cdots,n)$$

6.8.3.3 双曲型偏微分方程及其求解函数

双曲型偏微分方程的一般形式为：

$$\mathrm{d}\frac{\partial^2 u}{\partial t^2}-\mathrm{div}(c\nabla\boldsymbol{u})+a\boldsymbol{u}=f(\boldsymbol{x},\boldsymbol{t})$$

如果c为常数，则可将该方程表示为：

$$\mathrm{d}\frac{\partial^2 u}{\partial t^2}-c\left(\frac{\partial^2 u}{\partial x_1^2}+\frac{\partial^2 u}{\partial x_2^2}+\cdots+\frac{\partial^2 u}{\partial x_n^2}\right)+a\boldsymbol{u}=f(\boldsymbol{x},\boldsymbol{t})$$

在 MATLAB 中，提供了 hyperbolic 函数用于求解双曲线型偏微分方程，其调用格式如下：

解矩阵=hyperbolic(初始值,初始导数,时间列表,边界条件,网格数据 1,网格数据 2,网格数据 3,系数 1,系数 2,系数 3,系数 4,相对误差,绝对误差)

或者以下面方式使用亦可：

解矩阵=parabolic(初始值,初始导数,时间列表,K,F,B,ud,M,相对误差,绝对误差)其中输入变量之间的关系为

$$B'MB\frac{\mathrm{d}^2u_i}{\mathrm{d}t^2}+Ku_i=F,u=Bu_i+ud\ \ (i=0,1,\cdots,n)$$

运用该函数求完解后，会得到一个双曲形曲面。

6.8.3.4 特征值偏微分方程及其求解函数

特征值的方程可表示为：

$$-\nabla(c\nabla \boldsymbol{u}) + a\boldsymbol{u} = \lambda \mathrm{d}\boldsymbol{u}$$

该方程在固体力学中描述薄膜振动的问题，在量子力学中应用也很广泛。数值解包括方程的离散和代数特征值问题的求解。首先考虑离散化，按有限元基底将 u 展开，两边同乘基函数，再在区域上作积分，可得到广义特征值方程：

$$\boldsymbol{KU} = \lambda \boldsymbol{MU}$$

其中对应于右边项的质量矩阵的元素为：

$$M_{i,j} = \int_{\Omega} d(x)\varphi_j(x)\,\varphi_j(x)\mathrm{d}x$$

在通常情况下，当函数$\mathrm{d}(x)$为正时，质量矩阵 $\boldsymbol{M}$ 为正定对称矩阵。同样，当$c(x)$为正且在 Dirichlet 边界条件下时，刚度矩阵 $\boldsymbol{K}$ 也是正定的。

在 MATLAB 中，提供了 pdeeig 函数用于求解特征值问题，函数的调用格式为：

[v,l]=pdeeig(b,p,e,t,c,a,d,r)

用有限元法求定义在 Q 上的特征值偏微分方程的解，其中 b 为边界条件，p、e、t 为区域的网格数据，c、a、d 为方程的系数，$\boldsymbol{r}$ 为实轴上的一个区间端点构成的向量，输出变量 $\boldsymbol{l}$ 为实部在区间 r 上的特征值所组成的向量，$\boldsymbol{v}$ 为特征向量矩阵，v 的每一列都是 p 所对应的节点处解值的特征向量。当然，该函数也可以使用如下：

[v,l]= pdeeig(K,B,M,r)

产生稀疏矩阵特征值问题的解，其中各输入变量的关系为：

$$Ku_i = \lambda B'MBu_i, u = Bu_i$$

其中λ的实部在区间 r 中。该函数求得的结果是一组特征值表面。

6.8.3.5 非线性椭圆偏微分方程及其求解函数

非线性椭圆形偏微分方程组的模型如下：

$$-\nabla \cdot (c(u)\nabla u) + a(u)u = f(u)$$

式中，$u = u(x,y)((x,y) \in \Omega)$；$\Omega$是平面上的有界闭区域；$c$、$a$、$f$是关于 u 的函数。

MATLAB 中提供了 pdenonlin 函数用于求解非线性椭圆形方程，其调用格式为：

[解向量 $\boldsymbol{u}$,牛顿步残差向量范数 r]=pdenonlin(边界条件,网格数据 1,网格数据 2,网格数据 3,系数 1,系数 2,系数 3,'属性名 1','属性值 1',…)

该函数计算后可得到扭曲的非平面椭圆曲面效果。

6.8.3.6 Laplace 方程的松弛法

如果在差分公式中，随时将上一步算得的格点上的值替代旧值，并且每次算出的新值也替换成新值与旧值的“组合”，则得到下列松弛法的计算公式，其中$0 < \omega < 2$。这个公式可以用变分原理去证明：

$$u(i,j) = (1-\omega)u(i,j) + \frac{\omega}{4}[u(i+1,j) + u(i-1,j) + u(i,j+1) + u(i,j-1)]$$

下面是本书中最后一个编程实例。

【例 6-18】 已知某平面温度场的定解问题的微分方程组为：

$$
\begin{cases}
\dfrac{\partial^2 u}{\partial x^2}+\dfrac{\partial^2 u}{\partial y^2}=0 \\
u(0,y)=0 \\
u(x,0)=0 \\
u(a,y)=\mu\sin\dfrac{3\pi y}{b} \\
u(x,b)=\mu\sin\dfrac{3\pi x}{b}\cos\dfrac{\pi}{a}
\end{cases}
$$

用松弛法求解平面温度场，取$\mu=1$、$a=3$、$b=2$。

在 M 文件编辑器中输入：

```
omega=1.5;
x=linspace(0,3,30);                    %建立第 1 个自变量的线性空间
y=linspace(0,2,20);                    %建立第 2 个自变量的线性空间
phi(:,30)=sin(3*pi/2*y)';
phi(20,: )=(sin(pi*x).*cos(pi/3*x));
for N=1:100
   for i=2: 19
      for j=2: 29
       ph=(phi(i+1,j)+phi(i-1, j)+phi(i, j+1)+phi(i,j-1));
       phi(i,j)=(1-omega)*phi(i, j)+0.25*omega*(ph);
      end
   end
end
colormap([0.5 0.5 0.5]);
surfc(phi);                           %输出底面含等值线的曲面图
```

经过约 0.194s 的计算，输出了本书最后一张三维曲面图像，该图从不同角度观察分别如图 6-33 和图 6-34 所示。代码中的 surfc 函数可以用于在绘制的三维曲面的投影上生成等值线图，颜色与曲面高度成比例，在不同的色彩空间下不同。

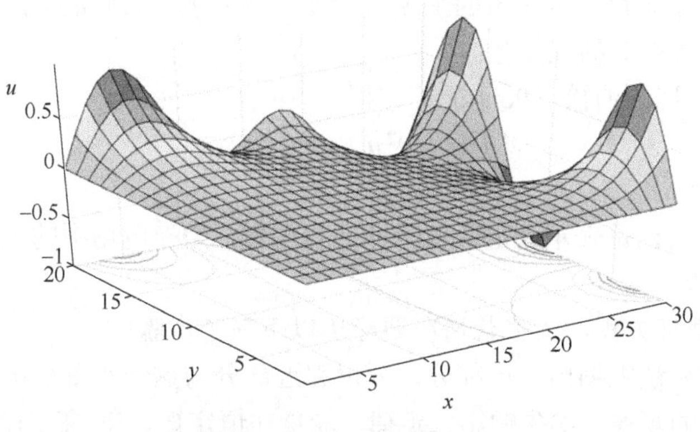

图 6-33　平面温度场（一）

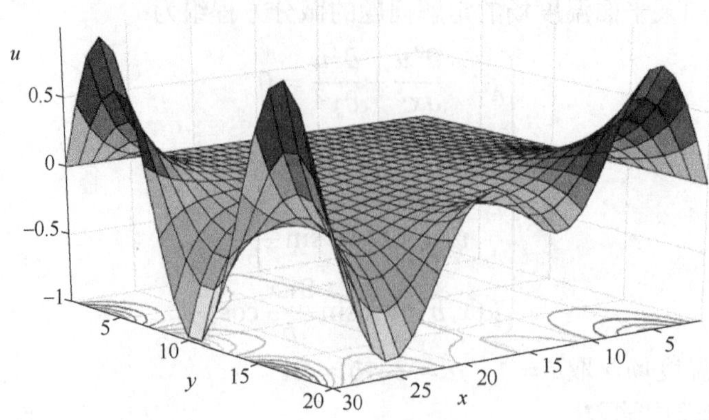

图 6-34 平面温度场（二）

6.8.4 数学物理方程及其推导简介

单从物理的角度而言，数学物理方程（简称数理方程）是指从物理问题中导出的反映客观的物理量在各个地点、各个时刻之间相互制约关系的一些偏微分方程（有时也包括常微分方程和积分方程），换而言之，它是物理过程的数学表达式。数理方程所研究的范围十分广泛，从连续介质力学、传热学和电磁场理论，到等离子体物理、固体物理和非线性光学等，从线性问题到非线性问题。但传统的数学物理方程，却主要是指二阶线性偏微分方程。传统的数理方程按照所代表的物理过程（或状态）一般可分为三类。

（1）描述振动和波动特征的波动方程

$$\frac{\partial^2 u}{\partial t^2}=a^2\frac{\partial^2 u}{\partial x^2}+a^2\frac{\partial^2 u}{\partial y^2}+a^2\frac{\partial^2 u}{\partial z^2}+f(x,y,z,t)$$

式中，$u=u(x,y,z;t)$代表平衡时坐标为(x,y,z)的点在 t 时刻的位移（未知函数）；a 是波传播的速度；$f=f(x,y,z;t)$是与源有关的已知函数。

（2）运输过程中的扩散方程

$$\frac{\partial u}{\partial t}=D\frac{\partial^2 u}{\partial x^2}+D\frac{\partial^2 u}{\partial y^2}+D\frac{\partial^2 u}{\partial z^2}+f(x,y,z,t)$$

式中，$u=u(x,y,z;t)$表示物质的浓度（或物体的温度）；D 是扩散（或热传导）系数；$f=f(x,y,z;t)$是与源有关的已知量。

（3）描绘稳定过程的泊松（Poisson）方程

$$\frac{\partial^2 u}{\partial x^2}+\frac{\partial^2 u}{\partial y^2}+\frac{\partial^2 u}{\partial z^2}=-h$$

式中，$u=u(x,y,z)$是表示稳定现象特征的物理量，如静电场中的电势等；$h=h(x,y,z)$是与源有关的已知量。

建立（导出）数理方程，大多数情况要经历以下三个步骤：

① 从所研究的系统中划出一小部分，分析邻近部分与这一小部分的相互作用；

② 根据物理学的规律（如牛顿第二定律、能量守恒定律、奥-高定律等），以算式表达这个作用；

③ 化简、整理，即得数理方程。

历史上，一些重要的偏微分数理方程推动了人类历史的车轮。

6.8.5 麦克斯韦方程组简介

麦克斯韦方程组（Maxwell's equations）是英国物理学家詹姆斯·麦克斯韦在 19 世纪建立的一组描述电场、磁场与电荷密度、电流密度之间关系的偏微分方程。它由四个方程组成：描述电荷如何产生电场的高斯定理、论述磁单极子不存在的高斯磁通定理、描述电流和时变电场怎样产生磁场的麦克斯韦-安培定律和描述时变磁场如何产生电场的法拉第感应定律。由麦克斯韦方程组，可以推论出电磁波在真空中以光速传播，并进而做出光是电磁波的猜想。麦克斯韦方程组和洛伦兹力方程是经典电磁学的基础方程。由这些基础方程的相关理论，发展出了现代的电力科技与电子科技。

麦克斯韦在 1865 年提出的最初形式的方程组由 20 个等式和 20 个变量组成。现在所使用的数学形式是奥利弗·赫维赛德和约西亚·吉布斯于 1884 年以矢量分析的形式重新表达的。

麦克斯韦方程组的积分形式为：

$$\begin{cases} \oiint_S \boldsymbol{D}\mathrm{d}\boldsymbol{S} = q_0 \\ \oiint_S \boldsymbol{B}\mathrm{d}\boldsymbol{S} = 0 \\ \oint_L \boldsymbol{E}\mathrm{d}\boldsymbol{l} = -\iint_S \dfrac{\partial \boldsymbol{B}}{\partial t}\mathrm{d}\boldsymbol{S} \\ \oint_L \boldsymbol{H}\mathrm{d}\boldsymbol{l} = I_0 + \iint_S \dfrac{\partial \boldsymbol{D}}{\partial t}\mathrm{d}\boldsymbol{S} \end{cases}$$

第一个方程运用高斯定理，在一般情况下，电场可以是自由电荷的电场也可以是变化磁场激发的感应电场，而感应电场是涡旋场，它的电位移线是闭合的，对封闭曲面的通量无贡献。

第二个方程运用高斯磁通定理，磁场可以由传导电流激发，也可以由变化电场的位移电流所激发，它们的磁场都是涡旋场，磁感应线都是闭合线，对封闭曲面的通量无贡献。

第三个方程运用法拉第电磁感应定律，描述了变化的磁场激发电场的规律。

第四个方程运用麦克斯韦-安培定律，描述了传导电流和变化的电场激发磁场的规律。

上述方程组的微分形式为：

$$\begin{cases} \nabla \boldsymbol{D} = \rho_0 \\ \nabla \times \boldsymbol{E} = -\dfrac{\partial \boldsymbol{B}}{\partial t} \\ \nabla \boldsymbol{B} = 0 \\ \nabla \times \boldsymbol{H} = \boldsymbol{j}_0 + \dfrac{\partial \boldsymbol{D}}{\partial t} \end{cases}$$

其复数形式为：

$$\begin{cases} \nabla \times \boldsymbol{E} = -i\omega\mu\boldsymbol{H} \\ \nabla \times \boldsymbol{H} = \boldsymbol{j}_\mathrm{f} + i\omega\varepsilon\boldsymbol{E} \\ \nabla\varepsilon\boldsymbol{E} = \rho_\mathrm{f} \\ \nabla\mu\boldsymbol{H} = 0 \\ \nabla\boldsymbol{j}_\mathrm{f} = -i\omega\rho_\mathrm{f} \end{cases}$$

经典场论是 19 世纪后期麦克斯韦在总结电磁学三大实验定律并把它与力学模型进行类

比的基础上创立起来的。但麦克斯韦的主要功绩是他能够跳出经典力学框架的束缚，在物理上以“场”而不是以“力”作为基本的研究对象，在数学上引入了有别于经典数学的矢量偏微分运算符。现代数学中，Hilbert 空间中的数学分析是在 19 世纪与 20 世纪之交的时候才出现的，而量子力学的物质波的概念则在更晚的时候才被发现，特别是对于现代数学与量子物理学之间的不可分割的数理逻辑联系至今也还没有完全被人们所理解和接受。从麦克斯韦建立电磁场理论到如今，人们一直以欧氏空间中的经典数学作为求解麦克斯韦方程组的基本方法。

6.8.6 薛定谔方程简介

薛定谔方程（Schrödinger equation）又称薛定谔波动方程，是由奥地利物理学家薛定谔提出的量子力学中的一个基本方程，也是量子力学的一个基本假定。

它是将物质波的概念和波动方程相结合建立的二阶偏微分方程，可描述微观粒子的运动，每个微观系统都有一个相应的薛定谔方程式，通过解方程可得到波函数的具体形式以及对应的能量，从而了解微观系统的性质。薛定谔方程表明量子力学中，粒子以概率的方式出现，具有不确定性，宏观尺度下失效可忽略不计。若给定了初始条件和边界的条件，就可由此方程解出波函数。

一维薛定谔方程为：

$$-\frac{h^2}{2\mu}\times\frac{\partial^2\Psi(x,t)}{\partial x^2}+U(x,t)\Psi(x,t)=ih\frac{\partial\Psi(x,t)}{\partial t}$$

三维薛定谔方程为：

$$-\frac{h^2}{2\mu}\left(\frac{\partial^2\Psi}{\partial x^2}+\frac{\partial^2\Psi}{\partial y^2}+\frac{\partial^2\Psi}{\partial z^2}\right)+U(x,y,z)\Psi=i\hbar\frac{\partial\Psi}{\partial t}$$

定态薛定谔方程为：

$$-\frac{h^2}{2\mu}\nabla^2\Psi+U\Psi=E\Psi$$

式中，h是普朗克（Planck）常量；μ是粒子质量；Ψ是波函数；U是势函数，E 是粒子本身的能量。等离子体物理和非线性光学的进展，又产生了非线性薛定谔方程：

$$i\varphi_{\mathrm{t}}+\varphi_{\mathrm{xx}}+\beta\varphi|\varphi|^2=0$$

其通解为：

$$\varphi(x,t)=\sqrt{\frac{2}{\beta}}\frac{2a\mathrm{e}^{\left\{i\left[\frac{bx}{2}-\left(\frac{b^2}{4}-a^2\right)t\right]\right\}}}{\mathrm{e}^{a(x-bt)}+\mathrm{e}^{a(bt-x)}}$$

薛定谔于 1935 年提出了一个有关“猫的生死叠加”的著名思想实验。在一个盒子里有一只猫以及少量放射性物质，之后，有 50%的概率放射性物质将会衰变并释放出毒气杀死这只猫，同时有 50%的概率放射性物质不会衰变而猫将活下来。根据经典物理学，在盒子里必将发生这两个结果之一，而外部观测者只有打开盒子才能知道里面的结果。在量子的世界里，当盒子处于关闭状态，整个系统则一直保持不确定性的波态，即猫生死叠加。猫到底是死是活必须在盒子打开后、外部观测者观测时、物质以粒子形式表现后才能确定。这项实验旨在论证量子力学对微观粒子世界超乎常理的认识和理解，可这使微观不确定原理变成了宏观不确定原理，客观规律不以人的意志而转移。

随着技术的发展，人们在光子、原子、分子中实现了薛定谔猫态，甚至已经开始尝试用病毒来制备薛定谔猫态，如我国科幻作家刘慈欣所著的《球状闪电》中变成量子态的人，人们已经越来越接近实现生命体的薛定谔猫。

6.9 关于《数值分析》中其他问题的一些说明

在一般的《数值分析》教材中，数值法可以解决的问题有误差与算法、范数、线性方程组的解法、非线性方程组的解法、特征值与特征向量的计算、插值与逼近、数值积分、常微分方程组的数值解法和偏微分方程组的数值解法这几大类。本章只研究了误差与算法、范数计算、插值与逼近、曲线与曲面拟合、常微分方程的数值解和偏微分方程的数值解这几个部分，而省略了其他，因为其他问题在之前的研究中都已找到了稳定可靠的解决方法。

线性方程组的解法详见 2.3.9 节、4.3.8 节和 4.10 节；非线性方程组的解法详见 2.3.9 节；特征值与特征向量的计算详见 4.5.6 节；数值积分方法详见《高等数学基本问题》的 3.4.3 节和 3.5.5 节；常微分方程（组）的解析解法详见 3.7.3 节、4.9 节。

因此，求解线性方程组要用的矩阵的 Doolittle 分解和 Crout 分解、雅可比迭代、Gauss-Seidel 迭代法等方法；求解非线性方程组常用的牛顿法、割线法等方法；数值法计算特征值和特征向量常用的幂法、反幂法、雅可比法和 QR 方法；数值积分常用的梯形公式、Simpson 公式和 Cotes 公式，都省略不做研究。数值分析中的各种具体算法以及 MATLAB 程序代码推荐通过查阅张德丰编著的《MATLAB R2015b 数值计算方法》(清华大学出版社 2017 年版）来获得。

此外，为方便科学研究，本章在一般《数值分析》教材的基础上增加了“曲线和曲面拟合”部分，既是《概率论与数理统计基本问题》一章中 5.8 线性回归的加深，又为数学建模提供了可靠方法。

6.10 未来接口——认识泛函

19 世纪以来，数学的发展进入了一个新的阶段。这就是，由于对欧几里得第五公设的研究，引出了非欧几何这门新的学科；对于代数方程求解的一般思考，最后建立并发展了群论；对数学分析的研究又建立了集合论。这些新的理论都为用统一的观点把古典分析的基本概念和方法一般化准备了条件。

20 世纪初，在瑞典数学家弗列特荷姆和法国数学家阿达玛发表的著作中，出现了把分析学一般化的萌芽。随后，希尔伯特和海令哲开创了“希尔伯特空间”的研究。到了 20 世纪 20 年代，在数学界已经逐渐形成了一般分析学，也就是泛函分析的基本概念。

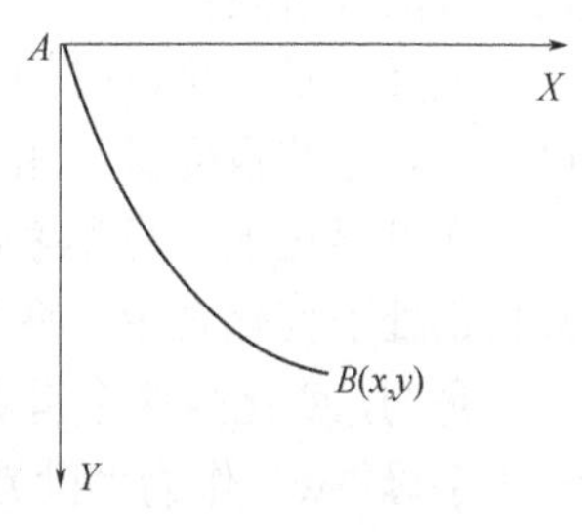

图 6-35　最速落径

泛函是函数概念的推广，属于工学博士研究生数学内容，本书在此设置“泛函”科普部分，作为一个通往未来学习的“接口”。如图 6-35 所示为力学中的最速落径。已知 A 和 B 为不在同一铅垂线和同一高度的两点，要求找出 A、B 间的这样一条曲线，当一质点在重力作用下沿这条曲线无摩擦地从 A 滑到 B 时，所需时间 T 最小。

我们知道，此时质点的速度是：

$$\frac{\mathrm{d}s}{\mathrm{d}t}=\sqrt{2gy}$$

式中，g为重力加速度。故从 A 滑到 B 的所需时间为：

$$T=\int_{t_1(A)}^{t_2(B)}\mathrm{d}t=\int_A^B\frac{1}{\sqrt{2gy}}\mathrm{d}s=\int_A^B\frac{\sqrt{1+y'^2}}{\sqrt{2gy}}\mathrm{d}x$$

即

$$T[y(x)]=\int_A^B\frac{\sqrt{1+y'^2}}{\sqrt{2gy}}\mathrm{d}x$$

我们称上述的 T 为$y(x)$的泛函，而称$y(x)$可取的函数类，为泛函$T[y(x)]$的定义域。简单地说，泛函就是函数的函数。一般地讲，设 C 是函数的集合，B 是实数或复数的集合，如果对于 C 的任一元素$y(x)$，在 B 中都有一个元素 J 与之对应，则称 J 为$y(x)$的泛函，记为：

$$J=J[y(x)]$$

必须注意，泛函不同于通常讲的函数，决定通常函数的值的因素是自变量的取值，而决定泛函的值的因素则是函数的取形。如上面例子中的泛函 T 的变化是由函数$y(x)$本身的变化引起的。它的值既不取决于某一个 x 值，也不取决于某一个 y 值，而是取决于整个集合 C 中 y 与 x 的函数关系。

泛函通常以积分形式出现，比如上面描述的最速落径问题。一般地，最简单而又典型的泛函可表示为：

$$J[y(x)]=\int_a^b F(x,y,y')\mathrm{d}x$$

式中，$F(x,y,y')$称为泛函的核。

6.11 世界的本质浅谈

这次对数学和计算机的研究，完善了我的世界观。

世界是什么？这是哲学家们常问的问题。哲学就是要探究事物的本源，是科学之母。今天，我的理解是：

世界，是一个以时间和空间为自变量的多元函数，从不同的深度和角度看，有着不同的自变量。这些自变量又相互关联，使对世界的不同表述殊途同归。

在世界史上，哲学家们曾得出过这样的结论：运动是绝对的、静止是相对的，几乎任何事物都处于变化之中，变是绝对的，不变是相对的，这个世界上唯一不变的是变。

是的，变化是这个世界的规律。简单认为世界每时每刻都在变化，如果取单词“world”的开头字母“w”作为“世界函数”的作用法则符号，以单词“situation”的开头字母“s”表达世界所处的状态（为了区别于其他数学符号，以上符号在下文采用花体字符），同样用 t 表示时间，则世界是一个以时间为自变量的函数：

$$\mathfrak{S} = \mathfrak{W}(t)$$

这是“世界函数”的最简单形式。接下来，采用牛顿力学成立的条件，近似认为人类处于宏观、三维、低速运动的环境，考虑到世界每时每刻在每一个空间位置都发生着变化，则世界是一个以笛卡儿空间直角坐标系中三个坐标和时间为自变量的多元函数：

$$\mathfrak{S} = \mathfrak{W}(x, y, z, t)$$

如果只考虑地球世界，并近似认为地球是球体，则空间坐标可以用球坐标来表达。根据球坐标系中的变量和直角坐标变量的关系，做如下变换：

$$\begin{cases} r = \sqrt{x^2 + y^2 + z^2} \\ \theta = \arctan\dfrac{y}{x} \\ \varphi = \arctan\dfrac{\sqrt{x^2 + y^2}}{z} \end{cases}$$

则世界是一个包含球坐标的四元函数：

$$\mathfrak{S} = \mathfrak{W}(r, \theta, \varphi, t)$$

上述函数表达了在地球的每一个角落的每时每刻的变化。最后，考虑宇宙学，根据《时间简史》，史蒂芬·霍金最后的研究表明，宇宙中最多的维数是23维。所以，如果广义地认为世界是整个宇宙，采用$x_1, x_2, \cdots, x_{23}$来表示各种维度，则表达世界的多元函数变为：

$$\mathfrak{S} = \mathfrak{W}(x_1, x_2, \cdots, x_{23}, t)$$

这，就是世界的本质。当然，人类对世界的认知不会终止……

第7章 CASIO fx-991CN X（中文版）函数科学计算器简介

7.1 电子计算器的认识与分类

电子计算器，按功能的复杂程度可以分为算术计算器、科学计算器和图形编程计算器等。

7.1.1 算术计算器

算术计算器可进行简单的加、减、乘、除、百分比和开根号运算，价格便宜，市场价在几元到几十元，如图 7-1 所示为 CASIO DX12-B 算术计算器。

算术计算器的缺点为不能自动识别运算顺序，不支持专业计算，所以其适用人群为小学生、收银员等。现在，随着微电子技术的迅猛发展，算术计算器已集成到 Android 平台和 iOS 平台的智能手机中，以 APP 的形式出现，一般不再需要单独购买。因此，算术计算器一般只适用于小学生等不宜使用手机且对计算要求很低的人群。

7.1.2 科学计算器

科学计算器除可以实现算术计算器的全部功能外，还可以进行基本初等函数运算、排列组合计算和简单的统计计算等专业数学计算，数字的换算和系统设置也更加丰富，且能自动识别运算顺序。如图 7-2 所示为 CASIO fx-82ES PLUS A 中学生科学计算器。科学计算器价格略高，在十几元到 200 元不等。

图 7-1　CASIO DX12-B 算术计算器

图 7-2　CASIO fx-82ES PLUS A 中学生科学计算器

文化用品店中常见的“中学生计算器”是科学计算器的简化版，在科学计算器中精简了进制换算、微积分运算、求和运算、线性回归等数学建模常用算法，只保留中学生需要的基本功能。其价格在 10 元（单行显示、线性输入）到几十元（多行显示、数学输入）不等。同样，随着电子技术的发展，Android 平台和 iOS 平台也集成了科学计算器的部分功能，一般的计算通过智能手机都可以完成。科学计算器一般也仅仅适用于中学生等不宜使用手机的人群和大学数学考场等不提供电子计算机的场合。

7.1.3 图形编程计算器

图形编程计算器除可以实现科学计算器的所有功能外，还可进行二维图像绘制、三维图像绘制、金融分析、物理化学计算、程序编写等高级功能，搜索引擎、存储技术、软硬件设置也更加丰富和人性化，甚至支持操作系统升级且与 Windows 或 Mac OS 平台有接口（如 USB）。图 7-3 所示为 CASIO fx-CG50 图形编程计算器。

图 7-3 CASIO fx-CG50 图形编程计算器

此类计算器适用于留学生参加美国 SAT 等考试，且有专门的教程作为计算器使用方法的辅导材料。图形编程计算器价格较高，一般为几百元甚至上千元。此外，此类计算器也适用于国内本科及以上学历数学考场上不提供电子计算机的情况。

7.1.4 行业计算器

行业计算器是科学计算器的加强版，在科学计算器的基础上强化部分行业的计算功能。比如，CASIO fx-350CN X 是建筑师、造价师计算器，fx-95CN X 是会计资格考试专用计算器，此外还有强化数理统计功能的统计计算器。行业计算器的市场价在 100 元左右，有的为几百元。

7.2 CASIO fx-991CN X 函数科学计算器功能简介

7.2.1 计算器型号的意义

在型号 CASIO fx-991CN X 中，CASIO 是品牌——卡西欧；fx 是指函数；991 是具体型号，为符合人的习惯思维，一般数越大代表功能越强大；CN 是指中文版。

7.2.2 CASIO 官方旗舰店对 fx-991CN X 产品的描述

计算也是一门艺术。CASIO fx-991CN X 函数科学计算器的适用人群是本科及以上学历学生，它是全国中学生物理竞赛推荐计算器。如图 7-4 所示为 CASIO fx-991CN X（中文版）

图 7-4 CASIO fx-991CN X（中文版）函数科学计算器

函数科学计算器。

此款计算器支持比例计算、函数的点导数、定积分等计算、4 元以内方程组求解、4 次以内方程求解、简单的矩阵计算、统计量计算和回归分析、复数计算、进制换算和不等式计算等功能。其显示屏采用 6 行高清液晶屏，机身采用特殊加工纹理，有金属质感按键，且支持太阳能供电。当光线足够强时优先使用太阳能，光线暗时无缝衔接电池供电，符合可持续发展的理念。

7.2.3 CASIO fx-991CN X 的重要功能与算法介绍

$\int$功能：使用高斯方法执行函数的积分运算。用“设置”菜单选择“数学输入/数学输出”或“数学输入/小数输出”时，输入语法为$\int_a^b f(x)$；选择“线性输入/线性输出”或“线性输入/小数输出”时，输入语法为$\int(f(x),a,b,tol)$，tol表示公差，公差将默认为 1×10^{-5}。

$\frac{\mathrm{d}}{\mathrm{d}x}$■：指基于中心差分方法的近似微分法函数。用“设置”菜单选择“数学输入/数学输出”或“数学输入/小数输出”时，输入语法为$\frac{\mathrm{d}}{\mathrm{d}x}f(x)\Big|_{x=a}$；用“设置”菜单选择“线性输入/线性输出”或“线性输入/小数输出”时，输入语法为$\frac{\mathrm{d}}{\mathrm{d}x}(f(x),a,tol)$，$tol$表示公差，它将默认为 1×10^{-10}。非连续点、突变波动、极大或极小点、拐点以及不可微的内点，或者趋近 0 的微分点或微分计算结果可能会导致计算精确度很差甚至出错。

SOLVE：使用牛顿法得到方程的近似解，仅可在计算模式中使用。该方法即使求出多个解也会返回绝对值最小的解。

在矩阵计算模式中，计算器中最多可以存储 4 行 4 列的 4 个矩阵，变量名为 MatA～MatD。无论何时，只要在矩阵模式中执行的计算结果为矩阵，MatAns 屏幕都将显示该结果。该结果还会指定给名为“MatAns”的变量。用 Identity（□）表示单位阵，用■$^{-1}$表示逆矩阵，个别型号也用 Inv（□）表示逆矩阵。

在解方程模式中，991CN X 计算器支持 4 次以内单个方程求解和 4 元以内非齐次（定解）方程的求解。不等式求解功能支持 2～4 次不等式的求解。

此外，计算器中带有 47 个内置科学常数，可以在除了进制计算以外的任何模式下使用，每一个科学符号以独特的符号显示。内置的公制转换功能可以轻松地进行单位换算，进制计算模式除外。进制（基数）模式不支持小数。

7.3 美国德州仪器 TI Nspire CX CAS 彩屏图形计算器

彩屏的图形编程计算器是上文中图形编程计算器的升级版，加入了大屏幕（有的大小超过了手机屏幕）和触控功能，使专业数学计算和工程分析更加得心应手。美国德州仪器 TI NSPIRE CX CAS 计算器采用彩屏显示、滑盖设计、可充电锂电池、中英双语显示，适合研究高层次的数学概念，使研究标准数值计算、符号代数和符号微积分计算变得轻松便携。它内置 12 种语言，用户可对应设置要显示的语言。如图 7-5 所示为 TI Nspire CX CAS 彩屏图形计算器。

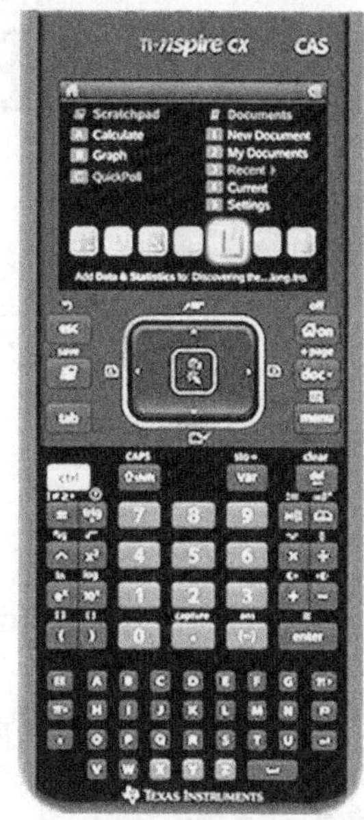

图 7-5 德州仪器 TI Nspire CX CAS 彩屏图形计算器

该计算器设计轻薄、轻松便携，采用符合用户使用习惯的按键排序，彩色硬塑按键。它内置锂电池，可以待机数天，屏幕分辨率为 320×240 高清，适合留学生和做复杂计算的专业人员。计算器本身内置 USB 接口，可与计算机进行数据通信，价格在 1500 元左右。下面是具体功能简介：

① 计算器。它内置计算机代数系统（CAS），能进行方程、不等式、函数、积分、倒数、概率、统计、矩阵、向量等计算，类似于 BASIC 编程。

② 绘图功能。它能快速进行函数、二次曲线、数列的作图，支持 10 种图像缩放功能，并能进行图像分析；可绘制平面几何图形，并对图形进行平移、缩放、旋转、对称变换，还可以度量几何图形的数量关系、做动点动画等。

③ 统计功能。它能进行数组输入、统计回归分析，方便地进行统计图表（直方图、折线图、饼图）绘制、绘制正态分布图等，进行统计分析。

④ 图文编辑。它能进行图文混排，并提供了常见的数学字符、表达式的输入模板；可以与计算器、图形、几何等应用程序建立接口。

上面介绍的所有函数科学计算器和图形编程计算器都相当于一台手持嵌入式计算机，可以在没有电子计算机及数学软件的科研场合中使用。

附录 MATLAB R2017a 常用指令与函数速查

（1）基本操作

① 清空内存变量：clear all。

② 清空命令行窗口：clc。

③ 图形保持：hold on。

④ 求字符串中每一个元素的 ASCII 值：abs（字符串）。

⑤ 关系操作符和逻辑运算符分别见附表 1 和附表 2。

附表 1 关系操作符

关系操作符	说明
<	小于
<=	小于等于
>	大于
>=	大于等于
==	等于
~=	不等于

附表 2 逻辑运算符

<table>
<tr><th>逻辑运算符</th><th>说明</th></tr>
<tr><td>&</td><td>与</td></tr>
<tr><td>|</td><td>或</td></tr>
<tr><td>~</td><td>非</td></tr>
</table>

⑥ 句柄格式：句柄=@（x，y，…）表达式或函数名。

⑦ 结构体格式：结构名.属性名=一个量。

⑧ 数组格式：[a b ; c ; c d]、a：b：c。

⑨ 单元数组格式：c={ ;[ ]; }。

⑩ Map 容器格式：map 对象=containers.map（{key1，key2，…}，{val1，val2}）。

⑪ 运算符的优先级：

（）大于 '^ .^大于+ - ~大于* / .* ./大于：大于关系运算大于&大于|大于&&大于||

⑫ Switch-case 结构：

switch 量

```
  case 值 1
      命令组 1
  case 值 2
      命令组 2
  …
End
```

⑬ try-catch 结构：

```
try
    命令组 1
catch
    命令组 2
end
```

⑭ for 循环：

```
for x=数组
    命令组
end
```

⑮ while 循环结构：

```
while 期望值
    命令组
end
```

⑯ 将用户输入内容赋值给变量：input（'输入信息'）。

⑰ 程序暂停，按任意键继续：pause。

⑱ 程序暂停，*n* 秒后继续：pause（n）。

⑲ 把控制权交给下一个循环体：continue。

⑳ 强制停止循环：break。

㉑ 显示警告信息并继续运行：warning（'警告语'）。

㉒ 显示报错信息并停止运行：error（'报错'）。

㉓ 报错后控制程序的执行与否：errortrap。

㉔ 函数文件头：function y=函数名（自变量）。

㉕ 输入变量的个数：nargin。

㉖ 输出变量个数：nargout。

（2）初等数学

① 求复数 z 的实部：real（z）。

② 求复数 z 的虚部：imag（z）。

③ 求复数 z 的模：abs（z）。

④ 求复数 z 的辐角：angle（z）。

⑤ 求复数 z 的共轭复数：conj（z）。

⑥ 以 a 为实部、b 为虚部创建复数：complex（a，b）。

⑦ 以 e 为底数的 x 次幂：exp（x）。

⑧ 以 e 为底数的 x 的对数：log（x）。

⑨ 以 10 为底数的 x 的对数：log10（x）。
⑩ 平方根：sqrt（x）。
⑪ 正弦函数：sin（x）。
⑫ 余弦函数：cos（x）。
⑬ 正切函数：tan（x）。
⑭ 反正弦函数：asin（x）。
⑮ 反余弦函数：acos（x）。
⑯ 反正切函数：atan（x）。
⑰ 相除取余数：mod（a，b）。
⑱ 最小值：min（a，b）。
⑲ 最大值：max（a，b）。
⑳ 创建 $10a$～$10b$ 的 n 个数的等比数列：logspace（a，b，n）。
㉑ 创建 a～b 的 n 个数的等差数列：linspace（a，b，n）。
㉒ 同维向量的点乘：dot（A，B）。
㉓ 多项式求根：roots（[ ]）。
㉔ 由根反求多项式：poly（roots）。
㉕ 多项式乘法：conv（a，b）。
㉖ 多项式除法：deconv（a，b）。
㉗ 有理多项式展开：[分子，分母，余数]=residue（分子多项式，分母多项式）。
㉘ 合并为有理多项式：[分子多项式，分母多项式]=residue（分子，分母，余数）。
㉙ 按 v 合并同类项：collect（S，v）。
㉚ 符号表达式展开：expand（S）。
㉛ 符号表达式嵌套：horner（S）。
㉜ 符号表达式因式分解：factor（S）。
㉝ 符号表达式化简：simplify（S）。
㉞ 变量替换：subs（符号表达式，旧变量，新变量）。
㉟ 求复合函数：compose（外层函数，内层函数，x，新自变量）。
㊱ 求反函数：flnverse（函数，新自变量）。
㊲ 最小二乘法拟合曲线：polyfit（x，y，次数）。

（3）高等数学

① 向下取整：floor（x）。
② 向上取整：ceil（x）。
③ 取最接近的（大）数：round（x）。
④ 向 0 取整：fix（x）。
⑤ 浮点精度：eps（x）。
⑥ 求极限：limit（函数，x，a）。
⑦ 求左极限：limit（函数，x，a，‘left’）。
⑧ 求右极限：limit（函数，x，a，‘right’）。
⑨ 低精度求积分：quad（函数句柄，积分下限，积分上限，允许误差）。
⑩ 高精度求积分：quadl（函数句柄，积分下限，积分上限，允许误差）。

⑪ 计算二重积分：dblquad（函数句柄，x 方向积分下限，x 方向积分上限，y 方向积分下限，y 方向积分上限，允许的误差）。

⑫ 计算三重积分：triplequad（函数句柄，x 方向积分下限，x 方向积分上限，y 方向积分下限，y 方向积分上限，z 方向积分下限，z 方向积分上限，允许的误差）。

⑬ 一维插值：interp1（X，Y，插值点向量 Xq，nearest 或 linear 或 spline）。

⑭ 二维插值：interp2（X，Y，Z，待插值数据网络 Xq，Yq，nearest 或 linear 或 spline）。

⑮ 符号表达式变量确定：syms 变量 1 变量 2…。

⑯ 符号表达式创建：sym（'字符串'）。

⑰ 确定符号表达式中的变量：findsym（S）。

⑱ 符号表达式的数学显示：pretty（f）。

⑲ 求符号表达式极限：limit（函数，x，a）。

⑳ 求符号表达式左极限：limit（函数，x，a，'right'）。

㉑ 求符号表达式右极限：limit（函数，x，a，'left'）。

㉒ 符号表达式求导：diff（函数，变量字符串，高阶导的阶数）。

㉓ 符号表达式的不定积分：int（函数，积分变量）。

㉔ 符号表达式的定积分：int（函数，积分变量，积分下限，积分上限）。

㉕ 符号表达式级数求和：symsum（表达式，变量，第一个数，第二个数）。

㉖ 符号表达式泰勒级数：taylor（函数，n，v）。

㉗ 解符号方程 F（x）=0：solve（F，自变量）。

㉘ 解微分方程：desolve（F，'边界条件'，'自变量'）。

㉙ 呼出图示化符号函数计算器：funtool。

㉚ 呼出泰勒逼近分析：taylortool。

㉛ 呼出图像框：figure。

㉜ 输出函数图像：plot（x，y）。

㉝ 打开栅格：grid on。

㉞ 关闭栅格：grid off。

㉟ 输出标题：title（'标题字符串'）。

㊱ 轴标注：xlabel（'字符串'），ylabel（'字符串'），zlabel（'字符串'）。

㊲ 输出文字：text（x，y，'文字'）。

㊳ 输出图例：legend（字符串，字符串，…，位置代码）。

㊴ 坐标轴开关：axis on 或 off。

㊵ 坐标轴范围：axis（xmin，xmax，ymin，ymax）。

㊶ 图形保持：hold on。

㊷ 图形不保持：　hold off。

㊸ 子图形：subplot（m，n，k）。

㊹ 用鼠标获取 n 个坐标：[x，y]=ginput（n）。

㊺ 双坐标轴绘图：plotyy（x1，y1，x2，y2，Fun1，Fun2）。

㊻ 垂直线条图绘制：bar（x，y）。

㊼ 圆饼图绘制：pie（x）。

㊽ 散点图绘制：scatter（x，y）。

㊾ 三维曲线图绘制：plot3（X，Y，Z，‘属性名’，…）。

㊿ 网格图绘制：mesh（x，y，z，‘属性名’…）。

51 曲面图绘制：surf（X，Y，Z，‘属性名’…）。

52 光照模型绘制：surf（X，Y，Z，‘facecolor’，‘颜色值’，‘edgecolor’，‘边缘颜色值’）；指定材质。

53 等值线绘制：contour（X，Y，Z，条数）。

（4）线性代数

① 构造 $n\times n$ 的1矩阵：ones（n）。

② 构造 $n\times n$ 的0矩阵：zeros（n）。

③ 构造 $m\times n$ 的单位阵：eye（m，n）。

④ 构造 $n\times n$ 的魔方矩阵：magic（n）。

⑤ 构造和 $\boldsymbol{A}$ 大小相同的上三角矩阵：triu（A）。

⑥ 构造和 $\boldsymbol{A}$ 大小相同的下三角矩阵：tril（A）。

⑦ 构造范德蒙矩阵：vander（v）。$\boldsymbol{v}$ 是一个向量。

⑧ 矩阵逆时针旋转90°：rot90（A）。

⑨ 每一行逆序排列：fliplr（A）。

⑩ 每一列逆序排列：flipud（A）。

⑪ 矩阵的索引：A（i，j）。

⑫ 求矩阵维数：ndims（X）。

⑬ 求各维长度：[m,n]=size(X)。

⑭ 求最高维长度：Length（X）。

⑮ 求矩阵元素个数：numel（X）。

⑯ 水平方向上合并矩阵：horzcat（A，B）。

⑰ 竖直方向上合并矩阵：vertcat（A，B）。

⑱ 构造块对角化矩阵：blkdiag（A，B，…）。

⑲ 矩阵加法：C=A+B。

⑳ 矩阵减法：C=A-B。

㉑ 矩阵乘法：C=A*B。

㉒ 矩阵左除法：C=A/B。

㉓ 矩阵右除法：C=A\B。

㉔ 矩阵的幂运算：A^a。

㉕ 对矩阵升序：B=sort（A）。

㉖ 矩阵元素求和：sum（A，dim）。

㉗ 矩阵范数运算：normest（S，相对误差）。

㉘ 求矩阵的秩 r：rank（A，允许误差）。

㉙ 矩阵行列式求值：det（A）。

㉚ 求矩阵的迹（对角元素之和）：trace（A）。

㉛ 求矩阵的化零矩阵：null（A）。

㉜ 矩阵的正交空间 Q：orth（A）。

㉝ 将矩阵化为行阶梯形：rref（A）。

㉞ 求矩阵空间夹角：subspace（A，B）。

㉟ 求矩阵的特征向量：eig（A）。

㊱ 求特征值在对角线上的矩阵 ***D***：[X,D]=eig(A)。

（5）概率统计

① 正态分布随机数据的产生：normrnd（均值 μ，标准差 Σ，个数）。

② 求数学期望：mean（a）。

③ 求中位数：median（a）。

④ 求几何平均数：geomean（a）。

⑤ 求调和平均数：harmmean（a）。

⑥ 求方差：var（a）。

⑦ 求标准差：std（a）。

⑧ 做当前所有点集的最小二乘拟合直线：lsline。

⑨ 参考线绘制：参考线句柄=refline（斜率，截距）。

⑩ 绘制样本概率图形：capaplot（样本数据，指定范围）。

⑪ 正态拟合直方图：histfit（向量，条的个数，分布类型）。

⑫ 正态分布参数估计：[均值 μ 的估计值，标准差 Σ 的估计值，μ 的 95%置信区间，Σ 的 95%置信区间]=normfit（x）。

⑬ 求最大似然估计：mle（‘指定分布’，数据）。

⑭ 根据置信水平求估计值范围：[最大似然估计，置信区间]=mle（分布类型，数据，零头百分比）。

参考文献

[1] 刘浩，韩晶．MATLAB R2016a 完全自学一本通［M］．北京：电子工业出版社，2016．

[2] MathWorks．MATLAB 概述［OL］．https://ww2.mathworks.cn/products/matlab.html，2018．

[3]（日）远山启．数学与生活［M］．北京：人民邮电出版社，2014．

[4] 蔡天新．数学简史［M］．北京：中信出版集团，2017．

[5] 邱伯驺．高等数学：上册［M］．第 7 版．北京：高等教育出版社，2014．

[6] 邱伯驺．高等数学：下册［M］．第 7 版．北京：高等教育出版社，2014．

[7] 彭辉．高等数学同步辅导［M］．延吉：延边大学出版社，2010．

[8] 汤家凤．高等数学辅导讲义［M］．北京：中国原子能出版社，2016．

[9] 张天德．全国硕士研究生招生考试真题真练［G］．长春：东北师范大学出版社，2017．

[10] 佟绍成，王涛，等．高等数学学习指导［M］．沈阳：东北大学出版社，2009．

[11] 骆承钦，胡志庠，靳全勤．线性代数［M］．北京：高等教育出版社，2014．

[12] 黄有度，狄成恩，朱士信．矩阵论及其应用［M］．合肥：中国科学技术大学出版社，2012．

[13] 盛骤，谢式千，潘承毅．概率论与数理统计简明本［M］．第 4 版．北京：高等教育出版社，2009．

[14] 颜庆津．数值分析［M］．北京：北京航空航天大学出版社，2012．

[15] 王永飞．基于 CFD 的电子水泵数值仿真与流场分析［D］．西安：长安大学，2015：34-35．

[16] 张德丰．MATLAB R2015b 数值计算方法［M］．北京：清华大学出版社，2017．

[17] 姚端正，梁家宝．数学物理方法［M］．北京：科学出版社，2010．

[18] 毛安民，李安然．薛定谔方程及薛定谔-麦克斯韦方程的多解［J］．数学学报，2012，55（03）：425-436．

后　记

数学来自人类对生活和世界的观察，以及对现实事物和问题的思考，希腊哲学家普罗克洛斯说：“哪里有数，哪里就有美。”早在 1959 年，我国著名数学家华罗庚教授就形象地概述了数学的各种应用：“宇宙之大，粒子之微，火箭之速，化工之巧，地球之变，生物之谜等各个方面，无处不有数学的重要贡献。”在信息时代，科学技术出现了前所未有的发展，计算机成为了不可或缺的工具。时至今日，计算机计算速度的快速发展使过去许多难以解决甚至无法解决的问题得到了解决，大量新兴的数学方法正在被有效采用，数学的应用范围急剧扩大。MathWorks 公司的产品 MATLAB 作为当今最优秀的科学应用软件之一，成为了众多科学家和高端工程师的首选工具。

用电脑 19 年来，MATLAB 是屈指可数的能让我欣喜若狂的软件之一，这是我第一次用电脑解决纯数学问题，也就是用我最擅长的方式解决最不擅长的问题。如今，这种“以最擅长攻最不擅长”的思路已成为我的一种学习观和人生经验，并成功应用在了基于 Simulink 的德州仪器嵌入式开发中。

数学曾是我最害怕、最讨厌的学科，无论如何我也不会想到，自己大学本科毕业的半年后会对数学感兴趣。是毕业答辩前一天导师交叉互审过程中，何勍教授的巧妙引导，使我真正走上了用“国际数学巨神”软件——MATLAB 解决数学问题的旅程。就这样，站在数学家们的肩膀上，我用新时代的技术将经典的数学基本问题总结出了一套 MATLAB 编程解法，一本结合了数学、英语、计算机技术和科普的巨作成功问世。

本书的撰写历时 66 天，共约 26.4 万字，创作的背后查阅了大概 12 本数学类和软件类图书。研究 MATLAB 的过程中经历了 146 次成功的实验（同时说明至少有 146 个编程实例），背后约有 800 次失败的实验，失败的形式以算法语言报错为主（下图所示为创作过程和实验过程的计算机界面）。

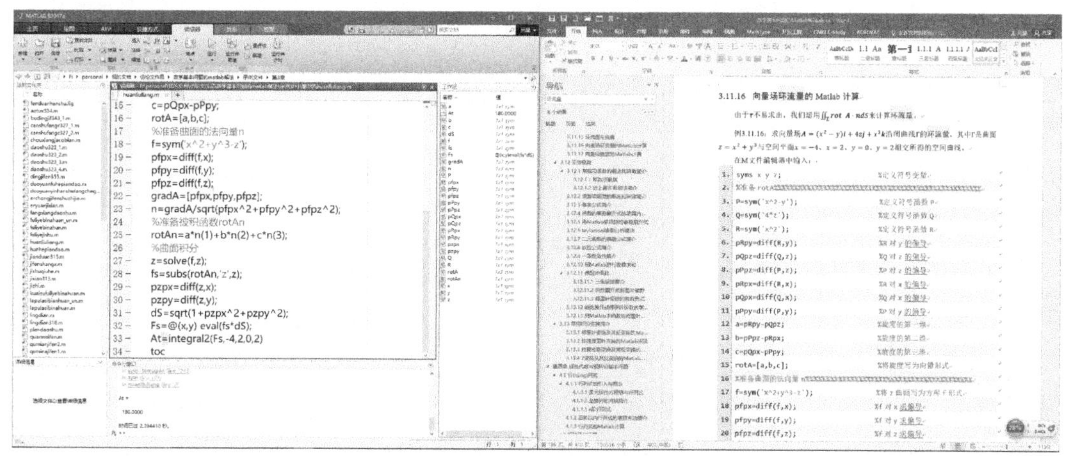

本书的创作和数学实验过程

走进算法语言，就等于走上了一条报错之路，一次次的红字报错会像一位残忍的“挚友”，让人疲倦、失落，但同时否定了一种错误方法。最终引领人走向成功的，仍然是“报错”这位“挚友”，但当你真正成功时，这位“挚友”却隐退了，给你留下的只有片刻的留恋和攻克数学问题的成就感。此时的我就像一位数学家，仿佛全世界只有我和数学，包括数学待解决的工程实际问题。

本书，从初等数学专题开始研究，到高等数学，一直到硕士研究生数学，最后为博士的“泛函”数学做了“下集预告”，这是一个用计算机语言“打通”数学的过程，这样一个过程使我回想起了各种数学老师。雷丽、李鹏、赵春英、蒋晶晶、赵秀丽、付凤娟、褚国娟、耿国华、刘凤茹、金雪莲、石月岩、王一平、汤家凤、陈晓东、刘秀娟，数学老师曾是我本科以后最崇拜的人群。今天，我即使“打通”了数学，也不会减少对数学学者的崇拜，而是怀揣着对他们更深一步的理解。还有一类学科，它们虽不是数学课，但却在机械专业学问中，大量用到数学，我把这样的学科称为充满“大数学”的专业课，通过这个自定义的统称足以看出当时的我对数学的敬畏。曾经教过我“大数学”学科的尚锐、何勍、王宏祥、张艳冬、张亮等专业课老师，大多是在机械工程领域有着较深造诣的教授，刚刚结束应用数学研究的我，或许还不能将数学科学、计算机技术与机械工程技术很好地结合，但是基础已经夯实。

“现在只要允许我用电脑，一般的数学问题难不住我。”，近期快截稿时，我偶尔会对身边的人这样说。虽然目前我的硕士研究项目没进行到大量需要数学工具的程度，但是我坚信，本书的数学与程序研究有百利而无一害。学好数学软件不可能把人培养成数学家，但至少可以让人做到面对数学时挺胸抬头、从容不迫。此时的我，再一次看电影《无问西东》中的物理课堂时，却从容了许多，感受到的不是数学的压迫感而是知识的魅力。这样学数学，不是非要做第二个杨振宁，也不一定非要看明白电影中的板书，而是要学真知。学真知，需要坚信你的珍贵，学你所爱，爱你所学，行你所行，听从你心，无问西东。

王元昊

2018 年 5 月 9 日